"十二五"普通高等教育本科国家级规划教材

食品营养学

李 铎/编著

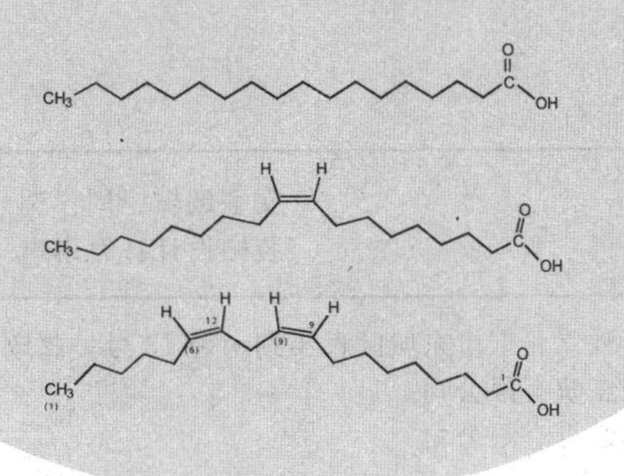

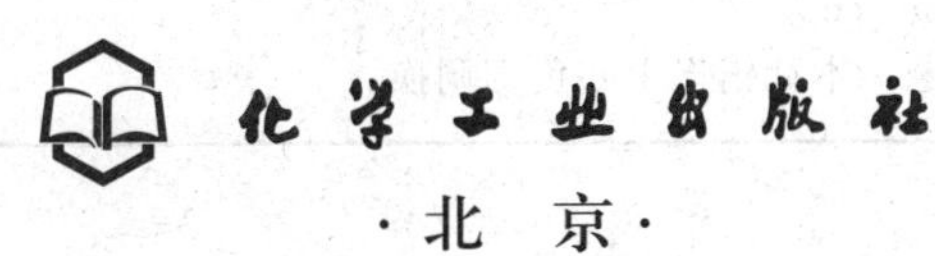

·北 京·

图书在版编目（CIP）数据

食品营养学/李铎编著．—北京：化学工业出版社，2010.10（2019.1重印）
普通高等教育“十二五”规划教材
ISBN 978-7-122-09185-7

Ⅰ．食…　Ⅱ．李…　Ⅲ．食品营养学-高等学校-教材　Ⅳ．TS201.4

中国版本图书馆CIP数据核字（2010）第140176号

责任编辑：赵玉清　　文字编辑：周　倜
责任校对：宋　夏　　装帧设计：尹琳琳

出版发行：化学工业出版社（北京市东城区青年湖南街13号　邮政编码100011）
印　　刷：北京京华铭诚工贸有限公司
装　　订：北京瑞隆泰达装订有限公司
787mm×1092mm　1/16　印张21¾　字数567千字　2019年1月北京第1版第6次印刷

购书咨询：010-64518888　　售后服务：010-64518899
网　　址：http://www.cip.com.cn
凡购买本书，如有缺损质量问题，本社销售中心负责调换。

定　价：48.00元

前言

全基因组学研究显示，人类起源于南非，历经万余年之变迁而形成了99%的相同基因，而仅有不足1%不同基因导致了今天的不同种族、不同肤色、不同相貌、不同身高、不同发质的人种。人们一定会问：究竟什么原因导致如此大的不同？回答很简单——环境，而环境中饮食是最主要的影响因素。

食物是人类赖以生存的基础，其膳食结构随环境的变化而改变。一个地区或民族的膳食模式和烹饪方法是人们为了适应当地环境而逐渐形成的。

随着科技的飞速发展和全球一体化进程的推进，人们之间的交流日趋频繁，我国传统的膳食模式和烹饪方法受着外来文化的冲击。研究发现膳食模式和烹饪方法与健康及寿命密切相关。营养学应以膳食为基础，其定义和研究内容正在不断地发展及完善。循证最佳的膳食模式和烹饪方法，研究其食物成分对健康和寿命的影响机理，通过膳食干预提高人类的生命质量，这无疑是营养科学工作者的共识。

感谢在本书的撰写过程中给予我大力支持和帮助的我的博士研究生谢勇、袁高峰、黄涛、李归浦、李华、邹祖全、张治国、宗红、宋薇、扈晓杰、张京顺；硕士研究生周赐琴、蔡贞贞、郑钜圣、杨斌、陈莹、寿天星；访问学者张旭副教授。

最后我要特别感谢陈懿女士在全书的撰写和编辑中所作出的贡献。

随着营养学研究的不断深入，今天的结论很可能会在将来被某一新的研究结论所推翻，加之食品营养学涉及专业领域颇为广泛，鉴于本人水平有限，难免会有错误与疏漏，敬请读者给予指正。

作　者

2010年5月于杭州

目　录

第一章　食品营养概论

目的：

- 概述世界食品营养学的发展史。
- 概述中国营养学的发展史。
- 概述新营养科学——《吉森宣言》。

重要定义：

- 传统食品营养学：食品营养学是机体获得食物与其增长、新陈代谢以及组织修复的过程，包括摄取、消化、吸收、运输、转化及排泄。
- 新营养科学：是研究食品系统、食品及饮品、食品的营养成分及其他组分、食品在生物体内以及其他一切相关生物体内、社会与环境之间的相互作用的一门学科。新营养科学关注的是个体、人群以及地球的健康。

第一节　食品营养学的发展史

人类的进化与食物相关。人类的生理学发展是为了适应食物从而保持健康。食物是人类环境的一部分，一个理想的世界，只有适量的安全营养的食物供给才能使生命健康长寿。要清楚人体需要何种营养及多少营养是很复杂的事情。营养素的认识及发现是通过食物成分的研究、尸解各组织器官的成分、疾病与食物成分之间的关系以及动物与人体干预试验而确认的。

从史料记载以来，人们在食物、营养与健康方面的教学与实践就已开始。早在 6000 年前埃及的祭祀中曾提到食物是作为药物食用的[1]。公元前 2500 年，我国的《黄帝内经》及印度的阿育吠陀古疗法中都强调使用具有药效的特定膳食、食物、饮料以及植物来预防和治疗疾病[2]。毕达哥拉斯、赫拉克利特、阿尔克梅翁、希波克拉底、克理索、迪奥斯科里斯、普罗提诺、老普林尼、普鲁塔克、波尔菲里，以及希腊、罗马和其他国家的一些哲学家、内科医生和教师等的研究，为西方的科学和医学奠定了基础，并在公元前 600 年～公元 300 年，形成了食品与健康的归纳和推导的思维体系。在公元 8～12 世纪阿拉伯文化的繁荣时期，波斯、爱维森纳、伊本·博特朗、迈蒙尼德以及犹太医师萨拉丁等学者共同在欧洲萨勒诺组建的第一所医学专科学校，并在公元 1100 年合写了专著《健康政体》。这是第一本与食品、营养相关的书籍[2,3]。

古代哲学以饮食和营养作为教学的主要部分，这种理论贯穿于欧洲的整个文艺复兴时期及 18 世纪的启蒙运动时期[4]。实际上，在许多国家仍然保留着这些古代哲学，并形成了自然环境中食品营养的一种概念体系。希腊词汇 diaita 的意思是生活方式或存在方式[5]。在欧洲，直至近年来，“diet”这一词汇作为饮食的概念才被使用在论著和手册中。从生态学的角度，在整个生物世界中，人类的健康与福利被看作“存在之链”[6,7]。

自19世纪早期营养学的起始阶段，营养学家对他们的工作及其含义就有一个比较深刻而广泛的见解，他们的教学和著作奠定了饮食学的基础，并形成了经验主义学科。自21世纪始，营养科学与食物营养政策的蓝图正在逐渐得到复兴。

现代营养学之路可以追溯至19世纪的早中期，它促进了饮食学（dietetics）以及相关学科的结合而成为一种独立的辅助医学专业[8]。第一代创建营养科学学科的生理学家、生物化学家、医师们就其所从事的学科领域进行研究，认为他们可以改变世界。他们这样做了，政府和工业机构也接受了他们的观点。营养学的规模不大，但它涉及的领域和研究的范围很广，其不仅仅是一种生命哲学，更重要的是可作为一个国家制定全民健康政策的依据。

一、化学与改革

德国化学家李比希在拉瓦锡、马让迪、伯齐利厄斯、伯勒特、Gerrit Mulder（格里特·穆尔德）以及其他科学家工作的基础上，进行研究工作，他是生物科学的开拓者，也是营养学作为生物化学的发现者。他和路易·巴斯德（微生物领域）均具有令人惊奇的精力，都设法获得了统治阶层的支持，他们抨击了其他持整体论和生态学理论的科学家的一些观点，促进了现代基础科学与实践相结合的霸权地位[9,10]。

自出现炼金术以来，化学就逐渐成为一热门学科。营养学也成为一生物化学学科，因为化学家李比希和他的同事们认为，生理化学（起初被称作）可用来治理和控制自然以及设计国家的食品体系。李比希认识到了蛋白质作为化合物的重要性，因为能加速植物、动物和人类的早期生长。一旦蛋白质被分离出来并鉴定为一种主要的或控制性营养素，则占统治地位的欧洲的意识形态的营养表达，以及强调动物蛋白的食品体系就有改变世界的可能[11]。

二、食品营养学理论的形成

在1850～1950年间，营养学科处于起步阶段，该阶段主要是由大的欧洲势力和美国政府所控制的，其不仅增加了植物与动物食品的产量，还加强了人力资源的建设。在这期间，需要越来越多的工人和步兵以增强国家的优势，服务于工业化和帝国主义。

在当时强大的欧洲国家中，慈善家和政治家因他们对营养学的兴趣而联合起来，他们关心穷人的境况的部分原因是担心低等阶层的人们起义。很多人死于饥饿，长期持续的营养缺乏将会导致绝症，而当出现这样的患者时，营养有可能对严重的疾病和死亡是无效的。英国的工人阶级将此称为“社会谋杀”。这是弗里德里希·恩格斯在1840年中期的著作中提到的[12]。1848年，他和卡尔·马克思在德国发动了席卷整个欧洲的革命[13]。

后来李比希与其欧洲的跟随者以及美国均宣传化学是植物、动物及人类繁殖的解决方式，甚至包含了生命本身的秘密。在这个时期，化学营养的重点不仅停滞在概念性及试验性阶段，而且任由社会、经济和政治因素的摆布[14]。一个英国评论家曾认为：“一种甚至比海军装储食物更重要的问题是群众在家里存储食物”[15]。

营养科学的发展变化很快，其教学和实践首先是由英国和德国操控的，后由美国和英国控制。在1790～1980年间，欧洲国家一半的经济增长都归因于人口营养的提高以及其他一些公共健康措施的改善[16]，这种推动力随后得以延续。20世纪早期的试验确定了一系列疾病，常见的原因是维生素的缺乏。在美国，继威尔伯·阿特沃特关于能量与蛋白质的著作之后，埃尔默·麦克科伦及他人先后发表了《营养学新知识》。尔后，食品营养学被定义为机体获得食物是为了增长、新陈代谢以及组织修复利用食品的过程，包括摄取、消化、吸收、运输、转化及排泄[15]。

1930～1940年间，约翰·博伊德·奥尔的观点对英国国家公共政策有一定的影响，他的一些建议被写入计划中。在1939～1945年第二次世界大战中，约翰·博伊德·奥尔、杰克·德鲁蒙德、休·辛克莱以及其他学者的食品营养学的建议均被政府作为制定政策中极为重要的一部分。之后，英国的食品营养体系也被设计得更加营养化，这些计划形成了英国在第二次世界大战中的食物供给体系[13]。皮特·梅达沃赞誉博伊德·奥尔为“我所知道的在科学与政府之间周旋的最好的例子”[17]。

约翰·博伊德·奥尔是最卓越的公共健康营养的创始人，是第一任联合国粮农组织（FAO）的总干事，因他对倡导世界粮食供应的公正所做出的努力，成为迄今为止最后一个营养科学家诺贝尔和平奖的获得者。在成为一名医生和生理学家的过程中，他从事了食品营养学的环境、社会、经济、政治、伦理以及人权等诸多领域的研究，尤其是向政策的制定者及媒体中心特别强调了营养的重要性[15]。

因此，在19世纪中期及20世纪中期的欧洲和北美，营养学的生物化学功能已被用于中央政府制定政策的一部分。连任政府的总体目标是内部的社会安定、其他工业国家竞争的优势以及主宰世界。因此，食品的营养政策在国家的财政、管理以及其他影响食品的价格、供给和质量中起到了重要的作用。营养学在20世纪取得了许多重大的突破，如从发现维生素到60余种宏量营养素与微量营养素在人体代谢中作用的确定，再到发现母亲与儿童的饮食将对其一生的健康产生的影响等。

巧合的是，1939～1945年间，抗菌药物第一次大规模地生产。在20世纪五六十年代，第一代抗菌药物对许多传染性疾病都有很好的治疗效果，这也证明了路易斯·巴斯德、保罗·埃里希等的“微生物理论”，即大多数疾病是由微生物引起的，可被抗菌药物治愈[18]。抗菌剂治疗功效的发现，导致了药物工业的飞速发展，奠定了现代医学的优势地位，同时也削弱了公共健康以及营养的大环境。人们一致认为，人类的营养学已经不再是值得进行科学研究的学科了，杰克·德拉蒙德也写到“如今的营养学在英国已经没有问题了……它的定位已经非常明确了”[4]。唐纳德·艾奇逊是英国20世纪80年代制定官方营养政策委员会的主任医生，他提到当他在20世纪40年代末期作为一个医学专业的学生时，那时在人类营养方面没有遗留问题，需要做的只是摄入一种良好的混合饮食防止肥胖，这样一切都将会很好[19]。对大部分国家而言，食品不能保障以及营养不足问题仍然是公共健康优先考虑的首要问题，但在当时这些大都被看作食品供应、紧急救助或临床干预的现实问题。

第二节 现代食品营养学

20世纪80年代初平衡膳食宝塔在美国及其他发达国家相继问世，其对临床医学和公共健康工作者用于指导患者和公民如何通过混合食物摄入均衡的营养起到了重要的指导作用。在平衡膳食宝塔实践20年后的西方发达国家，其心血管系统疾病的发病率和死亡率下降了，然而在发展中国家特别是中国和印度的心血管系统疾病的发病率和死亡率却在逐年上升；超重、肥胖以及糖尿病无论在西方发达国家还是在发展中国家均在逐年增加。所以，近年来各国学者们都在重新思考平衡膳食宝塔，并在循证营养学的基础上进行了调整及修改。

1982年，伯格斯特龙（Sune K. Bergstrom）、萨米尔松（Bengt I. Samuelsson）以及范恩（John R. Vane）由于发现了花生四烯酸在体内的代谢产物前列腺素及其相关生物活性物质而共同获得了诺贝尔生理学或医学奖，之后食品营养学的研究又重新引起了各国政府的重视。自20世纪90年代起食品营养学的研究进入了发展期。随着蛋白组学和基因组学的发展，食品营养学的研究进入了分子水平，21世纪后食品营养学的研究进入了一个快速发展期，营养基因组学概念的问世，使一些营养素和其他食品及动植物功能成分与基因的相互关系及作用的机理被阐明。营养基因组学包括决定个体对疾病易感程度的基因遗传以及可影响疾病发生的饮食、社会环境和体力活动等。在理解疾病以及营养与疾病的关系上，人类营养基因组学将起到革命性的作用。将来，只需分析基因组便可知能够预防下一代发生特殊疾病的基本饮食需求。本书的第十七章将讨论疾病发病的基因基础以及营养与基因的相互作用。基因型是人体的潜在的基因计划，表现型是按照基因型所表达的实体，然而仍要考虑某些基因与环境对个体生长的影响。环境的影响应从两个方面来考虑：首先，个体妊娠并生长在子宫这样的环境，此后是早期的哺养或人工喂养。目前，新的研究信息认为母亲的健康与营养会影响胎儿成长后的健康，尤其是疾病方面，如心血管病和糖尿病。其次，是个人生存环境的诸多方面，包括物理环境——如气候、住所、水、食物供给、卫生状况等，以及社会环境——如家庭、工作、收入、社会保障和责任、政府规章等。

进入 21 世纪后，国际营养科学工作者对营养学的研究领域及范围做了重新思考，因传统的营养学概念已无法适应人类的快速发展。因此，于 2005 年 4 月由国际营养科学联盟与世界健康政策论坛在德国吉森（Giessen）联合举行了“新营养科学工程讨论会”，并发表了《吉森宣言》。《吉森宣言》对新营养科学的定义及研究目的进行了详细的阐述[20]（参见本章第四节）。

第三节 中国营养学

一、中国古代营养学

中国作为一个文明古国，其营养学的发展与其他自然科学同样有着非常悠久的历史。早在西周（公元前 1100～771 年）时期，官方的卫生管理制度就分为四大类：食医、疾医（内科医生）、疡医（外科医生）、兽医。在《周礼》中记载，食医专门负责食物和营养，“食医掌和王之六食、六饮、六膳、百羞、百酱、八珍之齐”，可以说是最早的营养师。编写于战国到西汉时期的经典医学著作《黄帝内经》，就已经提出并探讨了关于均衡饮食的概念，还讨论了关于通过摄入食物获取营养以维持健康生命活动的可行性问题。此书强调“五谷为养、五果为助、五畜为益、五菜为充以及气味合而服之，以补精益气”的饮食原则，可谓是世界上最早的“膳食指南”[21]。

在唐代，名医孙思邈提出了“治未病”的概念。关于如何摄入食物以保持健康这一问题，他强调保持与自然和谐，尤其要注意“太过”和“不足”所造成的伤害。这种观点与现代均衡饮食的观点十分接近。孙思邈还提出了“食疗”的概念。他认为对于食品，食用和药用功能是同样重要的，即“用之充饥则谓之食，以其疗病则谓之药”。经典中医药书籍《神农本草》和《本草纲目》，均展示了自然界中数百种食品的性质及其对人体健康的影响。此外，还有许多其他史籍，如《食经》、《千金方》等，都反映了中国古代营养学所取得的成就[21]。

二、中国现代营养学

1. 营养学的发展早期（1949 年之前）

中国现代营养科学始建于 20 世纪初。为了解决民众的营养问题，科学家们将饮食与营养列为最重要的研究项目之一。自 1910 年起，为了满足社会和人们的需要，中国的一些医疗机构开始教授简单的生物化学及营养知识，并进行相关的营养研究。尔后，食品生物化学研究者进行了有关的食品分析与膳食调查工作，并在 1928 年、1937 年分别出版了《中国食品营养》和《中国民众最低营养需求》。1941 年，中央卫生实验院召开了第一次全国营养学大会[22]。1945 年中国营养学会在重庆成立，并创刊了《中国营养学杂志》[23]。限于历史条件和技术，无法全面记录当时中国的实际状况，但其代表了营养学研究的开始，开辟了中国营养学发展的道路。

2. 专业委员会时期（1949～1981 年并入生理科学学会）

新中国成立后，营养学工作迅速发展。1950 年，中国营养学会并入生理科学学会，并继续从事营养学术活动。一支专业的营养学家队伍逐渐形成，他们先后进行了“谷物合适碾磨程度”、“口粮标准化”以及“5410 豆奶替代物”等研究。1952 年首版《食物成分表》正式发表。1956 年《营养学报》创刊。1959 年，开展了第一次全国性的营养普查，覆盖全国约 26 个省、市，50 万人的四季膳食情况[24]。调查发现在江西、湖南等省脚气病广为传播，通过营养补充的公共教育、碾米及烹饪方法的改进，该病的蔓延得到控制。根据调查结果，于 1962 年提出第一份营养素供给量的建议[1,4]。

克山病是一种地方性心肌病，分布于中国东北至西南的一个狭长的带状区域，约 120 万人面临患病的危险。在不同病区进行大规模的试验结果证实了口服亚硒酸钠可预防克山病。1976 年，硒干预政策推广至全国，此后克山病未出现过大规模的流行。目前中国的营养学家在人体对硒的需要量方面的研究达到了世界领先水平。美国、欧洲以及其他发达国家对硒的膳食推荐摄入量均是基于中国的科研成果[25]。

3. 中国营养学会的早期阶段（1981～1996 年）

1981 年，中国营养学会发展成为国家学会，并于 1984 年成为国际营养科学联合会（IUNS）的成员，1985 年加入亚洲营养科学联合会（FANS）。1982 年，第二次全国营养普查开始。1988 年中国营养学会修订了每人每日膳食需求指标，并于 1989 年提出了《中国居民膳食指南》[23]。在此期间，中国的营养工作者对于一些重要的营养缺乏疾病的预防和控制进行了研究，包括癞皮病、足癣、碘缺乏病（IDD）等。中国从 1995 年始实施全民食盐加碘（USI），在提高碘营养水平和消除缺碘症方面取得了历史性的成功。2000 年，中国政府向世界郑重宣告：中国已经基本实现了消除碘缺乏病的阶段性目标[21]。

4. 中国现代营养学的发展（1996 年至今）

1997 年，根据社会发展和饮食变化，中国营养学会修订了《膳食指南》，并颁布了《膳食平衡宝塔》。营养知识在民众中广泛传播。在 2000 年 10 月 7 日第八次全国营养会议上，中国营养学会颁布了中国第一份《膳食推荐摄入量》，表明了中国从纯理论研究向具体实践迈出的重要一步。1993 年，国务院下发了《中国食物结构改革与发展纲要》；1994 年，国务院总理签发了《食盐加碘消除碘缺乏危害管理条例》；1997 年国务院办公厅发布了《中国营养改善行动计划》；2001 年，国务院发布了《中国食物与营养发展纲要（2001～2010）》[21]。

自 1982 年始，全国营养调查每 10 年进行一次。此外，与营养有关的一些普查也在进行：1959 年、1979 年以及 1991 年的高血压调查；1984 年和 1996 年的糖尿病调查。经过多次修改和补充之后，最新版本的《中国食物成分表 2004》于 2004 年出版，详细的食品成分数据库也已制定[21]。

在我国，长期以来使用天然食物成分和食品来预防疾病被视为营养研究的热点领域之一。同时，食品中的一些微量功能成分也日益引起人们的关注。科研人员对功能成分从食物和其他自然资源中的提取、分离、纯化以及鉴定进行了大量的研究，例如，茶叶中的茶多酚和茶色素、黑米和红米、大豆中的异黄酮、大蒜中的大蒜素和大蒜氨酸、果蔬中的番茄红素、人参皂苷、银杏黄酮、苦瓜皂苷、姜黄素、花青素原、香菇多糖、姜油树脂、灵芝、枸杞以及石斛中的多糖等。这些成分中的大部分有多种生物效应，如抗氧化、免疫与调节、新陈代谢等。大量的动物和流行病学研究表明，这些功能性成分有益于预防心血管疾病、某些癌症的发生以及延缓衰老等[21]。

随着分子生物学的理论和实验技术的发展，“分子营养学”和“营养基因学（或营养基因组学）”的研究在我国也已开始，用于研究营养物或生物功能成分与关系到人类健康的遗传因素的相互作用。例如，目前的研究表明，硒可通过调节制造 GSH-Px 酶 mRNA 的稳定性来调节其基因的表达[26]；n-3 多不饱和脂肪酸通过控制编码酶生产的关键基因 mRNA 的表达，从而对同型半胱氨酸的代谢相关酶进行调节，如胱硫醚 γ-裂解酶、亚甲基四氢叶酸还原酶以及蛋氨酸腺苷转移酶等[27]。

为了促进营养科学的发展，培养年青一代的领导人材，国际营养科学联合会（IUNS）与中国营养学会共同主办的首届营养领导才能培训班已分别于 2008 年、2009 年在杭州、昆明等地举办。吸引了包括来自澳大利亚、韩国、美国等国家及中国 22 个省、直辖市的学员（其中包括来自台湾的学员）参加了培训班[28,29]。近年来，中国大陆（内地）、台湾、香港以及澳门之间的营养学交流十分活跃，有关营养学、临床营养学及食品安全的会议和论坛也定期举行。

近年来，中国营养学会已发展会员 12000 余名，包括妇幼营养、老年营养、公共营养、临床营养、特殊营养、营养与保健食品、微量元素营养等 7 个专业分会。专业分会的工作是学会工作的重要组成部分。此外，29 个省、自治区均有自己的地方性营养学会，并与中国营养学会保持着密切的联系。

第四节 吉森宣言

作为由吉森大学校长资助，2005 年 4 月 5～8 日在 Schloss Rauisch-Holzhausen 举行的会议的参加者，国际营养科学联合会主席与世界健康政策论坛，共同强调并做出如下宣言。我们感谢正在参与这项议题、挑战并着手解决这些问题的亚洲、非洲、欧洲和美洲组织团体及个人所做的努力。

一、生物、社会和环境领域

现在是时候对营养科学及其在食品和营养政策上的应用给予更广泛的定义、更广泛的附加领域以及制定相关法规以满足人类在 21 世纪所面临的机会和挑战。

从最初的构想到目前的研究与实践，营养学基本上是一本生物科学。营养科学的经典生物学领域在现在以及未来均会占有重要的地位。营养学可以描述为关于食品与营养同生理、代谢（现在也包括染色体体系）之间的相互作用以及这些交互作用对健康和疾病的影响的一门科学。就政策面而言，它涉及营养控制和病症预防以及人类生命质量的提高。总之，是从人类个体到种族群体，同时也涉及作为人类资源的动物和植物。

从本土到全球，从各个方面关心着世界的未来。然而，最重要、最应享有的优先权是保护人类的生存和物质资源，以便能够使人类循环往复地从地球上获得维持生命的食源，而营养科学是达到这一目的的极其重要的手段之一。

这意味着科学的发展，以及对科学作为一种广阔的、综合规律的认同，使科学能够适应并应对 21 世纪环境的挑战。

生物学领域是营养科学三大领域之一，另外两个领域是社会和环境。

二、个人、人口与星球健康

食品、农业和营养等科学最初孕育于 19 世纪中期的欧洲，德国吉森大学（会议的举办地点）的 Justus von Liebig 对其做出了重要的贡献。

那个时代的科学、经济和政治背景是人口的增长和工业的发展以及伴随着的人类生存和物质资源的开发。当时全球的人口数量和寿命远远低于现在，而且，直到相对较近代的人们仍认定世界的生存和物质资源是取之不尽、用之不竭的。

相比之下，已经清楚或明确掌握的营养科学原理的应用已经建立起满足过去150年增长6倍的人口所需要的食品体系。在这段时间，不可再生能源的使用、材料的消费以及垃圾的产生均有巨大的增长。不仅消耗了许多生存和物质资源，导致了生态系统的变化，同时也加剧了富国与穷国之间在内部以及在原料和其他资源方面的失衡。

由于上述以及其他原因，人类种族已经从历史上的营养科学、食品与营养政策主要关心的个人及人口的健康、资源的开发、食品的生产与消费以及相关资源的时代，发展到了一个新的阶段。目前，包括营养在内的所有相关科学，应将主要关注点放在人类生存和物质资源的培养、保护和可持续发展以及生物圈的健康发展上。

三、食物体系和营养科学

营养科学需要结合食物体系来理解。食物体系塑造了营养科学并且受生物、社会、环境以及相互作用的影响。食物如何种植、加工、分配、销售、准备、烹饪及消费对它的质量和本质十分关键。反之，食物对福利及健康、社会与环境的影响也很关键。

在20世纪，食品生产被农业机器和工业化学改变，新近又发展了生物食品技术。食品的加工，包括冷冻技术，已经能够供应很多非当季食品。食品的制作、零售和分配仅局限于少数人。传统的烹饪正在被新的技术、新的生活方式以及新的经济结构带来的饮食模式所取代。

营养科学应该也能够适应技术发展并迎接技术发展对食品体系带来的挑战。其将极大地、持续地影响着食品与人类的健康、人口与地球之间的密切联系。这就是将社会和环境以及生物领域包含到营养科学里的另外一个原因。

四、21世纪的总体挑战

世界正在经历着一个社会、技术以及环境加速发展变化的总体时期。在这些变化中，许多因素是相互关联的。从个人、团体到国家乃至全球，营养状态以及因此产生的人类健康问题，总体上受到前所未有的变化的影响。即使与其他学科有分歧，营养科学也有责任和能力去寻求更好的途径。

20世纪在许多方面都表现出只有部分人享有稳定的权利，包括物质和财产安全，适当的、营养的以及安全的食品，安全水的供应，良好的教育与保健。

全球大部分人的未来将比现在富裕。但可能一些国家和地区还将受到相互关联的匮乏，主要是食品、福利设施以及科技的匮乏。还包括如传统种植及食品文化的丢失；土地和财产的丢失；失业、流离失所以及贫穷的攻击；迅速的城市化；社会、经济和政治的不公平待遇；落后的管理体系、多种冲突以及战争等带来的冲击与威胁。

许多全球环境指示灯正在显示着环境的恶化，包括全球气候的变化和臭氧层的持续减少；耕作土壤的流失和营养的匮乏；物种、淡水和能量的加速流失；化学污染物的使用及残留等。而近年来以及目前正在使用的食物生产模式正是导致这些有害变化的主要根源。

如果上述变化不加以制止，未来的自然环境将进一步恶化。该变化将导致的最突出的特点是在历史上首次人类过量的经济活动超过了地球的供给、补充和吸收，自然界的承载力开始减小。

总之，人类在平均寿命、平均收入以及人均食物的生产量上，已受益百年，尽管分配有些不均衡，但是目前这些指数看起来仍不够稳定。在过去的10年间，大部分洲的一些国家平均寿命已经有所下降，尤其是在撒哈拉以南的非洲和前苏联。在许多国家的内部以及国与国之间收入的差距越来越大。约占全世界食品能量一半的全球人均粮食生产，从20世纪90

年代开始下降。

综上这些以及其他变化共同造成的前所未有的全球环境危机的到来，地球上生命维持体系的各种组成正在面临着巨大的压力，由此而产生的环境与生态系统的变化无疑会给食品体系带来不可忽视的威胁。而了解和拯救目前的严峻现状则需要多学科（包括营养）的共同努力。

五、21世纪营养学的挑战

营养科学有必要将全球正在面临的基本挑战涵盖其中。将营养科学应用于食品及营养政策上，也面临着其他相关的挑战，同时也有不可避免的巨大危机。

全球食品与营养的不安全、不充足甚至长期挨饿的局面在过去的20年间并没有明显的改善。在富裕与贫穷国家以及人口之间，尤其是在战争与疾病的多发地区，由于贫富差距越来越大，上述状况变得更糟。

一般的以及特殊的营养不良更易受传染性疾病的袭击，尤其是妇女、婴幼儿和儿童等弱势群体。这些传染病将使食品和营养安全问题显得更加严重。尽管目前此状况在部分地区有所改善，但营养不良及传染性疾病在许多较贫穷的国家和地区依旧十分严重。痢疾、艾滋病以及肺结核均为受到营养状况影响的例子。

肥胖、糖尿病以及其他慢性疾病，包括心血管和脑血管疾病、骨骼疾病和各种位点的癌症，目前也在中低收入的国家流行。这些与营养相关的疾病，加重了卫生保健体系的负担。

营养科学要应付这些挑战，只有通过结合生物技术、社会以及环境的方式才能成功。

六、总则

科学及任何有组织的人类活动正在并且应该由总则来引导。总则应使信息和证据转变为有价值的、有用的、可持续的和有益的法规及方案。

引导营养科学的总则是合乎自然界的伦理，也应该由共同承担责任和可持续发展的哲学观引导，由生命历程和人权来引导，由对进化、历史和生态的理解来引导。

七、定义和目的

营养科学，是一门研究食品体系、食品与饮品、食品的营养成分以及其他组分，在生物体内以及其他所有相关生物体、社会与环境之间相互作用的一门学科。新营养科学关心的是个体、人群以及地球的健康。

营养科学的目的：使子孙可以实现其人类潜能；生活得最健康；发展、维持以及享受日益提高的不同的人类生存和物质环境。

营养科学应是食品及营养政策的基础。为了人类的健康和福利，也为了生存和物质世界，这些政策应该认同、创造和保护合理的、公平的和可持续的社会、国家及全球食品体系。

总　结

- 营养科学仍有很多工作要做。许多在社会和环境领域的其他重要工作也需要营养科学工作者去做。这需要广泛的跨学科的合作。
- 本宣言强调：对于从事营养科学和食物营养政策的专业人士，最重要和最紧迫的任务是在生物学、社会和环境这三个层面一起工作[20]。

参考文献

[1] Darby W，Ghaliongi P，Grivettill P. Food，the Gift of Osiris. London：Academic Press，1977.

[2] Estes J. Food as medicine//Kiple K，Ornelas K. The Cambridge World History of Food. Cambridge：University Press，2000.

[3] Hutchison R. The history of dietetics//Mottram V，Graham G. Hutchison's Food and the Principles of Dietetics. 9th ed. London：Edward Arnold，1944.

[4] Drummond J，Wilbraham A. The Englishman's Food. Five Centuries of English Diet. London：Pimlico，1991.

[5] Lovejoy A. The Great Chain of Being. Cambridge，MA：Harvard University Press，2001.

[6] Schmid R. Traditional Foods Are Your Best Medicine. New York：Ballantine，1987.

[7] Robbins R. The Food Revolution. How Your Diet Can Help Save Your Life and the World. Boston，MA：Conari，2001.

[8] Beaudry M. Think globally，act locally. Do dietitians have a role to play in alleviating hunger in the world? J Can Diet Assoc，1985，46：19-27.

[9] Kirschke M. Liebig，his university professor Karl Wilhelm Gottlob Kastner (1783—1857) and his problematic relation with romantic natural philosophy. Ambix，2003，50：3-24.

[10] Latour B. War and peace of microbes [Part One]//The Pasteurization of France. Cambridge，MA：Harvard University Press，1988.

[11] Cannon G. The Fate of Nations. London：Caroline Walker Trust，2003.

[12] Engels F. The Condition of the Working Class in England. London：Penguin，1987.

[13] Hobsbawm E. Revolutionary prelude [Part One]//The Age of Capital：1848—1875. London：Abacus，2003.

[14] Brock W，Justus von Liebig. The Chemical Gatekeeper. Cambridge：University Press，1997.

[15] Cannon G. The rise and fall of dietetics and of nutrition science，4000 BCE—2000 CE. Pub Heal Nutr，2005，8：701-705.

[16] Fogel R. Economic growth，population theory and physiology：the bearing of long-term processes on the making of economic policy. Am Econ Rev，1994，84：369-395.

[17] Medawar P. An essay on scians//The Limits of Science. Oxford：University Press，1985.

[18] Cannon G. Unconquered epidemics [Chapter 3]//Superbug. London：Virgin，1995.

[19] Acheson D. Food policy，nutrition and government [10th Boyd Orr lecture] . Proc Nutr Soc，1986，45：131-138.

[20] Beauman C，Cannon G，Elmadfa I，et al. The Giessen Declaration. Pub Heal Nutr，2005，8：783-786.

[21] Ge KY. An overview of Nutrition Sciences in China. Beijing：People's Health Publish House，2004.

[22] Zheng J. Modern Chinese Nutrition (1920-1953) . Shanghai，ChinaChinese Science Press，1954.

[23] Chinese Nutrition Society. History of Chinese Nutrition Society. Shanghai：Shanghai Jiaotong University Publish House，2008.

[24] Gu JF. The Early Development of Modern Nutrition. ACTA NUTRIMENTA SINICA，2006，28：100-103.

[25] Huo XC. Looks back on and look forward to Chinese Nutrition—The achievement of Early Nutrition research in China，1981，3：201-214.

[26] Chen Q，Wang Z，Xiong Y，et al. Selenium increases expression of HSP70 and antioxidant enzymes to lessen oxidative damagein Fincoal-type fluorosis. J Toxicol Sci，2009，34：399-405.

[27] Huang T，Wahlqvist ML，Li D. Docosahexaenoic acid decreases plasma homocysteine via regulating enzyme activity and mRNA expression involved in methionine. Nutrition，2010，26：112-119.

[28] Wahlqvist ML，Li D，Sun JQ，et al. Nutrition Leadership Training in North-East Asia：an IUNS initiative in conjunction with nutrition societies in the region. Asia Pac J Clin Nutr，2008，17：672-682.

[29] Chinese Nutrition Society. The 2nd "Leadership Training and Capacity Building among Younger Nutritionists in China" . Program and Abstract Book. Kunming，2009.

第二章　循证营养学与营养信息学

目的：

• 了解营养信息，这些信息是建立在当今最前沿、最可靠的证据基础之上而获得的一致性的观点。然而，如果将来新的、更具说服力的证据出现，这种信息可能将会被改变。

• 正确评价科技论文、网络以及营养专家提供的营养信息。

• 了解营养信息学的最新进展，其主要用以评定食物与健康之间的关系。

重要定义：

• 循证营养学：是系统收集的现有的最佳证据在制定营养政策和营养实践中的应用。

• Meta-分析：是通过综合多个目的相同的研究结果，以提供量化结果来回答根据临床情形提出的研究问题，这是目前进行系统综述的一种研究手段和方法。

• 系统综述：又称系统评价，是系统地全面地收集全世界已发表的随机对照试验，筛选出符合质量标准的文章，进行定量综合，得出可靠的结论。

在科学探索方面的传闻毫无价值。举个例子，听说有位先生活到102岁，他在世之时食用了许多黄油及香肠，但却一点也不了解黄油和香肠的安全性信息。有人说正是由于摄入了很多的黄油及香肠才有如此长的寿命；还有人说如果这位老先生少吃点黄油和香肠，多吃些蔬菜水果或许能活到150岁，当然这是假设。

许多创新和有争议的想法及观点均需科学的实验来证实。饮食策略的风险有时往往大于其实际的益处。通过科学研究获得的可靠证据的保守解释与已被接受的新的证据和解释对其进行评估，从而在二者之间取得平衡。有一些方法，能使可靠性的评估更系统化、更理性化以及合理化。

第一节　循证营养学

在营养学中，有效的营养干预通常需要长期对饮食进行跟踪研究，即使可以找到能长期合作的饮食人群，但其所需人群的数量也应大于在随机对照试验（randomized controlled trial，RCT）[1]中符合要求的人群数量。此外，循证营养学的范围远大于随机对照试验。

为了制定有效而适宜的政策性的膳食推荐指南，研究者在提供关于膳食与健康关系证据的同时，还必须具有相关的证据来证明食物的可接受性、分配的效率以及影响食物接受的社会和心理因素等方面的情形。这些证据的来源除了随机对照试验外，还包括观察性试验、经济学模型的运用、社会学研究等诸多方面。其重点是必须系统地收集证据，并在此基础上确定清晰的入选和排除的标准。同时，研究工作的方法学质量也应受到重视，对被视为可能的证据不可妄下断言。

膳食推荐值，诸如总脂肪酸、饱和脂肪酸、铁、钠、钾和钙等的推荐值甚至至今尚未完全达成共识。之所以进展如此缓慢，原因之一就是，其是否是使用了更透明、更可行的方法收集的可靠的营养学证据。推荐值需要系统的对照性的证据来支持，不能仅仅依赖于现有的数据，应更广泛地系统性收集、综合以及提出相关的证据。用系统性评估的证据来提出和支持各种推荐标准是营养学正在面临着的一项新的挑战。这一新的概念称为循证营养学。1992年John Garrow在他的一篇文章中就预见了这一新的挑战，并提议成立Meta分析俱乐部[2]。

文章发表的数量在飞速地增加，任何人均不可能很理性地处理所有的文章。目前急需运用更有效、更系统性的方法来综合信息。循证营养学这一定义可以很简单地从人们已知的循证公共卫生学的定义中获得，是经系统收集的现有的最佳证据在制定营养政策和营养实践中的应用。在研究已发表的数据时，应引入新的、可靠的、公认的以及可被广泛接受的方法进行分析，例如Meta分析和系统综述（systemic review）。

Meta-分析是通过综合多个目的相同的研究的结果，以提供量化结果来回答根据临床情形提出的研究问题，这是目前进行系统综述的一种研究手段和方法。Meta-分析的结果常被用作开展循证营养学的证据。

系统综述，又称系统评价，是系统全面地收集全世界已发表的随机对照试验，筛选出符合质量标准的文章，进行定量综合，得出可靠的结论。系统综述的方法与Meta-分析相似，但比Meta-分析更为严谨，需事先制定方案，进行预备，并在发表后不断更新。系统综述为营养学提供了高质量、科学性强、可信度大、重复性好的证据以指导营养学实践，同时也为营养学研究提供重要的信息。

循证营养学要求将讨论的焦点从证据是否有意义这一徒劳的分歧，转移到如何解释证据中存在的不一致性。系统综述的方式在很大程度上较“最新的研究支持我的观点”这种方式更加严谨可信。

根据现有的证据制定政策是一个艰难的过程，尤其在制定人群营养目标时更是如此。只有采取了循证的方式，一直持续的对膳食脂肪、脂肪成分、食盐、糖的摄入量以及各种微量营养素的推荐标准的效率和效力的讨论才会有新的成效。但循证营养学并非一剂万能灵药，其各种利益关系及利害冲突均不可避免地影响着营养学界关于这一问题的争议。此外，也并非所有的决定都拥有等量等质的数据支持。在个体层面进行干预的试验证据较人群水平的证据要多得多，这种失衡现象很可能影响其政策的制定。此情况再次凸显了包括系统综述在内的拓宽领域证据收集的重要性。

如何才能推进循证营养学的发展？营养学家需具有进行系统性综述的能力，在辩证评估、数据搜索以及定量方法上尤其如此。另外，营养学的教学与研究是否应调整本科与研究生的课程重点，并增加数据系统分析的内容。

倡导建立一个网络，将营养学家、流行病学家、生物统计学家以及其他相关的专家联合起来。一系列的关于循证营养学的国际研讨会无疑将会为该网络的构建与运作做出积极而重要的贡献。目前世界卫生组织（WHO）已组织相关专家正在建立这一网络。

建立一个营养学领域的合作性的综述网络有许多模式，如何定义这个网络的任务和方法仍需研讨，然而这样一个网络得到的成果可能非常激动人心。光盘及网上具有统一标准格式的综述图书馆将成为网络的中心，而方法学、病原学、效率和效力等方面的各种问题均可通过系统综述来解决。

循证营养学在营养学中运用的最好的例子就是世界癌症研究基金会（WCRF）2007年发布的《食物、营养、身体活动与癌症预防》报告。从2001年起，世界癌症研究基金会组织全球研究机构的相关科学家参与了这项工作。由21位分属营养学、流行病学、癌症、公共卫生等不同学科的世界著名科学家组成的专家组，用了5年时间对各种研究结果进行了系统性的评估和比较。综述所涉及的绝大多数研究为队列性质或病例对照性质，极少为随机对照研究。

在收集了所有可供参考的文献后，如何根据该数据获得结果，主要基于以下几点：①流行病学的研究类型；②各研究之间的一致性；③所综述的研究的质量（运用一种评分系统）；④全部的研究结果均有得到相同结果的取向；⑤相对的危险程度；⑥是否有不同级别的反馈；⑦随机对照试验提供的证据；⑧在获得结果之前的暴露状况以及是否有证据指向新的可能机制。虽然最终得到的结果仍需依靠专家的判断，但至少这些证据应该是清晰的、公开的和透明的，并且所有的证据是以同样的方法进行评价的。

其报告最后提出了预防癌症的10点建议：其中多饮水，少摄入含糖饮料，限制摄入高能量密度食物，即高脂肪、高糖及低纤维素的食物（如汉堡包、炸薯条、含糖饮料等）。尤其是含糖饮料，其提供了较高的热量，却难以产生饱腹感，并可刺激味觉中枢，而诱发食欲。多摄入各种果蔬、全麦及豆类。果蔬可降低多种癌症（包括口、咽、喉、食道、胃、肺）的发病率。限制红肉（猪肉、牛肉、羊肉）的摄入，避免加工肉制品的摄入。酗酒可致多种癌症（如口、咽、喉、食道、结肠直肠、乳腺）的发生。限制盐腌或盐加工食品，其很可能是胃癌发病的主要原因。霉菌感染的谷类及豆类含黄曲霉毒素，其对肝脏有害。WHO的食盐推荐摄入量为5g/天。一般不主张用膳食补充剂预防癌症，而高剂量营养补充剂的应用目前还有待进一步的研究。日常膳食应增加相关营养素的摄取，然而，最佳营养素的来源是食物和水[3]。

第二节 最佳证据

科学论文、网络以及营养专家提供的营养信息的可靠性：了解营养信息，这些信息应为建立在当今最前沿、最可靠的证据基础之上而获得的一致性的观点。然而，如果将来有新的、更具说服力的证据出现，这种信息可能将会被改变。

通过研究，人们对营养学的认识和理解正在逐渐加深，从而开拓了营养信息的进化及演变。与物理、数学以及化学中的事实及概念不同，探讨食物与健康关系的营养学研究是一相对新的且与多学科有着密切联系很具活力的学科领域。之所以说这是一个很具活力的研究领域，原因之一就是食物结构的复杂性，其与人体之间的相互作用究竟产生了何种效应、何以长寿等。虽然目前对一些食物及其营养的研究已取得了突破性的进展，但仍远远不能满足人们的迫切需要。

饮食研究的发现有时往往不能被正确地解释，或结果可能并无确定的生物学意义。饮食研究中，区分原因与结果、巧合与机会都是一种挑战。另外，由于人们对食物中被认可的必需营养素与其他化学成分（如植物化学）相关知识的认知还不够充分，或对其分支领域的研究尚未跟进，也会导致研究结果滞后。然而，在人类营养特定时间点的特定问题上有不同程度的共识。

尽管如此，人们仍很自信地认为所获信息的相似性是建立当前最佳证据的基础。新的观点将会被进行讨论与验证。一些著名大学和研究机构都积极地参与验证观点的研究并展开辩论，这样的辩论通常是很有帮助的，同时也为专家们提供了最佳的良机来理解“刀刃”的含义。不久的将来，若新的更具说服力的证据出现，其所提供的营养学信息可能与现在的不同。例如，在20世纪90年代，由于坚果中有较高含量的脂肪，而建议心血管病患者不宜食用。相反，现在则建议一周多次食用坚果，因新的证据表明坚果富含抗氧化作用的植物化合物、膳食纤维及蛋白质，具有防治心血管病的作用。这种保护作用是间接地通过控制微量营养素（叶酸和维生素 B_6）和降低血液中同型半胱氨酸和血脂的浓度来实现的。

一个正在向着文明发展的社会，知识在不断地更新，人类可能而且必将伴随着这种不断地更新与不确定性而生存，这就是科学探索的本质，人们会从中受益。然而，科研是无止境的，一些研究结果可能是建立在以往研究的基础上，也可能会完全颠覆过去的研究。

第三节　食品营养学论文的评价

营养学与健康专家们渴望把他们自己的研究成果发表在同行评审的期刊上。这些期刊将出现在文献的索引中。如果期刊未被列出，则说明编辑委员会认为该期刊并未客观地反映科学报告，也可能会遭到警告。一些食品及其他相关的产业机构也为营养学与健康专家们提供营养方面的信息和文摘杂志服务等。这种信息不难获得，而且有时是对参考文献的有效补充。然而，论文的主题内容或作者本人均可能是为了满足提供信息的企业的利益，这种现象不应被忽略。

发表在同行评审期刊的论文首先会受到服务于该期刊编辑部的评审专家成员的严格审查，论文通常由编辑部任命的两名或两名以上的专家审稿。进行原始创作研究的论文要提供详细的研究方法，以便其研究被其他学者引用。然而，其他的研究者也可能使用同样的方法而得到了不同的结果。很明显，第一个发表的研究论文将会受到置疑。因此，科学文献必须被看作一个整体而不是孤立的文章。

营养信息的可靠性需要考虑以下几个方面。

（1）知名机构　发表在著名期刊的论文通常包括进行研究的所在机构。很少看到发表的科学论文是属于私人或非机构性质的。来自著名机构的文章通常具有较高的可信度，为了保证其研究工作的质量、标准以及维护其机构的国际声誉，这些机构中的研究人员要承担很大的责任及压力，故在发表文章与任何信息时更加谨慎。

（2）著名作者　多数的研究均是由一组研究人员共同完成的，所以，其科学论文都是多作者的。合作的作者们可能来自不同的机构，但是大部分的研究在一个机构通常是由第一作者完成的。组成中的作者关系可帮助确保其研究结果的真实性。因为当研究是由一组科学家进行而不是一个研究者单独完成的，通常会有政府机构之间的相互制衡。如果该组中有一个固定的研究人员（常为最后的作者，充当顾问角色），可用他的声誉来担保其论文的可靠性。

（3）研究基金　政府所设立的研究基金组织，是用公共的资金来支持科研工作。这些机构一般有严格的审稿和评审系统。例如备受尊重的国际健康医学研究委员会、国际心脏基金委员会、世界癌症基金会以及我国的国家自然科学基金委员会等。非政府的科研基金，尤其是来自企业，如食品业及医药业等所资助的科研项目，对由于利益冲突导致结果中所出现的偏差应予以考量。

第四节　营养信息学

一、互联网

营养信息学为人们认识食物与健康提供了更有效、更广泛以及更个性化的用途。

目前互联网已迅速成为全球最大的信息库。截至 2009 年 6 月 30 日，中国网民规模已达 3.38 亿，其中宽带网民数为 3.2 亿，占总网民数的 94.3%。国家顶级域名注册量（1296 万）三项指标稳居世界第一[4]。

互联网的普及率在稳步提升，84.3%的网民认为互联网是其最重要的信息与沟通渠道（http://research.cnnic.cn/html/1247710466d1051.html）。电脑能够进入日益庞大的数据库，在这之前是难以想象的。营养与健康的信息是互联网发展最快的领域。“Informatics”是研究信息与传播方式的专有名词，其主要是通过电脑及互联网，也包括电话、广播以及其他通讯技术。今天，人们搜索营养与健康信息的第一工具就是互联网。目前我国与营养健康相关的网站已超过178万个。

1969年，为了能在爆发核战争期间确保其通讯联络，美国国防部高级研究计划署ARPA资助建立了世界上第一个分组交换试验网ARPANET，连接美国的四所大学。其目的是建立一个网络，即使在核攻击中部分地遭受破坏，但仍可继续工作。APRA网络是互联网的先驱，它的建立和发展标志着计算机网络发展的历史和速度。

互联网是一个将全球数以亿计的计算机联系在一起的网络。它已发展成为一个精力充沛的分散体系，可吸纳新的网络，并可在不导致网络中断的情况下升级。它由学术、商业、政府、非政府以及军事网络构成，没有中心区域，且不属于独立的实体。互联网WWW或者World Wide Web，是由欧洲粒子物理研究所（CERN）的科学家提姆·伯纳斯李（Tim Berners-Lee）1991年开发的，他还开发出了极其简单的浏览器（浏览软件）[5]。1992年互联网开始向社会大众普及，其融合了文本、图片、视频及音频，显得更加现代与便捷。信息的发布者从机构转移到了个人。因此WWW的一个主要功能就是使信息民主化。WWW的大量医疗卫生信息为大众健康提供了方便。

然而，其中的某些网站提供的信息并不是很可靠的。对于普通浏览者来说，辨别信息的真伪，是令人烦恼的。同时还要注意不准确的健康信息所带来的危害。目前可能尚未建立政府与互联网企业之间以及国家与国家之间的互联网信息更新以及评价的协议。

互联网又被认为是迄今为止最大的错误信息库。其最大的缺陷就是很难确定信息的来源及鉴别信息真伪。事实上，每个人均可建立网站，但由于偏见与疏忽，这就大大增加了虚假信息出现的风险。网站的建立者通常会隐藏其中的商业或其他的利益，使得浏览者辨别信息真伪的难度更大。互联网直接将信息传递给浏览者，而没有作为传递者的中间机构，因此互联网使得人们可以接触到更多的信息，同时也增加了浏览错误信息的机会。

那么浏览者如何才能获得正确的信息呢？健康信息的浏览者首先要保证其信息来源可靠，还要对信息加以分析。有些网站有一个标志，显示该网站属于网上健康机构（HON）。通过向药物健康网站发布一个代码，HON的目的是防止浏览者接受错误的信息。代码的接受者要保证网站的信息是由专家提供的，并还要保证浏览者信息的机密性和赞助者身份清晰。尽管有许多问题，但互联网还是有很多优点的，其信息的更新也十分频繁。

互联网也为居住在偏远地区的人们提供了接触营养健康信息的机会，尤其是在见健康专家之前，在网上浏览一下相关的信息，可帮助患者更好地了解和选择专家。

二、对营养专家的评价

营养专家们有时可能出现在广播、电视、网络或杂志、报纸以及商店中心。值得关注的是将如何来评价这些专家。

（1）专长领域　专家的专长领域是否为营养学，还是其他不相关的领域？

（2）资格　资格是来自公认的高等学校吗？是营养学学位吗？

（3）同行审查和审议　专家接受过同行的资格审议吗？在大学以及政府投资的研究机构及教学医院等进行研究的相关科研人员均要经过政府相关部门的严格审查及相关的同行评审。学历和资格造假行为常常被揭示。

(4) 专业机构的会员　专家们都是可靠专业机构的会员吗？如国际营养科学联盟（IUNS)、中华医学会、中国营养学会（CNS)、亚洲营养学会（FANS)、亚太临床营养学会（APCNS）等。

(5) 既得利益　专家有既得利益吗？他们会从提供的信息中获益吗？他们的信息会有偏见吗？是商业公司赞助他们为其提供建议和进行研究的吗？公司赞助的动机是什么？

(6) 参照系　专家们的参考系是什么？专家提供的建议是个体的哲学、文化信仰、宗教、个人利益还是一些其他动机？甚至可能一名医生或者科学家在提供建议时转移到其他的参照系。换句话说，专家的专业资格并不能保证其建议是完全正确的和没有偏见的。

参考文献

[1] Chan YH. Randomised Controlled Trials (RCTs)-Essentials. Singapore Med J，2003，44：060-063.

[2] Garrow JS. Would clinical nutrition benefit from meta-analyses and trials registers. Eur J Clin Nutr，1992，46：843-845.

[3] World Cancer Research Fund International. Food，Nutrition，Physical Activity，and the Prevention of Cancer：a Global Perspective. American Institute for Cancer Research，2007.

[4] http://it. people. com. cn/GB/42891/42894/9670225. html.

[5] http://www. w3. org/People/Berners-Lee/Longer. html.

第三章 食品保障

目的：

• 了解人类食品供给历史的进展。

• 了解人类科技发展、社会变革与食品供给变化的关系。

• 了解食品技术的发展，增加了食品的种类及数量，提高了食品的质量和降低了生产成本。

• 了解食品供给的进步在促进现代化大都市的发展中的作用。

• 了解科技的发展使方便食品更便宜、更具吸引力，但如果过量食用可能导致营养方面的问题。

• 了解政府在确保公共健康与促进食品生产、贸易中的作用。

• 了解超市和市场对食品供给与食品选择的影响。

• 了解食品供给的相关信息及统计的来源。

重要定义：

• 食物保障：所有人在任何时候都能够在物质上和经济上获得足够、安全和富有营养的食物，来满足其积极和健康生活的膳食需要及食物偏好。

饮食的组成由很多因素决定，包括气候、环境、社会文化、政治、技术、贸易、个人以及社区的经济状况[1]。食品保障是各国政府面临的重要问题，特别是在发展中和过渡型国家。食品的生产、收获、运输、储存、分配以及最终被消费者消费的各种方式应视为一个系统来看待，即食品在一个点生产以后要通过许多环节的流通然后到达被消费这个点。从原始的人类文化到复杂的现代城市，食品的供给系统已经进步了很多而且更为复杂。

1974年11月，联合国粮农组织（FAO）在罗马的首届世界食物首脑会议上提出了“世界食物保障”的概念，即“保证任何人在任何时候，都能得到为了生存和健康所需要的足够的食物”。1983年4月，FAO通过了“食物保障”的新概念，即确保所有的人在任何时候，既能买得到、又能买得起他们所需要的基本食物[2,3]。1996年11月，第二次世界食物首脑会议通过的《罗马宣言》对“食物保障”做出了第三次表述，即“只有当所有人在任何时候都能够在物质上和经济上获得足够、安全和富有营养的食物，来满足其积极和健康生活的膳食需要及食物偏好时，才实现了粮食安全”[4]。尽管粮食安全的概念几经修订，但其概念包括的基本含义没有改变：第一，在生产层面，确保能生产出足够数量的符合需求的食物；第二，在供给层面，最大限度地稳定食物供应；第三，在需求层面，确保所

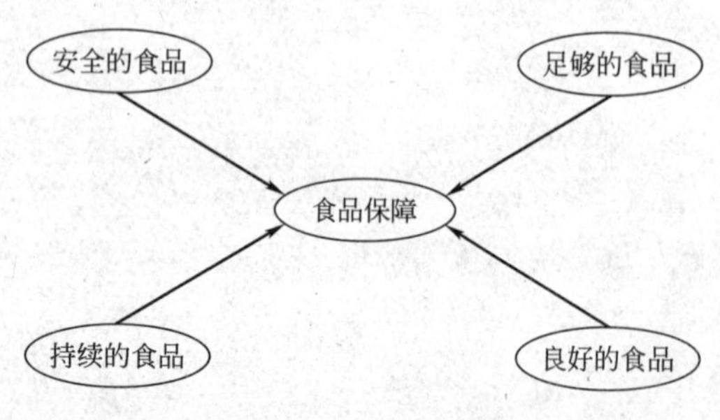

图 3.1 食品保障体系[5]

有需要食物的人都能获得食物（图 3.1）[5]。

第一节 人口增长与限制增长

一、马尔萨斯

随着世界人口的飞速增长，对食物的需求也日益膨胀。人们能生产出足够的食物来满足人口日益增长的需求吗？人们一直在思索这个问题，直到 200 年前马尔萨斯发表了第一篇关于这一主题的文章。马尔萨斯（1798）认为，人口是以几何关系增长的，而食物生产资源往往是以线性关系增长的，因此，人口的增长必然会超过食物供应量的增长，而如果人口继续增长则会遭受饥荒、疾病、战争或瘟疫。他还指出，考虑到人类结婚及生育问题，避免人口过剩的唯一方法是有目的地控制人口增长[7]。但他的这一观点遭到了英国国教的强烈反对，因为当时欧洲和美国的人口在经济成功的几年间增长很快，而马尔萨斯所预言的灾难最终并没有发生，所以他的这一观点使他声名狼藉。

现在，生物学家们意识到马尔萨斯的中心观点是正确的，生物界中有许多例子是数量增长到一定程度时最终通过饥饿与疾病来缓解。虽然 16 世纪的增长速度相对较慢，但人口增长已经达到了前所未有的程度。自那时起增长开始加速，今天，人们又重新面临世界人口的食物供应问题。

二、世界人口增长

1804 年的世界人口数量估计已经达到 10 亿，123 年后的 1927 年为 20 亿。然而，自 1975 年至 2000 年的 25 年间人口增加了 20 亿，现在全球人口估计已经超过了 65 亿。目前，世界人口每年增长约 7800 万，大约是加拿大人口的 4 倍。人口的增长速率是根据加倍的年数计算的。人类已经存在了几百万年，16 世纪的人口已将近 5 亿，双倍增长速率的历史已经超过了 1000 年。人类最快的增长速率，事实上是马尔萨斯所说的 19 世纪早期的美国，其双倍增长速率持续了 22 年或一代人的时间，因为那时的美国土地充足。世界人口呈双倍增长大约有 50 年了，虽然增长速率开始有所下降，但预计至 2050 年人口将由 60 亿增长至 90 亿。理论上，在未来的 200 年内，连续的双增长速率将会使人口增加到 180 亿～360 亿，但是，很明显这种增长是不可能的[8]。表 3.1 列出了历史上世界人口数量的变化[9]。

表 3.1 世界人口增长历程[9]

年 份	世界人口数量	年 份	世界人口数量	年 份	世界人口数量
1804 年	10 亿	1987 年	50 亿	2018 年	80 亿
1927 年	20 亿	1999 年	60 亿	2054 年	90 亿
1960 年	30 亿	2006 年	68 亿		
1974 年	40 亿	2013 年	70 亿		

地球所能承受的最大人口数量的计算方法有很多种。首先，通过卫星技术可精确测量可用农业土地的总面积。其次，根据降水量和灌溉水量可以判断一般土壤的类型。同样，纬度、海平面的高度、阳光的温度和时间均是可以计算的。这一信息可以判断适合种植哪种植物以及期望的产量值。例如，每人每天平均消耗 1000kJ 能量，那么每人一年则消耗 3.65×10^6kJ。优质小麦或大米作物每公顷的产量是 4t，每克小麦或大米产生的能量是

14kJ，则每年每公顷可耕种土地可以提供 56×10^6 kJ 的能量。将第一个数值除第二个即可得出这种优质小麦或大米作物每年能够提供 15 个人的能量，相当于 1500 人/km^2。产量中需扣除各种气候条件和土壤影响部分，便可计算出一个理论最大值。在这点上必须采用正确的计算方法。

人类不仅食用谷类、果蔬，动物也可用作食物。与作物相比，动物食品能量的产生仅为每公顷土地投入的 1/10。另外，还要考虑到周期性的干旱和作物的死亡导致的减产。不同时期不同区域突发的病害和虫害也会导致减产。另外，需要留出一定比例的土地作为人类居住的空间。1500 人/km^2 的承载能力将有可能会减少至 1/5（300 人/km^2）或更少。同样人类活动的许多重大决定也会影响计算。下面提到的一系列问题均关系到人们的生活品质，如哪些地方用作自然地域或野生动物保护区；哪些地方用来种植非粮食作物（如棉花）或森林木材；人类需要大量的土地来为自己服务，包括商店、办公室、学校、工厂、公路等；哪些土地用于丰富人们的业余生活（如公园和运动场）。满足人们生活的最佳空间需求是人口密度最大不超过 300 人/km^2，这一人口密度与实际人口密度对比见表 3.2。

表 3.2　人口超过 5000 万的一些国家的人口、面积和人口密度[10]

国　家	人口/万	面积 /10^4 km^2	人口密度 /(人/km^2)	国　家	人口/万	面积 /10^4 km^2	人口密度 /(人/km^2)
孟加拉国	14737	14.40	1123	德国	8245	35.70	231
日本	12762	37.78	338	巴基斯坦	16580	80.39	206
印度	109535	328.76	338	意大利	5813	30.12	193
菲律宾	8947	30.00	298	尼日利亚	13186	92.38	148
越南	8440	32.96	256	中国	132256	959.70	138
英国	6060	24.48	248	印度尼西亚	24545	191.94	128

由表 3.2 可以看出，孟加拉国的人口密度已远远大于 300 人/km^2 的最大理论值（该数值为推导的安全值），这意味着孟加拉国进入了一个不稳定的局面，将来很可能遭受因食物供应不足导致的后果。虽然其可通过大力发展工业来赚取足够的资金购买食物，但在任何情况下，这仅为一个暂时的解决方法，因为对进口食物需求的增长速度远比工业发展的速度快。如果由中国向孟加拉国提供 1500 万吨小麦，连 6 个月都维持不了。像孟加拉国这样的国家最即时的危险是灾难的发生，如洪水或干旱，其将使整个国家在短期内陷入危机，因为国家仅有很少的粮食储备量[7]。

必须意识到，几乎所有的发展中国家的人口都在以大于世界人口的增长速率增长。相反大部分发达国家的人口接近或低于每个育龄妇女生育 2.1 个孩子的人口维持速率，且一些欧洲国家的人口正在急剧下降[11]。

三、世界人口增长的影响因素

1. 大家庭的成本和效益

大家庭模式是促进世界人口快速增长的一个重要因素。在多数不发达国家，大家庭能给父母带来很大的效益。其主要原因是：①农场需要孩子们的体力劳动为家庭做贡献；②当父母年龄大时，孩子们可以照顾他们。

发达国家的政府通过利用税收来提供社会服务，其中包括体恤金、医疗服务和对老年人的照顾，因此，无论在经济还是安全方面均看不到子女特定的益处。然而，在许多发展中国家，女儿出嫁到另外一个家庭后要忠贞于那个家庭，所以，父母老年时期的生活要得到保障，就需有 2 个儿子。但在过去，不发达国家的婴儿死亡率很高，为了保证能有 2 个儿子成活，父母需要有6～8个孩子。随着最小发展理论的引入、婴儿喂养医疗知识的普及、普通感染的治疗、疫苗的应用与基本的卫生保证，婴儿的死亡率已大大降低了。故这些大家庭子女存活率的提高必然会带来人口的迅速增长[7,8]。

但是向发展中国家灌输低人口增长率的好处是无效的，特别是这个建议来自于相对富裕、发达的国家。人们要改变这种孩子可带来经济效益的观点（事实上是现实），就必须大力推动经济发展，使发展中国家的政府通过税收提供社会服务。如社会服务有保障，家庭生活水平得以提高，父母则无需子女来为其养老，无疑父母将选择限制其家庭的结构。

2. 人口结构与增长

政府的一个简单决定是不可能阻止人口增长的，因为夫妇生育孩子的愿望是非常自我和感性的。例如，我国政府40年前就意识到了自身巨大的人口数量和正在增长的人口状况，提倡一个孩子的政策，同时采用经济刺激与惩罚相结合的计划生育政策，对执行政策的父母的经济刺激包括住房和子女教育资助等[12]。印度也有一个限制人口的政策，但其更多的是依靠公共教育计划和避孕方法，而不是政府的控制[13]。目前，由于人口的年龄结构改变，特别是寿命的不断延长，一些发达国家和一些过渡性国家已进入老龄化，其将使正在飞速增长的人口在一段时间内还会继续增长。

3. 人口转型

人口转型是指欠发达国家人口趋于稳定或缓慢增加的一个过程。人口增长受高婴儿死亡率以及寿命短的限制。通过政府的有效管理、社会服务、教育、健康投资等的发展，使婴儿死亡率逐年下降。财富的增加，父母选择了少生育，这样便重新建立了稳定或缓慢增加的人口状况。

在转型的前期，随着财富和知识的增加，首先是婴儿和儿童死亡率的下降，接着便是人口的快速增加；当财富增至一定水平后其家庭成员才会开始减少。大部分相对富裕的国家均经历过人口转型，他们基本上是在20世纪早期完成转型的。而不发达国家的人口转型至20世纪30年代或晚至50年代才开始。这些国家的技术改革发展比较迅速，人口增长速率也快。而人口增长减慢的速率是由这些不发达国家真正富裕起来的程度决定的。例如，日本、中国台湾、新加坡以及韩国的人口增长率已减慢至正常水平，而且近年中国台湾和新加坡竟然出现了负增长。但问题的关键是亚洲的其他大部分国家是否能以适当的速率来有效地控制人口的增长。如果人口的增长速率快于经济增长的速率，那么每个家庭的生活水平就不可能得到提高。按此情况，这个国家则将进入人口的快速增长时期并难以控制。尽管孟加拉国人口的增长速率比较低，但人口密度已达到了1123人/km^2，至2020年，其人口密度将达到1500人/km^2，届时孟加拉国政府将很难为这些增加的人口提供食物，故当自然灾害来临时将很可能陷入饥荒状态。

虽然非洲许多国家的人口密度比较低，但处于一个不稳定的形势。例如，埃塞俄比亚、尼日利亚以及乌干达每年的人口增长速率为2.5%～3.0%。假定人口双倍增长的时间为25～28年，那么这些国家将近一半的人口均在15岁以下，仍处在教养年龄，然而随其长大成人，人口的增长速率将会加速。

第二节　食物生产的环境和资源

所有的生物均具有一个小的生态环境，即与其他物种相互联系的生物圈。如无其他物种存在，人类就不可能存在。

植物可直接向人类提供食物，也可提供给动物，而动物最终也会成为人类的食物。植物和动物浪费掉的材料则被真菌和细菌分解，其释放出的营养素又可被植物利用。地球上有生命存在已约6亿年了，在这漫长的时期，物理和生态环境已逐渐发生了变化，如岩石已被分解成中沙、泥沙和黏土，有机物质聚集在表层形成了土壤。多产的土壤具有能保持水分的多孔性结构和锁住植物养分的黏性颗粒。植物的根可保持土壤防止被雨水或风冲走。这些相关因子（岩石、土壤、降雨、植物、动物）构成了食物生产体系，其中的任何一个因子的变化均会导致其他因子的改变。因此必须深入研究这个体系，才能搞清楚食物的长期供应是如何受其系统变化影响的。

一、农业耕作

农业是从公元前20000～5000年发展起来的。在公元前约10000年前，开始圈养绵羊、牛等动物。随着时间的推移，游牧民族在一些村庄定居下来，然后以种植农作物来获得食物。考古证据表明从那时起农作物逐渐进化。选择最佳植物作为种子以优化农作物。不同地区农作物的选择和种植主要与该地区的地理环境和本土植物密切相关。在多数地区，一些农作物被认为可口且来源可靠从而作为该地居民生活的主要食源。主要的农作物必须提供充足的食物能量来源且全年均可得到，并且该农产品易于储藏。如谷物易于晒干，或留在地里需要时再将其挖出，如马铃薯及甜马铃薯等[14]。

所谓的农庄式饮食主要是由农产品构成，同时补充一些能量较低且品种繁多的食物。在我国的南方地区，50%～60%的食物能量由水稻提供；相对少量的猪、鸡、蛋、鱼、其他海/水产品以及豆制品提供蛋白质；而叶、根茎类蔬菜和水果提供维生素、矿物质和膳食纤维；植物油和少量的动物油（主要是猪油）经烹饪后以增加能量及调节食物的风味。

世界范围内的陆地和海洋贸易将一些国家的土生作物带到了其他气候适宜的国家，从而成为当地的主要农作物。例如1650～1750年间，原产于美洲中南部的马铃薯、玉米和大豆被带至欧洲，并逐渐成为欧洲地区的主要农作物。

农业系统的发展导致的营养结果有如下几个方面。首先，与过去的狩猎-采集体系相比，食物的种类减少了，但由于作物的种植，食物的供给增加了，食物的可靠性也提高了。另外，食品的处理如磨面粉也开始了，而磨成的面粉可用于蒸煮，增加了谷物的可口性。然而，当谷物磨成面粉时丢失了谷壳（去掉了麸皮和胚芽），因此降低了其营养成分和纤维含量，从而降低了谷物的营养价值。

人类的食物供应主要取决于植物的生长。植物可作为食物直接食用，也可用来喂养动物，动物或动物产品又可作为人类的食物，所以任何有助于植物生长的环境均有益于人类。有利于植物生长促进食物生产的资源称为主要资源。通过作用于环境而提高食物产量的资源称为二级资源。主要资源包括土地、土壤及其养分、水、空气、温度和阳光。二级资源有劳动力、资本、能量、肥料、机器设备和技术。

1. 主要资源

缺少任何一种主要资源均不利于食物的生产，所以必须探讨每一种资源所发挥的作用，确定哪些额外的主要资源有利于提高食物产量。同时也应意识到资源的任何损失均会减少食物的产量。

（1）土地　地球上仅有一小部分土地可用于农业生产，但目前大部分农用良田已被耕种或沦为森林。需要保护森林，维持生物的多样性，防止多余的CO_2释放至空气中。可耕种的土地虽较多，但大部分多为生产率不高的干旱地区的土地、缺水无产量的土地、山区或高纬度（寒冷）地区等不适宜耕种的土地。也要认识到在城市周围的许多良田正在遭受重大的损失。事实上是由于耕地和水的存在才形成了城市目前的位置。随着城市的扩张，土地被房屋、工厂、公路、机场以及其他非农业用途用地占据，故人们不能期待开发大面积的新土地来为这些增加的人口提供食物。而能够真正增加粮食产量的方法是提高现有土地的生产率和利用率。

(2) 土壤及其养分　土壤可为植物生长提供养分。不同土壤中的可用养分是不同的，如沙壤土贫瘠，不能种植任何作物。而其他的火山岩或黏土富含植物所需的养分而有利于其生长。如果土壤缺乏某种养分，可通过添加某种肥料以满足植物的生长需求。

土壤流失和退化是一个严重的世界范围问题。其主要原因是风和水导致的土壤侵蚀；土地的过度使用导致的养分的贫瘠；动物的过度放牧和连续耕作破坏了土壤的结构；富含植物养分和有机物的表层土的流失；过度灌溉和排水不良导致盐集中于土壤的表面等。

作物的养分需求较人类和动物简单。有些地方作物可生长良好，但缺乏人体所需的元素。例如山区土壤缺碘，以当地食物为生的人们易患甲状腺肿。

(3) 水　水对任何物种的生存都是第一位的，故灌溉是促进食物生产的重要保障。如我国西北部降水量少，不适宜作物的生长。这一地区的土地可用于放牧，但要满足畜牧业的需求仍需大面积的土地。因此，水仍是我国西北部食物生产的一个主要限制因素。

世界上的干旱地区也面临类似的情况。在河水可以利用的地方，其可利用河水灌溉来增加粮食产量。目前，全球的许多河流已接近或达到了其作为灌溉用水的最大承受量。越来越多的河流沦为城市用水，却很少用于农业生产。另外，当一条大河流经多个国家时，国家之间关于用水权力的问题也会比较紧张。例如，土耳其下游的国家由于土耳其用水而诱发拉底河水量问题。理论上，淡水可由海水蒸馏而获得，但该过程对于农业用水而言太昂贵了。在一些地区，水资源的污染与矿物富集也是一个有害因素。肥料中的氮、磷流入河流，可使水草丛生或孕育一些有毒的蓝藻、绿藻。另外，如果地下水遭化学物质污染，则不能安全饮用。

在过去的30年间，人们逐渐意识到，矿物燃料主要是用于发电、运输和加热，使空气中的二氧化碳富集，通过限制红外线再从地球的热辐射，导致全球气温上升，即温室效应。虽然人们不能准确地预测这一过程的结果，但科学分析显示，恶劣的暴风雨雪天气将频繁发生，并将严重地破坏作物。降雨格局将变化莫测，降水量充足的地区有可能频繁遭受干旱，而原先的干旱地区则有可能变得湿润。温室效应导致的海平面的升高将会淹没低于海平面的土地，例如孟加拉国以及太平洋岛屿国家的土地。孟加拉国很可能将丢失三角洲的大部分区域——其人口聚集，土地肥沃，是当地人们赖以生存的保障。

目前，全球尚未就减少温室气体排放问题达成协议。矿物燃料的使用虽可导致气候变化，但也可用于耕种、肥料生产、钢铁生产、抽水燃料、食品和肥料运输、食品制冷以及加工。人们有必要寻求一个矿物燃料的最佳使用量，尽可能开发可恢复能源（风能、太阳能、水电能、地热能）。

(4) 空气　空气中的CO_2是植物的主要养分，植物利用光合作用将其合成碳水化合物。空气中CO_2的正常含量是0.03%。空气中CO_2含量的升高会加快植物的生长，但实际意义不大。

(5) 阳光和热量　光合作用是作物生长的关键步骤，阳光可促进光合作用。光可使CO_2和H_2O中的H反应生成碳水化合物和植物的其他构成分子。尽管来自于阳光的热量是一个限制因素，但光合作用中的太阳光是食物生产中的可再生能源。在8～12℃以下，光合作用低，植物生长很慢。虽然不同植物之间有所差异，但植物生长最适温度一般为22～

26℃。高纬度地区如阿拉斯加州、加拿大、北欧以及俄罗斯气候均较寒冷，使食物的生产受到气候的限制。全球有许多地区虽土壤肥沃、降水充足，但由于海拔高、气候寒冷，食物的生产同样受到限制。

(6) 植物和动物　并非所有的植物均可食用。尽管数以百计的植物种类可用作食品，但人类的大部分食物仅来源于10～15个品种。在农业得到发展之前，狩猎社会的食物来源受其所居住地区可生长的植物的限制。几百年来，优势植物逐渐被人类选择并传播至大部分居住区。通过杂交育种改进植物的特性在增加食物产量中起到了十分重要的作用。这一发展的最著名的阶段是“绿色革命”，在此时期，利用植物育种家选育新的作物品种，更有效地使用化肥并提高其产量。植物育种是一个连续的过程，以选育出产量高、营养高、抗病、优质的作物品种为目的。

动植物发展中最显著的一项技术是基因工程。虽然关于转基因食品的安全问题始终是一个热门话题，但这一新技术在提高作物的产量方面有很大的潜力。较有潜力的例子是将沙漠植物的抗旱基因转至作物中以提高作物产量。

2. 二级资源

二级资源是指可用于提高食物产量的资源。

(1) 劳动力　食物的生产需要劳动力来种植、加工食品和饲养动物。劳动力与食物生产中的其他资源不同，其将随人口的增加而增加。因此，劳动力是食物生产中不受限制的因素。事实上随着科技的发展，劳动力往往可被机器替代，较少的劳动力即可生产出更多的食物。

(2) 机器设备　将简单的机器用于生产已经几千年了。在有历史记载之前，这样的工具如铁锹、锄头、犁等已出现。近代时期复杂的机器得到了飞速发展。例如拖拉机以及燃烧矿物燃料的机车取代了马和其他拖拉动物，替代了农民的手工劳作。在一些发达国家，机器的使用减少了劳动力的开销，从而降低了食物的成本。而发展中国家用于提高粮食产量的机器一般比较简单、便宜，但可有效地提高产量。例如，在非洲干旱地区，利用钻子沉入地下水与电动水泵连用即可有效地控制旱情从而提高食物产量；在东南亚热带地区，利用钢板仓储藏大米可很好地减少老鼠、田鼠以及模具损害带来的损失等。

(3) 肥料　肥料是植物养分的来源。可为有机物质（如混合肥料、动物粪肥、血骨）或化学物质。植物生长需要的大量化学元素是氮、磷、钾。氮可从混合肥料、粪肥中获得，也可利用固氮植物从空气中吸取氮（如豆类）。大量的氮肥来源于人工制造的硝酸铵、尿素等，其可大大地提高产量，但由于需要矿物燃料，此方法比较昂贵。钾来源于古代湖泊沉积的碳酸钾，磷则来源于鸟类粪肥或高磷岩石的化石开采。保存有机物质是保持土壤养分最环保的方法，但肥料仍是必需的，因需补充作物带走的营养成分。

(4) 灌溉　如上所述，在全球的大部分区域，水是粮食生产的关键限制因素。淡水充足的地域灌溉较为容易。挖渠引用溪水进行灌溉已沿用几千年了，至今虽灌溉面积已增加了数百万公顷，但该灌溉方式仍被广泛采用。不过由于水的利用率低，易导致土壤盐渍化。新的灌溉技术（如喷雾和滴灌）的水的利用率高，且不会导致盐渍化。虽然喷雾和滴灌的设施昂贵，且需燃烧矿物燃料抽水，但其较高的水利用率使之势在必行。

(5) 杀虫剂　杀虫剂（农药）是指杀死害虫和杂草的化学试剂。据计算，世界粮食产量的1/3是由于杂草、害虫以及食物的腐败而损失的。若无杀虫剂，生产粮食能否供应现有的世界人口的确值得怀疑。

因大面积的单一作物较间作的植物更易遭受害虫的袭击，而杀虫剂的应用又会导致了新的环境问题。如杀虫剂可无选择性地杀灭有益昆虫，从而破坏了自然界的生态平衡，增加了群袭的可能性。环保要求具有高度选择性的杀虫剂，目前专用试剂和除草剂已经问世。

(6) 技术 “技术”一词是指农业和食品生产中许多“聪明的”发展，上面已经提到了其中的一部分。食品生产中有许多相关技术，有的简单（除草剂、灌溉、杂交技术等），有的复杂（食品生物技术、转基因技术等）。相对简单的技术也可带来高产量，尤其是在资源缺乏的发展中国家。

(7) 能源 将能源因素考虑到食物生产中是十分重要的。全球现用的大部分能量是以矿物燃料和煤矿形式保存的，数量有限，且可增加空气中的 CO_2。西方工业国家食物产量的大幅度提高是以大量的矿物燃料为代价的。矿物燃料能源可用于耕种、灌溉、肥料以及杀虫剂的制造、机器制造、收割、运输、加工、制冷等。

与发达国家相比，发展中国家的矿物燃料的人均利用值很低。若要加快经济发展和食物生产，就必须提高矿物燃料的利用率。但如何将其与减少 CO_2 的释放量和与减少温室效应相协调呢？一些发达国家不赞成减少矿物燃料的使用量，因此发展中国家仍可增加其使用量。

发展可再生能源，特别是太阳能和风能，但其成本仍相对较高，且产量很低，在未来20年内可能将有一个飞速发展。核能是可以利用的，但要承担环境破坏和放射性废料长期储存的问题。

(8) 资本 资本是指为其他二级资源投入的资金。维持粮食产量持续增长的总成本是十分巨大的。在发达国家，二级能源的应用取决于主要能源的质量。只要土壤适宜、水源充足、就可安装昂贵的灌溉系统，使用大量的肥料。在此种情况下，收成即可偿还投入的成本。相反在发展中国家，因资本不足导致成本结构不合理，使食物价格通常不能收回昂贵的投入，这是一个复杂问题——发展中国家的消费者希望食物价格便宜，而农民则希望食物的高回报，他们便可购买优质的种子、机器、肥料等生产出更多更好的食物。答案就在于经济的发展，每人均需增加自己的财富。较多的工作机会和高薪可使更多的人有足够的资金购买更多优质的食物以及更多品种的食物，人们日益增长的需求和购买力可向农民提供更多的资本。只有这样，农民才能投入更多。

如上所述，事实上需建立更加完整的经济社会体系——需要更多的资本投资、更多的工业、更多的收入、更多的税收、更多的政府服务（教育、公共卫生、体恤金）等。简言之，欠发达国家已开始向发达国家迈步了。

二、经济发展和分配问题

世界不同的地区经济发展和分配问题的严重性不同。一般来说，最大的困难在于发展中国家。资源和食物供应上更多的是分配问题。在全球范围内，有充足的资源可满足世界人口的基本需求。但资源分配不均，将近1/4的世界人口居住在发达国家，这些国家人口稳定或增长缓慢，拥有3/4人口的发展中国家经济贫困而人口增长迅速。

如果全球的资源可以平均分配，那么贫穷的问题就可以消除了。而将财产从发达国家转移至发展中国家的再分配机制是复杂的，但有趣的是，目前资源正以贸易的形式有效地向贫穷国家转移。在人口快速增长的同时，欠发达国家的劳动力资源充足且劳动力廉价，如我国、印度、菲律宾、越南等，其工资低至每天仅几美元。事实上，这些国家的主要问题之一是失业问题。国家的自由贸易使厂商往往将工厂从发达国家转移至发展中国家以充分利用其廉价的劳动力，使商品可以低成本制造再出口至发达国家。

多年来，发展中国家已向发达国家出口了大量的商品，如纺织、服装、玩具以及家具等。许多欠发达国家正在步入财富和技术的领域，向中等收入国家出口如空调、计算机和手机等高技术商品。经济的发展同发达国家的贸易一体化对发展中国家十分重要。当地工人的工资可购买更多、更好的食物和消费品，而良好的食物价格，可促进农业的发展、提高购买力、保持当地工业的蓬勃发展，使整个经济体系上升到一个较高的水平。

三、农业体系的可持续性

维持并稳定地增加食物供应以确保世界人口需要的一个食物生产体系，并使该体系能够永不停息地生产食物。世界人口和食物需求的增加并不是暂时的现象，世界人口保持稳定需要 50～100 年的时间，而人口有一个明显下降的趋势则又需 50～100 年的时间。未来的计划需考虑环境的变化，因其已威胁食物生产的可持续性，将来定会威胁人们提高食物产量的能力。

在我国的部分地区，密集型劳作已实践了几千年。长期持续的粮食作物生产表明农业体系必须保持稳定。如果人类要长期生存，农业体系的规划者必须清楚一个稳定的食物生产体系是如何建立和维持的。以我国农民为例，一个农民和他的家庭以种地为生，土地面积很小，可完全靠人力来完成工作。他们利用运河水进行灌溉，种植大米、蔬菜和水果。饲养一些动物，如水牛（用于耕种）、山羊和绵羊以及一些鸡、鸭等。植物的废叶和修剪的枝条用来饲养动物，动物的粪便作为植物的肥料。但周期性的洪水可冲走一些富含植物养分的泥土，由于土地很少，则生产主要用于家庭消费，一小部分产品可在当地市场上出售。

现代农业与此完全不同，大力促进发展中国家的现代化农业，提高食物产量是关键。产量的增加主要来自于：①有效利用可用灌溉水，如喷雾、滴灌代替漫灌；②机器广泛应用于耕种、收获、储藏、运输以及食品加工中，充分利用劳动力，减少作物的浪费，通常该机器与西方国家大规模单一栽培农业所用的机器不同；③选育栽培具有产量高、营养品质好、耐贮、风味佳等目的性状的新作物；④适当施肥以提高产量，将对溪水和地下水的径流水的污染降至最低；⑤使用安全的杀虫剂，将作物损失降至最小；⑥向农民传授新技术，对其进行指导教育，帮助发展中国家的农民和食品加工人员，提高食物产量和生产效率；⑦支持贸易和资本投资，以加速经济发展与就业，从而增加工资、政府税收以及政府服务。这样的投入有利于可持续体系的发展。实际采用的系统可随环境和其他因素的变化而变化。但该体系必须受到监控，以便发生冲突时能进行相应的改变。

目前，发展中国家农业发展的目的是维持农业的生物多样性。这里的生物多样性指的是农作物和当地所用的品种。农作物的生物多样性可以保护一个可恢复的生态体系。单一作物大面积栽培的食物产量更易受病害、昆虫的袭击或干旱的影响。如同时种植不同系列和品种的作物，某些作物品种可能会受影响，但其他品种可有好的产量。这样，食物产量可维持在一个满意的水平。

四、贫穷、疾病和政治不稳定

不幸的是最贫穷的国家，尤其是一些非洲国家的发展非常缓慢，至今仍未开始资本和技术的转变。这些国家收入很低，教育和文化水平也低，公共服务相对很少，通讯和交通设施落后。而发达国家很少对这些贫穷的非洲国家感兴趣，除了采矿，他们以最低的成本开采资源，然后再航运至发达国家。

另一个因素是疾病。这些国家公共卫生和医疗服务的支出很少，接种疫苗率低，饮用水资源常常受到污染，地方病和营养不良很普遍且相当严重，疟疾、肺结核、艾滋病以及其他疾病的死亡率均很高。艾滋病对人口的增长有着非常重要的影响。在博茨瓦纳、肯尼亚、纳米比亚、南非和津巴布韦，成年人的 HIV/AIDS 感染率为 10%～25%，而感染的通常是年轻人。因此，人口的体力劳动能力被摧毁。

对于这些国家而言，最不幸的是政治不稳定，内战普遍而政府腐败。政府官员常常窃取大量的钱财作为己有，而其他国家很难帮助阻止该现象的发生，且发达国家由于达不到自己的目的不愿给予财政支持。

人口快速增长的贫穷国家并非简单地仅是消耗食物，事实上他们越来越多地遭受到饥荒，还可能遭受自然灾害，如干旱与洪水，或人为内战，有时二者兼而有之，最终结果仍是饥荒。

五、未来前景和发达国家的角色

经济的发展、家庭财富的增加以及社会保障（如教育、抚恤金、保健）的提高无疑是成功控制人口增长的基础。那么发达国家是如何实施这一过程的呢？不言而喻，经济的全面发展是其核心。

食品的增长不仅取决于各种谷类的高产量，更重要的是取决于农民的生产力。如提高食品价格，农民可从中受益，将很容易接受新技术，从而提高产量。农民很清楚将如何增产，但缺乏资金的扶持（如选购种子、肥料、灌溉设施以及其他所需设备）。有时发达国家资助的食物是无用的，因便宜或免费的食物会削弱当地农民的生产力，冲击或降低当地产品的市场价格，更有可能减少当地食物的产量。虽然食品的国际性援助是灾难后唯一有效的资助，但其在某种程度上也抑制了当地食物的生产。

在大部分发展中国家，由联合国和各国政府发动的人口控制计划正在减慢人口的增速，人口数量有望在今后的50～100年内达到稳定。各国均应积极参与国际合作、努力控制人口增长、保护环境以及节约不可替代的能源。

可对人类未来提供人口与环境保护的双重挑战做一些有根据的推测，可能有两种不同的方式：一种是人口得到控制并能够充分地自给自足；另一种是人口的增长超过了食物供给的承受量。当然后者无疑将使人类不可避免地面临饥荒和死亡，在非洲与亚洲的部分地区已不时地发生了这种现象，并且随着人口的增长灾难发生的可能性也随之增大。

在最近的几十年中，全球的大部分国家已经完成了食品保障的提高，降低了人口增长的速度。虽然饥荒始终是一种潜在的危险，但目前最大的危险则是政治局势的不稳定与战争。战争是政治导致的结果，战争可毁灭一切。如果保持世界政治局面的稳定只是纸上谈兵，那么解决人口与环境问题也就根本不可能实现。

六、城市和日益增加的运输与贸易的重要性

自19世纪早期至今，交通运输及贸易的发展对食品的可得性起着重要的作用。

有效的运输系统拓宽了食物所到达的区域。在村庄的发展阶段，由马或牛拉的车较慢，且在崎岖的山路难以行走，食物主要在几千米的范围内获得。20世纪早期的城市，铁路以及公路运输及电动机车等有效工具的发展，可将食物运至几百千米的地方，使得大城市的发展成为可能。现代运输业采用铁路、海洋以及空运，使食物可运达世界各地。高效的运输系统减少了食物因发霉造成的损失，节省了时间和劳动力，从而降低了食物的生产成本，且由于市场更多的竞争也使得食品价格有所降低。随着食品运输、储藏以及保存技术的发展，基本消除了季节性对食品可得性的影响。由于经济的腾飞，一些国家可从其他国家或地区进口农产品，从而克服了由于当地的各种灾情造成的农作物损失。

蔬菜、水果曾因高的含水量而不易保存，仅于收获季节才可获得。如我国的北部，多数水果在夏季的中后期成熟。然而如今在多数城市和乡村，多种水果一年四季均可获得。近年来食品的季节性获得的循环已被价格的周期性循环所替代。食品的世界贸易额很大且发展也很快。例如，我国山东的优质大蒜，出口于世界各地；澳大利亚南部的草莓在冬季成熟，出口至美国。

第三节 中国的食品体系

中国的食品体系由分布在全国的1885个国有农场、7.5亿农民（《2008年中国统计年鉴》）从事农产品的生产、44.8万家食品生产加工企业以及10万余家超市，外加许多零售商、方便店、快餐店、餐馆及近13.5亿消费者组成（图3.2）[15]。

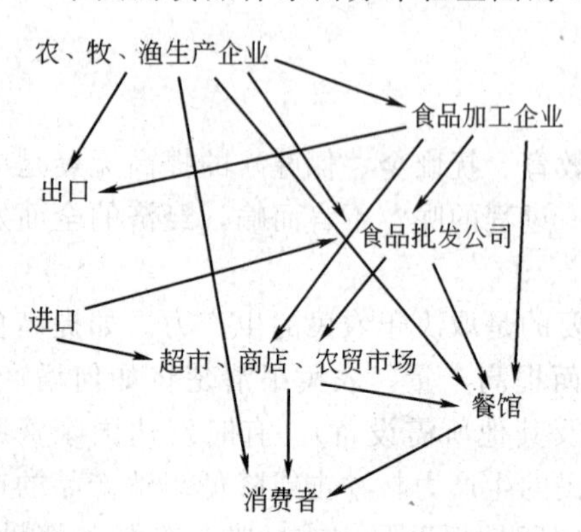

图3.2 简化的现代食品体系

2009年中国食品工业总产值突破了4.9万亿元，占总GDP的13%。农产品进出口总额为921.3亿美元，其中出口392.1亿美元，进口521.7亿美元[16]。我国食品工业的三个组织层面如下。

① 初级产品的生产：农作物的栽培、动物饲养以及海/水产品的养殖和捕捞。

② 食品加工：运用技术对初级产品进行加工与成型。

③ 食品零售工业：食品的分发及销售。

一、农产品的生产

我国仍有7.5亿的农村人口，他们中的大部分主要从事谷物及果蔬的种植，猪、羊和牛的饲养，小部分从事园艺、渔业、禽类的养殖。初级农产品的产值每年每月均随气候以及国内外经济的变化而变化，主要是因为出口初级农产品的某些省份的农民的收入受农产品出口价格以及人民币与其他货币之间汇率的影响（相关数据可在商务部定期发布的农产品《中国进出口月度统计报告》中查到[17]）。

二、农产品加工

农产品通过加工保藏及增加产品的种类，从而增加农产品的价值。由于产品包装技术的发展和应用，使食品的供应得以稳定增长。在村落发展时期，主要通过蒸煮来准备食物。随着技术的发展，多数食品逐渐从家庭化到工业化。包括面粉磨制、烤面包、屠宰业、乳业和酒业等在内的许多食品加工业已经存在了大约2000多年。在18和19世纪，出现了一些从事饼干、熟肉、水果罐头、蔬菜、汤、火腿等的专业加工工厂。自20世纪80年代起，一些食品生产企业通过兼并小公司以及增加其产品的种类而稳步扩大（表3.3）[17]。

表3.3 我国主要的食品加工企业（产品类）

饮料（水及各种饮品）	火腿及相关产品
酒类（白酒、黄酒、啤酒、葡萄酒、果酒等）	食用油
调味品（香料、味精、草本植物、甜味剂等）	肉类
谷物类（面条、馒头、谷类早餐等）	海/水产品
豆制品（豆腐类、豆奶、结构性大豆产品等）	快餐食品
焙烤食品（面包、糕点、饼干等）	休闲食品
水果和水果产品（罐装水果及果汁）	蔬菜及蔬菜产品（罐装及冷冻蔬菜）
奶制品（酸奶、奶酪、牛奶、冰激凌等）	糖果类及相关食品（糖、软硬糖果、巧克力等）
功能性食品和保健食品	蜂产品（蜂蜜、蜂王浆、蜂胶、花粉等）

食品工业与其他工业一样，也是以赢利为目的的。任何企业如果不能赢利，那么它就不能运转，因此，企业应保持竞争优势。目前食品工业的新发展（新食品，新市场战略）也都是为了保持竞争优势。大的食品公司主要通过收购小的食品企业而发展壮大。在我国，食品加工是制造业之最，其总从业人员超过300万。食品加工将在下一章讨论。

1. 零售业：商店、超市及商场

食品销售部门主要是集中将食品销售给顾客。1980年以前，包装食品、干燥以及罐装食品、鲜肉、海/水产品主要由少数专门的国营食品店经销。蔬菜、水果、蛋及禽类产品在国营商店和农贸市场均可买到。其中大多数为初级农产品，其原料的成分不很清楚，一般没有标签。自20世纪80年代起，超市在我国开始出现，人们自主购买，废除了每位顾客均需提供单独服务的成规，从而减少了雇员，降低了超市的成本。实际上这些节省的费用部分受益于顾客，体现为较低的食品价格，提高了购买力。随着超市以及24h营业的小型连锁超市在全国的普及，多数小的杂货店也逐步被淘汰。

一些劳动力节约性设备的使用也降低了成本。如近年来产品的条码识别技术以及计算机库存管理系统的出现。条码技术可以实现计算机销售审核及批发性仓库的产品排序，从而节省了大量的劳动力与生产成本。

一些食品加工企业，为了扩大企业规模，应用食品技术开发出更多的新产品。增加产品种类的驱动力有以下因素：①生产企业及超市为了增加销售额及利润；②增加及改善食品的风味与结构以吸引顾客；③减少食品的准备时间，提高工作效率。

许多食品零售由超市控制，主要是超市的空间较大。一个现代化的超市可以库存几万种不同的商品，这就增加了销售的食品种类，但增加的食品配方却使得很多成分对消费者来说变得越来越模糊。自20世纪80年代起，西方发达国家相继强制性实施食物成分标签和营养标签制度。对于大多数食品而言，顾客很清楚其成分，但对一些成分复杂的食品，消费者却无法获得。如成品的甜食、意大利面食、风味小吃、烤制的牛奶什锦早餐等成分复杂的食品，其成分都不是很清楚。在我国就更为复杂了，如超市加工的各种熟食及速食食品等。随着营养学知识的普及，设立有关食品及营养成分的标签对顾客来说显得十分必要。

在超市购买食品已成为我国城市人口的第一选择。有些连锁超市规模很大，可一次性采购几百吨的物品。生产厂家迫切与其签订大的合同，并尽可能以最低的价格成交。这些大超市再以最低的价位保持着其良好的市场竞争优势。而且有些连锁超市还拥有自己的品牌，该品牌与同类产品相比价格较低，颇受顾客的青睐。

当一个生产厂家有新的产品投放市场时，超市要求其厂家用一定的资金做广告，从而保证其产品有较好的销路。假如销路不佳，超市可谢绝库存该产品。新产品要不断地被检验，有成功的，也有失败的，而其销售额及单位面积的利润是最具说服力的。虽然不同的物品的利润不同，但常规食品如米、面、油、蔬菜和水果等较一些“奢侈品”如糕点、小吃等有较小的利润空间。超市通常提供质量好及价格低的常规物品以此吸引顾客来购买奢侈品，他们采取的策略是，将常规食品放在超市的周围，而把奢侈品放置于超市的中央或出口处以刺激顾客购买。

2. 政府的作用

中央和地方政府的政策、规章、税收、标准及要求对鼓励或抑制农民食品的生产以及食品工业的发展，有着举足轻重的作用。其不仅影响地方的食品生产与消费，而且也影响食品的进出口。

我国的食品监管实行的是由卫生部食品药品管理局协调下的多部委分头管理体系。

三、新的食品生产

食品供给的变化对食品工业来说十分重要，有无新的产品问世，直接关系到厂家的生存。对食品企业来说，开发新产品一般会有可观的利润。过去10～20年间，超市中出现了很多“健康”类的新食品。如同服装行业一样，食品行业也有流行一词，其生产厂家与超市共同为追求时尚的人们提供新食品。健康食品则明显受时尚的影响，如低酒精含量的饮料曾经出现在超市，但由于销路不佳，只好收回。高纤维食品因为健康原因流行，如燕麦片因可降低血液胆固醇变得十分畅销，但最近人们的热情又有所减退。目前茶油及橄榄油特别受人们的青睐。

所谓健康食品，其食品中盐、糖和油的成分是大家感兴趣的，但问题的矛盾是既要赢得顾客又要提供益于健康的食品。在易感人群中，高盐的摄入与心血管疾病密切相关。方便食品摄入得越多，从中获取的能量越多，因其糖和油的含量高。企业为了赢得市场份额，会尽量提供口味与感官俱佳的食品。盐对面粉类的食品风味影响较大，通常1%～2%的盐成分可达到最佳的食品风味。但如摄入该类食品过多将导致盐的摄入过量。这就出现了一个矛盾，即食品中保持高盐可以吸引顾客，而低盐则失去顾客。目前，一些厂家已经把低盐、低糖和低油的面粉类食品投放市场，让顾客自己选择。

食品市场是非弹性的，因为每年消耗的总的食品量基本是一定的。对食品企业而言，其销售额及利润的增加只能从其他公司争取市场份额或通过添加有价值的成分或开发新产品来实现。

功能性食品中包含的成分（营养成分、非营养成分）具有影响体内某一种或多种功能的作用。功能性新型食品如添加了植物固醇的人工黄油，它作为正常饮食的一部分可减少人体对胆固醇的吸收，从而降低了血液胆固醇的水平，因此减少了动脉粥样硬化的风险。另外，以健康意识较强的消费者为对象的含纤维素、多糖、糖醇、大豆异黄酮（植物雌激素）、n-3多不饱和脂肪酸等的多种功能食品也是近年来食品企业的热门产品。

四、方便食品

随着食品生产、加工及销售效率的提高，食品的价格也越来越便宜，但其价格也会受通货膨胀调整的影响。1980年以前，我国城市居民约80%的收入用于购买食物，而目前只需收入的30%～40%。

顾客并非一定要买廉价的食品。以准备食物的时间来衡量，方便食品被认为是相对廉价的食品。许多方便食品只需打开包装，加热后即可食用，但消费者将支付融入到食品中的服务。

最近的一些创新是提供完全准备好的食品，直接或简单加热后即可食用。当然直接食用的有其几种不同的形式。在未来的时期内向家庭提供的完全准备好的食品在超市中的供应量将会显著增长。另外，冷藏及冰冻食品也在稳步增加，其价格约为普通餐馆价格的一半或更低。因这类食品为批量生产，成本相对较低，企业从中可获取更丰厚的利润。

五、小吃及快餐

小吃是常规餐饮以外的零食。典型的小吃有薯片、巧克力、糖果、热狗、糕点及冷饮等。许多因素使小吃越来越受欢迎，其中包括如下因素：①购买力的增长；②业余时间的增加；③流动性的增加（个人交通工具，更多的时间远离家庭）；④食品新科技的发展使食品的风味及外观更具吸引力；⑤大规模的生产使该类食品价格更低。

在家庭中用餐越来越少的今天，小吃、快餐以及在餐馆就餐之间的区别变得更加模糊。快餐是一类加工好的热的食物，可在旅行、运动或其他任何时间享用，也可直接送至家中。液体早餐，可视为小吃，也可看作快餐。

六、现代的超市和广告

如今的营销技巧中，广告是最有影响力的，同样市场也影响食品的可得性。广告是如此的普遍以致渗透到全国的每一个角落，食品广告在电视及商业中心更是如此。生产厂家不惜大量的广告投入是由于市场研究证明广告可对销售及利润产生极大的效益。但有时也不乏盲目的投入，例如某乳品及饮料企业2008年在电视台的广告投入就分别高达2亿和3亿人民币，饮料的生产成本相对较低，其零售价由市场的费用和利润组成，虽然广告对人们会产生一定的影响，但这并不意味着广告的投入一定会与既定的目标成正比。

七、休闲与外出就餐

近年来，我国居民在饮食方面的主要变化是外出就餐的人越来越多。在过去的30年间，快餐馆、食品店及其他饮食网点的数量均有成倍的增加。其原因是：收入的增加、业余时间的增加以及休息娱乐的时尚变化等。外出就餐的变化从餐馆数量的增加中很容易体现出来，且外出就餐与家庭就餐并未显示出营养方面的明显变化。有数据显示，我国居民超重及发胖的人群呈上升趋势，但这是否与食品的供需有关还有待于研究。

总 结

- 随着食品科技的发展，食品生产从简单的农作物和动物形式到成分复杂的食品形式。
- 超市通过控制食品的储存和广告从而对食品的消费产生很大影响。
- 食品生产企业为竞争市场份额，持续将新产品投放市场。
- 食品链是一个极为复杂的体系，其不仅与企业及消费者有关，还涉及许多相关的政府机构。
- 食品的初级生产、加工以及零售对促进国家的经济发展做出了重大的贡献。
- 外出就餐，很难判断所消费的食品的营养成分。

参 考 文 献

[1] 肖玫，袁界平，陈连勇. 食品安全的影响因素与保障措施探讨. 农业工程学报，2007，23：286-289.

[2] Li Peng，Wang Yubin，Tan Xiangyong. Grain Security VS. Food Security. http://www.safea.gov.cn/english/content.php? id=12742763.

[3] 杨道兵. 发达国家粮食流通安全政策及启示. 粮食储藏，2007，36：54-56.

[4] FAO. Declaration on world food security. World Food Summit. FAO，Rome，1996.

[5] Wahlqvist ML. Why food in health security (FIHS)? Asia Pac J Clin Nutr，2009，18：480-485.

[6] 黄鼎成，王毅，康晓光. 人与自然关系导论. 武汉：湖北科学技术出版社，1997.

[7] 马尔萨斯著. 人口原理. 朱泱等译. 北京：商务印书馆，1992.

[8] 游允中. 六十亿世界人口. 北京：中国人口出版社，2001.

[9] United Nations. World Population Prospects，2009.

[10] United Nations. http://esa.un.org/unpp/index.asp，2008.

[11] 车文辉，黄光耀. 超载的地球：20世纪世界人口问题透视. 重庆：重庆出版社，2000.

[12] 包蕾萍. 中国计划生育政策50年评估及未来方向. 社会科学，2009，(6)：67-77.

[13] 冯天丽. 印度人口政策的转变——由单一的节育目标向多功能服务转变. 南亚研究季刊，2001，(2)：32-35.

[14] Read RSD，Jone GP. Chapter 4：The food supply//Wahlqvist ML. Food & Nutrition. 2nd ed. NSW：Allen & Unwin Pty Ltd，2002：37-48.

[15] 中华人民共和国国家统计局. 中国统计年鉴2008. 北京：中国统计出版社，2008.

[16] 中华人民共和国商务部对外贸易司. 中国进出口月度统计报告：农产品，2009.

[17] 程国强. 中国农产品出口：增长、结构与贡献. 管理世界，2004，11：85-96.

第四章　食物成分与食品加工

目的：

- 了解食品来源于生物组织及其提取物。
- 简述食品的组成，包括营养成分、污染物、添加剂以及有毒物质。
- 掌握食品的共同特征。
- 了解食物成分表、计算机数据库、国家及国际数据库。
- 了解定义不同的食品烹饪风格、色泽、质地以及变化多样的相关科学问题。
- 简述食品的保存与食品加工。

重要定义：

- 美拉德反应：又称为“非酶棕色化反应或羰氨反应”，是羰基化合物（还原糖类）与氨基化合物（氨基酸和蛋白质）间的反应，为广泛存在于食品工业的一种非酶褐变。

第一节　食物的最初来源

除矿物质及一些添加剂外，食品的主要成分来源于植物和动物。事实上，只有少部分动植物被用来为人类提供食品。经济发达国家的食品的种类繁多，且新品种仍在不断推出。30年前，我国市场上可选的食品种类极其有限，而现在则不同。

食品加工就是将动物与植物组织加工成食品的技术。正是由于该技术的进步推动了食品行业的飞速发展。

来源于不同的植物和动物，其具有相同生物功能的组织也具有相同的化学组成。这就不难解释为何有着相似食物来源的食品，其化学成分基本相同。虽然食品种类繁多，但对其组成进行大致的了解还是很有必要的。例如，禽类、鱼类、哺乳类动物的肌肉及其连接组织均含较多的蛋白质，且每种蛋白质的氨基酸组成基本相似。谷物的共同特征是含有大量的淀粉、非淀粉类多糖、蛋白质、维生素 B_1 和铁。水果含有大量的水，属于低能量密度的食品，为人类提供了大量的维生素及糖类。

由于食品组成成分的相似性，使得营养学家们根据其成分对食品进行归类。五类食品，如谷物、奶、肉、脂肪、果蔬与食物金字塔就是例子之一。然而，即使明显相似的食品，其成分也有很大的差异，如精瘦牛肉含1%～2%的脂肪、精瘦羊肉含4%～5%的脂肪、而蒸熟的白鱼所含脂肪很少。同样在这些食品中，脂肪的成分也不同，精瘦牛肉的脂肪中 n-3 多不饱和脂肪酸的含量为6%～7%、精瘦羊肉为3%～4%、白鱼则为40%。蔬菜作为一类食品其组成也不尽相同，如绿叶蔬菜富含维生素 C、类胡萝卜素和叶酸；根茎类蔬菜含有较高的淀粉，但维生素含量相对较少。

第二节 食物成分表和数据库

研究食物成分的目的是为了了解其营养价值，而要完全搞清楚影响人类健康的食品成分则是一个永无止境的、循序渐进的复杂过程。目前关于不同食物种类的分析数据尚未完全获得，而新产品的一系列数据还需及时更新，因此大部分的食物成分表仅提供了有限的食品种类及20～30种营养成分的信息（一般不包括非营养成分）。

中国、美国、法国、德国、英国、澳大利亚、新西兰和日本等国均有自己的食品相关数据库。拉丁美洲、非洲、东亚以及太平洋东南一带一些国家虽尚未建立自己的相关数据库，但因与邻国的食品供给相似，因而建立了区域性的数据库。不同的数据库反映的是其平均值而并非反映食品的具体种类、产地、时间等。数据的精确及准确性在于它的实时更新。鉴于对引起某些疾病的膳食成分了解的需求，一个国际数据库系统——国际食品数据系统网络（INFOODS）于1984年由国际食品与营养项目基金筹建，其目的是努力促进、协调与提高全世界食品分析数据的质量及可用性，以确保各国均获得充分以及可靠的食品成分数据。

有些国家将食物成分表编写成书，包括各种食物的营养成分，而有些国家的食物成分表是可以在线阅读的。表4.1是我国食物成分表中北京烤鸭的营养成分数据[1]。

除了以数字形式获得的这些数据外，食品成分补充表中还有详细的碳水化合物、有机酸、氨基酸、脂肪酸、胆固醇以及膳食纤维的信息。一些国家的食物成分数据库资料甚至可以在网上免费下载，但在使用其信息时要慎重，因不同国家生产的相似食品的营养成分不同。无疑食物成分数据库是研究与发展公共健康的有力工具，但也应认识到它的不足，主要有以下几个方面。①一些食品的自然属性是变化的。环境（农耕、气候）与基因（物种、种系）影响着食物的营养成分。如番茄中维生素有3倍（即最高与最低含量之间相差3倍）的变化、胡萝卜中的胡萝卜素有12倍的变化、红花中的亚麻酸有6倍的变化范围。②数据库通常是对其不同厂家生产的该食品的综合分析，而并非是对该食品各个品牌的分析。虽然这些数据可在新修订的数据库或科学文献中检索到。③尚未列出食品的全部营养成分，如叶酸等。④食品数据库尚未提供营养成分的生物利用率信息。如小肠中与血红素结合的铁比在谷物与蔬菜中以无机形式存在的铁更易被吸收，而在复合食品中也未提供铁的两种存在形式。⑤即使食品的营养成分精确地记录在案，也很难精确地衡量营养成分的摄入。⑥在食品的数据库中，对食品的提取和记录可能存在着一些误差。

约70年前英国的营养学家们提出了“关于食品成分的信息究竟有何用途”这一问题。对食品成分表的看法分为两派：一派认为应该提供精确定量的食品成分；另一派则认为食品成分的相关信息毫无意义，因为食物成分随土壤、季节及生长率的变化而变化。两派的观点均不无道理。将食品数据库中的膳食营养成分与用化学方法分析的结果对比，其中10%的样品在能量及蛋白质的指标所获得的结果是一致的，而脂肪则差异很大，以微量营养素成分的差异最甚。

（1）食品中农药残留与添加剂问题　现代农业使用化肥及农药来获得最高产量的农产品。化学农药在农业上已被广泛应用，主要用来控制杂草生长及杀灭有害昆虫，但农药残留是不可忽视的问题。在我国、日本、澳大利亚、美国、加拿大和德国等一些国家，定期检测农产品中的农药残留及环境污染物已作为常规。对于进口食品，各国更是尤其严格的在WTO框架内对农药及农药残留、抗生素及抗生素残留以及环境污染物进行限制要求。相关问题请参阅食品安全教科书。

（2）食品中自然产生的有毒物质　食品中自然产生的有毒物质与食品成分一样变化多

表 4.1 北京烤鸭营养成分数据[1]

营养成分	含量(每 100g)	营养成分	含量(每 100g)
热量	436kcal	维生素 E	0.97mg
蛋白质	16.6g	胆固醇	0
脂肪	38.4g	钾	247mg
碳水化合物	6g	钠	83mg
膳食纤维	0	钙	35mg
维生素 A	36μg	镁	13mg
胡萝卜素	0.8μg	铁	2.4mg
视黄醇当量	38.2μg	锰	0
硫胺素	0.04mg	锌	1.25mg
核黄素	0.32mg	铜	0.12mg
烟酸	4.5mg	磷	175mg
维生素 C	0	硒	10.32μg

注：1kcal=4.1840kJ。

样，而在食品数据库中很少有关于有毒物质的信息。相关的信息可从食品安全专著以及科学杂志中获得。

(3) 食品添加剂 FAO食品添加剂法典委员会以及多数国家建立或颁发了相关食品添加剂使用的标准和法律文献，但对个人和群体饮食中的添加剂的准确信息还很缺乏。我国的食品安全法要求在食品中使用的添加剂须在标签中注明。一种添加剂准许在特定的商品中、在特定剂量范围内使用。如果人体一日摄入的某种食品添加剂的量在安全剂量范围内，其对一般健康人群是安全的（患者及个别高敏体质人群除外）。

(4) 食物过敏 食品的非耐受性包括过敏引起的不良反应和心理的不耐受性。过敏是一种影响免疫系统的生理反应。心理的不耐受影响着消费者对某种食品的情感反应，但在不清楚食品成分的情况下，一般不会发生心理不耐受。因为食品由各种物质组成，很难避免其中的某种成分，如鸡蛋、牛奶、小麦、鱼、花生、蚕豆、味精等在过敏人群中引起过敏反应，重者甚至危及生命[2]。英国与新西兰建立了食品非耐受性数据库，有些国家也编辑了相应的食品非耐受性目录，以避免敏感人群食用该类食品引起潜在的过敏反应。

第三节 食品烹饪

根据吞咽的行为将营养划分为两种文化形式：即消化的后吞咽世界，也就是生理学和病理学；行为的前吞咽世界，即社会与文化。

用一种社会敏感性方法来理解人类以及人与食物之间的关系，这种方法要求后吞咽或从医学的角度需要与前吞咽或来自社会的关注相平衡。试图通过与营养相关的疾病来理解事物的行为、烹饪及饮食文化，就像一位环游在欧洲伟大艺术长廊的皮肤科医生来研究文化复兴时期油画作品中的皮肤疾病的模型——其可能忽略了人类历史界定年龄的本质。

理解食物与健康需要付出一些努力，而不仅仅是“好与不好的食品”这样一个概念。对于健康工作者而言，为人类在饮食中都经历过的快乐寻找一个积极的因素是一项意义深远的挑战。本章将围绕以下四个领域来阐述，即烹调风格、饮食变化、饮食文化以及社会阶层的形成，其将为社会科学在食品和饮食方面的研究提供一个重要的视角。

每个社会都有其相应的食品制作方法。从法国人精细的食物烹饪方法到澳大利亚土著人的普莱纳烹饪法，其不仅仅是为了消除饥饿及满足生理的营养需要，同时也给人们带来了愉悦和幸福感。通过合理的烹饪方法，熟练的厨师烹饪出外观、色泽、味觉及质地俱佳的食品，完全可以称为一种艺术。通过食品科学可以部分地了解烹饪过程中食品成分的变化。下面将从生物学、化学、物理学以及感官科学来分析食品的烹饪方法。

一、系统理解烹饪与饮食风格

1. 烹饪风格

烹饪，是人类为了满足生理及心理需求，将可食原料用适当的方法加工成为直接食用的成品的一种活动。其还包含烹调生产、饮食消费以及与之相关的各种文化现象。烹调，即制作菜肴及食品的技术。一种烹调风格就是一个框架，人们依其框架选择食物。

即使在同一文化背景下，人们的饮食习惯也不完全一致。如社会地位、经济收入以及工作性质的差异，人们的饮食也会不同。不同的宗教派别有着不同的饮食风格。不同的个体有其不同的口味。男性和女性在其生命中的不同年龄段，其食物的偏好也会改变。一些不同的部分是他们的喜好，而另一些则完全是迫不得已。目前，研究区域性饮食的本质已成为营养学家感兴趣的课题，尤其是“地中海饮食”，因为该饮食已经与长寿和某些疾病特别是心血管疾病的低发病率有关。

“地中海饮食”已被美国、欧洲和澳大利亚等许多国家作为促进健康的方式而被推广。对于健康工作者来说，这是一个很好的机会。作为一种特别的“烹调文化”，从社会学及医学的角度来认真思考——假如人们接受地中海饮食，就可促进健康，那么地中海饮食的配方中是哪些组成和成分在起作用呢？下面是最可能的因素。

① 特殊的营养结构：低含量饱和脂肪酸、高抗氧化物质、高含量不饱和脂肪酸。

② 食物的特别选择：肉类少、丰富的水果和蔬菜（特别是橄榄、番茄和绿叶蔬菜）、全谷类、果仁和干果、高含量的橄榄油，或肉类和酒同时享用。

③ 独特的烹调风格。

④ 传统的地方习惯。家庭饮食习惯，如在朋友、家族中进行食物交换。

2. 烹饪的发展

18 世纪以前的欧洲，人们所摄入的食物与其社会地位密切相关。长期以来，在世界各国由于贫富之间始终存在着巨大的差异，不同社会阶层的形成造就了不同的饮食特点。18 世纪以来，饮食变得更加差异化，各国烹饪风格的形成可能与上流社会对美食的兴趣有关。之后随着各国烹饪手册的广泛普及，引起了饮食专业人士、营养学家以及不同种族人们对其他饮食风格的关注和兴趣。

3. 烹饪的典型特征

早在 1893 年，伊丽莎白·罗英根据风味原理已经归纳出了一些享有盛誉的烹饪风格的观点。罗英认为使得烹饪风格差异化的主要因素是：基本食材、烹饪技术、风味原理。通过对食物的特别选择，几乎所有的烹饪风格均可被复制并采用了烹饪的方式来表达。但其并未将烹饪的系统规则考虑进去。而要完整地描述一个饮食文化的特征，烹饪则需要重点考虑的是关于餐饮和菜单的“规则”是如何形成的。不过罗英的观点为理解烹饪建立了一个有用的框架。

4. 烹饪风格差异化的因素

（1）基本食材　使得烹饪风格差异化的主要因素是基本食材。影响选材的因素很复杂，包括环境、地理、耕作、加工、处理等因素。而选材是烹饪效果的第一步。

（2）烹饪技术　使用同样的基本食材，却能创造出不同的烹饪风格，其烹饪技术是关键的手段。一种食材，如鸡肉，将其切成大片、一口式片，以烘烤式、油炸式、炖式或烟熏式等几种不同的方式烹饪，就可制作出风味各异的鸡肉菜肴。罗英将烹饪技术大致归为四类。

① 物理变化。如体积、形状、质量（切片、碾磨、压榨、过滤），在该组中也有分类（鸡蛋、榨果汁）和归类（敲打、混合、搅拌）。

② 改变水的浓度（加进或倒出）。如浸泡干豆、浸渍肉类、干制、食盐腌制、冻干。

③ 化学变化。分别用以下三种不同的方式加热。

（ⅰ）干式加热：直接方式（烘烤、烧烤、热烤），间接方式（烘焙、烤干、微烤）。

（ⅱ）湿法烹饪：直接方式（沸煮、慢煮、炖煮、蒸煮、温煮），间接方式（汽蒸）。

（ⅲ）油炸（深层油炸、油煎、搅拌式油炸）。

④ 发酵。食品中加入酵母、霉菌和细菌在人为控制的温度及时间状态下使其发酵。如豆制品（腐乳、豆豉、纳豆、臭豆腐）及乳制品（奶酪、酸乳、黄油）。用水果和谷类发酵生产果酒和啤酒。另外，利用不同的成分发酵生产沙司（调味沙司、鱼沙司）以及用酵母来生产馒头、面包等。

在烹饪文化中有一种很特殊的加工方式，即食盐腌制食品。如鱼的保藏，在我国人们通常有用食盐腌制各种鱼的传统习惯；美国西北地区的夸扣特尔人、印第安人喜欢烟熏大马哈鱼；葡萄牙人用食盐腌制鳕鱼；斯堪的纳维亚人腌渍青鱼。鸡肉在中国和犹太人的烹饪中是一种常用的食材。在中式烹饪中，鸡肉被切成小块，而在犹太人的烹饪中鸡肉则被做成比较松散的状态直至鸡肉与骨头分离。这种烹饪方式的不同可能是起源于两国文化的差异——从远古时代起，中国人就缺少烹饪食材的燃料，所以形成了快速有效的烹饪方法。而犹太人由于宗教信仰而禁止食用动物血液，在漫长的饮食习惯形成的过程中，其由于宗教信仰而发展成为当今的烹饪方式。

（3）风味原理　罗英的风味原理：每一种烹饪文化均趋向于将少量的风味成分综合在一起，频繁并始终如一地使用这些风味物质，使其最终成为一种烹饪模式。此模式即为烹饪风味，因为风味才是一道菜的内涵所在。

酱风味被视为东方食品的特性。不同酱料的混合决定了某种特别的烹饪风味，如朝鲜烹饪中的一种常见混合风味是将大蒜、红糖、芝麻和红辣椒加至基本的酱料中，而将大蒜、糖蜜、花生和辣椒相混合则形成印度尼西亚的独特风味。

二、中国烹饪

考古发现证实，中国烹饪已有四五千年的历史。在公元前1000年就有关于烹饪发展的时间和地点方面记载。公元前200～公元200年间，随着国家的不断扩大，许多“国外”的东西被引入中国的烹饪中。正如哥伦布探险之后国际的影响促成了现代欧洲烹饪一样，从中亚带来的新事物被引入中餐中，如葡萄、葡萄酒、苜蓿、石榴、核桃、芝麻、葱、香菜、豌豆以及黄瓜等。在中世纪，中国已很富足并且有能力举办大型的豪华宴会，从而发展了美食文化。但是食物的种类和数量在整个人群中的分配是不均衡的，穷人只能食用粗粮和豆类，富人则可食用精米和白面。饮食层次的分化是中国历史和中国饮食一个很重要的记载。中国的饮食习惯是建立在不同阶层和地域基础之上，在许多美食家的努力下所形成的[3]。

中国的烹饪文化具有独特的民族特色和浓郁的东方魅力，主要表现为以味的享受为核心[4]。中国的传统饮食自有烹饪记载起就在美食与健康之间找寻适宜的平衡点。而在欧洲，或许是由于古希腊传统的影响，这两者之间往往被认为是相互冲突的。在中国古代御膳房中除了主厨和助手之外，还有八个膳食官专门负责为宴席规划菜谱。滋补营养品如诃子、人参及一些其他中药材被用于食品调料中。此期间的中国，尤其是唐朝（公元618～907年），在面对其他国家的饮食对本国的影响时，是持开放态度的。然而在19世纪，中国社会的开放在饮食方面并未获得与之前同样的效果，其烹饪与几百年前的传统风格仍旧保持着一致。

烹饪一词，最早见于2700年前的《易经·鼎》中，原文为“以木巽火，亨饪也。”《易经》是儒家经典著作之一，其在宗教迷信的外衣下，记载当时的社会状况，保存了一些古代朴素辩证法的思想。“鼎”是先秦时代的炊、食共用器，形似庙里的香炉，初为陶制，后用铜制，还充当祭祀的礼器。“木”指燃料，如柴、草之类。“巽”的原意是风，此处指顺风点火。“亨”在先秦与烹通用，为煮之意。“饪”既指食物成熟，也是食物生熟程度的标准，是古代熟食的统称。“以木巽火，亨饪也”即将食物原料置于炊具中，添加清水和调味料，用柴草顺风点火煮熟。由此可知，烹饪这一概念在古代包括了炊具、燃料、食材、调味品以及烹制方法诸项内容，反映出当时社会人类的生活状况以及烹饪概念的形成。但由于古代厨务没有明显的分工，厨师除了做饭，还要酿酒、制酱、屠宰、储藏等，因此烹饪一词，实际是食品加工制作技术的泛称[5]。

中国是一个多民族的国家，由于地理、气候、物产、文化、信仰等的差异，菜肴风味差别很大。食物被分为最基本的两大类：主食，是指谷物以及其他淀粉类食物；菜，是指蔬菜、海产品及肉类。一餐平衡的饮食应包含比例合理的主食和菜。

随着煎炒技术的应用，食物被切成很小的块，然后在热油中被很快地翻炒至熟。通常固体的调味料（葱、姜、蒜、大料、花椒、辣椒以及豆豉等）是在烹饪开始阶段即放进去，而液体调味料（酱油、料酒、高汤）于最后加入，一般调味料加入的量是很少的。由于是短时间的烹饪，食物通常都会保留其自然风味、质地以及大部分的营养成分。由于煎炒方式烹饪时间较短，在燃料储备较少的历史时期得到了较大的发展。煎炒的烹饪方式和与之相关的烹饪器具，也从中国传到了其他东亚国家，但在不同的区域和饮食文化中略有不同。

其他比较有特色的烹饪方式还有蒸、炸及炖。中国的菜肴流派众多而使其菜肴的品种繁多，常见的有四大菜系、八大菜系之说。四大菜系，即黄河下游的鲁菜、长江上游的川菜、长江下游的苏菜、珠江流域的粤菜。由于这些菜系均为自然演变而形成，只能从其菜肴的用料、制作、口味和风格的感受上大致加以区别。另外，由于人员流动及储存设备等厨具的发展，加之烹饪技术的革新，使得菜系之间已无明显的区别。此外，由于消费对象不同，又形成了档次不一的菜品，如家常菜、公共食堂菜、寺观菜、官府菜、宫廷菜、药膳菜等。由于中国菜肴加工制作的技法多样，菜肴的形式及其作用也有一定的差异，主要分为冷菜、热菜、大菜、小菜、甜菜、汤菜等[4]。

三、意大利烹饪

在意大利有许多用在食品制作上虽然普通但能体现意大利特色的烹饪技术，但没有与中国烹饪中煎炸技术相类似的。当然，煮在许多意大利面的制作中是很重要的，另外也用到了焙烤、炸和炖等技术手段。

欧洲最早的传统饮食始于16世纪60年代的意大利，其起源于希腊、罗马以及东方。随着罗马帝国的崩溃，希腊和罗马已有的烹饪技术也丢失了。然而在文艺复兴时期，人们对古典时代食物的兴趣复苏了，过量的远古饮食风格不再流行，取而代之的是一种更简单的饮食类型。

意大利面是意大利饮食中最负盛誉的食品。从历史上看，通心粉可能追溯到伊特鲁里亚时代，意味着比中国的面条还要古老。另外一个可能性就是约在1270年，马可波罗旅行到中国时，偶然遇到了面条，并迅速将该食品带回意大利。然而，也有文献记载，千层面和空心面在马可波罗回到威尼斯之前就已被食用。尽管其他烹饪文化中也有意大利面和中国面条，却只有意大利详细阐述了其面条中面粉与水的混合成分。直至17世纪，意大利面仍被定义为穷人的消费品，因为它易保存，营养价值高，但却并非那么可口。这是因为当时其通常被单独煮，或仅与少量的风味物质如奶酪一起食用。最早的形式可能是像面团布丁一样，与汤团比较接近。现代成型的数据来自于18世纪，因当时要求用机器制作意大利面，也有一些仍然是手工制作的。然而这种饮食风格已在很大程度上消失了，即使是在乡村。直至意大利面与西红柿混合在一起，它才成为一道真正的菜肴。这种消费迅速通过意大利社会广泛传播，意大利面变得流行起来。当时用手拿着食用加了酱的意大利面是不文雅的，使得叉子不久之后出现在了中层家庭的餐桌上[6]。15世纪哥伦布的海上旅行，几乎改变了每一个意大利人的生活模式，使得意大利的饮食发生了革新。正是通过他与美洲的联系，使得欧洲人开始接触西红柿、土豆、糖果、辣椒、贝壳、青豆、南瓜、南瓜籽、火鸡以及可可豆等。正是这些食品与当地的食物一起，如橄榄油等为所谓的“地中海饮食”打下了基础。

意大利烹饪的基本要素是有鲜活、高质量的配料，并能用简单的方法制作。这些均建立在强调自然风味和色泽的基础上。意大利食物最正宗的要素可能是橄榄，而橄榄油与色拉一样成为大多数食物不可缺少的要素。同时其又附上不同的佐料搭配，如葱、蒜、紫苏和牛至叶等，当然不同地区有不同的搭配。配方中含有橄榄油的马铃薯是具有意大利特色的食品。尽管源于北部用玉米制作而成的波伦塔是意大利著名的谷物食品，但小麦仍然是最主要的食材，而在北部地区，大米也是很重要的主食。另外，丰富的豆类也是许多美食的主要成分。意大利出产的不同品牌的红酒也是餐桌必不可少的一部分。品种繁多的面包，仅在普利亚地区就有超过100种不同风味的面包，其为不同谷物制作的。

四、法国烹饪

一句“法国人为吃而生存”，将法国人讲究吃的艺术形容得入木三分。一位法国烹饪大师曾说过一句话：“发现一道新菜，要比发现一颗新星为人类造福更大”。此话也揭示了法国的烹饪技术经久不衰、不断发展的原因。

法国与意大利、西班牙、英国和德国比邻，这又有利于法国的烹饪技艺博采众长。公元1533年，意大利公主凯瑟琳·狄·麦迪奇下嫁法国王储亨利二世时，带去了30位厨师，将新的、不同的饮食与烹饪方法引至法国。法国人则将两国烹饪的优点加以融合，并逐步将其发扬光大。路易十四是位讲究饮食的皇帝，他别出心裁地发起过烹饪比赛，让厨师们竞相献艺，各露绝活。路易十五、路易十六被称为“饕餮之徒”，而皇室和贵族均以品尝美酒佳肴为乐事。一大批名厨，制作出了风味各殊、品种繁多的菜肴。其中一位名厨根据当时的菜式，编写了一部烹饪专著，其至今仍被各国奉为西餐饮食的经典。17世纪，贵族和中产阶级开始学习意大利人用刀叉进餐，并形成了今日西餐礼仪的模式。经过三百多年的不懈努力，终于青出于蓝而胜于蓝，法国菜系最终征服了各国的美食家，成为了欧美西餐的代表。

法国菜系十分讲究调料。常用的香料有：百里香、迷迭香、月桂（香叶）、欧芹、龙蒿、肉豆蔻、藏红花、丁香花蕾等十余种。其菜中的胡椒颇为常见，但不用味精，极少用香菜。调味汁多达百余种，既讲究味道的细微差异，也考虑色泽的不一。百滋百味百色，使消费者回味无穷，给人以美的享受。法国菜系具有食材广泛、用料新鲜、装盘精美、品种繁多的特点，菜肴一般偏生。

在调味上，用酒较重，并讲究根据原料搭配相应的酒。法国人的口味肥浓、鲜嫩而忌辣。猪肉、牛肉、羊肉、鸡、鱼、虾、鸡蛋以及各种烧卤肠、素菜、水果尤其是菠萝是他们喜爱的食品。进餐时，冷盘为整块肉，边切边食用。法式餐在食材的配料、火候的讲究、选料的新鲜、多元化菜肴、制作的细腻、菜肴的合理搭配以及艺术性等方面均在其他国家的西餐之上。法国美食在整体上包括面包、糕点、冷食、熟食、肉制品、奶酪和酒[7]。

五、膳食与菜单结构

一些人类学家提出要认识膳食与食谱中物化的结构系统，尤其是以 Claude Levi-Strauss 和 Mary Douglas 为代表。该观点将社会意义及其重要性与这些结构联系起来。这种分析方式的一个极端点是其认为食物体系中的结构和意义比思想、语言以及人类文化的其他方面更重要。在现代世界，由于缺少研究证明，这种观点可能还难以应用。然而在不涉及社会其他方面的前提下，来研究食谱的结构与膳食方式还是十分可行的。

一种膳食结构，其以一种食物为主，其他食物为辅。这对营养学家而言是个有用的概念。19 世纪的英国，当富人们在食物的选择和服务方面跟随欧洲趋势时，贫困家庭的膳食仍然是以一锅烩为主，面包是主食，有时还有少量的奶酪、肉和其他食物。对食物结构进行一些基本了解，对希望干预现有饮食习惯的人来说十分重要，而改变主食相对于改变副食要困难得多。

工作模式的变迁也可带来生活方式的变化，自然会引起烹饪的改变，19 世纪 Rosenberg 在维也纳膳食模式的讨论会上曾提出过这一点。那时许多曾经在家庭作坊中工作的人转变成了工厂里的工人，这样他们由在家的一日五餐变成了一日三餐，且有一餐不在家中享用。用餐的内容和时间也随之改变。然而今天，在周末人们能享受一日五餐的老传统又会继续，并且他们对何时何地用餐有了更多的选择，从而引发了对后工业时代食物准备与膳食成型的有趣思考。在信息时代，更多的工作可以通过电子系统在家里完成。这种新的工作方式可能会营造一个与 19 世纪的维也纳十分接近的情形，即当人们可以自主安排时间、工作场所以及与厨房的距离时，一日可以多次用餐。

六、饮食的改变

Perrti J. Pelto 和 Gretel H. Pelto 是关于健康和营养方面的人类学家，他们提出了一个特殊的“关于 19 世纪以来全球饮食改变过程及结果的观点”。工业食品的多样性、生产与消费方式的转型、日益增长的社会经济以及网络的广泛传播，他们将这一过程用“离开原位”来描述。这个过程的结果将导致越来越多家庭的食品来自各个不同的地区。家庭饮食改变的三个主要因素如下：

① 世界范围内农作物的移植与动物多样性的分布；

② 复杂的国际食品分散网络的扩大和食品生产厂家的增多；

③ 乡村城市化、移民的流动。

人口的流动带来了烹饪技艺的交流。当新的食品在本地生产或本地食品在其他地域销售、移民他处或接受新的移民时，其饮食习惯均会有所改变。

Perrti J. Pelto 和 Gretel H. Pelto 列举了 20 世纪 30～70 年代芬兰食物体系的改变。芬兰相对于其他欧洲国家较晚但较快地经历了这次转变。20 世纪 30 年代的芬兰如同今天的发展中国家，婴儿的死亡率较高且多数家庭生活在乡村，直至 40 年代，除了赫尔辛基外没有其他的大城市。芬兰人尽管有肉和鱼，却以乳制品、谷物以及马铃薯为主食。因在饮食中缺少果蔬，浆果便成了维生素 C 的主要来源。60 年代冷冻食品、家用冰箱以及超市的出现对芬兰人的饮食产生了很大的影响。道路的铺设、国际性食品的运输以及高等院校对果蔬消费的需求，进口食品的便利，尤其是来自东欧与地中海地区的果蔬也是不可忽略的因素。另外，农民从自给自足生产方式到工业化生产的转变意味着农产品（肉、乳及谷物）向群体及个体出售。芬兰农产品原有格局的改变代表着局部或低水平流通渠道的转变。

从上述的例子可以看出，首先这是个有别于局部的全球化过程，其次这个过程有着改善人类营养质量和摧毁特定区域饮食习惯的潜在能力。

工业化、饮食的改变与人类健康，即所谓流行病的种类与工业化发展的阶段相关联。社会进程的变化对人类健康或利或弊，确切地说利弊两方面会同时产生，相伴而行。随着食物供给的丰富，营养不足可能会随之减少，而同时超重也可能会增加。

七、家庭生活角色

传统上，营养界很少关注家庭因素影响。但家庭在人类或个体饮食中又扮演着不可忽视的角色。

从家庭的背景来看，人们都积极地管理他们自己的生活。他们对饮食做选择、决定以及制定的策略，对于研究者理解他们观察到的行为有着重要的价值。定性及一些定量研究均表明，在年轻的夫妇中男女烹饪的分配逐渐趋向平等。美国研究者 Theophano 和 Curtis 描述，在意大利-美国团体中，不同家庭的妇女们有互相交换物品及食物的习惯。研究中的妇女表示，交换和分享彼此的食物行为是她们的社会连接点，是妇女们展现并稳固其社会地位，并通过相互交换联系在一起的方式。对于这个团体，连接是进行社会相互作用的表现，而食物则是体现社会连接的必需部分。但研究中并未讨论男性在家庭交换与社会连接中的作用[8]。

八、饮食改变的案例研究：意大利北部两个世纪以来的糙皮病

糙皮病是由于烟酸缺乏而引起的，其与饮食中依赖谷类食物有关[9]。其主要临床表现为皮肤改变、腹泻、痴呆乃至死亡，而事实上这种病是可以预防的。肉和乳类可提供烟酸的前体氨基酸，用石灰加工的玉米可以提高维生素的利用（如南美国家传统制作玉米粉圆饼）。

18、19 世纪，意大利北部和中部引入了玉米，但未引进传统的加工方法，所以糙皮病成为地方病。与此同时，人口剧增、工业现代化、农业增长，而谷类是当时食物的主要来源，谷类的种植增加。政府干预有时反而使问题更糟糕。政府一系列的政策意味着大农场兼并小农场，结果使得一些小农场主变成了没有地的临时工。这些临时工因营养不足，不少人患了糙皮病。

公众土地变成私有土地，玉米的质量规范化，使得高质量的玉米价格很高，农民卖掉他们最好的谷物，剩余的自己食用。19 世纪 80 年代，由于大量的移民，劳动力紧缺，留在意大利的人收入增加，导致用于玉米种植的土地减少，使糙皮病的发病率下降。农业系统的变化，例如灌溉、开垦机械化、肥料的使用、精细选种，以及新作物的引入（烟草、西红柿、甜菜及草料等），生产强化，雇佣增加，又通过积极的工人运动，工人的工资及工作条件得到了改善，使得玉米的支出降低。其他复杂的社会变革，包括公路铁路的建成、更便宜的进口食品。劳动者比那些小农场主更加辛勤地工作。而农场主们仍工作在贫瘠的土地上，为自己生产玉米，同时卖掉其他作物来支付生活必需品和日常税务等。总之，新作物、人口增长以及土地劳动组织的改变，引起了饮食的改变，而饮食的改变给贫穷的农村人口带来了健康风险。

农业的现代化对不同的群体均产生了长期或短期的效应。一些劳动者用更好的方式获得了更多样化的食物，而那些农场主仍依赖谷物，因此仍然受到糙皮病的困扰，直至第一次世界大战，这个群体才从农业变革中受益。他们通过参与工人运动获得了更好的雇佣并签订了农场合同，从而可以种植多种类的作物。Brown 和 Whitaker 得出了这样的结论：农业在社会、技术、生态及健康方面都是高度易变的[10]。从 19 世纪末至 20 世纪中叶，这些复杂的

因素一直延续着，其中意大利农民的健康方面的重要内涵直至20世纪50年代肉类消费的出现才较为清楚[11]。

九、社会阶层的形成

不同阶层的饮食不同是众所周知的，这主要缘于社会阶级与收入的差异。中年贵族与平民之间的不同也体现在饮食的差别上。英国就是一个典型的例子。长期以来，英国一直保持着社会不同阶层的区分。19世纪中期后，通过铁路运输，英国城市的食物开始改善。发展中的食品工业出售的一系列产品，如快速压缩酵母、自发面粉、牛奶粉、烤粉等，这些极大地改变了面包和蛋糕的制作处方，使家庭主妇用很少的时间和金钱就可如同有钱人那样精心地制作饼干[12]，而多数穷人无经济能力获得。

Buss回顾了1860～1980年的英国饮食。1900年之前，英国有10%最贫困的人，他们的饮食主要有面包、土豆、黄油以及带点肉的果酱。少量的食物在有男人的家庭中分配显然是不公平的，特别是有工作的男人，他们有优先权。这就产生了可怕的逻辑，因为如果挣钱的男人患了病，对整个家庭来说是相当恐惧的，因为一旦家庭陷入了负债危机，在食物极度不足的情形下还要靠工作还债。而相对富裕的家庭会有很多的食物。第二次世界大战后，在饮食方面差距的贫富差距缩小，因为当时加强了配给系统，富裕家庭食物的消费量大大降低，而贫困家庭的消费量逐渐增加。另外，普通家庭在饮食和食物供给的质量上也有重要的变化[13]。

十、饮食、文化、人类关系及健康

单纯的食物营养元素并不能解释保证健康的本质，特别是地中海饮食中烹饪文化的本质。烹饪文化与人类的社会关系此特定的营养模式对健康的贡献大得多。橄榄油、谷类、果蔬就是地中海饮食文化和历史中遗留下来的。要在非地中海国家实现类似的发病率和死亡率，不仅要有特别的饮食，还要求生活方式与人类关系的相似。

然而，地中海文化与烹饪文化的复杂性可能不会展现如西西里岛番茄那样浪漫的故事。家庭关系的密切和社会义务，均为社会的重要组成部分，而在当代中国可能是不被接受的。

十一、加热食品的风味与色泽的变化

烹饪会影响食品的颜色与风味。食物在水中煮沸要比在热空气及热油中烹饪的味道要平淡得多；烤焙食品的温度高些会使食品的色泽、风味、香味更诱人，这主要是通过两种或两种以上复杂的化学反应——焦糖化和美拉德反应（图4.1）的结果。美拉德反应又称为非酶棕色化反应或羰氨反应，是羰基化合物（还原糖类）和氨基化合物（氨基酸和蛋白质）间的反应。它是广泛存在于食品工业的一种非酶褐变。通过调整烹饪时间和温度来控制美拉德和

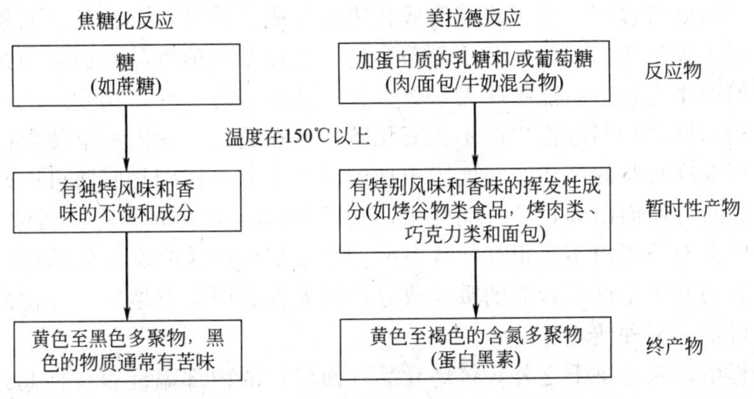

图4.1 加热食品中的颜色变化

焦糖化反应的程度，过高的温度和长时间的加热会产生黑色的焦糖化反应（工业上的焦糖化反应通常加氨，故与其家庭的焦糖化反应所产生的组分和风味不同）。其他反应也会使食品的颜色发生变化，如加热剥皮的水果及果汁等，但这些对风味没有明显的影响。

蔗糖溶液加热和蒸发浓缩时会发生焦糖化现象。在一系列的脱氢反应中蔗糖链断裂，产生高反应的醛类物质，进而产生相应色泽（黄色、褐色）、风味（甜、苦、酸）以及香味的化学物质。有些食品也用到焦糖化过程，如太妃糖就是在焦糖化反应中形成的特定的外观和味道。另外，美拉德褐色反应由食品的混合物中两种不同分子的物质经过一系列反应而形成。这些混合物包括还原糖类和氨基酸复合物[14]。美拉德反应的产物是大量的新的化学物质，有着如面包、吐司、糕点、烤肉、烤蔬菜、烤坚果等食品相应的色泽、风味和香味。人们对美拉德褐色反应所知甚少，其反应也很复杂，例如烤面包的香味中有370多种复合物，黄颜色中含有的物质更多。美拉德和焦糖化依赖于反应成分的性质和烹饪条件，有可能同时发生。在相对较高的温度下和正常的烹饪时间内，两种反应速率很快，只能在极短的时间看到。

除非在压力的作用下，沸水中烹饪食品一般不会超过100℃。所以煮沸、蒸和微波加热等方式均不能使食品发生褐色反应。甚至烤制和煎炸过程也只能使食品表面几毫米厚发生褐色反应，即使再厚由于水的存在温度低于100℃也不会发生褐色反应。褐色反应并非都是人们想要的。工厂中加工的食品如奶粉和烘干的鸡蛋由于美拉德反应不仅引起颜色反应而且使很多粉末物质不溶解。但在家庭烹饪食品时应尽量产生褐色反应以使其具有特别的风味、香味和色泽。典型的例子是肉和蔬菜在滚热的油中的褐色反应，其产物是餐桌上佳肴的初级形式。人们经常用牛奶和蛋的褐色反应作为金色的有芳香味的食物外观。面包皮由于温度过高会形成由焦糖化和美拉德两个反应引起的褐色物质。

1. 谷物类食品的烹饪

虽然谷物生长在世界的不同地区（小麦主要出产在中东，水稻在亚洲，玉米在南美），但人类食用小麦、水稻和玉米等谷物类食物已有很长的历史。在过去的500年间，上述农作物已在世界范围内广泛耕种，成为许多国家饮食中不可分割的一部分。不同社会谷物类食品的种类都差不多，因其制作方法均涉及食品的一些基本属性，如质地、色泽、风味及营养价值。然而，有些地区用一些特殊的方法制作出风味独特、营养价值很高的食品。如在美国，玉米在晒干之前用石灰水煮沸，这样处理可使不消化的物质中的维生素烟碱酸释放出来[15]。此方法近年来才传入欧洲及非洲等国。欧洲及非洲的贫困阶层若不采用此方法将很可能导致该种维生素的缺乏。

用水来处理谷物是食品加工的重要方法。晒干的谷物既不易被消化，口感也差。不少谷物在水中煮了以后既可食用，也可将其磨成粉末再制成各种各样的食品。面粉加水后形成有弹性的面团，适于加工成面包、比萨、面条、饼、蛋糕及其他食品。面团的这些特点是因为小麦中称作面筋的小麦蛋白质能吸收大量的水分，从而富有弹性。用发酵法制作面包时，面团中加的发酵粉和糖在焙制过程中产生二氧化碳，并在适当高的温度下使蛋白变性，面团体积增大，最后形成蜂窝状的结构。在面团中加入其他成分，特别是脂肪可以改变烤制食品的质地及风味。脂肪可使面团的颗粒分隔开来，从而使烤制的食品酥脆。其他的谷物如大麦、玉米、燕麦等所含面筋蛋白不是很高，故不能像小麦那样做成蜂窝状的结构，其主要用来制成其他食品。谷物面粉是许多食品的重要成分，例如在我国北方地区，谷物面粉可以做成琳琅满目、美味可口的多种佳肴。

在焙烤过程中，除了饼干之外，焙烤食品（面包）的内部温度很少能超过100℃，但其外壳温度却与烤箱的温度相近（高于250℃）。这会产生两种结果：首先，大部分的维生素

B_1（>80%）及其他营养物质会保留在面包瓤中而不受任何影响；其次，面包皮会形成棕色色泽，并产生诱人的香气和风味（美拉德反应）。由化学膨松剂组成的物质如发酵粉（能产生二氧化碳气体），其实质上是不含维生素 B_1 的，因为维生素在有碳酸钠残留物的碱性环境中是不稳定的。

2. 豆科食品的烹饪

小扁豆、豌豆和大豆是豆科植物的种子，应用于很多食物的烹饪中。豆科植物的种子用途很广，虽不含面筋，也常做成团块然后烤制，但更多的时候是煮熟后食用或做成粥状或汤的形式食用。豆科植物相对于肉类来说含更多的蛋白，约 20%～35%，虽然缺乏含硫氨基酸，但富含赖氨酸，当与谷物蛋白同时食用时，可完全满足人体对氨基酸的需要。美洲土著人、亚洲和印第安人长期以来将谷物类成分与豆类混合起来烹饪，不仅可享受香味可口的食品而且是很好的蛋白质来源（表 4.2）。

表 4.2 每 100g 干豆类种子的营养成分[1]

豆类	水分/g	蛋白质/g	脂肪/g	碳水化合物/g	膳食纤维/g	灰分/g	维生素 A/μgRE①	胡萝卜素/μg
黄豆	10.2	35.0	16.0	34.2	15.5	4.6	37	220
黑豆	9.9	36.0	15.9	33.6	10.2	4.6	5	30
青豆	9.5	34.5	16.0	35.4	12.6	4.6	132	790

豆类	硫胺素/mg	核黄素/mg	烟酸/mg	维生素 E/mg				钙/mg	磷/mg	钾/mg
				Total	α	β+γ	δ			
黄豆	0.41	0.20	2.1	18.90	0.90	13.39	4.61	191	465	1503
黑豆	0.20	0.33	2.0	17.36	0.97	11.78	4.61	224	500	1377
青豆	0.41	0.18	3.0	10.09	0.40	6.89	2.80	200	395	718

豆类	钠/mg	镁/mg	铁/mg	锌/mg	硒/μg	铜/mg	锰/mg
黄豆	2.2	199	8.2	3.34	6.16	1.35	2.26
黑豆	3.0	243	7.0	4.18	6.79	1.56	2.83
青豆	1.8	128	8.4	3.18	5.62	1.38	2.25

① 视黄醇当量。

在我国的汉朝，人们用制奶酪的方法将大豆蛋白制成了一种特殊的食品——豆腐。其制作过程是先将大豆浸泡、磨制和煮沸，然后过滤得到豆浆，在卤水或生石膏的作用下，豆类蛋白凝聚。豆腐又可加工成很多种豆腐制品。豆腐可新鲜食用，也可用蒸、煎的方式食用，是多种菜肴不可缺少的部分。豆腐的发明可谓是对人类饮食的一大贡献。西方人称谓中国饮食为"soy-pork pattern"，即"大豆-猪肉模式"，可见豆腐和豆类在中国饮食中的重要性。

3. 蔬菜的烹饪

蔬菜因不同的性质、种类、形状、质地以及颜色，可被烹饪出不同品种的菜肴。一般说来，一颗蔬菜的叶、根、茎及花均可食用。除了富含淀粉的块茎类蔬菜外，多数的蔬菜提供的能量较少，主要提供维生素和矿物质。烹饪的目的是改变蔬菜的味道、质地和外观。加热可破坏植物细胞壁，使之失水而枯萎，破坏了的细胞壁失去组织黏结在一起的能力，从而使蔬菜变软。如果其中含有淀粉，先糊化后软化有助于机体的消化及吸收。

蔬菜使食品的颜色丰富多彩，叶绿素是含量最高分布最广的有色成分。还有胡萝卜素类的黄色、橙色和红色，花青素的紫色和红色。这些色素在植物中普遍存在，叶绿素、胡萝卜素和叶黄素主要存在于绿叶蔬菜中，但也存在于胡萝卜、西红柿、茄子等其他有色蔬菜中。不同色素有其不同的化学和物理属性，这在食品制作中比较明显（表 4.3）。当蔬菜在水和蒸汽中烹饪时，色素的溶解性是不同的。脂溶性的叶绿素和胡萝卜素经上述处理不会浸出来，而甜菜根中红色的甜菜苷色素是水溶性的，能使烹饪的水迅速染色，可通过多种烹饪方法改变蔬菜的颜色。烹饪中应尽量减少处理过程从而保证更多的营养成分不被破坏，同时也能保护蔬菜诱人的色泽。

蔬菜有其不同的风味和芳香味。有些含糖的有甜味，含酸性物质的有酸味，辣椒的辣味，洋葱的辛辣味以及土豆几乎无味等。蔬菜中各种复合物均处于一个平衡状态。烹饪中蔬菜风味的变化有时会很浓烈，如煮熟的大白菜组织中芥末油及其他含硫成分的分解；鸡肉和芸苔一起烹饪时，芸苔中挥发性含硫成分可渗透鸡肉组织，从而使鸡肉产生浓郁的香味；切碎的洋葱细胞结构受到破坏，化学物质发生了变化，产生辛辣的、挥发性的含硫成分可刺激人流泪、流涕。但在烹饪过程中，这些含硫成分却会迅速丢失，最终只剩下淡淡的甜味；大蒜是洋葱家族的另一成员，为菜肴提供浓郁的香味，但烹饪的时间过长或强度过大均易使该风味迅速减弱。

表 4.3 食品加工中蔬菜的色素及稳定性

色素种类	存在部位	蔬菜种类	蔬菜颜色	水中溶解度	沸水中的稳定性	pH 变化的影响
叶绿素 a 和叶绿素 b	叶、茎	叶类芸苔、绿色洋葱、菠菜	绿色	不溶直到部分分解，于是少量溶解	相对不稳定，30%～80%转变为灰绿色色素	酸性条件下颜色变淡，在碳酸氢钠的碱性条件下稳定
α-胡萝卜素、β-胡萝卜素	叶、茎、根、果实	胡萝卜、西红柿	黄色、红色	不溶	通常可溶，由于异构化使颜色变浅	影响很小
叶黄素	叶、果实	大白菜、菠菜	绿色、黄色	不溶	稳定	影响很小
花色苷	花、根	洋葱、葡萄、红色包心菜	黄色、红色、紫色	通常可溶	大多数稳定	随 pH 值变化很大，颜色变化明显

4. 肉和鱼的烹饪

在烹饪中，肉、鱼因其较高的营养价值，每 100g 含 17～26g 的优质蛋白质和 1.2～30g 的脂肪，备受消费者的重视。大多消费者喜欢单独烹饪新鲜的鱼或肉，也有不少人喜欢与其他东西一起煮、烤以及腌制。一般动物和鱼的肌肉由复杂的成分构成，包括肌纤维、血液、血管、连接组织以及脂肪。动物的种类、年龄、肌肉成分的比例、屠宰后的处理、加工、烹饪等均会影响口感。烹饪中发生的该类变化从生物学及化学方面已做过分析，但尚无单一的处理方法以满足众多消费者的需求。不同的消费者对其组织的干与湿、硬与软、味的浓与淡以及颜色的深与浅均有不同的要求。

加热对肉、鱼成分的影响。肌肉中富含的蛋白胶原使肌纤维聚集在一起。肉在 60℃、鱼在 41℃时，其中不溶的胶原蛋白开始降解为可溶性的蛋白明胶，温度越高降解越快，故煮熟的肉很容易撕裂开来。然而在 54℃时肌纤维开始变短，蛋白凝固开始，这种收缩使组织中的液汁和脂肪被挤压出来，使肉变得更致密、更干，含的脂肪和汁液更少[16]。厨师的任务就是在烹饪时选择合适的时间和温度以平衡肉、鱼组织发生的相关变化以满足不同顾客的需求。

5. 鸡蛋的烹饪

鸟蛋自公元前就作为人类食物。在现代社会中，鸡蛋可以生食也可熟食。不应生食或部分煮熟（流淌的蛋黄）来自家禽疫病暴发地区的禽蛋，因为高致病性禽流感病毒可在受感染禽鸟所产蛋的内部和表面存在。虽然病禽鸟通常停止产蛋，但在疾病的早期阶段产的蛋中蛋白、蛋黄以及蛋壳表面均含有病毒。此外，一些禽鸟物种例如家鸭，可能藏有该病毒而不显示其症状。一些接种了疫苗的家禽也仍可能受到感染而不显示症状。人们尚不知这些蛋的潜在感染性，这些病毒可能附着于蛋表面的粪便中，其存活时间足以在蛋的储存期限内、销售和流通期间广泛传播。只要烹煮即可灭活内部存在的病毒。禽蛋的巴氏灭菌或煮熟还显著减少了其他病菌的传播潜力，例如沙门氏菌病。

鸡蛋也是许多菜肴中不可缺少的成分，其有两个独特之处使之在烹饪中广泛应用。即白蛋白能形成稳定的泡沫，蛋黄包含表面活性成分，在水的乳液中使脂肪稳定。加热使蛋白从液态变成凝胶状，蛋白在60℃凝固，蛋黄卵磷脂在70℃凝固。蛋黄中的磷脂、卵磷脂具有表面活性，其与水和油均有亲和性，能在水和油的界面上富集。在有蛋黄的含水食物中，油滴通过碰撞和跳动扩散，聚集减少从而使乳液稳定。迅速搅动时，蛋白易起泡沫，蛋黄蛋白和脂肪从白蛋白中分离出来，蛋白与空气结合形成泡沫，气泡外面薄薄的一层白蛋白因其高的黏度不易破裂[17]。这两个特性使鸡蛋加入至烤蛋糕中，形成稳定的泡沫结构及疏松的质地。鸡蛋的营养成分参见表4.4。

表4.4 每100g鸡蛋中的营养成分[1]

营养成分	能量/kJ	水分/g	蛋白质/g	脂肪/g	淀粉/g	糖类/g	维生素C/g	维生素 B_1/mg	维生素A/μg	铁/mg
鸡蛋	632	74	13.2	10.9	0	0.3	0	0.07	148	1.8

6. **牛奶的烹饪**

牛奶含有4.8%的乳糖和3.2%的蛋白质，当作为烤制食品的成分时可引起美拉德反应。西餐肉汤烹饪中也常用牛奶，牛奶蛋白有使食物变稠的作用。但牛奶很少有自己的风味，因而也不会干扰其他成分的风味。更为重要的是牛奶常被加工成更为稳定的产品如奶酪、黄油、奶粉及冰激凌等。而这些食品在烹饪中经常用到。

十二、发酵与腌制

发酵与腌制食品的加工方法有着很悠久的历史，其增进了某些微生物的生长以将不同的植物及动物转变为不同口感、不同质地的食物。这类方法可使被加工的食品比原料保存的时间更长。促成这种转变的是微生物，包括非病原细菌、酵母及其他真菌在食品中的生长或发酵。这类微生物利用食品中的某些营养素来完成其自身的代谢与生长，增加细胞群，并将代谢终产物释放到食品中。结果，发酵的食品具有不同的色泽、营养素的含量以及与原来不同的消化率等。如产生酸可有酸味，产生气体则形成蓬松的质地。发酵增加了食物的多样性，促使新的令人心旷神怡的产品的产生，深受广大消费者的青睐[18]。我国传统的臭豆腐、豆豉、火腿、榨菜、酱豆腐、酱菜、霉干菜、各种酱、醋、酒等，均为发酵食品。我国的豆豉、日本的纳豆以及印度尼西亚的天培等均是通过向软化大豆接种细菌或霉菌发酵而成的。可作为调味品用于烹饪，也可单独食用。

发酵蔬菜是酸性的，通过加入盐制作，允许压紧盐腌组织并利用其自然产生的有机酸细菌，尤其是乳酸进行发酵。产品具有特殊的质地与酸味。它提供一个储藏且保护产品免受病原微生物污染的环境，这些微生物在腌渍蔬菜的酸性环境下不能生长。

许多动物乳可在自然条件下发酵，也可在加入微生物菌群的条件下发酵并产生酸性物质。低pH值会改变乳蛋白的溶解性及物理特征。当乳的发酵过程与其他加工过程结合时，会产生黏性液体（发酵乳）、凝胶体（酸酪乳）、软凝乳（奶酪）或硬质固体（干酪），这些物质具有人们喜爱的质地和风味。如意大利辣香肠的扑鼻香味就是由于乳酸菌在加工过程中的生长所致。

大豆发酵可产生酱油或类似肉类风味的调味品，我国早在3000年前就已发现并证实了这一点。目前这些调味品（中国酱油、日本酱油）在大多数亚洲国家的传统饮食中仍保留着。其通过浸泡大豆（加或不加小麦）、加盐、接种霉菌，然后加入酵母进行细菌培养而制成。微生物酶可将蛋白质分解为缩氨酸及各种氨基酸，最后生成酱油。它是包括米饭、鱼、豆腐以及蔬菜等日常饮食中很重要的风味来源[19]。酱油还可通过大豆化学水解的方法来制作，且较用传统方法制作的酱油更经济，但质量与风味较差。不少亚洲国家用腌鱼或腌虾的发酵方法来生产调味料，因加入了酱油，所以这些调味品的盐含量都是比较高的。

含乙醇（酒精）饮料的制造也是一古老的食品加工技术，该项技术在欧洲的早期，如古希腊及古罗马已被普遍应用。直至路易·巴斯德（1822—1895）与其他研究者确定了在酒精饮料生产过程中，能发酵谷物或葡萄中的碳水化合物并将其转化为乙醇（存在于啤酒、红酒以及其他酒精型饮料中）的酵母。发酵型饮料的酒精含量范围比较宽：如非洲啤酒（keffir啤酒）的酒精含量为1%～3%、西方啤酒的酒精含量为1%～5%、葡萄酒的酒精含量为8%～16%、日本及菲律宾米酒的酒精含量为15%、强化酒（如烈性酒）的酒精含量为18%、发酵型蒸馏酒（如威士忌）的酒精含量为35%～40%。

第四节 规模化食品加工

食品加工是指农产品采集后的加工。包括运输、分类、清洗、混合、煮沸、密封、包装、销售以及储藏，但不包括消费前的加工处理。乡村农民所用的食品加工原理与食品加工企业相同，仅是规模不同而已。在我国以及一些发展中国家，小规模的食品加工仍是乡村经济的重要组成部分。工业革命后，出现了大规模的食品加工和复杂的食品分配系统。我国多数的食品加工企业均坐落于大城市，其从20世纪80年代起发展很快，近20年来始终为我国最大的加工工业。但与有着一百多年历史的西方发达国家的食品加工技术及食品科学技术相比，还有着很大的差距。

从历史发展看，食品加工的动力来自于食品的短缺，而食品储藏对人类的生存至关重要。古代人对火的应用发现了熟食的特有风味。今天食品加工的主要功能之一就是食物的储存、保鲜以及加工成具有诱人香味、口感以及色泽美观的食品。食品加工中营养成分的变化很大，其中涉及食品本身及加工过程。营养成分丢失中包括微量营养成分维生素C、硫胺素、脂肪酸、蛋白质以及碳水化合物等。另外，加工中去除水和其他成分将使保留的营养成分显著增加。

一、早餐谷物类食品

近10年来开始在我国兴起的烘烤的即食早餐谷物类食品有多种形式，其通常与牛奶或糖（调味品）一起食用。

以小麦和玉米作为原料的一些片状食品，是通过将去壳谷物的胚乳放入糖浆中并在一定的压力下进行蒸煮，再将蒸煮过的碎片部分晾干，滚卷成片状，最后在高温下（>220℃）烘烤制成的。其加工的结果是使淀粉变成胶状、食糖焦化并可使食品在干燥的情况下具有很长的货架期。粒状、小麦片及膨化谷物类食品均可通过蒸煮与烘干这两个过程来制作。因这样的加工处理将破坏90%以上的维生素B_1以及一些其他的维生素[20]，而维生素对机体很重要，因此在加工这类食品时，通常可加入一些维生素B_1、核黄素、烟酸和铁等。薯片、玉米片以及一些用油炸制成的谷物类膨化食品越来越受欢迎。一些高能食品含有大量的钠和脂肪（来自食盐和谷氨酸钠）。谷物液体早餐近年来在我国也发展很快，其由谷物加花生或芝麻、果胶等制成，深受年轻工作者的青睐[21]。

二、食品的保存

食品是一种不稳定的生物物质，伴随着自溶、氧化以及微生物生长等过程。

在食物收获的季节往往会造成消费饱和的状态，而消费者又常常远离农场、鱼塘和畜牧场，故需将食品储藏后运输到需要的地方，尽量防止腐败变质。能达到这一目的的方法很多，如低温储藏、高温处理、干燥保藏、真空保藏、腌制、发酵，糖、油、盐、醋以及植物精油处理等。总之，就是要创造一个防止食物发生化学与生物变化的环境。详情请参阅食品储藏科学专著及相关文章。

总　结

- 饮食提供了人类生长和发育所需约50%的营养。但饮食中也包含了一些有毒成分，一部分是自然产生的，一部分是偶然引入的，其均可对健康造成危害。
- 食品属于烹饪类制品，不仅消除了人类的饥饿，且在口感、风味以及外观方面使人的感官得以满足。
- 烹饪是一种艺术，部分可用实践的科学术语来解释。在食物准备过程中，食品的颜色、风味、质地发生改变，其物理化学变化的综合作用形成了人们喜爱的食品。
- 食物的生物来源决定了其化学构成及成分数据，尤其是营养成分。这些信息在政府部门制定的食品种类中也有相应的规定。
- 食品成分的数据库可以文本及电子版的形式获得。这对于关注食品安全与质量的政府部门、营养学家、医药工作者以及消费者均有重要的参考价值。
- 人们很少食用未加工过的初级食品，采集后经加工处理使人们获得所需产品。
- 在家庭与食品加工工业中，食品产生了很多变化，如货架期改变、安全性增加、食品的营养成分提高以及食品外观改变。

参 考 文 献

[1] 杨月欣. 中国食物食物成分表. 北京：北京大学医学出版社，2004.

[2] Munoz-Lopez F. Food allergy：oral tolerance or immunotherapy? Allergol Immunopathol（Madr），2007，35：165-168.

[3] Chang KC. Food in Chinese Culture. New Haven，1977.

[4] 中国烹饪大全编委会. 中国烹饪大全. 1990.

[5] 熊四智. 中国烹饪概论. 北京：中国商业出版社，1998.

[6] Krauss I. Spaghetti & Co.-History of Italian，Pasta. Deutsche Lebensmittel Rundschau，2002，98：338-342.

[7] 高海薇. 西餐烹饪技术. 北京：中国纺织出版社，2008.

[8] Theophano J，Curtis K. Sisters，Mothers，and Daughters：Food Exchange and Reciprocity in an Italian-American community. Philadelphia：Temple University Press，1991.

[9] Field H，Melnick D，Robinson WD，Wilkinson CF. Studies on the Chemical Diagnosis of Pellagra（Nicotinic Acid Deficiency）. J Clin Invest，1941，20：379-386.

[10] Brown，JP，Whitaker ED. Health implications of modern agricultural transformations：malaria and pellagra in Italy. Human Organization，1994，53：346-351.

[11] Mariani-Costantini R，Mariani-Costantini A. An outline of the history of pellagra in Italy. Journal of Anthropological Sciences，2007，85：163-171.

[12] Hollingsworth D. 25 years of change The British diet 1952 to 1977. Nutrition Bulletin，1978，4：264-277.

[13] Buss DH. Changes in diet over 40 years and their significance. British Food Journal，1993，95：104.

[14] Maillard LC. Action des acides amines sur les sucres：formation des melanoidines par voie methodique. C R Acad Sci Paris，1912，154：66-68.

[15] Wang K, Shen C. Increasing the availability of nicotinic acid in maize. Sheng Li Xue Bao, 1966, 29: 97-101.
[16] Hamm R. Changes in Muscle Proteins When Heating Meat. Fleischwirtschaft, 1977, 57: 1846-1864.
[17] Miller CF, Lowe B, Stewart GF. Lifting power of dried whole egg when used in sponge cake. Food Res, 1947, 12: 332-342.
[18] Rose AH. Fermented foods. New York: Academic Press, 1982.
[19] Fukushima D. Fermented vegetable (soybean) protein and related foods of Japan and China. J Am Oil Chem Soc, 1979, 56: 357-362.
[20] Augustin J, Tassinari PD, Fellman JK, Cole CL. Vitamin-B Content of Selected Cereals and Baked Products. Cereal Foods World, 1982, 27: 159-161.
[21] 郑建仙. 现代新型谷物食品开发. 北京: 科技文献出版社, 2003.

第五章　食物中毒及风险控制

目的：

- 了解影响微生物生长的特定因子的功能。
- 了解引起食物中毒和食品腐坏的重要微生物。
- 了解如何防止食物中毒和减少食品腐坏的发生。
- 介绍危害分析与关键控制点的原理。
- 检测与食品相关的风险因子。
- 探索影响食品安全的因素。
- 介绍食品添加剂的功能。
- 了解摄入含有天然毒素和污染物的食品的潜在风险。

重要定义：

- 食物中毒：是指摄入了含有生物性、化学性有毒有害物质的食品后出现的非传染性（不属于传染病）急性或亚急性疾病。其主要由动物性食品引起，如肉、禽、蛋、奶等。动物性食品发生中毒的主要原因为细菌性食物中毒，约占全部食物中毒的60%～70%。
- 食品添加剂：是一种为了改善食品的色、香、味，也为了防腐以及加工工艺之需而人为加入食品中的化学合成或天然物质。如营养强化剂、香料、胶基糖果中的基础物质、食品工业用的加工助剂等。
- 食品安全性：是指食品不存在危害的风险，或存在可以承受的低风险（事实上的安全）状态。
- 安全系数：是指该物质（如食品添加剂）在受试动物中无明显效果的最大剂量。由于各物种之间的安全系数存在着差异，因此安全系数通常采用对该物质最为敏感的动物的数据。
- 可接受的日摄入量：是指在无可见负面影响的情况下，该物质在人体被摄入的最大日摄入量，并以该物质的摄入量除以摄食者的体重来表示（mg/kg 体重）。

第一节　微生物对食物的影响

食品中的微生物对消费者的健康安全有着很大的影响。其可能存在的主要微生物包括病毒、立克次氏体、衣原体、细菌、真菌（酵母、霉菌）、藻类、原生动物及蠕虫（寄生虫）。并非所有的微生物都是有害的，有些微生物对人类是有益的。大肠内包含一个天然的微生物菌群，其可将食物纤维及其他化合物转化为有益的物质。病原微生物是导致人和动物疾病的微生物，其他微生物则可能会导致食物变质。

科学命名法给每个生物两个名字：“属”是第一个名字，它总是斜体，并且第一个字母为大写，例如，*Clostridium*；种名跟在属名后面，也用斜体书写，但第一个字母不用大写，例如，*perfringens*。被提及的通常是属名，“种”的缩写“spp.”也经常会被使用，例如，*Salmonella* spp.。

一、微生物的生长条件

影响食品中微生物生存、生长及繁殖的是时间、可利用的营养、湿度（可利用的水分）、温度、pH以及通气这六大因素。此外食品中的氧化还原电位、天然抑制剂的存在（如生蛋和牛奶中的溶菌酶）、压力（如物理的）以及各因素间的相互作用等均可影响微生物的生存、生长和繁殖。了解影响微生物生长的条件对预防食品的腐坏及食源性疾病具有重要的意义。

（1）时间　微生物在其最佳条件下具有迅速繁殖的能力。如产气荚膜梭菌在最佳条件40～45℃，代时仅为7.1min，即一个细胞可在24h内迅速扩增至数百万个细胞。代时因微生物种类和生长条件的不同而变化（如表5.1所示）。

表5.1　一些细菌的代时

细菌种类	培养基	温度/℃	代时/min
大肠杆菌（*Escherichia coli*）	肉汤	37	17
大肠杆菌（*Escherichia coli*）	牛奶	37	12.5
产气肠杆菌（*Enterobacter aerogenes*）	肉汤，牛奶	37	16～18
产气肠杆菌（*Enterobacter aerogenes*）	合成培养基	37	29～44
蕈状芽孢杆菌（*Bacillus mycoides*）	肉汤	37	28
蜡样芽孢杆菌（*Bacillus cereus*）	肉汤	30	18
嗜热芽孢杆菌（*Bacillus thermophilus*）	肉汤	55	18.3
枯草芽孢杆菌（*Bacillus subtilis*）	肉汤	25	26～32
巨大芽孢杆菌（*Bacillus megaterium*）	肉汤	30	31
嗜酸乳杆菌（*Lactobacillus acidophilus*）	牛奶	37	66～87
乳酸链球菌（*Streptococcus lactis*）	牛奶	37	26
乳酸链球菌（*Streptococcus lactis*）	乳糖肉汤	37	48
金黄色葡萄球菌（*Staphylococcus aureus*）	肉汤	37	27～30
丁酸梭菌（*Clostridium butyricum*）	玉米醪	30	51
褐球固氮菌（*Azotobacter chroococcum*）	葡萄糖	25	240
大豆根瘤菌（*Rhizobium japonicum*）	葡萄糖	25	344～461
活跃硝化杆菌（*Nitrobacter agilis*）	复合培养基	27	1200
漂游假单胞杆菌（*Pseudomonas natriegenes*）	合成培养基	27	9.8

一个细菌的生长周期分为四个阶段：第一阶段是延滞期，其特点是在这段时间内无明显生长；第二阶段是迅速生长的对数期；第三阶段是稳定期，此时细菌数量的增加与减少是平衡的；最后一个阶段是细菌数量下降的衰亡期。

（2）可利用的营养　所有的生物均需营养源以维持其细胞的成分并为它们的生存提供能量。微生物作为主要的分解者，可利用大范围的底物。多种细菌有特定的酶使其可以利用特定的底物，并且它们对特定的底物有着特殊的亲和力。如糖化菌分解糖、解脂菌分解脂肪等。食品营养的类型和数量能够决定这些能够损坏或毒害食品的微生物的存活。

(3) 湿度（可利用的水） 在干燥的条件下，微生物不能进行正常的代谢和繁殖。微生物不能在纯水和缺水的情况下生长。

食品的水分（总水）由结合水和自由水组成。自由水或称可利用水是微生物所需的，以水分活度（a_w 或 A_w）来表示。水分活度与溶液或底物上方空气中水分的蒸汽压有关，且可通过测量蒸汽阶段的相对湿度来估计水分活度。相对湿度和水分活度分别以百分比及小数的形式给出，也就是75%的相对湿度与0.75的水分活度是等同的。纯水的水分活度是1。因为温度影响空气的持水量，因此水分活度是在特定温度下报告的，如25℃。当水从食品中被去除，水分活度低于0.6时，几乎没有微生物能够生存。每种微生物均有其能够生长所需的最高、最佳以及最低的水分活度（见表5.2）。

表5.2 一些微生物生长所需的最低水分活度（a_w）

微生物类群	实　例	最低 a_w 值范围	最低 a_w 值
革兰阴性杆菌	假单胞菌属(*Pseudomonas*) 不动杆菌属(*Acinetobacter*) 大肠埃希菌(*E. coli*)	0.97～0.96	0.97
多数细菌	枯草芽孢杆菌(*Bacillus subtilis*) 梭菌属(*Clostridium*) 微细菌属(*Microbacterium*) 乳杆菌属(*Lactobacillus*) 链球菌属(*Streptococcus*)	0.95～0.91	0.95 0.94
酵母菌	产朊假丝酵母(*Candida utilis*) 酿酒酵母(*Candida utilis*) 德巴利酵母属(*Debaryomyces*)	0.94～0.87	0.94 0.94
革兰阴性球菌	微球菌属(*Micrococcus*) 金黄色葡萄球菌(*Staphylococcus aureus*)	0.90～0.86	0.90 0.86
霉菌	黑根霉(*Rhizopus nigricans*) 扩展青霉(*Penicillium expansum*) 展青霉(*Penicillium expansum*) 黄曲霉(*Aspergillus flavus*) 黑曲霉(*Aspergillus niger*)	0.93～0.80	0.93 0.77 0.80 0.90 0.84
嗜盐细菌	盐生盐杆菌(*Halobacterium halobium*)	0.80～0.75	0.75
耐(嗜)高渗酵母菌	鲁氏酵母(*Saccharomyces rouxii*)	0.65～0.60	0.62

通常细菌需要的水分活度高于酵母，而酵母则高于霉菌。不同食品的典型水分活度见表5.3。

表5.3 不同食品的水分活度

食　品	a_w
鲜肉和鱼、新鲜的果蔬、牛奶、大部分的饮料和低糖水果罐头	>0.98
土豆泥、熔化奶酪、面包和高糖水果罐头	0.93～0.98
生火腿、成熟干酪	0.85～0.93
干水果、面粉、谷物、坚果和果酱	0.60～0.85
巧克力、糖果、蜂蜜、饼干和奶粉	<0.60

(4) 温度 温度对微生物的生存、生长以及繁殖中的作用是通过改变温度以改变水的特性来实现的。微生物酶在固态（冰）和气态（水蒸气）水中不能有效地发挥作用。生存温度的底线可通过加入溶液防止结冰而降至－10℃以下。生物可以生存的温度范围是－10～

90℃。目前尚未发现任何微生物可在超过此范围的温度中生存。

通常将微生物按其生存温度的要求划分为三类：嗜冷菌为低温生物；嗜温菌为中温生物；嗜热菌为高温生物。嗜温菌生存的温度范围与嗜冷、嗜热菌的温度范围交叠，并且包含最适温度在18～30℃的腐生菌以及最适温度在35～45℃的潜在病原微生物。嗜冷菌可以在嗜冷的温度范围生长，也可在低于4℃温度中生存。

(5) pH　pH值对微生物的生长影响很大。同样，微生物也有一个生长的最低、最适以及最高的pH值。多数微生物的最适pH为7.0左右。也有某些适宜微酸环境的微生物，如"干酪面包"、生成酸的乳酸杆菌和链球菌。酵母适宜更酸的环境（pH=4.5）。然而霉菌则表现出了极强的抗酸能力（最适pH=3.0）。细菌和真菌耐受和适宜的pH值范围见表5.4。

表5.4　细菌和真菌耐受和适宜的pH值范围

微生物类型	pH值范围	说明及微生物举例
嗜酸微生物	2.0～4.0	氧化硫硫杆菌(*Thiobacillus thiooxidans*)、嗜酸热硫化叶菌(*Sulfolobus acidocaldarius*)、隐蔽热网菌(*Pyrodictium occultum*)
耐酸微生物	3.5～6.0	少数细菌耐酸，如醋杆菌属(*Acetobacter*)、乳杆菌属(*Lactobacillus*)、多类真菌较适宜偏酸性(pH值5.0左右)
嗜中性微生物	6.0～8.0	多数微生物在中性pH的环境中生长良好，但多数细菌宜偏碱性(pH值8.0左右)，例如产碱菌属(*Alcaligenes*)、假单胞菌属(*Pseudomonas*)、根瘤菌属(*Rhizobium*)、硝化细菌、放线菌等
嗜碱微生物	9.0～10.0	少数嗜盐碱杆菌属(*Natronobacterium*)、外硫红螺菌属(*Ectothiorhodospirace*)、某些芽孢杆菌

食品的pH值将决定微生物能否生长以及占优势的微生物种类。依据其微生物的特性即可判断导致食品腐坏的根源或得到所期待的发酵。

(6) 通气　氧气和二氧化碳是影响微生物生长的两种主要气体。微生物可根据其对气体的需求分为：生长需要氧气的严格好氧型微生物；生长环境中要求不含氧气的严格厌氧型微生物；存在或不存在氧气的环境中均可生长的兼性厌氧型微生物；生长需要低水平氧气的微好氧型微生物。

霉菌为好氧型微生物，大部分酵母菌也是好氧型的，而有些则是兼性厌氧型的。微生物对二氧化碳有一个较宽的忍耐范围，在该环境中，一些微生物的生长可完全被抑制，而另一些则影响很少。

二、微生物引起的食物腐坏

约1/3食品的腐坏是在生长、收获、加工、储藏、流通以及准备消费的过程中导致的。如果食品的质地、颜色、气味与正常的食品不同，则通常认为该食品已经腐坏。

典型的食品腐坏是因食品中的微生物的增长而引起的食品褪色、粘连成丝或腐败。一些其他原因如物理损伤、害虫侵袭、环境污染以及酶对组织的分解等也会引起食品的腐坏。在特定条件下的食品腐坏一般取决于起始微生物的附着。食品中的微生物有不同的来源，包括土壤、空气、水、动物性、植物性以及食品的交叉污染。通常引起食品腐坏的主要微生物是弧状菌（*Campylobacter*）、大肠杆菌（*E. coli*）、沙门氏菌（*Salmonella*）、霍乱肠菌（*Vibrio cholerae*）以及单核细胞增生李斯特菌（*Listeria monocytogenes*）（表5.5）。

三、食物中毒

食物中毒是人体摄入了含有被生物性或化学性的有毒有害物质污染的食品后出现的非传染性急性或亚急性疾病。动物性食品引起的食品中毒主要是细菌性食物中毒，其占全部食物

表 5.5　与食品腐坏相关的微生物

食　品	腐坏类型	与腐坏相关的微生物属
水果、蔬菜	发霉、腐烂	通常由霉菌和细菌导致，如青霉菌（蓝色霉烂）、尼日尔黑曲霉（黑色霉烂）、交链孢霉（黑色腐烂）、软腐欧氏杆菌（软化腐烂）、番茄灰霉病菌（灰霉）、野油菜黄单胞菌（黑色腐烂）
已加工的水果、蔬菜	发酵	假丝酵母、球拟酵母、毕赤酵母
	果汁变酸	酵母、细菌（如乳杆菌）
	泡菜变软	霉菌，如青霉菌、镰刀霉菌及枝孢霉；细菌，如枯草芽孢杆菌
	罐头食品发出的酸及腐烂气味（有时膨胀）	细菌，包括杆菌、梭菌及其他细菌
生肉、生肉制品	畜体变黏滑	细菌，如假单胞菌、嗜冷菌、不动杆菌、产碱杆菌和希瓦菌
	表面不正常的着色（蓝色、黄色斑点、绿斑等）	细菌，如沙雷菌、假单胞菌及球菌；霉菌，包括青霉菌等
	腐败	产碱杆菌、梭菌、普通变形菌、假单胞菌
已加工的肉、肉制品	真空包装的肉产气	细菌，如乳酸杆菌、明串珠菌、肉毒杆菌
	肉变得黏滑	细菌，如球菌、酵母菌
	腌肉可见霉菌	霉菌，如黑曲霉菌、交链孢霉、念珠菌
	肉罐头变酸、腐败	细菌，如链球菌、梭菌
鱼、海产品	变味	细菌，如假单胞菌、希瓦菌、不动杆菌、变形杆菌、弧菌
蛋、蛋制品	蛋清呈绿色、变味	细菌，如荧光假单胞菌
	冷藏液体蛋的腐坏	细菌，如黄杆菌、变形菌、产碱杆菌、假单胞菌
牛奶、乳制品	牛奶变酸	乳酸菌，如链球菌、乳杆菌
	牛奶变黏	细菌，如产碱杆菌、假单胞菌、嗜冷菌、肠杆菌
	奶酪发霉	霉菌，如毛霉、卵孢霉、青霉菌、枝孢霉
人造黄油、黄油	发霉	青霉菌、枝孢霉
谷物、谷物制品	面包发霉	霉菌，如黑根霉、毛霉、青霉菌、尼日尔黑曲霉
	面包变黏	细菌，如枯草芽孢杆菌
豆类、坚果、含油种子	发霉	黑曲霉菌、青霉菌

中毒的60%～70%。食物中毒最常见的症状是腹痛、腹泻、恶心、呕吐等胃肠道反应，重者可出现发热、头晕、痉挛、昏迷等。

细菌性食物中毒是由于摄入了被大量细菌或大量细菌毒素污染的食物而引起的。其疾病的发生不仅取决于微生物的种类，还取决于其产生毒素的量或微生物的数量。此量通常指的是感染剂量。由于细菌的特性不同，多数情况下这个量不能精确地给出。较容易发生食物中毒的人群为婴儿、儿童、老年人、孕妇以及免疫系统较弱的个体（如服用免疫抑制剂或抗癌药物、艾滋病毒感染者）。

在我国，沙门氏菌一直位居微生物性食物中毒之首。但近年来沿海地区和部分内地其副溶血性弧菌污染的鱼贝类食物中毒已跃居沙门氏菌食物中毒之上，其次是葡萄球菌肠毒素、变形杆菌、蜡样芽孢杆菌和致病性大肠杆菌等引起的中毒[1]。食物中毒的诱因通常是未知的，因其可能是由过去从未报道过的食物所携带的病原微生物引起的。例如在过去的20年间报道的主要是空肠弯曲菌、耶尔森肠炎杆菌、单核细胞增生李斯特菌、致病性大肠杆菌等。虽然食物中毒是可以预防的，但其病例在全球仍是屡见不鲜的。

(1) 沙门氏菌感染 沙门氏菌引起的感染主要分为两大类：①由伤寒沙门氏菌和甲、乙、丙型副伤寒沙门氏菌引起的伤寒和副伤寒；②由约2000种沙门氏菌中的任何一种引起的肠道感染。

动物性食品在生产过程中很易受到沙门氏菌的感染，尤其是在大规模的家禽加工中。因此为了安全起见，防止可能存在的沙门氏菌，要求必须对所有的生家禽进行处理。在北美和欧洲，沙门氏菌性肠炎的暴发已被证实是由于蛋鸡的生殖器官感染了此菌所导致的[2]。而在此发现之前，完整的蛋壳以内的部分被认为是无菌的。因此，应避免食用生蛋，尤其是老人、婴儿以及免疫缺失人群。美国食品及药品管理局建议带壳的蛋在买回之后应立即冷藏；烹饪蛋类应完全烧熟直至蛋黄、蛋清变硬（沙门氏菌被灭活）；同时还提醒人们炒蛋不能呈流动状态，含蛋类的菜应烧至72℃以上[3]。

(2) 大肠杆菌（致病菌） 大肠杆菌的多数菌株均为温血动物肠道下游的无害共生物。由不同的大肠杆菌感染而导致的四种疾病主要包括：①幼儿胃肠炎（大肠杆菌）；②水土不服引起的腹泻（产肠毒素性大肠杆菌）；③痢疾（侵袭性大肠杆菌）；④结肠炎、溶血性尿路综合征以及血栓性血小板减少性紫癜（肠出血性大肠杆菌）。

近年来，在美国、日本（血清型0157）和澳大利亚（0111）发现的溶血性尿路综合征是由两种类型的肠出血性大肠杆菌所致。这些细菌产生的肠毒素（志贺菌毒素）与痢疾志贺菌产生的毒素类似。美国曾发生过一起因汉堡中未烹熟的碎牛肉中存在大肠杆菌0157，而致600人感染，4名儿童死亡的事件。澳大利亚也曾发生过类似疫情，因制作烟熏猪肉香肠的不充分发酵过程中幸存的大肠杆菌0111，而引起18名14岁以下儿童感染了溶血性尿路综合征（肾衰并贫血），两名血栓性血小板减少性紫癜，一名4岁儿童死亡的事件[4]。

第二节 病毒对食物的影响

1. 病毒

据估计在美国，因病毒性胃肠炎而引起的腹泻较细菌性肠胃炎和寄生性肠胃炎引起的腹泻的发病率要高。在发达国家与发展中国家，轮状病毒（*Rotavirus*）是最流行的一种可引起儿童腹泻的病毒。在发展中国家，轮状病毒每年约导致1800万例严重的腹泻，并有90万以上的人死亡。此病毒倾向于冬季暴发。其可能是通过痰液传播的，因此个人卫生对阻止病毒感染是十分重要的[5]。

由于食用了被污染的饮用水、海产品或沙拉而暴发的公共流行病中，诺沃克因子及其他一些小的圆形病毒（SRSV）所致的感染约为40%。诺沃克因子及同类型的SRSV可引起传播感染迅速的喷射性呕吐，因此受感染的食品工作者在症状消失后的48h内被禁止管理食品[6]。

近年来，随着高致病性禽流感H5N1、H1N1在世界范围内的持续暴发，人们对感染源和各种暴露源对人类所造成的威胁也日益关注。根据现有的证据，绝大多数禽流感病例是因为直接接触受感染的活禽或死禽后引起感染的。受感染的家禽可以唾液或粪便将病毒分泌或排泄，人通过灰尘这一媒介或直接接触该病毒污染的表面而被感染。

WHO最近报道，病毒还可通过接触受污染的家禽制品传播给人类。禽流感病毒可在低温（4℃）粪便中至少存活35天，在37℃时可存活6天，也可在表面存活几周，例如禽舍环境内的表面。由于禽流感病毒的存活特性，冷冻、冷藏等储存方法不会大量降低其在被污染禽肉中的浓度或生存能力。然而，正常烹饪（温度达70℃）可将其灭活。迄今为止，尚无流行病学资料表明，该病毒可通过已熟食物（烹饪前已受该病毒污染）传播给人类或通过受感染地区的产品传染给人类的报道。

2003年在我国暴发的严重急性呼吸道综合征（severe acute respiration syndrome，SARS）是由SARS病毒引起的。SARS病毒属于冠状病毒科，为正链RNA包膜病毒，其在宿主细胞内合成3′端亚基因组mRNA。病毒颗粒表面有核壳体蛋白（N）、突起蛋白（S）、膜蛋白（M）以及小包膜蛋白（E）。突起糖蛋白（S）是病毒感染过程中黏附及侵入细胞的关键蛋白，是冠状病毒的主要抗原部分，可引起宿主的免疫反应。该病毒因其表面包膜有类似日冕的棘突（S蛋白）而得名，其具有广泛的宿主。已知的冠状病毒可引起人类和家畜常见的呼吸道及肠道感染。

2. 朊病毒

朊病毒（Prion），又称蛋白质感染因子，是由斯坦利·普鲁希纳（Stanley Prusiner）博士发现的，他因此获得了1997年诺贝尔生理学或医学奖。朊病毒是由231个小的、异常的、扭曲的氨基酸组成的蛋白质，其是在脑细胞的细胞膜上发现的。朊病毒是无活性的，感染的朊病毒有一个反常的结构（三维形状），当其接触到正常的脑细胞蛋白时可使蛋白改变形状而失去蛋白功能。朊病毒被认为是引起致命性疾病的传染物，如牛海绵状脑病（BSE），也就是常说的疯牛病。被感染的牛表现为行为改变、体重下降以及行走困难等症状。对病牛大脑的检查发现，大脑上布满了小洞。

其他的朊病毒疾病，如羊的致命性痒病以及人类的克罗伊茨费尔特-雅克布疾病（CJD）[7]。被感染的牛肉制品（包括大脑、眼睛、脊髓、背根神经、头骨、脊骨、肺、肠道以及扁桃体）的摄入与克里兹费尔德-雅克布疾病的一个新变种（vCJD）之间的联系已在人体被发现。朊病毒对温度、pH、化学处理以及离子辐射均有强的抵抗力，被其感染的组织在高压下140℃、30min才使其失活。据估计，英国已确诊有17.5万头牛感染了BSE。而vCJD的潜伏期目前还不清楚。至2001年6月，已发现101例不确定的vCJD疑似病例。

关于其他引起不同食物中毒的细菌、原生动物、真菌毒素、海藻毒素等及其中毒引起的临床表现的更多信息，请参阅食品安全和食品微生物专著。

第三节　天然食物毒素

饮食模式的发展、食物的制作方法的改良以及选择性的植物育种，可能使得饮食中天然毒素的含量达到有害水平。当然，此情况是对摄入后可能导致疾病的食物而言的，这类食物与其导致的健康危害之间的相关性较为明显。然而必须清楚的是，在某些情况下，一直被认为是安全的食物也会突然出现有害，甚可导致食物中毒事件的发生。例如，超常量的摄入、突变品系、栽培变种的农作物或食物生长于可对其成分产生负面影响的环境中等，其均会使食物的安全性发生变化。

如果某种食物成分所导致的后果在临床上存在着很长的潜伏期，则很难对此类食品做出认定。在研究小样本群体的天然食品毒素时，流行病学方法的低敏感性、暴露于特定食品成分的程度或特征等数据的缺乏以及食品成分之间可能存在着的相互作用等，也会导致与鉴别食品毒素相关的健康风险以及定量时出现的不确定性。

食品中的特定成分是否会对健康产生危害，取决于某些因素的相互作用，包括特定成分内在的毒性、浓度、摄入量以及个体对该成分的敏感度。另外，该特定食品成分与其他膳食成分之间的化学反应可以影响其安全性，该反应具有潜在的增强或减弱该成分毒性的效果。例如，亚硝酸盐和胺生成具有潜在致癌性质的 N-亚硝酸铵，此反应可被抗坏血酸抑制，也可被绿原酸催化（一种植物膳食中常见的石炭酸成分）[8]。相反，许多十字花科植物中的某些吲哚（如吲哚-3-乙腈）可抑制一些化学致癌物质的活性[9]。

一、植物膳食中的天然毒素

正常情形下，植物性食品中的天然毒素对健康的危害不为人们所知，而往往摄入过量的毒素食物后，其造成的危害方可被察觉。一些在食品与营养中十分重要的食物毒素，也包括某些天然产物，在通常情况下，对健康是有害的。

表 5.6 列举了植物膳食中存在的一些天然毒素（均为植物膳食的普通成分）及生物活性。

表 5.6 植物性食品中的天然毒素及其功能

食品成分	主要的食物来源	生物活性
氰苷	木薯、利马豆、苦杏仁、苹果籽	氰化物中毒、共济失调性神经病
苏铁苷	苏铁类植物(拳叶苏铁)	动物致癌性
豆类中毒引发物	蚕豆	急性溶血性贫血
棉酚	棉花种子	与必需金属离子螯合、酶抑制剂
茄碱	各类土豆	胃肠和神经紊乱、动物畸胎
葫芦素	各类瓜、扁南瓜、西葫芦	腹痛、腹泻、虚脱
凝血素	各种豆类	红细胞凝集(体内)、生长抑制
次甘氨酸	阿开木的果实	急性血糖过低
山黧豆素	山黧豆	瘫痪、骨骼异常
硫代葡萄糖苷	芽甘蓝、卷心菜、花椰菜、芥菜、芜菁	致甲状腺水肿
硝酸盐与亚硝酸盐	卷心菜、芹菜、莴苣、菠菜	高铁血红蛋白血症
草酸盐	大黄、菠菜、茶叶	降低钙的利用率
肌醇六磷酸	各类谷物、豆类	降低某些必需微量元素的利用率
蛋白酶抑制剂	豆类	抑制机体生长
补骨脂素	芹菜、欧洲防风草	致癌物质、诱变剂
吡咯里西啶生物碱	紫草科植物、草药	肝病、致癌生物碱
黄樟油精	檫木茶、香精油的微量成分	动物致癌性
咖啡因	咖啡、茶、可可、可乐型饮料	利尿、强心剂、中枢神经系统兴奋、刺激胃酸分泌、平滑肌松弛、动物畸胎
雌激素	苹果、胡萝卜、卷心菜、大米、黄豆、蔬菜油、小麦	促进动物发情活力

氰苷：氰苷存在于多种植物膳食中，由于可被降解生成氢氰酸而具有潜在的毒性。当有含氰苷的植物组织被压碎、咀嚼、切片或破坏时，氢氰酸便可释放出来。摄入后，氢氰酸可迅速被人体吸收（吸收状况取决于其含量），导致疾病或死亡。氢氰酸为一种有效的呼吸抑制剂，可损害机体组织，尤其是高氧需求的组织。

植物各部位的糖苷含量并非一成不变的。如高粱属植物新萌发的快速生长的叶子中含氰苷的含量很高[10]，而在印度，其种子却是一种广泛应用的食品，但如果种子开始发芽，其中蜀黍苷的含量将迅速上升并达到有害水平；而在衰老的植物体中，蜀黍苷的含量将下降至较低水平。蔷薇科植物水果（苹果、梨、杏）果肉部分没有氰，但其种子中却含有氰苷[11]。氰苷水解可产生氢氰酸、糖苷配基（分子中的非糖部分）以及一个或多个糖分子。

传统的饮食制作方法可以保证食物是基本安全的，以木薯被敲开磨碎后浸入水中并发酵数日为例。当木薯被敲开后，木薯中的亚麻苦苷被大量降解并释放出氢氰酸。木薯组织被敲碎后，亚麻苦苷的糖苷键开始被剪切并生成D-葡萄糖和糖苷配基，该配基是α-氰醇。此反应既可自发又可通过酶催化，最终均可生成氢氰酸和丙酮。发酵完毕后，将浸泡的组织取出晾干敲击成粉，根据要求制成木薯面包或煮制成糊。在煮沸或烘烤中氢氰酸可被迅速去除，但如烹饪容器被盖住，则氢氰酸无法挥发，致使容器内的水可能被严重污染。因此，木薯食品中最终的氢氰酸浓度，取决于其制备的流程。尽管β-葡萄糖苷加热可以失活，但含氰糖苷在多数形式的处理过程中是稳定的。有证据表明，肠道微生物可以抑制完整的糖苷水解成为氢氰酸[12]，从而保证食品的安全性。

豆类中毒：豆类中毒一般是由于当特定的敏感个体摄入或暴露于蚕豆的花粉引起的。中毒症状通常于5～24h发生，表现为急性溶血性贫血，严重病例还可伴有血尿和黄疸。

目前豆类中毒的机理尚未完全明确。但在敏感个体中，蚕豆的摄入与豆类中毒的频率之间似乎存在着联系。中毒者体内通常有一重要的酶（红细胞中6-磷酸葡萄糖脱氢酶）缺陷[13]，同时，血液中的红细胞水平也较低，从而导致谷胱甘肽浓度降低。动物及人体实验结果均显示，由蚕豆中分离得到的两种葡萄糖苷（蚕豆嘧啶葡萄糖苷、蚕豆脲咪葡萄糖苷）的配基，可以降低6-磷酸葡萄糖脱氢酶缺陷型红细胞中谷胱甘肽的浓度[14]。

硝酸盐、亚硝酸盐及N-亚硝酸铵：植物性食物中存在着天然硝酸盐和极少的亚硝酸盐。亚硝酸盐可用作食品添加剂，例如，向盐渍肉中添加亚硝酸盐，可以抑制肉毒杆菌的生长，并使其保持特有的色泽。多数的硝酸盐来源于植物，少量来源于盐渍肉、面包和水果，极微量的（可忽略不计的）来源于其他食物。

区域不同的水中所含硝酸盐的浓度也不同。土壤极度肥沃的地区的水中硝酸盐的含量较高。井水中通常积累硝酸盐，但表面的含量一般都很低。膳食硝酸盐的危害在于其可转化为亚硝酸盐。亚硝酸盐因其可转化成为具有潜在致癌活性的有毒化学物质N-亚硝酸铵并具有间接的毒性。这类化学物质可引起机体不同部位发生肿瘤，其毒性主要取决于该化学物质的结构与受试生物的种类。

摄入有毒剂量的亚硝酸盐的主要临床表现为高铁血红蛋白血症。亚硝酸盐（既可以直接摄入，也可在肠道中由硝酸盐转化而来）进入血液后，可将血红蛋白中的亚铁离子氧化成为三价铁离子而形成高铁血红蛋白，而高铁血红蛋白不能与氧结合。另外，血液中已存在一定浓度的高铁血红蛋白，从而降低了剩余血红蛋白与氧结合的能力[15]。新生儿及早产儿是最易受高铁血红蛋白血症威胁的群体，这是由于他们与成人相比，其体内高铁血红蛋白的含量较高。

在特定的条件下，亚硝酸盐可以形成亚硝基，而亚硝基可与多种胺及其他含氮化合物发生反应而生成N-亚硝胺，抗坏血酸可以抑制N-亚硝胺的生成[16]。胺及含氮化合物可存在于食品中，也可由肠道内的微生物活动产生。N-亚硝胺一旦形成后则十分稳定，只有在酶的作用下才可转化为有活性的致癌物质。N-亚硝胺既可在食品中形成，也可在人体内形成。人体的胃部为亚硝胺的形成提供了适宜的环境，因为胃液中较低的pH值为亚硝酸盐与胺之间的反应提供了合适的条件。亚硝酸盐和胺既可为食物中本身存在的，也可以是食物消化过程中产生的。

马铃薯毒素：马铃薯中存在的茄碱（龙葵碱）通常是无害的。但在特定的条件下，其茄碱水平可能会升高，人摄入后可引起疾病甚至死亡。

McMillan 和 Thompson[17] 阐述了伦敦学龄儿童由于摄入马铃薯而导致的各类疾病，其中包括头痛、呕吐、腹痛、腹泻以及由于中枢神经被抑制而导致的嗜睡、神经错乱、视力模糊、痉挛以及抽搐等。这是科学家们通过对临床表现与饮食史的详细调查，并辅助以实验室检测而获得的有价值的诊断。

马铃薯中存在着两种主要茄碱，即 α-茄碱和 α-卡茄碱。其含有相同的糖苷配基——茄啶。这两种茄碱在多数食品处理过程中可保持稳定。但当马铃薯暴露于光线中，可形成叶绿素而变绿。尽管在诸多因素中，光线可影响马铃薯中茄碱的水平，但叶绿素的形成并不受茄碱形成的影响。其非绿部位仍然可能存在高水平的茄碱。马铃薯中总茄碱的量是否达到有害水平，具有很大的不确定性。其有害性取决于摄入马铃薯的量以及可能对其产生影响的各种因素，如膳食中的皂角苷可影响肠道对茄碱的吸收。一般认为，当马铃薯中的茄碱含量超过 20mg/100g 时，会对机体产生危害[18]。

茄碱并非均匀地分布在马铃薯中。芽中茄碱的含量比块茎中的含量高 7 倍，而皮中的茄碱约占总茄碱量的 30%～80%，茄碱的浓度由表皮至内部逐渐降低。因此，应避免摄入变绿或发芽的马铃薯。

植物凝血素（因其可导致红细胞凝集而得名）是一种存在于多种豆类种子中的有毒的碳水化合物结合植物蛋白，包括利马豆、红花菜豆、花生、绿豆、小扁豆、蓖麻籽以及大豆中均存在凝血素。其中，以红芸豆中的浓度最高。已有由于摄入未加工或半加工的红芸豆而导致机体麻醉以及其他症状的病例报道。在这些病例中，一般在摄入食物 1～3h 后即可发作，如极度恶心、呕吐，继而腹痛、腹泻等。其症状通常在发作后的 3～4h 自行消失。有时摄入含有凝血素及蓖麻毒素的蓖麻籽严重者还可导致死亡。

豆类中的凝血素含量可通过过夜浸泡并丢弃浸泡水的方法降低 10%～15%。豆类食品必须被充分烹调，这是因为微煎的豆类可能比未经处理的毒性更强。红芸豆在食用前必须在水中至少浸泡 5h，弃掉浸泡水，再将其放入新鲜的水中煮沸并持续至少 10min，以使凝血素失活。种子萌芽后，可降低凝血素的活性，但不能完全消除其活性。

二、鱼类中毒

1. 鱼肉毒素中毒

多数的鱼肉中毒事件是由于摄入热带海岛附近水域的鱼所致。最常见的中毒类型是因摄入含有毒素的鱼肉而引起的。其不仅发生于热带和亚热带地区，而且经过这些地区的游客以及出口的鱼类均可使其他地区发生类似事件。

不难预料具有潜在毒性鱼类的频繁出现是对人类健康和经济的威胁，同时也影响近海渔业的发展以及阻碍鱼类对人类健康或动物膳食的重要贡献。例如，在维尔京岛，鱼类市场承担着一种产品责任保险。要求卖方必须对消费者做出警告，即购买本地水产品可能对健康造成危害。

鱼肉中毒主要是来自四种鱼类，分别为含雪卡毒素的鱼类、河豚、鲱鱼和鲭鱼。采用煎炸、冷冻或烟熏等烹饪手段均难以清除毒素。一般也很难根据鱼的外观和气味来判断其是否具有毒性。目前尚无令人满意的方法来检测某种鱼类的摄入是否将对健康造成危害。鉴于这些不确定性，建议人们不要摄入具有潜在毒性的鱼类，特别是产于热带或亚热带的捕食鱼类。一般通过实验室检测也难以确定鱼肉中毒，而人们通常根据饮食记录和临床表现来判断。虽然目前可能缺乏对应此类毒素的抗体，但可通过降低肠道内毒素含量的方法给予支持性的治疗。

2. 雪卡毒素

雪卡毒素是热带及亚热带地区的某些鱼类中所含的毒素。其毒素中毒在临床上表现为胃肠道反应及神经功能紊乱。据统计，全球受雪卡毒素影响的人群约10000～15000人/年。

雪卡毒素主要影响机体的胃肠道和中枢神经系统。一般常发生于摄入后的5～6h，但30h之内均可能发生，且多种症状同时出现，如口部周围的刺痛或麻痹以及冷热感知的转换等均为其中毒的常见症状。摄入冷冻食物反而产生热感，这种反常的温度感知是雪卡毒素中毒的明显标志。在个别病例中，可出现痉挛、瘫痪甚至死亡。通常可在感染后几天内痊愈，但某些神经症状可能持续几周、几个月甚至更长。若再次接触相同毒素，将可导致较首次中毒更为严重的后果[19]。

根据早期食物链的理论，植食性和杂食性的鱼类摄入这些微藻后被肉食鱼摄入，则毒素可在肉食鱼体内富集。Bagnis与他的同事们从海水腰鞭毛虫（一种小的单细胞藻类，其发生地有雪卡毒素中毒的地方性疾病）中分离到的毒素，与雪卡毒素相关鱼类体内分离到的毒素具有相似的生理生化特性[20]。在地震、风暴、捕捞、建筑工程以及其他自然或人工干扰下，此腰鞭毛虫会大量繁殖。雪卡毒素中毒较易与瘫痪性甲壳动物毒素中毒相混淆，因为瘫痪性甲壳动物毒素中毒也是由于摄入蛤、贻贝等软体动物而间接摄入有毒腰鞭毛虫而导致的。

传统的避免鱼类毒素中毒的方法具有一定的参考价值。即先将鱼的一部分饲喂给宠物或由成人摄入少量的鱼肉，若几小时后未出现任何反应，则认为是比较安全的。如在清洗鱼时，手上出现刺痛或麻木，则提示有毒素的可能。

3. 鲭鱼中毒

鲭鱼中毒是由于摄入竹刀鱼科、鲭科以及其他鱼类如鳀鱼、沙丁鱼和金枪鱼等引起的中毒事件。中毒症状同组胺麻醉症状相似，一般在摄入毒素后立即发病，通常持续8～12h。中毒后须对肠道内的鱼残留物进行清除，并给予抗组胺剂辅助治疗。中毒途径主要是由于鱼产品的不恰当处理或储存（未被冷冻）而导致的组胺腐败引起的。

通常这类鱼制品中的组胺含量很高。食物腐败后不但会产生组胺，还可产生组胺类似物及其他成分，因此鲭鱼中毒的确切原因尚不够明确。鱼类食物中的组胺常被用作此类产品是否腐败的指标。组氨酸在细菌脱羧酶的作用下在0℃左右发生少量的脱酸反应，也可生成组胺。在金枪鱼中，组胺的水平通常为1～2mg/100g，该含量随鱼制品腐败的发展而升高。当组胺含量达到10～20mg/100g时，就可产生明显的腐败气味。组胺对人体的危害需较高的剂量才有可能发生[21]。据估计，只有组胺摄入量达到50～100mg/100g时，才可能产生鲭鱼中毒症状，如头痛、血压降低、恶心、腹痛、心血管收缩或支气管收缩等。

三、污染物

食品原料在养殖、处理、包装和储存过程中，由于微生物的生长及工业污染等，均可使多种外源物质进入食品中。此外，药物的滥用、特殊的生长环境、某些偶然事件（如核泄漏及废水排放等），均可能使污染物进入食品，对食品的质量和安全性造成严重的影响。

评估长期暴露于低浓度污染物的危害性是很困难的。食品污染物对职业性暴露群体（例如，聚氯乙烯企业的工人经常暴露于高浓度的氯乙烯单体中）及地域性暴露群体（例如，日本Minamata海湾居民摄入含高浓度汞的鱼制品，该鱼制品产于被汞污染的水域）健康的影响已经受到人们的广泛关注。

膳食摄入的污染物的量可由食物的质量与其中污染物浓度的中位数相乘而得。然后将膳食中所有食物中的污染物的量相加，就得到该物质的膳食摄入量。将总量与已知的健康风险标准相比较，即可初步判断摄入此类污染物能否对健康造成危害以及是否具有潜在的危害。

第四节 食源性疾病的控制

食品中的成分，无论是营养素、非营养素、天然产生或人工合成、人为添加还是被动污染，均具有内在的毒性。在一个生态系统中，只要暴露达到一定程度，食品中的任何成分都可能成为有害物质。生态系统的反应程度与食品中“毒素”含量之间的相关关系是毒理学的基本概念。生态接受位点特定成分的浓度代表机体暴露的水平。这种重要的关系被文艺复兴时期的瑞士化学家帕拉塞尔苏斯（Paracelsus，1493—1541）所发现并做出以下声明：“万物皆为毒，唯有量才能将毒与药分开”。

食品储存的目的是保证食品中不存在微生物或将微生物保持在延滞期。这取决于微生物生长所需的最适条件，并且保证这些条件在食品消费前不会出现。多数食品微生物引起的食品储存问题（60%～80%）是由于食物服务机构不恰当的处理，包括预准备、未经处理或不合理的储存。约占60%的食品污染是由于温度失控、生熟食品之间的交叉感染以及不良的个人卫生习惯所导致的。

减少微生物对食物的污染、抑制微生物的生长、破坏微生物产生的毒素是减少食品腐坏以及消除与食品相关健康威胁的必要措施。

食品技术专家在设计食品加工过程中，通过加热破坏和阻止微生物病原菌生长所需要的条件来保障食品的安全。表5.7列出了一些重要病原微生物的最低生长需求和热抵抗力。

表5.7 重要致病菌的最低生长需求及热耐受性

细　菌	最小水分活度	气体的需求	温度范围/℃	生长的pH范围
金黄色葡萄球菌	0.83	好氧/厌氧	6～46	4.0～9.8，4.8时产生毒素
大肠杆菌	0.95	好氧/厌氧	7～50	4.0～8.5
蜡样杆菌	0.93	好氧/厌氧	8～55，可低至5	4.3～10.5
空肠弯曲菌	0.98	微好氧	30～45	4.9～8.6
沙门菌	0.93	好氧/厌氧	5～47	4.0～9.0
产气荚膜梭菌	0.93	厌氧	5～54	4.9～8.5
志贺菌	可能是0.93	好氧/厌氧	10～45	4.5～8.0
小肠结肠炎耶尔森菌	0.96	好氧/厌氧	−1～41	4.6～9.0
单核细胞增生李斯特菌	0.92	好氧/厌氧	0～45	4.4～9.6
副溶血弧菌	0.94	好氧/厌氧	5～44	4.5～9.6
肉毒梭菌	0.93	厌氧	3.3～55	4.6～8.4，也可低至4.2

一、与食源性疾病相关的因素

饮食成分是否会危害健康，主要取决于以下几个方面：食物成分在食品中的浓度；食物的摄入量；机体对其敏感程度；食物成分与其他膳食成分之间的相互作用，作用的结果可增加或减少有毒物质，从而改变饮食成分的毒性。

因此，饮食成分只有在摄入超过一定量时才会对人体产生危害。饮食成分有一浓度阈值，在阈值以下，该成分无毒性。饮食成分发生作用的暴露水平，取决于该物质及上述的4个因素。

毒理学认为饮食成分对健康有无效、有益和有害三个水平。必需营养素也存在一个浓度区间，低于或高于这个区间对于包括人类在内的有机体而言均是有害的。

Paracelsus所提到的“毒素-补充物”效果，以维生素D为例说明。维生素D是一种必需营养素，影响小肠钙离子的吸收。维生素D的缺乏可导致佝偻病和骨质疏松症，尤其对一些光照有限的国家（特别是冬季）来说，摄入足够量的维生素D对预防佝偻病是十分关键的。然而，纯品维生素D却具有高毒性，其毒性与等量的有机磷或对硫磷杀虫剂相当。维生素D作为一种慢性毒素，当摄入量超过45μg/天时，可导致钙离子在软骨组织中的沉积并引起肾脏和心血管不可逆的损伤。

1. 安全性

安全性指的是不存在危害的风险，或存在可以承受的低水平风险（事实上的安全）的一种状态。对于任何摄入饮食成分的活动，均有可能导致负面影响。而在正常的环境与暴露水平中，因膳食摄入引起负面影响的可能性很小，因此膳食成分的摄入事实上是安全的。

2. 耐热性

微生物细胞对高温极其敏感，肉毒梭菌、产气荚膜梭菌以及蜡样杆菌的孢子有耐热性，因此需要相对高的温度使其灭活。加热是一种破坏病原微生物的常用方法，尽管烹饪能够破坏大部分有生长能力的细菌，但一些细菌的孢子、金黄色葡萄球菌及肉毒梭菌的毒素仍然存在。所以将烹饪过的食物保持在60℃以上或迅速降至5℃以下，可有效地阻止病原微生物的生长。

用足够的温度和时间烹饪肉、禽、海产品等，彻底破坏致病菌和阻止由于食物烹饪不充分而暴发的食物中毒是十分重要的（见大肠杆菌）。

巴氏消毒（72℃，10min）是为了杀灭食品中的病原微生物如结核菌、布鲁斯菌属、贝纳特考克斯体以及牛奶中的沙门氏菌所设计的一种消毒方法，但仍有一些微生物可以存活。因此，按照该产品的保存条件保存食物是很重要的。

表5.8列出了破坏李斯特菌、沙门氏菌、大肠杆菌、志贺菌、弯曲菌、金黄色葡萄球菌、耶尔森菌、弧菌、蜡样杆菌以及肉毒梭菌生长细胞所需的时-温等效关系。

表5.8 烹饪食物内部细菌灭活的时-温等效关系

温度/℃	时间	温度/℃	时间
60	45min	75	30s
65	10min	80	6s
70	2min		

二、食品卫生的五点关键准则

1. 保持卫生、个人卫生等

① 处理和准备食物前洗手；

② 便后洗手；

③ 保持食物处理过程中接触的全部器皿、仪器无菌；

④ 保证厨房和食物无昆虫、有害之物。

2. 生、熟食分离

① 生肉、家禽及海产品与其他熟食分开；

② 处理生、熟食的设备和器具分开；

③ 生、熟食分别储存。

3. 充分烧熟食物

① 充分烹饪食物，尤其是肉、家禽、蛋以及海鲜类；

② 煮汤和炖食物应确认其温度达70℃，烹饪肉、家禽等，其汁不应带有血色，最理想的方法是温度计测量；

③ 加热熟食应达到安全的温度。

4. **储藏食物的温度**

① 烹饪后的食物放置室温下不宜超过 2h；

② 快速冷却烹饪后的易腐食物（5℃以下）；

③ 用餐前保持烹饪后的食物的温度在食品的安全范围内；

④ 食物在冰柜储存时间不宜太久；

⑤ 不宜在室温下解冻食物。

5. **使用安全的水和洁净的材料**

① 保证水的清洁；

② 选择新鲜和健康的食物；

③ 选择已加工的食物，例如巴氏法灭菌的牛奶等；

④ 清洗果蔬、尤其用于生吃；

⑤ 不食超过了保质期的食物[22]。

温度控制：温度控制对预防食物中毒十分重要。大部分食品内的微生物不能在低于5℃、高于60℃的环境中生长。因此，应将食品的温度控制在此范围之内。

潜在危险的食品主要包括生或熟肉、禽、鱼、乳制品以及海产品；生蛋、已处理的果蔬、沙拉混合物、未经巴氏消毒的果汁、熟米饭以及面食；含蛋、豆、坚果以及其他富含蛋白的食物。温度控制对预防具有潜在危险的食品的储存（如冷藏、冰冻）十分重要。利用有效的处理技术（烹饪、巴氏消毒）储藏的食品，其储存时间也应有严格的规定。一些微生物在特定食物中，温度为−1～5℃以下仍可存活，如单核细胞增生李斯特菌、小肠结肠炎耶尔森氏菌及肉毒梭菌。此类食品孕妇不宜食用。

不同食品在5～60℃的保存时间是不同的。例如，有潜在危险的即食食品存放应低于2h；放置2～4h的食品，应立即食用；超过4h则应丢弃。

食品的解冻：食品解冻时，抑制微生物的生长是非常重要的。如在5℃以上解冻，虽然食品的中心仍是冰冻的，但细菌可在解冻的食品表面迅速繁殖。在冰箱的底部或用微波解冻食品是安全的，后者的解冻时间相对较短。

生食品的不恰当解冻同样可引起某些食源性疾病的暴发。因此冷冻食品在烹饪之前必须要完全解冻，保证食物的最慢加热点达到破坏病原微生物的温度。冰冻的鱼应在冰箱内解冻以减少组胺的形成。

避免交叉污染：某些食源性疾病的暴发均源于从一种食品或其表面对即食食品或其表面的交叉污染而引起的。

避免交叉污染简单而又重要的措施是储存时将生食与即食食品分开。在冰箱存放生食与即食食品时，生食如肉、禽等应加覆盖或置于即食食品的下方。其他简单有效的措施包括用不同的器具、设备分别处理生、熟以及即食食品。

三、危害分析和关键控制点系统

危害分析和关键控制点（HACCP）系统是食品工业（包括生产、分配、加工以及食品准备）中用来确保食品加工过程设计的可以根除和控制特殊食品危害的方法。

HACCP起源于20世纪60年代的美国，最先是在开发航空食品的过程中定制的。其重视加工过程中关键步骤的控制力，用快速、可信的参数监测加工过程。其原理的应用可降低食品中病原微生物的水平。食品卫生学标准是以食品商业的需求为基础的，根据HACCP的原理来完成一个食品安全计划。例如，为降低与沙门氏菌和致病性大肠杆菌相关的风险，在生产发酵肉制品中（如火腿），其四个关键控制点如下。

① 加工前的保存与储藏：生肉应迅速冷冻并储藏于5℃以下。

② 培养物的使用：必须严格根据操作说明书储藏、准备及接种。

③ 发酵：使用适量的起始培养物，控制发酵温度、时间以及pH。

④ 发酵后（干燥、冷冻、储藏、切片和包装）：监测时间、温度、pH以及水分活度。

表5.9列出了HACCP所包含的七个步骤。

表5.9 HACCP系统的流程

步骤	举例
危害分析与风险评估，包括食品处理的流程图及可获得控制点的鉴定	确定是否存在微生物的危害及特定病原微生物
CCP的确定	巴氏灭菌法及热处理；原材料的储存；清洗及卫生措施
CCP的标准	产品的pH值范围；巴氏消毒法的时间及温度；可利用氯的浓度
CCP的监控	每一特定的间隔记录相关的数据等。如每小时、每班及连续记录
偏离校正工作的建立	如果产品的pH值偏离正常范围，则需添加食品酸继续进行处理或丢弃该食物
记录保持系统	超过产品货架期后继续记录一年或两年
认证	保存相关文件，并对终产品做微生物测试

第五节 食品添加剂

一、食品添加剂的安全评估

食品添加剂，是指为了改善食品的品质及色、香、味，以及为防腐、保鲜和加工工艺之需而加入食品中的人工合成的或天然物质。例如，营养强化剂、香料、胶基糖果中基础物质、食品工业用的加工助剂等。

我国要求所有新批准的食品添加剂必须接受毒理学和安全评价。世界粮农组织与世界卫生组织组成的联合委员会（食品添加剂联合委员会，JECFA）制定了食品添加剂和污染物安全评估毒理学数据评价的标准。我国在此标准的基础上制定出了我国食品添加剂标准GB 2760—2007，并按需要进行定期和不定期的修改，以对我国的食品添加剂和污染物进行评估。

未列入GB 2760—2007或卫生部公告名单的新食品添加剂及营养强化剂（包括从国外进口的品种），或已列入GB 2760—2007或卫生部公告名单中的品种，需扩大使用范围和/或使用量的，必须向卫生部申报（卫生部卫生监督中心健康相关产品受理处），同时必须提供以下信息。

① 待测物质的详细信息。包括化学组成（熔点、溶解度等）、化学及物理特性、纯品存在的最大极限以及简单的定性和定量的分析方法。GB 2760—2007列出了上述详细信息的参考文献、纯品的标准以及全部已通过批准的食品添加剂的特性。

② 由于待测物质的存在，食品中形成的任何人工物质的信息。在食品生产、处理和储藏过程中，添加剂可能会发生降解或与其他成分相互作用。例如，食品中的亚硝酸盐（人工添加或天然存在）可与食品中的亚胺形成致癌物质*N*-亚硝胺。

③ 毒理学测试。包括急性毒理、短期毒理、慢性毒理、多代测试、短期突变以及致癌性测试。

毒理学研究的目的在于，确定在对受试动物不产生负面影响的情况下待测物质的最大摄入量（无效水平），进而确定该物质在膳食中可接受的日摄入量。毒理学测试可用于食品添加剂、加工助剂、天然存在的毒素或污染物。

1. **安全系数**

动物实验的结果可以用来估计人体摄入该添加剂的安全剂量。安全系数指的是该物质（如食品添加剂）在受试动物中无明显效果的最大剂量。

由于各物种之间的安全系数存在着差异，因此安全系数通常采用对该物质最敏感动物的数据。可接受的日摄入量指的是在无可见负面影响的情况下，该物质在动物的一生中可被摄入的最大日摄入量，并以该物质的摄入量除以摄食者的体重来表示（mg/kg 体重）。

安全系数是一个主观数据，对于添加剂而言，该系数通常为100。也就是说，人类可接受的日摄入量为最敏感的受试动物的无效水平的1%。安全系数100说明人类比最敏感的受试动物还要敏感10倍，且允许10倍的种内差异。尽管将动物实验的结果作为人类的证据尚存在着不确定性，但在普通人群的实践活动证明了该假说的正确性。

为了确定食品成分的安全性，必须关注该物质的可能摄入量。以食品添加剂为例，可以根据能够产生必需的物理或技术效果的添加剂的含量以及含有该添加剂的食品的摄入数量，来估计其可能的日摄入量。可接受的日摄入量必须大于这个估计值。为了评价其安全性，对处于最大风险人群的饮食模式的研究是很重要的，因为与普通人群相比，这类人群中通常摄入过量的待测物质。同样重要的是，含有待测物质食品摄入模式的改变必须受到监测，以保证其可接受的日摄入量不超过其最大限值。

对于铅、镉和汞等污染物，JECFA 提出了“暂定每周耐受摄入量”的概念。此概念中的“耐受”，并非前述的“接受”，而是指与食品相关的污染物；暂定的含义是当有更多的数据可利用时，该估计值将会发生变化。暂定每周耐受量的概念的来源与可接受日摄入量的概念相似，均来源于特定食品污染物的无效水平。可采用所有饮食中该物质的日摄入量的估计值与暂时每周耐受摄入量之间的比值，来评估摄入该物质所承受的风险水平。

2. **风险与利益之争**

人类的任何活动均存在着风险。当人们在驾车时，可能会在车祸中受伤甚至死亡，然而人们做出了决定，那就是继续承受这一风险，以换取相应的利益，如便利、省时等。这个决定就是风险与利益之争的例证。

风险是真实存在并可察觉的。风险的这种可察觉性能被某些不确定的因素所影响。当人类对某种活动所面临的风险不了解时，就不太愿意去承受该风险。通过对许多消费者的调查发现，公众对食品添加剂持有怀疑态度，这种态度可能是由于公众对食品添加剂益处的认知匮乏。如防腐剂可抑制食品中致病菌的生长。公众的这种怀疑态度可被食品制造商强化，如某些食品包装上注明不含防腐剂，暗示了食品中不存在防腐剂对人体健康有一定的益处，实际上这是误区。

就人们所摄入的食物而言，所存在的风险主要取决于人们的认知。在发展中国家，食物的摄入有一个至关重要的益处，那就是维持生命。得到这一重要益处的代价就是面临巨大的风险。这就意味着为了得到必要的益处，必须接受其潜在的风险，例如生死关头在无任何选择的情形下摄入污水以维持生命。

当人们接受某种食品的风险时，就认为这种食品是安全的。在发达国家中，有充足的食品可供人们选择，似乎食品摄入在维持生命这个关键的益处上就显得不那么重要。此种非重要利益的交换有时也会面临一些不确定的风险。这种非重要的利益通常与其便利或食品的诱惑力相关联，如色泽、味道和质地等。

如同已经讨论的，并非任何食物均是绝对安全的。人们必须用目前所能利用的最可靠的信息，去分析某种特定活动所带来的利益和风险。其与食品安全相关的有以下三个方面。

① 严重性（所导致后果的类型、其后果是否可逆、是否可引起死亡）。

② 概率性（后果发生的概率有多少）。

③ 潜伏期（从暴露至发生的时间，是短期、中期，还是长期）。

美国食品及药品管理局的科学家们将食品中的风险进行了分类。表 5.10 列出了真实的可以察觉的风险。

摄入含有高水平沙门氏菌的食物将面临真正的风险，其引起胃炎的可能性很高。

食品添加剂不是普通的食品，将其添加到食品中的目的在于增强食品的色泽、味道、质地、提高保质期以及方便处理。而添加到食品中的一些成分，如盐、淀粉、糖和水等，是作为食物的组成成分而非食品添加剂。与食品添加剂不同，污染物并非人为添加至食品中的，但在食品的生产和准备过程中是不可避免的。污染物可以是天然的，如微生物产生的某些物质。表 5.11 定义并区分了食品添加剂及污染物。

表 5.10 食品中存在的风险因子的分级状况（存在且可觉察）

存在真实的危险	中度风险	轻微风险
微生物污染	食品添加剂	食品添加剂
营养失衡	营养失衡	杀虫剂残留
不恰当的饮食习惯	不恰当的饮食习惯	营养失衡
环境中的污染物	微生物污染	不恰当的饮食习惯
天然毒素	杀虫剂残留	环境污染物
杀虫剂残留	环境污染物	微生物污染
食品添加剂	天然毒素	天然毒素

表 5.11 食品中的食品添加剂、污染物、天然毒素的例证

项目	描述	实例
食品添加剂	本身不能作为食品被摄入，而加入食品后旨在达到某种特定的技术效果	甜味剂、防腐剂、抗氧化剂、色素风味剂
污染物	非人为添加至食品中，是环境污染的结果。食品中的微生物及其代谢产物	工业污染物（重金属如铅、汞、镉、多氯联苯）；包装材料的成分（可塑剂、色素、墨水以及其他从包装材料渗入食品中的物质）；农业化学物质（杀虫剂、除草剂）；兽医化学物质（抗生素、激素）；微生物及微生物毒素（沙门氏菌、黄曲霉毒素）

二、食品添加剂应用的历史

添加剂在食品中的应用可追溯到很久以前。烟、盐、硝酸钠、蜜、醋、草药以及香料等均为第一批为延长食物储存时间的添加剂。古欧洲人曾采用蔬菜和水果汁来改变食品的色泽，利用蜂蜜来添加风味。古罗马人曾用碳酸钙制作白面包等。

伴随着工业革命的进程，大量的城市居民需要从偏远的农作区购买食物。这种需求催发了食品工业及添加剂的应用。在当时，添加剂的使用并非完全从消费者的利益出发，特别是在那些低收入地区，加之相应的法律不健全，使得食品的掺假现象很普遍。其主要是添加一些便宜的成分，如水、碳酸钙、淀粉等，以增加食物的体积或重量。但由此带来的稀释作用却影响了食物的色泽，因此添加剂仅仅被用来改善食物的颜色。1850 年，在“Lancet”杂志报道了有关食品的一些掺假现象，如在牛奶中掺水、食醋中掺水、红辣椒中掺入苏丹红以及为了使腌制品、罐头食品及蔬菜产生诱人的绿色并使之保持长久而加入硫酸铜等。这些掺假行为严重地威胁着人们的健康。

目前，不同季节的多种预包装食物和果蔬已经构成了人们日常生活的一部分。人们之所以有新鲜、冷冻、方便的食品可以选择，主要归功于食品科学技术的进步以及食品添加剂的合理应用。

人们由于工作繁忙，没有时间或没有必要去准备食物，而外出就餐既不便利，价格也偏高，因此，许多人对半方便或方便食品情有独钟。如果食品中不使用食品添加剂，那些方便诱人的食品将不可能在很短的时间内被制备出来。然而，随着食品工业的不断发展，食品添加剂的应用模式也在发生着改变。近年来，由于食品科技的进步，一些人工食品添加剂已被天然食品添加剂所取代。

三、中华人民共和国食品卫生法

现代食品法是以法规和食物组成成分标准的形式出现的，主要用来保护消费者的健康和防止食品行业的欺诈销售行为。这些法律的制定目的在于保证销售的食品是健康的、不含有有害的添加剂和污染物以及符合一定的组成标准或质量标准。同时，这些食物的商标不得对消费者产生误导。当商品被销售后，消费者有权认为，此商品应该满足他们对其质量和数量产生的合理期望，同时食品中不应含有未知的物质。这些法律可防止食品制造商以高的价格提供劣质产品以获得不正当利益的行为。

以法规和标准形式出现的食品卫生法，根据法律允许向食品中添加的添加剂，并有明确规定某些食物不能含有该添加剂，从而杜绝了食品添加剂的滥用。在我国，标准的食物（食品的品质和组成是经标准化委员会认定的）是仅含有 GB 2760—2007 认证过的食品添加剂，而其含量不超过所规定的范围。

在新的食品添加剂通过验证之前，或对已通过验证的食品添加剂进行附加规定前，相关的提案必须经过卫生部卫生监督中心的评估，卫生部是负责制定食品规章和标准的法定机构。在某种食品添加剂通过卫生部验证之前，必须证明同等品质的食品不能通过另外的不需添加剂的处理过程制造出来，或者使用已有的添加剂制造出来。相对于那些能更改食品味道、质地和外观的添加剂而言，具有确切功效的添加剂更容易通过认证，如那些降低损耗、促进处理过程和抑制食品微生物生长的添加剂。

在新的食品添加剂通过认证之前，还须证明这种添加剂在食品中的应用及使用方式是安全的。并采用《食品添加剂生产管理办法》中的测试流程对食品添加剂进行安全评估。但并非所有的食品添加剂的安全评估均采用现代测试流程。当某些食品添加剂经长期的普遍应用对健康未造成明显的危害时，则认为该添加剂是安全的。而某种曾被认为是安全的食品添加剂，后被证实其具有潜在的危害时，往往会引起特别的关注。此情况是因为这些添加剂在通过认证时，仅仅基于当时可利用的信息，但随着信息的不断增加或新的检测方法的不断建立，就需要对过去的决定进行重新修订。结果将导致某种特定添加剂的应用受到限制，甚至认证被撤销。例如，硫化钠、溴酸钾等已从食品标准编码中撤销。

1. 食品添加剂的分类与功能

目前我国的食品添加剂的目录中有 1960 余种食品添加剂，共分 23 类。

① 酸度调节剂：可维持或改变食品酸碱度的物质。

② 抗结剂：防止颗粒或粉状食品聚集结块，保持其松散或自由流动的物质。

③ 消泡剂：在食品加工过程中降低表面张力，消除泡沫的物质。

④ 抗氧化剂：防止或延缓油脂或食品成分氧化、分解、变质，提高食品稳定性的物质。

⑤ 漂白剂：可破坏、抑制食品的发色因素，使其褪色或免于褐变的物质。

⑥ 膨松剂：可使产品形成致密的多孔组织，具有膨松、柔软、酥脆的物质。

⑦ 胶基糖果中基础物质：赋予胶基糖果起泡、增塑、耐咀嚼等作用的物质。

⑧ 着色剂：赋予食品色泽及改善食品色泽的物质。

⑨ 护色剂：可与肉及肉制品中的呈色物质作用，使之在食品加工、保藏等过程中不致分解、破坏，呈现良好色泽的物质。

⑩ 乳化剂：可改善乳化体中各种构成相之间的表面张力，形成均匀分散体或乳化体的物质。

⑪ 酶制剂：由动物或植物的可食或非可食部分直接提取，或由传统以及通过基因修饰的微生物（包括但不限于细菌、放线菌、真菌菌种）发酵、提取制得。用于食品加工及具有特殊催化功能的生物制品。

⑫ 增味剂：补充或增强食品原有风味的物质。

⑬ 面粉处理剂：促进面粉的熟化、增白以及提高其制品质量的物质。

⑭ 被膜剂：涂抹于食品外表，有保质、保鲜、上光、防止水分蒸发等作用的物质。

⑮ 水分保持剂：有助于保持食品中水分的物质。

⑯ 营养强化剂：为增强营养成分而加入食品中的天然或人工合成的属于天然营养素范畴的物质。

⑰ 防腐剂：防止食品腐败变质、延长食品储存期的物质。

⑱ 稳定剂和凝固剂：使食品结构稳定或使食品组织结构不变、增强其黏性固形物的物质。

⑲ 甜味剂：赋予食品甜味的物质。

⑳ 增稠剂：可提高食品的黏稠度或形成凝胶，从而改变食品的物理性状，赋予食品黏润、适宜的口感。并兼有乳化、稳定或使其呈悬浮状态作用的物质。

㉑ 香料：可使食品增香的物质。

㉒ 加工助剂：有助于食品加工顺利进行的各种物质，但其与食品本身无关。如助滤、澄清、吸附、润滑、脱模、脱色、脱皮、提取溶剂以及发酵用营养物质等。

㉓ 其他：上述功能类别中不能涵盖的其他功能。

2. 食品添加剂的标识

如果食品中含有添加剂，则必须标出。如果其属于 GB 2760—2007 中分类的一种，则必须在食品成分说明中确切地标明添加剂的名称。与风味剂不同，每种食品添加剂名称的后面必须跟随其分类的名称（在括号内）。分类名称既可以是指定的名称，也可是其化学名称，还可以是其相应的代码（参见 GB 2760—2007）。

多数（并非全部）食品添加剂均有唯一的代码，以便与其他产品区分开来。该代码是国际通用的。

总　结

- 微生物是一类需用显微镜方可观察到的生物群体。许多微生物是人体健康所必需的，但在特定的条件下，一些微生物与疾病相关并可导致食品腐坏。
- 与食品相关的风险取决于一系列因素，如加工过程中的时间、温度、pH、水分活度、污染、储藏、运输等。
- 由微生物导致的食源性疾病的临床表现不一，通常有恶心、呕吐、腹痛、腹泻等。沙门氏菌、弧菌、产气夹膜梭菌、金黄色葡萄球菌、细胞增生李斯特菌以及致病性大肠杆菌等是我国引起食物中毒的主要原因。

• 食品加工的一个重要前提是确保食品的致病性微生物的安全。

• 食源性疾病的暴发可通过注意简单而有效的食品卫生以及严格遵守食品加工的操作规程予以避免。

• HACCP系统的应用，可使食品加工者保证食品加工条件，最终提供致病性微生物安全的产品。

• 与食品相关的真正存在的风险与可觉察的风险之间具有很大的差异。与食品相关的对公共健康具有真正风险的因子的等级分别为：微生物污染、不恰当的饮食习惯、环境污染物、天然毒素、杀虫剂残留以及食品添加剂。

• 食品添加剂的功能之一是可以改变食品的风味、质地、色泽以及保质期。

• 某些食品中含有天然毒素。其是否对健康产生危害，主要取决于其摄入量、个体的敏感性以及该毒素与其他膳食成分之间的相互作用。

• 完全膳食调查监测膳食供应中，特定农业、兽医污染物以及其他污染物的水平。将此类物质的膳食摄入估计值与特定健康标准值进行比较，所得信息可帮助人们监测食品供应的安全状况。

参考文献

[1] http://www.bjhi.gov.cn/news.do? dispatch=readById&id=3857.

[2] Duguid JP, North RA. Eggs and Salmonella food-poisoning: an evaluation. J Med Microbiol, 1991, 34 (2): 65-72.

[3] http://www.who.int/foodsafety/fs_management/No_07_AI_Nov05_en.pdf.

[4] http://www.who.int/foodsafety/fs_management/infosan.en.

[5] http://www.who.int/foodsafety/publications/fs_management/en/probiotics.pdf.

[6] ftp://ftp.fao.org/docrep/fao/meeting/004/y2741e.pdf.

[7] Prusiner B S. Development of the prion concept. Prion Biology and Diseases. 2nd Edition. Cold Spring Harbor Laboratory Press, USA, 2004.

[8] Stafford HA, Bliss M. The Effect of Greening of Sorghum Leaves on the Molecular Weight of a Complex Containing 4-Hydroxycinnamic Acid Hydroxylase Activity. Plant Physiol, 1973, 52 (5): 453-458.

[9] Wakabayashi K, Nagao M, Ochiai M, et al. Recently identified nitrite-reactive compounds in food: occurrence and biological properties of the nitrosated products. IARC Sci Publ, 1987, 84: 287-291.

[10] Lykkesfeldt J, Moller BL. Synthesis of Benzylglucosinolate in *Tropaeolum majus* L. (Isothiocyanates as Potent Enzyme Inhibitors). Plant Physiol, 1993, 102 (2): 609-613.

[11] Dicenta F, Martinez-Gomez P, Grane N, et al. Relationship between cyanogenic compounds in kernels, leaves, and roots of sweet and bitter kernelled almonds. J Agric Food Chem, 2002, 50 (7): 2149-2152.

[12] Strugala GJ, Stahl R, Elsenhans B, et al, Forth W. Small-intestinal transfer mechanism of prunasin, the primary metabolite of the cyanogenic glycoside amygdalin. Hum Exp Toxicol, 1995; 14 (11): 895-901.

[13] Noori-Daloii MR, Najafi L, Mohammad Ganji S, et al. Molecular identification of mutations in G6PD gene in patients with favism in Iran. J Physiol Biochem, 2004, 60 (4): 273-277.

[14] Vural N, Sardas S. Biological activities of broad bean (*Vicia faba* L.) extracts cultivated in South Anatolia in favism sensitive subjects. Toxicology. 1984, 31, (2): 175-179.

[15] Archer RK, Festing MF, Riley J. Haematology of conventionally-maintained Lac: P outbred Wistar rats during the 1st year of life. Lab Anim, 1982, 16 (2): 198-200.

[16] Arranz N, Haza AI, Garcia A, et al. Protective effect of vitamin C towards *N*-nitrosamine-induced DNA damage in the single-cell gel electrophoresis (SCGE) /HepG2 assay. Toxicol In Vitro, 2007, 21 (7): 1311-1317.

[17] McMillan M, Thompson JC. An outbreak of suspected solanine poisoning in schoolboys: Examinations of criteria of solanine poisoning. Q J Med, 1979, 48 (190): 227-243.

[18] Osman SF, Herb SF, Fitzpatrick TJ, et al. Commersonine, a New Glycoalkaloid from 2 Solanum Species. Phytochemistry, 1976, 15 (6): 1065-1067.

[19] Bottein Dechraoui MY, Rezvani AH, Gordon CJ, Ramsdell JS. Repeat exposure to ciguatoxin leads to enhanced and sustained thermoregulatory, pain threshold and motor activity responses in mice: relationship to blood ciguatoxin concentrations. Toxicology, 2008, 246 (1): 55-62.

[20] Bagnis R, Chanteau S, Chungue E, Yasumoto T, Inoue A. Origins of ciguatera fish poisoning: a new dinoflagellate, Gambierdiscus toxicus Adachi and Fukuyo, definitively involved as a causal agent. Toxicon, 1980, 18 (2): 199-208.

[21] Kanki M, Yoda T, Tsukamoto T, et al. Histidine decarboxylases and their role in accumulation of histamine in tuna and dried saury. Appl Environ Microbiol, 2007, 73 (5): 1467-1473.

[22] http://www.who.int/foodsafety/consumer/en.

第六章 现代健康食品进展

目的：

- 了解通过改良后食品的成分以满足特殊的饮食需要。
- 介绍一些在功能性食品中使用的自然产生的生物活性物质。
- 了解功能性食品的概念与功能。
- 介绍转基因食品的概念和作用。
- 了解生物技术在食品生产及食品添加剂中的作用。
- 认识新的食品加工技术是如何应用的。

重要定义：

- 功能食品：除传统营养素以外对健康有益的食品或食品成分。
- 无麸质或低麸质食品：去除了麸质的谷物颗粒食品或无麸质谷类加工而成的食品。
- 益生菌：一类对健康有益，且可促进肠道菌群平衡的活的微生物。
- 益生元：一种不被消化的食物成分，可选择性地刺激结肠中的一种或几种对宿主健康有益的微生物的生长和/或活性，从而改善宿主的健康。
- 有机食品：是指完全不含人工合成的农药、肥料、生长调节剂以及畜禽饲料添加剂的食品。

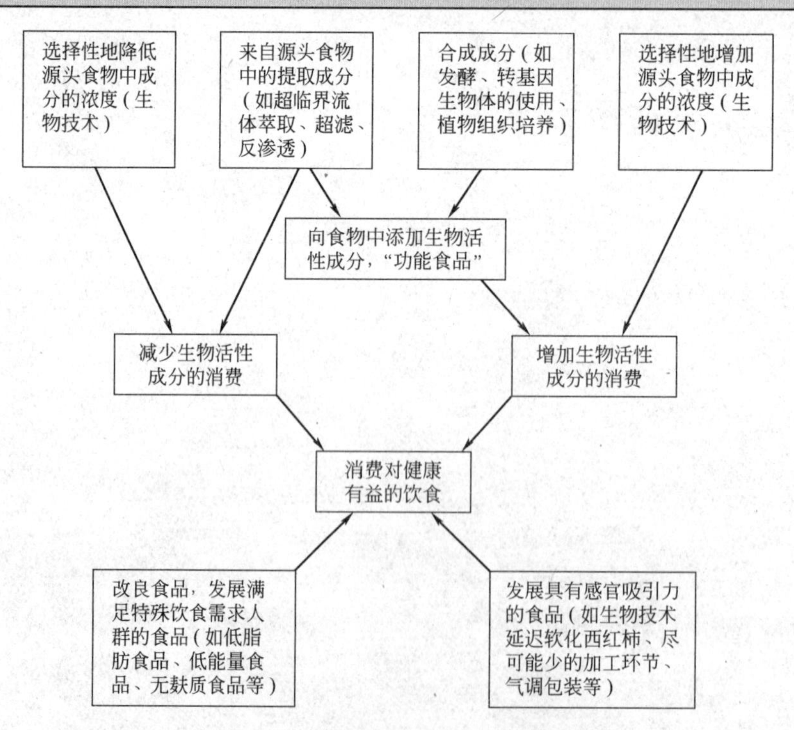

图 6.1　现代食品生产技术的应用

本书的其他章节详细地讨论了食品中的营养素及其他生物活性成分。本章将探讨现代食品技术的发展，包括功能食品，其为消费者提供了强化营养素及其他对健康有益的成分。本章旨在提供一个食品未来发展方向的模式，如图 6.1 所示。

不同食品加工方法的应用已有很长的历史。传统的食品加工方法有腌制、熏制、脱水、干燥、罐头以及冷冻食品。现代工艺对传统的食品加工方法进行了改良，即利用生物技术生产传统和新型的食品原料、成分以及改良包装材料。近代食品技术的发展使产品具有高营养价值、诱人的感官特性（颜色、质地、风味）、美味的方便食品以及低成本的消费成为可能。食品工业的进步也包括努力发展可持续农业的实践，以及发展能够保持食品特性并且确保微生物学及化学安全的环保包装材料的研究。

功能食品被认为是食品工业的重大改良和发展，通过增加或减少某些食物中的生物活性成分来增进健康或减少与饮食相关疾病的发病风险。

第一节 功能食品

现有的功能食品一般均为强化或补充了营养素的食品。例如中国北方（冬季阳光不充足的地域）的含有强化维生素 D 的婴儿食品，以预防佝偻病的发生。几年前在澳大利亚和新西兰食品标准法典中公布了允许叶酸强化食品作为减少胎儿神经中枢缺陷的公共健康战略。

一、功能食品的定义

食品成分的研究揭示了许多对健康起重要作用的非营养素的生物活性成分，例如膳食纤维和植物化学物质。未来的食品很有可能通过增加或减少其中的某些生物活性成分从而使消费者在增进健康或减少某些疾病发生的危险方面获益。

美国医学研究所的食品和营养委员会在 1994 年对功能食品定义为“除传统营养素以外可对健康有益的任何食品或食品成分”。国际生命科学学会欧洲分部（ILSI）对功能食品定义为“通过工业技术或生物技术的方法（包括通过添加成分或去除成分的食品）使之成为天然食品”。与功能性食品同义的术语还有“设计食品”、“医学食品”以及“类药剂营养品”。

功能食品于 20 世纪 80 年代中期起源于日本。在日本，其被描述为“特定保健用食品”或 FOSHU，属于具有特殊用途的一类食品。在被批准作为特定保健用的 100 个食品中，大部分均含有促进肠道健康的低聚糖和乳酸菌。

食品业希望未来推广的功能食品（如果未来食品法证实了功能食品对健康有益的观点）是添加了功能性成分的食品，例如益生菌。其他例子可能包括由于物化性质的改变从而改变了食品的消化和/或吸收；微量营养素的含量超过了推荐膳食摄入量的强化食品或含具有生物活性的非营养素成分的食品，例如类黄酮等一类化学物质。

近年来功能食品的发展也很快，如有 n-3 PUFA 含量增加的鸡蛋、含活菌（益生菌）培养的发酵乳制品、含 n-3 PUFA 与其他植物功能成分（膳食纤维、茶多酚、大豆异黄酮等）的焙烤食品及豆制品（功能性豆腐）、强化微量营养素、植物化合物的液体谷物以及谷物食品等（表 6.1）。但一些发酵乳制品要经过杀菌，从而使活菌的浓度会显著降低。

对摄入食品中大量的生物活性成分（例如类黄酮）的安全性及生物相容性，还需进一步的研究。食品中生物活性成分的生物标记物对于鉴别这些成分的潜在益处和危险是非常重要的，如红细胞中叶酸含量的增高标志着膳食中叶酸的摄入增加[1]。

一些消费组织和公共健康委员会对功能食品用途的关注已经开始提升。但值得特别注意的是，不应混淆人们首先选择的健康平衡饮食的营养学原则。

表 6.1 市场上可获得的功能食品

功能食品类别	功能食品举例	功能
增加生物活性物质的含量	强化营养素食品，例如叶酸强化食品	适宜育龄妇女。有助于预防胎儿神经管发育缺陷，降低血浆高半胱氨酸含量(心血管疾病的一种危险因素)
	强化 n-3 PUFA 的鸡蛋	增加鸡蛋中的 EPA 和 DHA 含量
	强化植物化学成分食品	增加食品中的抗氧化物质。如茶多酚、番茄红素、类黄酮、异黄酮
	强化植物甾醇/植物甾烷醇食品	强化人造黄油，可降低血浆总胆固醇水平
	强化抗性淀粉、非淀粉多糖以及糖醇食品	降低血液葡萄糖水平
	电解质饮料	含碳水化合物等中性饮料。运动时饮用
	强化肌酸运动食品	通过减少组织中的乳酸和氨来增强人体机能
	益生菌和/或益生元食品	益生菌培养。如酸奶和发酵乳饮料中的乳酸杆菌和双歧杆菌；益生元成分，如菊糖、低聚果糖、抗性淀粉
	含生物活性肽食品	含有血管紧缩素转换酶抑制剂，可降低高血压、外啡肽活性、免疫调节活性(刺激淋巴细胞和巨噬细胞)
	添加咖啡碱的食品	增强机敏性
	添加初乳免疫球蛋白和乳铁传递蛋白的婴儿配方奶粉	增强婴儿免疫力，可防止受母乳中生物活性物质的感染
	具有增加耗能的食品	含有咖啡碱、姜辣素、姜烯酚、辣椒素，以帮助减少肥胖和保持体重
减少生物活性物质的含量	减少球蛋白含量的优质稻	适宜过敏性皮炎患者
	低过敏原食品	婴儿配方奶粉含有水解蛋白质
	减少磷、钙和钠的低磷酸盐牛奶	适宜慢性肾病患者
	低生龋糖果，以低聚糖和抗性淀粉取代蔗糖	降低龋齿的发病率
	无麸质食品	适宜麸质过敏症和疱疹性皮炎的患者
	无乳糖食品	适宜乳糖酶缺乏的患者
其他改良	改性脂肪食品	减脂食品、无脂食品、含脂肪替代物食品(如蔗糖脂肪酸聚酯)、脂肪酸组成改变的脂肪
	低血糖指数食品	降低血浆葡萄糖、降低胰岛素抗性

二、含改良成分的功能食品

有些功能食品是为了满足特殊人群的膳食需要而生产的，例如为麸质过敏症患者生产的无麸质食品、为需要降低能量的人群而生产的低能量食品、乳糖不耐症人群的无乳糖食品以及适宜糖尿病患者的碳水化合物改良食品等。

公共健康政策的目的在于保障民众健康，减少发病危险。在《中国居民膳食指南》一书中提供了保障健康、减少慢性疾病发病危险的措施。其中之一是建议民众降低脂肪的摄入，尤其是饱和脂肪的摄入。以此为例，在选择适宜的饮食时，生产厂家既应考虑适合普通消费者的大众食品，又应使功能食品具有较大的享受力，否则可能不易被民众以及特殊群体所接受。因此，功能食品应提供较简单的营养品更诱人的口感与风味，才会具有强大的吸引力与市场竞争力。

(1) 低脂食品 低脂食品指的是固态食品脂肪含量低于3%，液态食品脂肪含量低于1.5%的一类食品。去除脂肪，尤其是去除饱和脂肪且保留食品的功能和感官吸引力，这对食品科技无疑是一种挑战。

低脂肪食品，即使用脂肪含量低的成分或加入其他可替代脂肪作用的成分。脂肪在食品中有很重要的作用，其可作为脂溶性维生素和脂溶性风味化合物的溶剂，并赋予食品重要的口感与风味。脂肪替代品的目的是为了模仿脂肪的性质（见表6.2）。

表6.2 脂肪替代成分举例

脂肪型脂肪替代物	蛋白质型脂肪替代物	碳水化合物型脂肪替代物
乳化剂：用于蛋糕混合物、饼干、乳制品 脂肪类似物：我国尚未允许使用 人造脂肪（如辛酸癸酸二十二碳酸甘油酯，一种含有发酸、辛酸、二十二酸的甘油三酯：二十二酸大部分不易代谢，其他脂肪酸代谢效率低，这导致了与正常脂肪37kJ/g的能量价值相比，仅有21kJ/g的能量价值；长或短的酰基甘油酯）	微粒化蛋白质：用于乳品、沙拉酱 浓缩乳清蛋白	纤维素、微晶纤维素：用于乳制品、沙拉酱、酱油、冰冻甜点 植物胶（如黄原胶、瓜尔胶、长角豆胶、卡拉胶）：用于沙拉酱、肉加工 菊糖、果胶 糊精（如来自木薯、燕麦）：用于沙拉酱、布丁、乳制品、冰冻甜点 麦芽糊精（如来自玉米）：用于焙烤食品、沙拉酱、乳制品、酱油、冰冻甜点 变性淀粉（如来自玉米）：用于沙拉酱、焙烤食品、冰冻甜点、乳制品 聚葡萄糖：用于焙烤食品、蜜饯、沙拉酱、冰冻甜点、布丁

食品中脂肪酸的组成可影响食品的物理性质。饱和脂肪酸含量较高的脂肪在室温下为固态，与高含不饱和脂肪酸的脂肪相比，相对稳定且不易被氧化。目前尚无单一的脂肪替代品可以替代食品中脂肪的全部功能与感官性质。然而，脂肪替代品的混合物可达到减少或降低脂肪产品的要求。但脂肪替代品及低脂食品是否可达到真正减少脂肪与能量摄入的作用，还有待进一步的研究。

（2）低能量食品 “低能量”，也称“低焦耳”或“低卡”。低能量食品是食品的一种类别，如茶是低焦耳食品。低能量食品是通过食物成分的热量价值并尽可能用低能成分取代高能成分而制造的食品（表6.3）。营养性甜味剂，如蔗糖可被醋磺内酯钾、阿力甜、天冬氨酰苯丙氨酸甲酯、环氨酸盐、糖精、蔗糖素等食品添加剂、甜味剂所替代。食品工业必须努力寻找改良剂以替代食糖在食品中的功能。糖并非仅仅赋予食品甜味，其在果酱中有防腐作用（通过降低水分活度），在焙烤食品中有膨松作用和焦糖化作用，还有吸湿性可延迟腐败，也可作为发酵的底物（表6.4）。

表6.3 一些成分的低能量替代物

高能量成分	能 量	可替代物	能 量
脂肪	37kJ/g	麦芽糊精	16kJ/g
糖	17kJ/g	强烈甜味剂	可忽略不计
酒精	29kJ/g	香精	可忽略不计
葡萄糖浆	17kJ/g	聚葡萄糖	5kJ/g
淀粉	17kJ/g	植物胶	不定，取决于植物胶及其用量

表6.4 糖替代物

功能	可替代物	功能	可替代物
美拉德褐变	麦芽糊精，聚葡萄糖	湿润剂	聚葡萄糖
结晶化	山梨醇，木糖醇，乳糖醇，异麦芽糖醇	吸湿性	聚葡萄糖，多羟基化合物，麦芽糊精
可发酵性	麦芽糊精，聚葡萄糖	黏性，膨胀性	聚葡萄糖，植物胶

(3) 碳水化合物的改良食品　碳水化合物的改良食品是用糖醇或多元醇替代糖类（单糖和双糖）。一些糖醇和多元醇的能量价值与单糖或双糖的能量价值相似。不同的是，前者的吸收更缓慢，因此对血液葡萄糖浓度的影响较小。

由于近年对食物血糖指数的关注，碳水化合物的改良食品很有可能对糖尿病患者起到一定的治疗作用。食品成分的生龋性与其被发酵成酸的能力有关，这种生龋性可导致龋齿。利用糖醇、低聚糖或抗性淀粉取代食品中的蔗糖和果糖，可降低食品成分的生龋性潜能[6,7]。但预防龋齿最重要的仍是保持良好的口腔卫生习惯（表 6.5）。

表 6.5　碳水化合物的改良食品中的单糖、双糖替代物

单糖与双糖	糖　醇	单糖与双糖	糖　醇
蔗糖	甘油	葡萄糖浆、淀粉	
乳糖	麦芽糖醇、麦芽糖醇糖浆	水解产物、麦芽糊精	
果糖	异麦芽糖醇	转化糖	甘露醇
葡萄糖	乳糖醇	蜂蜜	聚葡萄糖、山梨醇、木糖醇

(4) 无麸质及低麸质食品　麸质是从小麦、大麦、黑麦、斯佩尔特小麦、黑小麦中发现的一种蛋白质，燕麦中也可能存在。患有麸质过敏症的患者不能食用麸质，因麸质可影响其小肠功能。皮肤疱疹的患者也不可食用麸质，其可引起皮肤受损。

无麸质食品是利用已去除了麸质的谷物颗粒或用无麸质谷类制造的食品。无麸质谷类有米、玉米、荞麦及豆类（如大豆）。目前我国尚缺乏无麸质食品的标准，现参照的是国际食品法典委员会（CAC）的标准 CODEX STAN 118—1981。无麸质食品中其食品麸质的含量应低于净重的 0.3%。

(5) 无乳糖食品　无乳糖、低乳糖以及减少乳糖的食品是为乳糖不耐症人群而开发的一类食品。产品是用无乳糖成分如大豆分离蛋白、整体或部分地去除了乳糖成分的原料制成的。由于乳糖可通过乳酸菌发酵为乳酸，所以发酵乳制品中含有不同程度的乳糖。低乳糖乳制品中乳糖的含量必须低于 0.3%。

(6) 益生菌和益生元食品　消化道中含有大量的细菌（天然菌群），其中口腔含有10^7～10^8 个微生物（主要为链球菌、韦荣球菌、淋球菌）、胃和小肠含有 10^2～10^3 个微生物体（乳酸菌、链球菌）、大肠含有10^{10}～10^{11}个微生物（主要为双歧杆菌、假菌体、真细菌、消化链球菌属）。一般右侧的近端结肠的微生物增长较快，是因其具有较好的营养供应，导致短链脂肪酸（SCFA）的产生，从而降低了 pH 值。短链脂肪酸尤其是丁酸盐对人体宿主的结肠细胞起着有益的作用。相反，左侧远端结肠的细菌生长较缓慢，由于养分供应条件限制，因此 pH 往往接近于中性。

益生菌是一类对健康有益的活的微生物，可促进肠道菌群的平衡。相反，益生元是一种不被消化的食物成分，可选择性刺激肠道中的一种或几种对宿主健康有益的微生物的生长和/或活性，从而改善宿主的健康。益生元作为合成短链脂肪酸的底物。可增加粪便量和排便频率，还可阻止微生物病原体附着在肠胃黏膜的表面。共生食品为益生菌与益生元的混合食品，通过刺激健康微生物的生长及新陈代谢对宿主发挥有益的作用。

被肠道细菌代谢的食物包括抗性淀粉和非淀粉多糖。这类食物因其在小肠内不被消化和吸收而被称为膳食纤维。益生元食品必须符合以下标准：在消化道不能被水解或吸收；必须是一个或几个有益肠道微生物生长或活性的底物。因此，益生元食品必须可使肠道菌群转变为更益于健康的成分。

膳食纤维如抗性淀粉和非淀粉多糖成分可为肠道细菌发酵提供底物，低聚果糖和低聚半乳糖则是益生元在功能食品中的主要类型。低聚果糖是由β-短链和D-果糖中长链聚合的果聚糖，其符合益生元的标准。短链的称为低聚果糖，中长链的称为菊糖。含有低聚果糖和菊糖的食物有大蒜、洋葱、朝鲜蓟、龙须菜和香蕉。

最常用的益生菌为乳酸杆菌、双歧杆菌以及嗜热链球菌。其有益作用是：减轻乳糖不耐症、增强免疫力、防治腹泻、缩短轮状病毒型腹泻的持续时间、预防阴道感染、缓解过敏反应、降低血清胆固醇、抑制肿瘤生长以及预防癌症等。

益生菌食品在产品的保质期内必须包含可评估数量的活微生物。发酵乳制品在货架期内，每克最少需含10^6个活菌量。

三、含植物化学成分的食品

流行病学研究表明，经常食用果蔬与癌症的低发病率有关（与食用果蔬较少的人群相比，其癌症的发病率降低1/2）[8]。

研究发现，果蔬中含有一些具有生物活性的植物化学成分，如类黄酮、花青素、黄酮、异黄酮、黄酮醇、黄烷酮、类胡萝卜素（α-番茄红素、β-番茄红素、叶黄素）、大蒜硫化物、吲哚、硫氰酸盐、单萜和多酚（含单宁酸）、香料抗氧化剂、植物甾醇类以及纤维素等。下面将介绍几种有益的植物化学物质。

（1）植物甾醇类　植物甾醇类包括植物甾烷醇、β-谷甾醇、菜油甾醇、豆醇以及相对饱和的植物甾醇。临床试验证实了植物甾烷醇和植物甾醇通过阻止对小肠胆固醇的吸收从而可降低血浆总胆固醇[9]。然而，约需摄入2g/天的植物甾醇类，才可降低胆固醇[10]。

西方饮食中植物甾醇类的正常摄入量为200～400mg/天。在美国、欧洲、澳大利亚和新西兰等国家和地区，一些含植物甾醇的食品，如强化人造黄油、橄榄油、色拉调味料、酸乳酪以及乳制品均已上市。澳大利亚、新西兰食品管理局要求强化的人造黄油必须贴有建议声明的标签，即植物甾醇强化食品“不适于婴儿、儿童、孕妇及哺乳期妇女，以此用于降低胆固醇的人群在使用涂抹品前应该取得医学建议”。

（2）类黄酮　类黄酮是多酚类抗氧化化合物，在茶、洋葱、苹果、大豆、深色果蔬（如浆果、红球甘蓝、红葡萄、茄子、樱桃）等植物中均含有（见表6.6）。

表6.6　植物食物中的类黄酮

类黄酮的类别	类黄酮举例	食物来源
黄酮醇	栎精、山柰酚、芸香苷、杨梅酮	洋葱、羽衣甘蓝、法国豆、椰菜、莴苣、苹果、红酒、茶
黄酮	芹菜素	柑橘类、栗、芹菜、欧芹
	毛地黄黄酮	橄榄叶
异黄酮	染料木黄酮	大豆
	二羟异黄酮	亚麻籽
儿茶酚(黄烷-3-醇)	表儿茶酸、表儿茶酸盐、表儿茶素、表没食子儿茶素	绿茶、红茶
黄烷酮	橘皮苷、川陈皮素、橘皮晶4,5,7-三羟黄烷酮、新橘皮苷	柑橘类水果、蜂蜜
花青素	矢车菊素	苹果、红球甘蓝、樱桃
	翠雀苷	茄子
	花葵素	草莓
	矮牵牛	红葡萄
	芍药素	樱桃
	锦葵色素	红葡萄、红葡萄酒

流行病学研究表明，类黄酮摄入量的增加或减少与冠心病的死亡率有关[11]。研究还显示摄入含类黄酮的食物与降低癌症的风险有关，如绿茶。在亚洲，胃癌的发病风险较低，其与亚洲地区摄入丰富的植物性食品有关。黄酮醇、黄酮也可抑制环氧化酶活性，使血小板的聚集减少，从而降低血栓症的发病风险。此外，环氧化酶还参与体内前列腺素的炎性化合物的合成[12]，因此，黄酮醇、黄酮还可抗炎症。

绿茶及红茶饮料中含有可观的山柰酚、栎精及杨梅酮。绿茶是通过干燥茶树叶制成的，由于无色儿茶酚的存在使其具有特定的颜色。红茶在干燥茶树叶前先经过发酵，使儿茶酚被氧化为茶黄素，茶黄素具有明亮的橘红色。在绿茶或红茶中加奶不会影响血浆中类黄酮、栎精，以及儿茶酚的浓度。然而，当茶与食物同时摄入时，类黄酮则会降低血红素铁的生物有效性[13]，因此在两餐之间饮茶是最佳的。

在植物食品中存在着的花青素作为天然着色剂早已为人所知，富含花青素的植物有浆果、红球甘蓝、红葡萄、茄子和樱桃等。

(3) 植物雌激素　植物雌激素是一类非类固醇化合物，存在于大豆和亚麻籽中，其与内源性雌激素及17-β-雌甾二醇的性质相似。

植物雌激素主要有异黄酮（存在于食品中的主要植物雌激素类型）、木质素以及香豆雌酚。异黄酮主要包括染料木黄酮、二羟异黄酮、鹰嘴豆芽素A、鹰嘴豆芽素B。植物雌激素对预防心血管疾病有一定的作用。大豆制品与降低总胆固醇含量、低密度脂蛋白胆固醇含量以及血浆甘油三酯的含量有关[14]。

流行病学研究显示，食用传统饮食的日本女性的癌症发病风险比摄入大豆制品较少的芬兰女性要低[15]。动物研究发现，在啮齿动物中，亚麻籽的摄入量与减少结肠、肺、乳腺的肿瘤形成有关[16,17]。大豆的有益作用是否仅与植物雌激素相关，还是也与大豆蛋白相关，这需科学家的进一步研究[18]。另外，婴儿食用的大豆型配方奶粉对植物雌激素的摄入量也需进一步的研究。

(4) 番茄红素　番茄红素是一种类胡萝卜素化合物，不具备维生素A前体物质的活性，是番茄中的主要类胡萝卜素（红色），也存在于西瓜中。一项对47000例男性的预期性研究发现，经常摄入番茄制品者在发展为前列腺癌方面较不食用者的风险低1/2[19]。另一些研究显示，番茄产品摄入的增加与降低乳腺癌、消化道癌、子宫癌、膀胱癌以及皮肤癌的风险也有关。

(5) 硫代葡萄糖苷　甘蓝类蔬菜包括椰菜、甘蓝、羽衣甘蓝、芥菜、芽甘蓝以及含有苷类化合物的花椰菜。对膳食碘量摄入不足的患者，硫代葡萄糖苷可通过苷代谢产生的硫氰酸盐从而加重碘的缺乏。但当碘摄入量足够时，增加甘蓝类蔬菜的摄入量与降低癌症的风险有关[20]。

研究表明，硫代葡萄糖苷及吲哚的代谢物促进了体内解毒酶的产生。这些酶可阻止导致DNA损害的靶组织的暴露，可通过诱导凋亡的方法去除结肠中的受损细胞[21]。除了摄取甘蓝类蔬菜具有抗癌作用外，单独食用椰菜也同样具有保护作用。椰菜的保护作用很可能是萝卜硫素化合物的作用。萝卜硫素是解毒酶的主要诱导者，它可阻止体内激活某些化学致癌物质酶的作用[22]。另外，嫩的西兰花较老的植株含有更高的葡糖萝卜硫素（硫代葡萄糖苷）。

(6) 白藜芦醇　葡萄，尤其是红葡萄与红葡萄酒中含有的白藜芦醇等多酚类抗氧化物，可防止低密度脂蛋白胆固醇被氧化。红葡萄酒中含有的酚类化合物比白葡萄酒中高20～50倍，原因是在红酒的生产中是采用葡萄皮发酵的。

有人提出，白藜芦醇可能在所谓的“法国悖论”中起着作用。尽管法国人日常饮食中脂肪的含量较高，但其心血管疾病的发病率却相对较低，而法国人很重视适度地饮用红葡萄酒。白藜芦醇的保护作用有：抑制肿瘤细胞的形成、增长，并有可能诱导其凋亡。此外，白藜芦醇已被证明具有一定的雌激素性质。但也有研究表明，摄入各类酒精饮料可增加某些癌症的发病风险，如乳腺癌，以及与年龄有关的眼睛退化等[23]。

(7) 大蒜硫化物　完整的大蒜中含有蒜碱，为一种无味的含硫物质。当大蒜被压碎时，存在于大蒜组织中的蒜酶催化蒜碱合成蒜素（此为鲜大蒜含有特殊气味的物质），随后蒜素分解为多种含硫化合物。

动物学研究表明，这些含硫化合物可以阻止癌症的发生。在我国的一项大型研究发现，增加大蒜和洋葱（二者均为葱属物种）的摄入，与降低胃癌的发病率有关[24]。通过对40000余名绝经妇女的研究发现，大蒜的摄入可使结肠癌的发病风险降低50%[25]。体外研究还发现蒜素可通过抑制肝脏羟甲基戊二酰辅酶A（HMG-CoA）还原酶的活性，从而阻止胆固醇在体内的合成[26]。

第二节　现代食品生物技术

一、生物技术

生物技术，也称“生物工程”，是指以现代生命科学为基础，结合先进的工程技术手段以及其他基础学科的科学原理，按照预先的设计改造生物体（动物、植物及微生物）或加工生物原料，为人类生产或改进所需的产品的技术。

目前许多食品添加剂与加工助剂均是利用生物技术生产制造的（见表6.7）。发酵食品是传统的生物技术产品，例如酸乳酪、面包、葡萄酒、啤酒、腐乳、奶酪等。现代食品生物技术，包括DNA重组（也称基因技术，见表6.8）、基因工程，是通过选择性地改良植物、动物和微生物，以得到比传统交叉喂养技术更加可取的、可预见的、精确的以及可控性的食品。

表6.7　生物技术生产的成分及食品添加剂

成分及食品添加剂	举　例
防腐剂	丙酸、乳酸链球菌肽、匹马菌素
食品酸	乳酸
营养素	维生素C前体、维生素D前体、维生素B_{12}、核黄素、氨基酸、n-3 PUFA
香味增强剂	味精、核苷酸
色素	β-胡萝卜素
酶	α-淀粉酶（用于焙烤、酿造）、葡萄糖异构酶（用于高果糖浆的生产）、纤维素酶（用于果汁加工）、β-牛乳糖酶（用于牛奶中乳糖水解）、凝乳酶（奶酪制作）
植物胶	黄原胶、结冷胶、瓜尔胶、藻酸盐
发酵剂	酵母、细菌
香味剂	香草醛
植物油	脂肪酸改良植物油，如单不饱和葵花籽油

基因是DNA的片段，编码可在细胞内合成特定的蛋白质。转基因生物体（GMO）是通过非卵子与精子的结合，将基因导入植物、动物以及微生物体内。转基因食品（GMF）来源于转基因生物体，其是“一种利用基因工程生产含有新型DNA和新型蛋白质或特性被改变了的食品”。它不包括加工工程中去除了新型DNA和/或新型蛋白质的精制食品，例如精制糖和油。

生物技术在食品工业中的应用是指利用从植物、动物或微生物细胞中复制的基因，将其嵌入另一细胞中（同一物种或不同物种）合成或阻碍蛋白质或有机体代谢物生成的技术。利用细菌质粒是将DNA导入有机体的有效技术，质粒是比细菌染色体要小的DNA环。基因

表 6.8 生物技术术语

术语	定义
转基因生物体	一种植物、动物或微生物，通过某种方法向其体内移入 DNA
转基因食品	一种含有新型 DNA 和/或新型蛋白质的食品。或改变了食品的特性，如改变了营养价值、改变了引起过敏反应因素的存在。基因改造可能引起民族、文化以及宗教的关注（基因技术使用的结果）
新型 DNA 和/或新型蛋白质	DNA 或一种蛋白质（利用基因技术），在化学序列或结构方面与对口食品中的 DNA 或蛋白质不同
利用基因技术的食品生产	一种食品或食品成分，为从一种已通过基因技术改造的生物体中获得或发展的
基因技术	重组 DNA 技术，为一项改变活体细胞或有机体的基因遗传物质技术

改造利用特殊细菌酶来剪切和粘贴基因，使基因从一个生物体转移至另一个位于 DNA 序列的一个特殊点的细菌质粒，之后重组的质粒将嵌入另一个有机体。其他导入基因的方法有将涂有新 DNA 的微粒烘烤之后植入细胞。基因技术使理想的基因编码出广泛的特征并纳入细胞成为可能。

二、评价转基因食品的安全性

没有任何一种食品对健康是绝对安全的。转基因食品是否安全？其潜在的危害如何？使用转基因有机体在食品生产方面可能的副作用有：引起过敏蛋白的产生，使食品产生抗营养素和毒素。例如为增加大豆的营养价值，将一种巴西坚果蛋白导入大豆中。然而，某些人对巴西坚果过敏，并在此转基因大豆中发现了此种过敏蛋白。由于这一原因，该产品不能上市。

安全评价的目的是确保转基因食品的安全性至少达到非转基因食品的水平。转基因食品的安全性评价应包括以下内容：①新基因产品特性的研究；②分析营养物质和已知毒素含量的变化；③潜在致敏性的研究；④转基因食品与动物或人类肠道中的微生物群进行基因交换的可能及其影响；⑤活体和离体的毒理学与营养学评价。

第三节 现代健康食品生产技术的应用

由于生物技术和动物营养的应用，包括更加精瘦的动物饲养，以降低肉类（牛肉和猪肉）中的脂肪，从而为消费者提供一种能够满足膳食指南的食物（表 6.9）。基因工程有可以选择抗病作物、抗病虫害以及抗环境压力的作物的潜能。其在作物上的一项重要应用是可通过增加特定谷物中的限制性氨基酸的含量来提高粮谷中蛋白质的含量。例如，通过生物技术增加大豆中蛋氨酸和半胱氨酸的浓度、增加玉米中赖氨酸和色氨酸的浓度。由于谷物是全球最重要的蛋白质来源之一，对特定的作物进行基因处理，可以为人类饮食提供更完善的蛋白质。

生物技术还可应用于发展含有生物活性成分的功能食品。例如，增加抗氧化物、减少食品中自然产生的毒物以及植物血凝素。未来在发展转基因乳酸杆菌上的应用可能包括维生素合成、生物防腐剂、降低胆固醇、抗癌活性、定植因素、竞争排斥以及酶的生产等。

其他生物技术在非食品方面的应用有：为糖尿病患者生产人类胰岛素，并基于单克隆抗体检测食品中的某些物质，如黄曲霉毒素和麸质等。

一、酶的改性

食品中的许多内生酶与食品的退化过程有关。例如食品的软化、氧化酸败、异常风味、异常颜色。在食品加工中，加热可使酶失活。然而，一些酶在其加工中起着有益的作用，例

表 6.9 用于提升食物营养质量的生物技术的应用

应用	举例
提高作物的蛋白质品质(限制性氨基酸的浓度)	增加大豆中含硫氨基酸(蛋氨酸和半胱氨酸)的浓度
	增加谷物中赖氨酸的浓度
提高作物中淀粉的含量	油炸过程中减少马铃薯对油的摄取
改进作物的营养价值	在东南亚向大米中强化维生素 A 以防止失明
在恶劣环境下生长的作物	抗干旱、抗热、抗盐的作物
抗除草剂作物	抗草甘膦大豆、抗昆虫棉籽、可使用较少的除草剂和杀虫剂
增加动物性食品的生产效率	重组牛生长激素的使用
改变含油种子的脂肪酸组成	增加不饱和脂肪酸的浓度
	增加用于特定饮食的中链甘油三酯的浓度
	增加作为硬脂酸的功能性替代物的硬化油脂的浓度
改变食物中的氨基酸含量	为苯丙酮尿症患者从小麦中去除苯丙氨酸
反义 RNA 技术使食物中的特定酶失活	在收获前延迟马铃薯的软化以增进风味
	减少天然毒物的产生,如马铃薯中的茄碱
植物组织培养	食品添加剂的合成(例如色素、香精、香精油、酶、抗氧化剂、植物化学物)
发酵	食品添加剂的合成(例如氨基酸、维生素、食品酸、香精、风味增强剂、色素、抗氧化剂、防腐剂)
	从食品原料状态增加维生素的含量(例如印度尼西亚豆豉中的烟酸)
基因工程微生物的使用	酶的合成,例如凝乳酶(用于奶酪制作)、葡萄糖异构酶(用于高果糖玉米糖浆的生产)
改变食品加工过程中使用酶的构造	固定用于连续加工的酶(例如,干酪加工中的凝乳酶)
	在食品加工中使用的 pH 和温度条件下优化功能
	提高凝乳酶活性

如存在于牛犊胃内膜的凝乳酶，在奶酪制作中使凝块凝结；葡萄糖异构酶被用来水解淀粉，形成高果糖玉米糖浆等。

一种关于西红柿的基因工程，利用反义 RNA 技术（反义基因工程是产生基因的相反形式，从而阻止基因的表达），仅产生多聚半乳糖醛酸酶正常水平的 1%，此酶通常出现在成熟的番茄中，促进胶质破裂（水解细胞壁的 α-1,4-多聚半乳糖醛酸成分）以及水果的后熟。由于酶的含量减少，番茄在藤上尚未软化便成熟，因此在收获前颜色有所变化。延迟番茄成熟的其他优点还有：减少了对水和农用化学品的需求、增加了产量以及降低了成本。

反义 RNA 技术的另一项应用是阻止咖啡豆中的咖啡因基因的表达。这一技术未来将会被应用，使参与谷物和蔬菜中的肌醇六磷酸和草酸盐生产中的酶失活，以增进矿物质的生物效用，使参与天然毒物产生和氧化酸败发生的酶失活。

二、转基因食品的标志

伴随着人们食品营养及安全知识的普及，一些西方发达国家如欧盟、澳大利亚、新西兰等都相继出台了食物标签中转基因食品的标志标准。如果食品中存在着新型 DNA 与新型蛋白质，或食品的特性被改变了，那么这些食品均需贴有“转基因”的标签，以便消费者对其所购买的食品做出明智的选择。表 6.10 列出了转基因食品的贴标要求。

三、转基因食品的其他问题

尽管转基因食品在出售前需要通过严格的安全评估，但食用转基因食品仍处于争议之中，因为使用这项技术存在着潜在的环境危机。

为了核实一个基因引入单细胞的 DNA 中是否成功，生物技术专家常常引入第二个标记基因。这些标记的基因通常为抗生素抗性的基因。人们对耐药性示踪基因转移到其他物种（如人类消化道中的微生物体的潜在可能性）关注有所增加。虽然人体肠道菌群对抗生素产

表 6.10 转基因食品的贴标要求

标签上必须贴有“转基因”的食品	成分中含有新型DNA和/或新型蛋白质 食物中含有新型DNA和/或新型蛋白质	转基因成分在配料列表中被确定，例如“转基因大豆粉” 转基因食物贴标时作为食品名称的一部分，例如“转基因大豆”
标签上不需要贴“转基因”的食品	高度加工食品，在加工过程中去除了新型遗传物质和/或新型蛋白质	例如，经历加热或其他加工的糖和油
	加工助剂和食品添加剂，它们含有新型遗传物质和/或新型蛋白质、香精，其终产品中含量小于等于0.1%	例如，干酪制作中用来凝固牛奶的凝乳酶在制作后期失活
	在销售点准备的食物	例如，饭店、旅馆、速食店
	如果非故意地使一种转基因成分存在，它在食品中含量可高达1%	例如，非故意地将转基因成分和正常成分混合
贴有“非转基因”的食品	必须不含任何转基因成分，添加剂或加工助剂	可以不贴转基因标签的食品不能贴“非转基因”标签

生耐药性的风险较低，但如果加工工程中不会使该基因失活，则未来生物技术加工将很有可能用替代标记基因取代抗生素抗性基因（例如，酸乳含有的益生菌）。

“Bt”是一个常用的缩写，表示从苏云金芽孢杆菌进入其他细胞，合成产生晶体蛋白质的基因。晶体蛋白质对昆虫如蝴蝶、蛾、甲虫和苍蝇是有毒性的，而对人类是无毒的。由于Bt晶体蛋白质有一些组分的毒性作用可能使有益昆虫的数量减少，因此人们对昆虫可能对Bt晶体蛋白质的作用产生抗性等问题表示关注。

人们关注的其他问题还有：转基因作物与非转基因作物交叉授粉的可能性、除草剂抗体转移至杂草的可能性以及昆虫对杀虫剂产生抗性的可能性等。

四、有机食品

尽管有机食品已开始被人们所关注，但“有机”一词与食品联系起来很可能被误解。事实上，所有的食品都是有机的，因其是由有机物组成的（含碳分子）。但当“有机”应用于有机食品时，则是指完全不含人工合成的农药、肥料、生长调节剂、畜禽饲料添加剂的食品（中华人民共和国农业部）[27]。

需要指出的是，有机食品在生产过程中不允许使用任何人工合成的化学物质，但有机食品并非必须不含杀虫剂残留物或其他污染物。而这些物质的含量取决于土壤的质量以及受环境污染的程度。有机耕作依赖于可持续农业技术来达到使植物拥有充足的养料，通过对虫害生物学的控制方法来控制杂草、昆虫以及其他有害生物。

所谓的有机食品的营养价值并非较传统农业方法生产的常规食品的营养价值高。

第四节 食品加工技术的新发展

一、食品最少加工

食品的最少加工与保藏技术是指为了延长食品的货架期，使其超过食品本身保持天然新鲜的天数，对食品进行充分的处理，而仅引起食品新鲜成分极小细微变化的加工过程。

最少加工技术的例子，如水果和蔬菜的保藏方法（隔绝空气保藏）、非热食品加工方法（高压处理、辐射、高压脉冲电场）、热加工方法（电阻加热、微波加热、真空调理法、高频加热）以及新型包装技术（气调包装、活性包装、可食膜）等。

二、食品辐照

电离辐射，例如 X 射线、β 射线、γ 射线均有很短的波长。其通过直接或间接地损害 DNA，或通过产生如超氧化物、阴离子以及来自有机体或其周围环境中的氧气和水中的羟自由基，来损害活的有机体。最敏锐的射线是由钴-60 或铯-137 产生的 γ 射线。

食品的辐照涉及使用电离辐射以破坏各种微生物或阻止其生物化学变化。特定的细菌（如沙门氏菌、空肠弯曲菌、大肠杆菌、李斯特菌、弧菌）和肠道寄生虫（如旋毛虫、弓浆虫）易受电离辐射的影响。病毒和细菌毒素对电离辐射有很强的抵抗力。

联合国粮农组织/世界卫生组织联合食品法典委员会认为，在良好的操作规范下使用食品辐照技术是安全并且有效的。世界卫生组织和国际原子能管理局推荐，辐照剂量达 10kGy 是可以被接受的。这一技术以低剂量水平已被很多国家所应用，用以防止洋葱和马铃薯的萌发、延迟水果的成熟、破坏谷物中昆虫的幼虫和虫卵以及杀灭原生动物和寄生蠕虫（猪肉、牛肉和鱼肉）。这是杀灭来自冻肉和禽类产品以及散装动物食品中的沙门氏菌的唯一的加工方法（见表 6.11）。

表 6.11　辐照食品的优点和缺点

优　点	缺　点
几乎或完全不涉及热	由于恐惧放射能以及关注职业安全而引起公众的质疑
包装和冷冻食品可以被辐照	探测实际辐射剂量应用的不适当的分析方法
较其他加工方法营养素损失少	抗辐射微生物发展的潜在可能
减少了经由食物传染的疾病的发生率	脂溶性化合物及脂肪酸的氧化
延长货架期、促进贸易	高脂食品发生酸败
减少收获后食物的损失	
无残留(与熏蒸不同)	

三、其他非热加工技术

在日本，食品的高压处理已被用于延长水果产品的货架期。高的压强被应用于食品中是为了使微生物体的细胞破裂、酶失活、蛋白质变性以及使淀粉膨胀。

根据压力使用的不同，可能发生可逆或不可逆的蛋白质变性。其他超高压处理的应用可能有降低潜在抗原乳清蛋白水解物（与热处理乳清蛋白相比）的作用。食品的电脉冲处理使用 10～20kV/cm 的电场强度，以引起细胞膜的破裂而导致微生物体失活，尤其是酵母的失活。这一技术很有可能被用于水果产品，有助于保存水果汁的抗氧化成分。未来也可能将被用于新型功能食品的制造中。

四、新型热加工技术

热加工是一种普通而有效的破坏有害及致病菌的方法。传统的热加工方法有烹饪、烘焙、罐装、灭菌。现代热加工方法有微波及电阻加热。

微波是通过搅动水和其他小分子以产生摩擦热来烹饪食物的。这一过程发生得非常快，是在其内部发生的。连续的微波加热过程可用于巴氏杀菌、干燥、热烫、熔化、解冻以及焙烤。但微波加热具体、直接的抗菌性能尚未被证实，可能是通过热效应杀灭微生物体。但是干燥的食品，例如香料经微波处理后，其中的微生物总量不会有明显的减少，这是因为缺少极性分子（主要是水分子）搅动以产热。

电阻加热，是使电阻通过导电食品将电能转化为热能，达到无限的渗透深度，而不形成明显的热梯度（意味着热被均匀地分散了）。与传统的热加工应用于罐装食品不同，电阻加热使热渗透至最慢的加热点取决于食品的电传导性，而与微粒的大小无明显关系。其可用于水果、蔬菜以及汤料的加工。加热的产品在无菌条件下包装可以维持其产品性质的稳定。

微粉化是指利用中等波长范围的红外波（1.8～3.4μm，通常少于5min）加热食品。红外加热可以被用来减少微生物附着、减少谷物中的胶状淀粉以及降低抗营养因子的活性。

五、分离技术——膜加工和提取

超滤是一种加压膜分离技术。即在一定的压力下，使小分子溶质和溶剂穿过一定孔径的特制薄膜，而使大分子溶质不能透过，从而使大分子物质得到了部分的纯化。反渗透技术是利用压力差为动力的膜分离过滤技术。超滤与反渗透技术的应用参见表6.12。

表6.12 超滤和反渗透的应用

超滤	反渗透
稀释溶液	稀释溶液
在乳制品加工中浓缩牛奶；浓缩乳清；选择性地去除乳糖、盐、可溶性矿物质、水溶性维生素、非蛋白氮化合物；标准化牛奶	在脱水前浓缩牛奶、乳清（来自干酪制造）用于冰激凌制造中（去除水分和电解质）
浓缩蔗糖和番茄酱	蒸发前净化果汁、浓缩酶和植物油
分离和浓缩酶	浓缩小麦淀粉、柠檬酸、蛋白、牛奶、咖啡、糖浆、天然提取物、香精
预处理反渗透膜以防止污垢	啤酒和葡萄酒的澄清
水净化	去除矿物质和水净化

超临界流体萃取是一项可在高温加工的条件下，用于从食品中提取成分，而对风味或组成无明显影响的技术。其为一种温和的而对提取物破坏限度最小的食品加工形式。

超临界流体（超过临界温度和压力的物质）具有介于气体和液体之间的物理性质。二氧化碳是最常用的超临界流体，其无毒、不易燃、临界温度为31.1℃，因此被用作低温下的不稳定材料，且食品中有极少或无剩余的二氧化碳。超临界流体萃取用于除去咖啡中的咖啡因、提取蛇麻草、从香草和香料中提取树脂油、脱去马铃薯片及花生中的脂肪、提取蛋黄粉中的胆固醇、从种子中提取月见草油以及从鱼油中提取EPA和DHA[28]。

六、新型食品包装

包装的目的有很多。其主要目的之一是保护食品免受外界污染（微生物、污染物、害虫），通过充入理想的气体（见真空和气调包装），为食品提供一个气体转移的屏障，从而阻止微生物的生长。

1. 真空和气调包装

真空包装是将产品放入塑料或铝箔袋中，并在密封之前抽取大部分空气（剩余0.3%～3%）。真空调理法，是食品真空包装后，加热（通常是巴氏杀菌）以延长货架期，并保持感官性质的加工技术。

产品在真空包装前，经过巴氏杀菌，在冷冻条件下（低于3℃）储藏可以延长货架期。气调包装基于用单一气体或低温下（低于3℃）混合气体替代空气以改变包装袋中与食品接触的气体组成，增加二氧化碳的浓度（高达10%）以阻止细菌和真菌的生长。如浓度为20%～100%的二氧化碳则被用于气调包装中。根据被储藏食品的类型，氧气的浓度可为0或很低，新鲜红肉的气调包装除外。氧气对于保持新鲜的红色有着重要的作用。氮气通常被用作氧气的替代物。气调包装的目的是去除氧气，保持食品的湿度，阻止需氧性微生物的生长。

气调包装对兼性厌氧菌，例如梭状菌及肠道菌（大肠杆菌、沙门氏菌）的影响较耗氧微生物小。在厌氧条件下，控制厌氧病原体需对产品的水分活度、pH以及储藏温度特殊的关注。危害分析和关键控制点系统在保证温度控制方面是十分重要的。

通常用于气调包装果蔬的材料是弹性塑料膜，具有代表性的有聚氯乙烯、聚乙烯、聚丙烯以及聚苯乙烯。对氧气、二氧化碳和水蒸气具有可变渗透性的膜被应用于不同方面。选择某种弹性包装材料最终取决于产品的推荐储藏温度、包装袋内的相对湿度、产品的呼吸作用率以及光合作用等（例如马铃薯需用不透明包装以防止茄碱生成）。真空和气调包装降低了食品的氧化酸败，因此，对易于酸败食品的储存是很有意义的。

2. 活性包装

在活性包装材料中添加在储藏中可改变成分的气体。食品包装中除氧气的存在减少了底部空间（在食物和包装材料顶部的空间）氧气的含量。亚铁离子经常被氧化成铁离子。减少顶部空间的氧气可以降低需氧微生物的生长，并延迟氧化酸败的进程。

另一种活性包装是在用于包装水果和蔬菜的膜中使用乙烯清除剂。随着果蔬的成熟，其释放出催熟激素乙烯，通过清除乙烯，成熟的过程将被延迟，因此延长了货架期。

3. 可食衣

可食衣可用蛋白质、蜡或淀粉膜制成。外衣可保护食品不与外界的氧气接触，使水分蒸发最少，使不稳定的成分损失最少。一般应用于干燥、冷冻、半潮湿的产品。

参 考 文 献

[1] Dunphy DM. Evaluation of the red cell folate activity as an assessment of the body stores of folic acid. Can J Med Technol，1972，34：142-154.

[2] Drewnowski A. Intense sweeteners and the control of appetite. Nutr Rev，1995，53：1-7.

[3] Boyd KA，O'Donovan DG，Doran S，et al. High-fat diet effects on gut motility，hormone，and appetite responses to duodenal lipid in healthy men. Am J Physiol Gastrointest Liver Physiol，2003，284：G188-196.

[4] Bodnar RJ. Recent advances in the understanding of the effects of opioid agents on feeding and appetite. Expert Opin Investig Drugs，1998，7：485-497.

[5] de Magalhaes-Nunes AP，Badaue-Passos D Jr，Ventura RR，et al. Sertraline，a selective serotonin reuptake inhibitor，affects thirst，salt appetite and plasma levels of oxytocin and vasopressin in rats. Exp Physiol，2007，92：913-922.

[6] Xylitol. Sugar alcohol replacing ordinary sugar. Odontol Foren Tidskr，1975，39：279-283.

[7] Yoshida T，Aono W，Minami T，et al. Caries-inducing activity of soybean-oligosaccharide（SOR）in vitro and in experimental dental caries of rats. Shoni Shikagaku Zasshi，1991，29：95-101.

[8] George SM，Park Y，Leitzmann MF，et al. Fruit and vegetable intake and risk of cancer：a prospective cohort study. Am J Clin Nutr，2009，89：347-353.

[9] Babiker A，Andersson O，Lindblom D，et al. Elimination of cholesterol as cholestenoic acid in human lung by sterol 27-hydroxylase：evidence that most of this steroid in the circulation is of pulmonary origin. J Lipid Res，1999，40：1417-1425.

[10] Katan MB，Grundy SM，Jones P，et al Efficacy and safety of plant stanols and sterols in the management of blood cholesterol levels. Mayo Clin Proc，2003，78：965-978.

[11] Lagiou P，Samoli E，Lagiou A，et al. Intake of specific flavonoid classes and coronary heart disease—a case-control study in Greece. Eur J Clin Nutr，2004，58：1643-1648.

[12] Hubbard GP，Wolffram S，Lovegrove JA，et al Ingestion of quercetin inhibits platelet aggregation and essential components of the collagen-stimulated platelet activation pathway in humans. J Thromb Haemost，2004，2：2138-2145.

[13] Roy M，Sen S，Chakraborti AS. Action of pelargonidin on hyperglycemia and oxidative damage in diabetic rats：implication for glycation-induced hemoglobin modification. Life Sci，2008，23；82：1102-1110.

[14] Zhan S，Ho SC. Meta-analysis of the effects of soy protein containing isoflavones on the lipid profile. Am J Clin Nutr，2005，81：397-408.

[15] Adlercreutz H. Western diet and Western diseases：some hormonal and biochemical mechanisms and associations. Scand J Clin Lab Invest Suppl，1990，201：3-23.

[16] Zhou Y, Liu YE, Cao J, et al. Vitexins, nature-derived lignan compounds, induce apoptosis and suppress tumor growth. Clin Cancer Res, 2009, 15: 5161-5169.

[17] Chen J, Tan KP, Ward WE, et al. Exposure to flaxseed or its purified lignan during suckling inhibits chemically induced rat mammary tumorigenesis. Exp Biol Med (Maywood), 2003, 228: 951-958.

[18] Messina M, Gardner C, Barnes S. Gaining insight into the health effects of soy but a long way still to go: commentary on the fourth International Symposium on the Role of Soy in Preventing and Treating Chronic Disease. J Nutr, 2002, 132: S547-S551.

[19] Giovannucci E, Rimm EB, Liu Y, et al A prospective study of tomato products, lycopene, and prostate cancer risk. J Natl Cancer Inst, 2002, 94: 391-398.

[20] Schone F, Tischendorf F, Leiterer M, Bargholz J, et al. Effects of rapeseed-press cake glucosinolates and iodine on the performance, the thyroid gland and the liver vitamin A status of pigs. Arch Tierernahr, 2001, 55: 333-350.

[21] Shapiro TA, Fahey JW, Wade KL, et al. Human metabolism and excretion of cancer chemoprotective glucosinolates and isothiocyanates of cruciferous vegetables. Cancer Epidemiol Biomarkers Prev, 1998, 7: 1091-1100.

[22] Erkekoglu P, Baydar T. Evaluation of the protective effect of ascorbic acid on nitrite- and nitrosamine-induced cytotoxicity and genotoxicity in human hepatoma line. Toxicol Mech Methods, 2010, 20: 45-52.

[23] Vidavalur R, Otani H, Singal PK, et al. Significance of wine and resveratrol in cardiovascular disease: French paradox revisited. Exp Clin Cardiol, 2006; 11: 217-225.

[24] You WC, Zhang L, Gail MH, et al. Helicobacter pylori infection, garlic intake and precancerous lesions in a Chinese population at low risk of gastric cancer. Int J Epidemiol, 1998, 27: 941-944.

[25] Franceschi S, Parpinel M, La Vecchia C, et al. Role of different types of vegetables and fruit in the prevention of cancer of the colon, rectum, and breast. Epidemiology, 1998, 9: 338-341.

[26] Gebhardt R, Beck H, Wagner KG. Inhibition of cholesterol biosynthesis by allicin and ajoene in rat hepatocytes and HepG2 cells. Biochim Biophys Acta, 1994, 1213: 57-62.

[27] http://www.agri.gov.cn/.

[28] Gawdzik J, Suprynowicz Z, Mardarowicz M, et al. Supercritical fluid extraction of oil from evening primrose (*Oenothera paradoxa* H.) seeds. Chemia Analityczna, 1998, 43: 695-702.

第七章　膳食能量与能量支出

目的：

- 学习机体的能量需求及食物能量的氧化释放。
- 学习食物中各种常量营养素与能量的含量。
- 讨论人体能量支出的途径及估计能量的需求量。

重要定义：

- 基础代谢率（BMR）：人体在清醒而极端安静的情况下，不受精神紧张、肌肉活动、食物以及环境温度等因素的影响时的能量代谢率。
- 能量密度：是指每克食物所含的能量。其与食物的水分和脂肪含量密切相关，水分含量高能量密度低，脂肪含量高能量密度高。

第一节　食物的能量

生物体需要能量来维持生命。能量来源于碳水化合物、脂肪、蛋白质以及乙醇等能量物质的氧化放能。该氧化过程极其复杂，其中包括许多酶的调节反应。酶是活细胞内产生的具有高度专一性和高催化效率的蛋白质，又称为生物催化剂。有时还有金属原子（如铁）结合于其活性位点。活性位点通常是一个酶蛋白表面与底物如葡萄糖巧妙结合的一个裂缝或“座位”。酶使得底物的化学键发生断裂，使化学反应可在体温状态下发生。

细胞内有大量的酶，每一个酶催化一个特定的反应，其反应产物又与下一个酶发生作用。以此类推，而形成了整个食物氧化反应的过程。

淀粉在体内被分解成葡萄糖，后者进一步被氧化成能量、二氧化碳和水。这一氧化过程释放的大多数能量是由于将葡萄糖分子中的氢氧化成水。

$$\text{葡萄糖}+\text{氧}\longrightarrow\text{二氧化碳}+\text{水}+\text{可利用能（ATP）}$$

$$C_6H_{12}O_6+6O_2\longrightarrow 6CO_2+6H_2O$$

这是一个偶联反应，即氢的氧化和酶与腺苷二磷酸（ADP）的磷酸化相偶联。磷酸基团（HPO_4^{2-}，简写 Pi）加至 ADP 上形成腺苷三磷酸（ATP）。ATP 是细胞内重要的能量载体。

氢的氧化是一个容易发生的“下山”反应，反应过程中释放出大量的能量。该反应如同氢火焰燃烧，氢气易燃，燃烧时大量放热。ATP 的形成是一个“上山”的过程，该反应是一个非自发过程，需要从外界摄取能量。

一种酶可将这两个反应偶联在一起。氢氧化释放的能量可驱动 ATP 的合成，类似于电池的充电。ATP 进一步被用来驱动细胞内其他的耗能反应，包括用于蛋白质的合成、促进运动肌肉收缩等。下图概述了葡萄糖氧化产生能量（ATP）和肌肉运动利用能量（ATP）的全过程。

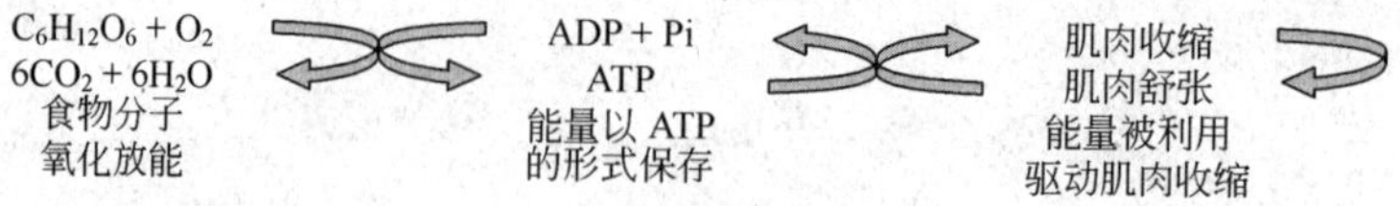

$C_6H_{12}O_6 + O_2$
$6CO_2 + 6H_2O$
食物分子
氧化放能

ADP + Pi
ATP
能量以 ATP
的形式保存

肌肉收缩
肌肉舒张
能量被利用
驱动肌肉收缩

能量（或功）的基本单位是焦耳，而焦耳来源于力的基本单位——牛顿（N）。

1N 是指使质量为 1kg 的物体产生 1m/s 的加速度的力或“推力”。

1J 定义为 1N 的力使其作用点在力的方向上位移 1m 所需的能量。

1J/s 的能量支出速率为 1W。

虽然这些定义比较复杂，但是人们可以利用这些定义，定量地讨论能量利用。焦耳是很小的能量单位，为了方便，人们通常使用千焦（kJ、1000J）或兆焦（MJ、1000000J）。卡路里是较老的能量单位，但仍被广泛使用，即 1g 水的温度升高 1℃ 所需要的热能。同样，千卡（kcal，1000 卡路里）[1] 是更方便的单位形式。某些杂志中，千卡经常被 Calorie（首字母大写）替代，易造成混淆，其更准确的写法是 kcal。

一、能量的燃料

机体可利用多种燃料产生能量，包括常量营养素的碳水化合物、脂肪、蛋白质和酒精。常量营养素氧化等产生的能量取决于该反应的起始物、产物以及反应发生的途径。因此，通过测量葡萄糖在氧气中燃烧释放的能量，即能得出机体可以利用的葡萄糖或其他燃料酶氧化反应产生的能量。该方法所需的仪器为弹式量热计。

实际上，机体可利用的食物中的能量略低于弹式量热计所测得的能量。这是由于：①机体代谢的终产物与燃烧的终产物不同，尤其是蛋白质代谢，机体蛋白质代谢的终产物主要为尿素、氨以及少量的其他含氮化合物，其均通过肾脏排入尿中；②机体对食物的消化率及吸收率并非 100%，少量的营养素通过粪便流失，碳水化合物的消化吸收率通常接近 99%、脂肪约为 95%、蛋白质约为 92%。弹式量热计测得的能量以总能表示（蛋白质，23kJ/g），而机体的可利用能为净能（蛋白质，17kJ/g）。表 7.1 列出了弹式量热计测量的常量营养素能值与常见西方饮食中的可利用能。

表 7.1 主要常量营养素的能值（阿特沃特参数）

食物营养素	总能（弹式量热计）/(kJ/g)	净能（代谢可利用能）/(kJ/g)	食物营养素	总能（弹式量热计）/(kJ/g)	净能（代谢可利用能）/(kJ/g)
碳水化合物	17	16	蛋白质	23	17
糖	17	16	酒精	29	27
脂肪	39	37			

这些值基于阿特沃特参数——阿特沃特于 20 世纪早期发明了这些能值的测量方法[1]。此值并不需要十分精确。例如，蛋白质的实际可利用能随其氨基酸组成的变化而变化，但在实际中，通常不考虑这些差异。对碳水化合物而言，淀粉的能值接近 17kJ/g，而葡萄糖和蔗糖为 16kJ/g。并非所有的碳水化合物均可被胰酶消化。各种细胞壁的组分（不可利用的碳水化合物或膳食纤维）一般不能被小肠消化吸收而进入大肠，被肠道细菌发酵而产生的有机酸，被作为能量物质吸收并代谢。通常认为膳食纤维的平均能值为 8kJ/g。人体摄入的整体植物性食物的可利用能通常较低，因为该食物（如谷物、生的蔬菜）的分子不易接触至消化酶，因此不易被消化，最终从粪便中排出。

---

[1] 1kcal=4.1840kJ。

食物能量可利用性的更多信息是通过生物测量（动物进食实验）得到的，可反映食物的净能。图 7.1 反映了食物的消化能、可代谢能及净能的概念。

以上提到的阿特沃特参数是指食物的可代谢能，但并非该能量均可被用来维持机体的活动、生长、增重或产生母乳（哺乳期）。净能在生物分析时，以含所需的各种营养素的饲料喂养，如年轻的生长期大鼠。在此基础上，饲料中增加的营养素的消化能可被检测出。食物提供的能量若低于动物的最适需要量，以此保证食物能量的增加可以通过动物的生长速度表现出来。也就是说额外生长量与添加食物的可利用能是成正比的。

蛋白质的净能约为 14kJ/g，远低于阿特沃特参数的 17kJ/g。这主要是由于氨基酸代谢需要大量产热效应。在人体供能时，产热所需的能量并非是没有必要的浪费，机体需要有足够的能量来维持体温，而产热所需的能量则正是用来维持体温的恒定。如果环境温度低于人体所要求的温度，则从食物摄入的能量必须增加。

脂肪的阿特沃特参数是 37kJ/g。但在理论上，脂肪的可利用能在 39.7kJ/g（饱和脂肪）与 36kJ/g（多不饱和脂肪）之间变化。然而脂肪净能的生物分析结果显示，高饱和脂肪（牛油，31kJ/g）的可利用性低于脂肪饱和度略低的猪油（35kJ/g）以及高不饱和脂肪的玉米油（38kJ/g）[2]。这种差异被认为是饱和脂肪酸，如硬脂酸和棕榈油酸（18：0，16：0）在肠道的吸收效率仅为不饱和脂肪酸的 80%。尽管如此，在多数对西方饮食的研究中，阿特沃特参数被认为已经足够了。

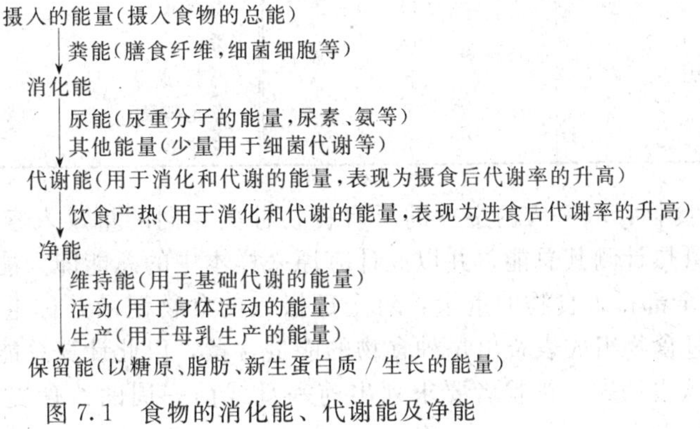

摄入的能量（摄入食物的总能）
↓ 粪能（膳食纤维，细菌细胞等）
消化能
↓ 尿能（尿重分子的能量，尿素、氨等）
　 其他能量（少量用于细菌代谢等）
代谢能（用于消化和代谢的能量，表现为摄食后代谢率的升高）
↓ 饮食产热（用于消化和代谢的能量，表现为进食后代谢率的升高）
净能
↓ 维持能（用于基础代谢的能量）
　 活动（用于身体活动的能量）
　 生产（用于母乳生产的能量）
保留能（以糖原、脂肪、新生蛋白质 / 生长的能量）

图 7.1 食物的消化能、代谢能及净能

二、食物的能量密度

能量密度是指每克食物所含的能量，其与食品的水分及脂肪含量密切相关。食物的水分含量高则能量密度低，脂肪含量高则能量密度高。表 7.2 列出了约 50 种食物的能量。

决定食物能量密度的两个重要因素为脂肪和水的含量。每克含有纯脂肪（油和脂）的食物可提供约 37kJ 的能量。然而能量含量最低的食物，如蔬菜沙拉，几乎不含脂肪，其仅为此值的 1%（低于 0.5kJ/g），而水分含量超过 90%。凡可供能大于 20kJ/g 的食物，其脂肪含量相对较高，水分含量较低。多数能量含量较高的干燥食物复水后其能量含量降低。

	水	能量
白米（干）：	12.5%	14.7kJ/g
煮后：	69%	5.2kJ/g

某些脂肪和水分含量恒定的食物可直接估算出其能量密度。

三、食物能量摄入量的估计

食物能量摄入量的估计方法有多种，具体如下。

表 7.2 常见食物的能量

食 物	能量/(kJ/g)	食 物	能量/(kJ/g)
米饭	5.2	蜂蜜	12
面条	5	果酱	11
白面包	10	意大利胶凝冰糕	5
全麦面包	9	煮豌豆	4.4
烤面包	12.5	煮扁豆	4
沙拉油、脂肪	37	冰激凌	3.8
黄油、人造黄油	30	香蕉	3.4
烤花生	24	煮土豆	3.2
巧克力	23	全牛奶	2.8
朱古力饼干	22	葡萄	2.7
薯片	21	牛奶(2%脂肪)	2.3
甜饼干	20	天然酸奶酪	2.2
太妃糖	18	软饮料	2
干酪	17	苹果	2
燕麦片(干)	17	燕麦粥	2
玉米片	15.5	橘子	1.5
小麦片	14.5	鳄梨	9
小麦面粉(干)	14	脱脂牛奶	1.4
水果蛋糕	14	煮胡萝卜	0.8
糖果	14	煮南瓜	0.65
加工干酪	13	番茄	0.6
烤肉片(瘦或肥)	9	莴苣,蘑菇	0.5
烤瘦肉片	7	煮花椰菜	0.4
蒸鱼	7	煮芹菜	0.2

① 复制食物：取一天内摄食的所有食物种类相同的量放入容器内，烘干后称重。取少量放入弹式量热计测其总能，并以此计算原来样本中的总能即为能量摄入量。

② 记录全部摄入食物的重量：对全部摄入的食物记录并称重，任何未食入的浪费部分也称重。通过食物组成表查出每种食物的能量含量，以此计算总能量的摄入。

③ 24h 饮食回顾：被检者要求列出前一日或前一周的饮食史。根据食物组成表即可计算出总的能量摄入。

④ 食物频度调查问卷：被检者填写一份过去一个月至一年，对各种不同食物摄入频率的调查问卷。了解了食物的摄入频率及摄入量，即可计算出能量的摄入量。

以上方法的精确度不高，倾向于低估食物摄入量。前两种方法的特点是无论何时安排饮食记录，均会引起被检者的行为改变，这是人被观察时的自然反应，因此，"正常的"饮食行为很难记录。第三种方法，某些食物项目可能被忽略。而第四种方法则仅能得到大概值，因对膳食及对食物摄入量的回忆的准确性均存在着困难，尤其是对年长者与记忆力差的受试人群。

第二节 能量支出

能量支出是连续的，但一天的支出率是变化的。能量支出率最低出现在清晨，至少 8h 的休息或最后一餐的 10h 之后。这种特殊条件下测量的代谢率被称为基础代谢率（BMR：人体在清醒而极端安静的情况下，不受精神紧张、肌肉活动、食物和环境温度等因素的影响时的能量代谢率）。

休息时，例如坐在舒适的椅子上，其代谢率接近于基础代谢率。休息时测量的代谢率(但不是特殊条件下的BMR）通常被称为静息代谢率。当运动或工作时，由于能量被肌肉利用，代谢率急剧增加。单个器官的能量支出（消耗）率也相应变化。神经组织，包括大脑通常的能量使用率是平均的。而肝脏作为主要的代谢中心，具有相对较高的能量利用率。由于营养素的吸收，其能量利用率在餐后升高。静息时，肌肉的能量支出约占总能量支出的20%；剧烈运动时，能量的支出率可升高至静息时的50倍以上（见表7.3)。

表7.3 机体器官静息时的能量支出[3]

机体器官	器官重量(70kg体重,男性)/kg	静息时能量支出百分率/%	惊喜时能量支出(假定BMR 7000kJ/天)/[kJ/(kg·天)]
肝	1.8	29	1128
脑	1.4	19	950
心	0.33	10	2120
肾	0.31	7	1580
骨骼肌	28	18	45
其他	30	17	40

一、能量支出的测量

所有机体支出的能量最终均表现为热量的散失。运动或从事重体力劳动时，能量支出率升高。

出汗时热量通过冷却蒸发的形式散失，因此可通过测量热的释放来精确地计算能量的支出率。此方法称为“直接热量测定”。这种方法相当复杂、昂贵。被测者必须进入一个特殊的小房间，连接着热敏感器，通过这些热敏器测量热量的释放。该方法的主要缺陷是不能用于测量日常活动中的能量支出。

产生于燃料氧化的化学能最终以热能的形式散失。这使得通过氧的摄入率和/或二氧化碳释放率测量能量的支出成为可能。此称为“间接热量测定”，其比直接热量测定法容易得多。如要简单地测量能量的支出，可在被检者的面部挂一钩子来收集呼出的气体，测量呼出气体的体积以及其中氧气的浓度。空气中氧气的浓度为已知，则空气中被利用的氧的量便可计算出来。而利用1L氧等价于20kJ的能量支出，因此能量支出可被计算出来。以下数据是能量支出计算的例子。

静息状态下的能量支出率为4.0kJ/min，跑步为36kJ/min。如将静息时的能量作为BMR，跑步时的能量支出率则是BMR的9倍。

如上所述，用BMR的倍数来表示体育活动时的能量支出率是非常简便的。以上计算包含几个约数。一个是氧耗的能量等价值（20kJ/L)。该值在以碳水化合物或脂肪作为体育活动的主要能源时可有轻微的变化。氧耗原料不同，等价能量值的变化幅度在5%左右，但此变化在大多数计算中并不重要。

静息状态(BMR)	能量消耗	运动:跑步	能量消耗
室内空气含氧量	21%	室内空气含氧量	21%
呼出气体含氧量	17.6%	呼出气体含氧量	18%
被利用的氧	3.4%	被利用的氧	3%
呼出气体的体积	6.0L/min	呼出气体的体积	60L/min
氧的利用	0.20L/min	氧的利用	1.8L/min
0.2L/min×20kJ/L=4.0kJ/min		1.8L/min×20kJ/L=36kJ/min	

近年来提出了新的能量支出率的测量方法，即被检者饮用一定量的两种非放射性同位素

标记的水。此种双标记水包含重氢（^{2}H）和重氧（^{18}O）。经过2～3周，氢通过汗液及尿液流失；由于摄入饮用水，体内的水被排出；氧也通过与氢同样的方式（水转移）流失，还可通过二氧化碳排入空气中。实验结果是用体内的^{2}H和^{18}O的残留量来计算实验期间总的二氧化碳的产生量，最后计算出能量代谢。该方法复杂而昂贵，但可提供“直接测量热量”法无法获得的信息，两周的能量支出可在正常行为不被干扰的情况下测量出来。

二、基础代谢率（BMR）的测量

BMR值通常为3～6kJ/m。BMR的影响因素很多。其中主要因素如下。

① 身高及体重：BMR与身高和体重成正比。

② 性别：一般女性的体格比男性小，因此BMR一般也小于男性。

③ 体脂肪量：脂肪组织代谢率低，因此体脂组织比例越大，BMR值越低。例如，70kg体重的BMR较70kg脂肪组织多的BMR要高。女性较男性的脂肪组织多，这也是女性的BMR较男性低的一个原因。

④ 激素与神经控制：代谢率由神经与激素系统控制。例如，甲状腺激素对BMR的调节具有重要的作用。甲状腺激素分泌旺盛则BMR升高。

⑤ 感染或疾病：出现感染、疾病或损伤，通常会增加BMR值。患者BMR升高表示机体的能量需求增加，因此可出现体重降低。

⑥ 禁食：延长禁食或饥饿可使BMR降低约15%，自发性地活动减少，使BMR进一步降低15%。此两方面的结合可降低能量的利用，从而得以维持生命。

⑦ 药物：咖啡因和尼古丁可轻微提高基础代谢率。

三、基础代谢率的估计

一些经验公式可估计基础或静息能量的支出。年龄、性别、身高、体表面积均可整合进入代谢方程。

根据对许多代谢率的实验测量分析得出一组由性别、年龄、体重组成的简单方程，可通过此方程来精确预测其基础代谢率。该方程是由斯科菲尔德等人提出的（表7.4）。

表7.4 预测静息代谢率的方程[4]

男性	10～18岁	BMR(MJ/天)＝(0.074×wt)＋2.754
	18～30岁	(0.063×wt)＋2.896
	30～60岁	(0.048×wt)＋3.653
	60岁以上	(0.049×wt)＋2.459
女性	10～18岁	BMR(MJ/天)＝(0.056×wt)＋2.898
	18～30岁	(0.062×wt)＋2.036
	30～60岁	(0.034×wt)＋3.538
	60岁以上	(0.038×wt)＋2.755

四、用于生长的能量支出

总能量的摄入，一般也反映了总能量的支出。在儿童时期的总能量是急剧上升的，而在青壮年时期的增加则较为平缓。BMR和总能支出的差异大多是由身体活动引起的，小部分是由于食物的产热引起的。

当以每千克体重表示能量的摄入与BMR时，总能利用率和BMR在刚出生时最高，出生后直至死亡的过程中逐渐下降。在生命的早期，较高的能量需求主要是用于维持生长和维持正常体温（约37℃）。

较大体格的婴儿与儿童的体表面积较大，热损失也较快，故较高的基础代谢率以提供热量而维持体温；生长期需要较快的蛋白流通，因蛋白合成及快速的蛋白流通需要能量，故总能需求也因此而增加；成年后，每千克体重的代谢率每年降低约10%，其主要因素可能是由于运动缺乏而造成肌肉减少。此外随着年龄的增长，激素及神经生物学的变化也可导致基础代谢率降低。

五、食物的产热效应

进食后，体内的代谢率升高，这种改变相当明显。例如进食前感觉冷，而进食后感觉暖和。代谢率的变化幅度通常为2%～3%，甚至可高达25%～30%，变化幅度与进食量及进食的种类有关。

蛋白质、碳水化合物、脂肪可提高代谢率，其中蛋白质的作用高于碳水化合物、碳水化合物的作用高于脂肪。进食后，代谢率立即开始升高，并于餐后2～3h达到最高峰。食物的产热效应是由进食、消化以及与食物成分代谢有关的许多需能过程表现出来的，其中包括胃肠蠕动、消化酶的合成与分泌、糖、氨基酸以及离子的活性转移、氨基酸合成蛋白质以及蛋白质降解为氨基酸等。在机体的整个能量平衡中，饮食产热使总能量的需求增加了5%～10%。

六、体力劳动或运动中的能量支出

总能支出变化最大的部分是运动中的能量支出。一些人用于运动的能量很少，因为他们除了基础卫生、准备食物与进餐外，基本不做其他活动，大部分时间以坐着为主。其结果是，他们的总能支出不超过BMR的1.2～1.4倍。而对于从事运动或重体力劳动的人，总能支出可超过BMR的两倍（工作或运动中的能量支出可用千焦/分钟或BMR的倍数来表示）。

BMR与运动中的能量支出及体重是成比例的。如体重较高，则BMR相对较高，因其需要更多的肌肉来支撑体重，而体重较轻者则相反。在运动中，体重高和体重低的人的能量支出率可用体重的倍数来表示，即可发现其BMR的差异与能量支出的差异是成比例的。因此，通过BMR的倍数来表示不同活动的能量支出率是很方便的，其可避免校正因不同体重而导致能量支出率的差异。

需注意，从事重体力劳动时，能量支出率可达BMR的5倍，而日平均能量支出可能仅为BMR的2倍。表7.5列出了一些日常活动的能量支出率。

表7.5 不同活动的能量支出率（以BMR的倍数表示）

活动水平	能量支出率	
	×BMR	范围
BMR	1	
休息：静坐或躺	1.2	1.1～1.3
轻微 坐着进行手工劳动，如打牌、书写、谈话、开车、来回走动	1.5	1.3～2.0
轻（对舒适度和呼吸无明显影响） 如闲逛、站立工作、烹饪、编织、简单清洗、修整花园等	2.5	2～3
中（刺激较深的呼吸） 轻的工业或农业劳动，如砌砖、木工、跳舞、打乒乓球、10kg负重行走等	3.5	3～4
重（热、出汗、深度呼吸、间歇休息） 开挖、伐木、工农业劳动、铲、装卸、推手推车、连续慢跑、踢足球、打网球等	5.0	4～6
极强（呼吸困难、多汗、无法继续进行） 跑步、足球运动、快速游泳（耐力极好的运动员可持续进行能量支出率为12倍的BMR，持续运动1h）	6～12	

七、总能支出的计算

计算总能支出可通过列表法，即列出在不同活动与不同代谢率所用的时间（见表7.6）[5]。多数男性并不会进行高于BMR值3～4倍代谢率的工作或活动。多数男性每日的能量支出在9～14MJ，女性为6～9.5MJ。

表7.6 举例：体重80kg，35岁男性从事体力劳动一天的能量支出（估计BMR为5kJ/min）

活动	BMR的倍数×时间
床上休息(BMR)	1.0×5kJ/min×480min＝2400kJ
轻微活动(穿衣、吃饭、阅读)	1.5×5kJ/min×360min＝2700kJ
轻微活动(步行去工作)	2.5×5kJ/min×120min＝1500kJ
中等(建筑、油漆、堆木料)	3.5×5kJ/min×360min＝6300kJ
重(开挖、铲沙子)	5.0×5kJ/min×120min＝3000kJ
总能支出	15900kJ

第三节 能量平衡

多数人的体重基本维持不变，因此，食物能量的摄入基本等于能量支出。一天内的能量摄入与支出的相关性并不明显，但连续4天之后，两者呈高度相关。很明显，饮食能量的摄入被调节，以满足基础代谢及体力活动的需要。有人认为可能存在着能量支出的调节机制以“燃烧”过多的能量。在一定的情况下，可能确实存在着此种调节：如当能量摄入受限时，其静息代谢率降低约15%，活动时的能量支出也会减少。但在饮食不受限制时，这种调节机制在能量平衡中往往被忽视。

在主观感觉上，食物的摄入受食欲与饱感的调节。食欲是期望进食的愉悦感觉。饱感是不想再继续进食的感觉。食欲得到满足，则产生了愉悦感。饱感的最初感觉也是愉快舒服的，但如继续进食，愉快的感觉会越来越少，并逐渐感觉胃胀和反胃，但确定何时应该停止进食的感觉很困难。饱感是多数人时常经历的一种感觉，是一种很模糊的不确切的感觉。一般人均有过舒适的饱感的经历，感觉不想再吃了，但如果有一道特别诱人的菜肴，也许还会多摄入400～500kJ能量的食物。多数短期进食的控制受到人们习惯和习俗的调节。例如，人们用早餐是因为人们通常都用早餐，并非在那时人们感觉饥饿。一餐通常具有与平时相同的食物组成及分量，进食至通常的进食量时便会自然停止，而并不是已经吃不下了。食物的选择及膳食模式通常是由家庭经验与文化环境决定的。饮食的选择是一门新科学，将来它会受到越来越多的关注。

调节能量的摄入以满足能量之需的机制很复杂，涉及神经及多种激素，目前仅在起步阶段。饮食能量的摄入存在短期（一餐以内）和长期（几周至几个月）的反馈机制。负反馈提供了一个稳定的系统，例如某人几小时未进食，饥饿与食欲将刺激其寻找食物。进食后随着食物的增加，饱食中枢会发出饱感信号，该信号作为负信号停止进食，其稳定的状态得以恢复。

短期控制可能是通过迷走神经及几种激素来实现的。蛋白质，尤其是脂肪在肠道的出现会刺激缩胆囊素（CCK）的释放。CCK为一种饱感激素，通过CCK-A受体起作用。当胃体积扩张超过其阈值400mL时，就可通过迷走神经向大脑发送信号，该信号可能与CCK具有协同作用。虽然空腹注射胰岛素可降低血糖刺激食欲，但胰岛素也被认为是产生饱感的激素。

胃肠道发起的饱感信号作用于大脑中心区域的视丘下部。对大鼠的研究认为，视丘下部的中腹部存在着饱感中枢，而视丘下部的侧面存在着进食中枢。破坏饱感中枢可导致过量进食和肥胖；而破坏进食中枢可导致体重减轻。目前认为，在视丘下部的进食中枢可能是由去甲肾上腺素激活的，而核旁室包含有对进食控制具有直接作用的神经元。下丘脑区域内的弓形核内分泌的神经肽 Y 是刺激进食的内源性神经转移因子。其他与进食调节有关的激素还有一种存在于血液中的神经胺，似乎可减轻神经肽 Y 诱导的进食。然而进食的调节机制还需进一步研究。

由于肥胖的流行，食物能量摄入的长期调控显得尤为重要。节食或疾病可导致体重减轻，但体内脂肪的含量通常在几个月内又可重新积累直至达到减重前的水平，这说明体内存在着能量摄入的长期调控机制。机体的能量库是以甘油三酯的形式储存能量，这种长期调控方式受一种称为瘦素（Leptin）激素的调节。瘦素是脂肪细胞分泌的一种蛋白质激素，可对进食和体脂肪量进行负反馈调节。脂肪细胞摄入的甘油三酯越多，分泌的瘦素就越多。瘦素由血液运输至大脑，通过与视丘下部的受体作用而抑制食欲。

胰岛素和瘦素之间存在着交互作用，但其作用机制尚不完全明确。Farooq（1999）[6]等通过一病例报道了膳食瘦素在体脂肪长期调控中的作用。该报道中，一名严重肥胖的女孩被诊断为具有编码瘦素基因的纯合子突变。4 个月时，其女孩的体重便开始异常增加，食欲旺盛，并持续饥饿感一直要求进食。一旦进食要求被拒绝，即表现出破坏性行为。9 岁时，体重达到 94kg，之后每日注射瘦素，持续 12 个月。注射开始后，其食量基本降至同龄的正常水平。12 个月内，体重减轻了 16kg，减轻的部分几乎全部为脂肪。

第四节　膳食能量的推荐量

估计饮食能量摄入的“安全、适当”量需根据基础代谢、体力活动定量供应。此种估计仅适用于群体，对个体而言，则必须测量 BMR，因个体的 BMR 值有约 20%的变化幅度。

对 1～10 岁的儿童，由于其活动的类型、持续时间以及能量支出的信息较少，确定其最适能量摄入量，一般是根据检测的健康儿童的饮食能量摄入再加 5%的体力活动的额外补充。双标水技术的引入使得检测婴儿和儿童的总能支出成为可能。过去的能量补充是根据估计能量摄入量计算的，对于 7 岁以下的儿童来说，表中的能量需求估计值约高出 20%。但对于稍大一点的儿童，该估计值是可以应用的[7]。

从出生至 10 岁，能量补充表并无男女之分。而从 11 岁开始，鉴于男女青春期开始的年龄不同以及活动方式的不同，其能量补充是不同的。需要指出的是，最适摄入量主要是对群体的。

在我国，食品供给信息的主要来源是由国家统计局出版的《食品系列表观消费》。表观消费量是指产量加净进口量，实际消费量是指实际消费的数量。联合国粮农组织对世界大部分国家类似的信息及相关的数据，如食物平衡表等，均做出了比较。这些数据均可在联合国粮农组织的网站查询到。

食物平衡表主要是指在考虑食物生产、食物储藏中的变化、食品进出口以及工农业使用的食品原料之后，一个国家每年可供人类消费的食品数量。事实上，这一数量与实际人口消费的食物数量是不同的。通常全国食品供应数据以千克每人每年或克每人每天的方式表示，这些数字反映了全国平均水平，并应等同于每年或每日的消费，或个人的摄取量。但其不能代替食物摄取的数据，因食物平衡表或表观消费数据提供的信息不能综合描述年龄、性别以及地域不同的分组人口的食物模式。

食物平衡表主要提供的是随着时间的推移，在本国及国家间食品供应趋势的实践性方法。与每年平均的数据相比，通常 3 年的平均数据更具有代表性。联合国粮农组织努力使数据的来源标准化，而有效比较各国间的数据同样也取决于世界粮农组织的原始数据的可靠性及可比性。

联合国粮农组织在 2009 年统计年刊发表的世界各国自 2003～2005 年平均热能总消耗量中的膳食构成比例——食物成分（%）中，其各国在食品供应的组成方面有很大的差异，但总体上邻国的食品供应相似，如北欧之间、美国和加拿大、新西兰和澳大利亚之间。与欧美国家的食品供应相比，亚洲的谷类食品供应高而动物产品供应较低。目前我国的肉类消费已达到 15%，人均肉类消费位居世界前十。

总 结

- 人类需要能量来维持生命，能量的来源是常量营养素，其包括碳水化合物、脂肪以及少量蛋白质的氧化。
- 食物的能量密度差异很大。纯脂肪的能量密度为 37kJ/g，而高纤维及水分含量较高的蔬菜的能量密度仅为纯脂肪的 1%。
- 通过检测氧的摄入率可方便地检测能量支出率。
- 能量支出主要包括基础代谢及体力活动所消耗的能量。
- 能量需要量可通过 Schofield 方程预测的基础代谢加特殊体力活动的能量补充来预测。
- 机体通过自身的反馈机制来调节食欲以维持能量平衡。体脂量的长期调控是通过脂肪细胞产生的激素——leptin 来调节的。

参 考 文 献

[1] Atwater WO. The demands of the body for nourishment and dietary standards. Annual Report Storrs Agr Exp Sta，1903，15：123-146.

[2] Finley JW，Leveille GA，Klemann LP，Sourby JC，Ayres PH，Appleton S. Growth method for estimating the caloric availability of fats and oils. J Agric Food Chem，1994，42：489-494.

[3] Mahan L RD，Arlin M RD. Krause's Food，nutrition & diet therapy. Philadelphia，PA：W. B. Saunders Co.，1992：229.

[4] Schofield WN. Predicting bascal metabolic rate，new standards and review of previous work. Hum Nutr Clin Nutr，1985，39 S5-S41.

[5] Warwick PM. Predicting food energy requirements from estimates of energy expenditure. Aust J Nutr Diet，1989，46（Suppl）：S1-S28.

[6] Farooq IS，Jebb SA，Langmack G，et al. Effects of recombinant leptin therapy in a child with congenital leptin deficiency. NEJM，1999，341（12）：879-884.

[7] Torun B，Davies PS，Livingstone MB，Paolisso M，Sackett R，Spurr GB. Energy requirements and dietary energy recommendations for children and adolescents 1 to 18 years old. Eur J Clin Nutr，1996，50：S37-S80；discussion S80-S81.

第八章　产能营养素

目的：

- 阐述碳水化合物的分类及其在食物中的分布。
- 了解糖传递甜味的特性。
- 评估含碳水化合物饮食的血糖指数，区分引起或不引起血糖反应的碳水化合物。
- 了解“膳食纤维假说”，以及膳食纤维对小肠和大肠的生理作用。了解益生膳食纤维的概念及其对饮食过程的保护作用。
- 了解对食品中膳食纤维及碳水化合物标签的规定。
- 阐述我国居民膳食纤维的摄入量和推荐量。
- 了解脂肪、油以及其他含脂肪酸脂类的化学成分。
- 掌握饱和脂肪酸与不饱和脂肪酸的区别。
- 学习 n-3 和 n-6 多不饱和脂肪酸的结构特征和生理效应。
- 了解目前多数人群的脂肪酸摄入模式与古人类摄入模式的区别。
- 学习现代食物的脂肪酸成分与脂肪推荐摄入量的理论基础。
- 学习必需氨基酸与非必需氨基酸的性质和作用。
- 学习体蛋白的转化、持续降解以及重新合成。
- 了解蛋白质需求量及氮平衡的检测。
- 了解饥饿或疾病对蛋白质状态的影响。
- 了解与必需氨基酸成分有关的蛋白质营养质量及人体对必需氨基酸低摄入量的适应能力。
- 学习蛋白质能量营养不良（PEM）的特点及其表现形式。
- 了解 PEM 的发展、人体对 PEM 的代谢反应以及 PEM 的评价方法。
- 了解酒的用途、代谢以及其补充人体营养的作用。
- 了解与不当或过量饮酒有关的各种健康问题。

重要定义：

- 碳水化合物：是由碳、氢、氧这三种元素组成的包括从单糖和多羟基化合物到更复杂的分子如糖原、淀粉、纤维素、菊粉、树脂、果胶等一大批不同化学结构的物质。
- 膳食纤维：是指十个或十个以上单体单位的碳水化合物的聚合体。在人体的小肠中不被内源性酶水解的物质：食品中自然存在的可食用的碳水化合物聚合体；碳水化合物的聚合体，是从食品原料中用物理、酶或化学方法获得的。
- 氮平衡：是指氮的摄入量与排出量之间的平衡状态。
- 必需氨基酸：是一类必须通过食物供给的氨基酸。其不能在体内合成，或不能以足够的合成速率满足机体的需要。

第一节　碳水化合物

一、膳食中碳水化合物的形式

碳水化合物一词的形成是由于最初观察到这种化合物是由碳、氢、氧这三种元素组成的。这是一个广义的术语，包括从单糖和多羟基化合物到更复杂的分子如糖原、淀粉、纤维素、菊粉、树脂、果胶等一大批不同化学结构的物质，也包括一些天然存在于动植物组织中的和一些合成的用于食品加工的物质。因此，碳水化合物具有多样的化学结构，被摄入后，其发挥的生理作用也各不相同。

化学家将从简单食糖衍生出来的碳水化合物分为单糖（如葡萄糖、果糖）、双糖（如乳糖、蔗糖、麦芽糖）、寡糖、多糖。单糖为最小分子的碳水化合物，聚合度为1（DP1）。双糖由两个分子的单糖缩合而成（分别是葡萄糖＋半乳糖、葡萄糖＋果糖、葡萄糖＋葡萄糖），它们的聚合度为2（DP2）。寡糖是由3～10个单糖分子连接而成的（DP3～DP10）。多糖（DP＞10）是由许多单糖分子连接而成的（如淀粉和纤维素均是葡萄糖的聚合物）。

从生理角度而言，碳水化合物构成膳食能量，这是其最大的特点。碳水化合物经消化并被小肠吸收后，以葡萄糖的形式进入血液，这是其向机体供能的主要方式。另外，碳水化合物也可通过一种间接、效率较低的方式向机体供能。即不通过消化而在大肠内通过细菌发酵，发酵产物是短链脂肪酸（SCFA）——乙酸、丙酸、丁酸。SCFA可为结肠内层细胞提供能量或被吸收后经血液向肝脏和肌肉提供能量。基于碳水化合物的化学结构（DP）与生理特点，营养学家对其进行分类，如表8.1所示。

表8.1　膳食中碳水化合物的分类

分类(DP)	亚　组	生　理　作　用
食糖(1～2)	单糖:葡萄糖、果糖	在小肠吸收。葡萄糖、蔗糖均引起快速的血糖反应
	双糖:蔗糖、麦芽糖、海藻糖、乳糖	在小肠吸收。许多人不能吸收乳糖,仅在大肠发酵
	糖醇:山梨醇、麦芽糖醇、乳糖醇	吸收很少,部分通过发酵
寡糖(3～10)	低聚麦芽糖(从淀粉降解而来)	消化性——消化后在小肠吸收,引起快速的血糖反应
	其他寡糖(非消化寡聚糖 NDO)果寡糖、甘露寡糖	抵制性——进入大肠被发酵
多糖(＞10)	淀粉	发酵:选择性刺激结肠中的双歧杆菌等的生长 消化性——产生血糖反应 抵制性——不在小肠吸收而在大肠发酵
	非淀粉多糖(NSP)	植物细胞壁——调节小肠中碳水化合物的消化。多数通过发酵并导致轻度腹泻 非细胞壁——对脂和碳水化合物的吸收产生多种影响。多数通过发酵

二、食物中的碳水化合物

天然状态的食物中含有多种碳水化合物，但通常为一种或两种碳水化合物。从功能来说，联合国粮农组织（FAO）与世界卫生组织（WHO）联合修订了碳水化合物的化学分类及功能参数。干的谷物，如小麦、玉米和大米富含淀粉（20%～85%）、非淀粉多糖（15%）、少量的果寡糖以及少量的游离单糖。干豆科植物的种子，如大豆、青豆和豌豆含有淀粉（55%～65%）、NSP（3%～6%）、乳寡糖（2%～8%）以及少量的游离单糖。一些根茎类蔬菜，如土豆、木薯也含有大量的淀粉（20%～25%），但通常NSP的量很低（＜1%）。叶类蔬菜仅含少量淀粉和NSP，单糖含量也很低（5%）。而一些食物含有大量的单糖，如水果（5%～15%）、牛奶（6%）和蜂蜜（74%），但只含有少量甚至不含淀粉及NSP。

与天然食物相反，加工过的食物通常含有额外的糖以满足消费者对甜味的需求。例如，水果酸乳酪含糖18%、饼干3%、牛奶巧克力56%，其加入的糖通常为蔗糖。蔗糖可去除天然碳水化合物的多样性，尤其是影响NSP的水平，使之大量减少。

多羟基化合物是另一族碳水化合物类似物，由糖衍生而来，存在于梨和其他水果中，如山梨醇。所不同的是，它并非如糖一样能迅速被消化吸收，多数多羟基化合物仅在小肠被缓慢吸收，吸收速度与其剂量和种类有关，然后进入结肠被发酵。工业生产的多羟基化合物多用于食品加工中。由于消费者（糖尿病患者）的食品需要增加甜味，但因胰岛素的分泌不足又必须限制膳食糖类的摄入。因此，多羟基化合物广泛应用于碳水化合物改良的果酱、糖果和口香糖等食品中。

碳水化合物的含量是通过从食物（例如面粉）中减去水、蛋白质、脂肪、膳食纤维、其他不可利用的碳水化合物以及灰分后得到的平均百分含量。换言之，食品中碳水化合物的含量是总量减去其他非碳水化合物组分后的剩余量。

三、甜味及人体对甜食的需求

公元3000年前，蔗糖最早在印度分离获得。蔗糖的名字起源于梵语中对沙子或沙砾的称呼，并在语言学上逐渐传遍阿拉伯（sukkar）、希腊（sakharon）、意大利（zucchero）、法国（sucre）和英国（sugar）。甜味无论对人类还是对其他杂食或草食动物均可引起愉悦的感受。糖的甜味极易于接受，但人们对此也有争议，有人认为这种味觉反应是由于需要确保摄入高能量含量食物的进化压力[1]。然而，甜味引起的愉悦感似乎是先天的，而不是通过后天经验获得的[2]。糖等引起甜味的机制还不是很清楚，但溶液中的物质与舌表面的味蕾的相互反应有关。食糖的甜度与温度、甜味剂的浓度以及食品中其他成分的存在有关。表8.2列出了食糖、寡糖以及多羟基化合物的相对甜度（以蔗糖为参比，蔗糖甜度为100）。

人们对甜食的偏爱可通过WHO发布的世界食物供应图反映出来。随着收入的增加，食物中淀粉供能的比例下降，甜味剂（主要是蔗糖）的比例却剧增。例如1992～1994年，在加纳这样贫困的国家每人的淀粉消费量为450g/天，蔗糖消费量为20g/天。同期，在澳大利亚，相关的数据显示，淀粉和蔗糖的消费量分别为201g/天和129g/天。2/3的蔗糖是以加工产品如焙烤食品、糖果、软饮料以及罐头食品的形式消费的。

由于糖能引起愉悦感，科学家们对甜味剂的化学结构和生理特性做了大量的研究，并开发了多种蔗糖替代品。例如，虽然寡糖和多糖的味道比较淡，但如果其被降解为单糖或双糖，形成简单糖的甜溶液，就可获得甜味。将廉价的淀粉源如小麦、土豆、玉米转变成简单糖的甜溶液是工业制造生产价格低廉甜味剂的基础。

来源于淀粉的甜味剂通常含有葡萄糖（DP1）、麦芽糖（DP2）和更高聚合度的葡萄糖寡聚物（DP 3～10）。这些产品被广泛应用于软饮料、糖果、焙烤食品、冰激凌、沙司和果汁中。玉米的副产物——玉米外壳，也含有多糖成分，可被降解为木糖。木糖进一步被化学水解，产生多羟基化合物——木糖醇。木糖醇可被用作甜味剂。

发达国家对于过度饮食能量摄入的关注，促进了低能量的碳水化合物甜味剂替代品的开发及应用。在同等重量的情况下，其替代品的甜味是食糖的许多倍，但其代谢产生的能量很少甚至没有。这些甜味剂有环磺酸盐、糖精、阿斯巴甜、半乳蔗糖、安赛蜜、阿力甜等。它们作为添加剂广泛应用于低能量软饮料、调料、冰糖等。但它们中多数的化学结构与蔗糖毫不相关。

表 8.2 食糖、寡糖以及多羟基化合物的相对甜度

化合物	相对甜度(蔗糖=100)	化合物	相对甜度(蔗糖=100)
D-葡萄糖	64	棉子糖	22
D-果糖	120	水苏糖	10
转化食糖	>100	木糖醇	100
D-半乳糖	50	山梨醇	54
D-甘露糖	32	甘露醇	69
D-麦芽糖	43	己六醇	41
D-乳糖	33		

四、作为膳食能量源的碳水化合物（消化与发酵）

大米和小麦是全球最重要的粮食作物。许多国家把它们作为主食，因其富含淀粉，又为膳食能量产生单一的贡献最大的原材料。它们所含的淀粉和糖为全球人口提供了50%～75%的膳食能量，远大于食物中的其他组分（脂肪、蛋白质）所提供的能量。

实际的膳食能量取决于所摄入的食物量、食物组成以及碳水化合物的消化率。西方饮食中约89%的碳水化合物被消化。在淀粉质食物为主的饮食中，其消化率可能略低。每克被吸收的碳水化合物可向机体提供16kJ的能量。但并非所有的碳水化合物均可被消化吸收。饮食中的某些多羟基化合物、寡糖、淀粉以及所有的NSP经小肠进入结肠，在此被肠道细菌发酵，产生更多的细菌细胞、水、二氧化碳和代谢产物如乙酸、丙酸、丁酸（短链脂肪酸或SCFA)。然而，某些不被消化的碳水化合物直接随粪便排出体外。西方饮食每日提供20～60g不消化的碳水化合物。而不消化的碳水化合物究竟能够提供多少能量，取决于发酵的程度以及被结肠上皮细胞吸收转变为能量的SCFA的量。

在为食品贴能量含量的标签时，必须检测食品中引起和不引起血糖反应的碳水化合物的比例，并引入适宜的因数。碳水化合物的能值为17kJ/g，无血糖反应的碳水化合物（不可利用的碳水化合物，如膳食纤维）的能值为8kJ/g。此外，以多羟基化合物作为甜味剂的食物引入了特殊的因数，以反映其在小肠吸收率的变化。例如木糖醇和山梨醇提供的能量约为14kJ/g、麦芽醇和乳糖醇约为11kJ/g。而赤藻糖醇虽易吸收，但大部分通过尿排出体外，因此其能量因子仅为1kJ/g。

五、食物的血糖指数

进食后，碳水化合物被消化吸收，导致血糖水平升高，并于进食后30min升至最高，90～180min恢复至进食水平。通过血糖对时间作图可得到一个大致的钟形曲线，该曲线反映了食物消化后的葡萄糖供应率和血液中葡萄糖的清除率之间的关系。

食物中碳水化合物的消化率各不相同，个体对葡萄糖的代谢能力也存有差异。这些因素作用的总和可通过血糖-实践曲线下的面积反映出来。例如，糖尿病患者胰岛素调控血糖的清除能力受到损害，对该患者来说，选择葡萄糖释放慢的饮食十分重要，以产生“扁平的”血糖曲线（血糖峰值降低)。血糖指数（血糖生成指数)，是指食物进入人体后，血液中葡萄糖浓度上升的速率和程度。测定食物的血糖指数时，先确定一种标准食物（一般选用葡萄糖)，规定它的血糖指数是100，将其他食物对血糖的影响与标准食物进行比较，得出其他食物的血糖指数。例如白面包的血糖指数可通过与葡萄糖比较标准条件下的血糖曲线下的面积来求得：即健康人摄入与葡萄糖重量相同的白面包，检测此后3h内血糖在禁食血糖水平上的增加值，计算曲线下的面积，将此结果与相同条件下葡萄糖3h内血糖曲线下的面积相比。通过计算一定数量的人群吃白面包后血糖反应的平均值，即可得到白面包的血糖指数。

以葡萄糖为100，则豆类和小扁豆类为30～50、通心粉为50～70。葡萄糖是参照食物，

不仅是化学意义上的衡量手段，更具有对其他含碳水化合物食品的生理和代谢意义。含糖量高的食物的血糖指数高于含淀粉量高的食物。该指数在为糖尿病患者配餐时很有价值，即通过选择血糖指数低的食物，使得饮食对血糖的影响尽可能低。对某些个体来说，血糖的最高值及其恢复至进食水平的速率取决于多种因素，如食物的性质、加工方法、个人的消化、吸收与代谢碳水化合物的能力、食糜的黏度以及通过小肠吸收部位的速度等。

六、碳水化合物的耐受性

大剂量（20～30g 或更多）的未消化的糖如超过结肠细菌发酵的能力，会导致高糖浓度及大肠中发酵产生的 SCFA 量的增加。在此情况下，大量的水将保留在结肠内，而导致渗透性腹泻。虽然这种情况很少发生，但当过量摄入含有大量吸收慢的多羟基化合物（用作食品添加剂）的食物时，这种状况就会发生。

目前生产的果酱、糖果、冰激凌及其他食物中，常用山梨醇、异麦芽酚、乳糖醇、木糖醇、氢化葡萄糖浆等替代蔗糖。这类食品适于糖尿病患者，因其中的多羟基化合物与蔗糖不同，摄入后不会引起胰岛素需求的增加。但是，考虑到上述情况，这些食品的标签必须注明“过量摄入具有轻泻作用”。

成人由于消化乳糖的机能逐渐减退，牛奶摄入过量可导致腹泻的机理与上述食品过量摄入引起腹泻的机理相似。

七、糖和龋齿

大量数据显示膳食中的糖可导致龋齿，即使对饮用加氟水的人群也是如此。口腔细菌，尤其是变形链球菌黏附于牙釉质的表面，这些细菌能将来自于食物或饮料中的糖发酵，从而产生 SCFA。这些酸可引起牙釉质溶解、腐蚀。一段时间后，牙釉质产生凹痕、空洞，从而形成龋齿。龋齿的产生最重要的因素不是摄入糖的形式，而是其摄入频率。两餐之间，唾液可清除口腔内的食物，缓冲酸性、提供钙、磷、氟使牙齿重新矿化。如果进食的频率太高，牙釉质未能充分重新矿化，将会形成牙洞。

运动员龋齿发生的风险较高，因体内脱水使唾液减少，从而降低其对牙齿的保护作用。又经常进食以满足机体能量的需求，这是龋齿形成的另一危险因素。其他易患龋齿的是夜间进食以促其睡眠的婴儿。某些食物，尤其是硬干酪可防止龋齿的形成，因其刺激唾液分泌，从而减少甜食引起的酸蚀牙斑的形成以及牙釉质的去矿化。

无糖牛奶、植物性食物中的磷、绿茶、可可、甘草以及膳食纤维不产生热量并具有保护牙齿的作用[3]。

八、膳食纤维

1. 膳食纤维的假说

能量、维生素、矿物质以及其他必需营养素的缺乏可导致特征性疾病的发生。饮食的改善可快速缓解这些疾病。此类疾病包括蛋白质能量营养不良、脚气病、坏血病、碘缺乏病等[4]。然而也有一些与膳食相关的慢性病，发生于食物提供的营养素充分，又可满足代谢需要的人群。这些疾病的发展一般经历较长的时间，其与不良的饮食习惯、缺乏运动以及环境等因素密切相关。这些疾病包括心血管疾病、肥胖、糖尿病以及某些癌症，也称其为“富贵病”。

19 世纪 60 年代，一些在非洲工作的医药工作人员发现非洲乡村黑人的疾病模式与城市白人的疾病模式迥异，也与经济发达国家的常见疾病模式显著不同。他们还发现，非洲乡村人的饮食能量密度低、淀粉含量高、脂肪含量低、低糖、富含果蔬和谷物膳食纤维。人们推理此种饮食可能会减少得“富贵病”的概率。研究发现膳食中未消化的植物细胞壁（膳食纤维）是主要的保护性成分[5]。纤维的量是衡量饮食保护强度的有效指标。广义的膳食纤维假说表述如下：富含天然成分的植物细胞壁物质的饮食对流行于西方发达地区的一系列疾病具有保护作用，如糖尿病、冠心病、肥胖、胆囊疾病、憩室疾病以及肠癌等。

2. **膳食纤维的定义**

膳食纤维的定义经过多年的研究，终于2008年11月4日在南非举行的FAO/WHO营养与食品法典委员会特殊膳食（CCNFSDU）第30届会议上与会专家一致通过，即膳食纤维是指十个或十个以上单体单位的碳水化合物聚合体，在人类的小肠不被内源性酶水解。属于下列类别。

① 作为食品中自然存在的可食用的碳水化合物聚合体。

② 碳水化合物的聚合体，它是从食品原料中用物理、酶或化学手段获得的。根据普遍接受的科学证据被证明对人体健康有利。

③ 合成碳水化合物的聚合体，根据普遍接受的科学证据被证明对人体健康有利。

此定义明确了膳食纤维的几个不同特点。与其生物来源（植物）、化学组成（主要是碳水化合物）、生理作用（对肠道、血液系统）以及作为微生物生长的底物有关，特别是定植于大肠中的细菌。此定义省略了膳食纤维的另一重要特性是其对食物的物理性状的贡献。

而欧洲食品安全局（EFSA，2007）对膳食纤维的定义是：包括所有非消化性碳水化合物，如非淀粉多糖（NSP）、抗性淀粉、抗性低聚糖（由三个或三个以上单糖链接而成的多糖）以及其他与膳食纤维多糖，尤其是与木质素相关的非消化性微量组分。此定义与CCNFSDU的定义不同在于它是一个更广义的膳食纤维定义，包括了由三个或三个以上单糖链接而成的抗性低聚糖。

膳食纤维具有轻泻、降低血液胆固醇以及降低血糖等作用。不被消化的“盒子”形状的植物组织细胞可抑制通过小肠过程中细胞内容物的释放。许多植物性食物的组织虽经咀嚼后被破坏，但仍具有完整的细胞结构，它们可降低含有糖、淀粉和其他营养素的细胞质的释放速率。当食用整个苹果时，葡萄糖被吸收进入血液的速率比直接摄入苹果汁慢10倍，而整个苹果的摄入有利于得到更好的饱感[6]。相似的结果出现在对整粒淀粉质谷物的消化实验中[7]。降低葡萄糖的释放和吸收可产生更多有益的代谢反应，如对胰岛素来说，可更好地控制血糖水平。

实际上，许多学者认为膳食纤维的定义毫无实际意义，建议将其从科学领域中摒弃[8]。世界卫生组织专家委员会对膳食纤维的定义给出了一个较为保守的意见：即膳食纤维是一个营养概念，而不是一种膳食成分的确切描述。

3. **非淀粉多糖**

大量不能消化的植物性食物来源于水果、蔬菜以及谷物组织的细胞壁。植物性食物原料的显微分析显示，组成这些植物组织的细胞具有坚硬的细胞壁。这些细胞壁的主要化学成分是纤维素（由β-糖苷键连接的葡萄糖聚合物）和半纤维素（由大量的木糖、阿拉伯糖、甘露糖、半乳糖组成的混合多聚物）。连接细胞壁的还有少量的蛋白质和木质素（不消化的非天然碳水化合物的有机聚合物）。为了区别于淀粉，细胞壁的碳水化合物与储存在一些植物种子的其他非淀粉碳水化合物被称为非淀粉多糖（NSP）（见表8.3）。

植物细胞壁的形状和组成各异，为植物组织提供物理强度的支持。类似于动物骨骼的作用，它们形成了植物性食物的质地。

食物中植物细胞壁物质的绝对量和相对比例因食物的来源、成熟度以及加工程度的不同

表 8.3 非淀粉多糖（NSP）与其他膳食纤维成分的化学组成

NSP	组成聚合物(食物源)的主要单糖	肠道中纤维的特性
纤维素	不分支的葡萄糖聚合物(存在于所有植物性食物)。分子链形成具有无定形区域的规则排列的晶体	不溶于水,不被加长菌群发酵,对粪便增加和胆固醇排泄无作用
半纤维素 (具有几种聚合形态)	主要是阿拉伯糖和木糖(存在于谷类细胞壁,如小麦)	大部分不溶于水、不发酵。与水结合可致粪量增加,如通便
	主要是葡萄糖醛酸、葡萄糖、木糖(水果和蔬菜的细胞壁)	可溶于水,可发酵,不具有通便作用
	β-葡聚糖(存在于谷类细胞壁,如燕麦、大麦)	可溶,形成黏液,干扰脂代谢,降低血清胆固醇
果胶质类物质	主要是鼠李糖和葡萄糖醛酸(存在于水果和蔬菜细胞壁)	溶于水,产生黏液,干扰脂代谢,降低血清胆固醇
其他纤维成分 木质素	由非碳水化合物组成的有机聚合物(主要从谷类中少量摄入)	可能与结肠癌发生风险降低有关
食品添加剂 NSP	广泛应用于食品加工,如瓜尔胶,半乳糖和甘露糖的聚合物,可从瓜尔豆的种子中提取	可形成黏液,但剂量依赖性地降低小肠中葡萄糖的浓度和血清胆固醇。可发酵,不具通便作用

而不同。叶类和根类蔬菜的细胞壁较薄，NSP 含量低，通常为 2～3g/100g。这些食物中，水的含量高、几乎不含木质素，除非蔬菜太老或木质化。蔬菜烹饪后，大量的 NSP 都被溶解了。

成熟后的干蔬菜中，豆类如青豆、豌豆的细胞壁的多糖含量与谷物相当，但在水中浸泡或烹饪后则降低。整粒谷物的 NSP 含量比其他食物高得多（9%～17%），并具有一些不同的特性：溶解性低得多，可结合大量的水，并与大量的木质素相连。而对于豆类，处理过程中加水可降低其 NSP 的含量。例如全麦面粉中 NSP 的含量为 12%（10%水），但全麦面包中 NSP 为 8%（40%水）。

水果的含水量最高，因而细胞壁成分最低。在 0.6%（葡萄）～3.6%（黑醋栗），通常为 1%。虽其细胞壁薄，但一些水果含有丰富的果胶质，当加入大量的糖后，即可形成类似果酱的凝胶体。这种凝胶体并不会因为水果的摄入而在肠道中形成。某些水果（西番莲的果实、石榴、黑莓）的种子高度木质化，而与 NSP 相比，木质素仅构成饮食的极小部分。

某些亚洲饮食文化中包含藻类（如海带）和真菌（如蘑菇）。日本的海产品做成的菜肴，如海苔（紫菜樱）、海草（裙带贺兰）和裙带菜（海带）均富含细胞壁多糖（可食部分中含 35%～50%）。不同于陆地植物，其细胞壁多糖中 2/3 以上为可溶性的，且含大量的褐藻酸。褐藻酸是 D-甘露醛酸的聚合物，甘露醛酸是甘露糖的酸性衍生物。这种多糖可被用作食品添加剂，在食物加工过程中起增稠作用。

NSP 在植物性食物的外层含量最高，可能对储存淀粉和蛋白的中心组织（胚乳）起保护作用。蔬菜去皮或谷物碾磨去麸可显著降低 NSP 的含量，从而改变其食物的组成。例如，全麦或 100%提取的面粉是由碾磨全麦粒而来的，而白面仅为 75%的原麦粒，25%（主要为富含 NSP 的麸皮层）在面粉精制过程中被丢弃。

许多国家的人们偏爱 NSP 含量低的食物，如白面包、精米和小麦面条。这些精制的食品成为越来越富裕的人们的主要食物源，加上脂肪摄入的增加，这些饮食的改变使“富贵病”更易发生。

4. 抗性淀粉

膳食纤维是区分可被人的消化酶消化与不可消化的碳水化合物而定义的。淀粉曾被认为是可消化的多糖，但实际上很大比例的淀粉在小肠并不被消化，而是进入结肠并在此作为细菌发酵的底物，这种淀粉被称为抗性淀粉（RS）。多数营养学家认为它是膳食纤维的一种。抗性淀粉是淀粉和不被小肠吸收的淀粉消化产物的总和[9]。

建立抗性淀粉的测量方法很困难，至今尚无统一的标准。通常认为人们摄入的 NSP 比 RS 多。许多人饮食中碳水化合物的含量很高，纤维素含量却较低（如以精米为主的饮食），这些人摄入的 RS 可能多于 NSP。

淀粉不完全消化主要与食物的物化特性有关，而并非是个体消化生理的差异。其主要原因如下。

某些淀粉可能被物理性地包裹于植物组织的完整细胞内，如粗磨的谷类食物成分。这种淀粉较难消化，因为消化淀粉酶无法穿透或破坏纤维素的细胞壁。

淀粉储存于被紧密包裹的细胞颗粒内，这种细胞颗粒可能不溶，因而无法消化。这种抗性淀粉存在于生马铃薯和未加工的绿香蕉中。

淀粉质食物经高于 70～80℃烹煮后，可破坏包裹的颗粒结构，使淀粉分子溶解，增加消化性。植物遗传学家发现了多种含有淀粉颗粒的玉米，淀粉颗粒中直链淀粉含量高，焙烤不会糊化。这种基本不消化的淀粉被用于高纤维白面包以及高纤维早餐谷类食品中的纤维素成分。

煮后的淀粉质食物经冷却后出现一定比例的糊化淀粉变得高度不溶，从而降低其消化性，成为退行性淀粉。如面包、冷的煮土豆、冷米饭等。这可能是饮食中 RS 的主要成分。因此，某些淀粉质食物中 RS 含量多于 NSP 的含量就不奇怪了。

5. 非消化性寡糖

除了 NSP 和 RS 外，食物中还含有多种不消化的碳水化合物成分。棉子糖组乳寡糖（棉子糖 DP3、水苏糖 DP4、毛蕊花糖 DP5）广泛分布于植物中，并且在成熟的豆类（青豆、小扁豆、鹰嘴豆、大豆等）中含量较大。它们被称为胀气因子，因其会导致肠道细菌发酵产气。研究表明，随着豆类的加入，基础饮食摄入后的产气量从 16mL/h（无豆基础饮食）增至 190mL/h。对某些人来说，这些气体截留在结肠的括约肌段，可导致严重的腹痛。一些食品加工可使食物中的乳寡糖含量降低，例如水浸泡或接种可食用真菌。

另一组非消化性寡糖（NDO）是果寡糖。其少量存在于谷物、朝鲜蓟及洋葱中。饮食中果寡糖的摄入量较低，但由于其大量出现于食品加工中，随着食品工业的发展，今后的摄入量可能会增加。

从菊苣根中提取的 NDO 可取代脂肪，应用于低脂食品中，如酸奶、糖果、人造黄油以及功能性食品。若用于功能性食品，NDO 被认为可起到提供营养素与膳食能量以外的特殊保健作用。果寡糖可刺激结肠中特定细菌的生长（如双歧杆菌），而产生保健作用，如改善排便，提高钙的吸收[10]。

6. 其他不消化的食物成分

与植物性食物细胞相关的是一组被总称为植酸的化合物[11]。谷物、豆类、蔬菜、水果和坚果中植酸的含量不到 1%。这些富含磷的化合物与铁、钙、锌等必需矿物质的离子结合成不溶盐，阻止其在肠道的吸收。有资料表明，肉类摄入少的全麦谷物和豆类饮食可导致锌的缺乏及破坏铁的平衡。这是一个非常规状态下的高纤维饮食损害消费者健康的例子。

谷类中的植酸主要存在于胚芽（玉米）或外层（水稻、小麦），因而全麦食物中植酸含量最高。素食者摄入的植酸是杂食者的 3～10 倍。食物中的植酸受加工的影响，也与食物中矿物质的作用有关，矿物质水平会影响体内植酸的降解。然而除了植酸，膳食纤维、NSP、草酸以及多酚类化合物也是影响饮食中矿物质吸收的因素。

多羟基化合物类的甜味剂在小肠不被消化，营养学家们通常不将其作为膳食纤维。某些膳食来源的蛋白质也不在小肠消化，而直接进入大肠，但其发酵产物有氨、吲哚、苯酚等有毒物质。膳食纤维在大肠的发酵产物，以及增加的益生菌群可以降低这些有毒物质的毒性。

九、膳食纤维与疾病预防

大量直接、间接的证据，包括急性动物实验以及大样本的人体流行病学调查均表明，膳食纤维对疾病具有预防作用[12]。

1. 心血管疾病

高血脂水平，尤其是高胆固醇，是冠心病的危险因子。临床研究结果显示，某些膳食纤维（燕麦麸、果胶）加至饮食中可促进胆固醇从粪便排泄，从而降低血液中胆固醇水平。消化过程中，胆固醇作为胆汁的成分分泌进入小肠，但在整个消化道又可随着膳食脂肪的吸收而被重吸收。某些 NSP 可与胆固醇结合形成复合物而阻止其重吸收，最终被排出体外。但是，将小麦麸和整粒的小麦产品加入饮食后，却不产生降低血液胆固醇的作用。

对饮食和心血管病的研究结果表明，高膳食纤维摄入量与心血管病风险的降低呈正相关。然而，对于提供膳食纤维的不同食物，只有谷类与心血管病的风险降低有关[13]。由于小麦纤维是西方饮食中膳食纤维的主体，这与已观察到的临床研究结果相矛盾。对此现象的一个解释是包含整粒谷物成分的高纤维也富含维生素、矿物质、植物化学抗氧化剂及其他微量营养素，这些物质可单独发挥对心血管病的预防作用[14]。

2. 糖尿病

高纤维、高碳水化合物以及低脂饮食可改善糖尿病患者的血糖及对胰岛素的控制，其与数种交互作用机制有关。

对 2 型糖尿病患者与健康人的临床研究结果证实，饮食中加入纯化的燕麦胶或碾磨的燕麦或煮过的整粒燕麦仁可改善血糖和胰岛素反应。这可能是由于燕麦的 NSP 极易溶解，在肠道形成黏性溶液，从而降低淀粉的消化及淀粉消化产物糖的吸收。大麦食品和大麦的 NSP 可产生类似的作用，但小麦食品、小麦麸和其他不溶的 NSP 无此作用。

同时，餐后血糖反应也受淀粉组成的影响。直链淀粉比例高的淀粉消化较慢，血糖反应较平缓（即 GI 值较低）。而玉米和水稻，其栽培方式、加工以及烹饪均影响餐后血糖反应。人群研究显示，低淀粉、低纤维及高脂饮食与血液胰岛素水平呈正相关，是 2 型糖尿病发病的危险因子。高纤维饮食也可改善 1 型糖尿病患者的代谢[15]。

3. 大肠疾病

膳食纤维对大肠疾病的作用和结肠从肠内容物重吸收水分的功能以及其中的细菌密切相关[16]。细菌是结肠内容物的主要成分。对一个典型西方饮食的人，细菌占粪便干重的 40%～50%。膳食纤维摄入量高可增加粪便的重量，其机制为易于发酵的纤维（多数 NSP 和一些来源于水果、蔬菜、燕麦和大麦的 RS）促进了细菌的增殖而未发酵的纤维（多数来源于全小麦或小麦麸的纤维）的保水作用。其结果，粪便因含水量增高而变软，并使肠蠕动加快，使之更易排出。纤维的轻泻作用广为人知，可预防便秘及盲肠疾病，尤其是全粒谷类的纤维（如小麦的 NSP 及可能的抗性淀粉）。

摄入高纤维饮食的人群，结肠癌发病率低，这是由于以下两方面的原因。

① 结肠中的任何致癌物质可被高纤维稀释并很快随粪便排出，从而降低了致癌物与结肠内壁细胞的接触。

② 进入结肠的碳水化合物最终均作为细菌的能量源而被利用，发酵的终产物在结肠内腔释放，包括气体（二氧化碳、甲烷）、低分子脂肪酸（乙酸、丙酸和丁酸）。这些酸使结肠

环境酸化，从而消除了其他细菌代谢物（如氨）的毒性。

丁酸尤为重要，因其不仅是结肠上皮细胞的代谢产物，还可抑制癌细胞的生长，同时促进正常细胞的生长与分化。此功能在体外已得到证实[16]。

尽管大量实验结果支持膳食纤维的保护作用，但大型前瞻性流行病学研究显示，膳食纤维既不能预防[17]，也不能治疗[18]食用西方饮食导致的结肠癌。有人认为，这是由于膳食纤维并不独立发挥作用，而是与全粒食物共同提供保护作用。因其含有较多的膳食保护成分，如抗氧化物及矿物质[19]。

4. 膳食纤维的检测

要检测食物中全部不消化的碳水化合物，必须对其中的 NSP、RS 以及某些寡糖做化学分析。食品中 NSP 的分析可达到一定的精确度，而 RS 则不然。因为食物中的抗性淀粉可随多种因素的变化而变化，如碾磨、咀嚼程度、食物的生熟以及熟食的温度等。而这些指标也缺乏一致性。

有两种膳食纤维的化学检测方法。其一，一些营养学家采用排除了 RS 的 NSP 分析方法，该方法的检测结果精确，重复性好，但不能完全反映食品中的全部不消化的碳水化合物。其二，美国官方分析化学家协会（AOAC）检验了测量 NSP 加木质素再加 RS 以及其他成分的方法，但该方法常常低估了抗性淀粉的含量。AOAC 方法的检测结果被称为总膳食纤维（TDF）。

对非淀粉质植物性食物，该结果与 NSP 的分析结果有较好的一致性。对淀粉质食物和含有其他不香花成分的食物，TDF 值高于 NSP 值。

我国 GB/T 22003—2008“食品中总、可溶性及不溶性膳食纤维的测定酶重量法”等同采用 AOAC 991.43 抗性麦芽糊精食品中总膳食纤维的测定酶重量法——“液相色谱法”，是修改了的 AOAC 2001.03。

5. 膳食中纤维的摄入量和推荐量

世界卫生组织推荐的摄入量为 16～24g/天的 NSP 或 27～40g/天的总膳食纤维（TDF）。而在不同经济发展程度的国家，其实际摄入量可能较推荐量低得多[20]。

我国膳食纤维的推荐量，成年人为 25～30g/天。但我国居民成年男性的摄入量为 13g/天，女性 12.5g/天[21]。在英国，膳食纤维的推荐量是基于每日产生 150g 大便、显著降低结肠癌发病率的 NSP 的摄入量。要达此标准，英国人须将每人每日的 NSP 的摄入量从 12g 增至 18g。该 NSP 的量与其他许多国家的推荐量相似，只是表述方法不同。

美国食品及药品管理局建议 2000kcal（8.2MJ）的饮食中 TDF 的含量应为 25g，2500kcal（10.3MJ）的饮食中应为 30g，该推荐量适用于整个人群，其并未对儿童和青少年做出特别的规定。美国儿科研究所建议儿童的摄入量为 0.5g TDF/kg 体重[22]。

第二节 脂 肪

脂类是不溶于水的化合物，但其并非是以一个共同的结构特征为基础而分类的。动植物组织包含许多不同的不溶于水的化合物，如胡萝卜素、固醇类、生育酚、烃、蜡类、油和脂肪。但是，许多脂类是结合醇或酰胺的脂肪酸衍生物，这些就是本章所关注的内容。含脂肪酸的各种脂类如下。

① 三酰甘油，也称甘油三酯，是脂肪酸与醇的结合。食物中提供的脂肪（固态的）和油（液态的），存在于动物脂肪组织和某些植物的种子里，储存能量。

② 糖脂，是结合糖的脂肪酸。其量很小，仅发现在动物的细胞表面和植物细胞膜上。

某些鞘脂类也包含糖成分。

③ 磷脂，由甘油、磷和脂肪酸组成。也是动物细胞膜结构的重要组成部分，其为类二十烷酸的合成提供脂肪酸前体。类二十烷酸是许多生理过程的有效调控因子。

④ 鞘脂类，是动物大脑组织和中枢神经系统的重要成分，主要由脂肪酸结合长链胺组成。包括神经酰胺、神经节苷脂和脑苷脂。

⑤ 固醇类，通常以脂肪酸结合的固醇酯形式存在于体内。人体最主要的固醇是胆固醇，是细胞膜的结构组成，也是固醇激素、维生素 D 以及胆汁中各种乳化因子的前体。

一、脂肪酸的结构与命名

自然界的大部分脂肪酸为总长 2 至大于 80 碳原子的直链烃，最常见的是 16、18、20、22 个碳。但其在一端均有一个羧基（见图 8.1），另一端均为一个甲基。

自然界有 40 余种脂肪酸，一些其他脂肪是在加工人造黄油、起酥油、沙拉酱和油煎炸过程中产生的。尽管脂肪酸均有其简单的化学结构，但单个脂肪酸可有多种不同的命名方式。

俗名通常是基于最初的发现来源，比如棕榈酸、月桂酸和肉豆蔻酸分别是首次从棕榈科、樟科和肉豆蔻属植物中分离而来的。正式的化学名称很长且不实用，还有一种易于理解的缩写形式，如表 8.4 所示。比号前面的数字表示烃链的长度，比号后面的数字表示不饱和键的数目。从烃链的羧基端开始表示双键的位置（见图 8.1），用 Δ 表示。从甲基端开始表示双键的位置，则用字母 n 表示（过去用 ω 表示）。在这个系统中只给出了第一个双键的位置，如脂肪酸 $C_{18:2n\text{-}6}$，第二个双键从甲基端数在 n-9。此种命名法叫做速记名称。生化学家和营养学家没有表示第二个以及接下来的双键的位置，因为从植物组织生化合成机制结果发现其位置可以推断出来，一般间隔 3 个碳原子。不饱和脂肪酸的重要生物学性质更容易用生化命名方式来描述，因此目前采用速记名称这个系统。

表 8.4 常见脂肪酸

俗名	化学缩写（Δ 编码名称）	生化缩写（速记名称）	俗名	化学缩写（Δ 编码名称）	生化缩写（速记名称）
饱和脂肪酸			芥酸	$22:1^{\Delta 13}$	22：1n-9
月桂酸	12：0	12：0	多不饱和脂肪酸		
肉豆蔻酸	14：0	14：0	亚油酸	$18:2^{\Delta 9,12}$	18：2n-6
棕榈酸	16：0	16：0	α-亚油酸	$18:3^{\Delta 9,12,15}$	18：3n-3
硬脂酸	18：0	16：0	花生四烯酸	$20:4^{\Delta 5,8,11,14}$	20：4n-6
单不饱和脂肪酸			EPA	$20:5^{\Delta 5,8,11,14,17}$	20：5n-3
油酸	$18:1^{\Delta 9}$	18：1n-9	DHA	$22:6^{\Delta 4,7,10,13,16,19}$	22：6n-3

自然界的不饱和脂肪酸可分为三大组：n-3、n-6 和 n-9（图 8.1）。所有的哺乳动物细胞均可以膳食糖类、蛋白质或脂肪为原料合成单不饱和及饱和脂肪酸。但哺乳动物和人类均不能合成 n-3、n-6 不饱和脂肪酸。由于其在体内具有重要的生理功能，而且必须通过饮食摄取，所以被称为必需脂肪酸（表 8.5）。

二、膳食脂肪酸与人类进化

在发达国家膳食脂肪是心血管疾病高发的一个主要原因，因而备受人们的关注。关于此方面的许多争议最终均集中在如何调控饮食这一焦点上。

在生命进化早年，生活在原始海洋里的植物细胞体的主要成分是长链（20 或更多碳）的 n-3 多不饱和脂肪酸。当植物占领土地，其保留了今日绿叶蔬菜中的 n-3 型多不饱和脂

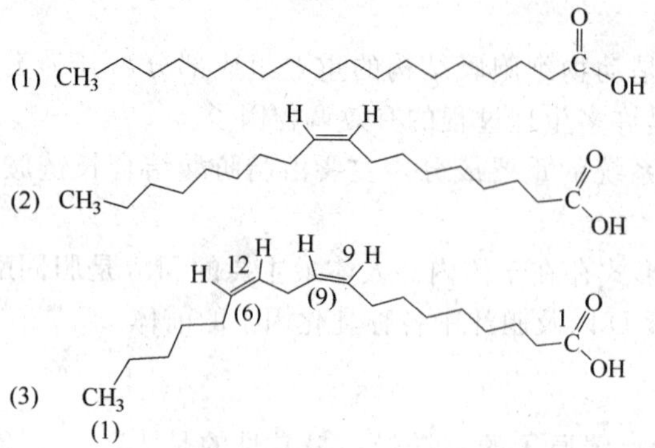

图 8.1 脂肪酸的结构关系

肪酸（α-亚麻酸）的广泛的代谢用途。但许多植物种子里的脂质不同于叶子，含有更高的 n-6 多不饱和脂肪酸（亚油酸）。基于对原始人类起源的非洲地区的植物的分析，估计出狩猎社会的原始人类食用的植物性食物中可能含有大量 n-3 和 n-6 多不饱和脂肪酸，而几乎没有饱和脂肪酸。

当海洋动物进化时，其脂肪酸代谢与海洋植物同样主要是长链 n-3 多不饱和脂肪酸（LC n-3 PUFA），因此细微的浮游生物、海藻、软体动物、鱿鱼以及鱼类的脂类中富含这些脂肪酸（比如 DHA 和 EPA）。但似乎陆地动物逐渐将其脂肪酸发展进化分成两种主要的组织类型。

表 8.5 成年人必需脂肪酸和非必需脂肪酸的适宜摄入量[23]

脂 肪 酸	每日摄入总能量的百分比	脂 肪 酸	每日摄入总能量的百分比
总脂肪	20%～35%	饱和脂肪酸	10%
多不饱和脂肪酸	6%～11%	单不饱和脂肪酸	＝总－饱和－多不饱和－反式
n-6 PUFA	2.5%～9%	反式不饱和脂肪酸（上限）	<1%
n-3 PUFA	0.5%～2%		

① 细胞膜的结构型脂类，包括大量的多不饱和脂肪酸。

② 脂肪组织的储存型脂类，饱和与单不饱和脂肪酸的比值增大。

因野生动物比较瘦，脂肪组织储存量少，故人们争议是否原始猎人食用的肉是低脂的，并且相对不饱和。那时生活在海边的人可能从海产品中摄入大量的脂肪，而且富含 LC n-3 PUFA。

史前的狩猎社会大部分人们可能更依赖于动物而不是植物来生存[24]。这些食物中的脂肪含量估计达到总膳食能量的 28%～58%，较目前我国 30%的平均值要高[25]。但现在人们食用的脂类与祖先食用的大不相同。人们从驯养的牛、羊、猪以及家禽中摄取的脂类含大量的饱和脂肪酸，加工食品中也增加了硬化油脂的含量。这可能反映了我国与饮食相关的慢性疾病的高发率和膳食结构的变化[25]。

三、食物中的脂类

人类食物中最主要的脂类是甘油三酯（脂肪或油）。不同食物包含不同数量的脂肪，且脂肪酸的成分也不同（见表 8.6）。

驯养动物的脂肪组织（肥肉）、牛奶及乳制品（奶酪、黄油、酥油）中含有大量的饱和脂肪酸，特别是棕榈酸和油酸；也含有极少量的 n-6 PUFA，几乎无 n-3 PUFA。母乳脂肪和牛奶脂肪是不同的，后者含有更多短链的饱和脂肪酸，前者含有适量的多不饱和必需脂肪酸。

植物性膳食的脂类一般多为不饱和脂肪酸。如玉米、葵花子和红花油，富含 n-6 多不饱和脂肪酸。而大豆及一些种类的油菜籽也含 10%的 n-3 PUFA。棕榈油中的脂肪酸近 50%是饱和的，椰子油中 90%以上为饱和的。由于棕榈油低廉的价格，近几年世界棕榈油产量急剧增长，发达国家含棕榈油的加工食品明显增加。

随着基因工程的出现，使修饰编码脂肪酸合成的植物基因成为可能。如目前有含高油酸

表 8.6 一些食品脂类的脂肪酸含量[26~28] %

食品	12:0	14:0	14:1 *n*-6	15:0	16:0	16:1 *n*-7	17:0	18:0	18:1 *n*-9	18:2 *n*-6	18:3 *n*-3	20:0	20:1 *n*-9	20:4 *n*-6	20:5 *n*-3	22:0	22:1 *n*-9	22:5 *n*-3	22:6 *n*-3	P/M/S①
牛奶	3	10	1.5	1.5	25	3.5	0.5	9	30	3	0.5	1		1						0.1/0.6/1
母乳	5	7	1		27	4		10	35	7	1									0.2/0.8/1
牛肉		3			13	2		16	21	20	2			14						1.1/0.8/1
牛油		2			28	3		22	43	2										0.04/0.9/1
猪油		1			25	3		9	46	14	1									0.5/1.4/1
羊脂		1			21	3		30	40	3										0.1/0.8/1
椰子油	48	19			8			4	4	2		1								0/0/1
棕榈坚果油	47	16.5			8			3	15	3										0/0.2/1
棕榈油		1			44			4	39	11	0.5	0.5								0.2/0.8/1
可可油		0.5			25			34	38	2										0/0.6/1
橄榄油					14	2		2	67	14	0.5	0.5								0.9/4.2/1
花生油					11			3	47	31	1	1.5	1.5			2				1.6/2.5/1
棉籽油		1			24	1		2.5	18	53		0.5								1.9/0.7/1
玉米油					12			2	27.5	57	0.5	0.5	0.5							4/2/1
葵花子油					8			3	15	73	0.5	0.5								6.4/1.3/1
葵花子油(高油酸)					4			4	84	8										1/10/1
大豆油					11			4	26	50	7	0.5	1			0.5				3.6/1.7/1
菜油(高芥酸)					3			1.5	32	19	10		10			0.5	24			6.4/14/1
菜油(无芥酸)		1			5			2	61	19	10	0.5	0.5			0.5				3.4/7.3/1
绿叶					13	3			7	16	56									5.5/0.8/1
鲱鱼油		8		1	18	8	1	2	17	2	3		9	1	9		12②	1	8	0.8/1.5/1

① 总多不饱和脂肪酸与单不饱和脂肪酸及饱和脂肪酸的比例。

② 此值包含 22:1*n*-11 的含量。

注：小于总数 0.5%未列出。牛奶含有：3%的 4:0、1%的 6:0、1.5%的 8:0 以及 3%的 10:0。椰子油含有：0.5%的 6:0、8%的 8:0、6%的 10:0。棕榈坚果油含有：0.5%的 6:0、3.5%的 8:0、3.5%的 10:0。

和低芥酸的油菜籽、含高油酸的葵花子和棉花籽栽培变种。这种发展可能导致不久的将来食物供应的脂肪酸类型发生重大变革。如可能导致从加工食品中摄取的 *n*-3 PUFA 增加而不是从传统的鱼、海产品及绿叶蔬菜中获得更多的 *n*-3PUFA。

随着工业化的进程，人类社会将消费更多的加工食品，尤其是含有化学修饰的脂肪。为了使天然油脂更适合作为专门的食品配料，如起酥油、奶油或沙拉酱，使其受到食品工业技术的处理而改变物化以及生物学特性。从营养学观点来看，其最重要的是氢化反应，也就是将油中的不饱和脂肪酸改变成饱和脂肪酸。氢化反应很少能将所有的不饱和脂肪酸转化为饱和脂肪酸。

在一些特殊的情况下，氢化产生与原来不一样的不饱和脂肪酸。在氢化过程中不饱和脂肪酸的几何形状可发生改变，从顺式变成反式，移动其在碳链上的位置（图 8.2）。

图 8.2 反式脂肪酸

反式不饱和脂肪酸以及不饱和脂肪酸的结构异构体最普遍的膳食来源是蔬菜或鱼油氢化的奶油及起酥油，其由 50%的不饱和脂肪酸组成。由于反刍动物肠道细菌的发酵作用，其肉和乳中含有小于总脂肪酸 5%的反式不饱和脂肪酸。然而在西方国家，反式不饱和脂肪酸主要来自氢化的植物油。西方国家对这类脂肪酸的摄入在逐年下降，这是由于食品加工技术的发展导致氢化油中反式脂肪酸水平降低。

营养学家对含有不饱和反式异构体食物的兴趣起源于其对血液胆固醇的影响，与饱和脂肪类似，可引起 Lp(a) 的升高。世界各国对含反式脂肪酸的食物标签有不同的要求。如美国、澳大利亚、新西兰等国对人工黄油、氢化植物油以及油炸食品，除了需标出总脂肪、饱和脂肪酸外，还要标出反式脂肪酸的含量。我国居民的膳食与西方膳食不同，由于很少使用人工黄油和氢化植物油，反式脂肪酸主要来自油炸食品，故我国目前尚无限量也未明确要求反式脂肪酸的标签问题。

发达国家来自肉类、乳制品、加工脂类以及烹饪油中的甘油三酯的消费量大大高于发展中国家。近年来，我国居民由于增加了肉类、乳制品和烹饪油的消费，脂肪摄入从 1991 年占总能量的 21.7%升至 2006 年的 30.4%。日本人均每日脂肪总摄入量从 1960 年的 29.1g 增至 1990 年的 83.8g。2002～2003 年日本居民的每日脂肪总摄入量为总能量的 24.9%[29]。

四、早期发育中的脂肪酸，母乳及婴儿奶粉

在妊娠过程中，胎盘和胎儿的正常发育要求母亲从食物中获得长链多不饱和脂肪酸（C_{20}和C_{22}脂肪酸，如花生四烯酸和 DHA）。由于体内的储存量不足，婴儿出生后的饮食中仍需求这些脂肪酸。母乳中的脂类和脂肪酸一般提供 50%～60%的能量，其中 45%是饱和的，39%是单不饱和的，14%是多不饱和的。

尽管C_{20}和C_{22}长链多不饱和 n-6 脂肪酸和 n-3 脂肪酸仅占总脂肪酸的一小部分，但其在生长、神经、血管功能以及细胞调节中发挥重要的作用。世界粮农组织（FAO）和世界卫生组织（WHO），1994 年推荐在婴儿奶粉中添加 n-3 和 n-6 长链多不饱和脂肪酸的比例与健康母乳的成分比例相似。由于不同国家和地区的母乳中C_{20}和C_{22}长链多不饱和脂肪酸的变化很大[30]，所以婴儿奶粉中最佳 n-3 和 n-6 长链多不饱和脂肪酸的比例还需进一步研究与完善。

五、脂肪最小与最大摄入量

脂肪的正确摄入量是健康必需的。食物中的脂肪不仅提供能量和必需脂肪酸，同时也是脂溶性维生素的载体。最新的 FAO/WHO 脂肪和脂肪酸人体营养专家会议，对总脂肪和脂肪酸进行了饮食建议[23]：推荐成年男性消费至少占 15%能量的脂肪，育龄女性应消费 20%。母乳喂养的婴儿应摄取 50%～60%的脂肪能量，人工喂养的婴儿应保证饮食中足够的脂肪以维持能量的密度。

FAO/WHO 建议成年人的脂肪摄入上限为占总能量的 35%，久坐者为 30%。其还建议饱和脂肪酸不能超过所需能量的 10%。发达国家由于过量消费脂肪（平均占 40%的能量），尤其是动物性食品中的饱和脂肪，所以一些国家提出降低脂肪摄入，增加不饱和脂肪酸的比例，如增加绿叶蔬菜、鱼以及豆类的消费以达到更适宜的 n-3 与 n-6 的比例。

六、食物中的脂肪替代品

一些研究机构正在致力于研究具有脂肪口感而又能量较低的食品。Simplesse 等产品已在许多国家作为食品添加剂使用。其为在一种粒子基质中结合大量水的蛋白质和糖类的材料，外观和口感均与脂肪相似，事实上几乎无脂肪，能量比脂肪低 25%。

膳食中使用该产品已证明可控制肥胖或长期修正总脂肪的摄入量。市场上已有不断增多的该类产品，尤其是低脂海产品，已获得消费者的赞同。

在美国食品及药品管理局已经批准上市的名为 Olean 的脂肪替代品 Olestra 的使用。Olestra 是脂肪酸的蔗糖酯，是从各种蔬菜油提取的脂肪酸结合蔗糖产生的一种聚酯(olestra)。其具有脂肪和油的物理性质及口感，又不易被小肠吸收而从粪便排出。该产品遇热稳定，可用来炸薯条及其他快餐食品，且能量含量显著低于其他传统食物。其也可在制作

低能量烘焙食品中作为一种起酥油成分[31]。

第三节 蛋 白 质

一、体内蛋白质的结构与功能

1. 结构

氨基酸通过键的连接形成带状的肽链，蛋白质就是由这些肽链组成的。这些链通过自身的折叠或螺旋形成蛋白质的三维结构。蛋白质的最后形状取决于蛋白质内氨基酸精确的顺序。

大部分的蛋白质是由 20 种普通氨基酸构成的。一些氨基酸，如甲基组氨酸是在聚肽链形成后由一种普通氨基酸通过修饰形成的。氨基酸的共同点是都有氨基和羧基，不同的是侧链的差异，有些氨基酸含有硫元素。图 8.3 为氨基酸的一般结构。

氨基酸通过肽键连接成聚肽链，聚肽链如同一个松散的线团缠绕起来形成蛋白质的三维结构（图 8.4）。此结构是氢键（临近的氮原子和羧基共用氢原子）和由临近的半胱氨酸单元形成的二硫键（巯基与巯基）来稳定的。

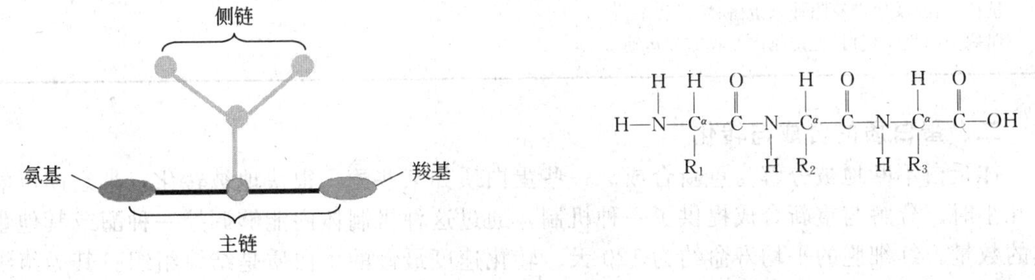

图 8.3 氨基酸结构示意　　图 8.4 肽链示意

氨基酸可分为两组。第一组是必须通过食物提供的必需（基本的）氨基酸。也就是其不能在体内合成。第二组是可以在体内合成的非必需氨基酸。表 8.7 列出了必需氨基酸和非必需氨基酸。

表 8.7 20 种必需氨基酸和非必需氨基酸

必需氨基酸	非必需氨基酸	必需氨基酸	非必需氨基酸
赖氨酸(Lys)	丙氨酸(Ala)	缬氨酸(Val)	谷氨酸(Glu)
色氨酸(Try)	精氨酸(Arg)	异亮氨酸(Ile)	甘氨酸(Gly)
苯丙氨酸(Phe)	天冬酰胺(Asn)	组氨酸(His)	脯氨酸(Pro)
蛋氨酸(Met)	天冬氨酸(Asp)		丝氨酸(Ser)
苏氨酸(Thr)	半胱氨酸(Cys)		酪氨酸(Tyr)
亮氨酸(Leu)	谷氨酰胺(Gln)		

在必需氨基酸（IAA）中，巯基氨基酸蛋氨酸（甲硫氨酸）和半胱氨酸一般被分为一组，因为半胱氨酸可以从蛋氨酸转化而来。如果饮食中有足够的蛋氨酸，半胱氨酸总的需求量则减少 30%。同样，芳香烃氨基酸苯丙氨酸和色氨酸也归为一组，因为色氨酸可以从苯丙氨酸转化而来，因此色氨酸的需求量可以节省 50%。婴儿和儿童确定需要组氨酸，但是成人是否需要还不确定。目前认为其是必需的氨基酸，尽管需求量可能很小。

在一条代谢途径中合成的代谢中间产物上附加一个氨基可以合成非必需氨基酸。一种饮食必须包含充足的供物质代谢的氮元素，以允许体内含氮化合物的合成。可能通过从非必需氨基酸中传递，或多余的IAA的降解，或从其他含氮化合物中来满足对氮的需求。如母乳中的氮源含有高达30%的非蛋白质氮。

2. 功能

蛋白质组成了生物体大部分的物质基础，而且有多种功能。蛋白质的特殊生物功能与其形状密切相关。它的各种功能，比如作为酶、转运蛋白以及抗体，其均依赖于特殊蛋白质表面的结合位点。由于要将那些近乎完美结合的底物分子作用于结合位点，这些蛋白质仅与一种或极少的分子结合或反应。蛋白质的形状包括它的底物特殊结合位点均是由一个特殊的氨基酸序列来决定的。这就解释了为什么在饮食中所有必需氨基酸的提供对生存来说都是至关重要的。蛋白质的主要功能见表8.8。

表8.8 体内蛋白质的主要功能

细胞膜的成分：可进行细胞内外的选择性转运酶；
促使化学反应的发生和指导代谢途径
特殊血蛋白 { 血红蛋白：将肺中的氧气携带至其他组织中
血清蛋白：调节渗透压，控制细胞水的平衡
铁转运蛋白：将铁从肠道中携带至骨髓和其他组织
核蛋白质：稳定核酸（DNA和RNA）的结构
抗体：结合及协助清除外来蛋白、病毒和细菌
肌肉中的收缩蛋白：促使肌肉的收缩和运动

二、蛋白质的合成与转化

体蛋白不断地被分解与重新合成。一些蛋白质如某些酶，很快地被转化，半衰期可能短至几小时。分解与重新合成提供了一种机制，通过这种机制体内能够调控一种酶或其他蛋白质的数量。红细胞的平均寿命约为120天。转化速度最慢的蛋白质是结缔组织。其为组织的弹性蛋白和胶原蛋白，如腱、肌肉鞘和骨骼的非矿物质部分。这些蛋白质转化得很慢，仅半衰期就约一年。蛋白质的转化是一个持续的过程。

蛋白质的分解过程是通过细胞内的酶水解肽键释放自由氨基酸来完成的。这些被水解的氨基酸可重新被利用而合成新的蛋白质。它们被加到组织及转运至血液中作为氨基酸储备。总的蛋白质转化量可达250～350g/天，通常超出日均摄入量（80～110g/天）。因此日常蛋白质的摄入量可使体内的氨基酸留有储备。

三、蛋白质的合成与氨基酸供应

蛋白质可在任何组织细胞中合成。在细胞核内，基因被转录成RNA，RNA接着被转录修饰及控制，形成成熟的信使RNA（mRNA），并运往细胞核外的细胞质进行翻译。mRNA的基本密码子，通过与转运RNA（tRNA）上的反密码子形成配对进行翻译。这些tRNA上携带特殊信息编码的氨基酸，每个氨基酸都通过肽键连向核糖体上不断生成的肽链上。新合成的蛋白质会被再行修饰，并可以与效应分子结合，最终成为具有生物学活性的蛋白质。

已经完成的肽链被释放然后自发地进行自我缠绕来确定其三维结构。肽链的合成只有在20种氨基酸充足的条件下才能完成。如果需要则非必需氨基酸可以被合成，但IAA只能通过食物蛋白进入体内。如果短期内饮食中缺乏任何一种IAA，实际上并不会完全停止蛋白质的合成，因为蛋白质的转化为IAA提供来源。但饮食中如果长期缺乏一种或多种IAA将减缓蛋白质的合成和体蛋白质的损失，特别是肌肉蛋白。

氨基酸在体内可以有效地被循环利用，同时其他的代谢途径也需要IAA。如甲基化反应需要Met、甲状腺激素的合成需要酪氨酸Tyr、组胺的生成需要His、色胺的生成需要Try等。甚至当食物蛋白摄入量低时，仍然有IAA的分解产物的持续排泄。食物来源的IAA是对这种必须消耗的IAA的补充和替换。

在通常情况下，饮食供应的蛋白质（氨基酸）是超过人体需求的，多余的氨基酸必须被降解和排泄出去。此过程中发生了去氨基反应（将氨基移除），剩下的碳骨架被氧化释放出能量。废弃的氮在肝脏转化成尿素，通过肾分泌至尿中。另一部分的氮转化为铵离子分泌至尿中，这同时也是调节酸碱平衡机制的一部分。氮也会部分地遗留在粪便中，其多被用于肠道细菌的蛋白质。脱落至肠道的上皮细胞以及各种分泌物均含有氮，那些没有被消化和重吸收的将被肠道细菌吸收。一些数量的尿素（约20%）循环至血液中，分散至肠道中的被细菌尿素酶分解成铵，然后大部分被重吸收。一部分的铵被吸收合成细菌的蛋白质。

有人认为由肠道细菌合成并释放至肠道内腔的IAA可能被吸收并合成人体蛋白。尽管有这种可能性，但并不认为具有数量上的重要性[32]。少量的氮通过汗液或变成头发与掉落的皮肤细胞从体内排出。

四、蛋白质合成与分解的调控

蛋白质的分解、合成过程分别是通过激素和神经系统来调控的。如上一餐未进食，则体内蛋白质的分解速率超过合成速率，其蛋白质的净含量下降。在接下来的一餐其氨基酸的摄入则导致血液和组织液内氨基酸浓度升高，在胰岛素和其他激素的作用下，激发了蛋白质的合成，氨基酸被吸收，体内蛋白质的净含量增高。同时用餐后体内蛋白质净升高的另一原因是蛋白质分解速率的下降[33]。因此，每日的体蛋白总含量可能有小幅的波动。

通常儿童发育期蛋白质合成的速率大于分解的速率。但事实上，儿童蛋白质的合成与分解（转化）的速率都很快。婴儿合成的蛋白质中约30%参与其发育过程，然而初学走路的幼儿的发育部分则降至总合成量的10%。由于成年人没有净增加的蛋白组织，全部新的蛋白质均被用于日常蛋白质的转化，但妊娠、患病以及伤后恢复期除外。

五、蛋白质的需求量与氮平衡

测量总的体蛋白是一个较为复杂的过程。根据体内大部分的氮均在蛋白质中，所以通过研究氮平衡（N-balance）可间接地测量出体蛋白的变化。

氮平衡是指氮的摄入量与排出量之间的平衡状态，也就是通过测量氮的吸收与排泄的速率来决定蛋白质的摄入与损耗。食物中的总蛋白质可以很容易地根据氮的含量来测定。蛋白质和氨基酸中平均含有16%的氮。测量食物中的氮含量是一个很简单的化学程序，然后将所得的值乘以6.25就是膳食蛋白的合理接近值了。从人体输出的氮可以通过搜集尿液和粪便然后再通过化学分析氮的含量来测定。如果以蛋白质形式进入体内的氮多于尿液和粪便中丢弃的氮，那么身体就被定义为处于正氮平衡（positive N-balance）状态。一个正在发育的儿童通常是处于正氮平衡状态。负氮平衡（negative N-balance）则可能发生于体重减轻以及消耗肌肉蛋白的状态下。

1. 蛋白质的质与量的平衡

蛋白质的营养质量与人体对蛋白质的需求量密切相关。对蛋白质的需求实际上就是对IAA的需求。膳食蛋白的营养质量取决于食物蛋白中的IAA与人体需求的接近程度。如果一种食物蛋白富含IAA，而且其不同氨基酸的相关含量非常接近人体的需求，那么这种蛋白就有很高的营养质量。此种优质蛋白存在于全蛋、牛奶以及肉类中。全蛋或牛奶蛋白中的IAA部分通常作为对比其他低质量蛋白的参照。

对于一种高营养质量的食物蛋白，饮食中较小的量就可以满足IAA的需求。对于营养质量低的蛋白，则要求摄入量多来满足日常对 IAA 的需求。日常蛋白质的最低需求量通常描述为日常一种高质量蛋白的需求量，如蛋、牛奶、肉类。当其他较低营养质量的蛋白质组成膳食蛋白时，则需求的量必须上调。

2. 蛋白质需求量的测定

精确测量蛋白质的需求量是很困难的，尽管一些研究已经完成，但仍然存在着某些不确定性。蛋白质需求量的定义是需要消耗的恰好是维持氮平衡的高质量蛋白质的最小量。

在对氮平衡的研究中，首先受试个体均处于负氮平衡状态，也就是蛋白的日常摄入量不足以维持体蛋白，且氮含量是净消耗的。初始食物仅提供少量的蛋白质，尔后饮食中的蛋白质逐渐增加，每次增加均需测量氮平衡。随着膳食蛋白的每次增加，氮平衡开始慢慢由负转向正，直至一个平衡点达到膳食蛋白中氮的摄入量恰好足够平衡日常的消耗。该点摄入的蛋白量就是此种蛋白的最小日常需求量。如果用一种低营养质量的蛋白来重复这一实验，则需要的蛋白量将会增多。

在一个氮平衡试验的实验中，年轻的男性志愿者们摄入的是不断加量的蛋。平均最小摄入以维持氮平衡的蛋白质需求量约为 80mg N/(kg・天)，相当于约 0.6g 蛋所含的蛋白质[34]。基于对男女各种氮平衡的研究结果显示，对于健康的青年成人而言，蛋白质的需求量确立为 0.625g/(kg・天) 高营养质量的蛋白质[35]。

实际上氮平衡与增长的蛋白质的摄入量的比不是线性的。当蛋白质的摄入量低于需求量时，高质量蛋白质的生物利用率几乎接近 100%，而当摄入量在需求水平量时其生物利用率则通常低于 80%。

第二种是直接测量 IAA 需求量的方法，是摄入纯化的氨基酸混合物来代替蛋白质，此方法的依据是人体需要的是 IAA 而不是蛋白质[35]（表 8.9）。Young 和麻省理工学院(MIT) 的合作者们报道了成人与儿童之间 IAA 需求量的一个显著的区别是基于 IAA 的需求量。应该考虑人体 IAA 的成分，他们对 FAO/WHO/UNU 1985 的 IAA 需求量的数据提出了质疑。他们研发了一种测定 IAA 需求量的新方法，即体内 IAA 同位素标记氧化速率法(示踪剂平衡法)。MIT 由此测出的一些重要的 IAA 的需求量的值（见表 8.9）。

表 8.9 预测的婴儿、儿童以及成人氨基酸的日需求量 mg/kg

氨基酸	婴儿 3～4 个月	儿童 两岁	儿童 10～12 岁	成年人	
				FAO	MIT
His	28	?	?	8～12	—
Ile	70	31	28	10	—
Leu	161	73	42	14	40
Lys	103	64	44	12	30
Met+Cys	58	27	22	13	—
Phe+Tyr	125	69	22	14	—
Thr	87	37	28	7	15
Trp	17	12.5	3.3	3.5	—
Val	93	38	25	10	20
总的除了 His	714	352	214	84	

注：1. 数据源于 FAO/WHO/UNU，1985[35]；Young 等，1989[36]。
2. ? 表示目前没有数据。

此种方法得到的 IAA 的需求量是先前报道的[35] 2～3 倍，接近于婴儿和儿童的需求量值。然而最终关于成年人 IAA 的需求量仍未达成一致性的观点。但人们基本倾向于采用 MIT 的数据，因他们认为其数据比较有生物上的现实性以及提供了摄入量的潜在的更安全的水平。

此外，因其可与实际的食物蛋白做比较，以一种模式蛋白的形式用于IAA的需求量则更方便。其计算方式为：先算出每0.75g蛋白质（安全适当的摄入量）中每种IAA的需求量[mg/(kg·天)]的质量（mg），然后再算出每克模式蛋白质的IAA的质量（mg）。

表8.10显示了两种模式蛋白的成分，其采用了FAO的数据[35]，而一些重要的氨基酸来自MIT的数据。表8.10同时显示了全蛋、小麦、大豆以及小麦和大豆混合物（80：20）的蛋白质中IAA的成分[35,36]。

表8.10　两种模式蛋白的必需氨基酸成分　　mg/g蛋白质

必需氨基酸	模式蛋白					
	FAO	MIT	全蛋蛋白	小麦蛋白	大豆蛋白	小麦：大豆(80：20)
Iso	13	—	54	37	46	39
Leu	19	53	86	74	86	76
Lys	16	40	70	26	80	37
Met+Cys	17	17	57	46	21	41
Phe+Tyr	19	—	93	83	88	84
Thr	9	20	47	30	45	33
Trp	4.5	—	17	12	11	12
Val	13	26	66	49	52	50

注：本表数据是基于0.75g/(kg·天)的摄入量（安全适宜的摄入量）。His未包括在内，因为成年人对此氨基酸的需求量尚未确定。数据源于：FAO/WHO/UNU 1985[35]；Young等，1989[36]。

六、蛋白质推荐摄入量

目前的蛋白质推荐摄入量采用的是国际专家委员会（FAO/WHO/UNU，1985）根据氮平衡计算出的蛋白质需求量而不是考虑MIT研究的结果或其改写本[37]。健康的青年成人的蛋白质日需求量被确立为0.625g/kg的高营养质量蛋白。

为了确定一个推荐摄入量以充分地满足绝大多数人群之需，还应加上一个安全的差数。根据统计学意义，一个适当的安全差数是根据已知的分布，确定了其差异系数约为12.5%。而两倍这一数值（25%）的安全差数就得到了推荐日摄入量，约为0.75g/kg。这个值应该能够满足绝大多数（97.5%）人口的需求。

由于伦理原因不能对婴儿和发育中的儿童进行氮平衡试验，因为存在着影响生长和健康的危险。因此，婴儿和儿童的蛋白质推荐摄入量是建立于实际测量的蛋白质摄入量基础上的。对于哺乳期婴儿，因已知母乳中的蛋白质成分，故其蛋白质的摄入量不难被确定。

鉴于人口可分为若干个亚群，上述的推荐摄入量可能不适用于其他人群，如女性、老年人、患者、运动员或其他特殊群体。对于某些运动员，可能旨在增强肌肉群，其蛋白质的日摄入量可以高达2.5g/kg，再结合适当的体重训练项目就能使肌肉获得更快地增长[38]。

1. 老年人

老年人是一个需要特别关注的群体。在发达国家，大多老年群体能量的消耗均减少，并且肌肉逐渐消失、体脂逐渐增多而变得肥胖。Campbell和Evans[39]总结研究了老年人的蛋白质需求量，计算出了日需求量为0.9g/kg，加上一个合适的安全差数，即推荐的安全适宜的优质蛋白的日摄入量为1.0g/kg，超出了目前成人的推荐量。

在美国，人们发现10%～25%的年龄高于55岁的女性，其蛋白质的摄入量低于30g/天[40]。因此，应该关注当老年人的能量消耗降低且总食物摄入量也降低而导致的营养素摄入失衡的可能性。

2. **禁食**

在饥饿状态下保存体蛋白对于存活下来是至关重要的。脂肪提供了体内主要的能量储备，因为其具有高的能量密度。水是身体第一需求的物质，在无水的情况下，通常生命仅能维持1～3天。除水之外，维生素、矿物质的供给与能量同样重要。缺乏钠、钾、维生素C、叶酸和硫胺素对生存可能产生负面影响。而如果同时提供水、维生素、矿物质，生存期将更长。据报道，一肥胖的人曾在医院的监护下禁食可以平稳地减肥超过8个月而未导致疾病。另一位30岁女性，曾在医院禁食了236天，体重自125kg减至82kg（减去43kg)。在一次灾难中，某人绝食了210天，体重持续减轻，结果50%的肌肉（蛋白质）被耗尽。

饥饿的主要生理适应性是新陈代谢的改变，来保留蛋白质和降低代谢的速率以保存能量。在休息和禁食状态下，能量的一半源于脂肪的氧化，另一半源于葡萄糖的氧化。不同的器官所用能量的底物不同，如中枢神经系统（CNS，大脑）几乎全部用葡萄糖作为能量的来源、红细胞仅用葡萄糖。肌肉在低能耗时主要用脂肪酸，但当能量输出速率增加时更多则使用葡萄糖。少量的葡萄糖也是新陈代谢中必不可少的重要中间体。如糖酵解途径中葡萄糖必须氧化生成足够的草酰乙酸，以使脂肪能被氧化成醋酸，最后生成CO_2和水释放出能量。

在超过12h的禁食中，葡萄糖异生作用、蛋白质转化释放的氨基酸被降解而生成新的葡萄糖提供了大部分的葡萄糖来源，在短期内肌肉是氨基酸的主要供应者。但在一个延长的禁食中，肌肉主要提供的氨基酸为丙氨酸，是在丙酮酸上添加一个氨基。丙氨酸从血液中转移至肝脏，为葡萄糖的合成提供碳源，葡萄糖再从肝脏中被运出（葡萄糖-丙氨酸循环)。氨基上废弃的氮被合成至尿素中。在24～48h期间，葡萄糖异生作用的速率增加以供应葡萄糖，尤其是供给约占休息时新陈代谢率20%的中枢神经系统。

如果禁食超过48h，此时将开始产生主要的新陈代谢适应性，即从葡萄糖异生作用中生成的葡萄糖作为主要的能量来源转变为脂肪作为几乎所有的能量来源，由此而保存了体蛋白。脂肪酸在正常情况下被氧化成二氧化碳和水释放出能量，但在饥饿状态下肝脏中的草酰乙酸很低，脂肪酸被氧化成乙酰基，结合上一个载体（乙酰辅酶A）然后被转化成酮（乙酰乙酸和β-羟丁酸)，载体被循环利用。肝脏释放出酮，血液中酮的浓度增高。酮经肾脏被排出。

在禁食开始的初始阶段体重骤减主要是水的流失，其是由于快速的葡萄糖异生作用和酮排泄的利尿效应引起的。这一时期并非由于能量的消耗而导致的体重减轻。其常常被节食者误认为是脂肪减少的结果。

长期禁食总的代谢适应期为4～10天。在这段时期机体进行着更多的适应性，主要是为了保存体蛋白。由于一些还未完全清晰的原因，可能是某种激素的调控机制，肌肉停止酮的释放。结果血液中酮的含量从2～4mol/L增至10～14mol/L，血液酮浓度的增加使其透过血脑屏障向内扩散，取代大部分葡萄糖成为中枢神经系统的主要能量来源。大脑利用酮而节省了葡萄糖，降低了葡萄糖异生作用的速率，因此也降低了体蛋白的分解速率。由于利尿作用的减弱，水被保留下来，体重减轻的速率明显地减缓。其葡萄糖的使用率下降至一夜禁食时的1/5。随着禁食的继续，葡萄糖异生作用也以一个低速率持续进行着，因为各组织代谢中间体的合成均需小量的葡萄糖。尽管脂肪提供了大部分的能量，体蛋白仍被缓慢持续地消耗着。

如果禁食继续下去，其生命体征及所有的组织、器官，包括酶系统、免疫系统均将发生巨大的变化甚至不可逆的改变。

重新给一个禁食的个体恢复饮食需十分谨慎。由于消化酶和转运蛋白的极度减少，胃肠道将变得十分虚弱，以致不能支撑日常乃至很小体积的食物。故需制定一严格合理的饮食配送方案。

此外，在禁食中通过摄取少量的碳水化合物来抑制葡萄糖异生作用可能会节省体蛋白，但摄取少量的优质蛋白质在阻止体蛋白消耗方面更有效。

七、疾病或外伤

疾病、外伤（感染、发热、外伤、烧伤以及外科手术）均可引起体内分解代谢的加速。其特点是代谢率增高、体蛋白的损失加速、氮从尿液流失加速等，从而导致负氮平衡。如果体蛋白损失超过30%将对健康造成影响。疾病或外伤，其病理生理学涉及如下产物的增加：

（ⅰ）应激激素（皮质醇、胰高血糖素、儿茶酚胺）；

（ⅱ）细胞因子（如肿瘤坏死因子）；

（ⅲ）二十烷酸激素（如前列腺素）。

负氮平衡使得蛋白质的降解增加而合成减少以及葡萄糖异生增加，一些在免疫系统和凝血中起重要作用的蛋白质的合成也减少，这些蛋白质在感染和外伤中均起保护作用。疾病又可引起食欲不振，食物摄入明显不足。其结果将导致机体的能量及蛋白质供应不足，而严重影响健康的恢复。

要恢复健康，首先要恢复能量的摄入。少食多餐，每餐提供高能量。进食困难者需采取其他方法帮助进食或静脉高营养。有证据表明某些氨基酸可帮助身体恢复，如谷氨酸、精氨酸或分支氨基酸（亮氨酸和异亮氨酸），但目前仍处于研究阶段。

因癌症导致的极度瘦弱，其复杂的代谢功能紊乱使代谢率保持很高的水平，这是一种生理性应激效应，此类患者应增加食物的补充。利用Schofield基础代谢率方程[41]乘以一个活动性因子和一个应激因子[42]计算出能量的需求量。

估计的能量需求量＝BMR(Schofield)×活动性因子×应激因子

活动性因子：1.1～1.2表示卧床休息；1.3表示非卧床休息。

应激因子：1～1.2表示较小的手术；1.35表示骨伤；1.4～1.8表示较大的脓血症；1.2～1.5表示癌症引起的极度瘦弱；2.0表示严重烧伤。

八、食物蛋白质的营养质量

饮食中蛋白质的营养质量取决于以下两点：①必需氨基酸的成分与人体需求量的相似程度；②蛋白质的消化性。

当然一种高营养质量的食物蛋白的IAA成分与人体需求量很相似，同时有很好的消化性。动物蛋白有很高的营养质量，而植物性食物则偏低，值得注意的是谷类缺乏赖氨酸。

按照实际的饮食，蛋白质的质量大部分受限于四种特殊的必需氨基酸的含量，赖氨酸（谷类）、甲硫氨酸和半胱氨酸（豆类）、苏氨酸（大米）和色氨酸（玉米）。全蛋和母乳提供了最高营养质量的蛋白质。其实这并不奇怪，因为全蛋和母乳分别为小鸡和婴儿的快速生长提供最适宜的蛋白质来源。与MIT的模式蛋白相比，蛋中含有足量的全部IAA。小麦蛋白与模式蛋白相差最多的氨基酸是赖氨酸。0.75g/(kg·天）的模式蛋白可以提供充足的赖氨酸。然而小麦蛋白要达到1.15g/(kg·天）(0.75×40/26）方可提供等同的赖氨酸。豆类蛋白，硫基氨基酸（甲硫氨酸和半胱氨酸）含量少于需求量，但仍大于模式蛋白。

九、蛋白质互补的混合物

将不同氨基酸的食物混合起来，可以提高饮食蛋白的营养质量。

如果含硫基氨基酸（甲硫氨酸和半胱氨酸）的豆类与谷类混合，所得的混合物比任意单一食物成分有更高的蛋白质质量。这是因为豆类富含赖氨酸可以弥补小麦的不足。在小麦中增加小部分的大豆蛋白（20%）可明显提高混合物的蛋白质质量。1.15g/(kg·天）的小麦蛋白方可提供充足的赖氨酸，但是仅需0.81g/(kg·天）的小麦大豆混合物就可以提供等同于小麦蛋白提供的相同含量的赖氨酸。实际上，10g花生酱加一个白面包三明治（60g）就可以提高近80%的可利用赖氨酸，从97mg增至173mg。

同样，一种低蛋白质含量的植物性食物加一种少量高质量的动物蛋白也会达到相同的效果。如玉米片加牛奶可以提高整体蛋白质的质量。混合物蛋白质的互补性，是混合性饮食的一个优点。

十、蛋白质质量的测量

蛋白质的营养质量与饮食需求量有关，可以利用氮平衡来测量质量和需求量。通过氮平衡研究同样可以计算出多少小麦蛋白可以满足于维持氮平衡。结果是约2倍于全蛋蛋白的数量［平均1g/(kg·天)］。这表明小麦蛋白的营养质量是全蛋蛋白的一半。

(1) 通过动物的生长计算蛋白质质量——蛋白质净利用率（NPU） 蛋白质净利用率的概念很简单。其定义为保留在体内的蛋白质与摄入的蛋白质的比例。

NPU=(食用的蛋白质的氮－排泄物中的氮－尿液中的氮)/食用的蛋白质的氮

表8.11列出了一些食物蛋白的NPU值。

表8.11 一些食物的蛋白质净利用率（NPU）

食物蛋白质来源	NPU值	食物蛋白质来源	NPU值
母乳	94		
全蛋	87	大米	63
牛奶	81	小麦	49
大豆	67	玉米	36

(2) 化学方法评价蛋白质质量——氨基酸评分 氨基酸分析和与理论需求量的对比被广泛地用于营养质量的研究中。一个称为氨基酸评分的值可以被计算出来，以对比不同蛋白质的营养价值。

氨基酸评分的计算首先限制于蛋白质中与人类需求量有关的第一限制性氨基酸。每克食物蛋白质中所含的这种限制性氨基酸的质量（mg），除以每克参考蛋白（全蛋）或相关可代表最大营养质量的氨基酸混合物中所含的同种氨基酸的质量（mg）。

例如，与需求量相比小麦粉中含量最少的氨基酸是赖氨酸（26mg/g蛋白质），然而全蛋中的赖氨酸含量是70mg/g。因此相对于全蛋的氨基酸评分为：

$$26/70\times100=37$$

虽然氨基酸评分的方法相当快速和简单，但是受试蛋白的质量不是严格地正比于其所含的数量值。因为缺乏不同种IAA可能产生不同的效应。人类对可能由谷类蛋白质导致的赖氨酸缺乏的适应性没有上述的氨基酸评分低[37]。

值得注意的是，动物研究可以揭示在纯化学测量中不能检测的生物因素，比如低消化率或毒性因子。比如豆类中的胰岛素抑制因子。

① 食物中的蛋白质 大部分食物中都含有一些蛋白质。含量最多的是瘦肉、鱼和全蛋，谷类只有中等数量的蛋白质，而水果和蔬菜则更少。表8.12列出了一些典型食物的蛋白质含量。每克蛋白质氨基酸可以释放出17kJ能量。同时列出的食物中的蛋白质能量百分数也是很有用处的。

表 8.12 食物中的蛋白质

食物名称	蛋白质	
	食物中的量/(g/100g)	食物中的能量比/%
高含量(蛋白质提供 20%以上的能量)		
牛肉、羊肉(煮熟瘦肉)	28	50
鸡肉	25	68
鱼	18	38
蛋	12	34
牛奶	3.3	20
奶酪	26	27
豌豆(新鲜或冷冻)	5	38
豆类(煮熟扁豆)	7	28
中等含量(蛋白质提供 7%～18%的能量)		
白面包	7.8	13
意大利面(煮熟)	4.2	14
甜玉米	4.1	13
玉米片	8.6	9
马铃薯(煮熟)	1.6	8
大米(煮熟)	2.2	7
卷心菜	1.3	55
花椰菜	1.6	68
低含量(蛋白质提供 0～5%的能量)		
木薯	0.7	1.8
苹果	0.3	8.5
蜂蜜	0.5	0.7
黄油、人造黄油	<0.4	<0.2
葡萄酒	0.1	0.5
软饮料	0	0

② 食物中多余的蛋白质　人们一般不认为食物中高水平的蛋白质是有害的，有人每天消费超过 200g 的蛋白质而不显示出疾病。然而有证据表明高蛋白摄入可能对钙产生负效应。高摄入的蛋白质提高了钙的吸收，然而尿液对钙的排泄也增加了。高摄入的钙会被高速率的尿液流失所抵消，但总地呈现钙的净损失，这是在骨质疏松症的进程中发现的。其是否具有临床意义，目前还不是很清楚。

十一、素食

全球有不少人是素食者。这可能是由于宗教信仰或个体的选择。素食者分为两种：一种是也食用乳类和蛋类（其中一部分仅食用乳类而不食用蛋类；另一部分食用蛋类而不食用乳类）。另一种是严格的素食者，即不食用任何动物性产品。

素食者的生活方式应予提倡。通过对素食者的研究显示，其非传染性流行病的发病率的比例较非素食者低，这些疾病包括肥胖、冠心病、高血压、糖尿病以及与饮食相关的癌症。

素食一般含有适量的蛋白质，因乳制品、蛋类的蛋白质中富含必需氨基酸，且中等数量足以提高植物蛋白质的营养质量而达到适当的水平。适量的各种植物性饮食中，混合的食物蛋白也有其互补效应。然而对于严格的素食者，尤其是婴幼儿的饮食中存在蛋白质摄入不足的风险。如果不进行相关的预防，其饮食可能缺乏蛋白质以及其他营养素。

混合植物性蛋白才能使必需氨基酸的缺盈之间得到互补性交叠。豆类具有很高的蛋白质含量，可提供至少 15%的饮食能量，而且赖氨酸可提高谷类蛋白的质量。食物中谷类与豆类的比为 70∶30 接近于理想的混合。还应加入花生，因花生的能量密度大且富含蛋白。大量的粗纤维食物不适于婴幼儿，因其不能满足他们对能量和蛋白质的需求。

素食者的饮食中可利用的铁含量较低，对铁需求量高的人群，如青春期少女和妊娠期应额外补充铁。但素食饮食中大量的抗坏血酸可确保铁的合理利用。对严格的素食者，乳类的缺乏可能严重地降低钙的供应，但其可用豆类制品替代，还应选择含有适量钙和叶酸的浓缩产品。

素食者通常缺乏维生素 B_{12} 而出现维生素 B_{12} 缺乏症状。维生素 B_{12} 存在于乳及蛋类制品中，因此乳类-蛋类的素食者可从这些食物中获取充足的维生素 B_{12}。与人体所需小量的维生素相比其体内储存的维生素 B_{12} 的量是很大的。故素食者维生素 B_{12} 缺乏的症状不是短时间就表现出来的。由于植物不能合成维生素 B_{12}，所以素食者很难从其食物中摄取。

人们可能不太清楚维生素 B_{12} 的来源。其可能是植物叶子或土中黏附在植物茎上的细菌提供的，寄生在口腔和消化道的细菌也可能提供极少量的维生素 B_{12}。孕妇饮食中如果缺乏维生素 B_{12} 将导致胎儿大脑损害及神经缺陷且可能为不可逆的。由此建议严格的素食者在妊娠期间应补充维生素 B_{12}。

有报道，素食的儿童生长率有比一般儿童低的趋势，还有某些素食儿童其他缺乏症的单独报道。儿童可以食素，但家长应确保为其提供必要的营养素。

第四节　蛋白质能量营养不良

一、蛋白质与能量的关系

因为氨基酸的碳骨架可以被代谢，最后被氧化释放能量。持续的能量供应对于生存至关重要。如果某个体处于饥饿状态，体蛋白和膳食蛋白将被作为能量的来源。此时的氨基酸不是被重新合成蛋白质而是去氨基转化为葡萄糖，此过程称为葡萄糖异生作用。

体蛋白是体内葡萄糖的有效储备。当疾病或饥饿时，体蛋白将逐渐被消耗，肌肉和其他组织将日渐衰弱。蛋白质的缺乏与能量的缺乏密切相关。如果总能量的摄入被限制，那么摄入的蛋白质将被作为能量的来源，而不是被用于蛋白质的合成。然而，如果饮食中蛋白质和能量的比例较低，那么虽然已经摄入了足够的能量，也会导致蛋白质的缺乏。

“蛋白质能量营养失调”或“蛋白质能量营养不良”（PEM）是长期食物供应不足或蛋白质缺乏引起的蛋白质能量缺乏症。慢性缺乏蛋白质和能量（相当程度的饥饿）的儿童，损耗了其大部分的肌肉组织而显得瘦骨嶙峋，而膳食蛋白将不能抵消这个过程，除非膳食能量首先增加至需要的能量水平。

无论是体脂还是膳食脂肪均不能停止蛋白质的损耗，因为某些组织，如大脑和红细胞必需葡萄糖，然而大部分蛋白质（氨基酸）代谢生成葡萄糖。甘油三酯仅能从甘油成分提供极少量的葡萄糖。其结果是，具有适量脂肪储备的人如果禁食几天，可能将遭受肌肉和其他组织的重大损失。夸休可尔症（恶性营养不良，Kwashiorkor）就是用来描述儿童获取充足的食物能量而蛋白质摄入不足的情形。在此情况下，由于组织蛋白的丢失可出现水肿。实验室检测血浆中白蛋白的水平可获得有价值的参考。

PEM 在全球范围内很普遍，累及约 8 亿人口，其多见于发展中国家。其中约 30% 的人口在非洲、30% 在远东地区、15% 在拉丁美洲、15% 在中东地区。据世界卫生组织（WHO）估计，约有 3 亿以上的儿童由于营养不良而导致不同程度的发育迟缓。PEM 还易伴有其他疾病，如传染病、寄生物感染以及与之共存的一系列营养物质的缺乏，如锌、碘以及维生素 A 缺乏等。其还可加重某些传染病，如疟疾，并提高其死亡率[43]。

在发展中国家，引起 PEM 最主要的原因是食物摄入不足。而 PEM 又会引起和加重疾病而导致其恶性循环。

二、儿童蛋白质能量营养不良

儿童 PEM 从轻度至严重不良均有。轻至中度营养不良的特点主要是发育迟缓。表现为体重和身高均低于平均水平。重度不仅发育迟缓，还可出现肌肉及脂肪组织的丢失。电解质紊乱和酶的代谢异常也很常见，其原因是抗氧化保护功能低下。重度 PEM 分为两种类型：即消瘦型 PEM（Marasmus）和浮肿型 PEM（Kwashiorkor）。兼具这两种类型的，称为消瘦状浮肿型 PEM。

消瘦型 PEM 主要是由于能量的摄入不足，常见于 18 个月以内的婴儿。浮肿型 PEM 主要是由于蛋白质的摄入不足，常见于 1～3 岁处于断乳期的婴儿。断乳后，其饮食中的蛋白质含量或质量不够充足的情况下，如一些以木薯、甜土豆、车前草和玉米为主食的地区，PEM 则更为常见。消瘦型与浮肿型 PEM 的特点见表 8.13 和表 8.14。

表 8.13 消瘦型 PEM 的主要特征

生长延迟	头发稀疏
重度消瘦，脂肪和肌肉组织消失	皮肤薄、无弹性、易起皱纹
几乎无皮下脂肪	代谢缓慢（体温、心率和血压）

表 8.14 浮肿型 PEM 的主要特征

凹陷性水肿	可出现脂肪肝
肌肉消失	皮肤色素沉着
皮下脂肪堆积	头发暗淡无光泽
低血清白蛋白	表情淡漠、易怒
体内水分增多	

PEM 在国与国之间有很大的差异。其主要取决于直接影响因子（饮食和疾病）的类型、治疗的时间以及患儿的年龄。重度 PEM 在发达国家很少。PEM 与传染病及其他疾病互为因果。

三、成年人蛋白质能量营养不良

成人的 PEM 与儿童的 PEM 一样，也是因长期的能量及蛋白质缺乏而引起的，其发生率仅次于器质性病变。成人的急性 PEM 通常只有在饥荒的情况下发生，且死亡率高。而慢性则不如急性明显，但相对普遍。成人的 PEM 唯一显著的特点就是体型较小（儿童时期生长受限所致），体重与身高的比例较低（体内储存能量少）。

当然，体型小并不一定是缺陷。在一些边缘营养地区其反而更能适应生存条件，因为他们对营养的要求较低。然而在发展中国家，由于大部分成人从事体力和耐力工作，在此情况下，体型小就是缺陷了[44]。

慢性 PEM 可导致人的体型较小。因 BMI 水平较低，肌肉组织少，从而使其工作能力和生产力低下。然而脂肪组织储量的减少（蛋白质能量营养足够）可提高人的体力工作效率，如运动员。

在发达国家，成人 PEM 的发病率仅次于器质性病变和吸毒。在住院患者、肾脏透析患者、孤寡老人、酗酒以及吸毒的人群中，PEM 十分流行。

四、蛋白质能量营养不良代谢应答

在无食物或食物供应量不足时，人体可依靠其自身的物质储备来生存。最先消耗的是碳水化合物，即来自肝脏和肌肉中储存的葡萄糖，但其储量仅能维持的时间不足一天。接下来是储存的脂肪被分解为脂肪酸和酮，以提供维持生命的能量。而大脑的某些部分以及红细胞不能利用脂肪酸提供的能量，而需要葡萄糖供能，此时就要依靠体内蛋白质的分解来提供葡萄糖了。

在长时间的饥饿过程中，体内可通过降低基础代谢速率以适应能量供应的减少。此时，维持生命活动所需的能量减少了，大脑的代谢机制也将适应酮的能量供给，而非葡萄糖。继续下去，蛋白质合成的减少可影响营养素及其他代谢产物在体内的转运而出现糖、脂肪、蛋白质代谢的紊乱以及电解质平衡紊乱。如蛋白质缺乏型水肿，是由于血清白蛋白水平的降低使血管内的体液向血管外泄漏所致。脂肪肝则是由于一种可将肝脏脂肪转运至肝外的特殊载体蛋白缺乏所致。

疾病或外伤，情况则有所不同，此时，体内能量被大量消耗，从而导致体内储存能量物质快速分解。

五、蛋白质能量营养不良的评价

用于评价 PEM 的种类以及程度的方法很多，其中最重要的方法在有关章节中将会讨论（第八章第四节）。PEM 的实验室评价，包括尿液蛋白质代谢产物、血清蛋白、人体免疫状况以及白细胞数量的测定等。

然而评价 PEM 最简单的方法是人体测量。对于婴儿和儿童来说，最具信息的方法就是测量身高标准体重和年龄身高，其为生长迟缓的持续时间和种类的判断提供了充分的依据。而对于成人，身高和标准体重的测量就是一种简单而实用的体内能量储量的测定方法。另外，在一些选择部位（通常是中上臂）进行皮肤厚度的测定可用于评价肌肉和脂肪的丢失状况。

1. 儿童

由于 PEM 可降低机体在儿童时期的生长速度，故用于评价生长迟缓程度的方法也是评定 PEM 程度的有效方法。对于婴儿及儿童，最具信息的方法就是测量身高标准体重和年龄身高，其均有相应的参考标准。一系列国际参考标准允许人们对不同国家的 PEM 的种类与病情程度进行比较（表 8.15）。国际参考标准是适宜的，因为对于青少年及儿童来说，在人体测量中因遗传因素导致的测量值的不同与来自不同社会经济背景下的同族同龄的测量值的不同相比，其差异是很小的。

表 8.15 1980～1992 年东亚地区和太平洋地区低体重、消瘦和发育迟缓的流行情况[45] %

国 家	低体重	消 瘦	发育迟缓
中国	21	4	32
印度尼西亚	40	无数据	无数据
老挝	37	11	40
巴布亚新几内亚	30	6	43
菲律宾	33	5	39
泰国	26	6	22
瓦努阿图	20	无数据	19
越南	45	9	57

2. 成年人

凡可导致厌食、提高新陈代谢速率以及可引起机体脂肪组织丢失的疾病均会引起成年人的体重下降，但一般不会影响身高。因此与身高相关的体质就成为评价各种疾病、食物短缺或不寻常的体能要求对身体能量储量影响的一个有用的工具。体重指数［BMI，体重（kg）/身高（m）^{2}］是目前使用最广泛的关于成年人 PEM 的人体测量指数。

1995 年 WHO 采用下面的 BMI 对成年人进行分类（WHO，1995）：

≪16　　严重瘦弱

16.0～16.99　　中度瘦弱

17.0～18.49　　轻微瘦弱

18.5～24.99　　正常体重

虽然这种分类方法为不同种类的人之间的 BMI 比较提供了基础，但是 BMI 对于不同种类的人群具有不同的临床意义。例如，有些年轻的土著妇女，根据 BMI 的分类，其应属于严重瘦弱型（而这种 BMI 对于高加索妇女来说还与神经性厌食症有关），但实际上她们仍然营养状况良好，并能成功地给自己的婴儿哺乳。当对不同种族及种类的人群进行 BMI 比较时，应该考虑到其身材的比例以及基于遗传的体脂分布的不同性。

3. 蛋白质能量营养不良的发生

在发展中国家，PEM 的发生通常是由于食物不足和不适当，或因一些传染病，如腹泻、麻疹或寄生虫病感染。由食物中的病原体引起的腹泻在发展中国家极为普遍。一些疾病是由于食物的准备和储存不卫生而传播的。在许多热带国家炎热而潮湿的地理环境，使病原体成倍增长，加之较差的卫生条件，而导致传染病不断循环发生。用于配制婴儿食物的水被污染，或母乳中缺少抗体，而导致了儿童的传染病的发病率极高。引起恶心、呕吐及腹泻的一些食源性和水源性疾病将加重由于食物摄入不足的个人或群体的营养不良，后者进一步加大了其对传染病的易感性。长此以往将不可避免地形成恶性循环。

在发达国家，PEM 的发生通常与一些疾病，如癌症、AIDS 及囊性纤维化有关。还有包括残疾、痴呆、精神与神经疾患等。PEM 在老年人中是一个普遍现象。对于那些生活在经济条件较差的，并且成长失常的儿童及青少年来说，PEM 也是一个主要问题。

4. 特殊易感人群

哺乳妇女或经产妇的营养不良仍是社会的严重问题。铁缺乏通常是营养不良的并发症。在一些营养状况较差的国家，低初生体重婴儿（出生时，体重≤2.5kg，其较易患 PEM）较其他国家更为常见。在亚太地区，低初生体重婴儿所占的百分率在不同地区有很大的差异。在老挝约为 40%、在巴布亚新几内亚为 20%～25%、中国约 9%、在澳大利亚和新西兰约 5%。

在埃塞俄比亚，母亲的体质指数与低初生婴儿体重的百分率有着明显的相关性。体质指数<16 的母亲所产的婴儿中，其初生体重低于 2.45kg 的婴儿所占的百分率为 53%，体质指数在 17～18.4 的母亲所产的婴儿中，初生体重低于 2.45kg 的婴儿所占的百分率为 36%，而体质指数在 20～24.9 的母亲所产的婴儿中，初生体重低于 2.45kg 的婴儿所占的百分率为 26%。总之，决定 PEM 发生的重要个人因素有年龄、健康状况、收入、家庭教育、子女数量、社会环境以及文化背景等。同一个国家，由于区域、经济的发展不平衡、营养知识水平的差异、生活习惯的不同等，PEM 的发病率可有显著的差异。

5. 相关问题

饮食中铁、叶酸、维生素 B_{12} 的缺乏或重度的 PEM 均可引起贫血症。贫血通常由于失血（月经失调、肠道传染病、胃肠道寄生虫病等）和溶血（血红蛋白病、血红蛋白遗传性异常、疟疾等）而加重。在全球，铁缺乏影响了约 7 亿人口，尤其是年轻女性，这在许多国家均十分普遍，且以印度尼西亚、菲律宾和泰国为最。

维生素 A 缺乏在许多国家和地区也很常见，它是引起失明、生长迟缓以及对传染病易感性增高的主要原因。其通常与蛋白质、锌缺乏并存。因蛋白质、锌的缺乏可降低维生素 A 转运至全身的视黄醇结合蛋白的合成。这种联合性的缺乏将导致组织中维生素 A 水平的下降，从而加重疾病的发展。碘在甲状腺激素的合成中是必要的。碘缺乏可引起甲状腺肿（甲状腺肥大）、胎儿发育滞缓、畸胎等。

全球约2亿人口患有甲状腺肿，其中主要发生在非洲。亚太国家的特殊区域也有发生，包括中国、马来西亚、斐济和巴布亚新几内亚。碘盐的推广使用，使与碘缺乏相关的疾病得到了基本控制。

6. 生命早期营养

宫内胎儿的发育靠营养来维持。例如，母亲碘缺乏可引起婴儿呆小症、叶酸缺乏可增加后代患神经管畸形的风险性。然而，目前越来越多的证据表明，宫内胎儿的营养状况和初生婴儿的营养状况可对其终生的营养与代谢产生影响，孕妇的营养对其后代的身体结构、生理以及新陈代谢的作用均会产生重大的影响。

对这一领域的兴趣和关注激励着Barke和他的同事在英国的研究工作。详细的婴儿死亡率报告揭示了高初生婴儿死亡率与高成年人心血管疾病死亡率的内在联系[46]。在接下来的关于出生在赫特福德郡的男性和女性的长期研究中表明，心血管疾病的死亡率可随其初生体重的增加逐渐下降。男性中，患糖耐量受损的百分比也随其初生体重以及一年后体重的增加而逐渐下降。

六、PEM的一些解决方案

（1）长期方案　导致PEM的病因很多。同样，任何有助于改善PEM的方案均要求对整个机体组织进行全面的评估。贫穷常常与较差的教育、较差的卫生条件、较差的医疗服务、较差的农业生产以及人口过剩共存。

在许多国家，最首要的问题是需要和平、需要改变当前的政治观点、需要改善经济的发展、需要改善人们的健康状况。在一些国家还需采取一些特殊的措施来解决铁、维生素A和碘的严重缺乏问题。虽然人类对某些疾病的解决有了较大的进展，但仍需各国政府、国际组织、援助机构以及一切相关部门共同探索革新性的方案[47]。

（2）短期方案　在发展中国家遇到饥荒、战乱或其他自然与人为灾害时，实施一些旨在拯救生命的食物供应计划是最关键的。其主要目的是提供能量和防止脱水。关于能量的提供，必须以易消化和可接受的方式为急需救助的患者提供援助。此外，对一些传染病，如结核病等；肠道寄生虫病，如蛲虫病、梨形鞭毛虫病等的治疗也很重要。对于重度PEM的患者，需要给他们重新提供能量[48]。

在发达国家，其医疗技术和设备俱佳，因此为PEM的患者或有可能产生其他疾病的个体提供营养支持则相对容易。营养补充的形式应给予持续的营养支持，如为吞咽困难的患者准备流食，也可直接提供肠内及肠外营养。

（3）人工营养支持　关于机体肠内营养的供应。将一根管子插入鼻孔，并直抵食道进入胃或空肠中，这样，营养物质即可直接进入相应的部位而被直接吸收。当上消化系统出现功能障碍时，此方法为首选。如果全消化系统功能受损，则需要使用肠外营养供应。其将溶化的营养物质经过一根管子进入大血管中，直接接受能量、氨基酸、维生素以及矿物质的供应。

第五节　酒以及与酒有关的疾病

一、酒的饮用

酒的营养价值主要体现在乙醇（C_2H_5OH），其由淀粉和糖类经发酵而成。不同社会使用不同的植物来生产酒精饮料，其中最为熟悉的植物是葡萄和浆果（用于酿酒）、苹果（用于制造苹果汁）以及谷物（用于酿造啤酒和蒸馏酒）。

不同社会对酒的种类和消费量也有很大的差异。尽管这种趋势正在改变。据流行病学分析报道，我国成年男性饮酒率为39.6%，女性为4.5%。2006年我国人均年葡萄酒消费量约0.35L，人均啤酒消费量为25L。2008年人均白酒消费量为2.3L。我国的葡萄酒消费量仅占国内酒类年消费总量的1%。

酒是可使人心悦神怡的物质，少量地饮酒对健康是有益的，例如可降低心血管疾病的风险。然而，不恰当饮酒或酗酒可能会导致悲剧（社会和医疗方面），这种悲剧是对个人的，但也是对整体的。一些大的宗教，包括伊斯兰教和基督教，其禁止饮酒，或强烈地反对饮酒。在其他的一些宗教或文化团体中，酒有其特殊的意义（例如社交）。在一些重要的场合，酒是达到“更高境界”的象征。

酒还可作为防腐剂使用，含有杀菌物质——乙醇。在现代麻醉剂问世之前，酒通常被用于减轻疼痛。研究人员对酒中的微量有机化合物越来越感兴趣，包括我国传统的白酒和黄酒。已确认红酒中的酚类化合物（白藜芦醇等）有较强的抗氧化活性。乙醇可提供约29kJ/g的能量。

（1）饮料中的酒精含量　酒精一般是用体积含量表示的。1g酒精相当于约1.25mL。饮料中的酒精含量用体积比表示，如1mL酒精/100mL饮料。

（2）标准饮料　一杯标准的酒精型饮料约含8～10g的酒精。表8.16列出了一般酒精型饮料的包装标准（表中括号内数据表示各种饮料的酒精度）。

表8.16　标准酒精含量

啤酒——低度酒精(2%～3%) 标准(4%～5%) 果酒(约10%)	1听(375mL) 2/3小听(248mL) 1玻璃杯(120mL)	高度葡萄酒(约20%) 白酒(35%～65%)	1玻璃杯(60mL) 1小盅(30mL)

二、酒精的代谢

酒进入机体后，一部分酒精通过乙醇脱氢酶的作用，在胃中被快速分解，剩余的被肠道吸收。饮酒时，摄入的食物会延缓体内对酒精的代谢。酒一旦被机体吸收，将很快分布至全身。女性饮酒后，血中的酒精含量与男性相比会更高，这是由于女性一般体重较轻而体内脂肪含量较高。机体可通过肺部排泄出大部分的酒精，这就是为什么酒精测量器可检测体内酒精含量的原因。

大部分酒精的代谢是在肝脏中进行的，其中90%～97%的酒精被氧化并生成CO_2和H_2O。一健康男子每小时对酒精的代谢量约为100mg/kg体重。但不同的个体由于受种族、去脂体重、曾经对酒的消费状况以及饮食等因素的影响，其对酒精的代谢速率有很大的差异。中国和日本人对酒精的氧化能力比白种人强20%。

乙醛是有毒的，在体内通常被线粒体快速吸收，并代谢生成乙酰辅酶A，然后进入三羧酸（TCA）循环系统。酒精可提高体内多种线粒体酶的水平，包括参与线粒体乙醇氧化体系的酶类，这些酶也参与酒精的代谢。因此，这就加强了人体对酒精新陈代谢的速度。

三、饮酒对机体的影响

酒精对人体神经的影响，首先是前脑，从而使人的判断能力降低，继而是控制能力减弱，故一些人会感到放松和快乐。随着饮酒量的增大，中脑开始受到影响，表现为肌肉协调性降低、反应和语言能力减弱。再加大饮酒量，可致神志不清或昏迷。

(1) 酗酒　常饮酒的人对酒可产生依赖感，这种依赖感既是出自生理的，同时也是出自心理的。酗酒者常感到需用酒来激活自己，尽管酒会影响健康、工作以及家庭关系。对酒精的这种依赖性还可导致大脑中的化学物质发生长期衰变。为适应经常性饮酒，大脑会改变神经递质的生成。

酒精中毒很难定义，遗传、种族以及环境等因素与酒精中毒密切相关。酒精的中毒率，中国和日本人比白种人低，双胞胎之间（包括分开抚养）具有很高的一致性。当酗酒者停止饮酒或大幅降低饮酒量时，大脑会尝试重新调整其化学物质，并在24～72h进入戒断状态。其戒断症状包括定向障碍、幻觉、震颤性谵妄（delirium tremens，DTs）、恶心、出汗以及疾病突发等。

Blum和他的同事报道了一种孤立的基因，其在酗酒者体内更易找到。在他们研究的酗酒者中，体内含有该种基因的为78%。而在没有该基因的人群中，仅28%的人是酗酒者[49]。乙醛脱氢酶-1（ALDH-1）普遍缺乏的人群，酗酒率较低。关于基因对酒精中毒的影响，仍在进一步的研究中。

多数专家认为，当个体对酒精产生依赖性时，唯一有效的方法就是戒酒。目前许多组织和自救组织可帮助酗酒者及其家人共同解决这个问题。

(2) 过度饮酒有害健康　见表8.17。

(3) 冠心病　许多研究均报道了酒精型饮料与CHD死亡率存在着"V"形的线性关系（即中度饮酒者的CHD的死亡率低于非饮酒者和重度饮酒者的CHD的死亡率）。

表8.17　过量饮酒引起的健康问题

心血管系统	肝脏	神经系统	事故
血压升高	脂肪变性	记忆力减退	工作事故及交通事故危
心肌受损	肝炎	大脑损伤	险性增大
卒中	肝硬化	韦尼克脑病	营养
蛛网膜下腔出血	肝癌	智力减退	营养不良
消化系统	内分泌系统	神经受损	肥胖
胃炎	皮质醇过剩	老年痴呆	
消化道出血	血糖控制异常		
食管疾患	性欲低下		
胰腺炎	生育能力降低		

关于对美籍日本人、美国白种人、英国人、波多黎各人、南斯拉夫人、澳大利亚人以及新西兰人的研究表明，中度饮酒者患CHD的危险性比非饮酒者低。没有任何饮料被证实其在单独饮用时具有特殊的心脏保护功能。有些研究认为，啤酒、葡萄酒和白酒对心脏有保护作用。而其他研究表明饮料的种类对CHD的发生率的影响无明显区别。然而，有一种观点则认为，少量饮用酒精型饮料对健康所带来的益处而已被酗酒对健康的有害影响所取代了。狂饮可能会导致脑梗死，也会使正处于头部损伤的酗酒者发生硬脑膜下出血。

成年男性每日饮酒量若大于4倍的标准饮酒量、成年女性每日若大于两倍标准的饮酒量将会对健康造成伤害。

(4) 中毒和事故　酒精可减弱人的反应能力，并使之变得不理性。很大比例的交通死亡事故与酗酒有关，特别是年轻人酗酒。在驾车人的饮酒量达到法律限度之前，交通事故的发生率便已经开始有所上升了。当饮酒量超过法定限度时，事故的发生率就加速上升了。

多数国家制定了法规以限制人们在驾车前对酒的饮用量，一些令人恐怖的交通事故的宣传也可用来防止酒后驾车的发生。误饮了甲醇（CH_3OH），可引起灾难性的后果。因甲醇在代谢过程中可形成甲醛，可导致永久性失明。

（5）肝脏疾病　酒精中毒可引起急性肝炎、慢性肝炎及肝硬化。在肝硬化演变过程中，由于肝细胞的死亡和纤维化，而改变了肝细胞的排列方式，加之乙醛的刺激，使之形成胶原化合物。当该过程发展到一定的阶段时，肝脏将失去正常功能。其功能包括氨基酸、糖类以及脂肪的代谢、糖原的储存、蛋白质的合成（包括蛋白素、凝血因子的合成以及胆红素的代谢与清除）。高度肝硬化还可出现蛋白质能量营养不良症。

研究已发现饮酒与C型肝炎的感染密切相关。肝硬化患者若感染C型肝炎或酗酒，原发性肝癌的危险性将会大大增加。

直接生物化学检验法被用于饮酒量的检测，包括呼吸酒精和血液酒精的检测。

（6）酒精过量和肝硬化　酒精过量可通过多种方式引起营养问题[50]。少量的酒精可增进食欲，而大量的酒精却可降低食欲。过量的能量（酒精产生的能量）可导致肥胖与营养缺乏，因为酒代替了食物并阻碍了机体对营养素的吸收。

肝硬化与营养有关，因其阻碍了机体的正常代谢与合成过程。例如，蛋白素水平的降低可导致水肿、低水平的凝血因子可引起瘀血和凝血时间延长、糖原转化为葡萄糖的能力降低而导致低血糖、氨基酸代谢异常可导致氨的积聚而引起大脑功能障碍等。

过度饮酒还可影响机体对脂溶性维生素A、维生素D、维生素E、维生素K的吸收，而引起体内维生素的代谢和储存的改变，最终导致维生素的吸收减少。酒精还可增强维生素A和β-胡萝卜素的毒性[51]。由于维生素D吸收的降低或25-羟基维生素D在肝脏中形成的减少，将使机体的骨密度降低，而易致骨折。

此外，酒精过量还可增加尿钙的流失，而引起钙代谢紊乱；影响水溶性维生素（维生素B、维生素C和叶酸）的吸收。腹泻、呕吐以及多尿均可引起电解质失衡。钾和镁的缺乏将影响心脏功能。

（7）韦尼克-科尔萨科夫综合征　韦尼克（Wernicke）脑病和科尔萨科夫（Korsakoff）综合征。最初是由维生素B_1缺乏（由摄入不良、代谢方式改变）引起的。韦尼克脑病的特点是情绪不稳、神志不清以及眼球震颤，可能是由于脑干受损所致。尽管该病恢复很慢且不能完全恢复，但通常需要注射大剂量的维生素B_1。

要保持机体有充足的维生素B_1，则需增加对维生素B_1的饮食摄入。维生素B_1含量丰富的食物有酸制酵母、普通酵母、谷物、豌豆、一些肉类以及面包。一些西方国家强制性地在制作面包的面粉中加入维生素B_1。

科尔萨科夫综合征通常与韦尼克脑病相互关联，临床上称为韦尼克-科尔萨科夫综合征（Wernicke-Korsakoff syndrome）。其特点是严重的失忆及多语（如编造故事以掩盖失去的记忆）、精神紊乱以及协调性不足。

（8）胎儿酒精综合征　在妊娠期间，若酒量超过60～80g/天，将有可能导致胎儿发育异常[52]。其异常包括低体重胎儿、婴儿行为异常、婴儿智力及运动组织发育不全、视觉障碍以及畸胎或死胎。

（9）社会经济损失　并非饮酒过量的人均为酗酒者。但无论是饮酒过量还是酗酒，均可造成社会的经济损失，以致付出巨大的代价。

（10）正常饮酒指南

① 男性的日常饮酒量每日不超过4倍标准饮酒量，或每周不超过28倍标准饮酒量。每日饮酒量在4～6倍标准饮酒量之间，或每周饮酒量在28～42倍标准饮酒量之间被认为对身体是有危害的。而每日饮酒量大于6倍标准饮酒量，或每周饮酒量大于42倍标准饮酒量则

被认为对身体有极大的危害。

② 女性的日常饮酒量每日不超过2倍标准饮酒量，或每周不超过14倍标准饮酒量。每日饮酒量在2～4倍标准饮酒量，或每周饮酒量在14～28倍标准饮酒量被认为对身体是有危害的。而每日饮酒量大于4倍标准饮酒量，或每周饮酒量大于28倍标准饮酒量则被认为对身体有极大的危害。

③ 狂饮对身体具有潜在的危害。

④ 每人每星期均必须有两天不饮酒。

⑤ 妊娠期间需戒酒。

⑥ 驾驶员、机械操作工以及从事有危险或有潜在危险的人员不可饮酒。

总　结

- 碳水化合物是大量存在于谷物与其他食材中的一组变化多样的化合物，是膳食能量的主要来源。
- 碳水化合物主要在小肠消化（引起血糖反应的碳水化合物），而大量的碳水化合物在结肠被细菌发酵或直接随粪便排出。
- 多数饮食中碳水化合物的主体是淀粉和蔗糖，其他重要的碳水化合物有多羟基化合物、不消化寡糖（NDO）以及不消化多糖（NSP）。
- 膳食纤维是在人体的小肠内不被内源性酶水解而进入结肠被细菌发酵的一类碳水化合物聚合体。
- 膳食纤维的两个主要成分分别来源于谷类、水果和蔬菜的细胞壁多糖（NSP）以及多种不同食物的不消化淀粉（抗性淀粉）。
- 膳食纤维和富含纤维的膳食食物对人体有益。
- 含有脂肪酸的脂类可作为膳食能量的来源、重要生理过程调节因子的前体和多种组织的结构成分。
- 食物中饱和、单不饱和以及多不饱和脂肪酸的比例是健康与疾病的重要的决定因素。
- 在食品加工过程中可以改变脂肪酸的组成。
- 目前发达国家的膳食推荐是降低全部的脂肪摄入量，降低饱和脂肪的比例。提高单不饱和脂肪酸和n-3多不饱和脂肪酸的比例。
- 在人体内，蛋白质存在于酶、肌肉和结缔组织中，并不断地降解与重新合成。
- 食物中的蛋白质被消化降解为必需氨基酸和非必需氨基酸。
- 人体吸收氨基酸直至加满氨基酸库进行蛋白质合成，多余的氨基酸被降解释放出能量(17kJ/g)，废弃的氮从尿和氨中排除。
- 蛋白质缺乏可导致体蛋白消失，因蛋白质转化中释放的氨基酸被用于重要代谢物的合成或作为能量。
- 食物蛋白的营养质量取决于必需氨基酸的含量，不同食物通过互补效应可以确保提供适宜质量的蛋白质。
- 动物产品（肉、乳）的蛋白质质量高。植物性产品的质量低，因谷类缺乏赖氨酸，豆类缺乏甲硫氨酸-半胱氨酸。
- 通过氮平衡实验和喂食研究来确定人类氨基酸和蛋白质的需求量。
- 目前成人推荐摄入量是在氮平衡需求量基础上加一个安全差数。但近期的研究方法表明，成人的需求量可能相当于接近儿童的需求量。

• 全球普遍以谷类为主的饮食，可能含有更适量的蛋白质，因为人们对低赖氨酸的摄入量具有适应性。

• 在发展中国家PEM是一个大问题。

• 素食者的饮食中含有适量的蛋白质和维生素，但完全排斥动物产品的饮食，尤其对婴幼儿来说可能是不适宜的。

• 在发展中国家，导致PEM的主要原因是食物摄入不足、循环发生的胃肠道传染病以及其他传染性疾病。

• 在发达国家，儿童重度的PEM现象很少见。在社会经济处于劣势的群体中，常见于生长迟缓。

• 对于成年人，PEM常见于器质性病变、滥用药物及进食障碍的患者。

• PEM的原因是复杂的，其与政治、社会、环境、医疗等问题有关。解决这一问题需要通过多方面的途径。

• 酒可看作食物，也可视为药物。

• 酒的使用具有社会性。

• 酒精对机体各系统均有生理效应，可通过多种形式影响机体的营养状况。

• 过度饮酒、酗酒有损于健康。同时将给个人、家庭及社会造成危害。

参考文献

[1] Cowart BJ. Oral Chemical Irritation - Does It Reduce Perceived Taste Intensity. Chemical Senses. 1987，12（3）：467-479.

[2] Degraaf C，Frijters JER. Sweetness Intensity of a Binary Sugar Mixture Lies between Intensities of Its Components，When Each Is Tasted Alone and at the Same Total Molarity as the Mixture. Chemical Senses，1987，12（1）：113-129.

[3] Al-Hosani E，Rugg-Gunn A. Questionnaire survey of risk factors for caries in Abu Dhabi. J Dent Res，1998，77：712.

[4] Bufton MW. Yesterday's science and policy：Diet and disease revisited. Epidemiology，2000，11：474-476.

[5] Trowell H. Acute Appendicitis and Dietary Fiber. BMJ，1985，290：1660.

[6] Haber GB，et al. Depletion and Disruption of Dietary Fiber - Effects on Satiety，Plasma-Glucose，and Serum-Insulin. Lancet. 1977，2：679-682.

[7] Hallfrisch J，Behall KM. Mechanisms of the effects of grains on insulin and glucose responses. J Am Coll Nutr，2000，19：S320-S325.

[8] Ashwell M. How Safe Is Our Food - a Report of the British-Nutrition-Foundation 11th Annual Conference. J Royal Coll Physicians London，1990，24（3）：233-237.

[9] Asp NG，Tovar J，Bairoliya S. Determination of Resistant Starch Invitro with 3 Different Methods，and Invivo with a Rat Model. Eur J Clin Nutr，1992，46：S117-S119.

[10] Nemcova R，et al. Study of the effect of Lactobacillus paracasei and fructooligosaccharides on the faecal microflora in weanling piglets. Berl Munch Tierarztl，1999，112（6-7）：225-228.

[11] Reddy B，et al. Biochemical Epidemiology of Colon Cancer - Effect of Types of Dietary Fiber on Fecal Mutagens，Acid，and Neutral Sterols in Healthy-Subjects. Cancer Research，1989，49（16）：4629-4635.

[12] Anderson JW，et al. Health benefits of dietary fiber. Nutr Rev，2009，67（4）：188-205.

[13] Jensen MK，et al. Intakes of whole grains，bran，and germ and the risk of coronary heart disease in men. Am J Clin Nutr，2004，80（6）：1492-1499.

[14] Flight I，Clifton P. Cereal grains and legumes in the prevention of coronary heart disease and stroke：a review of the literature. Eur J Clin Nutr，2006，60（10）：1145-1159.

[15] Vuksan V，et al. Fiber Facts：Benefits and Recommendations for Individuals With Type 2 Diabetes. Curr Diabetes Reports，2009，9（5）：405-411.

[16] Cummings JH，Macfarlane GT. Gastrointestinal effects of prebiotics. Brit J Nutr，2002，87：S145-S151.

[17] Fuchs CS, Willett WC. Dietary fiber and colorectal cancer-Reply. NEJM, 1999, 340: 1926.
[18] Schatzkin A, et al. Lack of effect of a low-fat, high-fiber diet on the recurrence of colorectal adenomas. NEJM, 2000, 342: 1149-1155.
[19] Jacobs D, et al. Defining the impact of whole-grain intake on chronic disease. Cereal Foods World. 2000, 45: 51-53.
[20] DeVries JW, et al. A historical perspective on defining dietary fiber. Cereal Foods World, 1999, 44 (5): 367-369.
[21] 中国营养学会. 中国居民膳食指南. 拉萨: 西藏人民出版社, 2008.
[22] Williams CL, Bollella M, Wynder EL. A New Recommendation for Dietary Fiber in Childhood. Pediatrics, 1995, 96 (5): 985-988.
[23] FAO/WHO. Interim Summary of Conclusions and Dietary Recommendations on Total Fat & Fatty Acids, 2010.
[24] Cordain L, et al. Plant-animal subsistence ratios and macronutrient energy estimations in worldwide hunter-gatherer diets. Am J Clin Nutr, 2000, 71 (3): 682-692.
[25] 翟凤英. 中国居民膳食结构与营养状况变迁的追踪研究. 北京: 科学出版社, 2008.
[26] Crawford MA, et al. *n*-6 and *n*-3 Fatty-Acids during Early Human-Development. Journal of Internal Medicine, 1989, 225: 159-169.
[27] Sundram K, Khor HT, Ong ASH. Effect of Dietary Palm Oil and Its Fractions on Rat Plasma and High-Density-Lipoprotein Lipids. Lipids, 1990, 25 (4): 187-193.
[28] Topfer R, Martini N, Schell J. Modification of Plant Lipid-Synthesis. Science, 1995, 268: 681-686.
[29] Nobmann ED, et al. Dietary intakes vary with age among Eskimo adults of northwest Alaska in the GOCADAN study, 2000-2003. Journal of Nutrition, 2005, 135 (4): 856-862.
[30] Li J, et al. Evaluating the trans Fatty Acid, CLA, PUFA and Erucic Acid Diversity in Human Milk from Five Regions in China. Lipids, 2009, 44 (3): 257-271.
[31] Roy HJ. Most MM, Sparti A, et al. Effect on body weight of replacing dietary fat with olestra for two or ten weeks in healthy men and women. J Am Coll Nutr, 2002, 21: 259-267.
[32] Waterlow JC. The requirements of adult man for indispensable amino acids. Eur J Clin Nutr, 1996, 50: S151-S179.
[33] Pacy PJ, et al. Nitrogen Homeostasis in Man - the Diurnal Responses of Protein-Synthesis and Degradation and Amino-Acid Oxidation to Diets with Increasing Protein Intakes. Clin Sci, 1994, 86 (1): 103-118.
[34] Young VR, Scrimshaw NS. Relationship of animal to human assays of protein quality//Nutrients in Processed Foods: Protein. Acton, MA: American Medical Association, Publishing Sciences Group, 1974, 2: 85-98.
[35] FAO/WHO/UNU. Energy and Protein Requirements: Technical Report Series, 724. Geneva: World Health Organization, 1985.
[36] Young VR, Bier DM, Pellett PL. A Theoretical Basis for Increasing Current Estimates of the Amino-Acid Requirements in Adult Man, with Experimental Support. Am J Clin Nutr, 1989, 50 (1): 80-92.
[37] Millward DJ, et al. Human adult amino acid requirements: [1-C-13] leucine balance evaluation of the efficiency of utilization and apparent requirements for wheat protein and lysine compared with those for milk protein in healthy adults. Am J Clin Nutr, 2000, 72 (1): 112-121.
[38] Clarkson PM, Rawson ES. Nutritional supplements to increase muscle mass. Critical Reviews in Food Science and Nutrition, 1999, 39 (4): 317-328.
[39] Campbell WW, Evans WJ. Protein requirements of elderly people. Eur J Clin Nutr, 1996, 50: S180-S185.
[40] National Centre for Health Statistics. NCHS dietary intake source data: United States 1976—1980. US Department of Health. Washington, DC, 1980, 231: 149-151.
[41] Schofield WN, Schofield C, James WPT. Basal metabolic rate- a review and prediction, together with an annotated bibliography of source material. Human Nutrition: Clinical Nutrition, 1985, 39C: S1-S96.
[42] Souba WW, Wilmore DW. Diet and nutrition in the care of the patient with surgery, trauma and sepsis//Shils M E, Olsen J A, Shike M. Modern Nutrition in Health and Disease 8th ed. Philadephia: Lea and Febiger, 1994.
[43] Shankar AH. Nutritional modulation of malaria morbidity and mortality. Journal of Infectious Diseases, 2000, 182: S37-S53.
[44] WHO. Energy and Protein Requirements, Report of a Joint FAO/WHO/UNU Expert Consultation, Technical Report Series 724. Geneva: World Health Organization, 1995.
[45] Deonis M, et al. The Worldwide Magnitude of Protein-Energy Malnutrition - an Overview from the Who Global Database on Child Growth. Bulletin of the World Health Organization, 1993, 71 (6): 703-712.
[46] Barker DJP. Intrauterine Programming of Adult Disease. Molecular Medicine Today, 1995, 1 (9): 418-423.
[47] Dalmiya N, Palmer A, Darnton-Hill I. Sustaining vitamin A supplementation requires a new vision. Lancet, 2006,

368：1052-1054.

[48] Thomas DR. Causes of protein-energy malnutrition. Zeitschrift Fur Gerontologie Und Geriatrie，1999，32（1）：38-44.

[49] Blum K，Noble EP. Allelic Association of Human Dopamine-D2 Receptor Gene in Alcoholism - Reply. Jama-Journal of the American Medical Association，1990，264（14）：1808-1809.

[50] Lieber CS. The Influence of Alcohol on Nutritional-Status. Nutrition Reviews，1988，46：241-254.

[51] Leo MA，Lieber CS. Alcohol，vitamin A，and beta-carotene：adverse interactions，including hepatotoxicity and carcinogenicity. Am J Clin Nutr，1999，69（6）：1071-1085.

[52] Lipson T. The Fetal Alcohol Syndrome in Australia. Medical Journal of Australia，1994，161（8）：461-462.

第九章 非产能营养素

目的：

- 了解非产能营养素的含义。
- 了解必需营养素命名为"维生素"的历史和时代背景。
- 学习维生素的食物来源、功能以及毒性。
- 了解在一定条件下被认为是人体健康必需的植物化学因子和类维生素化合物。
- 学习有推荐摄入量的一些矿物质（钙、碘、铁、镁、磷、钾、钠、硒、锌）和没有推荐摄入量的铜、氟的食物来源、生物学功能、实际摄入量与推荐摄入量。
- 了解控制矿物质的摄入与排泄平衡的因素以及生物利用率的概念。
- 了解矿物质在人体及饮食中的分布，何种情况下发生矿物质缺乏，如何鉴别易感人群。
- 了解矿物质缺乏与过量的症状。
- 学习水在体内的三种主要形式：细胞外液、细胞内液以及细胞间液。
- 了解水在体内的转运是受细胞膜的通透性控制的。
- 学习人体对水的生理需求量、生理重要性以及脱水的原因。

重要定义：

- 维生素：生命为维持正常的生理功能而必须从食物中获得的一类微量有机化合物。
- 维生素前体：可在体内转化成维生素的化合物。
- 维生素原：结构上与维生素极为相似的化合物，在体内可被转化成维生素的活性形式。
- 辅酶：一种能与特殊的蛋白质分子结合形成酶的小分子。
- 植物化合物：植物中具有生物活性的次级代谢物，是植物用于防卫和生存的化合物。
- 常量元素：需求量大的矿物质（例如钙、钠）。
- 微量元素（痕量元素）：需求量很小的矿物质（例如铜、碘）。

第一节 维 生 素

维生素是生命为维持正常的生理功能而必须从食物中获得的一类微量有机化合物。其在生长、代谢、发育过程中发挥着重要的作用。每种维生素均具有各自特定的生理功能，有些还具有其他的一些功能，如抗氧化性等。此外，一种维生素的缺乏可干扰另一种维生素的生理功能，而过量也会引起维生素失衡进而导致中毒[1]。

人体对维生素的需求量很小，通常日需求量以毫克（mg）或微克（μg）计算。除了维生素D在日晒下可在皮肤内合成外，人体不能合成其他的维生素。虽然肠道细菌可合成几乎所有的维生素，但其数量不能满足人体的需要。因此，必须从食物中获得。

在发达国家，如澳大利亚、日本、新西兰和新加坡，很少有维生素缺乏症的报道，但其维生素水平是否达到最佳至今仍是一个值得探讨的话题。除了维生素缺乏症外，临床上尚有“亚临床维生素缺乏症”，表示人体处于“营养风险”的状态。此种情形有时很难诊断，且至今尚不知其是否可影响健康，但它对维生素缺乏症的预防很有意义。

目前对于亚临床维生素缺乏症的确定，只能通过临床生化监测（如两种以上维生素水平低于标准水平），但监测仅为统计学数据而并非诊断标准。最近的一些研究发现了关于亚临床维生素缺乏症的功能性指标，如伴有血液低叶酸水平的血管内毒性的升高等，可望成为亚临床维生素缺乏症的诊断标准。

维生素缺乏症可分为一级缺乏症、二级缺乏症。前者由不适宜的饮食所致，后者则是由除饮食之外的其他某些因素诱发的，二级缺乏症通常比一级缺乏症更普遍。在亚太地区，维生素A、硫胺素（维生素B_1）、核黄素（维生素B_2）以及叶酸缺乏症多是指二级缺乏症。大剂量摄入某些维生素，可能对健康有害，甚至导致中毒。正常人通过饮食的多样化完全可以满足对各种维生素的需求[2]。

一、维生素的分类

维生素的种类很多，通常可按溶解性质将其分为脂溶性和水溶性两大类。

脂溶性维生素：维生素A、维生素D、维生素E、维生素K。

水溶性维生素：B族维生素（维生素B_1、维生素B_2、维生素B_6、维生素B_{12}、烟酸、泛酸、叶酸、生物素、胆碱）、维生素C。

维生素也可根据其功能分类，如维生素B_1、维生素B_2、维生素B_6、烟酸、泛酸以及生物素在各种释放能量的细胞代谢反应中起辅酶作用；维生素B_{12}、叶酸与细胞DNA的合成反应有关；维生素A、维生素C、维生素E以及类胡萝卜素具有抗氧化性。

随着各种维生素的发现，按照被发现的历史顺序，以英文字母顺序命名，如维生素A、维生素B、维生素C、维生素D、维生素E等。同族的维生素，也是按照被发现的历史顺序，同时以数字次序加了下标（如维生素B_1、维生素B_2、维生素B_6、维生素B_{12}等）。

一般情况下，维生素不是单一的化合物，而是以多种形式存在的混合物。许多维生素在食物中以多种形式存在，如维生素前体和维生素原，但其必须在转化为活性形式后才能在体内发挥作用。维生素前体可在体内转化成维生素化合物，而维生素原在结构上是与维生素极为相似的化合物，其在体内可转化成维生素的活性形式，如β-胡萝卜素就是维生素A的一种维生素原。任何一种营养素包括维生素的生物学活性均涉及其在体内的吸收和利用率，因此生物利用率常被作为营养素营养效力的一个指标。某些维生素在体内不能完全被肠道吸收和利用，因此其生物利用率较低。

1. 脂溶性维生素

脂溶性维生素广泛存在于各种食物中，其在体内的消化和吸收机制与膳食脂肪相似。大部分脂溶性维生素被吸收后储存于肝脏中，而水溶性维生素在体内则很快被代谢。因此，脂溶性维生素缺乏症往往比水溶性维生素缺乏症的发展要缓慢得多。脂溶性维生素如摄入过多，可在体内蓄积，而发生毒性反应。与水溶性维生素相比，其不易在常规烹饪中被破坏。

（1）维生素A（视黄醇） 维生素A主要以两种形式存在于食物中。一种是成型的维生素A；另一种是维生素A原（胡萝卜素和类胡萝卜素）。维生素A为7种以上不同活性形式维生素的统称。其大部分存在于动物性食物中，如脂肪、乳制品以及动物肝脏。

动物性食物为人类提供了各种可在肠内转化为视黄醇的化合物，而植物性食物提供的大部分维生素A原是类胡萝卜素，主要存在于深黄色或深绿色的植物中。自然界已发现的将近600种类胡萝卜素中仅有50种可转化成维生素A，其中最为重要的一种是其可在小肠或肝脏中被一种酶裂解而释放出视黄醛（氧化的视黄醇）。

β-胡萝卜素是食物中含量最丰富，并具有很高维生素A活性的类胡萝卜素。据估算，1μg β-胡萝卜素具有等量视黄醇1/6的生物活性，但其在体内的生物利用率较维生素A低。由于人体对类胡萝卜素的吸收率较低，且其吸收率的大小与食物中的其他物质如脂肪和蛋白质的存在与否密切相关，同时也与胆汁盐有关。因此，关于β-胡萝卜素"1/6"的结论还需进一步研究[3]。

过去维生素A的活性是用国际单位（IU）测量的。目前改为用视黄醇当量（RE）来测量。这是因为在对类胡萝卜素的生物活性进行评价时，不仅要考虑其吸收率还要考虑其转化为维生素A的转化率。

视黄醇当量与不同类胡萝卜素之间的换算关系如下：

1视黄醇当量(RE)＝1μg 视黄醇

＝6μgβ-胡萝卜素

＝12μg 其他维生素A原类胡萝卜素

＝3.33IU 视黄醇的维生素活性

＝10IUβ-胡萝卜素的维生素活性

视黄醇当量：取代IU并用来测量维生素A活性的单位，与饮食中的视黄醇及其前体类胡萝卜素的变化有关。

计算一种食物成分中的视黄醇当量，可利用以下公式：

视黄醇当量＝××μg 视黄醇＋××μg β-胡萝卜素/6＋××μg 其他类胡萝卜素/12

血液中有一种由肝脏生成的视黄醇结合蛋白（RBP），可结合视黄醇并以RBP-视黄醇复合物的形式分布于各组织中。参与循环的视黄醇数量是由血液中RBP的数量所决定的。任何肝脏疾患均可影响维生素A的水平。除了对视觉的重要功能以外，维生素A在其他基础代谢中也有一定的作用，如生长、生殖、免疫以及维护上皮组织，尤其是婴幼儿时期和妊娠期，它可直接影响细胞的增殖速度及分化过程。

视黄醇可维持生殖功能，且是维生素A主要的转运和储存形式。视黄醛具有视觉活性，也是视黄醇氧化为维生素A酸的中间体。维生素A酸是细胞内的一种激素，其可结合细胞间维生素A酸的受体蛋白，并形成可结合DNA的复合物，从而作为基因表达的一种调节因子来控制mRNA的合成。因此维生素A酸可影响细胞的分化、生长以及胚胎发育，这也就间接地解释了过量的维生素A具有致畸毒性的现象。

维生素A最主要的功能就是在暗光下维持正常的视觉，从而预防夜盲症[4]。视黄醇的功能是作为视紫红质的一个组成部分，当光线到达视网膜时视紫红质被漂白为视黄质，这个反应激发的电脉冲通过视觉神经传至大脑，并作为视觉图像的一部分被识别，这一过程称为光适应。此时若进入暗处，因对光敏感的视紫红质消失，故看不见物体。但如体内有充足的维生素A，视紫红质就可重新生成，对光的敏感性得以恢复，从而使人能在一定亮度的暗处看见物体。视觉对黑暗的适应能力降低是维生素A缺乏的早期表现。但也有可能是锌缺乏（锌是RBP合成和视黄醇转化为视黄醛所必需的）或维生素E缺乏所致。

维生素A缺乏症仍为全球的主要营养性问题之一，可导致干眼病和夜盲症。目前此病在亚洲已基本消失，临床上很少有关于维生素A缺乏症的病例报道。体内维生素A的储存量较多数其他维生素的存储量要多。其平均存储量（大多在肝脏）一般可以满足人体1～2年的需求。因过量摄入维生素A而引起的中毒现象也是较少见的。

（2）维生素D 自然界中存在着多种形式的维生素D，其中对人类最重要的两种维生素D分别是维生素D_2（钙化醇，来源于植物）和维生素D_3（胆钙化醇，来源于动物）。

维生素D属于激素的范畴，尽管它是人体的必需营养素，但也可同激素一样被人体合成，然后通过血液从其生成位点转运至各作用位点。维生素D_2、维生素D_3分别由维生素D_2原（麦角固醇）、维生素D_3原（7-去氢胆固醇）通过紫外线照射于皮肤中生成，然后转运至肝脏，并在肝脏转化成在血浆中主要的循环形式25-羟基胆钙化醇（钙二醇）。维生素D的活性形式1,25-二羟基胆钙化醇（钙三醇）就是在肾脏中由钙二醇转化而来的。

在已知的天然食物中，很少含有维生素D。而在经过加工的食物中，如人造黄油，其含量也很低。对于经常日光浴的人来说，饮食中不需额外补充维生素D。皮肤中维生素D_3的合成量是由阳光强度、暴露在日光下的时间长短以及皮肤中的黑色素决定的。而长期处于阴冷环境下的婴儿可能存在维生素D缺乏的危险。维生素D缺乏会使骨骼不能正常钙化而导致生长延迟和骨骼畸形。那些衣服紧裹排斥阳光的人（如伊斯兰妇女）、某些老年人可能存在维生素D缺乏的危险[5]。

维生素D可结合甲状旁腺激素（PTH）从而调节体内的钙磷平衡。其可通过三个途径提高血液中的钙磷水平：①刺激小肠对钙磷的吸收；②刺激肾脏对钙磷的重吸收；③钙磷从骨骼中回收进入血液。

钙三醇的生成严格地受到体内所需钙水平的调控。主要控制因子为钙三醇的水平、血液中的PTH、钙以及磷的水平。研究证实维生素D存在于大部分细胞内，几乎在所有细胞中均发挥作用，这可能就是维生素D缺乏可导致畸形的最佳解释。此外，若儿童的维生素D不足，其易感性明显增加，这表明维生素D具有调节免疫的功能。

（3）维生素E 维生素E至少以8种不同的形式（生育酚或三烯生育酚）存在于自然界中。生育酚是存在于种子和鱼油中的油状化合物，其由两个相连的碳环和一个碳侧链组成。碳侧链的长度和位置将不同的生育酚区分开来（α-生育酚、β-生育酚、γ-生育酚、δ-生育酚）。而三烯生育酚是指侧链中含有三个双键的化合物。

维生素E中，α-生育酚的分布最广，生物活性也最高。一种计算饮食中总维生素E活性的方法是将α-生育酚的值（毫克）乘以1.2（考虑到其他生育酚的存在）。这种计算方法得到的维生素E活性值也称为“α-生育酚等价毫克数”，但这个值不能表现出全部的维生素E成分。

维生素E含量最丰富的食物是植物油，第二大来源是坚果。此外几乎所有的蔬菜和肉类均含有少量的维生素E。维生素E最基本的功能特性是抗氧化性（通过维生素E本身极易被氧化的性质来阻止或抑制其他物质被氧化）。

人体对维生素E的需求量是很难估算的，因其受到饮食中脂肪酸的数量和类型的影响。高PUFA的摄入可增加人体对维生素E的需求量，但PUFA含量高的食物一般均是维生素E含量丰富的食物。因此随着多不饱和脂肪酸摄入的增加，维生素E也会相应地增加。单不饱和脂肪酸的摄入可能会降低人体对维生素E的需求量。维生素E缺乏的饮食也几乎不会导致维生素E的缺乏。而小肠吸收不良以及出生低体重的婴儿有可能会出现维生素E的不足，但这种情况很少见。所以一般饮食即可提供足量的维生素E，根本无需额外的补充。

大量的证据表明，维生素E可通过抑制低密度脂蛋白（LDL）被氧化来降低心血管疾病的发病危险[6]。被氧化修饰的LDL可携带胆固醇进入组织，这是动脉硬化形成过程中的重要组成部分。此外与正常的LDL相比，被氧化的LDL更易被巨噬细胞吸收从而产生泡沫细胞，而维生素 E 在体内和体外均可抑制 LDL 的氧化修饰。

目前在北美关于对一组男女健康护理专业人士的研究表明，每日摄入高达 100mg 的维生素 E（不仅从食物中获得），增加了冠心病导致死亡的风险[7]。然而其他的研究结果却不支持该观点。大部分预防流行病学研究发现，维生素 E 的摄入量并非与癌症的风险有关。但血清低水平的维生素 E，特别是伴有血清低硒水平时，可能会增加某些癌症，如肺癌和子宫颈癌的发病危险[8]。

（4）维生素 K　自然界中存在两种形式的维生素 K，一种是存在于绿色植物中的维生素 K_1（叶绿醌）；另一种是由肠道细菌合成并少量存在于动物组织中的维生素 K_2（亚硫酸氢钠甲萘醌）。另外，也有是人工合成的维生素 K_3（甲萘醌）。

人体所需的维生素 K 中，有将近一半的量可直接由肠道的细菌提供，另一半可从食物中摄取。维生素 K 广泛存在于各种食物中，其中含量较多的有绿叶蔬菜、大豆和麦麸。水果及大部分动物性产品中维生素 K 的含量很少。由于不同肠道细菌产生维生素 K 的数量不同，所以到目前为止维生素 K 的推荐摄入量仍无法确定。

一般情况下，人体不会缺乏维生素 K，且对维生素 K 的需求量很低。种类多样的饮食通常可提供约 300～500μg/天的维生素 K，相比较美国估计的男性、女性的安全适量的维生素 K 的摄入量 70～140μg/天，这个量就足够了。

2. 水溶性维生素

（1）硫胺素（维生素 B_1）　硫胺素（维生素 B_1）广泛分布于各种动物和植物中，但通常含量较低。酵母和酵母提取物（如 Vegemite）是硫胺素最丰富的食物来源，但人类对其食用量很少。谷类产品在精制过程中会流失大量的硫胺素，所以应鼓励人们食用全谷食物以满足机体对硫胺素的日常需求量。

因硫胺素是水溶性维生素，故其在人体内的储存量很有限，这就造成了人体对该维生素的持续需求。与脂溶性维生素相比，硫胺素的短期缺乏就会导致相应的缺乏症。

硫胺素在人体中最基本的功能是作为辅酶，参与糖类的分解代谢。此外，还有保护神经系统的作用，同时还可促进胃肠道蠕动，增进食欲。人体对硫胺素的日常需求量与其每日消耗的能量（特别是由碳水化合物提供的能量）成正比，因此其每日推荐摄入量通常用 mg/1000kJ 来表示。硫胺素的推荐日摄入量为 0.1mg/1000kJ。通常肠道中的细菌可合成硫胺素，但极少能被人体吸收。

在我国，硫胺素缺乏症患者的比例高于西方国家，这是由于我国有很多人长期以精制大米和精制小麦面粉为主食、长期酒精摄入过量以及长期进食少量所引起的。

（2）核黄素（维生素 B_2）　核黄素广泛存在于各种动物和植物性食物中，但其含量均较低。在我国，核黄素最重要的食物来源是谷类产品、动物内脏、坚果、奶及乳制品。当被小肠吸收后，核黄素必须转化（通过加磷酸）成活性形式，它是新陈代谢细胞中的必需成分，但与硫胺素一样在体内的储存量很少。通常体内过量的核黄素可通过肾脏排出，这可能是其毒性低的一个原因。

（3）烟酸（维生素 B_3）　目前已鉴定出两种形式的维生素 B_3：烟酸（烟碱酸）和烟酰胺（烟碱）。烟酸的最佳食物来源为富含蛋白质的食物，如动物内脏、肉类、禽类、豆类以及花生。除了直接从食物中摄入外，烟酸在体内还可由色氨酸经过一定的转化而形成。据估计，体内合成 1mg 烟酸需将近 60mg 的前体色氨酸。由于色氨酸与烟酸的关系，人们增加了烟酸当量（NE）这一单位以更准确地衡量食物中的烟酸含量。食物中的烟酸当量是这样计算的：

$$食物中的烟酸+0.16\times食物蛋白的质量(g,mg)=烟酸当量(mg)$$

烟酸与核黄素在细胞代谢中的作用关系密切，临床上经常出现患者同时患有这两种维生素缺乏症的情况。烟酸缺乏症（糙皮病）可伴腹泻、皮炎、痴呆，甚至死亡。

（4）维生素 B_6　在天然食物中维生素 B_6 有三种形式：吡哆醇、吡哆醛和吡哆胺。其广泛存在于各种动植物性食物中。豆类、坚果、马铃薯和香蕉具有丰富的吡哆醇，而猪肉、鱼及其内脏是吡哆醛和吡哆胺最丰富的食物来源。维生素 B_6 的生物利用率随食物种类的不同而不同，食物的储藏和加工过程会对其造成损失。

人体对维生素 B_6 的需求量与蛋白质的摄入量有关。当人体消化蛋白质增多时，维生素 B_6 的需求量也随之增加。通常人体对维生素 B_6 的需求量很小，因此其缺乏症也很少见。维生素 B_6 缺乏症类似于糙皮病，且可导致烟酸缺乏症，因为色氨酸转化为烟酸的过程以及叶酸代谢的过程均需维生素 B_6。

维生素 B_6 主要储存于肌肉组织中，这一点与其他水溶性维生素不同。大量摄入维生素 B_6 是不安全的。维生素 B_6 的推荐摄入量上限为 100mg/天。当维生素 B_6 的摄入量超过 200mg/天（包括一些补充剂）时，会患一种称为“感觉性神经病”（神经纤维感觉传导受损）的疾病。关于经前紧张症可通过补充维生素 B_6 来改善的观点目前还需进一步研究。

（5）泛酸　泛酸或泛酸盐主要以辅酶 A 及其衍生物的形式广泛分布于各种食物中，动物肝脏、肾脏和蛋类（尤其是蛋黄）是其最丰富的食物来源。

目前，关于泛酸缺乏症的病例尚无相关的报道。也未检索到 WHO 关于泛酸的推荐摄入量。然而多样化饮食通常能提供 5～10mg/天的泛酸，可完全满足人体需要。另外，关于肠道菌可合成泛酸的含量多少，目前还不清楚。

（6）生物素　生物素有 8 种异构体，但只有一种具有维生素活性。其广泛存在于各种食物中，最佳的食物来源有蛋黄、啤酒酵母、大豆、动物肝脏、肉类，果蔬中也有少量分布。肠道细菌可合成相当数量的生物素，因而导致人体对生物素的饮食需求量很难确定。多样化的饮食可提供约 50～100mg/天的生物素，通常可满足人体需要。

（7）叶酸　叶酸是许多具有叶酸（蝶酰谷氨酸或 PGA）生物活性的化合物的统称。叶酸的维生素源，必须在体内转化为具有生物活性的叶酸才可被利用。不同形式的叶酸的生物活性、稳定性以及生物利用率差异很大。在动物性食物中（如肝脏），大部分叶酸以 5-甲基四氢叶酸或“游离形式”存在，很易被十二指肠和空肠吸收。在植物性食物中，大部分叶酸以与谷氨酸共轭的聚谷氨酸盐的形式存在，这种“共轭形式”必须在叶酸共轭酶（肠道细菌产生）的作用下水解成单谷氨酸盐方可被吸收。聚谷氨酸盐链中的谷氨酸盐残基的数量越多，则越难被吸收。

关于人体对食物中叶酸的生物利用率的研究较少，肠道对聚谷氨酸盐的吸收率很低的观点可能也未完全确定。目前普遍认为将游离叶酸与共轭叶酸区别开来，意义不大。我国的叶酸推荐摄入量是指总叶酸（包括“游离形式”和“共轭形式”）的摄入量。叶酸广泛存在于各种食物中，包括蔬菜叶、动物肝脏、柑橘类水果和坚果，这些均为极好的叶酸来源。此外，肠道细菌也可合成少量的叶酸。在我国，谷类食物为大部分人的主食，其提供了人体大部分的叶酸。研究表明人体内 25%～50%的叶酸可从多样化的饮食中获取。

叶酸缺乏可影响细胞的分裂及蛋白质的合成。如叶酸不足，则 DNA 的合成减缓，细胞不能正常分裂，红细胞和胃肠道细胞的更新受阻，因此叶酸缺乏症起初是以贫血和胃肠道反应为主要特征的。此外舌炎也为叶酸缺乏突出的症状，表现为舌质红、舌乳头萎缩、表面光滑，俗称“牛肉舌”，伴有疼痛。叶酸缺乏（伴维生素 B_6 和维生素 B_{12} 缺乏），也可能导致血液中同型半胱氨酸浓度增加（同型半胱氨酸血症），从而引起血管毒性，增加患血栓症的危险。叶酸缺乏还可导致神经管疾病（NTD）[9]。

妊娠前后摄入适量的叶酸（补充 400μg/天），可预防超过 60%的 NTD。叶酸还具有预防某些癌症的功能，特别是子宫颈癌。然而，研究表明叶酸的过多摄入可增加患疟疾的风险，掩盖维生素 B_{12} 缺乏症，还可降低某些抗惊厥药物的治疗效果。

（8）维生素 B_{12}　食物中的维生素 B_{12} 主要有三种形式：甲钴胺、腺苷钴胺和羟钴胺。人体内的维生素 B_{12} 几乎完全是由动物性食物提供的。动物内脏、蛋类、海产品、乳制品以及发酵食品均是维生素 B_{12} 很好的食源。自然界中存在的维生素 B_{12} 是由微生物合成的。而肠道细菌可产生多少可被人体利用的维生素 B_{12}，到目前为止还不十分清楚。

小肠吸收维生素 B_{12} 的过程中，需要一种称为内因子的分子参与，它是由胃分泌的，可促进维生素 B_{12} 转运至回肠的内皮细胞中，这一过程同时还需钙离子的参与。人体对维生素 B_{12} 的储存能力很强，其在体内能够被有效地循环利用，所以正常代谢需求量很少。因此维生素 B_{12} 缺乏症可能将推迟至 10 年后显现，两年内发病的很少见。

因为叶酸的活化需要维生素 B_{12}，所以维生素 B_{12} 缺乏往往伴随着由于叶酸缺乏而引起的贫血。单独补充维生素 B_{12} 或叶酸均可治疗这种贫血症。但如在维生素 B_{12} 缺乏的情况下仅补充叶酸，其维生素 B_{12} 缺乏症的贫血症状可能会消除，但神经症状还将继续。由此可见，叶酸缺乏症可掩盖维生素 B_{12} 缺乏症。因此谷物供应的大量叶酸可能会引起一些人（中、老年人）维生素 B_{12} 缺乏症的风险。

（9）抗坏血酸（维生素 C）　维生素 C 有两种存在形式：L-抗坏血酸（大部分维生素 C 的存在形式）和 L-脱氢抗坏血酸。其最佳的食物来源是常见的水果和蔬菜。在食品的保存和加工中也可人为地加入一定数量的维生素 C，如在肉类、面粉和饮料等的加工中加入 L-抗坏血酸。抗坏血酸很不稳定，在高温、碱性和暴露于空气的条件下很容易被破坏。其极易溶于水，在水果和蔬菜的前处理和烹饪过程中损失很大。

在我国，维生素 C 缺乏的可能性很小，因此坏血病（维生素 C 缺乏症）可以说是一种稀有疾病。人们通过饮食，尤其是多食用维生素 C 含量丰富的食物如番木瓜、橙子、红辣椒、猕猴桃等，每天可获取高达 1g 以上的维生素 C。在过去的 20 年间，人们逐渐认识到抗氧化剂（如维生素 A、维生素 C、维生素 E）在维持健康和预防疾病中的作用。维生素 C 有清除引起细胞损伤的氧自由基和将生育酚羟自由基重新合成维生素 E 的作用[10]。研究证实大量摄入维生素 C 可降低患某些癌症（如胃癌）、白内障的危险。维生素 C 很容易与亚硝酸（火腿，意大利腊肠等腌肉的防腐剂）发生反应，清除胃中的亚硝酸盐，阻止其转化为致癌物亚硝胺。还有研究表明维生素 C 缺乏与冠心病导致的死亡率的增加有关[11]。

目前一些报道说大剂量的维生素 C 对健康有益，但此种说法尚未得到证实。相反，大剂量可能会对人体产生负面效果，研究表明将维生素 C 的推荐摄入量增加至克的数量级是不合理的。过量摄入可能会导致胃肠道功能紊乱以及引发肾结石、龋齿等，同时也可增加某些金属如铁的毒性。如超过 500mg/天，可能具有促氧化和损伤 DNA 的作用。

二、植物化合物和类维生素化合物

现代营养学十分注重对非营养因子的研究，大多是植物化合物，具有重要的生理功能。目前人们尚未将其定义为营养素。这些化合物通常是植物生成的次级代谢物，用于植物的自身防御和生存。一些动物性组织中也可能含有此类化合物。

当用植物化合物来控制某些疾病时，通常将这些物质认为是药物而非膳食营养素。这并不奇怪，因为人们使用的多种药物归根结底均是从植物中提取出来的。其实在很早以前我国就已经将某些植物化合物用于疾病的防治了。层出不穷的植物化合物使人们有更多的机会选择适宜的健康食品以及功能性食品以满足特殊的生理或病理需求。常见的植物化合物可分为以下几类：非维生素A前体（包括类黄酮和异类黄酮）、多酚、异硫氰酸酯、吲哚、萝卜硫素、单萜、叶黄素以及不被消化的低聚糖等。这些植物化合物的生物活性见表9.1。

另外还有一些化合物，被认为是条件性必需的，原因如下。

① 它们在某些条件下是必需的，但并非在所有条件下都是必需的。

a. 仅在生命早期是必需的。

b. 仅在生长或组织修复期是必需的。

c. 仅在补偿其他营养素损失的情况下是必需的。

d. 仅在为某一化合物提供额外功能的情形下是必需的。如牛磺酸，为一种影响胆汁盐结合、分泌和转化的氨基酸，也可能是婴儿视网膜功能正常所必需的。

② 它们可在体内合成，但如果不通过饮食额外摄入，其数量是远远不够的。如胆碱、肉碱和谷胱甘肽。

在这里讨论的是目前尚未被列为营养素但具有生物活性的植物化合物，它们反映了营养灰色地带，其不但可预防疾病，还能促进健康和长寿，而这正是必需营养素的主要特征。

表9.1 一些具有生物活性的植物化合物及其对健康的可能作用[12]

植物化合物	重要的食物来源	对健康的可能作用
类胡萝卜素	橙色和绿叶蔬菜，如胡萝卜、番茄、菠菜	抗氧化 抗诱变 抗癌 免疫调节
多酚	酸果蔓、覆盆子、黑莓、迷迭香、牛至、百里香	抗氧化 抗菌 预防泌尿系感染
儿茶酚	绿茶	抗诱变 抗癌 防龋齿
类黄酮和皂角苷	绿叶蔬菜和水果，如西芹、旱芹、洋葱、苹果、茶	抗氧化 抗癌
异类黄酮	大豆、豆制品	类雌激素 抗血管生成 免疫调节
木酚素	亚麻籽、鹰嘴豆	类雌激素
异硫氰酸酯和吲哚	十字花科蔬菜，如椰菜、卷心菜	抗诱变
烯丙基亚磺酸酯	大蒜、洋葱、韭菜	抗癌 抗菌 降低胆固醇
萜类化合物，如柠檬精油	柑橘类、香芹籽	抗癌，如乳腺癌
植物甾醇类，如β-谷甾醇	南瓜籽	缓解前列腺增大症状
姜黄素	姜黄	抗炎
水杨酸盐	葡萄、枣、椰子、樱桃、菠萝、橙子、杏、小黄瓜、蘑菇、辣椒、西葫芦	预防大血管病变 基因表达调控
L-多巴	蚕豆	治疗帕金森氏病
不被消化的低聚糖	朝鲜蓟、菊苣根、山药、雏菊、玉米、大蒜、燕麦、水果、豆类、蔬菜	刺激肠道微生物菌群的生长 降低胆固醇

（1）肉碱　肉碱可在体内合成，也可通过食物粗加工获得。通常情况下，仅靠自身合成的肉碱是不能满足人体需求的，必需给予一定量的体外补充。

肉碱由两种必需氨基酸（赖氨酸和甲硫氨酸）形成，能促进脂肪酸从细胞间转运到氧化位点。某些膳食肉碱是人类所需的，人的初乳、乳制品、肉类和家禽均是良好的食物来源。肉碱的功能是作为将脂肪转运至肌肉组织中的能量来源，因此有助于“脂肪燃烧”，可将其用于耐力运动如马拉松和减重。然而事实恰恰相反，仅仅补充L-肉碱既不能提高马拉松成绩也不能促进脂肪的燃烧，仅能改善其肉碱缺乏症。即使它确实有促进脂肪燃烧的作用，也只能发生在与运动结合的情况下，因为它仅涉及人在运动时脂肪的运输。

（2）类胡萝卜素　类胡萝卜素是自然界中含量最丰富、分布最广的色素。存在于许多红、橙和黄色的可食用水果、蔬菜以及花朵中。某些有色动物，如龙虾、鲑鱼中也含有类胡萝卜素。

类胡萝卜素是一类碳氢化合物，其氧化衍生物（叶黄质）包含8个类异戊二烯单元。具有对称结构的β-胡萝卜素和许多其他胡萝卜素是人和动物维生素A的前体。尽管已发现600多种天然的类胡萝卜素，但仅约50种具有维生素A原活性。在哺乳动物中已经发现了两种β-胡萝卜素转化为类维生素A的方式。一种发生在中央双键（中央断键）上，另一种发生在一个或几个其他双键（旁侧断键）上。相关报道表明，视网膜和β-胡萝卜素的物质的量比为0.9～1.8。但在实践中，取决于在吸收过程中β-胡萝卜素的生物利用率。

人类不能合成类胡萝卜素，必须从饮食中得到补充。类胡萝卜素存在于所有可进行光合作用的植物组织中，与叶绿素共存，这是因为类胡萝卜素可阻止植物中叶绿素因光敏感性而破坏。蔬菜和动物食品中的类胡萝卜素是脂溶性的，在体内消化时，可从复合蛋白中释放出来，然后整合至微团中并被转运至肠道黏膜细胞。类胡萝卜素的吸收率与食物中的其他组分，如膳食脂肪、蛋白质以及胆汁盐的存在与否有关，因此没有像维生素A前体那么容易被小肠吸收。经小肠吸收后，维生素A原类胡萝卜素在小肠黏膜细胞中被分裂成类维生素A，然后被还原成视黄醇（维生素A）。一些未被转化的类胡萝卜素直接吸收后，便进入血液中，因此血液中的类胡萝卜素水平可以反映其饮食状况。血液中存在的类胡萝卜素主要是β-胡萝卜素、α-胡萝卜素、番茄红素、β-隐黄质、叶黄素以及玉米黄质，它们能被脂蛋白，主要是低密度脂蛋白（LDL）转运至血浆内。在血浆中携带类胡萝卜素的LDL可将类胡萝卜素传递至表达LDL受体的外周细胞中。

类胡萝卜素具有许多生物学功能，包括抗氧化、提高免疫力、抗诱变以及抗癌[13～15]。由于其具有抗氧化功能，它的存在可以预防由氧化应激、脂质过氧化和自由基破坏导致的冠心病和白内障。一些与特异性免疫应激形成有关的细胞，在受到自由基和脂质过氧化产物的影响后，可能会形成对人体健康的不利因素。体外试验证明β-胡萝卜素可以保护人类嗜中性粒细胞免受自由基的伤害。抗氧化维生素可降低癌症的发病风险，通过减少恶性损伤，如宫颈病变、白斑以及萎缩性胃炎来预防癌症，还可以在提高免疫应激方面发挥重要的作用。

（3）胆碱　持续4周食用不含胆碱的饮食可导致胆碱缺乏症。胆碱缺乏症的早期临床表现是肝功能异常[16]。关于胆碱缺乏症的干预试验表明，人体每日摄入500mg的胆碱可预防相应的缺乏症。胆碱缺乏症可增加肝癌的发病概率，这可能是由于胆碱缺乏加快了患者肝细胞转化所引起的。胆碱缺乏症伴随的脂肪肝表明了它是脂蛋白结构中卵磷脂的重要组成部分，同时也反映了胆碱在与细胞内自由脂肪酸的转运有关的肉碱分子的转化过程中起到重要作用[17]。

胆碱是一种“季铵”，它包含4个甲基，因此是许多重要代谢途径中甲基的提供者。同时胆碱还是神经递质（从一个神经元至另一个神经元或到一个神经元末端的化学信号）乙酰胆碱的前体，可能与老年痴呆症有重要的关系（在大脑形成斑块的老年痴呆症），因而引起了研究人员的关注。

胆碱在体内可由磷脂酰乙醇胺合成，此外它还广泛存在于各种食物中，是卵磷脂的一部分（表 9.2）。体内通常日消耗约 6g 卵磷脂，约合消耗总胆碱量（按游离卵磷脂计）600～1000mg(6～10mmol)。食品加工中添加的卵磷脂主要是从大豆和蛋类中提取的。静脉注射卵磷脂可降低血液中胆固醇的含量，但口服卵磷脂对血液胆固醇水平无明显影响，这可能是由于卵磷脂口服不能被小肠吸收。因此，不能通过直接摄入卵磷脂来调节体内卵磷脂的水平[18]。

表 9.2　胆碱的食物来源　μmol/kg

来　源	胆　碱	卵磷脂	来　源	胆　碱	卵磷脂
牛肝	5800	43500	番茄	500	300
花椰菜	1300	2800	马铃薯	400	50
蛋类	42	52000	全麦、全谷类	1000	300
莴苣	2900	100	咖啡	1000	20
花生	4500	5000			

（4）类黄酮和异黄酮　类黄酮是一类多酚化合物，它存在于蔬菜、水果以及茶和酒等饮料中。自然界中，分布最广且最重要的类黄酮是花青素、黄酮醇、黄酮、儿茶酚（如绿茶和红茶）以及二氢黄酮[19]。

类黄酮可提高血管弹性、细胞渗透性以及维生素 C 的活性等。一些类黄酮，如栎精、山柰酚和杨梅酚，在体内和体外均具有抗诱变和抗癌效应。大量关于饮食和癌症关系的流行病学研究表明，食用果蔬对各种癌症均有预防作用，主要归功于这些食物中的维生素 C 和类胡萝卜素。但果蔬中其他具有防癌作用的化合物，如类黄酮，近年来逐渐成为一个重要的研究对象。

类黄酮的许多生物学效应都是通过抗氧化活性和清除自由基的功能来实现的。有人还研究了它的抗诱变机制，如抑制体内的致癌物质以及调控肝脏内特殊酶的活性。

异黄酮中还有另一类植物多酚化合物，具有重要的抗菌活性。有些异黄酮，如染料木素、大豆苷元在动物和人体中还具有雌激素效应，这是因为异黄酮和雌激素的功能基团具有相似的空间结构，使其可与雌激素受体结合从而产生雌激素功能。此外，还发现染料木素可抑制上皮细胞的增殖，在体外试验中，它还具有抑制血管新生的作用[20]。

在美国，类黄酮的平均摄入量达到 190mg/(人・天)[21]，荷兰男性的类黄酮摄入量为 26mg/(人・天)[22]。异黄酮主要存在于豆类（豆科植物）中。不少传统饮食都包含了富含异黄酮成分的多种豆类，其中也包括具有雌激素活性的成分。

（5）谷胱甘肽　三肽聚合物谷胱甘肽（γ-L-谷氨酰-L-半胱氨酰-甘氨酸，GSH）是最重要的非蛋白硫醇，存在于动物细胞以及多数植物和细菌细胞中。还原型谷胱甘肽与体内的氧化剂反应，自身被氧化，是细胞内主要的解毒化合物。此外，某些谷胱甘肽转移酶具有过氧化物酶的活性，可抵抗氧化剂、烷基诱变剂以及致癌物的作用。

谷胱甘肽的前体物质是半胱氨酸。主要食物来源为果蔬（尤其是橙子、马铃薯）、家禽和牛肉[23]。如果食物中的蛋白质富含谷胱甘肽中的任意两种氨基酸，那么它的摄入可以促进各种组织内谷胱甘肽的合成。

（6）肌醇　肌醇大量存在于人体大脑、心脏和骨骼肌中，它是组织细胞生长所必需的物质。磷脂酰肌醇（PI）是类花生酸的一种前体，而类花生酸可影响众多的生理应激反应。此外，PI是细胞膜磷脂的一部分，可产生细胞信号或信息化合物。葡萄糖是肌醇的一种前体，因此通过葡萄糖的合成可以满足机体对肌醇的需求。

肌醇的食物来源很多，动物性食物包括肉类、奶类和乳制品；植物性食物，如全麦谷类、坚果、水果和蔬菜中的含量也比较丰富。主要以磷酸盐的形式存在。

(7) 硫辛酸　硫辛酸是一种含硫脂肪酸，它是生物氧化还原反应中辅酶的重要组成部分，参与体内蛋白质、脂肪和糖类的代谢过程。硫辛酸也是某些微生物生长所必需的。酵母和动物肝脏是硫辛酸良好的食物来源。

(8) 吡咯喹啉醌（PQQ）　PQQ是一种氧化还原酶的辅基，它是一种有效的生长因子，对新生儿的生长发育很重要，可促进生物体的代谢，提高生长机能。还具有抗氧化和激发免疫系统的功能。可刺激细胞的生长，尤其是激活B细胞和T细胞，使之产生抗体，从而提高人体的免疫功能。

PQQ不能在肠道微生物中合成，但其广泛存在于一些微生物、植物和动物组织中。

(9) 牛磺酸　牛磺酸是一种含硫的非蛋白氨基酸，在体内以游离状态存在，参与体内蛋白的生物合成。

长期以来，牛磺酸因其在胆汁盐（降解产物是胆固醇）的形成和分泌过程中的作用而广为人知。后来还发现其在新生儿视网膜的形成以及在提高儿童和老年人的认知功能方面发挥着重要的作用。此外，还具有保护心血管系统的作用（降血压、抗氧化和抗炎）[24]。

牛磺酸几乎存在于所有的生物中。其中含量最丰富的是海产品，如贝类、甲壳类（牡蛎、海螺、蛤蜊、贻贝、墨鱼、章鱼等）、鱼类（青花鱼、竹荚鱼、沙丁鱼）以及虾类。哺乳动物的主要脏器，如心脏、脑、肝脏中含量也比较高。

(10) 辅酶Q10　辅酶Q10在体内主要有两个作用，一是影响营养物质在线粒体内转化为能量的过程；二是具有显著的抗脂质过氧化作用。此外，其在一定程度上能抑制动脉粥样硬化的形成和发展[25]，提高机体的降血压活性[26]。

辅酶Q10在动物脏器（心脏、肝脏、肾脏）、牛肉、豆油、沙丁鱼、鲭鱼和花生等食物中含量相对较高。摄入约500g沙丁鱼、1000g牛肉或1500g花生可提供约30mg的辅酶Q10。

三、维生素的补充

广告的误导和人们的误解，促使部分人除了饮食以外还额外补充一些维生素，这种趋势近几年在我国有明显的增长。他们并不清楚自己的维生素状况，也不知道自己每日饮食中的维生素含量，干脆通过额外的补充来确保足量维生素的摄入。

许多人可能认为如果一种必需营养素对健康有益，那么肯定是越多越好，所以人们额外补充维生素的现象便流行起来。这表明他们认为补充维生素是一种“营养保险”，可以预防疾病而不是治疗疾病。然而长期大量地补充食物中存在着的营养素可能引起不良后果。通过补充维生素来预防与维生素缺乏无关的疾病还需要进行科学、详细的探讨。

目前人们还不能回答“微量营养素的补充是否真的能改善健康或减少疾病的发病危险”。在应用补充剂期间因未患某种疾病就认为补充剂可预防此种疾病的想法是盲目的、不正确的。任何一种补充剂的功效都必须经过科学的研究和证实。

目前在我国，特别是城市，由于丰富的食物供应，单纯的维生素缺乏症已不多见。即使偶尔发生，也是因其不良的饮食习惯或某些疾病所致。由于不良的饮食习惯而导致的维生素缺乏症（一级缺乏症），一般可通过改善饮食或在食物中添加缺乏的维生素得到治疗。对由于某种疾病引起的维生素缺乏症（二级缺乏症）则不能单靠补充维生素的方法，而应及时就医。

如欲寻求营养保险，则应在用维生素补充剂之前考虑以下一系列问题。

① 是否有缺乏症的迹象？应咨询营养师，做系统的营养评价。

② 首先应试图通过改善饮食来纠正任何维生素缺乏症。

③ 应用补充剂的量应达到推荐量标准。

④ 应用补充剂的持续时间应尽量缩短。

⑤ 应用一种全谱（除维生素 K）维生素补充剂（最理想的补充剂同时含有主要和次要元素）更好。

消费者用于补充剂的巨额费用充分反映了广告的效应，同时也反映了我国目前营养评价和营养诊断尚未普及的现状。人们无法获知自己体内的维生素状况，也不清楚如何通过调节饮食结构来补充维生素。

因大量补充某种维生素而对人体产生的毒性与其维生素的缺乏症同样危险或更甚。当补充量远远超过其推荐量时，这种维生素可能会呈现出药物或毒药的性质，因此必须引起重视。另外，过量摄入一种维生素可能还会导致另一种微量营养素的缺乏，如过量的维生素 C 可导致铁蓄积、过量的吡哆醇（维生素 B_6）可导致四肢感觉及神经异常等。

近年来，关于大剂量服用维生素具有潜在风险的报道很多。截至目前还未检索到任何科学证据证明健康人可长期补充大剂量的维生素。表 9.3、表 9.4 分别列出了可进行大剂量维生素治疗的某些疾病以及这些维生素可能的用途。

表 9.3　可以进行大剂量维生素治疗的疾病[27]

疾　病	维　生　素
遗传性代谢紊乱疾病	
亚急性坏死性脑病、乳酸过多症	硫胺素
遗传性烟酸缺乏症	烟酰胺
遗传性维生素 B_6 缺乏症	维生素 B_6
多发性羧化酶缺乏症	生物素
脱屑性红皮病	生物素
药物导致的维生素需求量增加	
氨甲叶酸和乙嘧啶	叶酸
异烟肼、环丝氨酸、青霉胺	维生素 B_6
肼酞嗪、L-多巴、抗凝血剂(杀鼠灵)服用过量	维生素 K
高血脂	烟酸
韦尼克脑病、干性脚气病、心血管疾病	硫胺素
重度痤疮	维生素 A 类似物
吸收不良综合征	维生素 A、维生素 D、维生素 E、维生素 K、叶酸、维生素 B_{12}
泌尿系统感染(仅在某种情况下)	维生素 C

表 9.4　大剂量维生素治疗可能的用途[27]

疾　病	维　生　素
预防先天性神经管缺陷	B 族维生素、叶酸
预防唇裂、腭裂	B 族维生素、叶酸
治疗宫颈病变	叶酸
降低某些癌症(肺、前列腺)的发病危险	维生素 A 类似物、类胡萝卜素
缓解感冒症状	维生素 C
缓解更年期、经前紧张、早孕反应以及口服避孕药的症状	维生素 B_6
缓解骨关节炎、风湿性关节炎的症状	泛酸
治疗中毒性弱视	维生素 B_{12}
预防晶体后纤维膜增生症	维生素 E
预防手术后血栓栓塞	维生素 E
预防冠心病	维生素 E

目前有一点是可以肯定的：通过多样化食物（水果、蔬菜、肉类、蛋、牛奶、乳制品、海/水产等）来增加必需微量营养素的摄入，其安全系数较直接补充维生素更大。

第二节 矿 物 质

对于人体正常代谢来说，约有21种矿物质是必不可少的，一旦缺乏，将不同程度地影响生理功能。这些矿物质称为必需元素或必需矿物质元素（表9.5）。虽然它们在体内的量很少，但却扮演着十分重要的角色。体内不能合成，必须从食物中摄取。

需求量大的矿物质（如钙、钠），又称为常量元素。需求量小的矿物质（如铜、碘），又称为痕量元素或微量元素。这种区分虽被广泛采用，但意义不大，因其尚无相应的生物学依据。人体对矿物质的每日需求量从微克到克不等。

矿物质在食物中分布广泛，而人体的需求量又很小，从表面上看很容易发生矿物质的摄入过量，但实际上矿物质的缺乏比过量更常见。因为矿物质必须要被吸收并转化成一定的形式才能在组织中起作用，而调控这个过程的因素很多。膳食中的矿物质被人体吸收利用的部分，被用来衡量矿物质的生物利用率。不同矿物质的生物利用率差别很大，如钠为100%，铁、铜、锰为10%，氯为5%。另外，不同的食物成分及饮食习惯也会对矿物质的摄入产生一定的影响。一项关于11个国家（包括日本、中国、泰国、意大利和美国等）的饮食调查显示，所有被调查的人群对钾、锰、钼、钠的摄入量均超过了美国的每日推荐供给量（recommended daily allowances，RDA），但是对钙和锌的摄入量均未达到RDA的要求[28]。

本章将分别讨论一些主要的矿物质。通过本章的学习，应该认识到在消化、吸收及代谢过程中，这些矿物质之间存在相互作用。例如，婴儿从母乳、牛奶、豆制品中摄入矿物质，然后在内腔中释放并通过肠道黏膜吸附，在此过程中铁和锌可相互作用，这就影响了它们的生物利用率。各种矿物质对饮食及健康的关系各不相同，其生物学功能也各不相同。这里仅讨论一些重要的矿物质。

表9.5 必需矿物质元素

元素	英文	元素	英文	元素	英文
砷	arsenic	碘	iodine	磷	phosphorus
硼	boron	铁	iron	钾	potassium
钙	calcium	铅	lead	硒	selenium
氯	chloride	锂	lithium	硅	silicon
铬	chromium	镁	magnesium	钠	sodium
铜	copper	钼	molybdenum	钒	vanadium
氟	fluoride	镍	nickel	锌	zinc

1. 钙

人体约含有1kg的钙（Ca），主要以磷酸钙晶体（羟磷灰石）的形式集中存在于骨骼中，与蛋白质胶原质形成蛋白结合钙。人体的其他组织也含有很少量的钙，钙的生理作用是参与肌纤维的收缩、神经功能、调节一些酶的活性以及凝血作用等。

存在于食物中的钙主要有无机钙盐（碳酸盐、磷酸盐、硅酸盐）、草酸、肌醇六磷酸形成的复合物以及与蛋白质（如牛奶酪蛋白）形成的复合物。钙只有在溶解的状态下才能透过肠内的上皮细胞被吸收。而无机盐在生理环境中的溶解性很小，所以这些盐中的钙很难被人体吸收。同样，存在于植酸盐（植酸是谷物、豆类中的一种强酸）和草酸盐（存在于菠菜、甜菜根、大黄、茶）中的钙也很难被人体吸收。这些钙的复合物（肌醇六磷酸钙、草酸钙）

在生理环境下的溶解度也很小。相反，牛奶和奶酪中的那些与蛋白质形成复合物的钙是可溶的，易被肠道吸收。乳糖（牛奶中的糖）可促进钙的吸收，膳食中的其他糖类也能促进钙的吸收。

研究表明，大肠中未被消化的碳水化合物可促进对钙的吸收。钙的生物利用率是指在消化过程中被溶解的程度[29]。它与食物种类和加工方法有关（如在生面团的发酵过程中，酵母降解了小麦粉中的肌醇六磷酸）。在食物消化过程中，胃酸可溶解食物中的无机钙，但进入小肠后，某些在胃中未被消化的物质使pH增高，使一些无机钙重新沉淀下来。在整个肠道中，钙是通过上皮细胞之间缓慢的扩散作用而被吸收的（paracellular absorption），在最接近小肠的部位，钙还可通过细胞间的转运被吸收（transcellular absorption）。这一过程是由代谢活性（活性转运）驱动的，维生素D可促进这一驱动机制。摄食量小的人群，钙的吸收比例相对较高；摄食量大，则其吸收比例相对较低。这是对饮食的一个适应性生理反应。

钙被吸收后，以可溶性钙的形式进入血浆、细胞外液和骨骼。骨骼中含有大量的不溶性钙，而血浆中含有5～10g的可溶性钙（正常浓度为2.25～2.60mmol/L），其始终处于一个相对恒定的状态。在一些激素的调节下，血浆中的可溶性钙可被沉淀为不溶性钙，而骨骼中的不溶性钙可以渗出并成为可溶性钙。这些激素有维生素D、甲状旁腺激素、降血钙素、性激素、生长激素、胰岛素等。

肾脏可排出大量的钙，但大部分又通过肾小管被重吸收。钙可在尿中以草酸盐或磷酸盐的形式沉淀，其中磷酸盐是以晶体（结石）的形式在肾脏或输尿管中形成的。不同饮食和疾病会影响它们的形成。钙的每日排出量与钙的摄入量、维生素D、营养状况、生殖状况以及年龄有关。高钙饮食者的尿钙水平通常也较高。成年人（小于50岁）可通过吸收足量的钙来平衡尿钙的损失量。孕妇、婴儿以及儿童，必须多食富含钙的食物来维持钙的平衡（利用量超过损失量），以促进新组织的合成。在制定各年龄段的人群维持健康所需钙的饮食摄入量时，上述因素必须加以充分考虑。

人在约30岁时，骨质达到峰值，之后骨密度逐渐下降。女性绝经后骨密度迅速下降。而男性骨密度的下降则较为平缓。骨质变脆，容易骨折，即临床上所说的骨质疏松症。钙以及骨的其他成分，均受骨质疏松的影响。引起骨质疏松的原因目前还不是很明确，但饮食中的钙并不能改变骨质损失的速率。据统计，约70%的骨质参数是由遗传决定的。其他因素对骨质疏松也有一定的影响，如在儿童和青少年时期应摄入足够的钙以确保骨骼充分发育成长，成年阶段保持足够钙的摄入和一定强度的运动，女性在绝经后进行替代激素治疗等[30]。

其他与营养有关的骨质异常，可能与维生素D摄入不足有关，或与维生素D代谢异常有关，但其发病率相对较低。儿童缺钙易患佝偻病，成人缺钙将导致骨软化。佝偻病的特征是体型矮小、下肢畸形，而骨软化是骨质脱钙。牛奶和乳制品是目前所知的含钙较丰富的食物。

2. 铜

铜（Cu）在体内的含量很少，共约80mg，广泛分布于各组织中。其主要的生物学功能是作为一系列酶——铜酶（cuproenzymes）的关键组分。这些酶大部分是氧化酶，其在产能、胶原质的合成以及神经递质（如去甲肾上腺素）的生成中扮演着重要的角色。例如在血液中，铜作为铜蓝蛋白的组分存在于红细胞中，该酶可催化二价铁（Fe^{2+}）氧化为三价铁（Fe^{3+}）。

铜的食物来源主要有贝类、豆类、谷物、坚果和动物肝脏。在食物中，铜以有机复合物形式存在，而胃的酸性环境可分离这些结合态的铜。一部分铜通过胃壁的被动扩散吸收，但大部分铜则是在十二指肠中被吸收的。pH 的升高会降低铜的溶解性，因此游离铜必须与体内的氨基酸或有机酸结合以保证其溶解性。一些因素会限制铜的吸收，例如锌，可竞争性地与蛋白质结合，将铜从肠道的黏膜细胞中转运出去。摄入的铜不足 50%被人体吸收，其余均通过粪便排出体外。肝脏中存在着大量的铜，组织器官中的铜主要是以铜蓝蛋白以及其他含铜蛋白的形式存在。通过调节胆汁分泌物可以控制铜的水平，但其机理尚不明确。饮食中的锌、铁可阻碍铜的吸收。

在我国，铜的每日推荐摄入量为 2mg/天。母乳喂养的婴儿一般不会出现铜的缺乏。但用配方奶粉尤其是基于大豆配方的奶粉喂养的婴儿很有可能出现铜的缺乏，从而引起生长滞缓。这是由于铜的生物利用率低引起的[31]。

铜摄入过量，会出现急性毒性，但一般不致命。这是因为铜是一种刺激物，它可引起呕吐。铜中毒很少见。

3. 氟

人体内约含有 2.5g 的氟（F），其主要存在于骨骼和牙齿中，血液及其他组织中含量很低。氟的生物学功能目前尚不明确，但其与组织的结合可促进某些矿物质结构的结晶度，这在牙齿的研究中得到了证实。氟被牙釉质中的羟磷灰石吸附后，在牙齿表面可形成一层抗酸性腐蚀的、坚硬的氟磷灰石保护层，可抵抗口腔中微生物发酵产生的酸性侵蚀，因此有防止龋齿的作用。

氟还有防止骨质疏松的功能。骨骼的 60%为骨盐（主要为羟磷灰石），而氟可与骨盐结晶表面的离子进行交换，并形成氟磷灰石。骨盐中的氟含量高，骨质才坚硬。而且适量的氟有利于钙、磷在骨骼中的沉积，从而加速骨骼的生长，维护骨骼的健康。此外，氟还对组织中的某些酶系统有一定的作用。

人体对从饮用水或氟片剂中摄取的氟的吸收率可达到 100%。而从食物中摄取的氟的吸收率仅为 50%～80%。这是因为一般食物均含钙，而钙可与氟形成不溶性复合物，从而降低氟的吸收率。氟主要在胃、小肠中通过被动扩散而被吸收，大部分氟通过尿液排出，很少一部分经汗液排出。人体对氟的摄入、排泄以及氟在血液中的浓度是否通过自身调节来实现，目前尚不明确。

在我国，氟的每日推荐摄入量为 1.5mg。除了海产品、茶以外，大部分食物中的氟含量均很低（$<30\mu g/100g$）。一些地区的饮用水中氟的含量也很低。众多研究表明，在氟充足地区生长的婴幼儿，其龋齿的发病率较氟不充足的地区约低 70%。人体对氟的健康需求量范围很小。一旦饮用水中的氟超过了 1mg/L，很多临床中毒症状（氟中毒）均会发生。牙釉质斑可能是慢性氟中毒的临床表现之一。据统计，在长期暴露于氟的人群中约 12.5%的人在一定程度上出现氟中毒[32]。

4. 碘

体内约 70%～80%的碘（I）集中在甲状腺上，参与含碘激素甲状腺素（T_4）和三碘甲状腺原氨酸（T_3）的合成。这两种激素与人体的生长、发育、产热以及代谢密切相关。神经组织对 T_3、T_4 十分敏感，尤其是在胎儿发育早期。

与其他的必需矿物元素相比，碘化物几乎可被人体全部吸收，但动物产品中的有机碘除外。碘的排泄主要通过尿液和汗液，只有很少量的碘通过粪便排出。通常情况下，碘的摄入与排泄是平衡的。

碘在世界各地的分布不均。其通常存在于土壤中，由于它为水溶性的，所以雨水很容易使其从土壤中流失。在我国的山区（如安第斯山脉和喜马拉雅山脉）和欧洲的阿尔卑斯山脉，土壤中的碘含量很低。海洋是碘的聚集地，主要以碘化物（I^-）的形式存在。海水中的一部分碘被阳光氧化成挥发性碘（I_2），其中的大部分挥发至空气中，再通过雨水回到土壤中。尽管如此，通过雨水回收到土壤中的碘仍然少于土壤中流失的碘。所以，即使是雨水充沛的地区，土壤中的碘含量仍然不足。而在这些土壤上生长的食物，不言而喻碘的含量非常低，从而导致当地人的碘缺乏症（iodine deficiency disorder，IDD）。

据统计全球约有16亿人患有碘缺乏症，尤其是在我国、拉丁美洲、东南亚和东地中海地区。这些地区的碘缺乏症是一种地方病。如果碘的摄入量不足25μg/天，那么各年龄段的人群均可发生不同程度的碘缺乏症状，如流产、死胎、婴儿死亡率增高、先天畸形、呆小症、甲状腺肿、脑发育障碍以及甲状腺机能减退等。我国不同年龄组人群碘的参考摄入量请参见参考文献[33]。

除了海产品以外，大部分食物中的碘含量均很低。果蔬、谷物中碘的含量约为10～70μg/100g，肉及其制品的碘含量约为5～10μg/100g。碘的额外来源有：强化碘盐、牛奶、强化碘饲料饲养的动物食物以及用含碘染料着色的加工食品。

很多食物组分可导致甲状腺肿，主要通过干扰甲状腺对碘的吸收从而破坏T4、T3。芸苔蔬菜（如卷心菜）含有葡萄糖醛酮，虽其本身并无生物学破坏性，但在有水的环境下可被黑芥子酶降解并释放出一些生物活性物质，如异硫氰酸盐、有机氰化物、唑烷硫因以及硫氰酸盐。这些物质被肠道吸收并代谢生成硫氰酸盐，其离子在甲状腺中可干扰碘的吸收。对这类蔬菜的过分依赖可引起甲状腺肿。其他食物中也含致甲状腺肿的组分，其可使血液中的硫氰酸盐含量升高。这类食物中最受关注的是木薯，它是一种根类蔬菜，是非洲人群的主食，它含有氰化物氰酸糖苷，可产生氰化物。尽管在木薯的传统加工中很大一部分氰化物氰酸糖苷已被去除，但仍有一小部分可随木薯而被人体摄入并代谢成硫氰酸盐。

在自然界中，碘含量低的地方（如扎伊尔）碘缺乏症的发病率很高，其主要临床表现为呆小症、单纯性甲状腺肿。此外，硒缺乏也可加重碘缺乏。

碘摄入过量可导致甲状腺功能异常，这在很多文献中均得到了证实。在日本，因摄入过多含碘丰富的海藻、在澳大利亚塔斯马尼亚岛因膳食中增加了强化碘而出现了不同程度的甲状腺肿的病例。

5. 铁

体重为70kg的成年男性的体内约含有3.7g的铁（Fe），其大部分以两种金属蛋白的形式存在，即血红蛋白和肌红蛋白。这些分子中也包含非蛋白结构，称为血红素。每个血红素的中心有一个铁原子，血红蛋白共有4个血红素，每个血红素均与球蛋白的不连续多肽结合。这样血红蛋白就有4个铁原子。而肌红蛋白只有一个血红素，因此只有一个铁原子。

血红素中的铁有一个重要特征，即其可与氧可逆性地结合。血红蛋白存在于红细胞中，它在肺中与氧结合，并将氧运送至组织中参与细胞中的氧化反应。另外，肌红蛋白仅存在于肌肉细胞中，在人体处于代谢高峰期时作为氧的储备库。其余的铁存在于一系列的金属蛋白中，如铁蛋白（ferritin，一种储备蛋白）、运铁蛋白（transferrin，一种运输蛋白）、细胞色素（cytochromes，一种铁原子起关键作用的参与氧化还原反应的蛋白）以及非血红素铁酶等。

与其他矿物质不同，铁的排泄无特定的生理机制。虽然它在体内可得到有效的回收，但也可随上皮细胞自皮肤及肠道脱落而流失。此外，经期失血或外伤出血也可导致铁的流失，所以体内铁的含量在很大程度上取决于饮食的调节。肠道中铁的吸收主要受两个因素的影响：①铁在食物中的存在形式；②影响铁吸收的食物组分。

在动物中，铁以血红素的形式存在。在谷物、蔬菜中，它主要以无机铁盐的形式存在。无机铁盐可与其他食物组分如菠菜中的草酸盐、谷物中的肌醇六磷酸、茶叶中的多酚等结合成复合物，不被人体吸收。在消化的过程中，胃的酸性环境可将铁还原成二价铁（Fe^{2+}），通过此种形式将铁从复合物中释放出来。维生素C以及食物中的其他还原性组分可促进这一还原反应。在接下来的胃肠道和十二指肠中，碱性环境将二价铁（Fe^{2+}）氧化成三价铁（Fe^{3+}），这种形式的游离铁易被黏膜细胞吸收。血红素可直接被黏膜细胞吸收，然后中心的铁原子在细胞中被释放。

总之，动物中的铁较谷物、蔬菜中的无机铁更易吸收。烹调可使铁的吸收率提高，同时食用富含维生素C的食物可进一步提高其吸收率。典型的杂食者对铁的吸收率约为20%，而素食者对铁的吸收率不足10%[34]。铁的主要来源是谷物（40%）、肉类（女性17%、男性22%）和蔬菜（女性12.9%、男性11.7%），茶提供了铁总摄入量的7%～12%。

铁的化学性质很活泼，可与多种蛋白非特异性结合，还可催化氧化反应。在体内，铁通常与特定的蛋白结合，很少以游离铁的形式存在。铁在肠道中被吸收后，储存于铁蛋白（ferritin）中，当铁蛋白的储存已满，铁就与磷酸盐形成含铁血黄素（hemosiderin）。铁蛋白储存铁的能力很强，一分子铁蛋白可结合3000个铁原子。大量的铁蛋白储存于肠道黏膜上，随着黏膜细胞的不断脱落，一些已被吸收的铁回到内腔中，并通过粪便排出体外。另外一些被吸收的铁，以铁蛋白形式转运至其他组织中（主要在肝脏中）储存或利用（例如转运至骨髓中参与血红蛋白的合成）。铁在不同的组织间不停地转运，并被有效地回收，因此只需从饮食中获得很少量的铁来“加满”铁的储备。但由于铁的生物利用率较低（15%～20%），因此需摄入足量的铁才能满足健康的需求。

对于铁储备量低的人，膳食中铁的吸收率会超过40%，这可能是生理适应性反应的结果。不同年龄段对膳食铁的需求量也有所不同。出生时体内的储备铁足够婴儿出生后4个月内的需求，但这之后就需摄入足够的铁以保证生长的需要（5～12个月的需求量为10mg/天，1～10岁为12mg/天）。青少年时期铁的需求量将有所增加（11～13岁，男为16mg/天、女为18mg/天；14～17岁，男为20mg/天、女为25mg/天）。成年男性对铁的需求量为15mg/天，而育龄女性（18～49岁）对铁的需求量高（20mg/天），以补偿通过经血而流失的铁。孕妇对铁的需求量更大（25～35mg/天）。而绝经后的女性对铁的需求量较少（15mg/天）[33]。

孕妇和乳母很容易缺铁，因此对铁的需要量很大，以满足胎儿发育和哺乳的需求。缺铁是最常见的营养性疾病，尤其是当铁的供给不足以补偿每日丢失的铁蛋白时，更易发生。红细胞中血红蛋白不足（贫血）是缺铁性疾病发展后期的一个主要特征[35]。据WHO统计，1/12的女孩（青春期）和育龄女性的铁储备不足（血浆铁蛋白偏低），其中的1/4有不同程度的贫血。慢性缺铁将引起低血红蛋白、低血浆铁蛋白、高转运铁蛋白以及组织中铁含量降低。

缺铁可通过补铁或摄入富含铁的食物得到补偿。铁还可与一系列的必需元素或有潜在毒性的元素相互作用，以改变其生物利用率或代谢过程。例如，儿童的严重铜缺乏症与补铁有关，婴儿的铜缺乏和铁缺乏并存与食用未经营养强化的牛奶以及低铜食物有关。

色素沉着症，大多与遗传有关。它以铁的吸收与储备增多为特征。当铁蛋白达到饱和时，过量的铁以含铁血黄素的形式沉积于肝脏及心脏中，可引起该器官的功能异常。

6. 镁

与钙和磷相似，体内大部分的镁（Mg）主要集中于骨骼中。成年人约含镁25g。镁在代谢中扮演着重要的角色，如在氧化代谢及神经肌肉活动中可提高激酶（将磷酸盐自ATP分子中转运至另一分子中的酶）的活性。

镁通过主动运输和被动扩散两种形式在小肠中被吸收。镁的吸收率受饮食的影响，一般为20%～30%。低镁饮食，镁的吸收率相对较高。钙的存在可抑制镁的吸收，这是因为钙和镁竞争同一个转运载体。日摄入300mg的镁可补偿经粪便损失的200mg（包括膳食中未吸收的部分、消化液与脱落的上皮细胞所包含部分）镁以及通过尿液排出的100mg镁。

我国推荐镁的参考摄入量随年龄的增长而有所增加，成年男性为350mg、成年女性为270mg、孕妇和乳母为400mg[33]。镁广泛存在于食物中，主要有谷物、蔬菜、乳制品及软饮料。由饮食引起的镁缺乏症很少，一般是由其他疾病导致的，如酒精中毒、糖尿病、吸收障碍与肾病等。镁中毒也很少见，通常是伴随其他疾病而发生的，应对症治疗。

7. 磷

磷（P）在体内以多种形式存在。成人700g磷中的600g存在于骨骼中。无机磷酸盐（PO_4^{3-}）是骨骼中羟磷灰石晶体的组成部分，也是遗传物质（DNA和RNA）的组分。焦磷酸盐（$P_2O_7^{4-}$）在机体产能过程中起着重要的作用。有机磷酸盐（RPO_4^{2-}）是组织中磷蛋白、磷脂及磷糖的组分。

大部分磷是在小肠中通过主动运输和被动扩散吸收的，胃也可吸收少量的磷。1,25-二羟基维生素D_3可促进磷的吸收，但当它与钙以及肌醇六磷酸形成不溶性复合物时却可抑制磷的吸收。内腔中高含量的钙可降低1,25-二羟基维生素D_3的水平，从而抑制由1,25-二羟基维生素D_3促进的磷的吸收。饮食中的钙磷比应达到多少，才能降低不溶性复合物的形成，使两种元素的吸收均达到最大化，还有待研究。

牛奶中的磷含量较高，因而使钙的吸收率降低。一些仅用牛奶喂养的婴儿可能会因此而发生肌肉痉挛。母乳的钙磷比较高，因此钙的吸收率也较高。通常杂食者对磷的吸收率约为65%。体内磷的平衡主要是通过肾脏来调节的，每日约有600～800mg的磷经尿液排出。

磷的参考摄入量：婴儿约150mg/天，青少年发育期约1000mg/天，成人约700mg/天。磷广泛存在于食物中（谷物、乳制品、肉类等），故膳食磷缺乏很少发生。

8. 钾

钾离子（K^+）是细胞内液的主要阳离子，其通过与钠离子（Na^+）和氯离子（Cl^-）的反应来调控体内水的平衡，同时参与神经-肌肉的电生理过程。

钾在液体中的浓度通常用物质的量浓度来表示，通过物质的量浓度更易理解其在生物学中与其他离子的反应。体内的钾储备为3～4mmol/L，主要是在细胞内，而钠则主要分布在细胞外液。从食物中摄取的钾可在小肠中100%被吸收，主要是经肾脏排出。血浆中钾的浓度一般恒定在3.5～5.0mmol/L，远低于细胞内的钾浓度（150mmol/L）。

有些国家，钾的推荐摄入量（大于8岁）为50～140mmol/天。一般食物中均含有钾，豆类、坚果及水果都是钾的良好来源，其中香蕉、番茄和柑橘中钾的含量最高。钾的广泛分布意味着膳食钾的缺乏很少见。低血钾（hypokalemia）可能与多种因素有关，如腹泻、高胰岛素、营养不良、应用利尿剂或轻泻剂等。

9. 钠和氯

钠离子（Na^+）和氯离子（Cl^-）是细胞外液（如血浆）的主要电解质。其通过控制水在组织内及组织间的移动，参与细胞外液的渗透平衡。此外，它们在肌肉和神经的电生理上也扮演着重要的角色。体内约20%的钠存在于骨骼中，这部分钠与细胞外液的交换非常缓慢。钠、氯在胃肠道中的吸收几乎不受任何因素的影响，且很容易从食物及饮料中获得。体内钠的平衡主要是通过肾脏的排泄来调节的，钠的排泄总是伴随着氯的排泄，以维持体内电解质的平衡。与尿液中钠的排出量相比，经汗液排出的钠是很少的（2～4mmol/天），但其排出量可随剧烈运动和持续时间的延长而不断增多（可达350mmol/天）。

通常情况下，钠、氯以氯化钠（食盐）的形式摄入。食物原料及未加工食品的钠含量通常是比较低的，但在食品加工过程中可人为地加入食盐从而使钠的含量增高。在亚洲，作为日常调味品使用的谷氨酸钠、面酱和酱油等均为钠的重要饮食来源。食盐及富含食盐的调味品的使用，会使不同人群对钠的每日摄入量产生很大的差异。据报道，在亚马逊河流域居住的印第安人对钠的摄入量低至 34mmol/天（2g 食盐），而居住在日本北部的居民则高达 595mmol/天（35g 食盐）。

高钠的摄入可增高易感人群的血压，而钾可中和这种趋势。于是有些学者推荐膳食的钠钾比为 1∶1，由此可降低体内钠的水平。目前 WHO 对食盐的推荐摄入量为 5g/天，而我国目前的食盐参考摄入量为 6g/天。

10. 锌

体内的含锌（Zn）量约为 2g。其中 60%存在于肌肉中，30%存在于骨骼中，少量（但不可忽视）存在于皮肤、肝脏和大脑中。锌的主要功能是作为百余种酶的组分（辅酶），这些酶参与一系列重要的代谢过程，如碳水化合物的代谢、DNA 的合成、蛋白质的合成、蛋白质的消化、骨骼代谢、大脑受体及神经递质的合成等。体内没有锌的储备库，但当膳食中锌的含量不足时，体内含锌酶的活性及血浆中锌的水平仍可维持几个月，这可能是锌从组织中被转运出来进行分解代谢的结果[36]。

食物中的锌在胃的酸性环境下被溶解，然后被小肠吸收。同时，锌还通过消化液、脱落的细胞、尿液、毛发以及汗液排出。对锌的吸收率与体内锌的水平有关。组织内锌含量高时其吸收率较低，反之则较高。膳食中锌的生物利用率受一系列的内外因素的影响，与铁类似。

重度缺锌的临床表现为生长迟滞、骨骼及性发育缓慢、皮肤损害、腹泻以及行为异常等[31]。一般锌缺乏很少见，通常是伴随其他疾病而出现的。对于经济发展较落后的国家及摄入肉制品较少的个体来说，轻度的锌缺乏较为常见。其表现为生长缓慢、神经生理功能受损等。其可通过补锌得到改善。在缺锌地区，学龄儿童的膳食中添加锌及多种矿物质，10 周后其神经运动功能便得到良好的改善[37]。限制饮食的老年人也可出现锌缺乏，研究发现在膳食中添加锌可提高老年人的免疫功能[31]。然而儿童对锌的需求量很高，仍处在生长发育期，如完全食素则使他们发生缺锌的概率大大升高[38]。缺锌常伴随着缺铁，此种情况大多发生于年轻女性、孕妇以及乳母（见铁缺乏）。

我国推荐的锌参考摄入量：婴儿 6 个月前 1.5mg/天；6 个月～1 岁 8mg/天；1～3 岁 9mg/天；4～6 岁 12mg/天；7～10 岁 13.5mg/天；11～17 岁，男性 19mg/天、女性 15mg/天；成年男性 15mg/天、女性 11.5mg/天；孕妇 16.5mg/天；乳母 21.5mg/天。

锌摄入过量可引起恶心、呕吐等胃肠道反应，这就有助于预防锌的毒性。如果摄入量大于 50mg/天，虽然一般不会出现急性中毒症状，但可干扰铜的吸收。如果摄入量增至 400～600mg/天，可导致由缺铜引起的贫血[33]。

11. 硒

硒（Se）的生物学功能主要在于它是酶的活性部位，而这些含硒的酶可催化体内的氧化还原反应。在体内，硒通常作为硒半胱氨酸的组分组成硒蛋白。

含硒半胱氨酸的酶有谷胱甘肽过氧化物酶和甲状腺素脱碘酶。谷胱甘肽过氧化物酶可去除代谢过程中产生的可致损伤的活性氧，而甲状腺素脱碘酶可去除循环系统中多余的甲状腺素。

硒在植物性食物中以硒蛋氨酸的形式存在，而在动物性食物中以硒蛋白或无机硒盐（SeO_3^{2-}）的形式存在。体内对膳食中硒的吸收率不受自我调节的控制，其在小肠及大肠中被吸收，然后经尿液和粪便排出体外。

硒在食物中的含量反映了其在土壤中的含量以及在食物链中的蓄积。一些国家的食物分析显示，硒含量最丰富的食物为鱼和动物肝脏，但对体内摄入硒贡献最大的是谷物。我国硒的推荐摄入量：成人 50μg/天、乳母 65μg/天。其主要是根据体重制定的，故未成年人的需求量可能较成人相对低一些。

在我国的克山地区和其他缺硒地区，膳食中硒的含量较低（11μg/天），低血浆硒（克山病）引起的心肌改变曾是该地区盛行的一种地方性疾病。自补硒治疗后，克山病的发病率逐渐降低，自 1982 年至今未再发生。但克山病在全球其他土壤硒水平较低或膳食摄入硒较低的地区（如新西兰、芬兰）却并不常见，这可能与缺硒的程度有关。

硒能提高人体免疫力，预防肿瘤。美国的一项对 1312 人进行的临床试验（双盲对照试验）表明，口服 200μg/天的硒可明显降低前列腺癌、结肠直肠癌以及肺癌的发病率。但对皮肤癌的发病率无显著影响[39]。

其他矿物元素还有锰、铬和钴，其在体内均具有重要的生物学功能。它们的膳食来源、相应的缺乏症以及过量摄入可能产生的毒性见表 9.6。

表 9.6 其他有重要生物学功能的元素

元 素	生物学功能	膳食来源	缺乏症	过量中毒
锰(Mn)	金属酶的组分	茶、谷物、香料	不明	矿工神经系统疾病
铬(Cr)	加强胰岛素的作用	肉、豆类、谷物、酵母	影响葡萄糖的代谢	矿工的肺癌及皮肤癌的发病率升高
钴(Co)	维生素 B_{12}的组分	动物食品、动物肝脏	表现为维生素 B_{12}缺乏症，并非钴缺乏	不明

第三节 水

一、水的分类

水可以是液态、气态和固态，按其成分和结构分类如下。

软水：硬度低于 8 度的水（不含或含有少量钙镁化合物）。

硬水：硬度高于 8 度的水（钙镁化合物含量高）。硬水会影响洗涤剂的效果。锅炉用水硬度高，不仅浪费燃料，且可使锅炉内管道局部过热，易引起管道变形或损坏，加热可产生较多的水垢。

淡水：含盐量低的水。例如湖水、地下水、井水、雪水、雨水。

咸水：含盐量高的水。例如海水。

超纯水：纯度极高的水。多用于生物学、医学等科研以及电子工业中。

结晶水：又称水合水。在结晶物质中，以化学键力与离子或分子相结合的、数量一定的水分子。

重水：化学分子式为 D_2O，每个重水分子由两个氘原子和一个氧原子构成。重水在天然水中不足万分之二。通过电解水得到的重水比黄金还昂贵。重水可用作原子反应堆的减速剂和载热剂。

超重水：化学分子式为 T_2O，每个超重水分子由两个氚原子和一个氧原子构成。超重水在天然水中极其稀少，其比例不足十亿分之一。超重水的制取成本比重水还要高上万倍。

氘化水：化学分子式为 HDO，每个分子中含一个氢原子、一个氘原子和一个氧原子。用途不大。

水参与体内全部的生理活动。它可溶解多种营养物质，不过蛋白质和脂肪等必须成为悬浮于水的胶体状态后才可被人体吸收。水在血管、细胞之间川流不息，将氧气和营养物质运送至各组织器官，再将代谢废物排出体外。总之，生命离不开水。

水参与体温的调节，呼吸、出汗时均可排出一些水分。如炎热季节，环境温度有时高于体温，人体通过出汗使水分蒸发带走部分热量来降低体温，避免中暑。而天寒时，由于水储备热量的潜力很大，使人体不至于因外界的温度低而使体温发生明显的波动。水也是体内的润滑剂，可滋润皮肤。体内的关节囊液、浆膜液可使关节、韧带、器官之间保持灵活。眼泪、唾液等也均为相应器官的润滑剂。

二、人体水的含量

胎儿在最初几周的含水量为93%～95%；出生时含水量为72%；随后几天降至60%。这与成年男性的平均含水量相当。而成年女性的平均含水量稍低，为51%。

从量的角度来看，水是人体最重要的组分。水具有独特的物化特性和强大的溶解能力，是无数生物化学反应与生理过程的介质，这些均是维持生命的必需条件。水在体内的分布并不一致，例如，牙齿中水含量为15%、骨骼20%、脂肪组织20%～30%、肌肉70%、血浆90%。为了更好地了解水在体内的转运，可将水在体内的存在形式归为两大类，即细胞内的水（细胞内液）和细胞外的水（细胞外液）。

三、体内水的运动与组织电解

水和体内组织的其他组分一样，始终处于动态平衡。细胞膜具有通透性。水可从膜的一边移至另一边，通常是从电解质（电离的物质）浓度低的一边移向浓度高的一边，这个过程称为渗透作用。体液中的电解质主要有钾离子（K^+）、钠离子（Na^+）、氯离子（Cl^-）、磷酸盐（HPO_4^{2-}）、重碳酸盐（HCO_3^-）以及蛋白离子。另外还有浓度较低的钙离子（Ca^{2+}）和镁离子（Mg^{2+}）。形成渗透梯度的电解质浓度可以通过试验间接得到。其通常用渗透压摩尔（Osmol）来表示。

人体通过微妙的自我平衡机制来调节体液中水和电解质的量，使电解质的浓度维持在正常的范围内。水和组织中电解质的含量是密切相关的，其中一个平衡的破坏将影响到另外一个平衡。

大部分体液中含有的电解质可产生300mOsmol/L的渗透压（如血浆的渗透压为280～292mOsmol/L）。而不同体液的电解质组成有很大的差异。细胞间的渗透梯度是通过细胞膜的特殊结构以及相关的代谢过程来维持的。如果细胞膜两侧没有渗透梯度，水就不会流动，也就不会按一定的规则被转运。

四、人体在安静及运动状态下水的平衡

健康人在安静状态下的水平衡是指损失的水的总量与从饮食中摄入的总量相平衡。体内每日摄入的水中60%来自液体饮料、30%来自固体食物，另外的10%是在组织细胞内产生（氧化反应）的。如一体重为70kg的成年人每日需从食物和饮料中获取约2.3L的水，体内自身代谢还会产生150～250mL的代谢水。

体内的水可通过以下四种形式流失：①皮肤蒸发；②肺部蒸发；③肾脏排泄；④粪便排泄。

皮肤对水是有通透性的，水扩散到皮肤表面并蒸发。呼出的气体也会带走一些水分。经皮肤和肺流失的水统称为“不知不觉的水流失”。因在凉爽和安静状态下，人们几乎感觉不到此种形式的水流失。在安静状态下，大部分（60%）水是经肾脏排泄的。肾脏排出50～

60mL/h 的水。少量（5%）的水是通过粪便排出的。

运动时，因散热的需求量增加，水以汗液的形式流失也增加。这时经肾脏排出的水会相应地减少以保存体内的水分。如表 9.7 所示。人体在安静状态下需摄入约 0.092L/h 的水。而在运动中或运动后则需摄入约 1.31L/h 的水，以补偿在这 1h 运动流失的水。

表 9.7 一个 70kg 体重的人在安静状态和运动状态下每小时流失的水

项 目	安静状态下每小时水的流失		运动状态下每小时水的流失	
	流失量 /(mL/h)	占总水量的比例 /%	流失量 /(mL/h)	占总水量的比例 /%
皮肤	15	16.30	15	1.13
肺	15	16.30	100	7.55
尿液	58	63.04	10	0.75
汗液	4	4.35	1200	90.57
总和	92	100	1325	100

五、电解质平衡与水平衡

在水流失的同时，电解质也随之流失，这些损失可通过从饮食中摄取而得到补偿，以使体内的电解质组成维持不变。

体内一般不会发生电解质的缺乏或过量。从表 9.8 可以看出，肾脏控制着尿的排出及尿液的浓度，它是调节电解质的主要器官。汗液与尿液均是由血浆经渗透过滤产生的，汗液中电解质的浓度（80～185mOsmol/L）是血浆浓度（300mOsmol/L）的 1/3，而尿液中电解质的浓度范围较大，可从很淡至 5 倍的血浆浓度（1400mOsmol/L）。作为调节组织中电解质浓度的火车头，尿液可排出一些代谢终产物如尿素、尿酸和肌氨酸酐，该终产物对血浆及尿液的渗透性均有一定的影响。

表 9.8 安静状态下体内达到水与电解质平衡的成年人的汗液和尿液中的主要电解质的每日排出量

体 液	24h 的量 /mL	24h 排出的物质/mg		
		Na^+	Cl^-	K^+
汗液	100①	115	144	20
尿液	100①	3500	5400	2700

① 平均值（组成不同）。

肾脏是由约 100 万根肾小管组成的，这些肾小管可使血浆和尿液进行有效的溶质交换。溶质和水的交换是由一系列因素控制的，如主动运输、被动扩散、吸收以及渗透机制。渗透梯度通过肾脏组织中的细胞膜调节，能有效改变电解质的浓度。通过这些过程，肾脏可调控血浆及尿液中电解质的浓度。

尿液量（主要是水）受体内的抗利尿激素调控，抗利尿激素由脑垂体分泌。尿液量的最小值取决于它被浓缩的程度，成人尿液的浓度一般可浓缩至血浆的 5 倍。如果盐的排泄或尿素产量增加，那么尿液量将增加。但在一般情况下，水的摄入量是不受限制的，尿液量主要取决于水的摄入频率与总量。

六、渴与脱水

渴是一种生理反应。如果口渴持续一段时间，就将出现疲劳与高浓度尿。渴是由一系列生理因素引起的，其中有组织液渗透性的增高、血流量减少、细胞脱水等，此时通过饮水可迅速纠正机体的脱水状态。

一般来说，体内水的流失低于2.5%对健康是不会有影响的，但如流失量持续高于2.5%，将对人体的正常功能产生不同程度的影响。若失水高于20%，又不能及时补充，将会导致不良后果。引起脱水的主要原因是过量排汗、持续腹泻以及过量排尿。与成人相比，婴幼儿更易脱水，因其代谢速率高，通过蒸发（通过肺和皮肤）损失的水也相对较多。另外，婴幼儿的肾脏尚待发育，因此对尿液的浓缩功能差，尿量较多。用过度浓缩的配方奶粉喂养的婴儿更易脱水，因溶质增加使尿液量也增加。

正在剧烈运动或从事重体力的劳动者，一般每小时通过汗液流失的水超过1L，需要不断地饮水以补偿大量流失的水分。如果持续大量地出汗，那么电解质的流失也会增加，此时除了需补充水分外，还需补充一定的电解质。4L汗液中的钠离子和氯离子的含量约相当于9g的食盐。曾有报道说马拉松选手易发生虚脱或低血钠（hyponatraemia）。而在运动中需补钠的说法一直存在争议，因为运动饮料中的钠含量（25mmol/L）一般足以防止低血钠，而高浓度的钠人体又承受不了。目前，市场上一系列的运动型饮料可用于补充水和电解质，其中的钠离子、氯离子和镁离子的浓度与汗液中的浓度很接近，而钾离子的浓度略高，并且还含有一定量的葡萄糖和柠檬酸盐。

胃肠道感染引起的腹泻通常是导致婴幼儿脱水的原因之一，尤其是在发展中国家。其可通过补充含氯化钠和葡萄糖的水合液来预防，水合液中的水较单纯的水或氯化钠水溶液更易被胃肠道吸收。

总结

- 维生素是正常生长和代谢过程中所必需的有机化合物。
- 体内不能合成足够量的维生素，必须从食物中摄取。
- 脂溶性维生素，包括维生素A、维生素D、维生素E和维生素K。其普遍存在于动物脂肪及植物油中，可被体内组织储存，如摄入过量可能引起中毒。
- 水溶性维生素，包括维生素C及B族维生素。如摄入过量可经尿液排出体外。
- 一般很少发生单一的维生素缺乏症，复合维生素缺乏症的发生率相对较多。
- 饮食丰富且运动量大的个体，一般不需额外补充维生素。
- 一系列符合维生素定义的化合物正在逐渐被发现并鉴定出来。一些是从植物中提取的“植物化学因子”；一些可能并非在任何条件下均为人体必需的“条件性必需”。
- 一些矿物质或元素是人体组织的重要组分，如果膳食中摄入不足，会引起代谢过程紊乱，其临床症状将会显现出来。另外，如摄入过量也会引起不良反应或中毒。
- 每种矿物质均有其不同的生理功能。如作为骨骼的结构组分、作为运氧蛋白的中心原子、作为酶的组分、作为电解质调节水在组织间的平衡等。
- 体内的矿物质必须维持在一定的水平以满足健康的需求，该过程受到矿物质的吸收与排泄平衡的调控。矿物质的需求量从每日几微克到数百毫克，它们在肠道的吸收率从10%～100%。
- 矿物质的生物利用率，是指体内用于代谢的某种矿物质的量与其从膳食中摄取的量的比值。
- 矿物质在食物中分布广泛但不均匀，因此饮食的多样化有助于预防矿物质的缺乏与过量。

● 人体中的水处于动态平衡中。人体从食物和饮料中摄入约 2.5L/天的水，与经尿液、粪便、汗液以及呼出气体的形式流失的水相平衡。

● 组织中的水含量与电解质的含量密切相关，尤其是钠离子、钾离子和氯离子。

● 肾脏是人体保持体液体积和渗透压的主要器官，它直接控制血浆和尿液中水和电解质的含量，间接地控制其他组织中水及电解质的含量。

● 一般情况下，从饮食中摄入的电解质可以满足人体需要。而对水的需求则是通过对渴的反应而得到满足的。

● 过量排汗、排尿或严重腹泻会导致脱水。与成人相比，婴幼儿、儿童更容易脱水。

参 考 文 献

[1] Machine LJ. Handbook of vitamines：nutritional，biochemical，and clinical aspects. New York：Marcel Dekker Press，1984.

[2] Kant AK，Schatzkin A，Harris TB，Ziegler RG，Block G. Dietary diversity and subsequent mortality in the first national health and nutrition examination survey epidemiologic follow-up study. Am J Clin Nutr，1993，57（3）：434-440.

[3] Solomons NW，Bulux J. Effects of nutritional status on carotene uptake and bioconversion. Ann NY Acad Sci，1993，691：96-109.

[4] Sommer A，West KP. Vitamin A Deficiency：Health，Survival，and Vision. New York：Oxford University Press，1996.

[5] Jackson RD，LaCroix AZ，Gass M，et al. Calcium plus vitamin D supplementation and the risk of fractures. N Engl J Med，2006，354：669-683.

[6] Pryor WA. Vitamin E and heart disease：Basic science to clinical intervention trials. Free Radic Biol Med，2000，28（1）：141-164.

[7] Rimm EB，Stampfer MJ，Ascherio A，Giovannucci E，Colditz GA，Willett WC. Vitamin E consumption and the risk of coronary heart disease in men. N Engl J Med，1993，328：1450-1456.

[8] Knekt P. Vitamine E and cancer prevention//Frei B. Natural Antioxidants in Human and Disease. San Diego：Academic Press，1994：199-238.

[9] Nathalie MJ，Henny WM，Frans JM，Blom HJ. Folate，homocysteine and neural tube defects：An overview. Exp Biol Med，2001，226：243-270.

[10] Padayatty SJ，Katz A，Wang Y，et al. Vitamin C as an antioxidant：evaluation of its role in disease prevention. J Am Coll Nutr，2003，22（1）：18-35.

[11] Enstrom JE. Vitamin C intake and mortality among a sample of the United States population. Epidemiology，1992，3：194-202.

[12] Wahlqvist ML，Wattanapenpaiboon N，Kouris-Blazos A，Mohandoss P，Savige GS. Dietary reference values for phytochemicals. Proc Nutr Soc Aust，1998，22：34-40.

[13] Sies H，Stahl W. Vitamins E and C，beta-carotene，and other carotenoids as antioxidants. Am J Clin Nutr，1995，62（suppl）：1315-1321.

[14] Bendich A. Carotenoids and the Immune Response. The Journal of Nutrition，1989，119（1）：112-115.

[15] Sies H，Stahl W，Sundquist AR. Antioxidant functions of vitamins. Vitamins E and C，beta-carotene，and other carotenoids. Ann N Y Acad Sci，1992，669：7-20.

[16] Shils ME，Olson，JA，Shike M，Ross AC. Modern Nutrition in Health and Disease. Maryland and Pennsylvania：Lippincott，Williams & Wilkins，1998.

[17] Zeisel SH. Choline and lecithin//Sadler MJ. Encyclopedia of Human Nutrition. San Diego：Academic Press，1998.

[18] Wahlqvist ML，Briggs DR. Food：Questions and Answers. Melbourne：Penguin Books，1991.

[19] Aherne SA，Brien NM. Dietary flavonols：chemistry，food content，and metabolism. Nutrition，2002，18：75-81.

[20] Hooper L，Kroon PA，Rimm EB，et al. Flavonoids，flavonoid-rich foods，and cardiovascular risk：a meta-analysis of randomized controlled trials. Am J Clin Nutr，2008，88：38-50.

[21] Chun OK，Chung SJ，Song WO. Estimated dietary flavonoid intake and major food sources of US adults. J Nutr，2007，137：1244-1252.

[22] Hertog MG, Feskens EJ, Hollman PC, Katan MB, Kromhout D. Dietary antioxidant flavonoids and risk of coronary heart disease: the Zutphen Elderly Study. Lancet, 1993, 342: 1007-1011.

[23] Flagg EW, Coates RJ, Eley JW et al. Dietary glutathione intake in humans and the relationship between intake and plasma total glutathione level. Nutr Cancer, 1994, 21 (1): 33-46.

[24] Wojcik OP, Koenig KL, Zeleniuch-Jacquotte A, Costa M, Chen Y. The potential protective effects of taurine on coronary heart disease. Atherosclerosis, 2010, 208 (1): 19-25.

[25] Kumar A, Kaur H, Devi P, Mohan V. Role of coenzyme Q10 (CoQ10) in cardiac disease, hypertension and Meniere-like syndrome. Pharmacol Ther, 2009, 124 (3): 259-268.

[26] Ho MJ, Bellusci A, Wright JM. Blood pressure lowering efficiency of coenzyme Q10 for primary hypertension. Cochrane Database Syst Rev, 2009, 4: CD007435.

[27] Wahlqvist ML. Vitamin use in clinical medicine. Med J Aust, 1987, 146 (1): 30-37.

[28] Parr RM, Dey A, McCloskey EV, et al. Contribution of calcium and other dietary components to global variations in bone mineral density in young adults. Food Nutr Bull, 2002, 23 (Suppl): 180-184.

[29] Guegen L, Pointillart A. The bioavailability of dietary calcium. J Am Coll Nutr, 2000, 19 (Suppl): 119-136.

[30] Eisman JA. Genetics of osteoporosis. Endocr Rev, 1999, 20: 788-804.

[31] World Health Organization (WHO). Trace Elements in Human Nutrition and Health. Geneva: FAO/WHO Press, 1996.

[32] McDonagh M, Whiting P, Bradley M, et al. A Systematic Review of Public Water Fluoridation. NHS Center for Reviews and Dissemination: University of York Press, 2000.

[33] 中国营养学会. 中国居民膳食营养素参考摄入量. 北京：中国轻工业出版社，2005.

[34] Hunt JR. Bioavailability of iron, zinc, and other trace minerals from vegetarian diets. Am J Clin Nutr, 2003, 78 (Suppl): 633-639.

[35] Tatala S, Svanberg U, Mduma B. Low dietary iron availability is a major cause of anemia: a nutrition survey in the Lindi District of Tanzania. Am J Clin Nutr, 1998, 68: 171-178.

[36] Dreosti I. Zinc: nutritional aspects//Langley ZA & Mangas S. National Enviromental Health Forum Monographs. Adelaide: South Australian Health Commission Press, 1997.

[37] Sandstead HH, Penland JG, Alcock NW. Essentiality of zinc in human nutrition//Langley ZA, Mangas S. National Enviromental Health Forum Monographs. Adelaide: South Australian Health Commission Press, 1997.

[38] Gibson RS. Zinc supplementation for infants. Lancet, 2000, 335: 2008-2009.

[39] Reid ME, Duffield-Lillico AJ, Slate E et al. The nutritional prevention of cancer: 400 mg per day selenium treatment. Nutr Cancer, 2008, 60 (2): 155-163.

第十章 食物的消化

目的：

• 学习和掌握食物的消化过程，即食物如何被消化酶混合、液化以及降解。

• 阐述体内如何吸收营养素。

• 阐述消化道的特殊部位（胃、小肠、大肠）的消化过程和相关的特殊器官（胰腺和肝脏）。

• 简述消化道内微生物存在的重要意义。一些种类的细菌能为人体提供维生素。

• 简介消化系统的常见疾病。

重要定义：

• 消化道：是由口腔、食管、胃、小肠（十二指肠、空肠、回肠）、大肠（盲肠、结肠、直肠）和肛门组成的。

• 乳糖不耐受：是指由于体内的乳糖酶缺乏或不足，没有足够的能力消化相当数量的乳糖。

消化道是由口腔、食管、胃、小肠（十二指肠、空肠、回肠）、大肠（盲肠、结肠、直肠）和肛门组成的[1]。

消化道是一多层的管道，内层是紧附上皮细胞的黏膜层，分泌具有保护作用的黏液。第二层包含结缔组织细胞、血管和神经。外面有两个平滑肌层，一层是环形平滑肌层，另一层是纵行的平滑肌层。

唾液是由口腔中的三对腺体分泌的。黏液素（一种复杂的碳水化合物和蛋白质分子，形成黏性湿滑的溶液）为口腔内表提供保护层，同时润滑吞咽。人体分泌约 1.5L/天的唾液。唾液中含有淀粉酶（分解淀粉），水解淀粉葡萄糖亚基间的键，最后生成麦芽糖。同时唾液还可帮助清洁口腔。唾液中含有钙和磷酸根离子，通过磷酸钙再沉淀来修复被腐蚀的牙釉质。

胃有四个主要功能：储存食物、分泌酶、分泌酸、混合作用。

进食后，胃平滑肌松弛，为食物提供储存的空间。成人饥饿时一餐可摄入 1500mL 的食物，包括唾液及胃分泌液的体积。

消化酶由腺体分泌，腺体主要位于胃中部的 1/3 处黏膜表面的小凹。其由特殊的细胞（主细胞）排列而成，分泌胃蛋白酶，即一种在酸性 pH 条件下水解蛋白质的酶。同时还有分泌黏液的杯状细胞以及分泌 HCl（使胃内容物酸化）的黏膜壁细胞。

看到或闻到食物可刺激胃酸的分泌。进食后胃的拉伸受特殊的食物分子，如蛋白质和氨基酸的刺激。胃中食糜（食物和消化分泌物的混合物）的 pH 值通常约为 2.0。胃可吸收极少量的水和营养素。食物在胃中的混合是由胃肌肉收缩的蠕动波来完成的，胃底部的 1/3 称为幽门区，其有一层较厚的黏膜壁，可在食物进入小肠之前帮助其混合，蠕动波从胃底部的肌肉传递至幽门括约肌。食糜进入小肠后被消化酶消化，食物中释放的营养素大部分在此被吸收（图 10.1）。

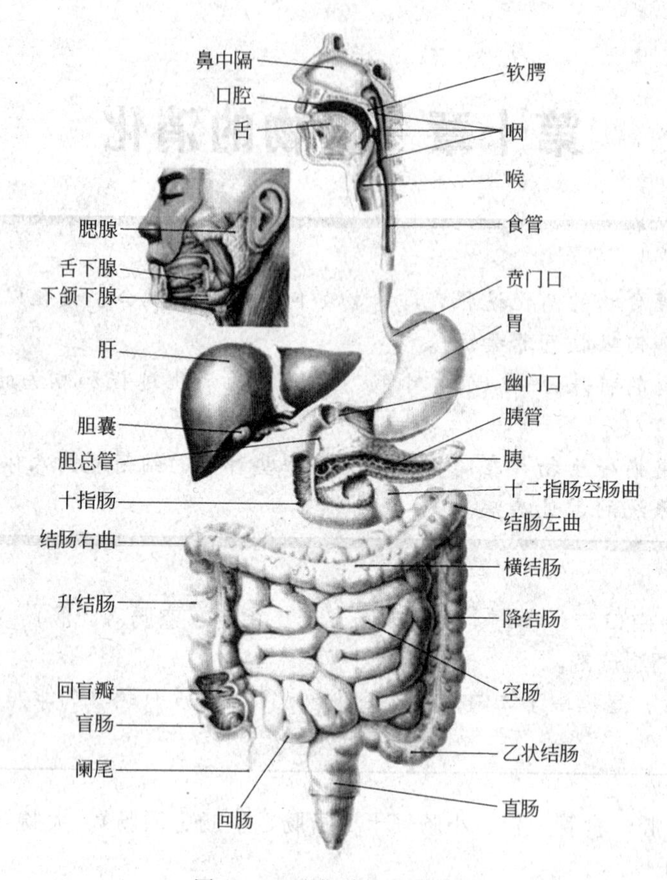

图 10.1　消化道的组成部分

第一节　小肠的结构与功能

小肠（small intestine）是消化道中最长的一段。成人全长 5～6m，直径为 2～3cm。

小肠上端始于胃的幽门，末端与右髂窝的大肠相接。小肠是消化和吸收的主要部位，分为十二指肠、空肠和回肠，其各具特点。十二指肠固定于腹后壁，空肠和回肠形成很多肠袢，蜷曲于腹腔下部，被小肠系膜系于腹后壁，故合称为系膜小肠。脂肪通常被储存于肠系膜组织中，而形成男性的“啤酒肚”。小肠的平滑肌有节律地收缩可混合食物并推动其在小肠内前行。小肠的特殊结构有效地增加了小肠的表面与食物的接触面积（见图 10.2）。

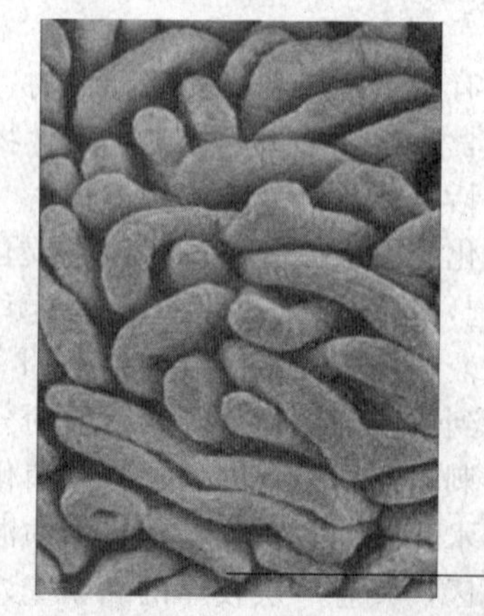

图 10.2　小肠内部结构

小肠黏膜上覆盖着成千上万个 1～1.5mm 高的指状或舌状小褶皱，也称绒毛。每个绒毛表面覆盖着一层保护性黏膜，且分布着充足的毛细血管网。这些毛细血管网可将小肠吸收的营养素带走，经门静脉至肝脏，因此肝脏是最先处理及储藏被吸收后的营养素的器官。而脂肪被分解成乳状进入淋巴。绒毛的上皮细胞有一特殊的外膜，该外膜的细胞膜呈指状发射状。这些发射状物或微绒毛，有时也被称为细胞刷状缘，其携带转运蛋白，将营养素从肠腔转运至细胞内。小肠的内表面结构，包括环状折叠、绒毛以及微绒毛均增加了其与食物分子的有效接触面积。该面积约 $300m^2$，相当于一个网球场，其有利于从食糜中快速吸收营养素。

1. 消化性分泌物进入小肠

食物传送至胃，被胃中的分泌物酸化至 pH 2.0 或略低。随着食糜进入十二指肠，胃的酸性被肝脏内胆汁分泌的碳酸氢盐和胰腺分泌物以及十二指肠上皮细胞黏膜中的小腺体分泌的液体中和。

胆汁是由肝脏分泌的。在两餐间，胆囊收集胆汁，将其浓缩，为下一餐做准备。胆汁可被浓缩至 1/10。当进餐后胆囊收缩，在压力的作用下胆汁进入十二指肠。另一小肠分泌消化液的主要器官是胰腺。其分泌的消化酶直接进入十二指肠（外分泌物），同时胰腺也分泌重要的激素（内分泌物）直接进入门静脉。

消化过程中两种重要的激素是胰腺分泌的胰岛素及胰高血糖素。当食物分子开始被消化时，进入十二指肠壁细胞的葡萄糖和氨基酸刺激胰腺释放胰岛素，其进入肝脏激活可将葡萄糖储存为糖原的酶，同时刺激脂肪与蛋白质的合成。胰高血糖素的功能与胰岛素相反。在低血糖的情况下可产生胰高血糖素，刺激糖原的降解和糖异生，也就是氨基酸降解形成葡萄糖。胰岛素通过储存葡萄糖来达到降低血糖的作用，而胰高血糖素则引起增高血糖的作用。因此胰岛素与胰高血糖素的比值对于维持血糖在正常的范围是十分重要的。

表 10.1 列出了胰腺分泌的酶及其作用的食物分子（底物）。因为胰腺分泌的酶的混合物很复杂，所以表 10.1 不完整。

表 10.1　胰腺分泌的酶

酶	底　物	产　物	酶	底　物	产　物
糖酶			弹性蛋白酶	弹性蛋白	肽
淀粉酶	淀粉	麦芽糖	羧肽酶	肽	氨基酸
蛋白质酶			氨肽酶	肽	氨基酸
胰蛋白酶	蛋白质	肽	脂肪酶		
糜蛋白酶	蛋白质	肽	脂肪酶	甘油三酯	脂肪酸＋甘油单酯

2. 黏液的保护作用

小肠的上皮细胞分泌黏液，可提供润滑作用，同时也是抵御外来细菌和病毒侵略的屏障。

3. 肝脏和门静脉血流

当营养素被吸收后，先进入门静脉，同时门静脉收集胰腺分泌的胰岛素和胰高血糖素。因此胰岛素和胰高血糖素随糖类、氨基酸以及其他营养素被转运及储存至肝脏，然后随血流分布于各组织中。糖以糖原的形式储存或转化成脂肪，同时氨基酸被合成蛋白质或被降解及代谢。大部分吸收的维生素和矿物质也被储存。

如在餐后间隔地抽取外周血液，可以看到在餐后约 1h，其葡萄糖、氨基酸、维生素以及矿物质的浓度升高，达顶点后开始下降，此时间通常是在餐后 1～3h。营养素浓度的降低是因被外周组织所吸收，如肌肉、结缔组织、骨骼、心脏、肾、大脑等。当营养素再次通过肝脏时也将使其浓度降低。各组织吸收葡萄糖和氨基酸以及某些营养素可能比较集中于特殊的组织中。如钙离子主要被骨骼吸收，同时骨骼也吸收磷酸盐和镁。铁离子主要被骨髓吸收并储存，用来合成血红蛋白。

4. 糖类的消化

食物中大部分糖是淀粉、蔗糖和乳糖。淀粉为葡萄糖聚合物（葡萄糖单元连接在一起的长链)。胰腺的淀粉酶水解多糖的两两葡萄糖相连的键，释放出麦芽糖（含两个葡萄糖单元的糖)。肠道中的双糖通过黏膜层扩散至小肠的上皮细胞的微绒毛膜，其细胞膜表面携带双糖酶，紧接着横跨膜的转运蛋白[2,3]（见表 10.2)。

释放的单糖通过主动转运或扩散的方式穿过细胞膜进入小肠上皮细胞。主动转运是可逆浓度梯度的吸收过程。糖可从低浓度区透过膜向高浓度区移动。相反，分子通过简单扩散的运动只能发生在顺浓度梯度，从高浓度区向低浓度区扩散（见表 10.3)。

表 10.2 双糖的消化

双糖酶	底物	产物
麦芽糖酶（葡萄糖淀粉酶）	麦芽糖(1,4 键)	葡萄糖＋葡萄糖
异麦芽糖酶（α-糊精酶）	异麦芽糖(1,6 键) 糊精和麦芽糖	葡萄糖＋葡萄糖 葡萄糖
蔗糖酶	蔗糖 麦芽糖(1,4 键) 异麦芽糖(1,6 键)	葡萄糖＋果糖 葡萄糖＋葡萄糖 葡萄糖＋葡萄糖
乳糖酶	乳糖	葡萄糖＋半乳糖

表 10.3 糖类的消化

位置	消化方式
口腔	咀嚼食物。唾液内含 β-淀粉酶，开始消化淀粉
食管	将食物-唾液混合物输入胃中
胃	食物的酸化与混合。多糖分解不显著
肝-胆分泌腺	胰腺分泌酶类 胰淀粉酶：淀粉→麦芽糖
小肠	膜结合双糖酶 麦芽糖酶：麦芽糖→葡萄糖 蔗糖酶：蔗糖→葡萄糖＋果糖 乳糖酶：乳糖→葡萄糖＋半乳糖
大肠	纤维-植物细胞壁成分；一些发酵成为短链脂肪酸；吸收 Na^+、短链脂肪酸和水

5. 乳糖不耐受

乳糖不耐受是指由于体内的乳糖酶缺乏或不足，无足够的能力消化相当数量的乳糖。乳糖酶的活性通常低于其他双糖酶。除了极少数外，绝大部分婴儿均有乳糖酶。但如重度肠道感染（病毒或细菌)，可导致乳糖酶的活性降低，在此情况下牛奶和乳制品中的乳糖将不易被肠道吸收，而导致腹泻。

部分白种人，5～7 岁后可失去肠道乳糖酶的活性，成为乳糖不耐受者。

6. 蛋白质的消化

胃的主细胞分泌胃蛋白酶，壁细胞分泌碳酸氢盐，开始降解蛋白质。

胃的蛋白水解活性对于蛋白质的消化作用不是最主要的，而胰腺产生的强大的蛋白水解酶，可消化大部分的食物蛋白，如胰蛋白酶、糜蛋白酶、弹性蛋白酶、氨肽酶以及羧肽酶（见表 10.1)。蛋白水解酶具有潜在的风险，如果被激活，其很可能消化胰腺本身。为了避免这一问题，酶以非活性前体（酶原）的形式分泌，即胰蛋白酶原、糜蛋白酶原、弹性蛋白酶原、氨肽酶原和羧肽酶原。

酶原可由胰腺细胞合成与分泌，其直至到达肠腔才有活性。酶原的激活是由于小肠上皮转化细胞产生的蛋白水解酶——促肠液激素的作用。促肠液激素是从胰蛋白酶分子移除某段肽链暴露出活性位点，而激活其蛋白水解活性。其后胰蛋白酶具有自身催化性，本身的蛋白水解活性可激活其他胰蛋白酶原分子（表 10.4）。

表 10.4 蛋白质的消化

位置	消化方式
胃 肝-胆分泌腺 小肠	酸化：胃蛋白酶开始消化蛋白质 胰腺分泌酶类 激活胰腺分泌的蛋白质酶原：胰蛋白酶、糜蛋白酶、弹性蛋白酶 氨肽酶和羧肽酶：蛋白质→肽＋氨基酸 膜结合肽酶：肽→氨基酸

胰腺酶消化蛋白质的终产物，包括部分游离氨基酸和大部分有 2～6 个氨基酸残基的短链肽。这些氨基酸和短链肽通过有绒毛的黏膜层扩散至微绒毛细胞膜，膜上包含将氨基酸吸收至上皮细胞的转运蛋白。微绒毛细胞的外膜同时也有肽酶，与双糖酶的方式相似。一部分的短肽链被水解成为单个氨基酸，氨基酸的转运蛋白紧挨着肽酶。

7. 全蛋白质分子的吸收

大部分蛋白质被胰蛋白水解酶消化，一小部分未被消化而极少量的全蛋白分子被体内吸收。有两种主要类型的全蛋白吸收方式。第一种类型，新生儿出生后的几天内，可通过胞饮作用蛋白质以全蛋白的形式被吸收。该过程可使母乳中的抗体完整地进入婴儿的血液中。

有人认为未满月的婴儿摄入其他蛋白质而非母乳，可能导致过敏反应。如牛奶-蛋白过敏，但这一观点目前尚未有充足的证据。第二种类型是全蛋白分子的吸收，其发生于每一个体，涉及微量的完整的蛋白质的吸收。这些蛋白的存在，可引起个体对牛奶、鱼、花生以及草莓等食物有产生过敏反应的倾向。

8. 脂肪的消化和吸收

脂肪的消化是一个较慢的过程，其是食物中最后自小肠中被移除的成分。肝脏中的胆囊和胆汁均对脂肪的消化起重要作用（表 10.5）。

表 10.5 脂肪的消化

位点	消化方式
胃	胃脂肪酶：仅较小的脂肪被消化
肝-胆分泌腺	胰腺分泌的酶类
小肠	胆汁将脂肪乳化为微团 脂肪酶：甘油三酯→甘油单酯＋甘油＋脂肪酸 吸收脂肪酸重新合成脂肪并转运至淋巴系统中

胆汁是一种盐溶液，包含六种成分：①胆汁盐（甘氨胆酸和牛磺胆酸）；②胆固醇；③卵磷脂（一种磷脂）；④胆汁色素（如胆红素）；⑤一些痕量金属；⑥其他器官的代谢终产物（如已解毒的药物）。

在胃内容物及十二指肠的刺激下胆囊可产生约 1～1.5L 的胆汁。

胆汁盐起清洁剂的作用，可将食物脂肪乳化为直径 0.5～1μm 称为初级微团的小液滴，增大与水相作用的表面积。这在脂肪消化中有特殊的优势，因胰腺分泌的水解甘油三酯的脂肪酶是水溶性的，仅能作用于水-液接触面。胆汁盐通过乳化脂肪加速了脂肪的消化过程。

如果缺乏胆汁盐，脂肪几乎不能被消化而直接进入大肠，最终排出大量白色、脂肪样、恶臭的大便。

胆汁同时也为低水溶性化合物提供了经肝脏代谢的途径。这些物质如药物、胆红素以及胆固醇。同时胆汁也是金属，如铜的主要排泄途径。

9. 脂肪酶的作用

胰脂肪酶首先水解甘油三酯最外的两个酯键，产生游离脂肪酸（FFA）和甘油 2-单酯（脂肪酸在 2 位或中心位上，sn-2）。FFA 和甘油 2-单酯通过扩散透过小肠上皮细胞的脂蛋白膜被吸收。这是个相当缓慢的过程，完全消化和吸收脂肪一般需要若干个小时，此吸收过程大部分是在回肠。这不是由于小肠的上半部分的细胞膜不具有脂肪酸的通透性而是由于食糜通过该段的速度很快造成的，而在大量的食物分子和水被吸收后，富含消化的脂肪小量的残余物通过回肠的速度很慢，这种缓慢的移动可为扩散提供充足的时间。

游离的脂肪酸和甘油 2-单酯，被吸收后将重新合成甘油三酯而进入淋巴系统，再通过锁骨下静脉进入血液。

10. 消化系统的适应性

由于饮食中的糖类、脂肪以及蛋白质的组成不同，胰酶的组成和量也随之改变。

当脂肪增加时，肝脏分泌的胆汁盐的量也会增加。如食物分子的种类和数量改变时，其消化、吸收以及代谢该食物分子的各种酶类的量与组成也会改变。早餐无论摄入水果、牛排和蛋类，也无论一日六餐或一餐，其对于消化系统仅有很小的区别，身体仍可保持良好的状态。如果饮食中大量的营养素成分发生了极大的变化，可能仅导致短暂的消化道不适。有人认为该情况发生于从低脂到高脂的饮食，或低糖到高含量粗制糖类的饮食，但这将被体内的酶系统和肠道内的微生物菌群所调控，以适应新的饮食[4]。

第二节　大肠及其功能

大肠比小肠更短、更宽。其起始处直径最大，盲肠与一段空回肠形成阑尾突出。自腹部右下方的盲肠开始，上升为升结肠再向左为横结肠，到达腹部左侧弯曲向下为降结肠，然后迂曲于腹腔中下部形成 S 形结肠，再到直肠与肛门括约肌相连。

大肠的主要功能是吸收来自小肠剩余食糜中残留的钠离子、钾离子和水。通常约 1L/天的食糜进入大肠，其最快流速为 6～8mL/min。Na^+ 和 Cl^- 在大肠被重吸收，降低了大肠内容物的渗透压，导致水自大肠内容物中净扩散至组织中。大便中的水含量可达到 50%，经其流失的水分为 100～250mL/天。

1. 微生物的活动

大肠中通常含有各种类型及数量众多的微生物。每克肠道内容物中含微生物达 1×10^{10} 个。这些微生物大部分是细菌，同时也有原虫和病毒。既有可在有氧或无氧环境下均可生长的兼性厌氧菌，也有仅在无氧环境下生长的绝对厌氧菌。而大部分肠道中含有的细菌为厌氧菌。氧气自毛细血管和上皮组织中扩散出来，兼性厌氧菌在几微米的表面很快地将其吸收，因此肠道内容物大部分是厌氧的。微生物主要是通过降解（发酵）膳食纤维来获取能量。膳食纤维指的是大多来自植物的不被胰酶分解的食物残渣，包括纤维素、果胶、树胶、木质素以及其他聚合体。小肠分泌的大部分黏液同时也会被降解。

在无氧状态下，仅有少量的细菌可作用于碳水化合物的代谢。其发酵的终产物为短链脂肪酸，同时也产生少量的其他化合物。这些脂肪酸主要是乙酸、丙酸和酪酸（比例分别约为 80∶15∶5）。

发酵最活跃的部位是在盲肠。并非所有的膳食纤维均可发酵。果胶、树胶是较易发酵的，而纤维素只能被缓慢地降解。木质素与植物性食物的木质部分，几乎不能被降解。膳食纤维发酵产生的短链脂肪酸通过扩散可被重新吸收，而在有氧的条件下，其可作为体内代谢的一种能源。目前认为饮食中含有适量可发酵的膳食纤维能够保持大肠的健康[5]。被重吸收的短链脂肪酸的代谢可为体内提供5%的能量（占总能量）。

2. 大肠内维生素的合成

大肠存在着如此多的微生物，其合成相当数量的有机物分子也就不足为奇了。其中包括很多的维生素，如生物素、泛酸、维生素 B_{12}、叶酸、维生素 K 等。

但大肠的上皮细胞中无特异性维生素转运蛋白。仅有小且脂溶性大的分子可被吸收，如生物素、泛酸、维生素 K。叶酸和维生素 B_{12} 均不能被吸收。如果这样，将可出现这些维生素的缺乏症状。但可以肯定，至少一部分所需的维生素被人体吸收了。尽管小肠的内容物很丰富，但其所含的微生物数量较大肠少得多，故维生素在小肠的合成很少。

3. 食物在肠道的通过时间

食物自口腔至盲肠的时间很快（6～10h）。一般情况下，食物残渣从大肠通过所需的时间比自口腔至盲肠通过的时间要长。含高纤维素的粗糙饮食，则通过时间较短（24h或更短），因食物残渣的通过量大。

如经常摄入高精度饮食，则每日仅很少量的残渣进入大肠，结果无足够的物质推动大肠内容物前行。随着肠内容物缓慢的移动，残渣能更充分地被细菌所发酵，且甚至有小部分的纤维素被消化，这更减少了残渣的量。若膳食纤维摄入量低，其通过大肠的时间一般需2～3天，某些个体甚至长达6～10天或更长。由于通过的时间很长，于是大肠将有充足的时间吸收具有渗透作用的小分子以及大部分的水。因此大便将变得黑硬，排便的困难随之增加。这就是导致便秘的主要原因。

4. 消化道微生物的共生作用

凡是生命其消化道中均寄生着相关的微生物。数量最多的微生物是细菌、病毒以及酵母。在消化道的不同部位，其所含微生物的种类和数量也不同。如小量的微生物寄生于口腔。胃的酸性很强，但某种微生物仍可在此恶劣的环境下生存。小肠的微生物一般每毫升小肠液为10000个。而一些微生物与宿主之间有特异性，即只有该种类的宿主才能寄生该种类的微生物。大肠中的细菌每毫升内容物约达 10^9～10^{10} 个。这些大量的细菌发酵食物残渣作为能量的来源产生有机酸，大部分终产物为乙酸，可被宿主作为能量而吸收。

显然细菌寄生于这样的环境下可获得其所需的温度、湿度以及营养素等。在共生关系中，宿主也如同细菌一样获得益处而保持生态的平衡。人类可从其获得的益处已在上述各节中阐明。当然可能还有值得研究和探讨的，如一种非致病菌的生长可抑制其他致病菌的生长等。该情况很可能发生在母乳喂养的婴儿，分泌乳酸杆菌素的特殊种类细菌的生长得到促进，从而降低了婴儿受到致病细菌感染的机会。

5. 肠道中的气体

膳食纤维在肠道发酵产生气体和短链脂肪酸。该气体大部分为氢气，也产生甲烷。当被分泌的碳酸氢盐中和短链脂肪酸时即可产生二氧化碳。大部分的二氧化碳可被重新吸收。如只有少量气体产生，则大部分也会被吸收。但如产生的量很大，则将以排气的形式被排除。

由于一些空气会随食物而被吞咽，气体中可能含有少量的氮。某些食物如豆类，因其含有大量的不被消化但却有渗透性的碳水化合物，可作为一些细菌产气的底物。如摄入许多含硫化合物，其并非因多余的气体，而是由于一部分硫可被代谢为一种气味难闻的化合物——硫醇。

第三节 消化道疾病

消化道是一复杂的系统，可受多种因素和疾病的影响[6,7]。以下的讨论旨在简述部分可能发生的功能性失调症。而病理生理学以及治疗均不属本节的范畴。

1. 龋齿

龋齿为口腔中的常见病，可发生于各年龄段。一旦牙龈受损，牙齿则很容易受口腔细菌的腐蚀。龋齿是有关牙釉质的腐蚀，牙釉质是在牙齿外面硬的矿物质覆盖层。齿缝里细菌产生的酸或在齿表形成齿菌斑是造成牙釉质溶解和龋洞形成的原因。齿菌斑是在齿表的一层多孔的覆盖层，主要是在细菌分泌的一种糖蛋白作用下形成的，这种蛋白逐渐被从唾液沉积的磷酸钙钙化，简单的洗刷就很难将齿菌斑除去。

糖是引起牙菌斑形成和发酵的主要物质，齿菌斑被溶解性糖浸渍，这些糖主要是细菌发酵产生的蔗糖。细菌很快地用尽微环境的氧继续进行厌氧性发酵，产生的终产物为有机酸。这些酸（乙酸、丙酸、乳酸和微量的其他酸）进入牙釉质中。一旦龋洞开始形成，后面的速度就更快了，因为龋洞的形成为每次糖的持续发酵提供了小环境。

龋齿的形成必须有以下条件：①消费甜的食物；②在口腔里有相关的菌株；③食物对牙釉质的溶解能力；④齿菌斑的形成提供一个隐蔽的环境。

粘在牙齿上的甜食使龋齿更容易产生，因为糖可以不被唾液冲走。接触甜食越频繁，形成龋齿的速度就越快。餐后刷牙可以提前冲走未被发酵的食物和糖，以及冲走已经形成的酸。定期去除齿菌斑也是有效的。

氟化物通过以下几点防治龋齿：①有利于形成一层更硬更耐酸的牙釉质（氟磷灰石）；②降低细菌发酵的活性；③唾液里的氟化物有助于在牙釉质上再生成一层保护性的矿物质。

唾液里一般充满着钙和磷酸盐，在两餐之间一般会形成一些羟磷灰石再沉淀。

2. 胃食管反流

胃食管反流是指胃内容物通过不密封的食管括约肌反流入食管。在消化过程中，胃内容物变酸，pH 值约达到 2.0，同时产生胃蛋白酶。然而胃内层结构有抗酸作用，但是食管内层没有这样的结构，食管黏膜的腐蚀造成疼痛（心口痛），更严重的导致发炎甚至溃疡。造成胃食管反流有两个重要的因素，第一，食管括约肌闭合不紧，因此一般稍高的胃内压力就可以将胃酸推回食管；第二个原因是肥胖，特别是环绕在内脏的脂肪的堆积，向上挤压胃增加内容物压力，压力大于食管括约肌。怀孕后期的回流是很普遍的，可能因为激素的变化和来自胎儿的挤压。食管反流性溃疡如果发生很长时间，会导致食管的创伤和变窄，导致吞咽困难。

吃大量脂肪含量高、辛辣的食物可能导致反流。抽烟、喝酒和在餐后就躺下将加大这种可能性。胃食管反流可以用减少胃酸分泌量的药物治疗，或用能包裹胃内含物的缓冲剂或凝胶液避免酸与食管黏膜的接触。减肥和少吃多餐也有助于治疗。

3. 胃和十二指肠溃疡——幽门螺杆菌

胃和十二指肠溃疡是指胃或十二指肠黏膜的腐蚀，造成疼痛和流血。该病发病率高，曾主要用胃酸分泌物抑制剂、缓冲剂和温和的食物来治疗。然而近年来，胃和十二指肠溃疡的治疗发生了医学史上的一场革命。澳大利亚珀斯皇家医院病理学家罗宾・沃伦 1982 年根据活组织切片检查结果，发现 50%左右的病人的胃腔下半部分附生着许多微小的、弯曲状的细菌。他发现发炎部位总是位于接近十二指肠的地方。沃伦的发现引起了珀斯皇家医院肠胃病学研究人员巴里・马歇尔的极大兴趣，他们决定联合对取自 100 个病人的活组织切片进行研究。经过反复试验，马歇尔成功地培育出一种细菌——后来被命名为幽门螺杆菌。他们发现，几乎所有接受试验的病人都患有胃炎、十二指肠溃疡或胃溃疡。基于上述试验结果，马歇尔和沃伦认为，幽门螺杆菌是导致胃和十二指肠溃疡的关键因素。通过培育这种细菌，不仅使他们能够继续进行研究，病理诊断也变得更加简单。在1982年马歇尔和沃伦发现这种细菌之前，生活压力和生活方式被认为是胃溃疡的主要引发原因。现在已经证明，超过90%的十二指肠溃疡和超过80%的胃溃疡都是由幽门螺杆菌引起的。为了表彰他们的特殊贡献，瑞典卡罗林斯卡医学院把2005年诺贝尔生理学或医学奖授予巴里·马歇尔与罗宾·沃伦。

4. 胆结石

胆结石发生在胆囊中，由于胆囊中的胆固醇和胆汁盐凝结成一个固体核形成结石，可能数月或数年后会继续生长。胆结石的形成是由于一些利于结石的途径破坏了胆固醇溶液、胆汁盐、卵磷脂和其他化合物溶液的平衡。15%的老年人身上可能会有像沙砾或一些石头样的结石。女性比男性更易得，同时超重或有胆结石家族史的人易得。胆结石可以通过超声波显示。问题往往从小结石封堵胆囊管开始，可能导致黄疸或开始导致胆囊炎并伴随疼痛。在胆管下方的堵塞会导致胰腺炎。通过手术移除胆囊可以移除胆结石。移除胆囊对消化功能的影响非常小。胆汁不再是在胆囊中聚集而是在较稀的肝胆汁中出现，来帮助消化脂肪。对于某些人可能会导致对食物中的脂肪耐受性降低。

5. 胰腺炎

胰腺炎有急性的和慢性的。胰腺产生消化酶（胰蛋白酶、糜蛋白酶等），而且这些酶以酶原形式被分泌出来直到进入小肠内才被激活，这样保护了胰腺不被消化。胰腺发炎会导致酶激活和疼痛严重的胰腺组织的自我消化。管道堵塞（胆结石、癌症），病毒感染或酒精过量都会导致急性胰腺炎。慢性胰腺炎一般由酒精或病毒性疾病所导致，而且这种情况会不断复发。

为避免激活胰腺分泌物的产生，可以通过注射营养素（静脉注射）或肠内营养即用导管在空肠内喂入不用消化的食物来完成。

6. 肝炎和肝硬化

肝炎是肝产生炎症。它经常是由病毒感染或化学物或慢性酒精过量所导致。甲型肝炎病毒通过恶劣的卫生条件（手上受粪便污染、污染的水）传播，而更严重的乙型病毒和丙型病毒通过体液接触来传播，也有可能发生在药物注射时。

肝炎通过破坏许多肝脏调控的代谢过程破坏肝功能。胆色素不能分泌导致黄疸（皮肤和眼巩膜发黄）。肝在蛋白质代谢中起重要作用，血清蛋白形成的缺乏破坏了血液的渗透压平衡，导致体液潴留。氨具有中枢神经系统毒性，通过尿素循环形成的尿素氨无毒性，肝是尿素循环的功能位点。肝疾病破坏了尿素循环，氨水平的上升会导致意识丧失（肝昏迷）甚至死亡。

肝炎晚期导致肝硬化，由于肝小叶细胞被纤维疤痕组织取代使肝功能丧失。慢性肝炎或多年饮酒过量会导致肝硬化。

7. 腹腔疾病

腹腔疾病（麸质过敏症）是小肠感染引发的疾病，发生在易感人群吃进面筋时（面筋是小麦、大麦、黑麦和在燕麦里的少量蛋白质），由于自体免疫反应，组织谷氨酰胺转移酶产生麸质的抗体复合物而导致的。自身免疫反应造成小肠上皮绒毛萎缩、绒毛变成棒状、变短、大部分消失掉，最后造成营养素吸收不良。严重受感染的儿童可能导致不能正常生长、腹胀、慢性腹泻、肌肉消瘦和生长受阻的现象；更有甚者发生PEM。因为这种疾病严重程度多样，从几乎观察不到至相当严重的症状。成年人大部分腹泻，营养失调，体重低和不舒服，同时情绪失调和发育不良。因为吸收不良，可能导致叶酸缺乏，缺铁性贫血或钙缺乏导致的骨质疏松症。

在对腹腔疾病实施治疗之前做小肠黏膜活组织切片检查进行准确诊断是非常重要的。因为治疗所要求的饮食是很苛刻的，不能强加于任何未患此病的人。另外，如果疾病没有用正确的饮食治疗，小肠黏膜正在进行的创伤将逐渐导致小肠癌。

腹腔疾病是不能完全治愈的，但是如果在饮食中严格避免所有面筋的来源，则可以有效控制此病。这包括小麦和小麦制成品（面包、意大利面食、蛋糕、面粉糕饼等），大麦、黑麦和燕麦及其制成品。在饮食中避免所有小麦并不容易，因为小麦粉在加工食品中有着广泛的应用，包括汤、调味料、香肠和其他加工的肉和甜品中。主要的谷类替代品是大米和玉米。蔬菜、水果和鲜肉是没问题的。大部分的城市有无面筋食品供应，受感染的人们还可以从营养学家或腹腔疾病学会获得无面筋食品的信息。

腹腔疾病的发病概率差异较大，从北爱尔兰 300 个人里有 1 人到其他白人群体 2000 人里有 1 人发病概率，但是在中国或非洲发病率很低。这种疾病有遗传性，而且与特定的 HLA（人淋巴细胞抗原）亚基有关；在易感人群中的发病概率是 1/10。在这些群体中的许多人不用诊断就能确定有此疾病。

8. 阑尾炎

阑尾又称蚓突，是细长弯曲的盲管，在腹部的右下方，位于盲肠与回肠之间，它的根部连于盲肠的后内侧壁，远端游离并闭锁，活动范围位置因人而异，变化很大，受系膜等的影响，阑尾可伸向腹腔的任何方位。阑尾尖端可指向各个方向，一般以盲肠后位最多，其次为盆位。阑尾炎是一种极常见的急腹症，阑尾炎是阑尾的炎症，最常见的腹部外科疾病，当盲肠受感染发炎导致阑尾炎。以前人们认为，阑尾是人类进化过程中退化的器官，无重要生理功能，对人体的作用不大，切除阑尾对机体无不良影响。故患阑尾炎后，可以将它切除，但这种观点近些年有些争议。

9. 憩室症

憩室的发生率随年龄的增加而增加，超过 60 岁的病人憩室的发生率约为 50%，男性和女性的发生率并无显著的差异。随着人类生活的西化，减少了粗糙及高纤维食物的摄入，取而代之的是精制的碳水化合物及肉类食品的摄入，此病发生率也跟着增加。造成大肠憩室的真正原因并不知道。可能是结肠内容物干硬和结肠蠕动产生的肠内高压引起的。经由解剖学的研究，发现憩室产生的位置是在小动脉穿过大肠管壁的地方，而由于小动脉和憩室靠得很近，偶尔会造成下消化道大量出血。另外还发现产生憩室的肠道有肌肉层增厚的现象，常见于乙状结肠，这里也是憩室最好发的位置。而在华人右结肠（盲肠及升结肠）憩室亦常见，右结肠憩室于成人各年龄层均易发生。憩室受感染发炎叫做憩室炎，导致疼痛和发烧。憩室炎很少发生在消费高纤维素饮食的人群中。高纤维饮食可以保持结肠内含物更有流动性，降低了肠内压和问题的严重性。

10. 肠易激综合征

肠易激综合征（IBS），也叫结肠激惹综合征，是指肠功能失常或异常。特点是常有腹痛、腹胀、腹泻或便秘、腹泻和便秘交替出现等症状，多见于 20～50 岁的女性。约 15%的人群患有此症，但是只有少数寻求医治。发病诱因是人们精神过于紧张、激动，工作生活过于劳累。痢疾和食物中毒之后、滥用泻药或灌肠，引起结肠活动失去规律、蠕动节律紊乱和痉挛，是本病的内在机制。饮酒、生冷或刺激性食物可加重病情。虽然常有发作症状，但检查结肠并无器质性病变。经常锻炼和放松心情是很重要的，饮食中增加膳食纤维可能有益。

11. 炎症性肠病——克罗恩病和溃疡性结肠炎

克罗恩病（Crohn's）和溃疡性结肠炎均以胃肠道不同部位的慢性炎症为特征。溃疡性结肠炎，也称非特异性溃疡性结肠炎，为局限于结肠黏膜的慢性弥漫性炎症，从直肠开始向近段蔓延，呈连续性、对称性分布，病变为炎症和溃疡，不影响小肠。克罗恩病影响到整层小肠壁，可能出现在从口腔到肛门消化道的任何一个部位，但是经常出现在回肠末端区。他们的病因还都不清楚。可能涉及一种免疫功能失调或可能是由一种细菌或病毒引起的，但是目前仍没有可靠的证据。

溃疡性结肠炎导致腹痛和频繁腹泻，引起脱水和电解液失衡。症状是反复的，可能突然或渐渐消除。溃疡性结肠炎多见于20～40岁的青壮年，男女发病率无明显差异。此病用消炎药物治疗，在一些严重情况下，可能必须手术切除结肠。患者可能因为流血造成缺铁性贫血。胃口下降导致体重减轻。如同慢性萎缩性胃炎恶变为胃癌一样，溃疡性结肠炎也可恶变为结肠癌，一般而言溃疡性结肠炎恶变的可能性是3%～5%。

克罗恩病更复杂。此病也是反复的，发炎和康复交替出现，可能导致小肠穿孔、变窄、有时梗阻。以腹痛、腹泻和直肠流血、肠梗阻为主要症状，且有发热、营养障碍等肠外表现。病程多迁延，常有反复，不易根治。

因为食物摄入量减少、吸收不良和失血造成营养素的缺乏，此类病人需要长期的精心的营养护理。

12. 胃肠炎

当一种外来细菌或病毒侵犯肠或肠壁并分泌毒性物质时将发生胃肠炎，可能产生疼痛、恶心、发烧、呕吐和/或腹泻等现象。肠壁里有分泌抗体的淋巴组织，大部分胃肠炎从发作到恢复可能需要一至几天时间。一些种类的细菌非常厉害，比如伤寒沙门氏菌（伤寒发烧）导致的疾病是威胁生命的。适当的体液输入治疗可以避免脱水，特别是在腹泻频繁的情况下。这对于婴儿和儿童是极其重要的，因为如果不治疗，他们很快就会脱水进而危及生命。在输液中添加葡萄糖和低浓度的氯化钠可以增加吸收率。良好的卫生习惯对预防胃肠炎至关重要。

总　结

- 消化道由口腔、咽、食管、胃、小肠（十二指肠、空肠、回肠）、大肠（盲肠、结肠、直肠）和肛门组成。
- 胰腺分泌消化酶以降解食物大分子以利于吸收。
- 营养素分子通过主动及被动过程被吸收，然后被转运至肝脏代谢或储存。
- 不能吸收的残渣（纤维）部分被大肠中的细菌降解产生脂肪酸。大肠吸收有限的脂肪酸、离子（如钠、钾）和水，剩余部分以粪便的形式排出体外。
- 消化系统内可能发生许多疾病，包括胃食管反流、腹腔疾病和溃疡性肠病，特殊的饮食营养护理是至关重要的。

参考文献

[1] Johnson LR. Gastrointestinal Physiology. 4th ed. St. Louis：Mosby-Year Book，1991.
[2] Parker S. Food and Digestion. Watts. F. London，1990.
[3] Read RSD. Digestion of food//Food and Nutrition. Wahlqvist ML. 2nded. Allen & Unwin Pty Ltd，NSW，2002：227-

242.
[4] Vander AJ, Sherman JH, Luciano DS. Human Physiology. The Mechanisms of Body Function. New York: McGraw-Hill, 1980: 402-439.
[5] Schweizer TF, Edwards CA. Dietary Fiber: A Component of Food: Nutritional Function in a Disease. New York: Springer-Verlag, 1992.
[6] Mahan LK, Arlin M. Krause's Food, Nutrition and Diet Therapy. 8th ed. Philadelphia: W. B. Saunders Co., 1992: 1-16.
[7] Zeman FJ. Clinical Nutrition and Dietetics. 2nd ed. New York: Macmillan, 1991.

第十一章　特定人群营养

目的：

- 了解在妊娠与哺乳期间的生理与代谢的变化以及这些变化是如何与营养需求相关联的。
- 学习和讨论妊娠前与妊娠期间的母亲的营养问题。
- 提供妊娠与哺乳期间的能量与营养需求的信息。
- 了解婴幼儿特殊的营养需求。
- 讨论母乳喂养的益处以及影响母乳喂养流行的因素。
- 了解婴儿出生后第6～12个月中，影响婴儿喂养的营养因素和生长发育因素。
- 了解儿童和青少年时期的生长模式。
- 简述儿童和青少年时期的能量及营养素需求的依据。
- 讨论儿童和青少年时期最常见的营养基础问题。
- 理解发病率与生理年龄增长相关问题的控制。
- 理解生活方式的各种因素（社会活动、体育运动、食物种类）在保持生理、营养储备以及防止衰老中的重要作用。
- 了解老年个体的食品与营养需求。确定易产生蛋白质能量不足以及营养缺乏的老年群体。
- 理解年长人群的健康问题与营养状况的关系。
- 讨论对年长人群的营养评估及保健措施。

第一节　妊娠营养

关于营养对人类妊娠与哺乳的影响，已有一系列的信息来源。这包括同一群体和不同群体的关于妊娠的长期的和地理学的区别的数据记录，对战争与饥荒“自然试验”的观察，补充食物与营养素的研究以及最近的对妊娠和哺乳期间的代谢的连续研究等。

一、趋势

对出生和死亡的登记以及对新生儿及婴儿死亡原因的记录，为人们提供了判断妊娠成功率的依据。其数据都是记录在案的。

女性一生可生育孩子的数量（生育率）呈现明显的下降趋势。例如在美国，生育率从1800年的8个孩子降至1900年的4个。目前，东南亚国家人口的出生率范围从日本的1.5个到菲律宾的3.7个[1]。表11.1列出了目前一些国家的生育率及婴儿死亡率。

婴儿死亡率的下降和出生低体重婴儿比例的下降，均得益于女性平均生育数量的下降和母亲营养状况的改善。从图11.1可以看出，随着营养状况的改善，我国6岁以下儿童的低体重率和生长迟缓率自1989～2000年呈显著的下降趋势。2000年后维持在稳定的水平[3]。

表 11.1 一些国家的婴儿死亡率和出生率[1,2]

国家	死亡率(死亡孩子数/1000出生婴儿)	出生率(出生孩子数/1000人口)	国家	死亡率(死亡孩子数/1000出生婴儿)	出生率(出生孩子数/1000人口)
新加坡	2.31	8.82	英国	14.65	14.62
日本	2.79	7.64	马来西亚	15.89	22.24
澳大利亚	4.75	12.47	泰国	17.63	13.4
希腊	5.16	9.45	中国	20.25	14
意大利	5.51	8.18	菲律宾	20.56	26.01
美国	6.26	13.82	越南	22.88	16.31

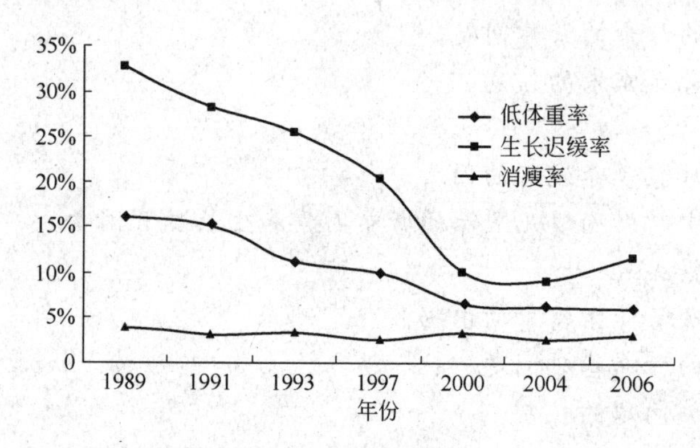

图 11.1 6岁以下儿童低体重率、生长迟缓率、消瘦率的变化趋势[3]

如果婴儿出生前的访问数据能够系统地记录下来，将会提供有意义的信息。例如，对苏格兰 4000 名首次妊娠的女性进行的婴儿出生前的访问分析清楚地表明，从母亲的健康状况和体格可以预见其婴儿的出生低体重及围产期死亡率。美国的围产期协作计划也充分证明了母亲的营养状况、妊娠期间的体重增加、婴儿出生时体重以及围产期与新生儿死亡率之间的关系。该计划的数据清楚地表明，围产期死亡率的增加不仅与营养不足有关，且与营养过剩也有关。在这项研究中，早产是围产期死亡率升高的最重要的原因。另外，高龄及妊娠期糖尿病的增多也将成为人们不可忽视的因素。

二、自然试验

妊娠前与妊娠后严重的饮食限制的影响是从欧洲战争饥荒中出生的婴儿观察到的。1944 年的荷兰，妊娠前营养正常而妊娠期间遭受饥荒的产妇诞下的婴儿，比妊娠期间营养正常的产妇诞下的婴儿矮、轻。尽管如此，荷兰的出生低体重比例和死产率并未受到影响。1942 年列宁格勒的苏联人群的出生低体重比例和死产率较高，孕妇在妊娠前和妊娠期间的营养状况均不佳。其在妊娠期间严重的饮食限制不仅导致了婴儿的出生低体重，还导致了围产期的死亡率以及产科并发症的增高。与苏联、荷兰不同，在 1940～1945 年第二次世界大战期间，尽管战争期间饮食受限，也没有足够重视围产期的保护，而英国人的婴儿围产期死亡率有所降低。原因可能是其将孕妇和乳母的营养需求放在优先考虑的位置。

三、营养补充的研究

世界各国人们均试图评估在妊娠和哺乳期间食物与营养素补充的作用。然而，新生儿体重和奶量的增加都很少，母亲的能量储备也无明显的改变。这其中有很多原因。在一些情况下是由于补充量太小以致其作用无法衡量，还有就是营养补充取代了原有的食物摄入。总之，营养补充的积极作用在高危妊娠群体表现得最为显著。这个结论也表明受孕时孕妇的营养状况越差，产前的营养就越重要。

妊娠期间营养的重要性与孕妇妊娠前的营养状况呈负相关。

四、代谢的研究

虽然目前可用小量的双标水（$2H_2{}^{18}O$）来测定总能量的消耗，但却不能用于测量孕妇的能量平衡。唯一的检测方法就是在一个特殊的小空间里测量人体的产热（人体热量计）。意味着在此方法中人体处于非正常状态，且只能测量很短时间的产热。近来，利用双标水测量总能量消耗的方法提出了观察妊娠和哺乳期间的行为与代谢调整的新视角。其中一个最重要的发现是，即使在同一人群中，个体之间的差异还是很大的（表 11.2）。

一项在康桥进行的研究发现，同一人群个体之间的差异与不同人群之间的个体差异是基本一致的。表 11.2 列出了在 7 个国家进行的基于基础代谢率和脂肪沉积的孕期能量消耗的差异。基于这些数据，妊娠前的能量储备是妊娠和哺乳期间代谢调节的主要决定因素。在哺乳期间，营养良好的女性为了适应哺乳的额外的能量消耗，她们必须摄入更多的能量或降低体力活动。但在能量摄入受限或体力活动无法降低的情况下，产妇能量消耗的调整和脂肪动员将扮演着更重要的角色。

表 11.2 孕期的前 36 周的能量消耗与能量摄入增加的平均值及范围[4,5]

成　　分	平均值±标准偏差/MJ	范围/MJ
体脂	132±127	−99～280
基础代谢率	112±104	−53～273
体力活动	131±240	−209～596
估算的用于胎儿的能量	43	
总能量消耗	418±348	34～1192
能量摄入	208±272	−136～835

五、体重的增加

妊娠初期体重的增加是非常缓慢的，随后则逐渐加快。在妊娠前 3 个月，其体重仅增加 1～2kg。在接下来的 27 周中，每周平均约增加 0.4kg。正常妊娠期间总体重约增加 9～13kg。体重可预防妇科并发症，对产妇和婴儿均有益，除非孕妇是体重不足或超重。对于这些体重非正常范围的女性，妊娠期间体重的理想增加量与体重正常的女性有所不同。

到目前为止，人们仍用妊娠期间体重增加的平均值来估算额外的能量需求以及母体和胎儿各项组织发育的额外的营养素需求。但这些计算通常忽略了妊娠和哺乳期间对代谢的调节及其他相关的调节。这也是为什么推荐的能量和营养素的摄入往往高于正常妊娠的健康孕妇的实际摄入量的原因。

六、妊娠代谢的变化

妊娠期间的代谢不如妊娠期间体重增加那么明显，此期间发生的代谢调节并不显著，但这些代谢的调节对孕期的营养需求及代谢衡量有着重要的意义。总之，其代谢调节是胎盘分泌的激素作用的结果，这些激素为胎儿生长创造了有益的环境。

胎盘分泌的最重要的两种激素为孕酮和雌激素。孕酮可松弛平滑肌组织，有助于子宫扩张；降低胃肠道的活性，有利于营养的吸收；还可蓄积脂肪。雌激素对甲状腺激素的合成及基础代谢的调节起着重要的作用。另外还有一些激素，可提高血糖浓度和持氮能力，促进孕期钙的吸收。

孕期血流量增加，以支持胎盘分泌调节代谢的激素以及将营养素与氧气运送给胎儿，同时排出代谢产物。孕期增加的血流量可达孕前血流量的 50%，但血液组分的浓度随血量的增加而降低，这并非意味着血液不足，因血液组分的总量是不变的。

七、营养与胎儿生长

胎儿的生长发育分为三个阶段。第一阶段，受精后的两周，受精卵分裂为无数的小细胞，嵌入子宫壁。第二阶段，持续约 6 周，胎儿各器官和组织开始形成和生长。一个 8 周的胎儿的质量尚不足 8g，长约 3cm。此时胎儿生长需要的额外的能量和营养素显然是很小的。但是，这一阶段的营养是极为重要的。此时胎儿生长所需的任何一种营养素的缺乏都将对其造成终生的影响。在动物实验中，此阶段某些特定营养素的缺乏导致了其后代出生时的异常。第三阶段，即接下来的 7 个月的妊娠期。胎儿质量从 5g 增加至 3500g。在妊娠最后的 3 个月，胎儿的生长速率为 10g/(kg・天）或 200g/周。出生后的前 3 个月的生长速率为 5g/(kg・天)。第 2 年不足 1g/(kg・天)。迅速降低的生长速率就是生命早期尤其是出生前的营养比出生后的营养摄入不良更难“弥补”的原因之一。

胎儿生长阶段，需要大量的营养素来合成胎儿组织以及提供出生后的能量储备和铁储备。在正常妊娠期间，这些营养素来自孕妇的膳食及本身的储备。孕期的代谢调节可促进营养素的吸收，增加其储备，以满足胎儿生长的需求。同时要求孕妇的合理膳食贯穿于整个妊娠期，后 3 个月的营养素，尤其对钙的需求量较大。胎儿的许多营养素（如氨基酸、水溶性维生素和矿物质）的水平比母亲高。即使母亲的这些营养素的水平较低，胎儿也可通过富集该营养素的能力以获得足量的营养素。

孕期对营养素吸收的自我调节，提高了其利用率，也保证了整个妊娠期间营养素的均衡。

八、孕期能量与营养素的需求

1. 能量

孕期额外的能量需求是基于母亲与胎儿的组织发育所需的能量与代谢的消耗。按照这种计算方法，平均的能量需求总量约为 330MJ 或孕期平均 1200kJ/天。现行一些国家的推荐值为妊娠后期的 2～3 个月 850～1100kJ/天的额外的膳食能量摄入，就是基于上述原因（见表 11.3)。

从科研人员在康桥进行的代谢研究可以看出，准确预测每位孕妇的能量需求是不太可能的，建立单一的孕期能量需求值也是不太现实的（见表 11.3)。

表 11.3 孕期和哺乳期的每日膳食摄入推荐值[6]

项　目	非妊娠	妊娠期的额外需求	哺乳期的额外需求
能量/MJ	7.9～9.0	0.84	2.0
蛋白质/g	65	20	20
钠/mg	2200	0	0
钙/mg	800	200	400
铁/mg	20	15	5
维生素 C/mg	100	30	30
核黄素/mg	1.2	0.5	0.5
硫胺素/mg	1.3	0.2	0.5
维生素 A/μg RE	700	200	500
总叶酸/μg	400	200	100

2. **蛋白质**

一个正常的婴儿发育需要1kg的蛋白质，或在妊娠后期的2～3个月内平均需约5g/天的蛋白质。因我国的蛋白质源仍以生物利用率相对较低的植物蛋白为主，我国推荐的蛋白质的参考摄入量为每日摄入额外的20g蛋白质。实际上，很多城市的孕妇均不必增加蛋白质的摄入，因非妊娠的女性通常摄入了高于我国推荐的蛋白质的日参考摄入量（DRI）的65g。

3. **微量营养素**

除了维生素A、钠和钾，我国推荐的营养素日参考摄入量在孕期将有所增加。一些营养素（如硫胺素、核黄素、烟酸）的额外需求与其能量和蛋白质代谢的增加有关。而其他营养素（如钙、铁）需求量的增加主要是供给婴儿和母亲的组织生长。

营养素，例如叶酸对细胞分裂过程是必需的，但很难确定其每日推荐量，加之叶酸的不稳定性，且考虑其安全阈值，推荐孕期增加50%。本节仅简述孕期钙、铁吸收率的增加对母亲及胎儿的影响以及讨论叶酸的特殊情况。

(1) 钙　为了满足胎儿出生时25～30g的钙储备，如果吸收率保持在30%不变，则孕期需摄入额外的300mg/天。但研究发现孕期钙的吸收率显著增加，额外的需求量比推荐值小得多。例如部分钙的吸收率从30%提高至40%，钙从膳食中的获取率就提高了33%。因此如果摄入不少于800mg/天的钙，那么不需增加钙的摄入即可满足孕期的需求。考虑到胎儿的体重增长加快，我国推荐的孕妇膳食钙参考摄入量在孕期第2个月为1000mg/天，第3个月为1200mg/天，孕妇在此期间，适当选择一些富含钙的食物，如奶、乳制品、豆制品，即可满足对钙的需求。不必大剂量地补充钙片，因为钙的摄入量过高不利于其他矿物质如铁、锌、镁、磷的吸收，从而可能会出现该矿物质的缺乏，同样会影响胎儿的发育。

(2) 铁　对于妊娠期营养状况正常的孕妇，孕期铁的吸收率会增加。从第12周的7%增加至第24周的36%，再到第36周的66%[7]。孕期铁的吸收率呈9倍的增长，意味着从含15mg铁的饮食中，孕期的前3个月仅需吸收约1mg/天，最后的3个月可能需要吸收10mg/天。通常在孕期的第2个和第3个3个月，孕妇需要吸收额外的500mg/天铁来满足母体的红细胞增加以及胎儿、胎盘的发育。即使此阶段铁的平均吸收率仅为35%，而对育龄女性的推荐量（12～16mg/天）也足以保证孕期的需求。但我国饮食中的铁主要来自植物的三价铁，其生物利用率不足动物血红素铁的50%，所以我国推荐的孕妇膳食铁的参考摄入量在第2个和第3个月分别为25mg/天和35mg/天。

(3) 叶酸　叶酸缺乏的生物学和血液学表现（巨红细胞性贫血）在孕妇中较为常见。原因之一是血流量的增加，另一原因是正常的叶酸代谢受到高浓度的雌激素和孕酮的影响。但叶酸可在胎盘中被有效地转运，表现在血液学叶酸缺乏的孕妇所产的婴儿的红细胞的叶酸水平往往是正常的，无贫血。更受关注的是，叶酸缺乏与妊娠早期婴儿神经管缺陷性关闭（neural tube defects，神经管缺陷）之间的关系。有报道，在妊娠前和孕期的前几周每日补充4mg的叶酸，可使生产过神经管缺损婴儿的孕妇生产的婴儿不再出现此类疾病。但叶酸如何防止神经管缺损的机理目前尚未完全明了[8]。澳大利亚每年约有400个新生儿患有神经管缺损，给社会和家庭带来了沉重的负担。为了预防类似疾病的发生，其国家健康和医学研究委员会推荐，所有计划妊娠的女性均应增加叶酸的摄入量，至少维持在400μg/天。

九、孕期膳食

(1) 食物　如果在妊娠前健康，营养状况良好，饮食适量且多样化，那么其在孕期就不必进行很大的饮食调整。通常在孕期的前3个月，主要是“早孕反应”。在此阶段，最好是少食多餐。主要摄入易消化的食物，如碳水化合物等。

在妊娠后期，饮食和能量的摄入将受母亲的能量储备与活动强度的影响。食量是能量摄入的最佳指示器。多样化的饮食结构即可满足孕妇对营养素的需求。

(2) 饮料　胎儿酒精中毒综合征（fetal alcohol syndrome）表现为新生儿异常，特点是生长和智力发育滞缓。其通常发生于嗜酒者所产的婴儿。很多研究试图界定对胎儿不造成影响的酒精摄入水平，但目前该界定尚不明确。一般建议孕期不要饮酒。

在一些动物实验中，咖啡因摄入过量有致畸作用，小剂量则可致生长滞缓。对大样本量的孕妇的观察表明，小剂量、少量摄入咖啡（低于 3 杯咖啡/天）大多不会造成明显的危害，当然其与个体差异有关。与酒精一样，建议孕期最好不要摄入咖啡因。

(3) 营养补充　除了叶酸外，一位妊娠前营养状况良好的孕妇如果在孕期营养足够的话，则无需进行额外的营养补充，除非医生的处方中有营养补充剂。

十、营养与哺乳

1. 乳汁分泌的启动与维持

无论是否采用母乳喂养，孕期卵巢和胎盘分泌的激素使产妇的乳房（乳腺）做好了泌乳的准备。乳腺由泌乳细胞小叶（腺泡）组成，由乳管引导，乳汁流向乳头附近的腔（乳窦）并在这里汇集。

妊娠期间腺泡数量增加，为泌乳做了充分的准备。产后腺泡受泌乳刺激素的刺激开始泌乳。但如果婴儿不是母乳喂养，那么泌乳刺激素的水平将逐渐降低，泌乳停止。产后的 2～3 天分泌的乳汁称为初乳，其含有大量的细胞免疫物质，这与之后分泌的乳汁中的营养素的组成有所不同。

乳汁分泌的建立及维持并不代表成功的母乳喂养。为了成功地进行母乳喂养，乳汁需从腺泡中释放出来。刺激乳汁释放的是垂体后叶分泌的催产素，其受吮吸的刺激。催产素使乳腺腺泡周围的肌肉组织（肌上皮细胞）收缩，推动乳汁流向乳管。这个过程称为泌乳反射（let-down reflex）。如果它不能充分作用，婴儿将仅能获得乳房中的部分乳汁。催产素的分泌易受情感因素的控制，例如焦虑、抑郁以及情绪失常等。但母乳喂养是维持泌乳的最首要的因素。

2. 哺乳期的能量与营养素的需求

一般可从乳汁的量和组成来估算哺乳期额外的营养需求。首先，一系列的因素影响着乳汁的组成和量。除了个体之间的差异外，其营养素组分主要来源于母亲的膳食成分。另外，母乳中最显著的变化是每次喂养的最后其乳脂肪含量会升高。因为乳脂肪的含量基本不受膳食的影响，其乳脂类型也不随乳母膳食的变化而改变。所以如果乳母摄入足够的能量（体重维持相对恒定），其乳汁中脂肪酸的组成就反映了其膳食脂肪酸的组成。如果乳母的体重下降，则反映其体脂减少。表 11.4 列出了影响母乳组分的主要因素。

(1) 常量营养素　除了重度的营养不良外，母乳中的常量营养素是相对恒定的，基本不会受到膳食的影响。

(2) 微量营养素　母乳中水溶性维生素的含量反映了其长期的饮食结构，但矿物质的含量基本不受饮食的影响。

3. 乳量

母乳喂养启动后，一般泌乳量在 0.5～1L/天，其主要取决于婴儿的需求、喂养方式以及母亲的营养状况。经常性轻度的有氧运动以消耗增加的能量，不会对泌乳量与乳的成分造成影响。

表 11.4　一般女性、哺乳期不同阶段的女性、不同营养状况的女性之间的乳汁成分的区别[9]

每升的营养素含量	一般女性之间	哺乳期不同阶段的女性之间①	不同营养状况的女性之间
能量/MJ	2.6～3.3	2.7～2.9	2.3～3.2
蛋白质/g	10～14	12～16	9～13
脂肪/g	35～46	35～40	24～48
乳糖/g	64～76	66～70	65～77
钙/mg	250～410	310～400	210～340
铁/mg	0.5～1.6	0.4～0.8	—
锌/mg	1.2～3.9	2.2～3.8	—
维生素 A/μg	400～800	540～880	360～650
硫胺素/mg	0.1～0.2	0.15～0.2	—
核黄素/mg	0.3～0.4	0.4	—
维生素 B_{12}/g	0.3～1.0	0.4～0.5	—
维生素 C/mg	5～55	44～55	—

① 此范围的前一个数值表示哺乳期前几周的乳汁。

我国基于乳母日平均泌乳 850mL 来制定哺乳期营养素的日推荐量。目前的能量摄入推荐值是乳母每日额外再摄入 2.0MJ。对营养状况良好从乳汁中损失能量较恒定的乳母，这些推荐值一般无变化。剑桥研究报告的额外能量的推荐值为 1.2～1.8MJ/天。

十一、哺乳期的膳食

孕期和哺乳期每天额外摄入 2MJ 的能量，比非孕期增加了 25%的能量摄入。

如果乳母是多样化的饮食结构，那么额外摄入的 25%的能量便可满足哺乳的需求。在我国传统的产妇膳食中，除了钙、叶酸和维生素 C 以外，大部分的营养素密度（每兆焦能量所含的营养素）均超过了母乳中的营养素密度。尽管哺乳期钙的吸收并未升高，但乳汁的钙含量与乳母的膳食关系不大。相反，如果乳母膳食的维生素 C 含量低，其乳汁的含量也随之下降。乳母每日多饮一杯果汁或多摄入 1～2 份的新鲜水果和蔬菜（不同品种的水果和蔬菜，其营养组分不同），便可满足额外推荐量（130mg/天）的需要。

哺乳期最好不要试图减去妊娠期间增加的体重而进行饮食控制，其原因有二：第一，如不增加能量摄入，则不能满足哺乳所需的额外的营养素；第二，某些情况下进行饮食控制将导致泌乳量不足。

如果乳母为素食者，则需补充维生素 B_{12} 和 n-3 多不饱和脂肪酸，以满足婴儿对此两种营养素的需求。有些婴儿对牛奶蛋白很敏感，那么乳母在哺乳期间应避免摄入牛奶。总之，食物中的非营养组分、药物、烟碱等均可能对乳母的正常哺乳造成一定的影响。

母乳喂养提前结束的一个最主要的原因是泌乳量不足。而单纯的母乳不足并不意味着有了其他来源的食物补充就不需用母乳喂养了。

第二节　婴儿营养

一、婴儿的特殊需求

出生后第一年内的婴儿的营养十分重要，因这是婴儿发生重大变化的一年。其最重要的特征是生长和发育很快。出生后 6 个月的体重为出生时的两倍。出生后一年的体重为出生时的3倍，身长约增加50%。从发育的角度来看，新生儿无自控能力，而出生后一年的婴儿，不仅可自己站立，且能用精确的钳形动作抓取小物体。婴儿的另外两个特征为体型小和生理发育不全。

体型小会从两个方面影响婴儿的营养的摄入。一方面，限制了一次可摄入的食物总量，这也是新生儿必须频繁喂养的原因。另一方面，婴儿的体表面积大，静止代谢率高，所以对水、能量和营养素的需求量也相对增大。

婴儿快速的生长速率表明，组织生长对营养素和能量的需求与成人有显著的不同。其中对蛋白质和钙的量的要求尤为重要。

总之，基于婴儿的肾脏和胃肠道发育不全，限制了可摄入食物的种类。又因其较快的生长速率、体型小、生理发育不全，故对婴儿的饮食有以下要求：频繁饮食；流态食物；高能量，高营养素。

二、婴儿能量与营养素需求的依据

1. 水

婴儿需摄入足够的水。水被用于：皮肤、肺的蒸发；尿液；粪便；组织生长。

水的主要损失途径是蒸发。因为婴儿的体表面积大，基础代谢率高，约为成人的两倍，所以其蒸发损失的水也相应较多。一般环境下，健康婴儿的水流失为30～70mL/(kg・天)。高温时（约40℃）婴儿蒸发损失的水将增加50%～100%。体温每增加1℃（如发热），其蒸发损失的水将增加10%。通常在出生后的前几周，婴儿通过尿液流失的水主要取决于饮食。这是因为婴儿肾脏浓缩尿液的能力有限，代谢终产物越多，尤其是电解质和尿素，尿液中的水分也就越多。

用渗透压摩尔（mOsmol，渗透压单位）来估算肾溶质负荷及尿液中的溶质（离子）的总量。食物中的1g蛋白质可产生1mOsmol的尿素；1mmol的电解质（钠、钾、氯）可产生1mOsmol的肾溶质负荷。通过粪便损失的水通常约为10mL/(kg・天)，如婴儿出现腹泻，其量将大大增加。与其他的损失相比，新组织形成需要的水量相对较低。

一般情况下，足月婴儿在出生后的前几天中，总的需水量不足100mL/(kg・天)；之后的6个月内其总需水量约为125～150 mL/(kg・天)；一年内又降至125mL/(kg・天)。因早产儿的肾功能较足月婴儿更不成熟，需水量更大，其出生后的需求量约为150～200 mL/(kg・天)。健康母乳喂养的婴儿，如喂养足量，母乳能够满足婴儿对水的需求。配方乳粉喂养的婴儿，当气温明显升高时还需额外补充一定量的水。

2. 能量

婴儿对能量的需求，与其他年龄一样，取决于基础代谢率、生长速率以及活动强度。在第一年里婴儿的生长速率逐渐下降，每千克体重需要的能量也降低，之后随着活动强度的增加而增加。然而，婴儿每千克体重所需的能量较成人高3～4倍。

婴儿约50%的能量需求用于基础代谢及维持体温，其余的用于生长与活动。婴儿出生后的前4个月中，生长很快，日均增重20～25g。之后至一岁，其生长速率逐渐下降，日均增重约15g。尽管个体间的生长速率存在着差异，但此阶段的每千克体重的能量需求较之后的其他阶段的需求要高。通常情况下，估算婴儿的能量需求是基于对健康婴儿摄入量的观察，当然亦可依据对基础代谢、活动以及生长所需能量的计算。

随着婴儿的生长，用于活动的能量需求也相应增大。睡眠平静的婴儿较睡前哭闹的婴儿消耗的能量少。用双标水来计算总能耗可使婴儿的活动能耗的量更为精确。利用这项技术，Wells和Davies[10]发现，活动耗能的比例从6个星期的5%增至12个月的34%。

我国推荐的婴儿能量摄入量是基于 FAO/WHO 专家委员会[11]对大量的健康配方乳粉与母乳喂养的婴儿的能量摄入的对比观察。近期对婴儿及儿童的能量需求的估算，也是基于对生长所需能量的估算及对总能耗的测定。其结果：健康婴儿 0～5 个月的平均能量需求约 400kJ/(kg·天)；6～12 个月的男婴 4.6MJ/天、女婴 4.4MJ/天。

婴儿出生后的 4～6 个月内，主要是通过脂肪、糖（乳糖）来满足其对能量的需求，包括母乳和母乳替代品（通常是牛奶）。之后将逐渐由多样化食物，如各种常量营养素来替代脂肪和乳糖。表 11.5 列出了 3 个月、9 个月女婴所需能量的食物量。其可清楚地显示，9 个月女婴的能量需求量已达成人女性的 50%。

表 11.5 正常体重的 3 个月女婴与 9 个月女婴的能量需求的食物数量

年 龄	能 量	食 物
3 个月	2500kJ	850mL 母乳或配方奶
9 个月	4400kJ	600mL 母乳或配方奶
		30g 米饭、面条等
		一个鸡蛋羹(70g)
		20g 肉制品
		5g 植物油
		50mL 橙汁
		2 调羹苹果泥(40g)
		2 调羹番茄酱(40g)
		2 调羹南瓜酱(40g)

3. 蛋白质

婴儿对蛋白质的需求，第一是基于组织生长发育所需，第二是维持所需要的蛋白质。组织生长发育所需蛋白质的量可由体重增加及组织的蛋白质含量增加来计算。婴儿出生后，蛋白质需求量的 60%～75%用于生长。第一年用于生长的蛋白质的需求量平均为 3g/天。第 13 个月时，用于生长的蛋白质只有 15%。

虽母乳中仅有 6%～7%的蛋白质含量，但小于 6 个月的婴儿从母乳中获得的蛋白质一般足以满足其生长的需要。母乳喂养的婴儿获得的蛋白质，在出生后的前 6 个月中，约为 2～2.4g/(kg·天)；6 个月后约为 1.5g/(kg·天)。我国推荐的参考摄入量分别为：前 6 个月 2.25g/(kg·天)；后 6 个月 1.6g/(kg·天)[6]。

总的膳食蛋白质的需求量取决于氨基酸的成分。如果一种或多种必需氨基酸缺乏，则蛋白质的合成速率会降低，生长速率也下降。除了成人需要的 8 种必需氨基酸外，婴儿还需组氨酸。在某些情况下，半胱氨酸和牛磺酸也是必需的。婴儿的蛋白质需求通常是用蛋或奶的蛋白质来表示的，用其他来源的蛋白质计算需求量时，则必须根据其氨基酸的含量进行相应的调整。

4. 碳水化合物

母乳和牛奶中最主要的碳水化合物是乳糖。母乳和婴儿配方奶的乳糖含量约为 7%，牛奶的乳糖含量为 4%～5%。母乳喂养的婴儿约 1/3 的能量来源于乳糖。

乳糖可促进矿物质，如钙、镁的吸收，使胃肠道保持酸性环境，有利于双歧乳杆菌菌群的生长。母乳还含有约 1%的低聚糖以及其他的含氮碳水化合物。其中，双歧乳杆菌在母乳中的浓度比在牛奶中的浓度高得多。双歧乳杆菌菌群可抑制致病菌的生长，其致病菌可能导致腹泻。婴儿极少有原发性乳糖不耐受的病例，如有也一般为继发性的。继发性乳糖不耐受通常是由于肠胃炎的反复发作引起的。

5. 脂肪

脂肪是新生儿的主要能量来源，提供总能量的40%～55%。脂肪是婴儿膳食的重要组分，其原因如下：

① 脂肪可提供大量的能量，而婴儿的食物摄入量是有限的；

② 脂肪是脂溶性维生素A、维生素D、维生素E、维生素K的载体；

③ 脂肪是必需脂肪酸的来源；

④ 脂肪在提供能量的同时，不增加肾溶质负荷（蛋白质），也不降低小肠中水的高渗效应（二糖类）。

基于成人需降低饮食脂肪摄入的建议，有人提议婴儿的饮食脂肪也应降低。但制定婴儿膳食推荐制的专家们并未采纳该建议。对婴儿来说，脂肪无疑是非常重要的，不仅因其是脂肪酸和脂溶性维生素的来源，还是能量的主要来源。

母乳的热能50%～54%来源于脂肪；40%～43%来源于碳水化合物（均以乳糖形式）；6%～7%来源于蛋白质。虽长链多不饱和脂肪酸 n-6 和 n-3 仅为总脂肪量的很小一部分（$<2\%$），但其对促进生长、神经发育以及心血管功能均有着重要的作用。

6. 维生素和矿物质

一般根据营养状况良好的母亲的乳汁中维生素和矿物质的含量来计算出生后6个月婴儿的需求量。并非所有的婴儿均为母乳喂养，所以在制定这个年龄段的营养素推荐值时，还必须考虑其他因素。硫胺素、维生素 B_6 以及维生素C等营养素遇热不稳定，因此在准备婴儿配方奶中很易被破坏。为了补偿这些损失，推荐值必须较以母乳喂养的婴儿的平均推荐量要高。

6～12个月的婴儿，还有一些其他因素决定其营养素的需求。无论是母乳喂养还是配方奶喂养，奶均不是婴儿唯一的营养素来源。总之，与单一的奶相比，引入其他杂食后营养素的利用率和吸收率都降低了，这一点必须加以考虑。

6个月以后的婴儿，如摄入的能量足够，一小份与儿童或成人相似的饮食基本可以满足其营养素的需求。并非所有的食物均含有维生素A、维生素C，因此在婴儿的饮食中加入含有此类营养素的食物是很重要的。该时期，提供足够的钙、铁也是十分必要的。母乳、配方奶以及牛奶中的钙是足够的，但6个月后为了保证足够的铁，那些不是以母乳或强化铁的配方奶为主要饮食的婴儿，必须再摄入富含铁的食物。

三、母乳喂养的优势与劣势

（1）优势　除了一些显而易见的实际优势外，母乳喂养还有一系列的优势，包括免疫学、营养学、生理学以及心理学方面的优势。

（2）免疫学优势　母乳中的免疫成分对尚未发育完全的婴儿的免疫系统是极为重要的。其对婴儿构成了一个阻碍病原生物体侵袭的有效的防御屏障，这对于生长在卫生及医疗条件欠佳的婴儿尤为重要。

母乳，尤其是初乳，含有一系列的抗体、细胞以及其他非特异性组分。抗体，如IgA，是母亲暴露于细菌和病毒环境中的乳房产生的，其可有效地保护婴儿不受病原体的侵染。非特异性因素，如乳铁传递蛋白和溶解酵素，主要作用于肠道菌群，促进非病原性微生物（如双歧乳杆菌）的生长。这些微生物可抑制病原体（如大肠杆菌、痢疾杆菌）以及寄生虫（如蓝氏贾第鞭毛虫）的生长。所有这些物质的浓度在初乳中的含量是最高的，尔后其浓度将随哺乳的进行而降低。

(3) 营养学优势 对婴儿来说，母乳是最适宜其生长速率和营养需求的。母乳不仅含有足够生长需要的脂肪、碳水化合物、蛋白质、矿物质以及维生素，且其浓度均最适宜其消化和吸收。

近年来，备受关注的是母乳与配方奶中的长链多不饱和脂肪酸（尤其是花生四烯酸和二十二碳六烯酸——DHA）的不同。母乳中含有一定量的长链多不饱和脂肪酸，其为视网膜及大脑发育所需结构磷脂的重要组分。而配方奶中仅含有脂肪酸的前体（亚油酸、α-亚麻酸）。目前研究表明，在早产儿的配方奶中加入长链多不饱和脂肪酸有利于其生长发育，对足月婴儿也是有益的。

(4) 生理学与心理学优势 哺乳对母亲及婴儿均有其生理学和心理学方面的益处。其可促进婴儿的颚部及牙齿发育。还可抑制排卵、促使子宫复原。此外，哺乳还可增进母亲与婴儿间的距离。

(5) 实际的优势 母乳是最方便的食品，随时可得又温度适宜。虽母亲为了哺乳需额外增加一些能量，而这些成本较人工喂养的成本要低得多。

母乳喂养不仅营养、方便和经济，而婴儿在获得免疫方面的优势是最为显著的。

(6) 劣势 在某些情况下，母乳喂养是不适宜的。如母亲处于某种慢性病、传染病以及过敏性疾病的药物治疗中；营养不良；嗜酒、吸烟、吸毒等。另外婴儿方面，如不能有效地吮吸；患有遗传性代谢性疾病，如单半乳糖血症、原发性乳糖不耐受等。母乳喂养也是不适宜的。

四、目前母乳喂养的趋势

在婴儿配方奶粉引入我国之前（20 年前），大部分婴儿均由母乳喂养。无法进行母乳喂养的只能用家畜（牛、羊）的新鲜乳汁配以谷物或大豆粉。过去在人工喂养的婴儿中，肠胃炎引起的死亡率较高，尤其在经济落后的国家和地区。

19 世纪 80 年代，由于婴儿配方奶粉的引入，在城市中人工喂养得以迅速地发展，母乳喂养的比例下降。虽目前有很多关于母乳喂养的正面报道，但随着婴儿配方奶技术的不断发展和提高，其大大降低了人工喂养的风险。所以，不少城市母亲选择了人工喂养。

五、影响母乳喂养的流行和持续时间的因素

在给定的人群中，母乳喂养的流行和持续时间随着母亲的年龄、教育程度以及社会经济地位的变化而变化。在西方发达国家，年轻的，接受全日制教育时间短的，社会经济地位较低的母亲，采用母乳喂养相对较少，或母乳喂养的持续时间短。在 1991～1992 年间的澳大利亚维多利亚州，农村地区 6 个月婴儿部分或全部用母乳喂养的比例（45%～49%）比墨尔本市区的比例（42%）高。这和我国的情况完全不同，我国农村接受全日制教育时间短的、社会经济地位较低的母亲以母乳喂养为主。

六、首选食物

总之，足月产的健康婴儿如果用母乳喂养或用婴儿配方奶喂养，在出生后 6 个月内一般是不需要其他食物的，之后引入奶以外的其他食物的时间和频数基于以下因素：婴儿的营养需求；接受半固体和固体食物的能力；对奶以外食物的生理适应性。

1. 营养学的考虑

以母乳喂养的婴儿 6 个月后需要补充额外的食物来满足其对能量的需求。

其主要额外的需求是能量、铁及蛋白质。要满足这些需要，可给婴儿提供强化铁的谷物

食品（米、面、大豆粉等）。谷物食品除了包含各种所需的营养素外，还有很多优点，如便捷、风味温和易于被婴儿接受等。其他适宜的食物也可添加其中，如水果和蔬菜泥，其可提供一定量的维生素。酸奶、蛋羹、菜泥或肉泥的米饭面条等均可作为婴儿食品。

初始可在喂奶之后提供一些上述食品，尔后谷物等可作为主食而奶作为补充。加入新食物最好是一次一种，以便鉴别婴儿不耐受的食物。

2. 一些食物的优点和缺点

如家庭成员对某些无毒的食物出现不良反应（过敏）时，该食物不要添加至婴儿的配方奶中。若家庭成员无食物过敏史（皮肤过敏、哮喘等），而婴儿却出现了过敏反应，其可能与婴儿的免疫系统尚未发育完全有关。例如，出生后的前几个月里，一些蛋白质能完整地穿过肠壁，引起湿疹、麻疹、腹泻、哮喘、口唇肿胀、口腔及胃肠道出血等。

引起过敏反应的最常见的食物有牛奶、蛋白及含麸质的小麦等。过早引入牛奶可能会引起一些过敏反应。其主要是牛奶中的蛋白质作为异种蛋白，而婴儿对这种物质尚未产生相应的抗体所导致的。过敏反应除了上述症状，还有来自糖尿病史家族的婴儿提前发生胰岛素依赖型糖尿病。牛奶和配方奶的加热，可降低牛奶中蛋白质的致敏性。现在普遍建议，在第2个6个月里未采用母乳喂养的婴儿，此时用配方奶喂养，可以将可能发生的不良反应降至最低。母乳喂养还可推迟婴儿乳糜泄的出现。乳糜泻是小麦麸质引起的过敏反应。无论什么时候引入含麸质的食物，最初添加到婴儿食品的谷物最好是基于大米的不含麸质的配方饮食。

3. 生理学和物理学方面的考虑

4～6个月的婴儿已可接受除奶以外的其他食物，但这种能力还很弱，所以还必须充分考虑蛋白质、脂肪、复杂碳水化合物以及电解质的质和量。约在6个月时，婴儿就已经可以抓取视野内的物体，而且无一例外地把抓到的东西往嘴里塞。因为这之后婴儿的咀嚼运动开始发展，这时给婴儿提供手指食物及食物泥是比较合适的。如果形式得当，大部分食物均可用来喂养6个月的婴儿。尽管如此，奶仍然是婴儿在第一年里的主要食物。一些作为断奶食物的谷物，其钙和维生素 B_{12} 的含量不足，所以还要加入适量的果蔬泥、酸奶、鸡蛋羹、含蔬菜泥和肉泥的米饭或/和面条以满足婴儿对能量和营养素的需求。所以严格的素食，即不摄入奶、蛋和奶制品，不能给婴儿提供足够的能量和营养素，因而不适宜推荐作为断奶食物。

第三节　儿童与青少年营养

一、儿童的生长

1. 身体的组成

儿童时期身体组分的变化并不是很明显。在此时期女孩的体脂较男孩稍多。青少年时期，男女之间身体组成的差异才开始显现。

这一时期男孩的去脂体重增长很快，并有一个持续的高峰期，体脂却增长较慢；而女孩的去脂体重增长较少，体脂增长较快。在10～20岁期间，男孩的去脂体重增长1倍，而女孩则增长50%。

结果是成人男性的去脂体重约占总体重的85%，成人女性为75%。这种身体组成方面的差异是一种生理现象，其也为育龄女性提供了妊娠及哺乳的能量储备。

2. 体重与身高

人类自出生直到成熟，期间发生了很多的变化，而最明显的则是体型的变化。体重约增至原来的20倍，身高约增至原来的3倍。儿童时期（2～10岁），体重与身高的增长呈线性，分别为体重增长约 2～3kg/年，而身高增长约 5～6cm/年。

青少年时期某段时间的体重和身高呈显著性增长，其称为青少年发育急速期。一般女孩始于 10～12 岁，男孩始于 12～13 岁，此期通常持续 2～2.5 年。

青少年发育急速期何时开始因人而异，但这一时期的持续时间基本是相似的。一般说来，此期男孩身高增长约 20cm，体重增加约 20kg；女孩身高增长约 16cm，体重增加约 16kg。通常体重增长速率峰值的出现比身高增长速率峰值约晚 3 个月。女孩的首次月经（初潮）一般是在身高增长峰值之后。而男孩第二性征的发育与青少年发育急速期的关系不如女孩那么密切。

3. 器官和组织的生长

身体不同的组织和器官并非按照同样的模式生长。大脑与生殖器官不同于身体的总体生长模式。大脑的发育集中在出生后的 5 年内，而生殖器官直到 10 岁以后才开始发育。如果儿童早期营养缺乏可导致大脑发育不良。

二、生长的能量与营养素的需求

生长需要足够的食物，食物不足的儿童其体重及身高均落后于食物充足的儿童。儿童的能量和营养素的需求有两种估算方法。一种是观察健康婴儿及儿童的食物摄入；另一种是基于生长过程中体内蓄积的营养素的总量。大多数情况下，推荐的膳食营养素的参考摄入量（DRI）是基于以上两方面的信息。基础代谢与活动所需的能量随体型增大而成比例地增加。通常出生后的第一年生长所需的能量最多。活动是能量需求的一个重要方面，不同个体之间有很大的差异。年龄与体型均相仿的儿童，可能其中一个的能量摄入是他人的两倍，这种现象并不奇怪，是因为用于体力活动的能量消耗不同。因此，能量摄入的推荐值仅是一个平均值，并非对相同年龄组的每个人均适用。能量需求用每千克体重来表示的话，第一年约为 400kJ/kg，之后的青少年时期降至 200kJ/kg。营养素的需求也逐渐上升，但通常与能量摄入无关。

儿童和青少年时期对营养素的需求随年龄和体型的增长而增长。表 11.6 列出了营养素的日增量。

表 11.6　儿童和青少年与成人用于维持能量的需求比较，青少年时期用于生长的主要营养素的日增量

营养素	成人[①]/mg	10～20 岁的平均值		生长急速期高峰	
		男	女	男	女
钙	200	210	110	400	240
铁	1.0～1.35	0.57	0.23	1.1	0.9
氮	7700～8800(45～55g 蛋白质)	320	160	610(3.8g 蛋白质)	360(2.2g 蛋白质)
锌	3.6	0.27	0.18	0.50	0.31
镁	135～160	4.4	2.3	8.4	5.0

① 为了与生长的需求量比较，此数据为从饮食中吸收的量，并非食物的每日推荐摄入量。

从表 11.6 中可以看出，在青少年生长急速期的高峰阶段，用于生长的钙、铁的需求量是很大的，其生长速率及所处的成熟阶段比年龄更能决定营养素的需求量。如考虑青少年时期的生长可将每日推荐摄入量用每厘米身高来表示，这个值可以更好地显示出其个体对营养素的需求。

三、儿童时期与营养相关的问题

（1）拒食　学龄前儿童的生长速率比婴儿时期有所下降。初学走路的婴儿有许多东西要学习，他们有很多比吃更感兴趣的事物。父母总是担心他们两岁的孩子不肯吃饭。这种现象并不奇怪，很多此年龄段的孩子有时一天只摄入很少量的饮食。

在营养学上这并不是什么问题，而且通常是可以自我调节的。同龄的其他孩子也许不停地寻求食物，与上述行为类似，这也许不是出于饥饿，而是一种习惯或想引起他人的注意。

（2）贫血　缺铁性贫血是儿童早期最常见的营养缺乏问题。在我国，以下情况缺铁性贫血最为常见（表11.7、表11.8）。

表 11.7　1992 年、2002 年我国女婴幼儿贫血率的统计[2]　　%

月　龄	城　市		农　村	
	1992	2002	1992	2002
0～1	28.8	24.5	30.0	32.8
2～4	12.8	5.8	16.9	13.3
5～11	15.7	9.0	17.0	13.3
12～17	22.7	13.0	16.3	19.0
18～44	26.5	23.7	24.7	27.2
45～59	29.1	21.1	27.2	28.0
≥60	31.5	20.9	32.9	31.3
总计	25.8	20.1	23.3	24.9

表 11.8　1992 年、2002 年我国男婴幼儿贫血率的统计[2]　　%

月　龄	城　市		农　村	
	1992	2002	1992	2002
0～1	23.0	29.9	29.5	33.9
2～4	13.3	7.2	18.1	15.6
5～11	14.8	8.4	14.7	14.0
12～17	12.9	11.2	16.5	16.2
18～44	11.9	10.9	14.4	14.6
45～59	16.3	13.1	20.6	21.5
≥60	26.2	18.3	34.1	31.9
总计	15.2	12.0	17.8	18.0

引起贫血的主要原因有：①大量牛奶喂养而未及时添加富含铁的食物；②长期患有胃肠炎；③长期素食喂养以及铁的吸收率低。

足月婴儿体内的铁储备量通常可满足前 6 个月的需求，6 个月后应补充强化铁的配方奶或足量的含铁食物。如婴儿谷物、强化铁的早餐谷物、肉、绿叶蔬菜等。若不及时补充铁，婴儿体内的储备铁将被耗尽，出现血红蛋白降低而引起贫血。

儿童的早期贫血尤其值得关注。其原因有：第一，贫血将导致不可逆的身体及智力生长滞缓，特别是发生在婴儿时期；第二，贫血将使婴儿对感染的抵抗力降低，从而发病率升高。

根据中国食物营养监测系统 15 年的监测结果，对 5 岁以下儿童的贫血状况进行的分析，同时根据世界卫生组织和联合国儿童基金会提出的 6 个月～6 岁以下血红蛋白低于 110g/L 的儿童贫血的诊断标准，采用氰化高铁法和 HemoCue 法（血红蛋白测定仪）测定血红蛋白的含量，对于海拔 1000～3000m 的贫血标准进行调整，并计算贫血率。通过同时测定儿童与母亲血红蛋白值的方法，研究儿童贫血与母亲贫血的关系。结果表明 1992～2005 年间中国城市、农村 5 岁以下儿童的贫血率在 16％～20％徘徊，无明显改善。

儿童贫血率随年龄的变化，6～12 个月为患病高峰期。对于儿童贫血，其母亲贫血的相对危险度为2.31。儿童贫血可引起腹泻增加。4～23个月的婴儿贫血与其母亲贫血、母乳喂养、辅助食品的添加有关。24～59个月幼儿的贫血与其母亲贫血及儿童生长迟缓有关[12]。在出生后6个月开始添加富含铁或铁强化食物对预防儿童贫血是行之有效的。

（3）龋齿 通过对济南市城区内1779名小学生的龋齿发病率及其家长的就医行为进行的调查，显示小学生龋齿发病率为59.19%[13]。在四川省3个城市、3个农村随机抽样选取的调查点，共调查了780名5岁儿童的龋齿情况，结果显示四川5岁儿童的龋齿发病率与山东相似，为58.72%[14]。

为了预防龋齿的发生，良好的口腔卫生习惯很重要。另外多种形式的氟化物，包括含氟化物的水、加氟牙膏、牙齿直接加氟以及膳食补充氟等的应用对预防龋齿也很有效（关于龋齿形成的原因参见第十章第三节）。

（4）肥胖 肥胖的定义是脂肪组织过量。儿童期的体重如超过正常体重的120%，则可诊断为肥胖。肥胖的儿童一般较高，故应考虑其身高与成熟的状况。实际上，目测一般均可得到基本的诊断。肥胖一旦形成，则很难治愈。在发育高峰期，即出生后的第一年和青少年时期，肥胖率更高。有证据显示，婴儿期和青少年时期有可能是脂肪重积聚的时期。5～7岁也是肥胖发生的关键时期，如果此时期发生肥胖可增加永久性肥胖的危险性。

一项北京市低年级小学生肥胖症的流行特点及影响因素的研究，分层整群抽样，对10221名1～2年级小学生进行身高、体重测量及相关因素的家长问卷调查。结果显示低龄学童肥胖率为15.4%；超重率为12.5%；男高于女；以年龄递增。其肥胖程度以轻中度为主，占80%以上。与儿童肥胖相关的主要因素有：不良的饮食习惯、父母肥胖、高出生体重、早期喂养、运动缺乏、父母的文化程度以及其他不良环境等[15]。

两大因素在调控儿童肥胖中需重点考虑。第一，限制摄入高热量的食物。例如，①高热量的餐间甜点；②大量的果汁、果汁饮料、兴奋性饮料；③高脂食物（如牛奶、奶酪、肉制品）。第二，运动量。适量的运动可消耗多余的能量。肥胖的儿童通常不喜欢运动。在饮食和运动两个方面，家庭的参与很重要。

四、青少年的营养

（1）青少年的饮食模式 青少年的特点是变化。其中包括生理特征、心理、社会角色以及社会责任的变化。这些变化中的一个显著特点就是青少年越来越能够掌握自己的饮食模式。他们不再依靠家庭的饮食模式，而是受其他因素的影响。如同龄人、媒体、对体型的期望、食物价格以及食物销售点的距离等。餐间及替代正餐的点心及零食经常出现在青少年的饮食中。营养学家们时常有这样的顾虑，即该饮食模式能否满足青少年生长发育的营养素需求。

而一种饮食模式的营养学价值更多的是取决于摄入了什么，而不是何时摄入或在哪里摄入。事实上，青少年的能量需求比成年人要高1000kJ/天，因此青少年有摄入一些高热量密度食物的空间。

（2）节食 青少年时期如果摄入过量的高热密度食物，其导致的后果就是肥胖。但通常情况下，高热量食物的摄入并非青少年时期出现肥胖的唯一原因，其也与社会、心理、生理等诸多因素有关。

无论何因，肥胖对青少年的影响都是极为不利的，因此饮食的调节就显得格外重要。女青少年尤其担心超重，故节食或其他控制体重的行为在该年龄段很常见。极端方式的节食，可使能量与营养素的摄入不足或不平衡，加之过量的运动，可能更多的是失去体内的水分和肌肉组织，而并非脂肪。

另外，节食除了对青少年时期的生长发育有消极的作用外，还可对今后的健康造成永久性的不良影响。将在肥胖一章中更详细地讨论。

第四节 年龄增长的营养需求

一、社会人口统计

作为地球的一个物种，人类寿命在一些群体中有逐年增加的趋势。在过去的 40 年间，以每 3 年增加 1 岁的速度增长。目前一些国家已达到平均年龄在 80 岁以上（表 11.9）。当今年长的一辈比 20 世纪初的前辈的寿命长了约 20 岁。尽管百岁老人的比率在增加（发达国家中约为 1/1000），但超过 120 岁的还很罕见。随着生物技术、生活方式以及医疗条件的发展，这种现象和趋势仍会改变，寿命还会延长。

与其他国家一样，我国也已进入了老龄化社会，60 岁以上人口的比例已占总人口的 11%，在发达工业化国家已超过 20%，表 11.10 是部分国家 60 岁以上人口比例的比较[16]。

表 11.9 平均寿命 80 岁以上的国家和地区[17]

国家和地区	平均寿命		
	男女	男	女
日本	83	79	86
澳大利亚	82	79	84
冰岛	82	80	83
意大利	82	79	84
圣马力诺	82	81	84
瑞士	82	79	84
安道尔	81	78	85
摩纳哥	81	78	85
西班牙	81	78	84
瑞典	81	79	83
新西兰	81	78	83
挪威	81	78	83
新加坡	81	78	83
加拿大	81	78	83
法国	81	77	84
以色列	81	79	82
中国	74	72	75
非洲区域	52	51	54
美洲区域	76	73	78
西太平洋区域	74	72	77
东南亚区域	65	63	66
欧洲区域	74	70	78
东地中海区域	64	63	66

人们能长寿的原因直接受益于良好的营养、适宜的生活方式（如选择健康食品、维持正常体重等）、医疗水平的提高（如婴儿及孕妇死亡率的降低、疾病的早期诊断、癌症和心血管疾病的有效防治）、教育经济和居住状况的改善以及社会保障措施的跟进等。

随着人们寿命的增长，其营养需求也随之改变。发展中国家由于人口总数多，其老年人口总数将超过发达国家，老年问题已成为一个国际化问题。

表 11.10 60 岁以上老年人口的比例[17] %

国家	60 岁以上老年人口的比例	国家	60 岁以上老年人口的比例
欧洲		其他发达国家	
法国	22	澳大利亚	19
芬兰	23	日本	28
德国	25	发展中国家	
希腊	24	中国	11
意大利	26	巴西	9
瑞典	24	印度	8
英国	22	俄罗斯	17
北美		巴基斯坦	6
加拿大	19		
美国	17		

二、发病率、自然年龄增加的营养问题

老龄化并非一种疾病。所谓的老年化疾病——癌症、心脑血管疾病等是人在衰老过程中不可避免的。如果人的寿命很长，机体的成分与机能将随之改变，但这些改变是不可抗拒的，并被认为是“正常的年龄过程”。本章将重点说明这些问题可以被推迟至生命的最后几年中（即控制发病率）。

三、自然年龄与生理年龄

老龄化可分为自然年龄（从出生开始算的年龄）和生理年龄（身体机能的改变）的老龄化。21 世纪在瑞典已有关于生理年龄的研究，显示人们的生理年龄比其自然年龄要年轻 10 岁，这是一种显著的变化，其中部分原因是由于营养状况的改善。现在完全可以通过饮食营养来预防老龄化现象。换言之，不仅基因对年龄产生重要的影响，其他因素也同样至关重要，并且是可以被改变的。如年轻时对身心进行精心的调养，则可使生理年龄变小。问题是有些老龄化问题是不可避免的，如细胞程序性凋亡等。

时光无法逆转，但延长青春的研究还在继续，并不断地引起广泛的关注。也许人们已经注意到，年龄越大，同龄人之间的差异会越大。相反，儿童间的生理差异相对小些。当提到一个 6 个月的婴儿与一个 2 岁的幼儿时，人们很清楚其生长发育到何种程度，除非营养状况不良。而老年群体差异就很大，不少因素影响着他们的生理年龄，如不良的饮食习惯、缺乏运动、吸烟、酗酒以及因此而引起的疾病。

上述可引起生理年龄改变的不良因素随年龄的增长将出现体内各系统功能的降低、失调甚至疾病，从而加速了生理的老化。然而，排除心脏疾病的影响，老化过程一般不会再加速。也就是说是由于具体疾病加速了老化的过程而并非年龄增长的原因。本章的后半部分还将提到，不良的饮食习惯会加速健康状态的恶化，这种恶化是与年龄有关的。然而纠正不良的饮食习惯并不困难[18]。

四、发病率的控制

不良的饮食习惯可加速年龄增长带来的健康问题。庆幸的是饮食习惯完全可以被改变。换句话说，通过改变饮食习惯与运动状况等生活方式，人们可以在遗传因素的限制下调控身体机能的老化。例如，在中年群体中的运动干预研究表明，可以在晚年控制发病率[19]。

一些老年人的健康问题曾被认为是由于自然老化产生的，而目前则认为其与生活方式和环境因素有关。例如，随着年龄的增长，体脂的增加和肌肉的减少并不能完全归因于年龄，其很大一部分原因是由于缺乏运动。研究表明，社会活动、体育运动以及充足的饮食营养可有助于控制晚年的发病率、保持或提高生理功能以及营养储备。

五、生理/营养储备及虚弱

一般说来，人体机能在75岁仍无很大的改变。老化是与疾病直接相关的，疾病可导致人体机能降低而加速老化。

多项研究结果显示，随年龄的增长身体机能也随之下降，然而这是完全可以避免的。例如，过去认为70岁大脑功能会降低，但目前这种现象可以推后，其表明生理功能的下降可在晚于自然年龄产生。在老年群体中观察的生理机能和营养储备是其健康的重要指标。如其指标正常，则可预防相关的健康问题从而推迟老化。其方法如下[20]：①运动，其可增强肌肉和骨密度；②参加社交活动；③避免摄食过量；④食物多样化。

通常将老年人的虚弱定义为：由于多器官功能的降低而引起的机体储备能力不足的一种表现。当其积累到一定程度时，其生理机能将低于正常水平而出现的一组临床症状和体征。其表现为食欲不振、乏力、失眠、失忆、步态不稳、精神混乱、语无伦次、灵活性降低、尿失禁等。

老年的虚弱群体是受外界应激后致残和死亡的高发人群[21]。避免虚弱是老年人面临的一大挑战。

六、生理机能

现代社会的老年化事实上也是运动不足的表现，应采取更多的措施来预防老年化的产生和发展[22]。

体内成分的变化是老年化的显著特征。如肌肉的减少和脂肪的增加，其不仅与年龄有关，也与缺乏运动有关。运动不足将导致肌肉组织减少，基础代谢率下降。其结果是摄入更少便足以维持同样的体重。如果为控制体重而少进食，而不采取运动的方式，则很难满足机体对营养素的需求。因此，保持健康的生理机能是坚持运动与合理的饮食。

研究表明，随着年龄的增长，能量摄入将逐渐降低，因而很难实现营养饮食。年长的男女较年轻人消耗的能量分别减少800kcal/天和400kcal/天，基础代谢率（BMR）的降低也是原因之一，但运动量的减少则是主要原因[23]。

研究显示，增加摄入300～500kcal/天的能量，同时增加运动量可以避免脂肪沉积、降低心血管发病率以及延长寿命[24]。这与过去提出的控制能量的摄入可以延长寿命的观点相反。已有动物实验证实了能量控制的做法，但在人体尚无证据[25]。Khaw（1997）指出这种做法可导致虚弱的产生和肌肉的减少[18]。

七、社会活动

社交活动是影响寿命的另一重要因素。很少参加社会活动或很少与外界建立联系的老年人[26,27]，与高死亡率有关。

社会活动主要是通过身心调节来促进健康。例如，与社会隔离的、孤独的老人营养素摄入不足[28]。Glass等[29]在研究了3000位老人他们的社会活动与健康状态13年后的变化显示，社会活动在降低死亡率方面与运动锻炼有同样的效果。进一步的研究还表明，社会活动无论在什么年龄段对健康均有着重要的意义。

八、食物种类

越来越多的研究证据显示，食物种类的多样性意味着更低的发病率和更长的寿命。在澳洲、希腊、西班牙和丹麦，对70岁以上老年群体的研究表明，70岁后多样化饮食的摄入可降低死亡率达50%以上。

为得出这一结论，研究中的老年人分为不同的饮食模式，与下列的食物组合相符。其评分从0～8分不等：①蔬菜含量高（>300g/天）；②豆类含量高（>50g/天）；③水果含量高（>200g/天）；④谷物含量高（>250g/天）；⑤乳制品含量中等（<300g/天的牛奶或相当的奶酪）；⑥适宜的肉类含量（<100g/天）；⑦酒精含量适宜（<10g/天）；⑧高单不饱和脂肪酸（主要从橄榄油中）与低饱和脂肪酸的摄入（单不饱和脂肪酸、低饱和脂肪酸）。

这一饮食模式与20世纪60年代希腊流行的饮食模式相似（当时希腊的人口寿命最长）。值得关注的是，如果个体完全按这一模式来操作，而不是仅按部分模式，其寿命会更长。这表明，食物的种类间有一种协同关系。

九、老年人的食物与营养摄入

与流行的"茶"和"烤面包"的秘诀不同，很多老年人的饮食习惯比他们的年轻后代更为合理和有规律。能量摄入随着年龄的增长而下降（如60岁男性从2800～2000kcal，60岁女性从1900～1500kcal）。但在我国城市65岁以上的个体中，蛋白、总脂、亚油酸、维生素A、维生素B_1、核黄素、烟酸、维生素C、铁和磷的平均摄入量是充足的，饱和脂肪酸和精制碳水化合物（如高糖）的摄入量通常是超标的，而单不饱和脂肪酸、n-3多不饱和脂肪酸（植物、鱼）、粗制的碳水化合物、纤维、叶酸、维生素B_6、钙、镁和锌的摄入却低于标准水平。虽然这些营养素缺乏没有明显的表型症状，但会导致亚临床营养缺乏症。中度维生素和矿物质的缺乏在老年人中很常见。这种缺乏与认知障碍、伤口愈合缓慢、贫血、红肿、易感染、神经障碍、卒中以及一些癌症相关（如维生素A缺乏与肺癌相关）。

1. 营养不良对老年人的危害

在发达国家中，因不良饮食而危害健康的老年人达30%～50%。有些老人饮食摄入不足，其原因有：药物、精神状态、痴呆、慢性病、残疾、孤独以及味觉、嗅觉丧失等。味觉改变的原因很多，其与长期吸烟、不良卫生习惯和疾病有关。这一现象也部分地解释了为什么老年人喜欢食盐和饮用咖啡饮料（咖啡可增加食欲）[30]。

最近有研究表明，老年人过早地出现饱感是由于一氧化氮缺乏，降低了胃底部对食物的适应性收缩。此外对与健康相关的饮食的看法也会影响老年人的饮食态度，这在全球已有报道[31,32]。处于危险状态的老年人营养素摄入不足的情况见表11.11。

表11.11 营养不良的老年人群与不合理的生活方式有关

独居老人	慢性疾病如关节炎、糖尿病、心脑血管疾病、癌症
低社会经济地位	药物的不良反应
与社会隔离	感官障碍如味觉、嗅觉
近期被遗弃	渴感降低
抑郁/感知障碍	咀嚼障碍(牙齿损伤及缺如)
运动和社会活动不足	食物储备不足、购物困难、不良的烹饪技巧
运动障碍	偏食

营养素的摄入不足会引发很多问题，如骨健康（钙、镁）、伤口愈合（锌、蛋白、能量）、免疫系统受损（锌、维生素B_6、蛋白质、能量）以及同型半胱氨酸浓度升高引起的心血管疾病（叶酸、维生素B_6、维生素B_{12}）。关于蛋白质能量营养不良参见第八章第四节。

2. 维生素与矿物质摄入不足

（1）叶酸 叶酸摄入不足是一种常见的维生素缺乏症，可导致巨红细胞贫血症，并通过提高同型半胱氨酸的水平而增加心血管疾病的发病率。

用食物强化和补充可缓解这一症状。这可能由于老年人萎缩性胃炎引起的特殊问题。然而其可通过增加50～100μg维生素B_{12}的日摄入量来缓解。

(2) 维生素B_6　据报道，血浆中的维生素B_6以每10年3.6nmol/L的水平下降。研究表明，维生素B_6的吸收与代谢将随年龄的增长而降低，故老年人的需求量相对要高。健康老年人适当补充维生素B_6可以提高免疫功能和记忆力。

(3) 维生素B_{12}　恶性贫血的流行趋势随年龄的增长而增加，维生素B_{12}的缺乏是其原因之一。患萎缩性胃炎时胃酸的生成减少。而胃黏膜萎缩在老年人中很常见，约累及1/3 60岁以上的老人。其可降低维生素B_{12}、钙、铁、叶酸的吸收并导致同型半胱氨酸水平的升高[33]。幽门螺杆菌的流行同样随年龄的增长而增加。

(4) 锌　锌在伤口愈合、味觉敏感度以及免疫功能的调节中起着重要的作用，其也是多种代谢酶的重要因子。

锌主要来源于肉类，部分来自植物食品。在植物中其与植酸、草酸盐以及膳食纤维结合。因酵母中存在植酸酶，锌在发酵谷物中的吸收率更高。缺锌可能与肉类的摄入不足有关。老年人可表现为易感染，如呼吸道感染等。

(5) 钙　绝经后的妇女如未接受激素治疗则对钙的需求量较高。在我国很多女性并未达到参考推荐的绝经后妇女钙的摄入标准（1000mg/天）。研究表明，西方国家绝经后的妇女摄入钙1500mg/天以缓解骨损伤并可降低骨折的风险。而在我国的膳食中有豆类成分（大豆中有保护骨组织的成分大豆异黄酮），一般不存在这一问题。

3. 液体和脱水

老年人随年龄的增长，防止自身脱水的能力降低，其原因是机体的渴感降低及肾功能下降[32]。为防止失水，建议每天饮用水或茶4大杯（茶含有抗氧化成分）。此外建议摄入含水量高的食物，如果蔬等。

十、老年人与营养相关的健康问题

现在越来越多的人认识到，老年人主要的健康问题甚至是死亡均与营养密切相关，通过食物摄入可以在一定程度上预防这样的健康问题。这些健康问题并不一定因年龄或死亡而出现，但却可以被推迟。随着年龄的增长慢性疾病相应增加，它们会导致残疾和衰老，其又反过来降低老人的独立性[34]。影响老年人的主要营养问题有：蛋白质能量营养不良；亚临床/中度维生素缺乏及微量矿物质缺乏；肥胖。

上述这些营养问题均会引起与年龄相关的慢性疾病。老年人中常见的与营养相关的问题如下。

(1) 肌肉减少　有不少老年人会出现早衰或者所谓的“肌肉减少”带来的消瘦。肌肉减少的流行病学、发病率及原因需要进一步的研究，但其产生的主要因素有营养不良（尤其是不充足的能量和蛋白摄入）、活动较少、疾病和“老化”。肌肉减少随年龄的增长而加重，在女性中尤为显著。研究表明肌肉的减少是由于年龄增长引起的肌肉力量下降。对老年人来说，肌肉力量是行走能力的重要保障，它的下降可能会导致老年残疾，这时则需要改善营养状况。引起肌肉减少的营养因素有能量或蛋白摄入不足，其是由于摄食不足或疾病引起的。老年人的蛋白需求应比现在的参考推荐量（男75g/天，女65g/天）高。体育运动对老年人的早衰影响也很大，因活动减少可能会导致肌肉萎缩。

(2) 肥胖　在老年群体中，超重和肥胖很普遍，并非因其年龄的增加，而是因为久坐的生活方式。老年人的肥胖不同于年轻人，更受关注的是体重减少而不是脂肪过多。

一般来说，肥胖人群的基础代谢率比正常人低10%，自发的运动量低15%。随着年龄的增加，能量消耗率下降，这意味着为了保持体重，50岁要比18岁时的摄食量减少25%。

这也意味着要多进行 1h 的中等强度的运动如慢跑，或半小时强度更大的运动如跳跃。

目前，老年人超重对健康的影响还存在着争议。为了在晚年有较好的健康状态，其 BMI 值应在 20～25kg/m^2，并且应有适宜的腰臀比。过多的体脂，尤其是脂肪堆积于腹部，可增加老年人的胰岛素抵抗、高血压、高血脂的发病率。腹部肥胖是指男性腹围大于 102cm、女性大于 88cm。

(3) 糖尿病　对于老年人，减轻体重（适度地减轻）可以控制糖尿病的发展，这一点具有重要的意义。研究表明，良好的血糖浓度可降低脑卒中、心血管疾病、视觉损伤、肾病、感染以及感知障碍的发病风险。

(4) 心血管疾病（CVD）　在我国和发达国家，CVD 是死亡和残疾的第一杀手。胆固醇是西方国家冠心病的重要危险因子之一。但并非高胆固醇均会过早地患有心血管疾病。相反，血液胆固醇水平低也并非一定具有保护作用。

70 岁以上的老年人，其胆固醇与 CVD 的发病率的关系尚有待进一步的研究。特定的饮食可预防 CVD，如限制饱和脂肪酸的摄入以及增加坚果和鱼中各种脂肪的摄入。

近代研究表明，鱼（富含 n-3 多不饱和脂肪酸）可用于预防冠心病。定期摄入（每周至少一次）可降低卒中和冠心病的发病率。维生素 E 是主要来源于植物油和坚果的一种抗氧化剂，也可用于预防冠心病。叶酸、维生素 B_6 和维生素 B_{12}，也可用于预防冠心病和卒中。如该维生素摄入不足可使血浆同型半胱氨酸的水平增加而产生对血管的毒性。

(5) 免疫功能障碍　免疫功能随年龄的增长而降低，但可摄入高于推荐量的营养素来预防此种情况的发生。与免疫功能相关的重要营养素有蛋白、锌、维生素 C、维生素 B_6 以及生育酚。

其他与健康不直接相关的成分可能随着年龄的增长而显得更为重要，如谷氨酰胺是主要储存于骨骼肌中的一种非必需氨基酸，可被肠细胞、淋巴细胞和巨噬细胞利用。同时用于 DNA 和 RNA 的合成。

老年人骨骼肌对蛋白代谢的促进作用的降低可影响体内谷氨酰胺的形成及利用，反过来也会影响免疫功能使机体易受感染和损伤。谷氨酰胺由谷氨酸合成，主要来源于小麦、大豆、瘦肉和蛋类。谷胱甘肽和一些植物化学成分如黄酮及胡萝卜素对免疫系统均有着重要的作用。肉类是谷胱甘肽的重要来源，另外其在果蔬中也有一定的含量。谷胱甘肽含量很低的乳清蛋白可促进外源性谷胱甘肽的合成。

(6) 癌症　随年龄增长而增加的免疫缺陷病可能与形成肿瘤有关。预防癌症的特定饮食目前还不清楚，但有些食物可降低癌症的发病率，例如，果蔬。

果蔬是抗氧化剂、植物化学成分以及膳食纤维的良好来源。预防前列腺癌的特殊食物有大豆、西红柿和南瓜种子。高含量淀粉、膳食纤维和水杨酸酯可预防肠癌。盐腌制和烟熏食品可致胃癌。酒精可致食道癌。女性早期生长过快、早熟均会增加乳腺癌的发病率。

(7) 骨质疏松及骨折　女性较男性更易患骨质疏松症。其原因有二：首先，女性绝经后可发生骨损失；其次，女性比男性骨密度低。在白人中，60 岁以上约 60%的女性、30%的男性会出现骨质疏松性骨折。亚洲人群的发病率比白人低，但目前尚缺乏具体的研究数据。

对绝经后的妇女，摄入高钙可预防和降低骨损伤。其他保护骨组织的营养素有维生素 C、维生素 D、维生素 K、铜以及植物雌激素。补充维生素 D（鱼肝油）可降低晚年骨折的发生率，且在某种程度上有助于增强肌力，降低次甲状旁腺机能亢进的发生率。

(8) 关节炎　关节炎是最常见的骨质疏松。在老年人中，常见的是类风湿性关节炎及痛风（关节处尿酸盐的沉积）。变质骨质疏松常见于重负荷关节如臀部、膝盖关节以及手关节。肥胖是重负荷关节处引起骨质疏松的危险因素。

(9) 认知障碍、阿尔茨海默细胞病及抑郁症　在老年人中预防认知障碍的发生是一个难题。其可因骨质疏松引起，用阿司匹林或特定饮食对其进行干预治疗，可降低心血管病的发病率，也可预防痴呆。早期接受高等教育并持续脑力开发可以预防或延迟此病的发生。目前人们普遍认为痴呆和抑郁有遗传因素，对某种疾病敏感的基因易受环境因素的影响。因此，营养素也可以对某种疾病起加速或保护作用。

目前认为在老年人中，长期中度（亚临床）的营养缺乏会产生记忆损伤并降低免疫力。部分营养素或毒性物质可直接影响大脑的发育（如酒精、叶酸缺乏）或正常功能（如酒精、维生素 B_1、维生素 B_2、维生素 B_6、维生素 B_{12}、维生素 C、维生素 E、锌缺乏）。脑龄与氧化应激状态有关。因此，抗氧化剂和促氧化剂（铁）引起了人们的关注。流行病学显示，一些抗氧化剂如胡萝卜素、类胡萝卜素、维生素 C 和 α-生育酚可延缓大脑老化。而铁会加速这一过程。维生素 K 有延缓认识障碍和阿尔茨海默细胞病的作用。

抑郁症在老年人中很常见。越来越多的临床资料表明，n-3 多不饱和脂肪酸可控制其发展。茶或咖啡中的咖啡因可改善精神状态、缓解焦虑。研究表明[35]，脂肪转运蛋白 apo E4（另有 3 个异构体 E2、E3、E4）在转运淀粉蛋白中起作用，并引起脑中沉积物的产生。值得注意的是，带有 apo E4 的等位基因，尤其是具有 E4/E4 基因的人对饮食脂肪敏感，并易引起血脂升高。他们易早逝，如果存活易患阿尔茨海默细胞病。因此，饮食中的脂肪很可能会以某种方式引起阿尔茨海默细胞病。从食物中获得的部分抗氧化剂谷胱甘肽可在大脑中起作用，并对脂（多不饱和脂肪酸）介导的脑损伤起保护作用。

十一、老年人的营养评价

对老年人进行营养评价的最大困难是生理差异性（生理年龄）。老年人的营养评价应考虑一系列的社会人口差异及其居住地的饮食习惯，还要考虑营养因素何时可对晚年的健康生活产生影响。需考虑的因素如下：

① 食物与营养摄入；

② 人体测量和机体组成；

③ 生物化学、血液学、免疫学实验指标的检测；

④ 与老年人营养相关的健康危害因子；

⑤ 对早年营养状况的追溯。

食物和营养的摄入：在对老年人的健康评估中，食物和营养摄入的评价是很重要的。因参与者的记忆力可能会下降，用于食物摄入评价的工具应尽可能地简单、实用，并与其他的观察者如家庭成员及朋友建立合作。

食物及营养摄入可能与营养相关疾病有联系。例如骨质疏松，如人们会问“你日常摄入乳制品、鱼、芝麻等的情况如何”，因其提供了体内的钙源。饮食的系统调查需包括每天每段时间的摄食情况。表 11.12 列出的项目可用来初步评估老年人的营养状况。

十二、人体测量学和人体成分

人体测量学是一种简单的、非侵入性的、快速而可靠地获取个体营养状况的一种手段。

(1) 体重　能行走的老人可在垂直平衡秤上或数显秤上进行称重。而不便行走的则在可移动秤上称重。长期卧床的老人只能在一种床秤上称重。

体重低于按身高标准计算的体重的 20%则表明体蛋白出现显著降低，这时需进一步确诊并采取相关措施。体重降低是蛋白能量营养不良的体征，临床应非常重视。此时需对其进行精心的护理和观察。观察的指标如下：

① 体重在一周内降低 2%；

表 11.12 初步评估老年人营养状况的项目

项目	有	没有
我有相应的疾病或情况，可以让我改变食物种类及数量	2	0
我每天至少摄入三餐	0	3
我基本每天都摄入水果或蔬菜	0	2
我基本每天摄入乳制品	0	2
我每天饮用 3 杯或更多的啤酒	3	0
我每天喝 6～8 杯饮料（水、果汁、茶、咖啡）	0	1
我有咀嚼或吞噬困难，影响进食	4	0
我总有足够的钱买食物	0	3
我经常是一个人进食	2	0
我每天服用 3 种或更多种类的药物	3	0
在过去 6 个月中我被动地减重 5kg	2	0
我总能自己购物、煮饭以及进食	0	2

注：统计分数 0～3 分为好。在 6 个月内检查营养分数。
4～5 分为中度营养不良。应改善饮食习惯或生活方式，建议咨询专业人士。3 个月内再次检查营养状况。
6 分以上为高度营养不良。建议带此表立即就诊。

② 体重在 1 个月内降 5%；
③ 体重在 3 个月内降 7%；
④ 体重在 6 个月内降 10%。

对老年人体重的测量应慎重，体重的增加意味着超重/肥胖或水肿。降低则意味着脱水或出现了一些营养紊乱的紧急情况。

（2）高度　对于行动、体态正常的老年人，应在垂直位置测量身高。当无法用此方法时，应测量其膝高来估计身高。公式如下：

$$男性身高=2.02\times 膝高-0.04\times 年龄+64.19$$

$$女性身高=1.83\times 膝高-0.24\times 年龄+84.88$$

公式中膝高单位为厘米，年龄以整数计算，其结果为厘米。利用这一公式检测的结果是老年人的身高会有一定程度的下降。

（3）两臂伸长的距离　两臂伸长的距离也可用来作为测量身高的指标，其最大的伸长距离与身高相当。

（4）中臂长度　与三头肌皮褶长度（TSF）指标相结合，MAC（肩峰和鹰嘴的中点处）可用于估算中臂的肌肉面积（MAMA），它是总体蛋白的一个指标。估算 MAMA 的公式为：

$$MAMA=(MAC-3.14\times TSF/10)^2/12.56$$

式中，MAC 单位为 cm；TSF 单位为 mm；$MAMA$ 单位为 cm^2。

如果男性 $MAMA$ 值低于 44，女性低于 30 则表明蛋白营养不良[36]。

（5）小腿围（Calf C）　在四肢无水肿的情况下，可用无弹性的灵活测量尺来计算卧床患者的体重。另外还有一些测量指标也可用于估算体重，如小腿围（Calf C）、膝高（Knee H）、肩胛三角肌厚度（Subsc SF）。男性、女性用不同的公式计算：

$$男性体重=0.98\times Calf\ C+1.16\times Knee\ H+1.73\times MAC+0.36\times Subsc\ SF-81.69$$

$$女性体重=1.27\times Calf\ C+0.87\times Knee\ H+0.98\times MAC+0.4\times Subsc\ SF-62.35$$

公式中所有的值以厘米计算，而结果以千克计算。Calf C 可用于评价肌肉重量[37]。也可用于计算老年人的运动量。

(6) 人体测定指标　体重指数(BMI)可用于估算总体脂。公式如下:

$$BMI=体重(kg)/身高(m)^2$$

BMI可用于判断个体的健康状况。老年人的BMI值比年轻人高，为23～25。若低于20则表示营养不足，低于18.5表明营养不良。老年人的驼背可影响检测结果。

老年人可接受的BMI值23.0～28.0；一级营养不良17.0～18.5；二级营养不良16.0～17.0；三级营养不良小于16.0。

WHO通过的估算脂肪沉积的另一项指标是腹臀围比(AHR)。这一指标在男性中高于0.9，女性高于0.8，则表示腹部有脂肪沉积。

单一的腹部测量指标可用于判定是否需降低体重，亦可用于判定心血管疾病、糖尿病等的发生危险性。对25～74岁的高加索男性、女性的研究显示，男性的理想腹围应低于102cm，女性应低于88cm。但这一结论不适用于其他人群，对他们来说，可能很少的腹部脂肪就会增加慢性疾病的发生率[38]。

十三、生物化学、血液学和免疫学的实验室研究

生物化学、血液学以及免疫学实验室检测均用于综合评价老年人的营养状况。

十四、实现健康老年状态的策略

最近的一项研究显示，营养及运动方式的改变可以改善健康状况，甚至是在老年阶段。例如，老年人的肌肉对力量训练的反应能力与年轻人一样。老年人通过力量训练项目可以显著提高肌肉力量、肌肉大小以及行走速度。仅依据生理年龄并不足以判断是否应对生活方式进行必要的调整。

行为因素(饮食无规律、缺少规律性运动、超重、吸烟)被证实为17岁甚至70岁以上人群的一大死亡因素[34]。如果老年人注意或改变其生活方式(运动、社会活动)，而不仅是饮食方面，他们可能会在营养调节方面做得更好(表11.13)。

老年人至少应摄入与年轻人相同(或更高)的维生素、矿物质以及蛋白质。由于这需要摄入更多的食物，解决的方法之一是加强高密度营养食物的摄入。换句话说，由于运动能力和食物摄入总量的下降，高密度营养食品(如蛋糕、饼干、吐司、油酥)的摄入将会减少，因此这些食物提供的必需营养素也相应地减少。因此，老年人选择的食物应避免过多的脂肪且营养密度高，如高蛋白食物(坚果、瘦肉、低脂牛奶、豆类、种子)。这个原则也适用于久坐的其他人群。

老年人的运动方式也将对其健康产生重要的作用。力量训练比需氧运动在预防肌肉萎缩方面更有效。其可降低或延缓随年龄的增加而肌肉减少、改善步行能力、增强腱和韧带的力量、益于骨健康以及维持正常的血糖水平。另外，运动可使老年人的日常生活变得更加丰富[22,34]。需氧运动和力量训练对提高老年人的生命质量均有着重要的意义。每天运动至少30min，而这些活动也可不连续[39]。

中国营养学会2007年出版的《中国居民膳食指南》对我国老年人的饮食作了详细的建议。世界卫生组织也正在制定老年人的饮食规程。在健康老年人群中，饮食规范的重点是预防富贵病引起的早期死亡。同时涉及的营养因素包括食物种类、营养素以及植物化合物的营养素浓度。

地中海饮食模式可能对健康有益。体虚的老年人，应注意营养补充以防止营养不良症。老年人还应注意不宜过度操劳、保持恒定的体重、每天多饮水。然而除了足够的营养及运动外，还可参加老年大学，从事书画、下棋等娱乐活动，使身心更加健康。

表 11.13 保持老年健康的策略

食物
选择多种营养素与植物营养成分高的食物
摄入大量的蔬菜(包括豆类)、水果
摄入大量的谷物类
摄入低饱和脂肪酸
大量饮水
饮酒适量
选择低盐食品
选择高钙食品
加糖适量
每日至少三餐
掌握食物的合理加工和保存方法
健康
保持适宜的体重
远离吸烟人群、适度饮酒、按处方适度服药
注意避免意外
保持好的听力和视力,如有必要借助于助听器和眼镜
女性可在医生的指导下选择雌激素替代剂
每天饮用 8 杯水
运动
进行多种运动,如步行、跑步、跳舞、游泳以及力量训练等
外出晒太阳、呼吸新鲜空气
社会活动与网络
保持朋友间的联络
参加多种社会活动,如老年大学、聚餐、聚会、互助、打牌、游戏、旅游、手工编织等
保持积极的生活方式,如与儿童相处、度假、种花、看电影、唱歌、跳舞等
进行经济预算以保障生活之需
脑力劳动
减少压力
有良好的睡眠质量,每日午睡
从事多种脑力活动
通过运动与朋友交流
保持微笑
保持良好的心态、追求个人价值
性活动
学习性活动的新方法
通过亲密接触(触摸、亲吻)获得性满足

总结

- 妊娠、哺乳是正常的生理过程。
- 母亲的营养状况在妊娠前就确定了，甚至在母亲的儿童和青少年时期。
- 孕期的营养十分重要。但如果母亲在妊娠时营养储备充足，则不需改变膳食就可满足孕期的营养需求。
- 孕期的代谢储备营养素用于胎儿，哺乳期则用于泌乳。
- 增加孕期和哺乳期的能量及营养素需求。孕期的营养需求可从妊娠的营养素损失来估算，而哺乳期则可通过泌乳的营养素损失来估算。

• 婴儿的饮食与儿童和成人大不相同。

• 体型小和生长速度快是婴儿能量及营养素需求的两个主要因素。

• 生理发育的不完全，限制了婴儿可摄入食物的种类。

• 对几乎所有的婴儿来说，母乳喂养与配方奶喂养相比具有很大的优势，尤其是在出生后的前几个月。

• 在婴儿出生后的第 2 个 6 个月中，为满足其营养和生长的需求，需逐渐引入一些除奶以外的适合于婴儿的多样化食物。

• 儿童时期生长迅速，青少年时期则更加显著。

• 由于身体的不同部位的发育速率不同步，不仅体型、身体比例、身体组成以及身体的成熟度发生着变化，身体的各个系统也发生着变化。

• 青少年时期生殖系统逐渐发育成熟。其特征、体型与身体的组成在两性之间存在着极大的差异。

• 儿童和青少年时期的热量与营养素的推荐值主要是基于健康儿童的正常摄入量以及这一时期体内蓄积的营养素的量而提出的。

• 以每千克体重所需热量来计算，儿童和青少年的需求量比成人高，但钙除外。也就是说儿童及青少年对钙的需求量并不比成人高。

• 儿童和青少年时期最受关注的营养问题是不正常的饮食模式、贫血、龋齿、肥胖以及节食。

• 自然年龄与生理年龄并不完全相符。其正常的衰老过程可通过营养手段在一定程度上加以改变。

• 要保持老年人的健康，则需控制晚年时期的发病率。其在一定程度上可通过延缓器官功能的衰老，提高营养储备来实现。这要求老年人有更多的社会活动、摄入多样性食物及植物化学营养成分，进行有规律的运动（耐力、力量）并避免过量饮食。

• 能量需求随年龄的增长而降低，然而营养需求则相对增高。动物实验表明能量限制可促进长寿，但人体实验表明“尽可能吃好”更为有利。

• 与流行的“茶”、“吐司”理论相反，一些老年人有比年轻人更好的饮食习惯。然而，维生素和矿物质的缺乏在老人中较为常见，并与老年疾病如感知困难及伤愈恢复慢有关。

• 易缺乏营养素（如蛋白、钙、锌、镁、维生素 B_6、维生素 B_{12}、叶酸）的老年人群，还包括独居、与社会隔离、经济能力低以及被遗弃的老年人。

• 影响老年人的主要营养相关问题是蛋白质能量营养不足（PED），亚临床或中度维生素、矿物质缺乏与肥胖。这些问题很可能与糖尿病、心脑血管疾病、免疫功能紊乱、癌症、骨质疏松、关节炎以及感知障碍等有关。

• 营养评价不但要考虑营养状况，同时应注意人体测量学指标、实验室诊断以及与健康有关的营养相关因素。

参考文献

[1] UNICEF. The state of the world's children. Oxford，UK：Oxford Univer-sity Press，1998，131.

[2] CIA World Factbook 2009. https://www.cia.gov/library/publications/the-world-factbook/.

[3] 翟凤英. 中国居民膳食结构与营养状况变迁的追踪研究//“中国健康与营养调查”项目论文集. 北京：科学出版社，2007.

[4] Prentice AM，Poppitt SD，Goldberg GR，Murgatroyd PR，Black AE，Coward WA. Energy balance in pregnancy and lactation. Adv Exp Med Biol，1994，352：11-26.

[5] Poppitt SD, Prentice AM, Goldberg GR, Whitehead RG. Energy-sparing strategies to protect human fetal growth. Am J Obstet Gynecol, 1994, 171: 118-125.
[6] 中国营养学会. 中国居民膳食营养素参考摄入量. 北京: 中国轻工业出版社, 2005.
[7] Barrett JF, Whittaker PG, Williams JG, Lind T. Absorption of non-haem iron from food during normal pregnancy. BMJ, 1994, 309: 79-82.
[8] Beaudin AE, Stover PJ. Insights into metabolic mechanisms underlying folate-responsive neural tube defects: a minireview. Birth Defects Res A Clin Mol Teratol, 2009, 85: 274-284.
[9] Rutishauser U. Regulation of cell-cell interactions by NCAM and its polysialic acid moiety // Roth J, Rutishauser U, Troy II FA. Polysialic acid Basel: Birkhauser Verlag, 1993: 215-227.
[10] Wells JCK, Davies PSW. Estimation of the energy cost of physical activity in infancy. Arch Dis Child, 1998, 78: 131-136.
[11] FAO/WHO Codex Committee. Proposed list of food additives for the codex draft revised standard for infant formula and formulas for special medical purposes intended for infants. Joint FAO/WHO FOOD STANDARDS PROGRAMME, 2005.
[12] 常素英, 何武, 贾凤梅, 陈春明. 中国儿童营养状况15年变化分析——5岁以下儿童贫血状况. 卫生研究, 2007, 36: 210-212.
[13] 杨敏, 张福国. 中国行为医学科学, 2004, 13: 144.
[14] 李克增, 李雪, 胡德渝, 范旭, 聂琳. 780名5岁儿童乳牙患龋情况调查分析. 华西口腔医学杂志, 2008, 26: 70-72.
[15] 童方, 李辉, 夏秀兰, 于洋, 孙淑英. 北京市低年级学生单纯肥胖症的流行病学研究. 中国医刊, 2005, 40: 39-41.
[16] Jones GW. Is demographic uniformity inevitable? Journal of the Australian Population Association, 1993, 10 (1): 5.
[17] WHO. World health statistics, 2009.
[18] Khaw KT. Healthy aging. BMJ, 1997, 315: 1090-1096.
[19] Fries JF. Physical activity, the compression of morbidity, and the health of the elderly. J R Sor Med, 1996, 89: 64-68.
[20] Wahlqvist ML, Dalais F, Kouris-Blazos A, Savige G, Semenova G & Wattanapenpai-boon N. Nutrition and human life stages // Encyclopedia of Life Support Systems. Oxford: EOLSS Publishers Co., 2001.
[21] Campbell AJ, Buchner DM. Unstable disability and the fluctuations of frailty. Age and Ageing, 1997, 26: 315-318.
[22] Fiatarone MA, O'Neill EF, Ryan ND, et al. Exercise training and nutritional supplementation for physical frailty in very elderly people. NEJM, 1995, 330 (25): 1769-1775.
[23] James WPT. Energy // Nutrition in the Elderly. Horwitz A, Macfadyen DM, Munro H, Scrimshaw NS, Steen B, Williams TF. The World Health Organization. New York: Oxford University Press, 1989.
[24] Paffenbarger RS, Hyde RT, Wing AL, Lee IM, Jung KL and Kampert JB. The association of changes in physical activity level and other lifestyle characteristics with mortality among men. NEJM, 1993, 328: 538-545.
[25] Weindruch R. Caloric restriction and ageing. Scientific American, 1996: 46-52.
[26] Welin L, Tibblin G, Svardsudd K, et al. Prospective study of social influences on mortality. Lancet, 1985, 1: 915-918.
[27] Olsen RB, Olsen J, Gunner-Svensson F, Waldstrom B. Social network and longevity. A 14-year follow-up study among elderly in Denmark. Social Science and Medicine, 1991, 33: 1189-1195.
[28] Horwath CC. Dietary intake studies in elderly people // Impact of Nutrition on Health and Disease. Bourne G H. World Rev Nutr Diet, Karger, Basel, 1989, 59: 1-70.
[29] Glass TA, Mendes de Leon C, Marottoli RA & Berkman LF. Population based study of social and productive activities as predictors of survival among elderly Americans. BMJ, 1999, 319: 478-483.
[30] Schiffman SS. The role of taste and smell in nutrition. Effects of ageing, disease state and drugs. // Food and Health: Issues and Direction. Wahqvist M L, et al. London: John Libbey, 1987, 85-91.
[31] Kouris A, Wahlqvist ML, Trichopoulos A, Polychronopoulos E. Use of combined methodologies in assessing food beliefs and habits of elderly Greeks and in Greece. Food Nutr Bull, 1991, 13: 139-144.
[32] Wahlqvist ML, Savige GS & Lukito W. Nutritional disorders in the elderly. Med J Aust, 1995, 163: 376-381.
[33] SENECA investigators. Dietary habits and attitudes. Eur J Clin Nutr, 1991, 45 (3): 83-95.
[34] Horwath C, Kouris-Blazos A, Savige G, Wahlqvist ML. Eating your way to a successful old age with special refer-

ence to older women. Asia Pac J Clin Nutr，1999，8：216-225.

[35] Polvikoski T，Sulkava R，Haltia M，et al. Apokipoprotien E，dementia and cortical deposition of β-amyloid protein. NEJM，1995，333：1242-1247.

[36] Gibson RS. Principles of Nutritional Assessment. New York：Oxford University Press，1990.

[37] ChumLea WC，Steinbaugh ML，Roche AF，Mukherjee D& Gophlaswamy N. Nutrition anthropometric assessment in elderly persons 65 to 90 years of age. J Nutr Elderly，1985，4：39-51.

[38] Lean MET，et al. Waist circumference as a measure for indicating need for weigh management. Br Med J，1995，311：158-161.

[39] National Health & Medical Research Council（NH&MRC）. Dietary Guidelines for Older Australians. Commonwealth of Australia，AGPS，Canberra，1999. http://www.urtin.du.au/tin/dept/health/dgoa/guidelin.htm.

第十二章　运动及生存营养

目的：

- 了解运动的益处及保持健康所需要的运动量。
- 了解运动和训练中所需要的营养素、流体、电解液、维生素及矿物质。
- 了解补充剂，如“生力酸”、激素以及药物在提高运动成绩方面的作用。
- 了解训练饮食、比赛饮食以及比赛前后饮食之间的区别。
- 了解在食物与水缺乏时生存的必需物质。
- 了解如何计算并提供紧急时所需的食品及液体量。

第一节　体育运动与健康

有规律的运动可提高健康水平。健康是指机体可承受从简单的生活到高强度的运动等一系列的生理活动所需要的能力。健康有不同的程度，每一个体均有与其日常运动水平相当的健康程度。例如，一位办公室的工作人员，每天除了步行到停车场和商店外，没有其他规律的运动，他的健康水平与一位因疾病被困于病床几个月的患者基本相当。而与一位接受正常训练的足球队员相比，就不算健康。健康也有不同的形式，心肺（心血管、呼吸系统）健康指的是心肺功能正常。例如一位能以两三步台阶并为一步上楼或能跑400m而不呼吸急促的人，其心肺功能是正常的。

代谢健康是指人体内的代谢系统，包括心血管、呼吸、神经、肌肉、消化以及排泄系统的功能正常。年轻人通常在代谢方面是健康的，但常常出现营养不良、酗酒、接触有害环境以及应激和感染等方面的问题。代谢健康水平通常随年龄和体重的增长而降低。遗传因素如心血管疾病、高血压、肥胖以及糖尿病等也会影响代谢健康。

运动可提高心肺功能及代谢健康。运动后，从事体力劳动的能力可得到提高，同时血压、胰岛素的敏感性以及其他内在系统均可得到相应的改善。特定行为的健康是指从事特殊体力活动的能力，例如举重运动员在锻炼肌肉群和力量时，其心肺功能可能会受到一定的影响。总之，只有保持运动才能保持健康。当运动停止后，其健康水平在随后的几周将呈现下降趋势，并将于随后的运动水平建立一个新的平衡点。

一、运动及保持健康

运动与健康水平的提高以及随年龄或感染后对一些疾病如肥胖、高血压、心脑血管疾病以及糖尿病的抵抗相关（表12.1）。长期运动可降低骨质疏松以及在生命后期骨折的危险。

表12.1　运动的益处

增强心脏功能并提高心脏的工作效率	降低长期压力
增强心肌血管系统功能	加强骨骼、肌肉的张力，降低关节、骨骼损伤的可能
降低血压	抑制骨中钙的流失并降低骨质疏松的可能
保持或提高肌肉率、基础代谢率以及总的能量消耗	改善心情、提高注意力
提高血液中高密度脂蛋白水平、降低胆固醇水平	提高睡眠质量、放松休息

不同形式的健康并非等同于长期的健康，如举重运动员肌肉看起来很健壮，但尚无证据表明强壮的肌肉对长期的健康有利。相反耐力训练，如长跑等可使心肺功能更强健、肺活量增加、保持相对低的血压以及适宜的体脂，使心血管系统更强有力，同时也提高了机体对胰岛素的敏感性，从而降低了糖尿病的发病风险。这对长期的健康极为有利。

保持健康（如代谢健康）所需有规律的运动量其实并不大。常规的相对适宜的运动如散步，可达到减少体脂尤其是腹部脂肪、降低血压、降低糖尿病的发病风险、增高 HDL-胆固醇、降低炎症以及应激的目的[1]。

一项对 72000 名妇女的研究表明，不同运动程度的妇女，其冠心病的发病率均可降低。每周散步 3～4h 的女性可降低约 30%的发病率，而这一数据与那些从事更剧烈运动的女性基本相当[2]。一项对 25000 名男性的研究表明，无论研究的个体是肥胖、吸烟、高血压，还是有心脏病家族史的，其疾病发生后的死亡率较健康人群低。据统计，在不健康的个体中，以上疾病的死亡率比超重而保持运动的个体的死亡率高近乎两倍。其首次报道了保持积极的生活态度比体重对健康的影响更大[3]。

适当强度的有氧运动（如慢跑）可改善心肺功能。建议每周运动 3～4 次，每次运动强度达到最大肺活量的 70%（最大 VO_2）。最大 VO_2 是指在连续的 10min 或更长的时间内可以保持的最大能量的消耗率。其与氧的摄入量达到极点时的能量消耗率相当。

二、控制体重

运动可以控制体重，因为运动可以消耗过多的能量。多余的能量是以体脂形式储存的。单纯的运动对已超重的多数个体而言，其作用不是很明显，如果将运动与适当的饮食，尤其是与控制饱和脂肪的摄入相结合，即可达到控制体重的理想效果。

单纯饮食控制而缺乏运动将导致肌肉和脂肪组织损失。因为体蛋白亦可作为葡萄糖的另一种来源。当食物摄入不足时，体蛋白可连续转化为游离氨基酸，随后被代谢为葡萄糖，而这些葡萄糖可作为体内能量的来源。而运动则通过刺激肌肉的增长，可以保持肌肉的体积而减少体脂。

体重的改变与体脂的改变是不同的概念。运动与饮食中脂类的适当控制相结合可以使体重降低（图 12.1）。然而对于超重个体来说，有规律的运动可增加肌肉量而降低体脂量，其结果有利于健康指标（如血压、胰岛素敏感等）的改善，而体重可能下降得较少[1]。

休息或轻度运动时，葡萄糖和脂肪（脂肪酸）均被作为肌肉活动时所需的燃料。这些能量物质的利用率取决于几个因素。其中之一为上次进食的时间，即在进食 1～4h 后，血糖水平将高于正常水平，此时葡萄糖将成为主要的能量源。从减少体脂的角度而言，其可最大限度地利用脂肪酸作为能量源。最近有研究显示[4]，虽总能量的利用率无明显的差异，但餐前的脂肪利用水平比餐后高 50%。

三、建议的运动量

对于非运动员来说，保持健康所需的运动量并不需要很大，实际上也不应该很大。大运动量对于未经常规训练的人存在着一定的危险，尤其是对那些年龄越大、重度超重的人群其危险性更大。中年以上在进行运动项目之前最好先进行体检，以排除运动伤害或疾病。通常运动应从轻量开始，每周 3～4 次，每次散步 20～30min，然后逐渐过渡至每日 30～60min 的快速行走（40%～50%最大 VO_2）。研究表明，该运动量较强度更大的运动量更有益处。

我国营养学会经过广泛的咨询，制定的中老年人每日行走 6000 步或相应的运动量，可作为健康运动量的参考。

（1）将运动视为一次机会而不是负担　现代社会的快速发展使得人们运动的机会越来越

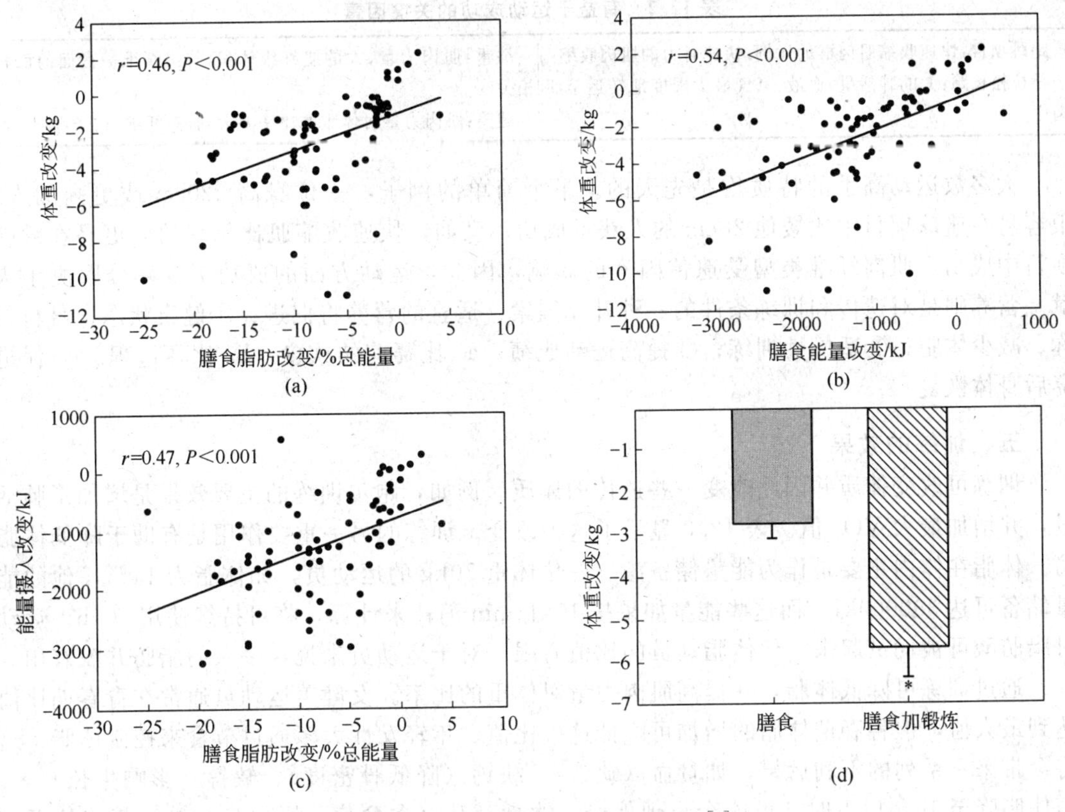

图 12.1 饮食和运动对体重的影响[6]

少，因此引起了全球性的肥胖问题。适当地增加运动量可以使人们在享受现代科技发展带来的便利的同时，也能保持健康的状态。

（2）尽可能每日保持积极的状态　研究表明，每日的运动量即使仅有少量的增加也会对健康有益。这种运动可以小至走楼梯而不是乘电梯、停车时距办公室更远一点以便于多走一段路、种些花草或带宠物去散步等。

（3）每日进行 30min 的适宜运动　通常对运动的理解是，为了使其有效必须有一定的强度。而通过在一天内进行短暂的适宜运动，总时间达 30min，其对“代谢健康”将产生有益的作用[5]。适宜的运动强度是指可以引起呼吸及心率轻微增加的强度。

（4）如果条件允许，进行一些常规较强的运动，使身体更加强壮　可根据年龄及自身的状况选择适宜的运动项目。较强的项目可成为儿童和青少年常规活动的一部分，目的是为了补充使身体更加健壮所需的额外运动量。这些运动包括足球、篮球或有氧运动如跑步等。该运动每周可进行 3～4 次，每次最少 30min。

为改善健康而进行的运动应有计划并长期坚持。偶尔的高强度的运动，如剧烈跑步等可增加心血管损伤（包括冠心病）的危险性[7]。同样过度的训练，特别是伴以不足的饮食和低体重，将可致妇女停经以及加速骨质疏松症[8]。在每周的规律性运动中，用小重量物体锻炼力量对于成年人减重、糖尿病以及保持体型有益。

四、运动和训练

各年龄段的人群均有很多不同种类的运动项目。在这些项目中，要获得成功则需要不同的机体功能（见表 12.2）。表 12.2 显示了不同的项目需要不同的体质。如跳跃高手则不太擅长于马拉松、长跑高手则不适宜举重。

表 12.2 有益于运动成功的关键因素

跑跳项目：快速收缩肌肉群的比例，快速有力的肌肉收缩 马拉松长跑：大的肺活量，血液、氧气最大限度地转运至肌肉中	举重：肌肉力量、大的肌纤维体积，与肌纤维横截面的面积相关 健美：肌肉力量对体重的比率要大，肌肉纤维短、轻，体脂少

大多数运动高手的特质均是先天的。举个简单的例子，一位身高 220cm 或更高的人，很容易在篮球项目中比矮他 20cm 的人获得成功；又如，快速收缩肌比例高的人更易在跳跃项目中成功。肌肉纤维类型受遗传因素的影响，因此，运动方面的成功至少部分取决于天赋。营养则是对遗传和训练条件的一种补充因素。适宜的营养将促进：①健康状态、身材匀称、减少体脂；②适应性训练；③提高运动成绩。a. 比赛前的饮食。b. 比赛过程。c. 促进赛后身体恢复。

五、训练的效果

训练可改变体质并因此改变一些遗传的体质。例如，跑步训练的主要效果是增加了肺活量，并增加最大 VO_2 值。表 12.3 显示了这种改变。训练的另一重要作用是有助于降低体脂肪。体脂在体内主要是作为能量储备源。一位体重 70kg 的运动员，如体脂为 14%，他的能量储备可达 390000kJ。而这些能量如果按 10kJ/min 消耗来计算，将可持续使用 600h。运动时脂肪酸可被动员起来，但体脂动员的比值有限。对于运动员来说，多余的脂肪并没有用。

通过训练可降低体脂，并提高肌肉力量对体重的比率。女健美运动员通常在青春期比值达到最大值，但青春期体脂的增加可降低这一比值。年轻女性大多通过节食来控制体脂，这将会带来一系列的不利后果，如贫血（缺铁）、缺钙（降低骨密度）、缺锌（影响生长）等。当体脂降至 10%以下时，可能会出现停经、饮食紊乱（贪食症、厌食症）等。其在从事与控制体重有关的运动项目的女性中较为常见。

在不同的项目中，运动员按其体重分为不同级别的比赛（如拳击、举重、摔跤、划船）。因为单位脂肪质量提供的能值较高（约 30kJ/g），所以控制体重显得十分重要。目前尚无迅速去脂的方法，饥饿对去脂效果也不佳。对于那些必须减重的运动员来说，其通常用脱水的方法来减重，如避免饮水（少饮水）、多穿衣服、利尿等。但在同样干燥的条件下，应注意可能存在的危险。

训练中控制体重最佳的方法就是严格控制脂肪的摄入，即摄入充足但不过量的碳水化合物。

表 12.3 对训练的适应性

肌肉：使肌纤维增粗并增加肌纤维的数目；增加线粒体的尺寸；增加肌肉的血液供应；增加所利用的脂/糖的比例；更快速地转移乳酸，提高厌氧承受力
血液：增加血液流量；增加血红素含量
心脏：提高供血量

六、能量的来源、营养和水分

1. 燃料来源

不同类型的运动能量消耗差异很大。在完全静息的状态下，机体代谢率为 3.5～5kJ/min；轻度运动通常为 6 倍的 BMR（20～30kJ/min）；持续剧烈运动如马拉松运动员则可达 12 倍的 BMR（约 60kJ/min）。

最大的能量输出受氧气转运至肌肉的量的限制，在耐力项目的后期则受到燃料转运至肌肉的量的限制。在瞬间活动时（如跳跃）的最大能量输出量可能远大于最大需氧量的量，并超过 200kJ/min。

提供肌肉收缩瞬间的能量物质是 ATP（腺苷三磷酸），其可被分解为 ADP（腺苷二磷酸）和无机磷。ATP 可通过能量储备物质磷酸肌酸在体内重新合成，ATP 和磷酸肌酸仅可提供肌肉收缩几秒钟的能量。当这些物质用完后，体内的主要燃料如葡萄糖和脂肪，其氧化过程被启动。

体内能源物质的使用取决于能量消耗的水平。静息状态下，机体从碳水化合物（葡萄糖）中获得 50%的能量，另外 50%从脂肪获取。肌肉获取能量的主要方式是通过氧化脂肪酸来实现的。当能量消耗增加时，肌肉能量的使用则转向葡萄糖的使用（见表 12.4）。

表 12.4 延长运动期间的燃料消耗

因　素	脂质利用	因　素	脂质利用
增加运动时间	增加	运动前或运动过程中摄取高碳水化合物饮食	减少
增加运动强度	减少	训练	增加

肌糖原是葡萄糖的聚合物，是高强度运动中的主要能源物质。高能量消耗时主要的供能物质是葡萄糖，因其利用率很高，可在最短时间内满足能量之需。对此的解释之一是，葡萄糖可被快速降解为乳酸，这一过程产生的 ATP 并不依赖于氧气的存在。相反，脂肪氧化需氧的参与，这一过程能量的产生速度并不快于通过血液运输氧的速度。过度无氧状态下能量的输出只能维持很短的时间，约 15～60s，因产生的乳酸可使肌细胞酸化，使酶的活力降低而引起疲劳。剧烈运动产生的乳酸从运动肌肉中散发，并转运至心脏、肾脏和肝脏，在这些器官中其被部分氧化而产生能量，部分转化为葡萄糖以在肌肉及其他组织中重新利用。因此在这一循环中，心脏、肾脏和肝脏对肌肉产生的能量起辅助作用。

肌肉组织利用能源物质的一个指标是呼吸商（RQ），其是二氧化碳输出量与氧气摄入量的比值。当葡萄糖作为主要的能源物质时，RQ 值为 1.0。当脂肪作为主要的能源物质时，RQ 值降至 0.71～0.72。马拉松运动刚开始时，RQ 值为 1.0，当接近终点运动员体力消耗最大时，RQ 值降至 0.72。这说明高强度运动刚开始时，主要的能源物质是葡萄糖，其主要由肌糖原提供。运动后期，当葡萄糖被耗尽时，脂肪则成为主要的能源物质，能量消耗率便开始下降。当葡萄糖储备量用完并出现体力透支时，机体的蛋白质开始成为一种能源物质，其可降解产生葡萄糖，但此过程一般情况下不发生。当马拉松运动员碳水化合物储备的能量耗尽时，通常用“撞墙”来描述其出现疲惫不堪的状态。此时运动员需行走短时间以缓解这种状态，可能出现恶心、行走不稳等现象。对需持续 1h 以上的运动来说，氧的耗尽将对运动成绩产生较大的影响。

2. 碳水化合物

肌糖原水平在一定程度上可通过训练和饮食来调控。每次训练后，肌糖原含量降低，训练间隙又重新恢复。刚开始肌糖原恢复能力很快，而随后速度减慢，肌糖原完全恢复约需 48h。每日连续的高强度运动使得肌糖原的恢复不够充分，但如果高强度运动后休息 2～3 天，可使肌肉中肌糖原的含量重新升至正常水平的 1.5～2 倍，这样可使机体延长提供能源的时间以达到提高运动成绩的目的。为了使肌糖原含量升高，在运动前至少 3 天的饮食中，需含有高浓度的碳水化合物。葡萄糖、蔗糖以及淀粉均是可以利用的碳水化合物能源。为了使肌糖原含量达到最高，碳水化合物需在饮食中提供 60%～70%的能源物质。

在 20 世纪 70 年代，运动员用精制糖（蔗糖、葡萄糖）作为碳水化合物的主要食物来源。然而这些物质很快被消耗并吸收，此时血糖可出现“反弹”现象，即开始上升后出现迅速下降，因过多的胰岛素将促使血糖降至正常水平以下。80～90 年代早期使用的是复合碳水化合物，如面粉、面包、谷物、米饭等，这些物质在体内消化较慢，使得葡萄糖释放至血液中有一个过程。

血糖指数是目前用于判断机体状态的一个指标，也是用于判断机体消化和吸收不同来源的碳水化合物的比值。血糖指数是由多种因素决定的，如食物中淀粉的种类和品质、脂肪及纤维的含量以及淀粉与其他营养物质的相互作用等。低血糖指数的食物如糊精、全麦面包和豆制品等，消化和吸收均较慢，将使血糖在较长时间内保持较低的水平。可为运动后肌糖原的消耗提供一种替代的形式。

在运动过程中，高血糖指数的食品或饮料对运动有利，可使血糖快速升高并提供肌肉运动能量[9]。运动前不适宜摄入高血糖指数的食物，因其消化较快，在运动过程中消化系统残留较多的食物会影响运动成绩。

对于碳水化合物，传统的做法是在训练过程的前 3 天限制其摄入，而后 3 天摄入高碳水化合物的饮食并由此反复。这一方法目前不常用，因为在摄入低碳水化合物的饮食期间可能造成机体缺乏这些能源物质，可能会引起一些副作用。

目前对于运动员，特别是对耐力项目的运动员而言，注重为运动储备充足的糖原并摄入足够的碳水化合物。

美国与加拿大饮食联合会[10]给运动员的建议是：①在高强度运动时，饮食中应含较高的碳水化合物（＞50％的能量摄入）；②在赛前调控饮食摄入组成，确保充足的碳水化合物储备（60％～70％的能量来源于碳水化合物）；③在长时间的运动过程中，消化碳水化合物以补充内源性的碳水化合物；④在运动或一段时间的训练后，补充高碳水化合物饮食。

3. 脂肪

有研究显示，优秀（国家级）运动员应在日常训练饮食中添加适量的脂肪，特别是从事高强度训练如公路自行车、长跑等项目的运动员（＞70％最大 VO_2）。对他们来说，仅靠碳水化合物来满足其能量之需所需的量太大，很难使其达到如此多的摄入量。若在饮食中增加脂肪的摄入，既可增加能量密度又能降低饮食的摄入量。

一些研究认为，高脂饮食会导致 1～2 周后肌肉在剧烈运动时脂肪氧化能力的增加[11]。然而这里仍存在着矛盾，即营养条例建议在运动前后摄入高碳水化合物饮食。

4. 酒精

酒精也是一种能量来源。然而，其在肝脏内以较慢的速度（10g/h）代谢为醋酸盐。由于这种代谢过程，作为能量来源其与脂肪略有不同。

酒精可使运动员感觉更好，但不利于提高运动成绩。适量摄入酒精可使机体放松，在射击项目中可使选手更稳定。但在运动项目上，酒精的摄入量有一定的限制。而在某些对体温影响较大的项目如铁人三项等，酒精可加速体热的损失，可能会引起皮肤血管扩张，导致低体温。

5. 蛋白质

需要肌肉力量（如举重）的项目可引起肌肉体积增大（横截面积）及肌纤维体积的增加。运动员通常对饮食中的蛋白质种类感兴趣。肌肉体积的增大及肌肉蛋白的获得取决于饮食中充足的蛋白质。但何谓充足的蛋白质？其建议的日常蛋白质的摄入量（RDI）为 0.75g/(kg・天)（如体重 70kg，每日摄入蛋白质为 52.5g）。

对于我国成年人来说，正常蛋白质的摄入量所提供的能量应为总能量的 14％。例如，一位体重 70kg 的男性，每日蛋白质提供的能量为 12000kJ，这样可以算出每日应摄入蛋白质的量。即 100g（12000×0.14/17）/70，相当于 1.4g/(kg・天)。其较 RDI 标准［0.75g/(kg・天)］高近 1 倍。剧烈的运动可以增加食欲及食量，如能量的摄入自 12000kJ/天增至

16000kJ/天，则蛋白质的摄入量将增至1.9g/(kg・天)。

蛋白质的RDI值已经包含了一个安全限度。在年轻的男性中用氮平衡法测得的实际蛋白质的需求量约为0.5g/(kg・天)。而预期蛋白质的摄入量为2～5倍的RDI量时，蛋白质的摄入已足够，无需额外补充。

对于训练肌肉的运动特别需要摄入高蛋白［约2.5g/(kg・天)］。如果摄入高蛋白而未进行力量训练，则对肌肉纤维的增长无作用。力量训练中如果增加蛋白的摄入量［达到2.5g/(kg・天)］将有利于肌肉的增长。实际上，在我国城市普通居民的饮食中，这种蛋白水平相对容易达到。运动员如果在训练中以素食为主，则需要摄入多样性食物以达到肌肉的最大增长率。

补充氨基酸对某些运动员而言具有特殊的意义。支链氨基酸可促进肌肉的增长。最近有研究显示，支链氨基酸（亮氨酸、异亮氨酸、缬氨酸）可在肌肉中而不是在肝脏中降解，其对肌肉体积的增加有益。当机体损伤（摔伤、外伤）后，肌肉的体积将会降低，而高蛋白饮食对总的肌肉体积增加作用不大，但其有益于伤口的愈合。在这种情况下，支链氨基酸可能是有益的，但目前尚缺少有效的实验证据[12]。

有研究显示，支链氨基酸可提高大脑中5-羟色胺（一种中枢神经递质）的水平，也可缓解运动后出现的疲劳感。但此结论尚缺乏研究数据[13]。

6. 维生素

关于维生素的微量补充（几毫克）可否在数小时内明显改善生理机能的观点，目前仍在研究之中。例如对坏血病患者补充维生素B_1或维生素C可以提高其生理功能。某些维生素是酶的辅助因子（如维生素B），如果辅酶不足将影响酶的活性，但如果辅酶过多也不会进一步提高酶的活性。

在我国，维生素的销售量正在逐年增加，且此行业的利润很大。许多研究表明，维生素可以促进运动员体能的提高（提高能量利用）。但实际上，目前尚无可靠的证据显示维生素具有增加体能的效应。比赛中维生素对运动员的应用效果还有待进一步证实。

理想情况下进行的双盲实验，实验者或运动员均不知其是否补充了维生素还是安慰剂。但这一实验很难进行，问题在于运动员的表现每天均存在着差异。一点运动成绩的提高，比如400m比赛其成绩提高了2%，也就是提高了一秒，则相当于胶带距离的8m。如果跑步成绩每次均相同，2%的提高就很容易检测到。但实际操作上，其成绩存在着差异。所以要确切地测定该运动成绩的提高就需大量的工作且耗资巨大。自然差异越大，则要检测营养素的效果就越困难。因此目前所能做到最佳的事项如下。

① 目前尚无可靠的证据表明，营养状况良好的运动员可以通过维生素的补充（维生素B、维生素C、维生素E）来提高运动成绩。

② 由于运动成绩存在的自然差异、检测项目的复杂性以及昂贵的实验费用等限制，目前还很难确定维生素的体能效果。

一些运动员维生素的摄入量较大，但其毒性却很少被关注。虽然B族维生素和维生素C是水溶性的，其多余的量很易从尿液中排出。但脂溶性维生素A、维生素D是有毒的，机体没有排除其多余的量的机制，其在体内可累积至中毒水平。幸运的是人们从食物中摄入的很少。β-胡萝卜素是维生素A的前体，毒性很小。

7. 矿物质

（1）铁　氧气被输送至肌肉中与红细胞中的血红蛋白结合。每个血红蛋白的中心是一个铁离子，其可以结合氧分子。如果铁缺乏，血红蛋白的合成将受到限制而导致缺铁性贫血。可以预见，贫血将减少氧的运输量和工作效率，并因此影响运动成绩。

表 12.5 显示了贫血血红蛋白水平与适合运动成绩提高的血红蛋白水平。然而，很少有实验结果证实血红蛋白的最适宜水平。

表 12.5 贫血血红蛋白的指示水平与适合运动的血红蛋白的标准水平 g/L

性　别	贫　血	运动的需求
女性	<120	140～150
男性	<140	150～160

运动员，尤其是女运动员，易受贫血和缺铁的影响。运动贫血早已被认识到，但其原因最近才被解释。运动员中一些可能的原因会造成贫血，具体如下。

① 血管容积将随运动而扩张，因此引起血红蛋白的显著降低。尽管血红蛋白可随运动而增加，但此种增加随血管容积的增加而降低。

② 缺铁：有几种可能的原因。

a. 饮食的缺陷。运动员有其不同的饮食方式，其中包括减肥饮食或对某种食物的限制。影响血红蛋白含量的营养素有铁、蛋白质、维生素 C、维生素 B_{12}、叶酸。

b. 运动员偏于素食。这类饮食通常缺铁和维生素 B_{12}，有时蛋白含量偏低。如果机体缺铁，可利用的铁的量则供不应求。

c. 最近的一项研究表明，高出汗量也会通过皮肤引起铁的丢失。

③ 失血：对于营养状况良好的个体，失血是引起贫血的主要原因。女性月经失血是贫血的另一大原因。由于机械损伤引起的红细胞破坏而导致的贫血已被重视，尤其是长跑运动员，通常可见其尿中出现血红蛋白。其他原因的贫血则并不常见。

避免贫血最有效的方法是通过测定血液中铁蛋白的含量来检测铁的储存量。铁蛋白是铁的一种储存形式，在血浆中含量较低，血液中铁蛋白含量与机体铁储存量成正比。女性铁蛋白含量应在 10～20μg。对所有运动员来说，应尽量增加饮食中铁的摄入量。饮食中含铁最高的是肉，尤其是红肉。红肉含有被称为肌红蛋白的一种氧结合蛋白，其结合至肌红蛋白或血红蛋白中的铁更易被吸收，甚至超过 20%也可被吸收。而非血红素铁的吸收率则低于 10%。但目前尚不确定低铁对运动成绩的影响程度。

谷物中非血红素铁的吸收率较低，因其可与植酸结合，谷物皮层含较高的植酸。绿色蔬菜中非血红素铁因易与草酸结合而吸收率也较低。维生素 C 可通过在胃的酸性环境中还原高价铁离子来增加非血红素铁的利用率。柠檬酸通过螯合二价铁离子使它成为可溶物而增加其吸收。饮食中的蛋白以及用铁锅加工食品均可增加铁的摄入，其对于素食者不失为一种补铁的最佳方法。食物中的酸越多，铁锅表面进入食物中的铁就越多。

(2) 钙　在我国由于豆制品日常摄入较多，所以一般不会缺钙。近年来，牛奶与其他乳制品的消费逐年增加，我国居民钙的摄入量平均为 400mg/天，但仅为 RDI 的 50%。引起钙摄入不足的原因很多，如素食者排斥豆制品，既不食用豆制品又对乳糖不耐受或牛奶过敏等。

在女性青少年中，补充足量的钙对确保发育后期最大的骨密度及避免日后骨质疏松具有重要的意义。如果由于饮食问题而严重影响月经，出现停经现象，这将是骨质疏松的一个危险信号。女性雌激素的降低也会引起骨中钙离子的损失。运动员中经常出现的疲劳性骨折，很可能与其骨密度的降低有关。

8. **水和电解质**

能量的高消耗可产生大量的体热。体热的挥发有以下途径：①辐射及对流；②皮肤、肺蒸发散热。

蒸发散热是主要的散热方式，为总散热量的2/3以上。脱水可能比其他因素更能影响运动成绩。因此在高强度运动中，补水是首要问题。体内的水维持在正常水平时其运动成绩会更佳。通常少量失水是可以忍受的，而失水占体重的2%则会产生一些不利的影响。一位体重70kg的运动员，失水2%，即1.4L。若失水大于2%则一定会影响运动成绩，大于5%可出现严重后果，超过10%则会有生命危险。

运动中体温将显著升高，其达到39℃是正常的，41℃以上可能会有生命危险。危险的体温通常是因失水过多造成的。水通过汗腺排出，可使血量、细胞外液与细胞内液容积降低。当失水进一步增加时，提供肌肉能量所消耗的血流量与皮肤排汗所需的血量间产生竞争。中暑就是因血流量不足以同时提供肌肉运动所需能量和排汗所需的血流量所致。此时可出现血压下降、皮肤收缩、排汗减少、体温升至41℃或更高。虽然这时皮肤触摸还感冰冷，但极有可能出现神志不清、恶心、呕吐甚至危及生命。失水可导致血液黏稠、血流不畅以及内脏器官的损害。如有中暑发生，运动员应立即休息、补充水分和进行适当的医救措施。

运动成绩可通过以下途径达到最优化：①保持水分平衡，尽可能达到正常水平；②运动前尽可能确保充足的水分；③运动过程中可饮水或其他饮料。

盐的平衡在运动员饮食中应给予足够的重视。其对于维持水的平衡有着重要的作用。应避免摄入盐过多，因其会引起高血压。然而低盐会引起体内水分的减少，增加脱水和中暑的风险。所以，适量的盐十分重要。盐从汗液中损失，汗中含有NaCl，其浓度约为血液浓度的1/4。

七、营养补充剂与体能增强剂的作用

国外的流行杂志中经常会出现大量关于“增力剂”的广告，宣传其可促进能量的生成并提高运动成绩。该产品市场是巨大的，也有很大的利润。然而，正如已讨论的，从科学的角度而言，不排除部分补充剂可在特定的条件下发挥其作用的可能性。一些增力剂已经被科学论证并在一定程度上得到应用。

但应注意的是，一些从自然饮食中无法正常摄取的物质很可能会被体育运动组织所禁用。例如高浓度的咖啡因。而在跑步中为加速血糖供应而使用的一种名为“Polyjoule”的多糖补充剂则是合法的。

（1）血液回输和红细胞生成素　血液回输是某种意义上的增力措施，已被证实有一定的效果。其过程是采集运动员的血液并在低温储存约两个月。在这期间运动员的红细胞数量会自然回复。在重大比赛前，将红细胞回输到运动员血流中，这时红细胞数量人为地提高且输送氧气的能力也得到提高。这种方法对于受肌肉供氧限制的项目如800m（约2min）～10000m跑（30min）的项目是有效的。

一次实验显示，回输储存红细胞后，对于5mile[1]跑步项目，每英里可提高9s，成绩约提高2.5%。在高海拔地区训练，氧的供应量下降会导致血细胞容积的增加并可提高耐力项目成绩。血液回输尽管已被禁止，但由于缺乏行之有效的方法来监控，故这一方法仍在使用中。

近年来，使用红细胞生成素成为一种较流行的增多红细胞数量并提高运动成绩的方法。红细胞生成素是在肝脏中自然形成的一种激素，其可以保持红细胞数量在正常的水平。基因技术可以大量生产该激素且相对成本较低。

然而，一些运动员被检测出使用了该物质，并由此受到了禁赛惩罚。

---

[1] 1mile＝1609.344m。

（2）重碳酸盐负荷　重碳酸盐负荷是一种克服短时间运动项目（少于5min）中对成绩形成不利影响的一种方法。在其运动中产生了大量的乳酸。能量输出受到了因乳酸快速聚集而导致的肌间酸化的影响，其肌间pH值降至约6.3。酸度的增加降低了糖酵解酶的活性，糖酵解过程可以阻止肌细胞的自我损伤。

重碳酸盐负荷试验的目的是在运动开始前30～60min，利用重碳酸盐负荷增加血液中碳酸氢盐离子的浓度，以增加对乳酸的耐受并因此增加能量的输出。试验产生了不同的结果，但均使运动员的800m跑项目的成绩获得多次的提高。

（3）咖啡因　多数研究表明，任何咖啡因均可提高运动成绩，而与其剂量无关。咖啡因可增加脂肪作为能量底物的使用量，并因此可以节约葡萄糖。研究显示咖啡因对5min的耐力运动有益。

据报道，目前有禁止运动前使用咖啡因的提议，也有无限使用它的观点[13]。

（4）肌酸　肌酸是磷酸肌酸的一种成分，磷酸肌酸可在短时间内提供ATP的生成以供能量需要的一种物质。饮食中加入肌酸可以增加肌肉中磷酸肌酸的水平，因此摄入含肌酸的饮食可以提高需爆发力的运动（约10s），如跳跃及短跑项目的成绩。

虽尚无足够的试验证实这一观点，然而有研究表明，5天内添加5g肌酸可以提高肌肉运动能力和恢复水平。举重运动员和健美运动员用肌酸提高其肌肉力量。还有研究显示，肌酸可使运动员在训练中消除疲劳并可达到高于其通常的运动强度[13]。

（5）L-肉毒碱　肉毒碱是在体内合成的一种水溶性维生素样物质。在肉制品与乳制品中均可测得。其作用是作为一种载体，帮助脂肪在肌肉组织中转运并通过细胞膜提供能量物质。因此其被认为可以提高耐力项目中脂肪燃烧的能力。

但正常人体的L-肉毒碱供给并不能提高机体的机能或脂肪燃烧的能力[13]。

（6）其他增力剂　另有多种增力剂，但尚无证据表明其有显著的功能。其中包括氨基酸或复合氨基酸、抗氧化剂如维生素C、维生素E，矿物质如硒、铬，植物如人参等。如前所述，从科学的角度看也许不能排除其引起增力的效果，但目前尚未有研究报道这些物质在力量或运动成绩方面有显著的作用[14]。

（7）激素与药物　目前已出现了多种运动禁药[15]。促蛋白合成类固醇是一种最广泛使用的禁药。“合成代谢”是指类固醇对肌肉力量的促进作用。促蛋白合成类固醇是一种睾酮类似物，它的使用如与力量训练和高能量高蛋白［2g/(kg·天)］饮食相配合将显著提高肌肉收缩速度和肌肉体积。使用合成代谢类固醇可以提高训练质量、肌纤维尺寸、总肌肉体积和力量而无附加的脂肪产生，其对运动所需身体的发育有益。最近有研究显示，青春期女性用合成代谢类固醇可以塑造苗条的身材。

然而，类固醇的使用在多数竞技体育中已被禁用。其副作用较为普遍且较严重。在男性中其副作用有：激进行为、乳腺发育、粉刺、肝脏损害、秃顶、睾丸萎缩、降低高密度脂蛋白（HDL）的含量、动脉粥样硬化。

有报道二十几岁的年轻人出现了心脏病变。女性中使用类固醇相对较少，其副作用主要为出现男性化，如声音低沉、体毛增加等。

为了杜绝非公平竞争，国家体育总局在2004年颁布的《反兴奋剂条例》中明确规定，药品、食品中含有兴奋剂目录所列禁用物质的，生产企业应在包装标志或产品说明书上用中文注明“运动员慎用”字样。《2004年兴奋剂目录》中列出的运动员禁用的兴奋剂有刺激剂、麻醉剂、大麻（酚）类、蛋白同化制剂、肽类激素、β2-激动剂、抗雌激素制剂、掩蔽剂以及糖皮质类固醇九大类共159种。

2008年3月19日国家食品药品监督管理局公布了含有兴奋剂目录所列物质的药品品种

名单，包括复方甘草片等767种化学药品及生物制品品种，牛黄清心片等1227种中药品种。国家药监局规定，凡含兴奋剂目录所列物质的药品，应在药品标签或说明书上注明“运动员慎用”字样。国家食品药品监督管理局等8部门于2008年4月13日发布了《关于开展兴奋剂生产经营专项治理工作的通知》(国食药监办〔2008〕164号)。

法律法规使药品生产、批发企业等依法生产和经营并按规定渠道销售蛋白同化制剂、肽类激素等。同时，使药品零售企业严格凭处方销售胰岛素和其他实施处方药管理的兴奋剂等。含兴奋剂的药品必须按规定标注“运动员慎用”[16]。

第二节 食物、饮料与运动成绩

运动员主要的能量来源是肌糖原（储存的碳水化合物），尤其对于耐力项目而言。正常情况下肌糖原中的能量储备达8000kJ（约2000kcal），储存于肝脏和肌肉中。糖原的耗尽是耐力运动项目中限制成绩的主要因素，因此对运动员而言主要是提高糖原的水平[17]。所消耗的碳水化合物通常取决于运动状态，如训练或比赛。

① 训练饮食：调整为高碳水化合物（低血糖指数）、较高纤维及低脂含量的饮食。保证足够的食物与饮料以满足能量的需求以及防止脱水。训练的益处是肌肉可以提高糖原的储存量。

② 竞技饮食（超过90min的项目）：比赛前3天高碳水化合物、低或中等量的纤维以及低脂饮食。

③ 赛前饮食：运动前2h主要是碳水化合物（高血糖指数）、低纤维、低脂饮食以及大量水分。

④ 比赛中的饮食（超过90min的项目）：高血糖指数的饮料和食物。

⑤ 赛后饮食（如还需下一场比赛）：主要是碳水化合物（如下一场比赛在两小时内进行，需摄入高血糖指数食物）、低纤维、低脂及大量饮料。比赛后要尽快补给食物和水，但不可食入过多。

一、训练饮食

训练中应提供充足的碳水化合物以确保其运动量。在力量训练中会消耗大量的肌糖原和肝糖原，如果在下次训练前未能及时补充碳水化合物储备，则运动强度将会下降，运动反应将相应降低。因此，运动饮食要含高碳水化合物（至少为能量摄入量的50%），且大部分应是复合碳水化合物的形式而非单糖形式。

有研究表明，高碳水化合物饮食（能量摄入70%以上来自碳水化合物，400～500g）能保证每天训练2h的运动员体内有较高的糖原储备[18]。如果碳水化合物仅占40%，则肌糖原含量将显著下降，如果再不摄入大量的单糖，这种对碳水化合物的高摄入要求将很难完成。许多运动员是通过在正餐间摄入甜点来满足需求的。当能量消耗很大时，高碳水化合物饮料和甜点也是饮食中重要的一部分。

二、竞技饮食

对竞技体育而言，饮食可影响运动成绩。对高水平的运动员来说，竞技运动前和运动过程中食物的摄入问题是很重要的。就训练而言，肌肉需储存2倍于正常水平的糖原量，方能保证运动员有更好的耐力、保证运动时间超过90min的项目或在一段时间内连续进行比赛的需要。碳水化合物的储备可在比赛前几天进行[17]。

第一阶段：训练强度减小，保持正常的碳水化合物的摄入量（占总能量的50%～60%）。

第二阶段：比赛前3～4天，训练强度继续减小，碳水化合物进一步增加（占总能量的60%～70%）。

食物摄入量取决于运动员的食欲，但不可过量。随着比赛日的临近，饮食中应包含精制的碳水化合物、含高血糖指数的食物以及减少纤维的摄入。这将有助于减少摄食量并保证碳水化合物的摄入增加。

摄入高碳水化合物的食物并非容易做到，要摄入总能量的60%～70%的碳水化合物，且低脂肪。而低脂饮食也需提供足够的能量，则食物总量将很大。脂肪产热为37kJ/g，超过碳水化合物的两倍。如果饮食中脂肪供能仅为20%，则脂肪占食物总重不会超过10%。但是，很多人们认为高碳水化合物的食物同时也含有较高的脂肪，然而这常常被人们所忽略（见表12.6）。

表12.6　普通快餐中的脂肪含量

食品名称	脂肪含量/%	脂肪能量所占比例/%	食品名称	脂肪含量/%	脂肪能量所占比例/%
坚果	49	77	巧克力	31	52
炸土豆条	36	60	干面包	23	44
面粉糕饼	35	65	水果蛋糕	15	34
奶酪	33	72	冰激凌	10	48

表12.7列出了几种高碳水化合物的食物，因其含高碳水化合物而成为高能食品，含脂量低。此表体现出了高碳水化合物体积大的特点，运动员要摄入如此大量的食物的确有相当的难度。饮食中的基础食物应有高含水量和低能量密度。从每1000kJ大米、土豆的质量，可以想象一位优秀运动员为维持大运动量训练所需摄入的食物量。

表12.7　高碳水化合物食品

食品	所占能量比例/%	碳水化合物/%	水/%	产生1000kJ能量的食物质量/g
玉米薄片	85	85	3.4	63
果酱	97	65	31	93
面包(馒头)	66	66	39	106
面条	79	25	67	201
白米饭	85	25	69	191
土豆	76	13	80	368

摄入的肉类应以精肉为主。带有一些白色脂肪的肉比蛋白提供更多的能量。在生肉中，这种脂肪约85%为甘油三酯（约为31kJ/g）。而无明显脂肪的鲜肉约22%为蛋白，4%为脂肪，不含碳水化合物。能量约为5kJ/g，仅为带脂肪肉的1/6。表12.8列出了高碳水化合物饮食的例子。

表12.9显示了在这种饮食模式中脂肪的主要来源。其中，5种食物提供了75%的脂肪来源。有时用脱脂牛奶可以达到碳水化合物占总能65%的需求。奶酪和牛奶是脂肪的第二大来源。而饮食中乳制品的缺乏也将限制钙的摄入。钙对于年轻运动员是至关重要的，因骨骼的长期健康状况取决于青春后期骨密度是否达到理想的状态。如果此饮食用于15岁的女游泳运动员，铁和钙是关键的两个因素。

三、赛前饮食

如果运动员从事耐力项目，赛前饮食对能量的储备是很关键的。其对糖原储备作用不大，因此可以补充血糖并提供2100～4200kJ的能量。

表 12.8 高碳水化合物饮食举例

供应(家庭标准)	用量/g 或 mL	碳水化合物/g	脂肪/g	能量/kJ	蛋白质/g
早餐					
稀饭 1 小碗	260	22	2.9	551	5.1
糖 2 小勺	9	9	0	136	0
牛奶半杯	130	7.3	1.5	250	5.4
面包 3 片	84	40	2	873	7.2
蜂蜜 6 小勺	42	35	0	554	0.1
橙汁 1 杯	250	20	0	320	2.6
早茶					
烤饼 2 片	80	44	0.5	704	7
果酱 1 小勺	26	17	0	271	0
牛奶 1 杯	260	15	3	500	10.8
调味汁 2 勺	40	20	0	326	0
午餐					
面包 4 片	120	47	3.6	1138	12
奶酪 2 片	40	0	11.6	580	9
火腿(瘦肉)2 片	40	0	1.5	265	16
酸奶 1 盒	200	25.5	0.3	631	10.1
苹果 1 个	156	19.2	0.2	326	0.5
下午茶					
水果面包 1 片	75	35	6	931	7.4
香蕉两根	280	56	0.4	1000	4.6
晚餐					
鱼 1 块	150	0	12	1242	47
土豆 3 个	300	43.5	0.9	918	8.7
豆粥半碗	83	5.3	0.3	168	4
南瓜 1 块	85	6.1	0.4	150	2
桃罐头 1 杯	260	24	0	441	1.6
冰激凌 1 小杯	24	5	2.6	192	1
夜宵(休息前)					
饼干 4 片	40	28	5.2	684	2
调味汁 2 勺	40	20	0	300	0
总量		558.5	57.9	14036	175

表 12.9 在高碳水化合物饮食模式中脂肪的主要来源情况

食物	质量/g 或 mL	碳水化合物/g	脂肪/g	能量/kJ	蛋白质/g
鱼 1 片	150	0	12	1242	47
奶酪 2 片	40	0	11.6	580	9
牛奶 2.5 杯	650	38	7.5	1250	27
水果面包 1 片	75	35	6	931	7.4
饼干 4 片	40	28	5.2	684	2

赛前饮食应以碳水化合物为主、低蛋白和低脂肪。高碳水化合物可使葡萄糖的供应量最大化。限制脂肪是因其从胃中排出速率慢。运动时胃中大量的食物会影响比赛成绩，因此可摄入高血糖指数食物，如面包、米饭、蜂蜜等。饮食中应控制纤维的摄入量，因其过多可增加粪便的排出量、增加肠蠕动，且可产生多余的气体并在需要高度集中的运动项目中引起不适。

赛前应尽可能提前一些进食以保证充分的消化和吸收，以提前 1～2h 为宜。当然还要根据食物的容量来定。饮食中要包括一定的水分。

四、比赛中的饮食

脱水较其他因素更能影响比赛成绩。在高强度运动中，水是最重要的因素。适宜的盐含量也同样不可忽视，因为缺盐将会使体内水分丧失，增加脱水和中暑的危险性。

在超过30min的运动项目中，应根据环境温度考虑补水。对于运动中有间隙休息的项目（如球类）很容易做到，但对连续性运动如跑步等项目则不然。

运动中首要的是摄入液体以保证体内水的平衡达到正常水平[19]。补充葡萄糖也应在其不影响水摄入的前提下进行。在1～1.5h以内的高强度运动项目中，并不主张补充葡萄糖。在较小运动量的比赛中，肌糖原量一般不会低至影响比赛成绩的水平。

补充葡萄糖可以补充游离葡萄糖溶液，其口感较好同时又为等渗溶液。低渗溶液从胃中排空的速度慢得多，限制了排空速度可能会引起不适。0.24mol/L（约5%）的葡萄糖溶液是等渗的。最近有研究显示，最理想的运动饮料是含5%～10%的碳水化合物饮料（高血糖指数），加入少量电解质（主要是盐）[20]。

一般人体水分摄入的最大量约为600mL/h（因人而异），葡萄糖摄入的最大量约为30g/h（约为水的5%），相当于480kJ/h或8kJ/min。如以能量消耗量为50kJ/min计算，相当于满足能量需求的1/6。碳水化合物的供能作用相对较小，这对最终结果仅差1%～2%的项目而言影响很大。可以提供的替代品为短链多糖，其是六单位糖，甜度较低，仅为同等浓度糖渗透压的1/6。机体可以承受10%的短链多糖，同时能量供给率可以提高一倍。

另外，在比赛前一天或比赛当天不应摄入酒精，因其可增加体内水分流失并加速脱水。

五、赛后饮食

如果运动员48h内还要比赛，则赛后营养是很重要的。赛后需尽快补充食物，如果下场比赛在3～5h内进行，应以补充高血糖指数的碳水化合物为主。若比赛在5h后进行则要补充低血糖指数食物。低血糖指数食物可导致血糖水平持续升高而有助于肌糖原的合成。例如，马拉松比赛后每小时应补充40～60g的碳水化合物，连续补充5h以储备充足的能量[13]。

在单次运动后，排汗的增加将引起血液中盐浓度的增加，因为水比盐损失得更快。因此，补盐在一次比赛中并无益处。盐的明显缺乏可能发生在连续几日的训练中，因排汗需要大量补充水，但却未通过食物来补充盐。缺盐一般不常见，因普食可提供所需的盐。

目前我国成人食盐的平均摄入量为12g/天。而WHO推荐的盐参考摄入量为5g/天。持续性的大运动量可以损失约4L汗液。假如汗液中含有0.2%的盐，其损失的盐将达8g。可以说运动增进食量的同时也增加了食盐的摄入量。然而如果个体限制了盐的摄入，将可能出现盐的摄入不足而降低工作效率。

海外市场上出现了一系列“运动饮料”，通常含葡萄糖、盐和电解质。其可在运动过程中或运动后进行补充。国内食物中的盐主要来源于菜肴和汤。而国外主要来源于加工食品，几乎所有食品中均加入了盐，如奶酪、面包、黄油/人造黄油以及谷物类。相反未加工食品如果蔬，其含盐量极少。因此必要时可以在餐桌上补盐。

运动员的食物选择与饮食习惯：人们摄入的是食物而不仅是营养素，因此对运动员来说应更注意食物的选择。人们的饮食习惯各异，有些运动员习惯于“健康”饮食，而不在意接受或排斥何种食物。有些年轻人，主要以“速食”食品为主，通常选择烘烤食品如汉堡、鱼、薯条等。这些食物通常含有较高的脂肪和盐，不能满足高碳水化合物的需求。另一些年轻运动员在选购食品方面技能较差，需对其基本的生活技能进行训练。

第三节 营养与生存

一、生存为前提

首先要明确对于生存来说哪种物质是必需的。在紧急情况下人们对饮料、能量及微量营养素的需求方式与运动员相同，特殊需求则取决于紧急环境的具体情况。因此，在山地跋涉、在海洋里航行或在沙漠里行走时需要携带的饮食取决于其环境的温度、湿度、携带物的重量等。同时还应考虑食物的携带、储存条件以及保存时间等因素。然而，首先要考虑的是机体最必需的是什么？以及在紧急情况发生时最需要提供的是什么[21]？

人体的基础需要是相似的，但具体何种营养素的需要以及需求量则取决于各种因素，如年龄、性别、体重、体脂储备等，更重要的是其从事运动的强度。在紧急情况下，需首先了解个体的营养状况。如果个体在禁食之初很好地补充了营养，那么体内就会以体脂的形式储备能量及其他各种营养素。表 12.10 显示了营养补充足后的成年男性完全禁食后可以生存的时间。

表 12.10 营养补充足后的成年男性完全禁食后可以生存的时间

营养物	体内的一般含量	大约日需量	存留时间(总)
水	40L	1～3L 或依赖于温度、湿度	数天
钠	60g	1.5g 或依赖于汗液的流失	数天至 1～2 周
能量	300～400MJ	10～15MJ	1～2 月
维生素 B_1(硫胺素)	50mg	1mg	1～2 月
维生素 C	3～5g	10mg	2～3 月
铁	3～4g	10mg	数月
维生素 B_{12}	2～4mg	1～2μg	数年
钙	1～1.2kg	0.4g	数年

除能量外，男女对其他各种营养素的储备需求基本是一致的（铁除外，女性有更高的需求）。另外女性有较多的体脂，对能量的需求较低，因此特殊情况下生存的时间比男性要长。

表 12.10 列出了各种营养素的重要性比较。水对生存而言是第一位的，其次是盐、食物能量、维生素 C 和部分 B 族维生素。一些矿物质和维生素在体内的储备相对消耗量而言，通常可供一年以上的需求。如果个体在紧急情况开始时能很好地补充营养，其体内的营养素储备量将更高且可生存更长的时间。

二、水

水是第一重要的营养素。如在一个干燥的沙漠地带行走，机体失水会较为严重，其生存时间可能不超过 1～2 天。在紧急情况下，找到水源和机体储备水分很重要。以下措施有助于机体储备水分：

① 避免在炎热的时间行走，最好选择凉爽的夜间或早上行走；

② 以慢步行走，这样出汗较少，可以走较远的路；

③ 食入含水量较高的碳水化合物，可减少排尿；

④ 备好紧急情况发生时的水分；

⑤ 尽量避免摄入污染水，因脱水情况下呕吐或腹泻均是致命的；

⑥ 对婴幼儿提供充足的水，因其失水率更高，受失水影响更大。

盐水对缺水个体是无用的。海水含盐约 3.5%，高于血液中盐的浓度，高渗可导致机体进一步失水。低浓度的盐水可被安全使用。脏水或有异味的水在加热后也可在紧急情况下使用。在紧急情况下，补盐也很必要，尤其是气温高且从事室外作业的情况下。总盐需求

10～15g/天（包括食物中的盐），但不要摄入过多。

三、紧急食物供给

简要分析两种食物的供给：一是储存食品的供给，此时食物的重量与大小均不被考虑；二是轻便应急食品的供给，常用于旅行。

1. 食品储存

食品储存期达几个月并不难实现。因为任何影响食物供给的紧急情况均可切断供给。应急食品应注明保质期以保证质量，通常保质期比使用期短。因此可以相信市售产品在保质期2倍时间内是可食用的，虽然并不一定是在很好的环境下储存。

选择用于保存的食物时，一般50%的能量供应来自于碳水化合物，10%～15%来自于蛋白质，35%来自于脂肪。至少30%的碳水化合物能量应由复合碳水化合物提供。

两种食物适宜储存，即干燥食品、罐装或瓶装食品。干燥食品如小麦、大麦、大米、面粉、干豆（如大豆、豌豆、豆荚），可保存一年。谷物类食品有时会受到象鼻虫等的影响，因此这些产品应保证质量，包装量不应超过2kg，以防止过多的损失。还应采取措施控制虫害，定期检查。该类食品应保存于干燥、阴凉的暗处。

另外较易保存的食品还有罐装食品和含抗氧化剂的密封包装的油、糖、茶叶、咖啡和瓶装饮料等。

上述这些种类繁多的食品可提供充足的维生素和矿物质。这些食品中最缺少的是维生素C。有两种提供维生素C的方式，一种是维生素C制剂，如维生素C片；另一种是发芽的谷物，这些芽里含有合成的维生素C。

2. 轻便应急食品的补充

轻便应急食品应尽可能包装精致、营养含量丰富。脂肪的营养密度最大（37kJ/g）但其作为轻便应急食品应用价值不大。这是因为每一位营养条件充足的个体其脂肪能量储备也相对充足。例如，一位体脂为18%，体重70kg的个体，其脂肪约12.6kg，其在体内可产生约39kJ/g的能量，即总能量约500000kJ。如以每日需能10000kJ计算，理论上可支持生存50天。但实际情况却更为复杂。当食物能量不足时，短期内机体靠碳水化合物供能。当食物缺乏后，体内又可用体蛋白来提供必要的葡萄糖。如果从事剧烈的运动，运动量越大其对碳水化合物的需求越多。从事重体力活动时，至少60%的能量来自于碳水化合物，30%来自于脂肪，10%～15%来自于蛋白质。

用食物表可计算出每种微量营养素的需求量。例如中等活动量的男性每天需要能量为12MJ（表12.11）。因此，对于纯微量营养素而言，每天450g碳水化合物、81g脂肪和106g蛋白质（共637g/天）将提供每天12MJ的能量，其各营养素提供的能量比例也均适宜。

表12.11 中等活动量的男性平均每天需要的能量

营养物质	能量/(kJ/g)	占总能量比例/%	质量/g
碳水化合物	16	60	450
脂肪	37	25	81
蛋白质	17	15	106
产生12MJ能量所需营养物质的总质量		637	

总　结

- 中等运动量适合于正常代谢水平，可显著降低突变性疾病的发生率和严重性。

- 不同的运动项目需要不同的体质特点，其营养需求也不同。
- 适宜的营养有助于在特定的运动项目中其生理机能达到最佳的适应状态。
- 对运动员来说，充足的水有助于降低体温。
- 饮料可提供葡萄糖作为能量来源以提高运动能力。
- 对多数运动员而言，普食即可提供充足的食盐。
- 运动饮食中应高含碳水化合物，用于合成肌糖原所需。肌糖原是高水平运动中主要的能源物质。
- 高质量蛋白对运动员来说是必要的，但常规训练的饮食即可满足蛋白摄入量的需求。
- 补充额外的维生素并非可以提高运动成绩。
- 饮食中充足的铁对维持血红蛋白的正常水平十分重要，尤其对于年轻女性和素食者。
- 钙对防止骨质疏松有重要作用，尤其是对停经的年轻女性和绝经女性。
- 各种增力剂均可提高能量产生率，但实际效果不明显。
- 促蛋白合成类固醇可增加肌肉体积和力量，但对健康不利。
- 对生存来说首要的是提供足够的饮用水。
- 维持生存的食物应主要富含碳水化合物。
- 含脂肪的干燥食品可作为轻便急需食物。

参 考 文 献

[1] Depres JP. Metabolic dysfunction and exercise// Hils AP，Wahlqvist ML. Exercise and obesity. London：Smith-Gordon Co Ltd and Nishimura Co Ltd，1994.

[2] Manson JE，Hu FB，Rich-Edwards JW，et al. A prospective study of walking as compared with vigorous exercise in the prevention of coronary heart disease in women. NEJM，1999，341：650-658.

[3] Brodney S，Blair SN，Chong DL. Is it possible to be overweight or obese and fit and healthy? //Bouchard C. Physical Activity and Obesity. Human Kinetics，Champaign，2000.

[4] Schneiter P，Di Vetta V，Jequier E，Tappy L. Effect of physical exercise on glycogen turnover and net substrate utilization according to the nutritional state. American Journal of Physiology，1995，269：E 1031-1036.

[5] Jakicic JM，Wing RR，Butler BA，Robertson RJ. Prescribing exercise in multiple short bouts versus one continuous bout：effects on adherence，cardiorespiratory fitness，and weight loss in overweight women. International Journal of Obesity and Related Metabolic Disorders，1995，19：382-387.

[6] Yu-Poth SM，Zhao GX，Etherton T，Naglak M，Jonnalagadda S，Kris-Etherton PM. Am J Clin Nutr，1999，69：632-646.

[7] Puddey IB，Cox K. Exercise lowers blood pressure—sometimes? Or did Pheidippides have hypertension? Journal of Hypertension，1995，13：1229-1233.

[8] Phelps JR. Physical activity and health maintenance—exactly what is know? Western Journal of Medicine，1987，146：200-206.

[9] Guezennec CY. Oxidation rates，complex carbohydrates and exercise. Sports Medicine，1995，19：365-372.

[10] Lambert EV，Speechly DP，Dennis SC，Noakes TD. Enhanced endurance in trained cyclists during moderate intensity exercise following 2 weeks adaptation to a high fat diet. European Journal of Applied Physiology and Occupational Physiology，1994，69：287-293.

[11] American Dietetic Association and Canadian Dietetic Association. Position stand on nutrition for physical fitness and athletic performance for adults. J Am Diet Assoc，1993，93：691-696.

[12] DiPasqual MG. The Anabolic Edge. Amino Acid and Protein for the Athlete. Boca Raton：CRC Press，1997.

[13] Sherman WM，Lamb DR. Proceeding of the Conference on Nutritional Ergogenic Acids. Sports Nutrition，1995.

[14] Bucci LR. Dietary supplements as ergogenic aids// Wolinski. Nutrition in Exercise and Sport. Boca Raton：CRC Press，1999.

[15] Williams MH. Beyond Training：How Athletes Enhance Peformance Legally and Illegally. Champaign Ⅲ：Leisure Press，1989.

[16] www. sda. gpv. cn.
[17] Driskell JA. Sports Nutrition, Energy-yielding Macronutrients and Energy Metabolism. Boca Raton: CRC Press, 2000.
[18] Devlin JT, Williams C. Foods, nutrition and sports performance: A final consensus statement. J Sports Sc, 1991, 9: iii.
[19] Buskirk ER, Puhl SM. Exercise and Sport. Body Fluid Balance. Boca Raton, CRC Press, 1996.
[20] Kies CV, Krislell JA. Sports Nutrition: Mineral and Electrolytes. Boca Raton: CRC Press, 1995.
[21] Dunlevy M. Stay Alive: A Handbook on Survival. Canberra: AGPS, 1981.

第十三章　膳食营养与骨健康

目的：

- 了解骨质疏松症与骨折的流行病学调查。
- 了解有关骨健康的骨生理学研究。
- 简述骨质疏松症的起因。
- 简述影响骨状态的营养因素。

重要定义：

- 骨质疏松症：是一种以骨质减少、骨组织微细结构破坏为主要特征的全身性骨骼疾病。

第一节　骨质疏松症

骨质疏松症是一种以骨质减少、骨组织细微结构破坏为主要特征的全身性骨骼疾病。骨质减少易导致骨折，特别是腕关节、脊骨、髋关节等。骨质疏松症是绝经后妇女以及老年人身体衰弱的一个重要原因。现已成为一个较为普遍的公共健康问题[1]。

近年来，骨质疏松症已成为老年妇女致残的首要因素之一，因此人们越来越关注其预防和治疗。有证据表明预防骨质疏松症比治疗更有效，其可通过健康的生活方式得到最有效的预防[2]。若在生命早期就能保持健康的生活习惯，如合理的饮食、常规性的运动以及良好的心态等，其将有助于体内骨矿含量的增加并取得理想的骨质量峰值（骨质量峰值是指随着机体的正常生长，骨质量所达到的最高水平），从而有效地避免骨质疏松症的发生。

一、骨折的流行病学

骨折是骨质疏松症的主要临床表现之一。其常发生于脊柱、腕关节以及髋关节等部位。而发生于其他部位并与年龄因素无关的低骨密度骨折也应被认为是骨质疏松的临床表现。

随着人口的老龄化，骨质疏松性骨折的发病率正在逐年增加。据统计，1990 年全球约有 166 万髋骨骨折患者。而 1992 年 Cooper 等[3]预计，至 2040 年全球每年的髋骨骨折人数将加倍。在美国，由于老龄化人口的增长速度不断加快，至 2040 年每年的髋骨骨折人数将可增加 3 倍多。Cooper 等还预计，至 2050 年全球每年的髋骨骨折人数将增至 626 万。届时，原本占全世界髋骨骨折人数约一半的欧洲和北美洲的髋骨骨折人数将降低至髋骨骨折总人数的 1/4，而亚洲和拉丁美洲髋骨骨折的人数将会剧增（占全球髋骨骨折总人数的 3/4）。

近年来，随着都市化进程的加快，一些亚洲国家的老年男子及绝经后的妇女髋骨骨折的发病率显著增加。由于亚洲人口的老龄化问题也在加剧，致使骨质疏松症和髋骨骨折的发病率快速增加[4]。

二、骨生理学

骨主要由骨有机成分、磷酸钙、羟基磷灰石结晶组成。其中骨有机成分绝大部分为胶原纤维，而磷酸钙则排列在骨胶原网络内。骨胶原的抗张力以及钙盐的不可压缩性赋予了骨特有的强度。在人类的生长发育过程中，骨不断地进行着重建，以支撑不断生长的机体，适应由生活方式的变化所引起的骨压力和张力的变化，并维持细胞液中适宜的钙浓度和修复日常发生的小骨折。骨组织在任何时候均有约4%的骨表面在不断地形成新的骨组织。

骨的重建是在一个具有高度特异性的细胞即破骨细胞与成骨细胞的作用下，骨质不断地被分解与形成的过程。骨细胞（osteocyte，osteocytes，bone cell）是成熟骨组织中的主要细胞，相当于人的成年期，由骨母细胞转化而来。当新骨基质钙化后，细胞被包埋在其中。此时细胞的合成活动停止，胞浆减少，成为骨细胞。骨细胞能产生新的基质，改变晶体液，使骨组织钙、磷沉积和释放处于稳定状态，以维持血钙平衡。骨细胞对骨吸收和骨形成都起作用，是维持成熟骨新陈代谢的主要细胞。成骨细胞（osteoblast，bone-forming cells）是骨形成的主要功能细胞，负责骨基质的合成、分泌和矿化。破骨细胞（osteoclast，bone-resorbing cells）是骨细胞的一种，行使骨吸收（bone resorption）的功能。破骨细胞与成骨细胞在功能上相对应。二者协同，在骨骼的发育和形成过程中发挥重要作用。高表达的抗酒石酸酸性磷酸酶（tartrate resistant acid phosphatase）和组织蛋白酶K（cathepsin K）是破骨细胞主要标志。破骨细胞吸收骨矿石和骨的有机成分，并在内外骨膜上形成骨吸收陷窝，尔后这些陷窝再被成骨细胞形成的新骨填满。骨陷窝的形成大约需要两周时间。成骨细胞移至被吸收部位并填满骨陷窝至少需要2～3个月。

雌激素可通过降低骨组织对甲状腺素刺激的反应从而抑制甲状腺素提升破骨细胞的活性，降钙素也可抑制破骨细胞的活性。在正常的年轻人中，破骨与成骨过程同时进行并保持平衡，从而使骨量得以维持。在骨的重建过程中，当骨的重吸收大于骨的形成时，将会造成骨损失。

三、骨增加与骨损失

在生命的早期阶段，骨增加与体型的关系较其在生命周期中的任何阶段均要密切。儿童时期，骨质和身体的其他部分均处于增长阶段；青少年时期，在性激素（雌激素、雄激素）的作用下，骨骼处于快速生长期。约45%的骨质是在成年早期形成的。

对女性而言，生育期的骨质可增加10%～15%，此时骨质的增长量与绝经期后骨质的损失量基本相等。在儿童时期、青春期以及成年早期，骨增加大于骨损失。对于与年龄有关的骨损失，骨质量峰值是十分重要的，因其是决定年老时骨质量的两个基本因素之一，同时也是决定其骨折与否的因素之一。

众多研究者认为，骨质量峰值出现在17～35岁。就个体而言，成年人骨质量峰值是由人体内源性（遗传、激素）与环境因素（营养、运动）共同决定的。男性的骨质量峰值较女性高，因男性的骨架较大。女性的骨质量和骨密度一般较低。骨质量峰值还与生长发育时期的每日钙的摄入量以及运动负重强度有关。约在35～40岁，男女体内均开始出现骨质量丢失，并持续以每年0.5%～1.2%的速率丢失。

骨质量损失是由骨形成机制的改变引起的。骨吸收与骨形成是两个相对独立的过程。女性在经历了一个缓慢的骨丢失过程后，自绝经期开始将进入快速骨丢失阶段。在其后的5～10年间每年的骨丢失率高达2%～3%，然后逐渐回落至每年0.25%～1%的骨丢失率[5]。因此，当女性70岁时，骨丢失率又可降至与男性相同的水平。然而某些绝经后的女性骨丢失率可能更快。在一生中女性将丢失总骨量的45%～50%，而男性的骨量丢失率为20%～30%。

随着年龄的增长，男女体内出现的正常骨丢失与骨胶原组织的退化、骨有机质合成受阻以及逐渐发生的不平衡的骨重建过程有关。女性绝经期后的骨丢失加速与雌激素的降低直接相关。晚年时期，男性的骨丢失也会加速，但比女性推迟约10年，这可能与雄激素的减少有关。

第二节　骨质疏松症的营养因素

一、钙

骨骼中含有体内99%的钙质，1%的钙质存在于血液中，其对于神经传递、心脏、肌肉收缩以及血液凝固均有着十分重要的作用。骨骼扮演着钙质储存器的作用，其可向血液中释放必要的钙质以维持正常的生命活动。人体在生长发育期所形成的骨密度在一定程度上决定了年老时骨丢失后剩余的骨质量。虽然骨质量峰值受诸多因素的影响，但人一生中钙的摄入量对其个人的骨质量峰值可产生积极的影响。虽然成年期的钙摄入量对骨质疏松症的影响尚不明确，但已有证据显示，如果一生中均保持足够的钙摄入量将可减少老年时骨质疏松症的发生率。无论性别，钙的摄入量水平对与年龄有关的骨量损失影响不大，但对髋骨骨折却有着至关重要的影响。

Heaney[6]的研究显示，骨量的水平受遗传、运动、营养素这三种因素的相互作用。钙的摄入相对于其他两种因素对骨质量的影响是次要的，但其对骨质量峰值的获得是必要的。钙的摄入量存在着一个极限，如果其摄入量超过了这个极限，其与骨密度将不再有明显的相关性。反之，两者则有明显的相关性。

钙的日摄入量对维持骨健康有一定的关系，因此对钙的日推荐摄入量进行研究是非常必要的。对于女性，钙的日推荐摄入量为800mg，但这并不是绝对的，因为不同的个体对钙的生物利用率不同。一般情况下，钙的生物利用率受肠道吸收、骨吸收和肾脏排泄等因素的调节。此外，钙的生物利用率随着钙吸收量的增加而增加。当血清/血浆钙的浓度轻微下降时，可使甲状旁腺细胞分泌的甲状旁腺激素（PTH）迅速增加，而PTH又可增加肾1α-羟化酶的活性，而骨化二醇（25-羟基维生素D_3）在1α-羟化酶的作用下进行1位羟化，进而转变成骨化三醇（1,25-羟基维生素D_3），骨化三醇则能够促进肠道对钙的吸收[7]。肠道排出钙与肾小球滤出钙的减少以及肾小管对钙重吸收的增加或骨吸收的变化均可提高钙的生物利用率。

在质量与数量方面牛奶及其乳制品均是最佳的钙源。乳制品中的钙具有较高的生物利用率，其在某种程度上可能与乳制品富含维生素D及乳糖有关，二者均可促进肠道对钙的吸收。但并非所有的乳制品均是良好的钙源，如黄油、奶油、奶油干酪等均为低钙且富含脂肪的乳制品。乳糖酶缺乏的人群钙的生物利用率提高可能预示着高维生素D的摄入可以弥补低乳制品的摄入而引起的钙的摄入不足。这对治疗由于乳糖酶缺乏而导致的骨质疏松症具有重要的意义。上述情形显示，低钙水平与日常钙的摄入不足有关，而并非由于肠道对钙的吸收不良所致。

一些非乳制品食物也是良好的钙源，如某些绿叶蔬菜、芥蓝、羽衣甘蓝，带骨鱼罐头如沙丁鱼、鲑鱼等。含有钙凝结剂的豆腐及大豆制品也可提供钙源。然而，许多营养元素如草酸盐、肌醇六磷酸盐以及日常摄入的大量食物纤维等均可干扰钙的吸收，从而降低钙的生物利用率。此外，钙丢失对钙平衡的影响大于钙的吸收，因仅有一小部分摄入的钙能被吸收。一些膳食因素如钠、蛋白质、咖啡以及磷酸盐饮料等均可增加尿钙的排泄。

钙的摄入低以及不以乳制品为钙源是亚洲人饮食结构的特征。亚洲人钙的摄入主要来源于蔬菜、鱼及大豆制品。在中国和日本，人们通过乳制品摄取的钙约占人体总摄入钙的20%～25%。蔬菜（除菠菜外，因其草酸盐含量高）、大豆与乳制品一样均为良好的钙源，但其钙的含量低于乳制品。

摄入富含钙的食物仍然是满足机体钙所需的最佳方式。但不少女性发现从日常饮食中获取充足的钙并非易事，因此钙的补品变得流行起来。目前，市场上已有一些新型食品和饮料声称具有补钙作用。但此种补钙方式应慎重，因并非每个人都需补钙。

已有报道，女性骨骼将得益于长期补钙，尤其是在生命周期中的每个阶段均需进行补钙。除了幼年时期，其生命周期中的不同阶段维持最佳骨矿含量（BMC）和骨矿物质密度（BMD）所需的钙量有所不同。在生命的早期阶段，摄取足够的钙和维生素 D 有助于达到理想的骨质量峰值。而为了维持骨质量，在此后的生命周期中仍应摄取足够的上述两种营养素[8]。

青春期对钙的需求量比生命周期中的任何阶段都要大。其绝大多数骨质量在此时期积聚。骨矿含量的增加与钙的摄入量密切相关[9]。钙的摄入不足可影响骨质量的自然增长。对于青春期女性，充足的钙摄入对骨骼发育的主要影响体现在月经初潮之前，骨质量的快速自然增长期大约持续 4 年多[10]。在营养良好的情况下，女性月经初潮后雌激素将调节骨骼的生长和发育。然而，一些青春期的女性出于消耗体脂而拒食牛奶和乳制品，而导致钙的摄入量不足，加之大量饮用含磷酸的软饮料，可影响骨骼中钙的积聚。

女性约在 16～18 岁身高停止增长，但其骨骼仍需继续巩固。因此，日常仍需摄入充足的钙以利于其在骨骼中积聚。在 30 岁之前，对于全身的骨矿含量而言，钙通过独立作用于骨而提高骨质量峰值。但对于青春期结束后的腰椎骨及最接近股骨的骨骼却并非如此[10]。

经常运动的女性在步入绝经期时也可维持自身的骨质量，因为运动可以增加骨骼的骨矿含量与骨矿物质密度。此外，不吸烟、不饮酒均有助于维持骨质量峰值。有研究表明女性在绝经早期补钙对骨矿含量和骨矿物质密度的影响较小，但如果体内含有丰富的维生素 D，则其可通过降低血浆中甲状旁腺激素的浓度来对抗骨的损失。绝经后补钙 5 年，其骨密度明显增加。但也有不少研究表明，晚年单独使用补钙剂并不能有效减慢骨质量损失的速率，这可能与其他营养素如维生素 D 的摄入不足有关。

二、维生素 D

维生素 D 对于骨骼的健康起着重要的作用，因其是骨化三醇的活性前体，而骨化三醇可促进肠道对钙的吸收[11]。

随着年龄的增长，维生素 D 的合成、吸收以及代谢均会产生相应的变化，而这种变化对维持骨健康是不利的。老年人体内骨化二醇的流通量降低，其很可能是由于体内维生素 D 的水平未能达到理想的标准。导致老年人维生素 D 水平低下的原因很多，其一，老年人日常吸收的维生素 D 较少，而较低的摄入量可加剧维生素 D 的缺乏；其二，人体表皮层内维生素 D 的前体物质 7-去氢胆固醇的浓度随年龄的增长而降低，因此，老年人通过皮肤合成维生素 D 的数量减少。此外，老年人在户外晒太阳的时间也相对较少。越来越多的证据显示，补充维生素 D 对预防老年人骨折是有效的。

三、维生素 K

维生素 K 在骨代谢方面的作用近年才得以证实[12]。人们在 70 年代中期发现骨矿化组织中存在有大量的 γ-羟基谷氨酸（Gla），而 Gla 被认为是降钙素或是骨谷氨酸蛋白（BGP），其含量约为骨非胶原成分的 15%。谷氨酸残基在蛋白质前体内合成谷氨酸的过程需要维生素 K 依赖性酶的参与。从骨组织中分离的另外两种蛋白质，即基质谷氨酸蛋白和 S 蛋白，其中任何一种蛋白均不是骨组织所独有的且其在骨代谢中的作用尚不明确，这两种蛋白也都是维生素 K 的依赖性蛋白。

在营养与生化水平上有足够的证据表明为维持 BGP 最大限度的合成，日常摄入充足的维生素 K 是必需的。其中 BGP 亚羧酸盐片段即维生素 K_1 的流通水平对日常摄入的维生素 K 的变化反应较敏感。

四、其他营养素

许多营养素均对钙的生物利用率有不同程度的影响。首先是钠，因其可通过肾小管的钠-钙交换系统促进尿钙的排泄，钠的摄入量是影响体内钙的需求与平衡的一个重要决定因素。已有研究提出肾钙泄漏对于绝经期后骨质疏松症的发展起着十分重要的作用[13]。

其次是蛋白质。有证据显示，高蛋白的摄入与负钙平衡密切相关，此外与骨密度之间呈现很强的负相关性。然而，当从饮食中摄入大量的蛋白质时，却未检测出尿钙，这是由于日常饮食中的磷酸盐与蛋白质均可降低血清中钙的浓度。当血钙过低时可刺激甲状旁腺分泌 PTH，因此增加了甲状旁腺素依赖性的肾小管对钙的重吸收。在高蛋白饮食中，蛋白质与磷的关系对于维持钙的动态平衡也同样重要。多数研究者认为钙的绝对含量是最关键的因素，其主要是由于日常饮食中钙的摄入量受限时，磷可加剧骨的损失。因此，当钙的摄入量不足时，应充分考虑高磷饮食的后果。

草酸盐。其在菠菜中含量很高，它与体内的钙结合形成不溶性的草酸钙，从而减少钙的吸收。肌醇六磷酸（可被酵母发酵过程中产生的肌醇六磷酸酶降解）也可降低钙的利用率。饮食中大量的植物纤维也可干扰钙的生物利用率。但考虑到植物纤维在预防和治疗冠心病及癌症方面的有益作用，因此保持适当地摄入全麦食品仍然是必要的[14]。

食物中的某些化合物，既非营养成分，与骨质疏松也无生物相关性，但可间接影响钙和骨的代谢。如从果蔬中摄入的硼、镁，在体内的相互作用可改变雌激素的水平[15]。而源自食物的植物雌激素能调节骨的代谢，其调节方式与体内固有的雌激素相似。此外，5,7,45-三羟（基）异黄酮与大豆苷元已被证实具有减少骨吸收的作用。对于绝经后的女性，连续12 周在其饮食中加入大豆成分，结果发现她们的骨矿含量增加了[16]。有证据表明食用果蔬可能对骨健康也有积极的作用[17]。

五、营养与骨折的愈合

骨折的愈合是一种特殊的创伤修复形式。沉积的钙盐形成了一种足够强壮的结构以承担机械负荷。维生素 D 的代谢产物可控制骨疾病代谢中骨与骨矿的动态平衡。维生素 K 对骨折的愈合也有一定的积极作用。而维生素 C 即抗坏血酸的缺乏可导致骨胶原分子的完整性。

可以说任何一种维生素的缺乏均有可能影响骨折的愈合。降钙素或骨钙素对破骨细胞的前体及单核细胞具有趋化性，可增强骨吸收细胞与骨的黏附性，在骨的重建中起重要作用。关于其他营养成分在骨折愈合中的作用，还有待研究。

第三节 骨质疏松症的非营养因素

骨质疏松症的非营养类危险因素，有年龄、种族、性别、体质、遗传、更年期提前、缺乏运动、吸烟、饮酒以及长期过度使用外源性甲状腺素等。

1. 基因组成

遗传对骨质量及骨密度的影响约为 70%～80%。其已被绝大多数骨生物学家所认可。但就不同种族人群之间的骨质量的差异尚无明确的报道。

在对几对女性双胞胎的研究中发现[18]，与母亲未患骨质疏松症的双胞胎女性相比，其母亲患有骨质疏松症的双胞胎女性在绝经期前更容易表现出脊椎骨和股骨颈骨质量的减少。

这表明遗传对骨质量峰值以及绝经后的骨状况有着不可忽视的影响。

2. 月经失调

月经状况是决定女性是否易患骨质疏松症的重要因素之一。女性在绝经期后，由于卵巢停止分泌雌激素，骨丢失将会加速。任何情况下的月经长期中断均可导致骨丢失。无月经加之厌食症与绝经的骨丢失速率相似。研究表明，无月经运动员的骨质量要比无月经非运动员低 25%～40%。当这些运动员月经再次来潮时，骨质量会增加并最终达到稳定水平，但仍比无月经非运动员的骨质量水平低。月经初潮早通常被认为其骨质量峰值较高，但这种观点尚未得到证实，且其对今后骨状况的影响也有待研究。

另外，绝经早易患骨质疏松症。女性骨损失始于卵巢功能衰退时期，因此绝经早意味着自绝经期起骨损失的年数相对多。对于任何一位绝经后的女性，绝经年限与年龄均是骨密度的决定因素，且随着时间的推移其对骨密度的影响将越来越明显。

3. 体重

体重增加有益于骨健康。超重（标准体重的 110%）可以保护机体免受骨质疏松症的困扰，而体重不足则是骨质疏松症的一个危险因素。研究表明绝经后的体重对其前臂骨的骨损失速率影响很大，甚至大于骨质量峰值的影响。而脊椎骨骨折往往与体重减轻相关联。

4. 缺乏运动

运动，尤其是剧烈的负重运动可促进骨的形成。而限制运动则可导致骨的损失。对某一特殊的骨或骨骼系统施加压力可抑制女性绝经后的骨丢失。

另外，被严重限制运动的个体将会丢失大量的骨矿含量，尤其是在被限制运动的前 6 个月。保持骨健康需要承受负重压力。肌肉收缩力和身体支撑力可抵抗重力而提升成骨细胞的功能。

5. 药物

某些药物可通过干扰钙的吸收或促进骨钙的丢失而引起骨质疏松症。例如，类固醇类物质可通过影响维生素 D 的代谢而导致骨的丢失；过量的外源性甲状腺素可在一段时间内促进骨质量的丢失。

6. 饮酒和吸烟

吸烟和饮酒是诱发骨质疏松症的危险因素，可能是由于烟酒对成骨细胞具有毒害作用。过度饮酒会直接减弱骨的形成或影响新骨对骨吸收腔的填补。但又有报道，适量饮酒实际上可以提高骨密度。

吸烟也与骨质疏松症密切相关，但尚需研究结果加以证实。吸烟者较非吸烟者进入更年期的年龄要早。

7. 预防骨质疏松症的建议

① 饮食多样化，包括富钙食品。

② 限制钠、蛋白质、咖啡因以及磷酸盐的摄入。

③ 坚持运动。

④ 戒烟。

总　结

- 营养不良是诱发骨质疏松症的危险因素之一。其他危险因素包括遗传、月经失调、缺乏运动、某些药物、吸烟以及过度饮酒。
- 对骨健康影响因素的研究主要集中于钙和维生素 D。目前维生素 K 在骨代谢机制中的作用正在逐渐得到认可。

- 其他营养物质，如蛋白质、高纤维食物以及非营养物质如草酸盐和硼，均是通过影响钙的生物利用率或影响其他代谢机制而与骨质疏松症相关。

参 考 文 献

[1] Melton LJ. Epidemiology of fractures // Riggs BL, Melton LJ. Osteoporosis: Etiology, Diagnosis, and Management. New York: Raven Press, 1988, 133-154.

[2] Benjamin RM. Bone health: preventing osteoporosis. J Am Diet Assoc, 2010, 110 (4): 498.

[3] Cooper C, Campion G, Melton LJ. Hip fractures in the elderly: a world-wide projection. Osteoporosis Int, 1992, 2: 285-289.

[4] Lau EMC, Woo J. Osteoporosis in Asia // Draper HH. Advance in Nutritional Research. New York: Plenum Press, 1994: 101-118.

[5] Mosekilde L. Hormonal replacement therapy reduces forearm fracture incidence in recent postmenopausal women—results of the Danish Osteoporosis Prevention Study. Maturitas, 2000, 36: 181-193.

[6] Heaney RP. The role of nutrition in prevention and management of osteoporosis. Clin Obstet Gynecol, 1987, 50: 833-846.

[7] Dennis MB, John PB, Kristine EE, et al. One year of alendronate after one year of parathyroid hormone (1-84) for osteoporosis. NEJM, 2005: 353: 555-565.

[8] Robert PH. Calcium, dairy products and osteoporosis. J Am Coll Nutr, 2000, 19 (suppl): 83-99.

[9] Johnston CC, Miller JZ, Slemenda CW. Calcium supplementation and increases in bone mineral density in children. NEJM, 1992, 327: 82-87.

[10] Bonjour JP, Theitz G, Buch B, Slosman D, Rizzoli R. Critical years and stages of puberty for spinal and femoral bone mass accumulation during adolescence. J Clin Endocrinol Metab, 1991, 73: 555-563.

[11] Papadimitropoulos E, Wells G, Shea B, et al. Meta-analyses of therapies for postmenopausal osteoporosis. VIII: Meta-analysis of the efficiency of vitamin D treatment in preventing osteoporosis in postmenopausal women. Endocr Rev, 2002, 23 (4): 560-569.

[12] Binkley NC, Suttie JW. Vitamin K nutrition and osteoporosis. J Nutr, 1995, 125: 1812-1821.

[13] Nordin BEC, Need AG, Horowitz M, Robertson WG. Evidence for a renal calcium leak in postmenopausal women. J Clin Endocrinol Metab, 1991, 72: 401-407.

[14] Heaney RP, Weaver CM, Barger-Lux MJ. Food factors influencing calcium availability // Burckhardt P & Heaney RP. Nutrition Aspects of Osteoporosis. Rome: Ares-serono Symposia, 1995: 229-241.

[15] Tucker KL, Hannan MT, Chen H, et al. Potassium, magnesium, and fruit and vegetable intakes are associated with greater bone mineral density in elderly men and women. Am J Clin Nutr, 1999, 69: 727-736.

[16] Dalais F, Rice GE, Wahlqvist ML, et al. Effects of dietary phytoestrogens in postmenopausal women. Climacteric, 1998, 1: 124-129.

[17] New SA, Robins SP, Campbell MK, et al. Dietary infuences on bone mass and bone metabolism: further evidence of a positive link between fruit and vegetable consumption and bone health? Am J Clin Nutr, 2000, 71 (1): 142-151.

[18] Pocock NA, Eisman JA, Hopper JL, Yeates MG, Sambrook PN, Ebert S. Genetic determinants of bone mass in adults: a twin study. J Clin Invest, 1987, 80: 706-710.

第十四章　膳食营养与体重

目的：

- 学习检测全部体脂分布的方法。
- 简述超重与肥胖的定义。
- 了解日益流行的肥胖与健康的关系。
- 简述肥胖形成的可能机制。
- 了解可能采取的降低肥胖流行的策略。
- 了解神经性食欲不振、易饥以及相关失调症。
- 了解饮食失调症与健康的关系。
- 简述治疗饮食失调症的方案。

重要定义：

- 超重：体重超过正常值的110%～120%。
- 肥胖：体重超过正常值的120%。

第一节　体　　脂

一、组成、结构与功能

脂类是人体的正常组成部分，可分为结构脂和储存脂。

（1）结构脂　类脂，包括磷脂、胆固醇、胆固醇酯等。

（2）储存脂　脂肪（甘油三酯）。

结构脂在体内含量少且相对固定，仅为机体总质量的3%。它是细胞膜的重要组成部分，是参与调节跨膜的水溶性分子，也是合成前列腺素等的前体物质。

脂肪是机体重要的能量储存形式，存在于脂肪组织内。脂肪细胞由具有薄边缘包围中心脂质小球的细胞组成，脂质小球在体温状态下以油的形式存在。每克甘油三酯可提供39kJ的能量。而饮食脂肪供能为每克37kJ，这是因为甘油三酯已存在体内，未计算其被消耗吸收所用的能量。事实上，脂肪供能因其实际组成和所处的位置而略有不同。脂肪组织主要是由脂肪细胞、血管、神经、连接组织以及细胞内液组成的，含有2%～3%的蛋白质及约70%的甘油三酯。甘油三酯的含量依年龄、肥胖程度而介于65%～75%之间。由于类脂仅占体脂中很小的部分，且不同年龄、性别、体型的个体其含量也基本相似。因此，体脂通常是指脂肪。

正常年轻男性的体脂通常为体重的10%～18%。对低体重的运动员来说，体脂可低至4%。正常年轻女性的体脂通常为体重的18%～30%。由于脂肪是能量的储备，故女性体内脂肪的比例高于男性，这对女性特殊的生理功能如妊娠、哺乳所需能量有利。某些肥胖症个体的脂肪可超过体重的50%。人类约50%的脂肪储存于皮下（即皮下脂肪），另外50%则储存于内脏器官周围，尤其是肾脏和肠道周围（腹膜内或内脏脂肪）。

二、体脂测定

目前有许多方法可用来检测或估算机体的组成。通常分为实验室方法和 field method。实验室方法需专业及昂贵的设备，而 field method 相对简单，但其精确度不及实验室方法。

早期的营养生理学，是研究人员通过人体解剖来测定身体的组成，但该方法测得的信息量是有限的，但这种方法从分析角度而言是唯一精确的方法。其他方法均为间接方法，也就必然存在着某种不确定性。

目前有五种广泛使用的实验室方法。其中三种更加直接，其精确度基本相似。

（1）水下重量　称量人体在空中及完全淹没在水中的质量，可测得身体特定的重力。然而必须对存在于肺部的少量空气进行修正。肌肉（1.100）和脂肪（0.900）的特定重力是已知的，故可计算出脂肪和肌肉的量。

（2）测定机体水分　摄入已知含同位素氘（D_2O）量标记的水，随后的 2～3h 水将分布于整个机体。此时可收集唾液、尿液以及血液样本。其标记水的稀释度可以测出，这样可计算出机体的“水空间”及肌肉与脂肪的质量。此方法基于一个假设，即机体内的所有水分均存在于非脂肪组织，而脂肪组织是以无水形式存在的。

（3）测定体内钾离子的含量　小部分的钾离子是以放射形式存在的，即钾-41，用放射计数器如全身液闪计数仪可测定自然的放射量。钾离子存在于肌肉组织内，而脂肪组织不含钾离子。因此，脂肪和肌肉组织的量便可计算出。

上述三种方法比较精确，但仅适用于研究，而一般不用于日常检测。

（4）双能 X 射线吸收法（DEXA）　用双能 X 射线扫描人体，间隔一定的距离测定 X 射线的吸收值。根据已知波长的 X 射线在不同组织中的吸收差异，便可将脂肪组织、肌肉组织和骨骼区分开来[1]。

（5）电阻测定法（BIA）　将电极分别绑在一只手和一只脚上。一股微弱的交流电通过机体，其电阻（对交流电的抵抗）即可测出。此方法是以肌肉组织的导电性远远超过脂肪组织为依据，用预先建立的包括体重在内的方程来确定脂肪组织的含量。BIA 方法简便易行，因此目前越来越广泛地被使用。然而，在精确度方面对个体来说可能会出现偏差。

上述双能 X 射线吸光测定法（DEXA）和电阻测定法（BIA）均为间接方法，是依赖于 X 射线比较或电阻分析获得的数据而建立的复杂方程。因此，DEXA 和 BIA 与前三种方法相比其不确定性较大。

（6）皮肤褶厚度　一种简单的现场测量体脂的方法是测定皮肤褶的厚度，将测得的数值用与全身体脂相关的方程来计算体脂。这种方法只需一套皮肤褶测量器和相关经验。

皮肤褶厚度测量有时也许要使用一个或几个皮肤褶。皮肤褶的厚度与其测定的部位有关。在测定部位令人满意的区域分大块肌肉和脂肪，或区分肌肉块与脂肪比例的改变（如锻炼）（表 14.1）。在这些部位，单独依据身高和体重的身体质量指数不能公正地评价体脂，因其重量部分可以是脂肪也可以是肌肉。其使用最多的部位如下。

① 三头肌皮肤褶：上臂背面中点。

② 二头肌皮肤褶：与三头肌同样标记，皮肤褶旋转到手臂前面。

③ 髂前上棘位皮肤褶：身体侧面略低于髋关节。

④ 肩胛下皮肤褶：背部肩胛骨下端。

将需测定的皮肤褶（三头肌、二头肌、髂前上棘位、肩胛下）用拇指和食指轻轻拎起来，将其从皮下的肌肉上拉开，卡钳夹在皮肤边缘 1cm 处，夹好 3s 使组织的压缩效果标准化后方可读数。读数三次取平均值。

表 14.1 四种皮肤褶的总和（三头肌皮肤褶、二头肌皮肤褶、肩胛下皮肤褶、髂前上棘位皮肤褶）[2]

皮肤褶厚度/mm	Durnin & Womersley 表/体脂%							
	男性(年龄)				女性(年龄)			
	17～29	30～39	40～49	50＋	16～29	30～39	40～49	50＋
15	4.8	—	—	—	10.5	—	—	—
20	8.1	12.2	12.2	12.6	14.1	17.0	19.8	21.4
25	10.5	14.2	15.0	15.6	16.8	19.4	22.2	24.0
30	12.9	16.2	17.7	18.6	19.5	21.8	24.5	26.6
35	14.7	17.7	19.6	20.8	21.5	23.7	26.4	28.5
40	16.4	19.2	21.4	22.9	23.4	25.5	28.2	30.3
45	17.7	20.4	23.0	24.7	25.0	26.9	29.6	31.9
50	19.0	21.5	24.6	26.5	26.5	28.2	31.0	33.4
55	20.1	22.5	25.9	27.9	27.8	29.4	32.1	34.6
60	21.2	23.5	27.1	29.2	29.1	30.6	33.2	35.7
65	22.2	24.3	28.2	30.4	30.2	31.6	34.1	36.7
70	23.1	25.1	29.3	31.6	31.2	32.5	35.0	37.7
75	24.0	25.9	30.3	32.7	32.2	33.4	35.9	38.7
80	24.8	26.6	31.2	33.8	33.1	34.3	36.7	39.6
85	25.5	27.2	32.1	34.8	34.0	35.1	37.5	40.4
90	26.2	27.8	33.0	35.8	34.8	35.8	38.3	41.2
95	26.9	28.4	33.7	36.6	35.6	36.5	39.0	41.9
100	27.6	29.0	34.4	37.4	36.4	37.2	39.7	42.6
105	28.2	29.6	35.1	38.2	37.1	37.9	40.4	43.3
110	28.8	30.1	35.8	39.0	37.8	38.6	41.0	43.9
115	29.4	30.6	36.4	39.7	38.4	39.1	41.5	44.5
120	30.0	31.1	37.0	40.4	39.0	39.6	42.0	45.1
125	30.5	31.5	37.6	41.1	39.6	40.1	42.5	45.7
130	31.0	31.9	38.2	41.8	40.2	40.6	43.0	46.2
135	31.5	32.3	38.7	42.4	40.8	41.1	43.5	46.7
140	32.0	32.7	39.2	43.0	41.3	41.6	44.0	47.2
145	32.5	33.1	39.7	43.6	41.8	42.1	44.5	47.7
150	32.9	33.5	40.2	44.1	42.3	42.6	45.0	48.2
155	33.3	33.9	40.7	44.6	42.8	43.1	45.4	48.7
160	33.7	34.3	41.2	45.1	43.3	43.6	45.8	49.2
165	34.1	34.6	41.6	45.6	43.7	44.0	46.2	49.6
170	34.5	34.8	42.0	46.1	44.1	44.4	46.6	50.0
175	34.9	—	—	—	—	44.8	47.0	50.4
180	35.3	—	—	—	—	45.2	47.4	50.8
185	35.6	—	—	—	—	45.6	47.8	51.2
190	35.9	—	—	—	—	45.9	48.2	51.6
195	—	—	—	—	—	46.2	48.5	52.0
200	—	—	—	—	—	46.5	48.8	52.4
205	—	—	—	—	—	—	49.1	52.7
210	—	—	—	—	—	—	49.4	53.0

常用的上述四种皮肤褶的总和以及整个体脂相关的方程来源于 Durnin 和 Womersley[2]。

（7）身体质量指数　与上述方法相比更简单的是测定身体质量指数（BMI）。BMI 是指体重（kg）除以身高（m）的平方。例如，身高 1.60m，体重 64kg，64 除以 1.6×1.6 等于 25，这就是 BMI。

BMI 值与体脂的量密切相关，但尚无生物学方面的解释。BMI 与其身高的相关性较小而与肥胖则有极大的相关性。BMI 因其测定计算简单而非常实用。但 BMI 方法精确度不是很高，但对多数个体而言，该方法简便易行[3]。

三、体脂的分布

体脂一般位于两个常见部位：皮下（位于皮肤与肌肉之间）和内脏（主要位于肠道与肾脏周围）。

从代谢角度来说内脏脂肪与皮下脂肪不同。内脏脂肪的代谢更加活跃，更快地被破坏与更新。内脏脂肪的量受其遗传以及当机体需要能量来自脂肪时其快速动员的影响。内脏脂肪的堆积将有可能逐渐导致胰岛素的抵抗[4]，进而引发糖尿病及动脉粥样硬化症。当机体需要能量或处于应激状态时，脂肪的利用顺序是：内脏脂肪、腹部皮下脂肪、低位体脂。这也就是当机体储存过量的不同类型的脂肪时，健康受到的危险程度的顺序。男性体内积累的脂肪往往为内脏脂肪，而女性体内的脂肪积累则趋向于臀部及大腿周围。这种脂肪有特征的分布分别被称为苹果形或机器人形分布（男性），梨形或女性形分布（女性）。但有时也会出现：某些男性体内的脂肪分布看起来更像女性形分布，同样某些女性的脂肪分布特征看起来也更像机器人形分布。

研究表明，体脂的分布与很多疾病，如糖尿病、冠心病以及高血压等有直接关系[5]。通常男性患这些疾病的危险性比女性大。男性肥胖越具有机器人形特征，其患病的危险性就越大。这一现象也同样适用于女性，尽管女性患这些疾病的危险性整体较低。体脂机器人分布特征比梨形分布特征明显的人患这些疾病的危险性更大。假如身体质量指数均在正常范围内，但有腹部肥胖迹象的人比那些超重（BMI>25）但无腹部肥胖迹象的人患这些疾病的危险性要大[6~8]。

第二节 超重与肥胖

超重与肥胖最简单的鉴定方法有身高与体重表、身体质量指数、皮肤褶厚度、腰臀比（体脂分布）和腹围/腰围。

一、身高与体重表

统计学已通过了定义，其与最长寿命相关的体重作为正常体重。此定义的数据来源于人身保险记录。

最大的一组数据是由纽约大都会人寿保险公司提供的。该公司已经记录了投保人的体重及身高达一百余年。当投保人死亡而该公司不得不赔偿时，他们的寿命和死亡原因就会记录在案。另外当投保人取出保险时其身高和体重也会记录存档。基于这些数据的来源和积累，这些年来又不断地得到修正与改进，最后经过严格的修订，于 1983 年出版了身高与体重表。此表是基于 420 万美国人的数据而制定的。通过分析这些记录，可得知与最长寿命相关的与相应身高对应的体重。这一定义被称为正常体重（表 14.2）。

超重是指超过正常体重的 110%～120%。肥胖则定义为超过正常体重的 120%。人寿保险还提供了其他极有价值的数据，这些数据统计了正常、超重、肥胖投保人所遭受的疾病。这样就使得其与疾病所形成的相关性有据可依。数据显示，超重及肥胖明显地增加了多种疾病的发生危险（表 14.3）。

表 14.2 18 岁以上男女正常体重范围[3]

身高/cm	体重/kg	身高/cm	体重/kg
140	39～49	170	58～72
142	40～50	172	59～74
144	41～52	174	61～76
146	43～53	176	62～77
148	44～55	178	63～79
150	45～56	180	65～81
152	46～58	182	66～83
154	47～59	184	68～85
156	49～61	186	69～86
158	50～62	188	71～88
160	51～64	190	72～90
162	52～66	192	74～92
164	54～67	194	75～94
166	55～69	196	77～96
168	56～71	200	80～100

注：以 BMI 20～24 为标准。

表 14.3 用死亡率来表示美国男性随肥胖程度的增加其患致命性疾病的风险

（正常体重的男性患致命性疾病的危险被定为 100）[3]

疾 病	超重 20%～40%	超重 40%或更多
癌症	105	124
卒中	116	191
冠心病	128	175
消化系统疾病	168	340
糖尿病	210	300
所有疾病的诱因	121	162

二、身体质量指数

身体质量指数（BMI）简便易行，是现今用来定义超重与肥胖使用最广泛的方法。超重及肥胖是通过 BMI 定义的。

BMI（白种人）

BMI(高加索人)	体重状态
<16	严重消瘦(或Ⅲ级营养不良)
16～17	中等消瘦(或Ⅱ级营养不良)
17～18.5	偏瘦(或Ⅰ级营养不良)
20～24.9	正常体重范围
25～29.9	超重
30～39.9	肥胖
>40	肥胖症

对于身材较为矮小的人群（如亚洲人），糖尿病研究所推荐的 BMI 定义点是：超重 BMI 23～25，肥胖 BMI 25 以上。

BMI 20～24.9 与正常的年轻人及中年人体重相符。而 BMI 23～28 与正常的老年人体重相符，约与体重表中的正常体重的 90%～110%相当。超重被定义的 BMI 值为：25～

29.9。肥胖 BMI 为 30 以上。肥胖症 BMI 为 40 以上。极少数肥胖症患者的 BMI 可达到 50.0 以上，而这些患者遭受着许多常人不可想象的困难[3]。

成人的 BMI 值不适于儿童。然而为定义儿童时期的 BMI，通过将巴西、英国、中国香港、荷兰、新加坡以及美国这六个大型的代表性成长研究的 2～18 岁的 BMI 数据的平均值综合分析而做出了这一结论，参见表 14.4。

表 14.4 2～18 岁各年龄段的男女国际身体质量指数超重及肥胖的界值点分别被定义为 18 岁 BMI 值超过 25kg/m² 和 30kg/m²（以下数据是平均值）[3]

年龄	身体质量指数 25kg/m²		身体质量指数 30kg/m²	
	男	女	男	女
2	18.41	18.02	20.09	19.81
2.5	18.13	17.76	19.80	19.55
3	17.89	17.56	19.57	19.36
3.5	17.69	17.40	19.39	19.23
4	17.55	17.28	19.29	19.15
4.5	17.47	17.19	19.26	19.12
5	17.42	17.15	19.30	19.17
5.5	17.45	17.20	19.47	19.34
6	17.55	17.34	19.78	19.65
6.5	17.71	17.53	20.23	20.08
7	17.92	17.75	20.63	20.51
7.5	18.16	18.03	21.09	21.01
8	18.44	18.35	21.60	21.57
8.5	18.76	18.69	22.17	22.18
9	19.10	19.07	22.77	22.81
9.5	19.46	19.45	23.39	23.46
10	19.84	19.86	24.00	24.11
10.5	20.20	20.29	24.57	24.77
11	20.55	20.74	25.10	25.42
11.5	20.89	21.20	25.58	26.05
12	21.22	21.68	26.02	26.67
12.5	21.56	22.14	26.43	27.24
13	21.91	22.58	26.84	27.76
13.5	22.27	22.98	27.25	28.20
14	22.62	23.34	27.63	28.57
14.5	22.96	23.66	27.98	28.87
15	23.29	23.94	28.30	29.11
15.5	23.60	24.17	28.60	29.29
16	23.90	24.37	28.88	29.43
16.5	24.19	24.54	29.14	29.56
17	24.46	24.70	29.41	29.69
17.5	24.73	24.85	29.70	29.84
18	25	25	30	30

这些 BMI 分离点是与已经被广泛接受的成年人的超重（BMI>25）及肥胖（BMI>30）的分离点相联系的，而不是基于超重或肥胖与疾病相关的危险数据。以这些 BMI 分离点定义的超重与肥胖，其长期的健康状况尚不明确。

三、腰围/臀围和腹围/腰围

几项前瞻性和代谢研究结果表明，不是脂肪组织绝对过多与糖尿病、高血压、高血脂以及心血管疾病的发病率增高有关，而是与体脂的分布有关。腹部肥胖，倾向于引起糖尿病、高血压、高血脂以及心血管疾病的发病率的增高[3]（见表 14.5）。

表 14.5 体脂分布与健康的关系

危险性最小	匀称	危险性最小	匀称
中度危险	超重，梨形	高度危险	超重，苹果形（啤酒肚）
中-高度危险	超重，苹果形（啤酒肚）		

反映体型最简单的检测方法是腰臀比（WHR）。WHR 是通过腰围（介于最下肋骨端与髂骨顶端的中间位置）除以臀围（最大的臀肌隆凸）计算出来的。

WHR 男性大于 0.9，女性大于 0.8 则为中心性或机器人形体脂分布。通常高的 WHR 伴随高的身体质量指数（＞25），其发病率和致死率的危险被叠加了。1995 年，53%的成年男性和 35%的成年女性可能被认为由于高 WHR 而增加了其心血管病的发病危险。WHR 随着年龄的增长而增加。

近年来的研究表明，仅腰围是强有力的测量腹部肥胖的指标。腰臀比更适于预测白种人健康危险性的指标。体型瘦小的同种同族，例如在许多亚洲国家，程度较低的腹部肥胖也许仍然处于慢性疾病的危险中，尤其是 BMI 大于 23[9]。

腹围/腰围：男性＞94cm，女性＞80cm，危险性增加；男性＞102cm，女性＞88cm，危险性显著增加。

第三节 肥胖的发病率

超重（BMI 25～30）及肥胖（BMI 大于 30）是重要的公共健康问题。在全球范围内，有约超过 10 亿成年人体重超重，其中至少有 3 亿人属于肥胖。20 世纪肥胖大部分发生在老年人身上，而目前这一疾病，甚至影响到青春期前的儿童。自 1980 年以来，在北美、东欧、中东、太平洋岛屿、澳大利亚以及中国其肥胖率已上升了 3 倍以上。肥胖这一流行病不仅限于工业化社会，其在发展中国家的增长速度往往高于发达国家[9]。

在美国和多数欧洲国家，20～60 岁的成年人其肥胖的发病率（BMI 30＋）约为 10%～20%。东欧、地中海国家的女性和美国非洲裔女性肥胖的发病率高达 20%～40%。更高的肥胖发病率发现于土著美洲人、西班牙裔美国人和太平洋岛国国民。据报道，20 世纪 80 年代末至 90 年代初，全球肥胖发病率最高的是美拉尼西亚人（如巴布亚新几内亚城市居民，男性 58%，女性 70%）、密克罗尼西亚人（如瑙鲁人，男性 65%，女性 70%）以及波利尼西亚人（如西萨摩亚城市居民，男性 58%，女性 77%）。在一些非洲和亚洲国家肥胖保持着较低的发病率（如印度 0.5%、摩洛哥 5%、突尼斯 9%），但随着城市化进程的发展肥胖的发病率也在逐渐上升[9]。

在发达国家中，低收入、受教育程度偏低阶层以及城市居民更易超重和肥胖。我国的情况正好相反，超重和肥胖者往往是高收入和企业的管理阶层。目前我国城市成年人的超重和肥胖男性为 36.8%，女性为 29.1%[10]。

一、肥胖的健康危害

在全球范围内，超重和肥胖已是引起慢性疾病的最主要原因之一。其对健康的影响从慢性疾病到严重的并发症乃至死亡，大大地降低了生活与生命的质量。由超重和肥胖引起的有关慢性疾病主要有 2 型糖尿病、心血管疾病以及某些癌症[11,12]。2 型糖尿病和高血压的风险随其肥胖程度的增加而增加。据统计，2 型糖尿病患者中 90%为超重或肥胖。

超重和肥胖是不容忽视的，由此而导致的糖尿病、高血压等慢性疾病的不断增加已成为全球关注的焦点。在西方国家大部分公共开支也与超重和肥胖相关。

二、健康与危险因素的统计学分析

超重及肥胖对于某些特定个体来说并不一定影响健康，然而统计一组人群的数据可以发现其与一系列疾病中的何种疾病关系更加密切（表 14.3）。

在正常体重范围内的死亡率通常指由各种死亡风险引起的死亡率。致死率比参考致死率增加则表明各种原因引起的死亡危险性的增加。两倍的相对死亡危险性也意味着由任何原因引起的死亡的概率为两倍。相对危险性随着 BMI 值自 25～27 的增加而稍有增加（死亡危险性提高 20%～30%）。当 BMI 上升至 27 并持续增加时，其死亡的危险性也将急剧升高（死亡危险性增加 60%）。

在 Bray 的曲线图中，比较吸烟者与非吸烟者的致死率很有意义。正常体重的吸烟者的致死率升高，表明了吸烟对健康的危害。超重范围内吸烟对健康的危害则显著大于正常体重人群。当 BMI 达到 35 或 35 以上时，肥胖对健康的危害基本与吸烟相当。这个报告极为有意义。有些年轻女性误认为吸烟可使体重减轻而开始或继续吸烟。事实上，吸烟在某种程度上也许可以减轻体重，但其是以危险取代健康为代价的[13]。肥胖而又吸烟，其健康的危险性将加倍增加。

目前老年人超重对健康的影响是有争议的。然而个体的 BMI 在 20～25，而腰臀比良好，则长寿的机会可能会更大。

对于体格瘦小的人群（成年亚洲人），超重和肥胖的定义点也许需要降低（超重 23～25，肥胖＞25）。这是因为亚洲人群的糖尿病和心血管疾病的发病率风险在 BMI 增至 23 就开始显著增加了。我国肥胖定义为 BMI≥28，超重定义为 24≤BMI＜28[10]。而在白种人，这种危险是 BMI 约为 27 时开始显著增加的。然而，亚洲人群仅有有限的死亡率数据与 BMI 相关，所以还需更多的研究。而且，新一代的亚洲人由于营养与健康状况的改善其身高显著增加，这就使目前的 BMI 与死亡率的关系更加复杂了。

三、健康危害的生理学

与超重和肥胖相关的健康危险可能存在于几个方面。研究表明一些至今尚未弄清楚的遗传缺陷与一系列的相关疾病如肥胖、糖尿病、冠心病以及高血压的发病之间存在着联系。这一组疾病被称为 X 综合征。因为这些疾病的病理生理学仍在进一步的研究探讨之中。现已有研究显示，2 型糖尿病是由于胰岛素分泌增加与有效性损失，因此胰岛素抵抗症这一名称也由此而来。

在超重及肥胖与相关的健康危险的病理生理机制探明之前，为了降低疾病的发生率，无疑应以降低肥胖和超重的发生率为目标。

四、肥胖的形成与肥胖的生理学

西方国家多数人体重随年龄的增长而增加。青春期的男孩身高和肌肉均在这一时期快速增加。女孩则身高和某些肌肉不增加，而脂肪量却显著地增加，尤其是大腿、臀部和乳房，因此形成典型丰满的女性特征。

当青年人步入成年继而中年，其体脂将持续增加。女性倾向于步调一致地增加体脂，尤其是每妊娠一次，体脂增加一次。体脂的增加是妊娠的正常反应，可能是为即将到来的哺乳积累能量储备。妊娠期间其正常的体脂增加约为 4kg。普遍报道妊娠后倾向于保持体脂，也就是说，体脂增加的部分一般不易消失。男性体重一般呈典型的持续稳步增加的趋势，尤其是在20～50岁期间。男性似乎容易在腰部的周围增加体脂，形成所谓的“啤酒肚”。肥胖形成的可能因素见表14.6。

目前已有多种关于肥胖原因的机制，当然可能会有许多相互关联的起因。机体能量平衡的调节受控于一个复杂的系统，该系统可能被不同方式及不同环节所干扰从而引起肥胖。其中最主要涉及两个方面：即遗传和环境。有可能肥胖仅仅涉及1～2个基因，也有可能涉及多个基因，有可能涉及一种或多种环境因素。因此肥胖的形成，是遗传与环境相互作用的结果。

五、遗传和激素

众所周知，肥胖与遗传密切相关。父母肥胖的子女较父母偏瘦的子女其肥胖的概率大得多。有人认为可能是由于其子女被抚养的环境所致。然而，对被分开抚养的双胞胎进行的研究发现，他们的体重比不是双胞胎的孩子更接近。这表明遗传比环境因素更明显[14,15]。

基因遗传无疑是重要的，不同的个体其易感性不同。研究者已预计25%～70%的个体差异可归因于遗传因素（表14.6）。

表14.6 肥胖形成的可能因素

遗传倾向	环境及行为
代谢途径的效率	早期的饮食习惯、父母偏好对子女的影响
食物能量作为脂肪储存	摄入食物的种类及脂肪含量
激素的平衡与功能	饮酒
脂肪细胞的数量	运动所消耗的能量
对食物的产热效应	社会和经济地位、教育、社交等
	心态及其调节的能力
	年龄
	妊娠

1. 瘦素及其他激素

瘦素，一种蛋白质激素，由脂肪细胞产生。当脂肪细胞获得脂肪而增大时，其产生的瘦素量就越多。瘦素在下丘脑发挥抑制食欲的作用，因此可以控制体重的增加。然而，肥胖人群的血浆瘦素浓度较高，这就导致瘦素抵抗而形成肥胖这一观点的产生。瘦素抵抗肥胖的形成类似于胰岛素抵抗导致成年人2型糖尿病的发生。将来有可能生产一种可通过激活瘦素系统而控制肥胖的药物，目前一些制药公司正在研发中。

尚有多种激素及神经系统参与调节食物的摄取与代谢，其也可能参与肥胖的形成。例如甲状腺激素影响基础代谢率，如果甲状腺激素分泌不足（如甲状腺功能减退）可产生轻度肥胖。而甲状腺激素释放过量（如甲状腺功能亢进）又可导致消瘦。使用甲状腺激素来治疗肥胖只有在甲状腺功能正常时才有效。妊娠时雌激素增高可引起相对快速的脂肪增加（约4kg）。普遍观察到多数孕妇当婴儿出生后其很难减去这额外的4kg脂肪。因此她们有规律地随着每一次成功妊娠而增重。当然，坚持运动者除外。

由于调节食物的摄取与代谢率这一系统的复杂性，要完全理解还有待于进一步的研究与探讨。

2.“节俭”基因型

人类生活在食物获取相对容易的环境中似乎形成肥胖的危险性更大。如印第安比马人、瑙鲁岛人和澳大利亚土著人易患此类肥胖就是典型的例子。尽管其蕴含的生理特征还不是很清楚，但“节俭”基因型术语被用来描述这种趋势。

这样一种基因位点可能有很好的生存价值，其可使生活在易于周期性饥荒地区的人们快速积累脂肪。当食物获得相对充足时，“节俭”基因型普遍产生向心性肥胖、糖尿病、高血压和心脏病等。为获取能量而氧化碳水化合物生成脂肪比例高的个体将保留更多的脂肪，其形成肥胖的倾向更大。

3. 对婴儿出生前与出生后的早期影响

Hales 和 Barker 质疑“节俭”基因型概念[16]，提出在子宫内营养不良（母亲营养不良）及早产均可导致“节俭”基因型。也就是说这不是由基因引起而是由早期生活环境产生的。已发现婴儿的营养不良（出生低体重、生长迟缓）与成年后的肥胖、糖尿病、冠心病等的发病危险性增加相关。

早期生活环境的假说（“节俭”表现型）不一定必然与“节俭”基因型一致，但“节俭”表现型将强化“节俭”基因型。有证据表明子宫内营养过剩，如妊娠期糖尿病的母亲高血糖而导致婴儿的体型大。这与营养不良的婴儿在后来的生活中其上述这些疾病的发病率相对高相似[17,18]。然而，哺乳可以降低糖尿病与肥胖发生的危险性，特别是婴儿的母亲为妊娠期糖尿病患者。因此哺乳不仅对母亲减少孕期蓄积过量的脂肪有利，而且也有利于婴儿免疫系统的建立。

4. 自发的活动

肥胖的遗传易感性也许还表现在婴儿早期，与偏瘦的婴儿相比表现出较少的自然活动趋势。自发活动对其总能量的支出及维持正常体重起着显著的作用。

六、环境因素

1. 食物摄入与支出的平衡

多数人保持着整体能量的摄入与支出（基础代谢率和运动）之间的精密平衡。能量的平衡方程若产生微量的变化则将导致体重的显著减轻或增加。

样本计算表明，仅 2%的能量过剩便可导致在短短的一年内其体重增加 2kg。这个能量不平衡的水平难以察觉，因为测定食物能量摄入与支出的方法难以精确觉察到如此小的差异。很明显，能量摄入过量体重将增加；而能量摄入低于所需则体重将减轻。

2. 脂肪

从生化角度看，当摄入过量的饮食，其中的脂肪（97%）比碳水化合物（77%）更能有效地转化为体内脂肪。二者之间的能量消费存在着 8 倍的差异[19]。

通常认为脂肪比碳水化合物更可能导致肥胖。这一结论是在使自愿参与的服刑人员摄入过量的不同饮食与大量营养素组成的饮食中被观察到的。食用高脂饮食的人比摄入同等能量的低脂高碳水化合物饮食的人体重增加明显[18]。因此高脂饮食与碳水化合物饮食相比显示出其对食欲更少的反馈抑制作用。

以短链或长链、饱和、单不饱和或多不饱和脂肪形式的能量过剩时，作为体脂储存于体内是否存在效率差异尚不明确。一项近来由 DeLaney（2000）进行的实验表明，当不同类型的脂肪以流体形式食用时，饱和脂肪酸不如不饱和脂肪酸那样很快地被氧化。这也许是摄入饱和脂肪酸比不饱和脂肪酸更容易使人发胖的原因之一[20]。然而，短链或中链不饱和脂肪酸（10～14 碳）已被证明其比长碳链的脂肪酸更容易氧化。这也许可以部分地解释用椰子油作为主要的脂肪来源其长期以来未受肥胖的困扰的原因。这也是并非所有类型的脂肪均有同样作用的另一例证。

仅仅限制脂肪的摄入而未限制总能量的摄入也不能有效地减轻体重[21]。近年来公共健康项目已进行了很多减少饮食脂肪的宣传，且一些证据表明，其总脂肪的摄入已经下降，但肥胖的发病率仍持续上升。应该指出总能量的摄入难以在营养普查中得到可靠的数据，因为超重及肥胖的人群通常倾向于少记录一些消费的食物。许多方便和快餐食品的脂肪含量相对较高，我国这类食品的消费量每年均在增加，其结果往往造成食物链中任何一环减少的脂肪往往会在另一环补了回来。例如，消费低脂肉类可减少脂肪摄入，但脂肪在面包、糕点、饼干等面粉制作的食品中又出现而被重新摄入。

3. 能量密度

食物的能量密度（kJ/g 食物）在肥胖形成中的作用同样不容忽视。在植物性食物的饮食中，能量的密度与脂肪、糖的含量密切相关。有证据表明多数的成年人养成了以质量或体积来计算所摄入食物量的习惯。其实，采取计算其能量摄入与能量支出更为恰当。假如多数饮食是从植物性食品中获得的，这有利于减轻体重。

4. 食物的饱腹感

影响食物过饱因素的研究已经显示，不同来源的等能量的食物并不形成同样的饱腹感。食物中营养素的类型、食物的加工以及烹饪方式均决定了该种食物具有何种程度的饱腹感。高蛋白食物形成的饱腹感最强，高碳水化合物食物次之，最后才是高脂肪食物。

高脂肪膳食最有可能使能量摄入超出其能量的需求。食欲/饱腹感系统可对额外摄入的碳水化合物产生反应，如在一餐摄入额外的碳水化合物往往在下一餐以其少摄入而得到弥补。研究发现，与之相反的是因脂肪不能由下一餐少食而弥补。高脂膳食，特别是当饥饿时进餐，可能将导致高能量的摄入[22]。

由于碳水化合物类型的不同，其饱腹感的值也不同。例如，有证据表明低血糖指数食物比高血糖指数食物更能有效地延长饥饿感的重新出现。这是由于低血糖指数食物其糖进入血流需经过一段更长的时间。食物加工的精细程度是影响血糖的决定因素之一（例如，精面粉与全麦粒）。食物颗粒的大小也可能是影响饱腹感的因素，如整个水果与水果泥、水果汁之间的差异也同样适用于这一原理。富含纤维素的食物也已显示其对饱腹感有显著的作用。高纤维素膳食可延长饱腹感至数小时。一项实验报道其膳食能量摄入下降了 14%[23]。

总之，低血糖指数的碳水化合物、限制脂肪、结合低能量密度以及高纤维素食物，可有效地控制体重。

5. 酒精

酒精也是形成肥胖的因素之一。酒是食物能量的重要来源，每克酒精产生约 27.2kJ 的能量，即 375mL 的普通啤酒（4.8%酒精）以酒精形式可提供 489.6kJ 的能量。而啤酒也含有糖等，因此 375mL 的普通啤酒约可产生 600kJ 的能量。

酒精的一个重要特性是其代谢可导致载体结合氢的增加，这将刺激脂肪的合成。很显然，持续大量饮酒将引起脂肪在小肠附近堆积而导致腹部肥胖。

6. 运动

肥胖形成也与能量支出的减少有关。无数证据已显示常规性的运动可减少体内脂肪堆积。经常运动的人肥胖者极少。男性从早期的成熟期至中年期的 20～30 年间其体脂增加，相应地在这段时期运动较少。女性则通常是随着年龄的增加而体重持续增加。

对大多数人来说，体重的增加与其体力活动逐渐减少是相一致的。运动的减少也影响着机体的组成，其使肌肉组织整体地减少、降低静息代谢率以及能量的支出。

西方发达国家肥胖发病率的提高已被归因于体力活动的减少而不是总能量摄入或脂肪摄入的增高。

7. 社会因素

社会经济地位较低的群体肥胖发病率更加普遍，这可能是由于他们受其经济状况的限制对食物缺乏选择性。经济状况较好的群体，有条件选择对健康有利的食品。这一现象的重要性在于其充分表明至少肥胖问题的一部分是由于饮食不当引起的。所以肥胖的发生应该能够被适当的健康教育所改变。

据调查在一些传统国家，育龄妇女存在着生育阶段体重需要增加并保持超重状态的压力。例如，西非的某些社区，有为优良的育龄期女性准备“增肥小屋”的习俗。

8. **心理因素**

可能对肥胖有影响的心理因素包括：自尊心差；关键问题决定时诉诸食物的心情和方式；为有害的行为辩护，伴随有为体重改变甚至肥胖找不合逻辑的解释。

第四节　超重与肥胖的控制

一、成功减轻体重

造成肥胖的部分原因是不可改变的遗传因素，其余的部分原因在于食物和运动。而食物和运动是完全可以操纵的。尽管如此，通过饮食调节再加运动的方法减肥，其大部分仍是无效的。

在对813例个体研究进行的综述表明，健康促进计划并未显著减轻体重。监控的饮食疗法，在开始后的2～7年，可减少2～7kg。而饮食建议及行为疗法，在3～5年间可减少1～5kg。一般来说，计划实施后其体重减轻发生在第6～12个月，之后体重可能会反弹。在饮食疗法中，抑制食欲的药物仅在前12～24周见效。最有效的方法是手术治疗，可减轻体重高达46kg。

大部分人（85%～95%）很难成功地减轻体重，这是由于获得食物的途径太便捷了，而又无法克制强烈的摄食欲望。所以，任何减肥计划，均需考虑到大部分人很难长期而有效地控制其能量的摄入。

二、设定可行计划

为了控制肥胖，必须制订可行的计划。如果某个体对减肥充满信心，而体重却未减轻，或减轻后又反弹了，那么他就会有挫败感。在国外很多社区健身中心，有“塑造体型”的项目，帮助那些多次尝试减肥而未成功的个体重建自信。

1. **理想体重与目标体重**

健康的身体质量指数（BMI）在20～25。对于任何需要减肥的个体来说，就是要达到身体质量指数不超过25。

但是，不切实际的减肥目标应加以避免。有证据表明，反复的减肥及反弹（体重循环）不利于健康[24]。另外，如在体重循环中出现肌肉组织减少，可能将导致基础代谢率的下降，因肌肉组织是基础代谢率的主要决定因素。如此循环往复可能会增加减肥的难度。

2. **改变能量平衡**

成功减肥最重要的因素是能量消耗。长期以来，有些健康专家与超重者均将注意力集中在能量摄入方面，但实践证明节食并非最有效的减肥途径。体重控制是能量摄入与能量消耗的平衡。

① 储存能量的改变(体脂)＝总能量摄入－总能量消耗

② 总能量消耗＝基础代谢率＋食物热效应＋运动能量消耗

3. **能量消耗**

成功地控制体重的关键是上述方程式的两边均要关注（见第十一章）。

（1）休息代谢速率（resting metabolic rate，RMR）是机体在单位时间内在热中性的环境休息时的能量消耗。

对大部分人来说，休息时新陈代谢所消耗的能量，为总能量消耗的70%。肌肉组织的量是决定休息代谢速率的重要因素，所以任何可能减少肌肉组织的行为均会导致休息代谢速率的下降。因此在减重时保持肌肉组织就显得尤为重要。运动可直接消耗能量、保持和形成肌肉组织，这样可以保证休息代谢速率及总能量的消耗。

(2) 食物的热效应　食物的消化、吸收以及代谢，为其总能量消耗的10%。蛋白质产生的热效应最大，而脂肪产生的热效应最小。脂肪的热效应小，但其吸收率高。

(3) 运动消耗的能量　这是能量消耗的第二大途径，也是最有弹性的，且为总能量消耗中唯一可以自控的。除了运动中的能量消耗，经常性的体力活动也可影响基础代谢率。

经常运动的人的休息代谢速率高于不常运动的人的5%～10%。因为休息代谢约占总能量消耗的2/3，因此，运动就显得非常重要。对于尚未开始运动的人来说，刚刚起步的运动强度应小一点，然后随健康状况的改善而缓慢地增加。散步，是广为推荐的一种减肥方式，既安全又有效。强度小而持久的运动（例如，每日散步40min，约4km），曾被报道其与强度大的有氧运动（如慢跑同样的距离）有相同的减肥效果。一次运动的能量消耗与距离成正比，而不是与运动强度成正比。

贯穿全日的间歇性的短时运动（例如，10min运动，每日3次），与长时间运动的效果基本相当。每周3～4次的有氧运动可改善心肺功能。减轻体重最后还需每日的运动来辅助。如果每日通过运动要消耗1200～1500kJ的能量，相当于行走5km。低强度、持续时间长的运动较之剧烈的有氧运动，消耗脂肪/碳水化合物要高。

至少有七个研究显示，生活式的运动与计划式的运动相比，在减少体脂方面同样有效，甚至更加有效。在生活式的运动中，应在一天中寻找每一个可运动的机会，而不是专门计划一次运动。而计划式的运动为有效耗能[25]。日本的一项研究表明，每日步行超过7500个台阶，则内脏脂肪减少，健康指标提升[26]。

4. 限制脂肪摄入及总能量摄入

节食可减少能量的摄入，但却将引起补偿性的休息代谢速率下降，这将抵消能量限制的作用。饥荒时，此做法是可取的。然而，如果饮食能量限制适度（约1200kJ/天），加之每日运动，其休息代谢速率则不会降低[27]。关于运动与限制能量摄入的随机对照研究发现，第一年的减重效果相似，但不同的是运动仅减少脂肪，不减少肌肉组织[28]。因此，能量摄入限制与运动相结合其效果是叠加的。

长期坚持一项计划远比短期有效。一些长期的前瞻性研究显示，保持较高水平的能量平衡（高摄入高消耗），其寿命较长，心血管疾病的死亡率较低。关于运动的前瞻性研究也支持这一观点[29]。

三、关于控制体重与肥胖的实践

有些从婴儿或儿童时期开始直至成人始终保持着较高的体脂水平，很难达到一个标准的体型。但是，其可通过合理的膳食而减少与肥胖相关的疾病的发病率。

女性易在妊娠期间增加体重，而母乳喂养可使能量需求增加1/3，这对于减少孕期增加的体脂有一定的作用。当然，母乳喂养对新生儿来说是大有裨益的。

对于男性，有几个问题值得关注。饮食脂肪和酒精是容易导致体脂沉积的物质。通常男性果蔬的摄入量较少。多数人在15～25岁期间运动较多，之后体力活动急剧下降。一些人到了中年仍不够重视健康问题，他们不太关心自己是否超重以及超重的后果。

尽管膳食建议与指导控制超重及肥胖方面鲜有成功的记录，但通过该途径来控制体重仍是必需的。首先，一些人能成功减肥；第二，有人虽未减肥，但成功地保持体重；第三，制订一项合理的饮食及运动计划，而并非一定要减轻体重。

另外，减重必须是适度的、有计划而合理的，尽量减小失败的可能性。营养学的观点是，指导要以健康为中心，可不必设定减重的目标。如果体重减轻了，那么这是一个额外的收获。

1. 减重的饮食推荐

一项旨在控制体重的饮食计划可能包括以下几点。

① 通过降低脂肪的摄入量来降低能量的摄入量。预期的能量摄入减少量不应超过2000kJ/天（15%～20%），通常可达到减重约0.5kg/周的效果。

② 减少饱和脂肪的摄入。

③ 减少精加工碳水化合物的摄入，增加未加工的碳水化合物（低血糖指数）与膳食纤维的摄入，这将有助于降低饮食的能量密度。

④ 适量饮酒。因酒精是能量的来源，且是脂肪合成与向心性肥胖的代谢刺激物。

⑤ 增加果蔬的摄入量。因其能量密度低，富含膳食纤维、维生素和矿物质。

⑥ 避免不用正餐。其反弹的原因通常是暴饮暴食。

⑦ 有规律的适度运动。其可直接耗能，并可保持肌肉组织和休息的代谢速率。

以上措施不仅可减轻或保持体重，还可预防疾病。西方饮食中脂肪的主要来源为全脂乳制品。而我国脂肪的主要来源是油炸食品和炒菜。

对于一位体重80kg且较活跃的男性（18～30岁），其能量需求约13000kJ/天。如脂肪的摄入约150g/天，其42%的能量来自脂肪。推荐的总脂肪摄入量应低于能量摄入的30%。根据此标准这位男性的脂肪摄入量应低于100g/天。

一份减肥食谱中，其目标是使脂肪摄入不超过能量的25%。例如，一男性的能量日摄入约为13000kJ，减少2000kJ，剩余11000kJ，其中的25%相当于75g的脂肪。理想状态下，饱和脂肪不应超过总脂肪的1/3。但如与肉、奶、奶酪及一些点心混为一体，则很难控制这一比例。在实际生活中，往往能做到的是将饱和脂肪的量控制在总脂肪量的50%以下。

不提倡狂热节食，因其总是以失败告终。而低能量饮食应注意营养素的含量。

2. 极低能量饮食

需快速减重时，可采用极低能量饮食，但必须在医生的监控下进行。此类饮食通常能量为2500kJ/天（600kcal/天），一般优质蛋白含量较高。此外如患者在术前需要快速减重，可在医生的严格指导下采用极低能量的饮食。

3. 减重体育锻炼的建议

为健康与为了减肥而进行的体育锻炼有很大的不同。为健康而进行的锻炼通常用FITT（frequency频率，intensity强度，time时间和type类型）来衡量。要使心血管系统更加健康，就需选择一项升至最高心率60%～80%的持久运动。近年的研究发现，这也许并不能减轻体重。关于减重的体育锻炼的建议如下。

①“保持健康”并不是减重的先决条件。虽然运动3～4次/周可改善健康状况，但若要减重，则须每日运动。

② 增加常规性的运动，而非剧烈运动，其有助于增加能耗。无论运动量大小，任何运动均可耗能。每日至少耗能250kcal，有助于改善健康状况及减重。可用步数器计算运动量，目标是行走7500～10000步/天，其可耗能超过250kcal。每日至少行走或运动30min。还可每日有规律的小强度运动，例如散步3～4次/天。不必进行高强度的运动，因其难以坚持。

③ 不规律的“运动课”的能量净消耗量不如规律性的运动耗能多。

④ 计划每日行走或骑车一定的路程。在小强度运动的情况下，行走和跑步同样的距离其耗能无明显的差异。

⑤ 如果体育锻炼成为一种生活习惯，将是防止超重的一种最有效的方式。

⑥ 运动应包括持续时间、总量、强度以及类型。

⑦ 游泳在减重方面也许不及其他运动项目快速有效，但其有利于骨骼。

⑧ 运动后，身体仍继续燃烧能量，故不应降温太快。缓慢的降温过程有助于预防肌肉损伤。

⑨ 早餐之前运动。空腹情况下，血糖（葡萄糖）储备低，此时血糖是运动中能量的主要来源。因此早餐前运动可使脂肪消耗的比例提高。

⑩ 对肥胖的个体而言，计划了的运动可能都是痛苦且使人失去动力的。但必要时还需增加“偶然”运动的次数。食物摄入有时也需做必要的调节。

⑪ 运动之后不应立即进食。运动中肌肉动用了循环中的血脂，其不会返回至脂肪细胞中。如运动后立即进食则将使运动中减去的体脂急剧上升。

⑫ 能量缺乏时，可动用全身脂肪，故“局部减肥”无明显效果。例如仰卧起坐运动有助于增加腹部肌肉，但所需的能量并不足以消耗这些肌肉上的脂肪。而步行则是一个很好的选择。

四、其他方法

（1）药物治疗及手术　近年来从天然产物提取的 α-淀粉酶抑制剂、脂肪酶抑制剂、促进肠蠕动剂等在国内外发展很快，这些外周性的能量抑制剂可能是减肥和控制体重研究的一个新领域。

手术治疗一般用于极度肥胖的个体。胃间隔手术（stomach stapling），即垂直包扎胃造型术（vertical-banded gastroplasty），限制了可进入胃中食物的尺寸。这样患者只能慢慢摄入体积较小的食物，并需尽量细嚼。此为目前适应该手术的患者显著减轻体重而不反弹的唯一方法。

（2）流行饮食（低碳水化合物与食物搭配）　一些流行饮食用来控制体重。低碳水化合物，可以显著减轻体重，但其副作用也不可忽视。低碳水化合物可使血液中的酮体水平升高，人会感觉不适。而低碳水化合物一定是高脂肪高蛋白饮食，除非饮食为精心计划的，否则饱和脂肪及胆固醇的摄入量太高，容易出现其他健康问题。

（3）减肥产业　不少西方国家均有一个大的减肥产业。其商业操作是公开的，符合伦理道德的。尤其是那些支持体重控制实施法则的商业操作（http://www.weighcouncil.org）。

（4）肥胖病人互助组　从个体的角度来看，肥胖如此地难以控制，因此互助组有许多称道之处。在互助组中，拥有同一问题的人们能彼此支持。有时互助组的目的是帮助其成员找到控制“贪食”的意志而减肥，但其成功与否的资料很少。

一些女性，因减重未能达到其理想的体态而焦虑。显然焦虑不能提高生活质量。所以要选择适当的方式教育和激励人们通过合理饮食、有规律地运动而避免超重或肥胖。

饮食失调症在当今女性中十分普遍，折磨着不少患者。据调查，其为获得社会欣赏的娇美体型而产生巨大的压力。减重必须建立在可能达到的现实基础上。对于为他人提供饮食建议的专业人士而言，当个体不太可能取得持久性的减肥时，也不必造成其减肥的压力，可尝试其他安全性略低一点的方法。

第五节　饮食失调

饮食可提供给人们满足感和愉悦感。成年人形成的习惯及口味是儿童和青少年时期的经历以及与父母对他们的饮食影响有关。饮食远不止仅满足能量与营养素的需求，也不止仅仅满足饥饿之需，在不同的场合，它可显现其重要的价值与功能。如许多面对面的会议均在餐桌上举行。会后的盛宴也是进一步沟通与增进友谊的良好方式。可见部分社会联系的中继站是建立在食品上的。

饮食可以是快乐的源泉，也可以是矛盾的焦点。在家庭的每一餐均是良好的社交场景，其为个体提供了一个近距离的行为展示。

1. 饮食失调的类型

饮食失调是饮食的非正常模式。其主要有神经性厌食症、神经性贪食症以及暴食症。

神经性厌食症是在青春期少女中最常见的一种生理性紊乱，其以自我饥饿为特征。尽管尚未发现其他疾病，但有严重的长期性地不能进食或拒绝进食。神经性贪食症是一类陷入暴食与限制食量以及催泄循环的年轻女性的一种饮食失调症。暴食症是指食入的总量过多，随后催泻除掉摄入的过量食物。其可以使用过量的泻药及自发呕吐来实现。

饮食失调相对普遍，可以是轻微的，也可严重到影响正常生活。对其患者来说，有时调控成为一种困扰。因为他们自己的行为不正常，尤其是自发呕吐，滥用泻药和利尿药等[30]。

饮食失调虽相对容易描述，但很难理解其原因，也很难设计出有效的方法来克服这一困难。其对生活质量有着严重的影响。患者总是对其饮食状况不开心，周围的人又常常无法帮助他们。

儿童也可形成不同类型的饮食失调，如拒食及厌食。其可能要求食物以特殊的方式给予。幼儿的拒食，可对其父母造成压力。父母不会仅仅把食物放在一边等下一餐，可能会给孩子一些其他食物诱使其进食。同时儿童很快学会其可通过拒食而操纵父母的行为。他们经常地“训练”其父母给他们仅仅想要的，甚至烹调与家庭其他成员不同的特殊食物。假如父母意识到孩子偶尔错过一餐不会有任何危害，他们应等待孩子饥饿时再进食，那么儿童的饮食就容易管理了。

几乎每人均有厌食的经历，其是因人对某种食物可产生不快或恐惧。有一厌食的例子，某儿童在1～2周内每日食用一片味道欠佳的药。为了掩盖药的味道，儿童的母亲将一瓣橘子在其服药后立即塞至他口中，此时就形成了橘子的味道与服用药物的强烈关联。由于这种关联，儿童也就产生了对橘子的厌恶。而这种厌恶很可能会持续多年甚至一生。厌食已在动物实验中证实，大鼠在摄入了一种新食物后很快注射了另一种引起不快的物质，可形成大鼠对这种新食物的强烈厌恶。

2. 神经性厌食症

神经性厌食症是一种生理性失调，一般发生在青春期少女。第一例记录的病例是在1684年。其发生在已是重度的体重不足而仍坚持减重的患者。生病或焦虑时临时性的厌食是正常的。但无论家庭或医嘱，其个体仍持续试图降低体重，而又未发现任何已知的疾病。美国精神病学协会（1994）已经制定了神经性厌食症的定义（表14.7）。

表14.7 神经性厌食症（美国精神病学协会，1994）

拒绝保持在其对应年龄与身高的最低正常体重(如体重减轻将导致保持体重比预期低85%,或在生长期不能使体重预期增加而导致比预期低85%)
强烈恐惧体重增加,即使其体重不足
其体重、体型受感知困扰。受对体重或体型自我评价不适当的影响,或否定目前体重轻的严重性
月经初潮之后无月经,即至少连续3次月经周期不出现月经。如果月经周期仅在服用激素后出现则仍被认为是无月经
限制类型:神经性厌食过程中,患者无有规律地暴食或催泻行为
暴食类型/催泻类型:神经性厌食过程中,患者有规律地暴食或有催泻行为

神经性厌食症较为普遍，其发病率在易感人群（多为青春期少女）为1/50～1/100。其中男性在患者中约为1/10，而男性中又以同性恋、酗酒以及药物个体较为常见。神经性厌食症的显著特征如下[31,34]。

（1）低体重　BMI的正常范围是20～25。其低于17.5被认为是非正常体重。对正在成长的儿童来说，生长图表也许比BMI图表更为适宜。对于一个15岁的女孩，预计其身高(163cm)，预计体重（54kg）。但如若她的体重为43.5kg，低于预期的20%，则可能会有问题了。

（2）避食、赶时髦　一些人特别避免其认为可增重的食物，包括含脂肪和糖的任何食物。倾向于食用沙拉和绿叶蔬菜，拒食土豆。总之他们经常找借口而拒食。

（3）过于担心超重　尽管一些人低体重，但他们不接受其应增加体重的建议且希望再减轻一些。

（4）对扭曲体型的理解　一些人所感觉到的肥胖显著大于其真实的。其描述自己的形象为一正常或肥胖的人，而实际并非如此。

（5）催泻　一些人使用催泻剂来试图减重更多一些。催泻指自发呕吐或服用过量泻药，尽管其通常不愿承认。呕吐将胃酸带入口中，这可引起牙釉质的损坏以及其他重要的口腔问题。

（6）过量运动　有人认为减轻体重可通过提高能量支出和限制食物摄入来实现，故其普遍沉湎于长时间的运动。

3. 神经性厌食症的后果

神经性厌食症的结果是体重减轻。其生理影响仅次于半饥饿。重者可出现体脂和肌肉均减少。其基础代谢率可降低10%～15%或更多，可能出现多毛、停经等。病情进一步发展，女性则由于正常的雌激素分泌不足而导致生长迟缓、生育能力降低以及骨质疏松[32]。因摄入减少也可引起微量元素，如锌和铁的缺乏。神经性厌食症的死亡约半数是由衰弱所致，其次是自杀[33]。

4. 神经性厌食症的起因

关于神经性厌食症已有许多报道，但其病因尚未完全明了。节食虽普遍，但仅一小部分演变为神经性厌食症。其心态似乎与某些强迫性的行为有关。有人提出其生理基础为试图成功控制个人关系，然而也有人认为其节食成瘾是神经性厌食症的生理基础。

另外，某种“想要成功的愿望”对引发神经性厌食症起着一定的作用，如舞蹈演员和一些体操运动员，他们对轻瘦的体型情有独钟。当然这也是出于职业对体型的严格要求。

5. 神经性厌食症的控制

毫无疑问，严重的厌食症可导致各种疾病的发生。儿童患者的父母应立即寻求帮助。越早治疗效果越佳。

因神经性厌食症一般起源于心理，因此管理计划应为心理辅导与认知行为并进。其通常是心理学医生或精神病学医生要求患者所进行的一套系统训练。应详细记录其行为事项，并同时记录伴随这些事项时的想法与感觉，然后医生与患者一起仔细检查这些记录并探究形成这些行为的意识。通过分析，医生制订计划将患者的思想重新引导至一个较为理性和可接受的思想框架内。该治疗的目的是建立一个潜在的不易诱发厌食行为的心理计划[33]。

神经性厌食症的严重程度差异很大。对轻微个体而言，辅导可能是有效的。但对严重的患者来说，则需专业医生甚至住院治疗。然而患者需极大的勇气使之增加体重，当体重增加了，其精神面貌和预后也将随之改善[34]。

6. **神经性贪食症**

神经性贪食症是与神经性厌食症相反的一种饮食失调症。患者一般超重到一定程度，也想尝试通过节食来降低体重，但常常是自然的饥饿击败节食的决心，然后开始“暴食”。

暴食是指在1～2h内摄入相当大量的食物。暴食后其常为不能坚持节食而感觉到沮丧。为了防止暴食后不可避免地体重增加，他们可能又不顾一切地采取自发性呕吐或滥用泻药。在这之后，他们也许又决定真正坚持节食，接下来1～2天仅仅摄入少量的食物，当饥饿达到顶点时，另一顿暴食又不可避免，然后循环往复。通常暴食个体的生活变得很随便，无固定的进食模式。由于对进食的压力与抑郁的心理困扰，使得其与外界的交流缺乏信心[33]。神经性贪食症的正式定义是美国精神病协会制定的（表14.8）。

表14.8 神经性贪食症[3]

1. 循环发生的暴食行为。暴食行为有下列特征：在一段不连续的时间内（2h内），摄食量绝对大于正常量或多倍于正常量；暴食过程中对进食缺乏控制感
2. 为防止增加体重而循环发生的不恰当的补偿行为。如自发性呕吐、滥用泻药、利尿剂、灌肠剂或其他药物。禁食或超量运动
3. 暴食及不恰当的补偿行为均发生。平均3个月内至少一个星期两次
4. 受体型和体重的影响而自我评价不当
5. 神经性厌食症与神经性贪食症可同时发生
催泻型：神经性贪食症发生时，患者有规律地进行自发性呕吐或不恰当使用泻药、利尿剂、灌肠剂等行为
非催泻型：神经性贪食症发生时，患者使用其他较为恰当的补偿行为，如禁食或过量运动

另一种神经性贪食症的变化形式为暴食失调症。患者屈服于周期性的暴食，而一般无异常行为如自发呕吐等。

7. **神经性贪食症的后果**

神经性贪食症的后果可随其贪食的程度及行为的不同而不同。常见后果如下[34]。

① 沮丧。神经性贪食症可引起沮丧，尽管沮丧不是此症的必然后果。

② 虚弱。虚弱可能由于进食量少、脱水、呕吐或滥用泻药所致。

③ 脱水及电解质失衡。持续性呕吐或过量使用泻药均可引起体内酸碱平衡失调。

④ 口腔疾患。自发性呕吐使牙齿反复与胃酸接触而腐蚀牙釉质。

8. **神经性贪食症的发病率**

据统计，神经性贪食症患者通常年长于神经性厌食症患者。其一般发生于青春期至二十几岁的早期。神经性贪食症较神经性厌食症更普遍，为易感人群的10%或更多。

9. **神经性贪食症的控制**

神经性贪食症的治疗应以心理辅导为原则。第一步是鉴定患者对其认识的程度，通过与患者交流来获得他们对这一问题的真实看法。应由同一位心理学医生或精神病学医生给予心理辅导。就营养治疗方法而言，首先应建立一套均衡的膳食模式。

能量平衡的概念能够被解释且个体的实际能量需求可用斯科菲尔德等式来估计。有了这些信息，即可利用低能量密度的食物制订膳食计划。不熟悉食物热量值的患者通常对所消耗的食物数量有陌生感。利用低能量密度食物设计有吸引力的日膳食计划是一项有效的训练。大量食用谷类及谷类食品、蔬菜和水果以确保食物中的低脂肪以及低能量含量。

10. **结论**

神经性厌食与贪食能够被父母、老师、医生、营养学家及其周围的人所识别是十分重要的，这是一个具有挑战性的问题（表14.9）。然而，最有效的方法就是教育儿童及青少年尤其是在其青春期如何重视机体的正常组成成分以及饮食与运动的关系，以帮助他们对自己的体重有一个理性的认识。这样他们就可采取正确的生活方式而不致误入为减轻体重而挣扎的陷阱。英国学者已证明一个简单的五步问题检测法，其对鉴别饮食失调症的危险人群具有高度的可靠性（表14.9）。

表14.9 饮食失调的简单测试项目

S:当你感觉到令你不舒服的丰满时你促使自己呕吐了吗？
C:你担心自己已经对摄入多少失去控制了吗？
O:你在最近的3个月里体重减轻超过1lb❶了吗？
F:当他人说你瘦时，你认为自己肥胖吗？
F:你会说食物支配着你的生命吗？

注：5个问题简称为SCOFF，至少两项为肯定回答，则预示着饮食失调症。

总 结

• 脂肪组织中的脂肪通常约为正常男性机体的10%～18%，约占正常女性机体的18%～30%。机体脂肪水平可通过精确的实验室方法测得，或通过简单的检测方法如测皮肤褶厚度或通过身体质量指数来估计。

• 与其他许多国家一样，超重及肥胖正在我国流行并在不断地增加。

• 肥胖症与一系列疾病的发展密切相关。其中主要有心血管疾病及糖尿病。男性型（中心型）肥胖比女性型（下半身型）肥胖发病的危险性要高。

• 很难界定肥胖症的诱因。目前已被研究确认的是：家族遗传与环境因素；饮食与运动因素。

• 肥胖症的治疗难度较大。预防比治疗更有效。

• 饮食失调，如神经性厌食症和神经性贪食症是较为普遍的。其对青春期及年轻女性的影响率大约为年轻男性的10倍。

• 对于神经性厌食症或神经性贪食症中所见的以暴食或催泻行为为特征的自我饥饿和恐惧肥胖的病因，目前尚无满意的解释。

• 饮食失调症治疗难度较大，而神经性厌食症可能威胁生命。

• 设计避免超重或肥胖的可行性战略计划是对健康教育项目的一种挑战。

参 考 文 献

[1] Dalton S. Overweight and Weight Management. Aspen Publishers，Inc. USA，1997.

[2] Durnin J，Womersley J. Body fat assessed from total body density and its estimation from skinfold thickness：measurements on 481 men and women aged from 16 to 72 years. Brit J Nutr，1974，32：77-79.

[3] Daniels SR. The Use of BMI in the Clinical Setting. Pediatrics，2009，124：35-41.

[4] Woods SC，Seeley RJ. Insulin as an adiposity signal. Int J Obes Relat Metab Disord，2001，25：35-38.

[5] Vega GL，Adams-Huet B，Peshock R，Willett DW，Shah B and Grundy SM . Influence of Body Fat Content and Distribution on Variation in Metabolic Risk. J Clin Endocr & Metab，2006，91 (11)：4459-4466.

[6] Ibrahim MM. Subcutaneous and visceral adipose tissue：structural and functional differences. Obes Rev，2009，11 (1)：11-18.

[7] Kramer CK，von Mühlen D，Gross JL，Barrett-Connor E. A prospective study of abdominalo besity and coronary artery calcium progression in older adults. Clin Endocrinol Metab，2009，94 (12)：5039-5044.

❶ 1lb=0.45359237kg。

[8] Hanley AJ, Wagenknecht LE, Norris JM, et al. Insulin resistance, beta cell dysfunction and visceral adiposity as predictors of incident diabetes: the Insulin Resistance Atherosclerosis Study (IRAS) Family study. Diabetologia, 2009, 52 (10): 2079-2086.

[9] WHO. Obesity and overweight, 2003.

[10] 翟凤英. 中国居民膳食结构与营养状况变迁的追踪研究//“中国健康与营养调查”项目论文集. 北京: 科学出版社, 2007.

[11] Samaras K, Botelho NK, Chisholm DJ, Lord RV. Subcutaneous and Visceral Adipose Tissue Gene Expression of Serum Adipokines That Predict Type 2 Diabetes. Obesity (Silver Spring), 2009 [Epub ahead of print].

[12] van Kruijsdijk RC, van der Wall E, Visseren FL. Obesity and cancer: the role of dysfunctional adipose tissue. Cancer Epidemiol Biomarkers Prev, 2009, 18 (10): 2569-2578.

[13] Pölkki M, Rantala MJ. Smoking affects womens' sex hormone-regulated body form. Am J Public Health, 2009, 99 (8): 1350.

[14] Stunkard AJ, Foch TT, Hrubec Z . A twin study of human obesity. JAMA, 1986, 256 (1): 51-54.

[15] Bouchard C, Tremblay A, Després JP et al. The response to long-term overfeeding in identical twins. NEJM, 1990, 322 (21): 1477-1482.

[16] Hales CN, Barker DJ. Type 2 (non-insulin-dependent) diabetes mellitus: the thrifty phenotype hypothesis. Diabetologia, 1992, 35 (7): 595-601.

[17] Dominguez J, Goodman L, Sen Gupta S, et al. Treatment of anorexia nervosa is associated with increases in bone mineral density, and recovery is a biphasic process involving both nutrition and return of menses. Am J Clin Nutr, 2007, 86 (1): 92-99.

[18] Thompson RA, Sherman RT. Reducing the risk of eating disorders in athletics. Eating Disorders, 1993, 1 (1): 65-78.

[19] Danforth E Jr. Diet and obesity. Am J Clin Nutr, 1985, 41 (5): 1132-1145.

[20] van Schothorst EM, Flachs P, Franssen-van Hal NL, et al. Induction of lipid oxidation by polyunsaturated fatty acids of marine origin in small intestine of mice fed a high-fat diet. BMC Genomics, 2009, 10: 110.

[21] Astrup A, Grunwald GK, Melanson EL, Saris WH, Hill JO. The role of low-fat diets in body weight control: a meta-analysis of ad libitum dietary intervention studies. Int J Obes Relat Metab Disord, 2000, 24 (12): 1545-1552.

[22] Blundell JE, Burley VJ, Cotton JR, Lawton CL. Dietary fat and the control of energy intake: evaluating the effects of fat on meal size and postmeal satiety. Am J Clin Nutr, 1993, 57: 772-777.

[23] Burley VJ, Paul AW, Blundell JE. Influence of a high-fibre food (myco-protein) on appetite: effects on satiation (within meals) and satiety (following meals) . Eur J Clin Nutr, 1993, 47 (6): 409-418.

[24] Lissner L, Odell PM, D'Agostino RB, et al. Variability of body weight and health outcomes in the Framingham population. NEJM, 1991, 324 (26): 1839-1844.

[25] Dunn AL, Marcus BH, Kampert JB, Garcia ME, Kohl HW 3rd and Blair SN. Comparison of lifestyle and structured interventions to increase physical activity and cardiorespiratory fitness: a randomized trial. JAMA, 1999, 281: 327-334.

[26] Fujii T, Ohsawa I, Nozawa A, et al. The association of physical activity level characteristics and other lifestyles with obesity in Nagoya University alumni, Japan. Scand J Med Sci Sports, 1998, 8 (1): 57-62.

[27] Phinney SD, LaGrange BM, O'Connell M, Danforth E Jr. Effects of aerobic exercise on energy expenditure and nitrogen balance during very low calorie dieting. Metabolism, 1988, 37 (8): 758-765.

[28] Wood PD, Stefanick ML, Dreon DM, et al. Changes in plasma lipids and lipoproteins in overweight men during weight loss through dieting as compared with exercise. NEJM, 1988, 319 (18): 1173-1179.

[29] Paffenbarger RS Jr, Hyde RT, Hsieh CC, Wing AL. Physical activity, other life-style patterns, cardiovascular disease and longevity. Acta Med Scand Suppl, 1986, 711: 85-91.

[30] Abraham S, Llewellyn-Jones D. A sexist diagnosis. Lancet, 1987, 1: 858.

[31] Slaby AE. Addiction: the treatment of dual diagnosis. N J Med, 1993, 90: 859-860.

[32] Dominguez J, Goodman L, Sen Gupta S, et al. Treatment of anorexia nervosa is associated with increases in bone mineral density, and recovery is a biphasic process involving both nutrition and return of menses. Am J Clin Nutr, 2007, 86: 92-99.

[33] Palmer TA. Anorexia nervosa, bulimia nervosa: causal theories and treatment. Nurse Pract, 1990, 15 (4): 12-18, 21.

[34] McClain CJ, Humphries LL, Hill KK, Nickl NJ. Gastrointestinal and nutritional aspects of eating disorders. J Am Coll Nutr, 1993, 12 (4): 466-474.

第十五章　膳食营养与非传染性流行病

目的：

- 学习动脉粥样硬化与冠心病的病因及发病机制。
- 理解和掌握动脉硬化症与冠心病的预防及营养管理。
- 了解各种不同类型的葡萄糖耐受不良症及其流行情况。
- 阐述糖尿病的类型及其并发症。
- 掌握糖尿病患者的营养管理。
- 了解各种营养因子在癌症发展中的作用。
- 了解如何应用营养学的方法防止癌症的发生。
- 简要阐述饮食在癌症疾病中的作用。
- 了解营养状况对认知功能和抑郁的关系。

重要定义：

- 动脉硬化：是动脉的一种退行性、非炎症性、增生性病变，从而引起动脉变硬、变厚、失去弹性，最终导致动脉血管管腔狭窄的一种血管病变。大、中、小动脉均可发生，常见于老年人。
- 动脉粥样硬化：是动脉内膜局部呈斑块状增厚，也称为动脉粥样硬化性斑块（简称斑块）。为动脉硬化中最常见、最重要的一种类型。
- 糖尿病：为一种人体血糖代谢紊乱的疾病。其特点是机体血液中的糖含量不能维持在正常水平。
- 血糖指数：是指食物进入人体后，血液中葡萄糖浓度上升的速率和程度。
- 癌症：癌症是一组不明原因或可能由多种病因所引起的发生在人类的恶性肿瘤。其他术语为恶性肿瘤或赘生物。癌症的定义特征是快速产生异常细胞以及细胞的异常增生及分裂。这些细胞通常超越其边界生长并可侵袭身体的毗邻部位以及扩散至其他器官。这一过程被称为转移。转移是癌症致死的主要原因。
- 益生菌：益生菌是被机体摄入后可使肠道微生物平衡的有益活性微生物。

第一节　膳食营养与心血管疾病

一、动脉粥样硬化的定义

动脉硬化（arteriosclerosis）：是动脉的一种退行性、非炎症性、增生性的病变，从而引起动脉变硬、变厚、失去弹性，最终导致动脉血管管腔狭窄的一种血管病变。大、中、小动脉均可发生，常见于老年人。

动脉粥样硬化（atherosclerosis）：是动脉内膜局部呈斑块状增厚，也称为动脉粥样硬化性斑块（简称斑块）。为动脉硬化中最常见、最重要的一种类型。

动脉粥样硬化病变主要损伤机体的大动脉，例如，冠状动脉、脑动脉、主动脉、肾动脉以及大中型肌弹力型动脉，引起其管腔狭窄甚至完全堵塞，使该器官发生缺血缺氧，最终导致心血管疾病（cardiovascular disease，CVD）的发生。

二、动脉粥样硬化的发生

据统计，在全球，动脉粥样硬化是导致死亡的最主要的疾病。在西方发达国家因心血管疾病而死亡的人数约占总死亡人数的40%以上，其中超过半数是由冠状动脉粥样硬化性心脏病引起的。

动脉粥样硬化症的死亡率随年龄的增长呈指数上升趋势。因此老年患者死亡率更高。然而心血管疾病引起的死亡是从中年开始的。近年来，在一些实现工业化多年的亚洲国家，如澳大利亚、新西兰、日本和新加坡，其心血管疾病的死亡率有所下降。但在一些新兴的工业化和过渡性的亚洲国家却呈现持续上升趋势。根据我国的流行病学调查，近50年来无论在农村或城市，心血管疾病的发病率和死亡率均呈上升趋势。我国心血管疾病的死亡率占总死亡人数的百分比，已由1957年的12.07%上升至2001年的42.6%。原因是我国国民对高热量与高脂肪饮食的摄入明显增多，导致超重和肥胖症、高血压、高血脂、糖尿病的发病率不断增加，这些都是心血管疾病的重要风险因子[1]。

三、动脉粥样硬化的发病机制

动脉硬化是一种通过许多相互独立而又相互关联的途径共同作用导致的疾病。这些途径包括动脉粥样化使动脉管壁变厚、管腔变窄、非正常的动脉收缩、血小板聚集、堵塞以及动脉血栓的形成，从而导致局部血流不畅。当连接心肌的冠状动脉供血不足时，即可出现心绞痛（心前区疼痛）。当血栓使某局部供血完全被阻断，将导致受阻的器官缺血、缺氧以致坏死，而引起临床最常见的心肌梗死或脑梗死。

纤维斑块是在血管内腔形成的突起损伤部位，有一个脂质中心，它被一纤维层所包裹，由血浆脂质和坏死细胞积聚而成。至少有4种细胞参与了动脉粥样硬化斑块的形成，其分别为内皮细胞、血小板、平滑肌细胞和巨噬细胞（来源于血液的单核细胞）。其中内皮细胞被认为是血管受损最初发生的地方，但发生损伤的确切原因目前还不清楚。脂质氧化物在这种损伤中起着重要的作用。自由基的侵入使低密度脂蛋白（low-density lipoprotein，LDL）中的不饱和脂肪酸氧化并形成氧化低密度脂蛋白，导致不被低密度脂蛋白受体接受并不能在体内清除。而这种氧化型的LDL会被吞噬细胞吞噬形成脂质细胞，并成为动脉粥样硬化斑块的本源。在斑块形成过程中，有一步非常重要，被认为是血管内皮细胞衬“屏障”的改变，而这种改变很可能是由高血脂引起的。

然后单核细胞即可进入内皮细胞之间的内膜，形成脂质供应体。平滑肌细胞的增生，以及随后向内膜的移动，也是动脉粥样硬化过程中的一个重要步骤，它的移动受氧化LDL的推动。动脉内膜层的破损使与内膜相连的组织暴露于血液中，从而导致血小板聚集在组织表面，然后血小板释放凝血噁烷（主要是凝血噁烷A，也叫血栓素A），其使血小板进一步积聚，并导致血管壁上的平滑肌细胞累积。动脉粥样硬化斑块表面血小板的积聚与血栓的形成密切相关。急性心肌梗死几乎均发生在冠状动脉已经显著变窄的患者，血管内形成的血栓会引起急性动脉阻塞而导致心肌梗死或脑梗死[2]。

目前已可用血管造影技术（将染色剂注入动脉以得到动脉内膜的染色图片）的方法来说明大多数心肌梗死的病理变化，也可用来解释冠心病与纤维蛋白质浓度以及一些致凝块因子的关系。实际上血栓的形成是由于动脉粥样硬化斑块的破裂促使血小板在其破裂表面快速积聚的结果。

血液中叶酸、维生素B_{12}以及维生素B_6的低水平会导致血浆同型半胱氨酸水平升高，后者是引起心血管疾病的独立风险因子。

四、自由基与氧化反应

如果氧化型的 LDL 存在于血管壁上，其还具有促进动脉粥样硬化及血管闭塞的作用。包括结合胶原蛋白，抑制内皮依赖性舒张，增强黏附分子的表达以及对凝血途径产生不利的影响等。在过去的几年里，研究人员一致认为氧自由基和抗氧化物与血管类疾病有很大的关系[3]。人们生活在一个充满氧气（一种最具活性的化学物质）的世界。当包含有未配对电子的氧自由基数量自然增多或由于氧气的催化作用而增多时，此种反应就会发生。当这种化学反应在细胞中受酶的控制时，其可释放能量以加强人体的新陈代谢。

然而在一些无法控制的情形下，这种反应就会发生。存在于细胞膜上的多不饱和脂肪酸对自由基的侵害很敏感，如在食品生产中使用 α-生育酚来防止人造黄油中多不饱和脂肪酸以及人体细胞膜免受自由基的破坏等，均是利用了自由基氧化反应的原理。

五、一氧化氮

一氧化氮（NO）是一种人体自身产生的激素。动脉的内皮细胞可分泌 NO，其作用是刺激动脉平滑肌舒张、阻止血小板积聚、防止白细胞向动脉壁渗透以及抑制平滑肌细胞的增生。

动脉粥样硬化的实验模型、冠状动脉粥样硬化以及血脂异常人群的研究结果表明，NO 的活性降低会使 LDL 和氧化型 LDL 增多。一些危险因素，如脂质代谢紊乱、糖尿病、吸烟以及氧化物过量等，均会使血管壁发生异常激活，从而产生一系列物质。这些物质可加重血管内膜炎症，并使膜上黏附如细胞间黏附分子-1（ICAM-1）这样的分子。自由基会使 NO 含量减少，从而促使血管壁痉挛，生成血小板凝块，进而促进血栓的形成。在这种情况下，机体丧失了其阻止白细胞向血管壁迁移的能力，使得白细胞在血管内壁黏附、积聚，并在氧化 LDL 的刺激下逐渐成熟，最终在血管内壁形成脂质斑块[4]。

六、抗氧化剂

任何需氧生物均可通过一系列的生命活动来抑制体内过多的氧化物对细胞产生的不良化学反应，这一过程统称为抗氧化。

绿叶通常生长在氧气含量较高的环境中，因其通过光合作用可产生副产物——氧气。绿叶及黄叶蔬菜是含抗氧化剂最丰富的食物。尽管人们对蔬菜中的抗氧化物的化学性质并不十分了解，但是，不同的植物含有不同的抗氧化剂。例如，胡萝卜中含有 β-胡萝卜素、西红柿中含有番茄红素。人体中含有的这些抗氧化剂均来自植物性食品。然而，目前尚无很好的方法来鉴定抗氧化剂在人体中的抗氧化机理。

有研究表明，人体中抗氧化维生素（如维生素 E）的含量水平与心肌梗死的发病率呈负相关，其含量水平低则更易患心血管疾病[5]。增加果蔬的摄入可降低多发性心肌梗死的发生。然而究竟是这些特殊的维生素在起作用，还是由于其他成分，目前还不是很清楚。此外，也不很清楚不同食物中不同的抗氧化剂是如何对各种疾病产生影响的。直接摄入抗氧化剂可能不如富含抗氧化剂的健康饮食更有效。

在对 29133 位年龄 50～69 岁的男性吸烟者每日提供 20mg 的 β-胡萝卜素或 50mg 的 α-生育酚，在 7 年内尚未发现其可减少冠心病（coronary heart disease，CHD）的发生[6]。但是，人们仍普遍认为富含多种新鲜果蔬的饮食有助于减少 CHD。

七、血管反应性

血管反应性或称动脉的应激反应，会影响血管的直径以及通过血管的血流量。动物实验表明，胆固醇会改变血管平滑肌的反应性和升高 LDL-胆固醇及氧化胆固醇，从而导致血管收缩。膳食脂肪成分可能改变心肌对甲肾上腺素和去甲肾上腺素反应，低脂饮食可降低因注入去甲肾上腺素的正常血压反应。电解质的浓度，特别是含钾和镁的电解质，也会影响平滑肌细胞和心肌细胞的收缩性。

八、冠心病的风险因素

目前许多可引起冠心病的因素已被确定，它们通常在冠心病出现症状之前就已存在（表15.1）。这些因素可一直存在，且其存在也并不意味着一定会患 CHD，但无疑它们会提高其患 CHD 的危险性。

由于许多因素均处于不断的变化中（如血压或胆固醇水平），人们不清楚这些危险因素将在何时或何种状况下开始对 CHD 产生影响。对于机体来说，这些因素即使只是微乎其微地增加，那么多种危险因素合起来就可对机体产生极大的隐患。各种危险因素均为相互关联，相互作用的，共同增加 CHD 的发病危险[7]。此外，CHD 的危险因素也与饮食密切相关。还有一些新的 CHD 危险因素正在被确定、评价及量化。

表 15.1 CHD 的主要危险因素

年龄增长	高脂血症：高 LDL-胆固醇、高甘油三酯、高 Lp(a)
饮食	肥胖（尤其是腹围大）
吸烟	缺乏锻炼
酗酒	凝血因子（凝血因子Ⅶ和凝血因子Ⅰ）
男性	失业
高血压	糖尿病及葡萄糖不耐症
CHD 家族史	

1. 饮食与 CHD

许多研究对 CHD 与饮食的关系进行了探讨，结果发现 CHD 的发病率与饱和脂肪酸的能量百分率（饱和脂肪酸的能量摄入占总能量摄入的百分比）的相互关系。通常 CHD 的死亡率与多不饱和脂肪的摄入量呈负相关。减少对高含量饱和脂肪酸食物的摄入以及增加对鱼的消费均有益于心血管系统。高摄入水果、蔬菜可降低 CHD 的发病率。饮食对 CHD 的影响机制是错综复杂的，还有体重、人体的脂肪分布、血压、血液黏度、血栓形成以及吸烟等对 CHD 的影响。

影响 CHD 的因素还包括血管平滑肌的反应性、斑块稳定性、生长因素、内皮组织的功能以及心肌功能等。脂蛋白、血小板功能及动脉壁功能对其凝血、血压和组织灌注的影响，均参与动脉粥样硬化及血栓的形成过程，从而促使 CHD 的发生。

饮食还会通过不同于动脉粥样硬化和血栓形成的其他通路心血管疾病的发生。如一些特殊的微量营养素，包括硒缺乏和钴中毒，其均可引起心肌功能受损而最终导致 CHD。还有证据表明，膳食 n-3 PUFA 和酒精可通过对心肌细胞膜的作用以及纠正心律失常来保护心脏和预防 CHD 的发生。

2. 高脂血症

很多研究，例如多风险因子干预研究已经表明，血清胆固醇水平与 CHD 的死亡率呈正相关，LDL-胆固醇水平与 CHD 也呈正相关[8]。患有遗传性脂质代谢紊乱以及体内 LDL 水平较高的人，有很高的 CHD 发病风险。

HDL-胆固醇有保护作用。许多干预研究，如一项心脏研究，利用药物或饮食来降低人体的 LDL-胆固醇水平，增加 HDL-胆固醇水平，其结果显示 CHD 的发病率降低了[9]。

血液中含有高水平的LDL-胆固醇也可能是由于遗传性代谢紊乱所致，如原发性家族高胆固醇血症（细胞中LDL受体很少）和原发性家族综合脂血症（第十七章第二节）。但一般来说可能与高含量的饱和脂肪酸的饮食密切相关。高Lp（a）水平（由LDL和载脂蛋白聚集合成）也会提高CHD的发病率。血液中Lp（a）水平在很大程度上也是由遗传决定的。

九、膳食脂肪的作用

饱和脂肪酸（SFA）主要存在于动物性产品中。虽然棕榈油及可可脂中也存在大量的饱和脂肪酸，但其最主要的成分是棕榈酸。尽管硬脂酸对LDL-胆固醇水平无明显影响，但大多数饱和脂肪酸均可使LDL-胆固醇水平升高。而顺式-PUFA，如植物油中的*n*-6 PUFA（如亚油酸），可降低LDL-胆固醇水平[10]。*n*-3 PUFA，如亚麻酸以及存在鱼中的长链脂肪酸均可降低甘油三酯水平。反式不饱和脂肪酸（不饱和脂肪酸链双键上的碳原子呈反式结构）可提高LDL水平，降低HDL水平，同时也可提高Lp（a）水平。

摄入过多的含有大量反式不饱和脂肪酸的人造黄油易患CHD。固体人造黄油是反式脂肪酸的主要来源，因此食品企业一直在努力减少人造黄油中反式脂肪酸的含量。

在我国成年人的能量来源中，平均脂肪的摄入量从1989年的23.6%升至2006年的30.4%，其中SFA 2006年为9%。而在一些城市，脂肪的摄入量超过了总能量的35%。

FAO/WHO推荐的脂肪摄入量是：饱和脂肪酸的摄入量占总能量摄入量的百分比要小于10%；PUFA的摄入量占总能量摄入量的6%～9%；单不饱和脂肪酸的摄入量占总能量摄入量的10%～15%。

对胆固醇的摄入量要求低于300mg，但饮食中的胆固醇对血液胆固醇的水平的影响小于饱和脂肪酸。但胆固醇含量高的食物通常含有大量的饱和脂肪，这也就是为什么高胆固醇食物会对人体产生影响的主要原因。

碳水化合物通常可作为膳食中脂肪的替代品，其含量丰富的食物有面包、谷物、米饭、豆类以及一些蔬菜。用这些食物来代替饱和脂肪含量丰富的食物可以降低血液胆固醇的水平，注意：要摄入全谷物食物，高精米、白面和精糖的摄入会升高血糖。

某些存在于食品中的可溶性纤维也有助于降低胆固醇。酒精会提高人体HDL-胆固醇水平。表15.2列出了一些可降低人体对胆固醇摄入量的饮食指导。

表15.2 一些减少饮食中饱和脂肪含量的方法

用多不饱和脂肪或单不饱和脂肪以及人造黄油代替奶油和动物脂肪
食肉要少量，选择瘦肉，并在烹饪前剔除肉中脂肪
用脱脂奶粉代替全脂奶粉
鸡肉、火鸡肉和鱼肉中的饱和脂肪含量较低，烹饪前应剔除皮和脂肪
用烤、蒸、煮、炖或炒的方法代替煎炸，剔除可见脂肪，肉可在无油的情况下烘烤或蒸煮
选低脂乳和乳制品
时刻关注新的低脂或减脂食品。查看食品标签，以确定食品的脂肪含量和脂肪种类
多食纤维含量丰富的食品，尤其是全谷物和果蔬

十、饮食对修饰型脂质的影响

氧化型LDL是导致动脉粥样硬化的危险因素。许多膳食因素会影响LDL的稳定性，并使其在体外氧化。摄入一些大豆产品（含异黄酮）或适量的单不饱和脂肪可以使LDL不易于发生体外氧化。抗氧化剂的存在对LDL的体外氧化过程很重要，一些抗氧化维生素以及其他抗氧化剂均可降低LDL的氧化程度。

维生素C、类胡萝卜素、酒中的黄酮类化合物、硒以及食物中的许多化合物均可降低脂肪氧化。其中一部分可能是通过抑制维生素 E 被氧化而达到降低脂肪氧化效果的。鱼油会加速脂蛋白的氧化进程，要消除这种影响需要足够量的抗氧化剂才能实现。

十一、饮食对血栓和斑块形成的影响

凝血因子Ⅶ和凝血因子Ⅰ的水平与 CHD 有关。高脂饮食与凝血因子Ⅶ水平的升高有关，糖尿病和肥胖症与高水平凝血因子Ⅶ以及高水平凝血因子Ⅰ有关。饱和脂肪酸会加速血栓的形成，而 *n*-3 PUFA 却能抑制血栓的形成。不同脂肪酸对血管的调节和血小板功能的影响可能与其对前列腺素和血栓素的代谢影响有关。

在健康状态下，血管收缩与舒张的平衡机制影响血小板。饮食可改变这种平衡，来自鱼类的 *n*-3 系列脂肪酸（二十碳五烯酸和二十二碳六烯酸）通过降低血小板的黏附性和提高有抗积聚功能的前列腺素的分泌量，可以起到抗血栓作用。而 *n*-6 PUFA 可提高引起血小板聚集功能的血栓素 A 的合成与分泌。此外，*n*-3 PUFA 还具有其他有益之处。动物研究表明其可加强依赖型内皮的舒张性，从而加大回心血流量。还可通过对心肌细胞中钙含量的影响来抑制心律失常的发生（见第十八章）。

十二、酒精的影响

轻至中度的饮酒对抑制 CHD 的发生和发展有显著的效果。饮酒可以减少血小板的凝聚，降低凝血因子Ⅰ的水平，从而降低血栓的形成。同时酒精还会提高人体 HDL-胆固醇水平。但酗酒会引起血压升高，还会造成肝脏的损害。

十三、食物中的非营养物质

目前越来越多的人开始关注食物中的非营养物质，其有些对血液脂蛋白及 CHD 的危险因素均具有益的作用。这些非营养物质如下：

① 大蒜中的大蒜素；

② 豆类植物（如鹰嘴豆）中的皂苷；

③ 大豆中的异黄酮；

④ 大麦和红棕榈油中的生育二烯酚，可抑制参与胆固醇合成的酶；

⑤ 植物甾醇也可阻止胆固醇的合成。

随着对植物雌激素（存在于大豆和谷物中）在人类生理影响方面研究的深入，以及对一些天然食物色素如花色苷（存在于红酒中）在动物试验降低胆固醇作用方面的研究的增多，很有可能还存在一大批食物，具有调节人体脂质紊乱的作用。

尽管食物中某一单个组分对机体的影响相对较小（LDL-胆固醇水平降低量在 1%～3%），但多种组分合于一起，其影响就显得很重要了[12]。例如，添加了植物甾醇（减少人体对胆固醇的吸收）的低饱和脂肪酸人造黄油已在西方国家上市近 10 年。

十四、血压

收缩压和舒张压与 CHD 的关系十分密切。许多与饮食相关的因素可引起并加重高血压。某些种族，其高血压的发病率较高，如日本人及澳大利亚土著民。我国的高血压发病率呈增长态势，2002 年成人高血压患者为 18.8%，比 1991 年增长了 31%。据统计，目前全国有高血压患者约 2 亿。部分北方地区成人高血压发病率达 30%[13]。

饮食、肥胖以及酗酒是影响血压的主要因素。钠及食物中钠与钾的比例十分重要，特别是对老年人而言。我国大部分是高盐饮食地区。据卫生部 2002 年全国营养与健康状况调查，我国城乡居民平均每人每日盐的摄入量为 12g（农村 12.4g，城市 10.9g），北方地区高于南方。高盐饮食地区的高血压发病率一般较高[13]。

高盐饮食是高血压的重要危险因素。尿液中钾的含量与血压呈负相关，钠呈正相关。通常素食者比荤食者的血压要低，其CHD的发病概率也相对较低。当人们的饮食类型从典型的西方饮食转变为素食时，其血压会有所降低。最值得关注的是美国一项关于终止高血压膳食疗法（dietary approaches to stop hypertension，DASH）的研究。其采用低钠、低脂肪、低饱和脂肪以及高钙饮食，取得了很好的降压效果[14]。

食物中所含脂肪的种类也会对血压产生影响，低脂饮食对健康有益。此外，镉、咖啡对人体血压的影响已经受到了人们的关注，但关于这方面的资料还比较匮乏。

十五、预防和减轻CHD的饮食措施

为研究饮食变化对CHD的影响，研究者设计了许多饮食干预的方法，其中有些仅研究饮食的变化，但多数方法是研究生活方式的改变。目前关于这方面的绝大多数的研究仍还不够完善。

在一个单因素的干预研究中，将PUFA（代替饱和脂肪酸）的饮食者作为试验组，将典型的美国饮食者（40%的热量来自脂肪）作为对照组，并进行了比较。经过8年的持续性跟踪研究，发现其试验组的血液胆固醇水平比对照组低，动脉粥样硬化的发病率和死亡率也比对照组低。对一些由于高胆固醇或吸烟而使CHD高危的奥斯陆男子的研究表明，那些给予饮食教育以降低脂肪摄入的男性，其CHD的死亡率比较低。对患者采取重复性的冠状动脉血管造影技术，以寻找其动脉硬化的衰退机制。即将染色物注入患者的冠状动脉，通过血管造影技术，可显示出患者血管变窄的程度。

与药物疗法一样，某些饮食疗法可降低甚至停止动脉硬化症的发展。在一项心脏活动方式的研究中（lifestyle heart trial），试验者的饮食为严格的素食（脂肪的能量来源低于10%）。又有一些研究，如圣托马斯关于粥样硬化消退的研究（STARS）表明，中等低脂饮食组（27%的能量来源于脂肪，P：S=0.8）与未进行特殊饮食干预的对照组相比，其动脉粥样硬化的发展更缓慢。威尔士的再梗死试验（re-infarction trial）表明，饮食中包含一定量的鱼类对患者有益。在短期研究（两年）中发现，每周至少摄入两次高脂鱼的患者，其死亡率下降了29%。富含果蔬的低脂饮食有助于降低多发性心肌梗死的危险性。建立在地中海饮食基础上的高单不饱和脂肪的摄入、果蔬的摄入可充分地改变其脂肪饮食具有降低再梗死的效果[15]。饮食与药物治疗具有相互协同的作用。

许多研究已经显示，3-羟基-3-甲基戊二酰辅酶A（HMG-CoA）还原酶对心肌梗死的治疗有益。但多数研究仍建议相应的饮食与药物治疗协同进行，因为要将饮食与药物对心肌梗死的作用效果完全分开是很困难的。

第二节 膳食营养与糖尿病

糖尿病是一种血糖代谢紊乱性疾病，其特点是机体血液中的糖含量不能维持在正常水平。该病最初是由一位内科医生发现的。早在17世纪，科学家发现某些患者的尿液有甜味，故将这种病命名为糖尿病，并为大家所熟知。糖尿病有两种类型。

① 1型糖尿病或胰岛素依赖型糖尿病，由于胰腺产生胰岛素的β细胞受损而使胰岛素的分泌不足。

② 2型糖尿病或非胰岛素依赖型糖尿病，是由于胰岛素抵抗引起的，即人体器官对胰岛素产生损伤性的生化反应。

一、糖尿病的发病率

糖尿病是一种在全球较为常见的疾病。其在亚利桑那州的印第安皮马人以及瑙鲁人中相

当普遍（发病率高达30%～40%）。在澳大利亚的土著民、波利尼西亚人、印度移民以及沙特阿拉伯人中也很普遍（约10%～20%）。而其他地区糖尿病的发病率平均约为1%～3%。一些先前发病率较低的国家和地区，如印度、中国以及某些发展中国家，其目前发病率也在出乎意料地增多。第四次世界糖尿病普查数据显示，至2010年，印度将有5200万糖尿病患者。

在我国，目前糖尿病患者约4000万。其中城市成年人口糖尿病的发病率已达9.7%。而60岁以上的人群，其发病率高达10%～15%。通常糖尿病在老年人较为多见，城市居民大于农村居民。在斐济，城市妇女的发病率为9%，而农村妇女的发病率仅为2%。

1. 2型糖尿病或非胰岛素依赖型糖尿病

据统计，在全球范围内，2型糖尿病患者约为1型糖尿病患者的5～20倍。在西方的白种人中，2型糖尿病约占总糖尿病患者的80%～85%。在澳大利亚，2型与1型糖尿病患者数量的比例为10∶1。亚洲人、瑙鲁人、印第安皮马人以及南太平洋群岛的居民中，2型糖尿病占总糖尿病患者的95%～100%。

有着北欧血统的人较容易患Ⅰ型糖尿病。在芬兰的一些地区，Ⅰ型糖尿病的发病率为40人/(100万人·年)。在日本，其发病率仅为1～2人/(100万人·年)。

我国是全球1型糖尿病发病率最低的国家之一，但2型糖尿病的发病率却已跃居世界第一（《中国2型糖尿病防治指南》，2007）。糖尿病的发生是一个长期的渐进过程，许多病例均是通过日常或偶然的尿检或血液检测才被发现的。此外，在过去的糖尿病患者中，约50%的患者均不清楚自己属于哪种类型的糖尿病。

导致糖尿病高发的原因主要有二，分别是过去恶劣的周边环境以及导致肥胖症高发的社会文化的快速转型。在位于太平洋中心的瑙鲁，50岁以上的中年人，约1/3患有糖尿病。而导致如此高的发病率与诸多因素有关，包括遗传、高能量的摄入、都市化以及运动不足等。经济的发展与社会的变化使人们在饮食中将蛋白质和脂肪代替了碳水化合物，膳食纤维的摄入也减少了，这种现象尤其在城市中极为普遍，这也部分地解释了一些过渡型国家2型糖尿病的发病率逐年增多的原因。胎儿时期的营养不良可影响其后对胰岛素的抵抗，将易导致2型糖尿病以及高脂血症。

2. 1型糖尿病的特点

胰岛是在胰脏腺泡之间的散在的细胞团。1型糖尿病的发生与胰岛β细胞的破坏有关。胰岛β细胞分泌胰岛素，其为一种由51个氨基酸组成的激素，因此胰岛β细胞的破坏将导致胰岛素的合成及分泌不足。关于胰岛β细胞被破坏的原因目前尚未完全明了，有可能是病毒所致，也可能是由人体自动免疫反应引起的。

研究表明，胰岛β细胞的抗体一般在确诊及接受免疫抑制剂治疗之前就已经产生了。因此，对1型糖尿病而言，很可能与遗传密切相关，因该病在哺乳期的婴儿更为常见。

1型糖尿病常见于儿童和青少年，一般发作比较突然。其常见症状如下。

① 高血糖。

② 口渴，由过多地排尿导致。

③ 多尿，由尿糖引起（当血糖浓度超过10mmol/L时，尿液中会出现糖），通过糖的渗透作用。

④ 乏力。

⑤ 多食易饥，由于基础代谢率增高所致。

⑥ 酮症酸中毒（酮来自脂肪，其使血液和尿液中的酮含量增高，可引起电解质平衡紊乱，可出现呕心、腹痛、精神异常及昏迷等）。

3. 2型糖尿病的特点

2型糖尿病的发作通常是缓慢的，可能需要很多年，其他症状也不如1型糖尿病明显。虽然遗传因素对2型糖尿病的影响很大，但其真正的病因目前还不是很清楚。可能是胰腺分泌的胰岛素发生了改变，导致其对葡萄糖的反应延迟，从而使某些组织（如肌肉组织）对胰岛素的作用不敏感（产生抵抗）。2型糖尿病的病理特点：①年长者为多，通常在45岁以上发病；②体重超标；③有糖尿病家族史；④胰岛素抵抗（胰岛素很快增加，但组织对胰岛素的反应性降低）；⑤常伴有心血管并发症。

二、葡萄糖代谢紊乱的诊断

我国中华医学会糖尿病学分会联合一些专家组织起草的2004《中国糖尿病防治指南》采用了由美国糖尿病协会和世界卫生组织于1999年起草的关于糖尿病的诊断标准。

糖尿病的诊断标准为：①空腹静脉血糖≥7.0mmol/L，指禁食至少8h后的血糖；②随机静脉血糖≥11.1mmol/L，指一天中任何时间的血糖，不考虑用餐时间；③葡萄糖负荷后2h血糖≥11.1mmol/L，指75g葡萄糖口服负荷试验后2h血糖值。

糖耐量受损通常是2型糖尿病发展的一部分，它可以通过人体在服用75g葡萄糖口服负荷试验后2h血糖值来评价。其评价了胰腺分泌胰岛素的功能以及人体组织对胰岛素的反应能力。然而，专家委员会目前对用口服葡萄糖来测定糖耐量的这种检测方法存在着分歧。一个新的指标，即空腹血糖受损，被确定用来描述空腹血糖低于糖尿病诊断标准但高于正常范围的情况（6.1mmol/L＜空腹血糖＜7mmol/L）。代谢综合征是指一系列的人体功能失调，其中包括糖耐量受损、高血压、肥胖症和高甘油三酯血症等。

三、糖尿病的并发症

糖尿病患者尤其是在晚期均会引起一些不同程度的并发症，如大血管并发症（大动脉，如冠状动脉）、微血管并发症（视网膜以及肾脏血管）。这些并发症还可进一步影响神经系统。其常见的临床表现为：①高血糖昏迷；②用胰岛素或其他药物降低血糖水平时，可产生低血糖昏迷；③心脑血管疾病；④肾脏受损；⑤眼部疾患；⑥对传染病的敏感性增强；⑦脚部疾患，如溃烂、趾关节受损、坏疽；⑧神经受损，如感觉异常或消失；⑨妇科疾患；⑩因慢性疾病产生的情绪异常。

四、血管疾病

导致糖尿病死亡最主要的原因是动脉粥样硬化性心血管疾病。糖尿病患者冠心病的发病率高于正常人群，其中男性为正常人的2倍，女性为4倍，并且因血管疾病而必须截肢的患者为正常人的10～20倍。尿微量白蛋白的检验可以预测肾病及冠心病的临床进展情况。脂蛋白异常的现象也很普遍。当对葡萄糖的控制有所加强时，1型糖尿病患者的脂质异常现象会有所改善，而2型糖尿病患者却较为顽固。这种异常包括极低密度脂蛋白（VLDL）升高、甘油三酯升高、低密度脂蛋白密度降低（更易被氧化）以及保护型HDL-胆固醇水平降低。

糖尿病加速动脉粥样硬化的原因目前还不是很清楚，但脂质异常、高血压、高胰岛素水平、血管壁异常、内皮细胞释放化学物质的功能降低以及凝血机制的改变均可能与此有关。在某些国家，如巴布亚新几内亚人，他们的胆固醇水平较低，其糖尿病的并发症一般为微血管疾病而非大血管疾病，这表明脂质异常对冠心病的发展有协同作用。糖尿病发病率极低的希腊人，其CHD的发病率也很低，这也可能与他们的地中海饮食有关。

五、糖尿病的治疗概要

糖尿病的治疗目的是减轻糖尿病的症状，降低大血管及微血管的并发症。

1. 1型糖尿病

1型糖尿病患者需定时地进行胰岛素的治疗。胰岛素药物很多，不同药物作用的有效时间不同，且有些药物是单独使用，而有些药物则需联合使用。通常胰岛素的注射时间间隔为1~4次/天。

患者平衡且碳水化合物含量适宜的膳食很重要。患者需经常自我测定血糖水平以确认其治疗方法是否得当。如果可能，还可根据测定结果来决定自己今后将如何改变对食物的需求、锻炼方式、胰岛素的用量以及如何在时间上控制血糖浓度，使其处于正常范围。定时对眼睛、血压及肾功能进行检查，注意保护下肢。有规律的运动及禁止吸烟对降低心血管疾病的并发症是有益的。

糖尿病控制及其并发症的临床研究（DDCT）表明，对新陈代谢的良好监控（使血糖水平降低、糖化血红蛋白的效价降低、长时间对血糖水平进行跟踪控制），有助于降低并发症的发生，尤其是眼部疾患。

2. 2型糖尿病

2型糖尿病患者大多体重超标，因此治疗2型糖尿病最主要的是降低体重。如果体重恢复正常，患者的糖耐量将有大的改善。饮食和运动是十分重要的，且运动还可快速提高人体组织对胰岛素的敏感性。如果这样仍无法控制血糖水平，那么就需考虑药物降低血糖，甚至进行胰岛素注射治疗。

3. 糖尿病患者的饮食管理

20世纪的30～40年代，糖尿病患者以低糖高脂饮食为主。其饮食通常是分配饮食，即根据碳水化合物的含量将食物分为几个种类，其中的一种饮食就是食物或饮料中含有10g的碳水化合物。之后糖尿病患者的饮食转变为交换型饮食，即通过交换使食物和饮料中含有15%的碳水化合物。含碳水化合物的食物根据其成分的不同，也被分为几个不同的组别。而后随着科研的发展人们越来越清楚地认识到饮食中包含碳水化合物并不会导致糖尿病的恶化。

4. 现今普遍使用的饮食管理方法

(1) 体重控制　肥胖的加剧一般发生在糖尿病的起病之前。2型糖尿病患者多是体重的，因此降低体重便成为治疗的首要问题。强调对能量的摄入进行适当的控制，并调节个体饮食计划的减肥方案比低能量摄入及间歇性快速摄入能量的过激方法更有效。

其他还有一些能够帮助达到长期减肥有效控制糖尿病的方法，包括他人的支持、行为习惯的改善以及有规律的运动计划等。

(2) 碳水化合物　目前多数权威人士提出，糖尿病患者的能量来源中，50%～60%的能量应来自碳水化合物，其中大部分应为粗或复杂的碳水化合物。对糖尿病控制方面的困难之一是饭后高血糖的发生。饮食中可增加一些可溶性的纤维素，比如瓜尔胶、果胶以及一些半纤维素，其可以降低血糖，同时也可降低血脂水平。全谷物食品、豆科植物（如扁豆及其他干燥豆类）以及果蔬中均含有这些可溶性纤维素。目前许多书籍为糖尿病患者提供了大量的建立在糖尿病饮食原则基础上的美味食谱，均适用于糖尿病患者。要证实水溶性纤维与食物血糖指数对糖尿病的长期相关性，还有待进一步的研究。

(3) 蔗糖　在过去的理论中糖尿病患者的饮食中不应有蔗糖存在。目前经研究，糖尿病患者食用适量的蔗糖是可以的。但有资料显示，当患者的能量摄入保持稳定时，使用小剂量的蔗糖作为甜味剂放入食品中，不会对血糖的控制产生不利的影响。既然降低体重是治疗2型糖尿病中的一个重要环节，那么摄入不必要的营养素或认为“无热量”的蔗糖的做法应该尽量避免。饮食中加入蔗糖可增强胰岛素的抵抗性，还会导致高甘油三酯血症，这是由于蔗糖的果糖基团可直接提高肝脏中甘油三酯的含量。对糖尿病人来说，饮食蔗糖受许多可变因素的影响，包括饮食的组成等。如果能量的摄入过多或饮食中 PUFA 与饱和脂肪酸的比例较低，那么蔗糖对糖尿病的影响会更加明显。

(4) 脂肪　对于大多数人来说，饱和脂肪的摄入不能超过总能量的 10%，而且如果 LDL-胆固醇水平升高，其饱和脂肪的摄入要更少。因脂肪是能量密度最高的营养物，所以减少饮食中脂肪的总量对降低能量的摄入至关重要。饱和脂肪酸的减少还会降低机体的 LDL-胆固醇水平，从而降低 CHD 的发生。低脂饮食可以增强人体的糖耐量以及胰岛素的敏感性，如果饮食中富含纤维素（复杂碳水化合物）或蛋白质，其效果就更加明显了。

空腹血糖的降低与肝脏产生血糖的量减少是一致的，这可能是通过间接增强肝脏对胰岛素的敏感性或直接由低脂饮食抑制了肝脏葡萄糖的产生所导致的。高脂饮食中的棕榈酸可促进大鼠肝脏细胞的糖异生作用。高脂饮食与增加脂肪酸的氧化有关，从而干扰碳水化合物的代谢，使肌肉中葡萄糖的氧化减弱以及促进肝脏中葡萄糖产量的增加。

一些专家建议，饮食中的饱和脂肪酸、PUFA 以及单不饱和脂肪酸的含量要相同，且胆固醇的摄入应低于 300mg/天。最近另有报道，经过修饰的脂肪饮食，由于含大量的单不饱和脂肪酸，对代谢控制结果好于高碳水化合物低脂饮食。这些研究使患者对饮食脂肪摄入的指导方针更具体化，包括食用单不饱和脂肪酸，如橄榄油、芥花籽油以及人造黄油（地中海饮食的一部分）。这也使糖尿病患者对食物的选择更加灵活。然而，对任何脂肪摄入增加的趋势均应监控，以保证体重增加不是副作用。

关于糖尿病饮食中是否应该存在鱼油这一问题引起了广泛的关注。当患者摄入某些鱼油，如 EPA，其体内的甘油三酯水平就会出现降低趋势，但对糖的代谢得不到很好的控制。尽管如此，糖尿病患者增加对鱼的消费还是有理由的，因其可增强动脉适应性，减少血凝块的形成，降低大血管疾病的发生。

(5) 蛋白质　饮食中蛋白质提供的能量应为总能量摄入量的 12%～18%，因为蛋白质对葡萄糖代谢的正常运转具有重要的作用。但过多蛋白质的摄入可加速肾脏并发症的发生。

(6) 微量营养素　抗氧化剂可通过降低自由基对蛋白质和脂类的破坏有效地防止或延缓糖尿病的并发症，如 CHD 及视网膜病变的发生。抗氧化剂有维生素 E、维生素 C 以及番茄红素等。水果、蔬菜与谷物中均含有这些物质。铬是一种矿物质，其在酵母、米汤、蛋黄、奶酪、肝脏、苹果皮以及全麦食品中大量存在。高糖饮食会增加体内铬的流失。铬也是组成葡萄糖耐量因子的一部分，后者可以增强胰岛素的功效。研究表明，铬可提高人体的糖耐量，并降低血中胆固醇的水平。

尽管某些糖尿病患者体内锌代谢的改变机理尚未完全被确定，但 1 型与 2 型糖尿病患者血液锌的水平低于健康人群。

5. 血糖指数

血糖指数是指食物进入人体后，血液中葡萄糖浓度上升的速率和程度。血糖指数为食物分类的指标，其对食物的分类是建立在淀粉类食物（比如白面包）或葡萄糖被摄入后，对机体血糖浓度产生变化的反应强弱这一基础上的（表 15.3）。

血糖指数的范围形成了一个连续区。一般来说，血糖指数低于 50 的食物称为低血糖指数食物，而高于 70 则称为高血糖指数食物。

血糖指数低的食物包括淀粉类食物，如豆类和杂粮等，可降低膳后血糖反应与胰岛素反应，有助于降低血糖和血脂浓度。然而，在糖尿病的治疗过程中，人们又对使用血糖指数而感到担忧，因为个体的血糖反应均不同，且由于混合餐多种多样，根本没有一个统一的标准。在不同人群测定的血糖指数有很大差异。蛋白质、脂肪、纤维素以及糖是通过影响胰岛

表 15.3 一些食物的平均血糖指数（葡萄糖＝100）

食物	平均血糖指数	食物	平均血糖指数	食物	平均血糖指数
葡萄糖	100	苹果松饼	44	苹果	35
蜂蜜	87	香蕉蛋糕	47	杏子	43
蔗糖	59	海绵蛋糕	46	香蕉	60
果糖	20	膨松薄脆饼干	81	葡萄柚	25
乳糖	57	瑞维他原味松脆饼干	69	葡萄	43
大米饭	88	甜饼干	62	芒果	51
糙米饭	87	苹果汁	41	番木瓜果	56
糯米饭	87	芬达	68	桃子——听装桃子汁	30
小麦面条	81	橙汁	53	——新鲜桃子	28
荞麦面条	59	酸乳酪、调味乳、低脂乳	33	梨	36
牛角面包	67	——全乳制品	27	菠萝	66
烤饼	69	——脱脂乳	32	李子	24
水果面包	47	——巧克力	34	硬皮甜瓜	65
大麦面包	45	——奶油冻	43	无籽葡萄	56
混合谷物面包	45	奶油冰激凌（低脂）	50	胡萝卜	49
燕麦麸面包	44	玉米片	72	豌豆	48
白面包	70	鱼柳	38	甘薯	48
全麦面包	64	花生	14	巧克力	49
白面馒头	88	爆米花	56	胶质软糖	80
荞麦面馒头	67	炸薯条	57	烤豆	48
全麦麸皮	30	香肠	28	蚕豆	79
燕麦片	55	番茄汤	38	棉豆	31
白米粥	69	土豆类——烤土豆	85	鹰嘴豆	33
小米粥	62	——新土豆	62	扁豆	38
米糠	19	——法国土豆条	75	芸豆	27
比萨饼	60	南瓜	75	小扁豆	28
汉堡包	61	甜玉米	48	大豆	18

注：本表是综合多国的食物血糖指数，根据我国常见饮食而汇总的。

素的分泌量来影响饮食总血糖指数的。虽然水果、牛奶等含较高简单糖类，但血糖指数较一般的淀粉类食物偏低[16]。要彻底弄清楚血糖指数确切的现实意义，还需要做更多的研究。当用食物的血糖指数来对糖尿病患者的饮食进行选择时，首要推荐的饮食原则为混合型饮食：①多样化食物，以保证充足的营养；②减少饱和脂肪酸，增加植物性食物的消费量，以降低糖尿病的并发症；③《中国糖尿病防治指南》及《中国 2 型糖尿病防治指南》；④少食多餐，每一餐中至少有一种为低血糖指数的饮食（低脂），以确保有限的胰岛素储量，从而阻止体内碳水化合物过多。

这种方式的目的是使糖类及脂肪的摄入个体化，从而使机体的血糖和脂肪浓度处于最佳水平。这一原则应贯穿于糖尿病患者整个生活方式的计划中。

6. 饮食教育与生活方式

表 15.4 列出了糖尿病患者的推荐饮食。虽然每个国家的推荐饮食均有一些小的变化，而该表列出的是基本的饮食原则纲要。

最近，美国的糖尿病协会出台了关于美国的糖尿病饮食指南。要使患者完全按照其饮食指南去做，这对于患者及专业护理人员都是一个长期的挑战。简化饮食预示着可提高患者对饮食的遵从性。在解释饮食基本理论以及制订个人饮食计划时，应考虑患者个体的用餐习惯、生活方式、文化背景等，这些均是任何饮食教育必不可少的组成部分。

表 15.4 对糖尿病患者的饮食建议

能 量	保持身体质量指数(BMI)≈ 22kg/m²
碳水化合物/%	50～55
蔗糖或果糖(添加的)	<25g/天
膳食纤维	>30g/(18g NSP)
总脂肪/%	30～35
饱和脂肪	7%～10%
单不饱和脂肪	10%～18%
多不饱和脂肪	<10%
蛋白质/%	10～15
食盐	<6g/天
高血压患者	<3g/天
糖尿病患者	避免

饮食及生活方式的教育是十分必要的。随着对糖尿病饮食中的各种成分以及对糖尿病发病机制的不断认识，人们越来越清楚地认识到，糖尿病患者的低脂或改性脂肪、适度的碳水化合物、高膳食纤维以及适度的高蛋白质饮食推荐与防止其他疾病（心血管疾病、高血压及癌症）的饮食推荐是很相似的。

7. 运动与糖尿病

对于 2 型糖尿病患者，通过运动可以使细胞膜上的胰岛素受体增多，同时提高受体对胰岛素的敏感性，而有助于更有效地利用胰岛素。1 型糖尿病患者应清楚运动对高血糖及低血糖均有一定的危险。但是对于多数患者来说，有规律的运动对心血管系统以及心理调节是利大于弊。

8. 青春期糖尿病

青春期是快速成长的时期。糖尿病可使正在成长中的青少年遭受更多的困难。青少年通常认为自己是万能的、不朽的，他们总是沉浸在做一些不假思索也不计后果的行为中而不能自拔，他们会为了自立而与长辈发生冲突。糖尿病可通过许多方式对某些青少年问题产生不利的影响，如果控制欠佳，其生理及性成熟将会延迟。

有些青少年患者养成了酗酒及吸烟的习惯，这与其压力有关。他们多数不愿意公开表达对自己患有糖尿病的心理反应，从而显得与他人不同。

影响青少年糖尿病控制的因素如下。

① 青春期，机体对胰岛素的需求有所提高。

② 饮食变化不稳定。

a. 垃圾食品。

b. 外出用餐。

c. 居住在外。

d. 酒的摄入量增加。

③ 活动显著无规律（例如，先通宵活动，然后长时间睡觉）。

④ 情感压力大。

⑤ 青少年的冒险行为可促使胰岛素的分泌过多。

⑥ 血糖监测少甚至不存在。

⑦ 首次糖尿病的并发症经常出现在青少年性成熟期。

青少年患者要处理好上述问题，取决于个人的素质、智力、自尊、家庭的支持以及同龄人对他们的接受。

9. **糖尿病孕妇**

40年前，约1/4的糖尿病孕妇在妊娠期间以死胎告终，即便是那些顺利生产的产妇，其婴儿出现先天性畸形、超重、新生儿低血糖以及呼吸道疾病的危险性也很高。这些并发症的产生与糖尿病的控制不良相关。如果在妊娠期间或妊娠之前对糖尿病有良好的控制，那么无论孕妇还是婴儿，其情况均会有很大的改善。

对糖尿病孕妇的膳食推荐包括对所有孕妇均实用的膳食。此外，对碳水化合物的摄入必须进行全天分配，以避免机体在某一时刻出现低血糖。这包括在早、中、晚三餐之间加入规律性的小吃，以及就寝前补充适当的食物以避免机体整夜处于低血糖状态。

第三节 膳食营养与癌症

在多数发达国家，癌症已成为第二杀手，仅次于心血管疾病。2004年，全球癌症死亡人数达740万（约占所有死亡人数的13%）。其中肺癌、胃癌、结肠癌、肝癌和乳癌是每年癌症死亡的罪魁祸首。导致癌症总死亡率的主要癌症种类为：肺癌（130万）、胃癌（80.3万）、结肠癌（63.9万）、肝癌（61万）、乳癌（51.9万）。如果心血管疾病的死亡率继续下降，那么癌症很可能跃居总疾病死亡率之首。在发达国家，肺癌、肠癌、乳腺癌及前列腺癌是很普遍的，其发病率与死亡率最高。在一些贫困地区，胃癌、肝癌、口腔癌、食道癌以及宫颈癌较为常见。然而，许多发展中国家的癌症发病范围正在从过去的贫困地区转向富裕地区。在世界各国，其乳腺癌的发病率均有所增加[17]。

一、癌症的定义

癌症是一组不明原因或可能由多种病因所引起的发生在人类的恶性肿瘤。使用的其他术语为赘生物。癌症的特征是快速产生异常细胞，这些细胞通常超越其边界生长并可侵袭机体的毗邻部位及扩散至其他器官。这一过程被称为转移。转移是癌症致死的主要原因。

细胞分裂，又称细胞增殖是机体组织生长或再生的正常过程。当控制细胞分裂或死亡的因子失去控制时，肿瘤性疾病就不可避免地发生了。这时，一些异常细胞在体内产生是很正常的，其可能是由于机体发生了遗传性突变。某些特殊的化学物质、放射线以及病毒均会导致细胞突变。如果体内的异常细胞不是很多，那么机体的防御系统可以将其清除。理论上，营养因子可以通过对突变的影响，对细胞死亡的调控以及对防御系统的作用来阻碍肿瘤性疾病的发生与发展。男女最常见的癌症类型有所不同。

男性：肺癌、胃癌、肝癌、结肠直肠癌、食道癌以及前列腺癌。

女性：乳癌、肺癌、胃癌、结肠直肠癌以及子宫颈癌。

二、癌症、基因与生活方式

有一种关于基因的宿命论说法，即如果你的父母、兄弟姐妹患有某种疾病，那么你注定也将患这种疾病。尽管在某些家庭，基因确实导致了癌症的高发，但这种宿命论在很大程度上并不是绝对的。癌症领域的最新研究表明，遗传在引发癌症中所起的作用并没有过去想象得那么明显。实际上，环境因素在引发癌症中所起的作用较过去想象的要重要得多。

芬兰一个关于44788对双胞胎的研究[18]，丹麦和瑞典等国乳腺癌、结肠癌、前列腺癌、胃癌以及肺癌的危险性评估等。总之，根据癌症类型的不同，遗传因素所导致的各类癌症占癌症总数的百分率为21%～42%，平均约为30%。由遗传因素导致的前列腺癌占所有前列腺癌的42%、结肠癌35%，而乳腺癌为27%。然而，这些只是估算，其真正的比例可能更低。

其他可引发癌症的因素主要是环境因素，包括教育、职业以及生活方式等。一些共有的基因对大多数癌症的影响均很小。同卵双胎患同类型癌症的概率大于异卵双胎，但即使是完全相同的双胞胎，其患同一种癌症的概率也低于15%。这个研究尚未将一些特殊的癌症以及某些环境因素，如吸烟与饮食等考虑在内。尽管这个研究有一定的局限性，但其的确为基因因素与环境因素究竟哪一个对癌症的影响更大的争论提供了新的有价值的信息。它证实了遗传对癌症易感性的影响，同时也证实了多数癌症是由致癌物质，如烟草、饮食、细菌或病毒等环境因素引起的。由于环境对癌症风险的影响，饮食可以减轻或加剧遗传的易感性[18]。

三、引起癌症的可能原因以及营养对癌症的影响

癌症源自于一个单细胞。从一个正常细胞转变为一个肿瘤细胞要经过多阶段的发展过程，最终从癌前病变发展为恶性肿瘤。这些变化是个体的基因因素与三种外部因子之间相互作用的结果。其外部因子包括：物理致癌物质，如紫外线及电离辐射等；化学致癌物质，如石棉、烟草烟雾成分、黄曲霉毒素以及砷；生物致癌物质，如某些病毒、细菌或寄生虫引起的感染。

与某些癌症相关的感染例子如下。

病毒：乙型肝炎与肝癌、人乳头瘤病毒（HPV）与宫颈癌、人类免疫缺陷病毒（HIV）与卡波希氏肉瘤。

细菌：幽门螺旋杆菌与胃癌。

寄生虫：血吸虫病与膀胱癌。

老龄化是癌症形成的另一个基本因素。癌症的发病率随年龄的增长而显著升高，极可能是由于生命历程中特定癌症危险因素的积累，加之随着人体的逐渐老化，其细胞修复机制在有效性方面有走下坡路的倾向。

烟草与酒精的使用、果蔬的摄入低以及慢性感染乙肝病毒（HBV）、丙肝病毒（HCV）及部分类型的人乳头瘤病毒（HPV）等，均为低收入及中等收入国家癌症形成的主要危险因素。而由人乳头瘤病毒引起的宫颈癌，则是低收入国家导致妇女癌症死亡的一个主要原因。在高收入国家，烟草与酒精的使用以及体重超重和肥胖是癌症的主要危险因素。

人们所摄入的食物对致癌过程的每一步骤均有其重要的影响。食物中可能含有致突变物质，如由霉类产生的黄曲霉毒素、食物中亚硝酸盐产生的亚硝胺、硝酸盐（食物中天然存在或人为加入的），其均可引发癌症。

食物中也存在着许多抗突变物质，其也许是一些可减少DNA损伤的抗突变物质（如来自香荚兰植物中的香兰素、来自肉桂中的肉桂醛以及与叶绿素有关的叶绿酸等）和一些能使突变失活的去突变物质（如作为抗氧化剂的谷胱甘肽缩氨酸及维生素E、使亚硝酸盐失活的维生素C）。某些饮料也可促肿瘤的生长（如酒精）。

有些食物可促进肿瘤的生长（如食物中的各种生长因子），也可减慢肿瘤的生长，还有可能通过淋巴及血流的扩散参与肿瘤的转移（可降低新的血管形成以及减缓肿瘤生长所必需的血管生成过程，如大豆产品的抗血管生成物质——5,7,45-三羟基异黄酮组分）。而有些食物可通过不同的途径抑制肿瘤的生长。尽管机体对栎精（一种食物中的异黄酮）的吸收能力不强，且其主要作用于肠内，但它引起的细胞凋亡可以抑制肿瘤的生长。

四、膳食与癌症的关系

癌症发病的类型与包括饮食文化在内的种族有关，也与慢性非传染性流行病的模式相关。癌症的发病率及癌症类型在世界各国很不一致，如胃癌发病率最高的国家是日本，大肠癌发生率最高是美国，而瑞典则是前列腺癌最多见的国家。芬兰人（生活在赫尔辛基和农

村）比丹麦人（生活在哥本哈根和农村）CHD的发病率高，但肠癌的发病率却很低。在芬兰，日常饮食中的脂肪资源比丹麦人高很多，但由于饮食中非脂成分（如乳清蛋白、钙以及加入牛奶中的维生素D）的影响，使食物中的脂肪资源可以保护机体免受肠癌的困扰[19]。而这样的模式并不是永远不变的，它可随人类的迁移而有所改变。例如，第一批移居夏威夷的日本人，他们的胃癌发病率比移居前有所下降，但肠癌的发病率却有所上升。在加利福尼亚州，这种变化更为显著。同样，移居澳大利亚的地中海人也表现出类似的变化趋势。

即使在相同文化的某一特殊的地理区域，癌症的发病率也会因生活方式的改变而改变。在我国不同肿瘤也有其高发区。如食管癌的发病特点是北方高于南方，内地高于沿海。高发区有太行山区中南段、川北盐亭、广东汕头、梅县、江苏淮安、建湖和泰兴等地。肝癌的死亡率有南方高于北方、东部高于西部、沿海高于内地的趋势。其高发区主要分布于广西、广东、福建、江苏、上海、浙江等沿海的某些地区。胃癌则以西北黄土高原和东部沿海各省较高。盐碱土地区食管癌高发。富含腐殖质的沼泽地区胃癌高发。肝癌高发区的地质地貌类型是江河下游的水网平原和三角洲平原。

从癌症的死亡率情况看，食管癌的死亡率有山区高于丘陵、丘陵高于平原的趋势。而“山中谷”和“平中洼”多为相对高发区。岩溶地区的肝癌死亡率的分布主要受地层岩性和岩溶地貌的影响，在石灰岩峰林槽谷区肝癌死亡率较高。在以沙页岩、砾岩为主组成的低山丘陵区域死亡率较低。死亡率的分布也受微地貌的影响，一般在古沙洲处较低，在古洼地处较高[20]。

1. 癌症的风险因子

掌握癌症的病因、预防及其管理的干预措施，完全可以使癌症的发病率得以降低并有效地控制其发展。根据国际癌症合作者2005年所做的一项研究表明，通过改变或避免其主要的危险因素，超过30%的癌症可以得到预防。

（1）癌症的风险因素　烟草使用、体重超标或肥胖、果蔬的摄入量低、缺乏运动、酗酒、性传播人乳头瘤病毒感染、空气污染、使用固体燃料产生的室内烟雾。

（2）预防战略　大力避免上述危险因素，对人乳头瘤病毒和乙型肝炎病毒可接种疫苗，控制职业危害、减少暴露于强阳光的时间。

（3）早期发现　如果早期发现和治疗，可降低约1/3的癌症负担。即癌症发现越早，治疗效果越佳。前提是在癌症仅限于局部时（转移之前）。癌症的早期发现可通过两个方面。

① 教育、帮助人们认识癌症的早期症状，并立即就医。这类症状包括：无痛或疼痛性肿块、持续消化不良、不明原因的上/下消化道出血、食欲不振、乏力、持续性咳嗽、皮下瘀血、月经失调等。

② 筛查规划，定期体检。其检查手段包括血液检验、病理检验、细胞学检验、X射线、超声波、CT扫描、核医学等。

人们对食物的成分是如何影响癌症发展的问题仍然缺乏细致的了解。但人们已清楚地认识到食物中有许多因子，其不仅仅是营养因子。例如，凡可改变免疫机制的因子均可影响癌症的危险性。

这些与癌症相关的因子的确定是有证可寻的。其有动物试验、人体横向分析（研究事物与健康的关系）、人类病例对照研究（对癌症患者与正常人群之间的食物摄入的不同进行分析）、长期的人类观察研究（如在澳大利亚的墨尔本从41500名来自不同种族背景的人进行了长达25年的队列研究）、干预研究（评价人为控制饮食的改变或营养摄入的改变与非人为控制的饮食改变或营养摄入的改变及其癌症的发生）。

然而，目前尚无一种研究可以提供足够的结论性证据。但随着研究证据的不断增多及更新，人们可以做出一些饮食改变。总之，任何饮食的改变均应对健康有利，并可降低发病率和死亡率，而不仅仅与癌症有关。

2. 水果与蔬菜

约 200 个以上的病例对照研究和前瞻性队列研究表明，在许多地区增加对果蔬，特别是蔬菜的摄入，可以降低癌症的发病危险性。其已在肺癌、胃癌及结肠癌的研究中得到了充分的证据。对于前列腺癌，已有研究发现西红柿产品（非维生素 A 原、类胡萝卜素以及番茄红素的主要来源）可降低其发病率。

目前人们还不清楚果蔬中究竟何种物质对癌症危险性的降低起作用，也许对食物中具有特殊保护功能的成分或化合物的确定可能将成为永久性的研究课题。

3. 抗氧化剂

一些生活方式可增加癌症发病的危险性。其中的一种生活方式就是久坐，其可导致过度肥胖；一种是酗酒和吸烟；还有一种就是摄入精制的、脂肪含量高的食物。这些生活方式均为相互影响的，有人可能具备两种或两种以上这样的生活方式。

肺癌（支气管种类，发生于支气管内层）就是一个典型的例子。吸烟无疑是一个重要的癌症危害因子，绿色蔬菜及黄色蔬菜对吸烟者有极大的保护作用。从约 200 例的研究结果中可以看到，摄入果蔬量多的人癌症的发病率较低。然而可否用直接补充维生素的方式来代替果蔬也能达到类似的结果呢？研究人员对此表示怀疑。在这里维生素 A、维生素 C、维生素 E 和 β-胡萝卜素（抗氧化剂）被看作果蔬的模拟组分，而在植物性食物中，因还存在着其他的一些营养成分及非营养成分，所以使其具有较好的防癌效果。

在一项公开发表芬兰人的研究中，每日服用大剂量（20mg）的 β-胡萝卜素，且连续服用 5～8 年的 29000 名男性吸烟者的肺癌的概率及死亡率比一般人群分别高出 18% 和 8%。β-胡萝卜素对心血管病及肠癌未显示出其有利的或不利的影响[21]。

尽管有研究显示高水平的抗氧化剂可在一定程度上保护人体免受自由基的损伤（自由基可致癌），但这些研究还不够完善，其仅对一种或两种抗氧化剂的效果进行了研究。而关于用整个抗氧化防御体系的组成来说明一种或两种抗氧化剂具有显著的防癌作用，还知之甚少。这些人体抗氧化补充剂中不含有新兴的维生素类似物质，而果蔬中恰恰含有这些物质，其可为机体提供一些额外的有利于健康的成分，如绿茶、酒以及大豆中的类黄酮。

关于维生素或维生素类似化合物在何种剂量能防止或降低疾病的发生，还需要进行更多的研究。大剂量服用维生素的治疗方法具有危险性。因此，应以科学依据为基础来合理地使用维生素。

既然人们不能确切地肯定植物性食物中究竟何种物质在起防癌作用，那么，食物的多样性比直接补充抗氧化维生素更安全。

4. 植物化合物

传统的大豆食品，如豆腐含有雌激素样物质，5,7,45-三羟基异黄酮，参与机体的防御保护，从而提高了传统大豆食品对机体防癌的可能性。这些化合物与机体自身的雌激素发生竞争，并减少可能产生的副作用，并且还会以其他的方式对人体发挥作用。因其可能为抗氧化剂、免疫调节物质或抗血管生成物质。它们与乙酰水杨酸（阿司匹林）相关的水杨酸可通过对细胞膜的作用而避免或降低机体肠癌的发病风险[22]。一些食物中含有水杨酸，而有些人对水杨酸很敏感，因此对含有水杨酸的食物的摄入要谨慎。

流行病学研究发现葱类蔬菜，如大蒜和洋葱可降低胃癌及肠癌的危险性[23]。然而，一个日本的队列病例对照研究却发现了相反的结果。因此，他们建议有必要对这方面做进一步的研究[24]。

动物实验研究和细胞培养试验研究为红茶、绿茶以及茶中的主要成分——多酚类的防癌（特别是皮肤癌）作用提供了强有力的证据。但是人类流行病学和临床医学在这方面的研究却没有最后结论。然而，高温饮茶会提高食管癌的危险性[25]。

5. 膳食纤维与精制碳水化合物

一些研究表明谷物纤维具有防结肠癌的效果。一项长达4年以上的息肉预防工程研究显示，低脂与含麦麸的混合饮食（提供11.5g纤维/天）可减少巨型腺瘤的形成[21]。亚利桑那癌症中心的一个对1429位刚从结肠去除腺瘤、年龄在40～80岁的男性及女性的研究表明，补充膳食纤维（13.5g纤维/天）并不能避免腺瘤的复发。实际上，多重性腺瘤在高纤维饮食人群中更为常见[26]。这两项研究之所以产生了不同的结果，是因其分别补充了不同种类的纤维素。第一个研究用于补充的膳食纤维来源于粗制麦麸，这种粗制麦麸含有大量具有保护作用的植物化学成分（雌激素）、维生素E、维生素B_6以及叶酸。而第二个研究所使用的膳食纤维为精制纤维素。

此外，纤维的摄入与肠癌危险性的降低（与果蔬的摄入有关）几乎无关。而谷物纤维的高摄取也只能轻微地降低肠癌的风险性[27]。

一些流行病学研究表明，摄入大量的精制谷物可提高癌症发病的危险性。七国研究（the seven countries study）对12000名成年男子的饮食方式进行了长达30年的跟踪研究，其结果显示水果和蔬菜消费量高的人群胃癌的发病危险性较低。对所得数据的再分析表明，精制谷物食品摄入量高的人群胃癌的发病危险性较高，在将吸烟对胃癌的影响也考虑在内的情况下，这种危险性仍存在。癌症危险性的提高并不仅仅与高精谷物的大量摄入有关，且与饮食中的其他因素也有关。谷物摄入量高将会导致水果和蔬菜的摄入量降低。因此，谷物的摄入量高又会存在其他的饮食特征，而恰恰是这些饮食特征提高了癌症发病的危险性[28]。

6. 脂肪品质和肉

不同国家的脂肪消费总量与乳腺癌、肠癌、前列腺癌以及子宫内膜癌的发病率显著相关。研究证据表明高动物脂肪的摄入量与前列腺癌风险性相关。关于乳腺癌与脂肪摄入总量关系的研究目前仍在继续，而橄榄油中的单不饱和脂肪酸对乳腺癌可能有保护作用。对于肠癌，一些队列研究中发现的红肉与肠癌的相关性比脂肪与肠癌的相关性更强，这可以用红肉中存在的一些其他影响因素（例如血红素中的铁，烹调时产生的致癌物质）来解释，而不能用简单的脂肪含量来解释[29]。

7. 共轭脂肪酸

在动物及人类的研究中，已发现n-6亚油酸为促发癌症的潜在因素。然而共轭亚油酸（碳10与碳12之间或碳9与碳11之间存在共轭双键）已经显示具有体外抗突变活性。其可能在抑制皮肤癌、胃癌以及乳腺癌中起重要作用。乳制品和肉制品中均含有共轭亚油酸[30]。

共轭亚麻酸（α-桐酸）能抑制裸小鼠移植人类结肠癌细胞系DLD-1诱导的结肠癌生长，抑制作用比9顺，11反-共轭亚油酸（9c，11t-CLA）和10反，12顺-共轭亚油酸（10t，12c-CLA）更强，日粮中添加1%的α-桐酸，小鼠肿瘤组织DNA片段化和脂质过氧化水平升高，这表明α-桐酸可能通过脂质过氧化而诱导细胞凋亡[31]。

8. 能量平衡、生长速度和体型

能量的摄入在致癌过程中扮演着非常重要的角色。一个比较普遍的观点（主要来源于啮齿动物试验），即对能量的摄入进行限制，其可降低癌症的发病风险并可提高人的寿命。在一些地区能量摄入的增加可增加癌症发病的危险性。Kromhout与他的同事在荷兰小镇Zutphen所做的前瞻性研究表明，在跟踪10年后的结果发现，能量的摄入主要来自植物性食物和鱼类将会降低癌症的发生率及死亡率[32]。

能量正平衡将会使儿童的生长速度过快，导致身高超长和超重。若干研究表明，超长的身高可增加乳腺癌、结肠癌以及其他癌症发病的危险性。青春期前的机体生长速度在决定未来乳腺癌或其他癌症的发病危险程度上起着重要的作用。月经初潮早（如 12 岁）已被确定是导致乳腺癌发生的一个危险因素。成年时期的能量正平衡与过度肥胖均可导致子宫内膜癌、胆囊癌及结肠癌的发生。Willet 等的研究表明，绝经期前的重度肥胖可降低癌症发病的风险性，而绝经期后的重度肥胖会提高癌症发病的风险性[33]。

9. **食物的保存及烹饪**

增加对某些植物性食物和鱼的摄入量会提高某些癌症发病的危险性，这是由于该类植物性食物和鱼的保存以及烹饪方式所致（如烘烤、烟熏、盐渍以及烧烤时的炭化）。

(1) 多环芳烃（PAHS） 有一类致癌物质称为多环芳烃类（PAHS），是食物、木头等高温时产生的。其广泛分布于环境中，如香烟烟气中、汽车尾气中、烟熏或煮熟的肉中以及蔬菜谷类中均存在多环芳烃类物质。当木头燃烧时产生的烟可增加食物的风味，但烟中的一些多环芳烃类物质会被食物吸收，尤其当食物中的脂肪含量高时，吸收则更强。在美国及其他一些国家，所有市场上的熏鱼均为液体烟熏制而成的。液体烟是一种烟气的冷凝物，其所含对机体有害的化学物质已被除去。经过食品安全检测的商业熏鱼也不应含超标的有害化学物质。对家庭式烟熏的食物，其结果是使食物添加了有害物质。

(2) 氮杂环芳胺 食物的高温处理方法，如深度煎炸、烘烤会使卤肉、鱼和鸡肉中的蛋白质转化为具有致癌作用的物质——氮杂环芳胺。在西方常食烧烤的国家，肠癌患者在发病之前可能经常大量食用含有氮杂环芳胺类致癌物表面烧焦的食品。

(3) 亚硝胺 维生素 C 摄入高可降低胃癌的发病危险性。维生素 C 还可避免饮食中（加工过的肉）亚硝酸盐和硝酸盐在胃中转化为致癌物质——亚硝胺。但目前亚硝胺的致癌方式尚未被证实。水果和蔬菜的防癌作用可能是由于其含有丰富的维生素 C。葱科食物（洋葱和大蒜）也具有防癌功效，其中的防癌活性物质为二烯丙基硫醚，该活性物质已被证实可以增强谷胱甘肽-3-转移酶（一种参与致癌物质降解过程的酶）的活性[34]。

(4) 益生菌 增加对牛奶的消费量可以减少胃癌的发生，这是因牛奶中含有烷化剂。在饮食中接受嗜酸乳杆菌（存在于酸奶中）补充的人和动物，其排出的粪便中致结肠癌作用的酶的水平极低。干酪乳杆菌、保加利亚乳杆菌、双歧杆菌以及嗜酸乳杆菌均具有抗癌作用。

益生菌的定义是被机体吸收后可对肠道微生物的平衡有益的活性微生物[35]。酸奶是这些益生菌（主要是乳酸菌和双歧杆菌）的常见载体。益生菌在肠道中的作用如下。

① 结合、阻止及去除致癌物质。

② 抑制直接或间接致癌物质的前体向致癌物质转变的细菌活性。

③ 激活宿主的抑制肿瘤免疫系统。

④ 降低肠道的 pH 值，以此改变微生物的活性、胆汁酸的溶解度以及黏液的分泌。

⑤ 改变结肠的运动能力和传送时间。

要证实发酵食品对人类具有更多潜在的防癌作用，还需进行更多的研究。一些物质具有抗突变作用，其中包括香兰素（来自香草兰荚果）、肉桂醛（来自肉桂）、叶绿酸（来自植物中的叶绿素）、硒（来自大蒜）和镁。

五、预防癌症的营养学方法

尽管人们对预防癌症的营养学方法的研究仍在探索之中，但制订一些防癌的营养计划还是可行的。每日消耗 400g 或 400g 以上的不同种类的水果和蔬菜可以降低至少 20%的癌症总的发生率。通过合理的饮食调控可防止约30%～40%癌症的发生。

关于癌症预防的营养学方法，世界癌症研究基金会于2007年发表的《食物、营养、身体活动与癌症预防》报告（中文版）中制定了相关的营养学方法指南。

① 摄入食物种类范围应广，且食物与食物之间的生物学差异要大，尤其应多摄入植物性食物。尽量选择水果、蔬菜、豆类以及粗加工淀粉类食品且含量高的植物性食物作为主要饮食。

② 多摄入蔬菜及水果。每日摄入5种或5种以上不同种类的蔬菜和水果。蔬菜（尤其生鲜蔬菜/色拉）、绿色蔬菜、洋葱类、胡萝卜、西红柿以及柑橘类，表现出较强的防癌效果，但又不能仅仅摄入上述这些果蔬，而忽略其他。食用不同种类的果蔬可为机体提供更多的防癌因子。已有充分的证据显示，饮食中的蔬菜具有防癌功效，特别是对口腔癌、咽癌、食道癌、肺癌、胃癌、结肠癌的预防。其次对喉癌、胰腺癌、乳癌和膀胱癌也有一定的预防作用。

③ 其他一些植物性食物。每日摄入7种或7种以上不同种类的谷物、豆类、植物根类及块茎类。多食用粗加工食品，并限制食糖的消费量。粗淀粉与粗纤维含量高的饮食可以降低肠癌、胰腺癌和乳癌的危险性。精制淀粉及精制食糖含量高的饮食可增加胃癌和肠癌的危险性。有研究发现食糖摄入量高则对微量营养素的摄入量低，尤其是对食量小或能量摄入受限的个体。不同种类的精制食糖对癌症危险性的影响基本相同。

④ 红肉的摄入量应低于80g/天。首选为鱼肉、猪肉或来自红肉地区的非本地动物制品。例如，CSIRO12345＋计划以及国家健康和医学研究委员会食品研究中心小组建议的每日食用总量为60～100g的不同种类的肉及肉的替代品，如鱼肉、红肉、鸡肉、坚果类及大豆类。肉含量较高的饮食可提高肠癌的危险性，也可提高乳癌、胰腺癌、前列腺癌和肾癌的危险性。其可能与肉中的脂肪、蛋白质以及铁的含量有关，也可能与肉的烹饪方式有关。然而，关于肉含量高的饮食会增加癌症危险性的确切原因，目前仍在进一步的研究中。也许并不是肉导致癌症危险性的提高，而是由于肉含量高的饮食引起植物性食物的摄入量减少了。因为胃的空间是有限的，应尽可能先用各种植物性食物放满这个空间，以保证防癌效果的最大化，然后，如需要再放入少量的肉以增加饮食的风味和提高饮食的营养密度，尤其是铁与锌的含量。另外，将肉作为调味品加入饮食中还可增强饮食的营养性，并使植物性食物中的抗癌因子更具防癌效果。

⑤ 减少脂肪的总摄入量，尤其是动物性脂肪。选择低脂乳制品，包括低脂类发酵型乳制品；限制n-6 PUFA含量高的植物油的人造奶油；选择各种单不饱和植物油，如橄榄油、卡诺拉及花生油；食物应选择未经加工的，且粗脂肪，特别是n-3脂肪酸类含量高（如坚果、种子、全谷食物、油梨和多脂鱼）；植物油应尽可能是未加工的液体状态（如初炸的、冷压榨的）而不是被氢化的；减少脂肪总摄入量，但不应少于总能量摄入量的15%。最佳应占总能量摄入量的25%～35%。

⑥ 避免食用腌制、烘烤、烟熏以及盐渍食品。

⑦ 限制酒精的摄入量。超量酒精可提高癌症的危险性，但适量可降低心血管疾病的危险性。目前有研究证据显示：酒精会提高口腔癌、咽癌、喉癌、食管癌以及肺癌的危险性。每日有规律地摄入少量的酒精（15mL以上）将会显著提高乳癌的危险性，也可提高结肠癌和直肠癌的危险性。对于吸烟者来说，这种危险性会更大。但是为什么要推荐人们饮用少量的酒呢？这是因为酒的适量摄入可以防止心血管疾病的发生。推荐男性酒的摄入量应限制在每日30～60mL（每日2～4杯葡萄酒），而女性为15～30mL（1～2杯葡萄酒）。

⑧ 提倡健康的烹饪方法。对鱼和肉，应避免对其深度煎炸、过度蒸煮以及烧焦。烧焦

或暴露于燃烧物质的食品有致癌性多环芳烃类物质。烹饪时，应采用相对低温的方法，如清蒸、微沸、水煮、蒸煮、炒、炖、烤、旺火炒以及微波处理等。

a. 除去尽可能多的脂肪。

b. 烹饪中避免烧焦食物。

c. 将肉/鱼肉浸泡于酒、柠檬汁、药草、香料、橄榄油中。

d. 用柠檬汁、药草、香料以及酸辣酱烹调鱼和肉。

⑨ 参加有规律的运动以增加产能。

⑩ 保持健康的体重。成年人应避免超重 5kg 以上。

⑪ 补充剂一般没有必要。研究结果表明营养物质的单独补充并不能达到以食物的形式对人体进行营养补充所要达到的防癌效果。在某种情况下，摄入补充剂反而会提高癌症的危险性。

六、癌症患者的营养管理

癌症患者的营养管理与癌症预防的营养管理是不同的。例如，癌症患者要避免消瘦，应摄入能量密度大的食物，甚至要求增加某些脂肪的摄入量。可摄入一些含有姜的食物或饮料（因姜可增进食欲）。寻找美味又可抗癌的食物可能是一个主要的挑战，营养供应的主要作用在于其能使治疗更为有效。

治疗和关怀

① 治疗的目的是治愈癌症患者，延长生命和提高生命质量。一些最常见的癌症，如乳腺癌、宫颈癌及结肠直肠癌，在早期发现并根据最佳方法治疗，其均有很高的治愈率。主要治疗方法是外科手术、放射疗法与化疗。依靠成像技术（超声波、内窥镜或 X 射线摄影术）和实验室（病理学）检验做出准确的诊断，对于治疗方案至关重要。

② 姑息治疗。90%以上的癌症患者可缓解疼痛。

第四节　膳食营养与精神健康

生活质量，特别是老年人的生活质量，深深地依靠他们的躯体移动能力、脑的机敏性和认知功能。保持独立和自尊与躯体和智能强烈相关。人们思考和感受的方式、人们的情绪和学习能力与精神健康或精神适应性有关。良好的精神适应性意味着没有痴呆、抑郁和焦虑之类的疾病，也不存在明显的压力。

一、认知损伤

年龄相关的认知下降有许多方面和阶段。在它的最早和影响最小的阶段，会遭受较小的记忆损害，而痴呆特别是阿尔茨海默氏病（AD）则会对个人与社会产生一定的破坏性。AD，年老患者又称老年痴呆症，年少患者又称少年痴呆症。全世界有 2400 万患者，是一种持续性神经功能障碍，也是失智症中最普遍的成因。它是一种由于大脑的神经细胞死亡而造成的神经性疾病。AD 主要分为家族性 AD 与老年痴呆症两种，其中又以后者较常见。

① 家族性 AD（familial AD，FAD）：AD 中较罕见的类型。常染色体显性的孟德尔法则的遗传规律，多发病于 30～60 岁。

② 老年痴呆症（senile dementia with Alzheimer's type，SDAT）：占 AD 中的绝大多数。通常在老年期（60 岁以上）发病。

AD 的发生是典型的渐进过程，其最初症状可能会被认为是年迈或普通的健忘。症状表现为逐渐严重的认知障碍（记忆障碍、学习障碍、注意障碍、空间认知机能、问题解决能力的障碍），逐渐不能适应社会。随着病情的发展，认知能力，包括决策能力和日常活动能力，将逐渐丧失，同时可能出现性情改变以及行为困难的情况。严重的情况下无法理解会话内容，无法解决如摄食、穿衣等简单的问题，最终瘫痪。在晚期，AD 会导致失智并最终死亡。

虽然对有认知损害或缺陷的老年人与患 AD 的病人脑的变化的理解已经取得了巨大的进步。包括药物的治疗方案尽管能减轻痛苦和促进疗效，但它们通常是治标而不治本。人们对生活方式如环境接触、社会活动以及运动如何达到减轻这些失调造成的负担越来越感兴趣。食品与营养因子可能在预防和治疗中起到重要的作用。一些食品成分，包括已知的营养素，对认知能力有不同程度的影响，尽管任何一种成分的作用可能很小。即便是食品的味道和气味以及其他一些物质如花和香水等在记忆的保持中起着重要的作用，因为在大脑中记忆和嗅觉之间存在着紧密的联系。大脑的杏仁体中有一种对食品本身的详细的记忆功能[36]。

自由基被认为与导致记忆减退的大脑衰老过程有关。虽痴呆不是导致衰老的必然，但记忆功能的紊乱与衰老相关的氧化应激的增强有关。在维生素中，脂溶性的维生素 A、维生素 E 与水溶性的维生素 B_6、维生素 B_{12}、维生素 C 及叶酸可减弱氧化应激。65 岁及 65 岁以上的老年人仍能保持较好的记忆功能被认为与水果和蔬菜的较高摄入有关。淀粉状 β 蛋白在阿尔茨海默氏病的形成中起重要的作用。实验表明：维生素 E 可保护神经细胞，免遭淀粉状 β 蛋白的毒性。此外，用 α-生育酚治疗可减缓中等至严重程度 AD 患者的病情。这些发现表明：抗氧化剂在大脑衰老中起重要的作用，而且有预防进行性认知损伤。谷胱甘肽，为一种从食品中发现的以及可由机体合成的三肽，可能是中枢与外周神经系统中最重要的抗氧化剂。饮食中过多地摄入铝不再被认为会引起 AD，而锌的补充可增加 AD 的发生[37]。

对食品中大量的抗氧化剂通过血脑屏障的能力还知之甚少。但存在着一种假设：雌二醇治疗可改善认知功能或预防 AD 病。一些病例对照研究和小型随机化对照试验表明：对绝经后妇女采用激素疗法对认知有益[38]。然而，其他研究没能得出同样的结论。在该领域，需要进一步的工作确定来自植物食品的植物雌激素是否会影响认知功能。来自草药的化合物，大家都熟悉的传统药物，其作为认知强化剂的研究兴趣正在日益高涨。非常流行的银杏提取物就属此类产品，它对中枢神经系统的作用机制，人们了解得甚少，但研究证实它的主要作用与其抗氧化性质有关，提取物中的 3 种主要成分即黄酮类化合物、萜类及有机酸的协同作用使其拥有抗氧化活性。

AD 病的高流行与鱼的摄入量少、脂肪和总能量的摄入量相对较高有关。脂肪在血、脑的转运基因调控的发现为减少认知紊乱提供了可能性。特别是载脂蛋白 E 基因（含有 3 个等位基因 E2、E3、E4），该基因是一种重要的蛋白产生的调节剂。这些蛋白具有同样的名称，但转运脂肪和淀粉样蛋白的前体蛋白（聚集于 AD 病者脑中斑块）的能力则不同。具有载脂蛋白 E4 基因与上述蛋白的人群患高血甘油三酯及淀粉样蛋白前体蛋白在脑中聚集的风险性要比具有载脂蛋白 E2 和 E3 基因的要高，尤其是如果存在来自各个母体的载脂蛋白 E4 基因。相反，载脂蛋白 E2 等位基因似乎是阿尔茨海默氏病的保护因子。因此，低脂饮食可降低患 AD 病的危险性。但 n-3 PUFA 事实上可减少血液中甘油三酯转运分子的形成，且可减少脑中的载脂蛋白 E4 基因。鉴于此，摄入鱼对脑功能有益，而 n-3 PUFA 也是神经元的重要结构成分，在神经递质（脑中将信息从此神经元传递给下一个神经元的化学物质）的形成中有其不可缺少的作用。维生素 D 及叶酸会影响脑中蛋白质的合成，从而影响今后的记忆功能。维生素 K_2（甲基萘醌）是维生素 K 的一种形式，由细菌产生，可调节细胞内钙的平衡及脑细胞的增殖。其被认为对维持脑功能有着重要的作用，有利于防止出现 AD 病。

早餐与认知

禁食会影响认知。虽然人们禁食时，肝脏会产生葡萄糖来维持血糖水平，但不进早餐会降低脑对葡萄糖的总利用度，导致认知能力的暂时性损伤。研究认为进食早餐会优先影响依靠记忆的细胞，葡萄糖饮料可逆转有时在不进早餐而出现的某些记忆任务的下降。

二、抑郁

世界卫生组织估计抑郁是全球引起残疾的最大的单一因素。抑郁时会失去食欲，并对周围事物及社会关系失去兴趣。典型的表现为厌食症，对吃以及吃带来的乐趣失去兴趣。体重往往会无意识地减轻。少数抑郁症患者会食欲增进、体重增加。在发达国家，患抑郁症的危险性正在迅速提高，尽管有许多假设，但这其中的缘由还不是很清楚。饮食因素可能是不同国家之间主要抑郁症流行水平有所差异的原因。证据显示抑郁时脂肪酸及类二十烷酸的代谢会失调。

脂肪酸与抑郁

有两种必需脂肪酸：来自饮食中的α-亚麻酸（18:3n-3）和亚油酸（18:2n-6）。这些系列的20个碳与更长链的具有3个和6个双键的脂肪酸是参与脑代谢及免疫和炎症反应的脂肪酸。通过对多个国家的比较发现，很明显，鱼的高摄入量与抑郁的低流行水平显著相关。例如，在日本，鱼的消费量为67kg/(人·年)，其抑郁的发病率约0.12%。而在新西兰，鱼的消费量为18kg/(人·年)，发病率约5.8%。关于脂肪酸与抑郁最一致的现象是血浆及红细胞中n-3PUFA和n-6 PUFA的低水平；n-3PUFA的消耗始终大于n-6PUFA的消耗，导致n-6PUFA/n-3PUFA、花生四烯酸/二十碳五烯酸、花生四烯酸/二十二碳六烯酸上升。一个特别显著的现象是血浆总长链PUFA的水平与脑脊液中5-羟碘乳酸-5-羟色胺（一种参与情绪控制的神经递质）的主要代谢产物呈正相关。这些脂肪酸的可利用度对情绪控制是很重要的。增加饱和脂肪的摄入、改变摄入的n-6PUFA/n-3PUFA被认为会增加动脉粥样硬化的发生率，而减少n-3必需脂肪酸的摄入会影响生长早期及成人阶段的中枢神经系统，因此增加抑郁症发病率的可能性[39]。

很有趣，抑郁症与许多其他疾病相关，这些疾病的形成部分是源于脂肪的需求及代谢的影响，如心血管疾病、糖尿病、多发性硬化、癌症及骨质疏松等。长期过量饮酒会消耗神经元膜中的二十二碳六烯酸，导致因酒精过量而引起的二级抑郁。二十二碳六烯酸的缺乏可能易于形成多发性硬化，且在多发性硬化的患者中易发生抑郁症[39]。抑郁与疾病之间的相互作用可用磷脂及脂肪酸代谢紊乱来解释[40]。

总　结

- 饮食是防止和控制冠心病的一个重要因素。
- 能量的摄入必须与正常体重的增长或保持相适应，应减少饱和脂肪的摄入量。
- 摄入抗氧化物含量丰富的食物，如新鲜果蔬，也是防止和控制心脏疾病的重要物质。
- 糖尿病是一种代谢紊乱性疾病，其特点是血糖升高。
- 糖尿病有两种类型。
- 1型糖尿病有较强的遗传基础。
- 糖尿病可引起并发症，尤其是心血管疾病、肾脏疾病及眼部疾患。
- 由于人口的老龄化，癌症已成为人类最主要的健康问题，其较其他疾病更易使人屈服。癌症的发病模式将随人口的老龄化、人类迁移以及生活方式的改变而改变。环境因素对癌症危险性的作用为总影响的70%，遗传对癌症危险性的影响次之。

• 营养素在不同类型癌症的发展中均起作用，癌症的营养危险因子因不同地区而异，然而对其作用机理还有待进一步的研究。

• 食物成分，如抗氧化剂、植物化学成分、纤维（粗制碳水化合物）、前体物质（如菊粉）以及共轭亚油酸（存在于一些乳脂肪中），在许多地区均有防癌的作用。

• 食物如过度烧烤、膳食饱和脂肪过量、食物的盐渍储藏以及烹饪方法不当等都会增加癌症的危险性。在一些地区，能量正平衡、生长速度过快以及肥胖等均会增加癌症的危险性。

• 充分的证据显示，终生坚持体育运动，消费大量的果蔬，饮食中避免动物脂肪及酒的摄入可以降低人类癌症发病的危险性。

• 癌症患者需要营养素的支撑。

• 过多的自由基将会导致人类的记忆减退。

• 食品如鱼、水果、蔬菜以及一些抗氧化的营养素可改善记忆功能。

• 来源于鱼的脂肪酸可参与情绪的控制。

参考文献

[1] 中国心血管病报告2008—2009. 北京：中国大百科全书出版社科学技术分社，2010.

[2] Tull SP，Anderson SI，Hughan SC，Watson SP，Nash GB，Rainger GE. Cellular pathology of atherosclerosis: smooth muscle cells promote adhesion of platelets to cocultured endothelial cells. Circ Res，2006，98：98-104.

[3] Li L，Willets RS，Polidori MC，Stahl W，Nelles G，Sies H，et al. Oxidative LDL modification is increased in vascular dementia and is inversely associated with cognitive performance. Free Radical Res，2010，44：241-248.

[4] Chatterjee A，Catravas JD. Endothelial nitric oxide (NO) and its pathophysiologic regulation. Vasc Pharmacol，2008，49：134-140.

[5] Kromhout D. Are antioxidants effective in primary prevention of coronary heart disease? Roy Soc Ch，1999，20 (6)：465.

[6] Virtamo J，Rapola JM，Ripatti S，Heinonen OP，Taylor PR，Albanes D，et al. Effect of vitamin E and beta carotene on the incidence of primary nonfatal myocardial infarction and fatal coronary heart disease. Arch Intern Med，1998，158：668-675.

[7] Pencina MJ，D'Agostino RB，Larson MG，Massaro JM，Vasan RS. Predicting the 30-Year Risk of Cardiovascular Disease The Framingham Heart Study. Circulation，2009，119：3078-3084.

[8] Stamler J，Neaton JD. The Multiple Risk Factor Intervention Trial (MRFIT)-Importance then and now. Jama-J Am Med Assoc，2008，300：1343-1345.

[9] Pedersen TR，Olsson AG，Faergerman O，Kjekshus J，Wedel H，Berg K，et al. Lipoprotein changes and reduction in the incidence of major coronary heart disease events in the Scandinavian Simvastatin Survival Study (4S). Atherosclerosis Supp，2004，5：99-106.

[10] Mensink RP，Zock PL，Katan MB，Hornstra G. Effect of dietary cis and trans fatty acids on serum lipoprotein [a] levels in humans. J Lipid Res，1992，33：1493-1501.

[11] de Lorgeril M，Salen P，Martin JL，Boucher F，Paillard F，de Leiris J. Wine drinking and risks of cardiovascular complications after recent acute myocardial infarction. Circulation，2002，106：1465-1469.

[12] Hodgson JM，Croft KD，Puddey IB，Mori TA，Beilin LJ. Soybean isoflavonoids and their metabolic products inhibit in vitro lipoprotein oxidation in serum. Journal of Nutritional Biochemistry，1996，7：664-669.

[13] 卫生部心血管病防治研究中心. http://www.healthyheart-china.com.

[14] Sacks FM，Svetkey LP，Vollmer WM，Appel LJ，Bray GA，Harsha D，et al. Effects on blood pressure of reduced dietary sodium and the Dietary Approaches to Stop Hypertension (DASH) diet. DASH-Sodium Collaborative Research Group. N Engl J Med，2001，344：3-10.

[15] de Lorgeril M，Renaud S，Mamelle N，Salen P，Martin JL，Monjaud I，et al. Mediterranean alpha-linolenic acid-rich diet in secondary prevention of coronary heart disease. Lancet，1994，343：1454-1459.

[16] Wolever TM，Nguyen PM，Chiasson JL，Hunt JA，Josse RG，Palmason C，et al. Determinants of diet glycemic

index calculated retrospectively from diet records of 342 individuals with non-insulin-dependent diabetes mellitus. Am J Clin Nutr，1994，59：1265-1269.

[17] WHO. 实况报道第 297 号，2009 年 2 月.

[18] Lichtenstein P，Holm NV，Verkasalo PK，Iliadou A，Kaprio J，Koskenvuo M，et al. Environmental and heritable factors in the causation of cancer—analyses of cohorts of twins from Sweden，Denmark，and Finland. N Engl J Med，2000，343：78-85.

[19] Jensen OM，MacLennan R，Wahrendorf J. Diet，bowel function，fecal characteristics，and large bowel cancer in Denmark and Finland. Nutr Cancer，1982，4：5-19.

[20] 陈竺. 全国第三次死因回顾抽样调查报告. 北京：中国协和医科大学出版社，2008.

[21] MacLennan R，Macrae F，Bain C，Battistutta D，Chapuis P，Gratten H，et al. Randomized trial of intake of fat，fiber，and beta carotene to prevent colorectal adenomas. J Natl Cancer Inst，1995，87：1760-1766.

[22] Thun MJ，Namboodiri MM，Calle EE，Flanders WD，Heath CW Jr. Aspirin use and risk of fatal cancer. Cancer Res，1993，53：1322-1327.

[23] Fleischauer AT，Poole C，Arab L. Garlic consumption and cancer prevention：meta-analyses of colorectal and stomach cancers. Am J Clin Nutr. 2000；72：1047-1052.

[24] Tajima K，Tominaga S. Dietary habits and gastro-intestinal cancers：a comparative case-control study of stomach and large intestinal cancers in Nagoya，Japan. Jpn J Cancer Res，1985，76：705-716.

[25] Arts IC，Hollman PC，Feskens EJ，Bueno de Mesquita HB，Kromhout D. Catechin intake and associated dietary and lifestyle factors in a representative sample of Dutch men and women. Eur J Clin Nutr，2001，55：76-81.

[26] Alberts DS，Martinez ME，Roe DJ，Guillen-Rodriguez JM，Marshall JR，van Leeuwen JB，et al. Lack of effect of a high-fiber cereal supplement on the recurrence of colorectal adenomas. Phoenix Colon Cancer Prevention Physicians' Network. N Engl J Med，2000，342：1156-1162.

[27] Willett CG. Technical advances in the treatment of patients with rectal cancer. Int J Radiat Oncol Biol Phys，1999，45：1107-1108.

[28] Jansen MC，Bueno-de-Mesquita HB，Buzina R，Fidanza F，Menotti A，Blackburn H，et al. Dietary fiber and plant foods in relation to colorectal cancer mortality：the Seven Countries Study. Int J Cancer，1999，81：174-179.

[29] 世界癌症研究基金会. 食物、营养、身体活动与癌症预防 [R]（中文版），2007.

[30] Kelley NS，Hubbard NE，Erickson KL. Conjugated linoleic acid isomers and cancer. J Nutr，2007，137：2599-2607.

[31] Tsuzuki T，Tokuyama Y，Igarashi M，Miyazawa T. Tumor growth suppression by alpha-eleostearic acid，a linolenic acid isomer with a conjugated triene system，via lipid peroxidation. Carcinogenesis，2004，25：1417-1425.

[32] Kromhout D，Bosschieter EB，de Lezenne Coulander C. Dietary fibre and 10-year mortality from coronary heart disease，cancer，and all causes. The Zutphen study. Lancet，1982，2：518-522.

[33] Willett WC，Manson JE，Stampfer MJ，Colditz GA，Rosner B，Speizer FE，et al. Weight，weight change，and coronary heart disease in women. Risk within the 'normal' weight range. JAMA，1995，273：461-465.

[34] Williams CM，Dickerson JW. Nutrition and cancer - some biochemical mechanisms. Nutr Res Rev，1990，3：75-100.

[35] McIntosh GH，Royle PJ，Playne MJ. A probiotic strain of L. acidophilus reduces DMH-induced large intestinal tumors in male Sprague-Dawley rats. Nutr Cancer，1999，35：153-159.

[36] Nishijo H，Kuze S，Ono T，Tabuchi E，Endo S，Kogure K. Calcium entry blocker ameliorates ischemic neuronal damage in monkey hippocampus. Brain Res Bull，1992，29：519-524.

[37] Miller LM，Wang Q，Telivala TP，Smith RJ，Lanzirotti A，Miklossy J. Synchrotron-based infrared and X-ray imaging shows focalized accumulation of Cu and Zn co-localized with beta-amyloid deposits in Alzheimer's disease. J Struct Biol，2006，155：30-37.

[38] Asthana S，Craft S，Baker LD，Raskind MA，Birnbaum RS，Lofgreen CP，et al. Cognitive and neuroendocrine response to transdermal estrogen in postmenopausal women with Alzheimer's disease：results of a placebo-controlled，double-blind，pilot study. Psychoneuroendocrinology，1999，24：657-677.

[39] Hibbeln JR，Salem N Jr. Dietary polyunsaturated fatty acids and depression：when cholesterol does not satisfy. Am J Clin Nutr，1995，62：1-9.

[40] Horrobin DF，Bennett CN. Depression and bipolar disorder：relationships to impaired fatty acid and phospholipid metabolism and to diabetes，cardiovascular disease，immunological abnormalities，cancer，ageing and osteoporosis. Possible candidate genes. Prostaglandins Leukot Essent Fatty Acids，1999，60：217-234.

第十六章　免疫功能与食物的敏感性

目的：

- 概述各种营养因子是如何影响机体免疫功能的，包括有利影响和不利影响。
- 概述营养不良与营养获得性免疫缺陷综合征（NAIDS）以及传染病与富贵病敏感性之间的相互关系。
- 概述影响机体免疫反应的各种营养素。
- 概述老年人、HIV 阳性以及免疫缺陷营养的可逆性。
- 概述与食物敏感性相关的各种不良反应。
- 概述与食物敏感性相关的各种食物。
- 概述将食物过敏与食物不耐受区分开来的原因。
- 概述食物敏感性诊断的一些问题以及过敏原消除型食品的局限性。
- 概述食品标签在消费者识别各种食物、食物组分以及其他成分中的重要作用。

重要定义：

- 营养获得性免疫缺陷综合征：与营养不良有关的免疫机能障碍。
- 免疫：一种为先天性免疫，它是人与生俱来的，且一直存在；另一种为由抗原引起的适应性免疫。巨噬细胞与先天性免疫有关，而淋巴细胞与适应性免疫有关。
- 食物过敏：又称食物变态反应，指机体对食物中某些物质产生的超敏反应。
- 食物不耐受：指由非过敏性机制或一些不确定的机制引起的机体对食物的各种异常反应。

第一节　食品营养与免疫功能

免疫力低下和营养不良（主要是蛋白质能量营养不良）会增加一些传染病，如伤寒、流感的危险性。流行病学研究指出，由饥荒、瘟疫引起的营养不良（尤其在不发达国家）将减弱机体的免疫机能。在营养不良的情况下，一些严重的传染病将会加剧，而某些传染病却有所减轻，而许多传染病本身就会导致营养代谢紊乱。Beisel 提出了一个新的名词“营养获得性免疫缺陷综合征”（nutritionally acquired immune deficiency syndrome，NAIDS），即与营养不良有关的免疫机能障碍。他指出，在欠发达国家，传染病和营养不良的共同作用导致了 NAIDS 的儿童死亡人数已超过 40000 人/天，由其他原因导致 NAIDS 的成年人的死亡人数更是不计其数[1]。

20 世纪 90 年代，人们对免疫系统在慢性病、富贵病发展中的作用有了新的理解。这一时期的研究揭示了一个问题：即免疫性差或免疫机能低下（微量营养素缺乏的结果，通常在发达国家能量摄入普遍充足或过剩的情况下出现）会增加一些慢性疾病的发病概率，如癌症、心血管疾病。具有增强免疫功能的营养素可以改变这些慢性疾病的发展。然而，并非任何强烈的免疫反应均是有利的，过敏症和自身免疫性疾病，如风湿性关节炎，就是免疫亢进和免疫误导反应的例子。

一、免疫系统

人类机体自我保护以对抗传染病的方式有两种，一种是先天性免疫，是人类与生俱来的，且一直存在的；另一种是由抗原引起的适应性免疫。巨噬细胞与先天性免疫有关，而淋巴细胞与适应性免疫有关。宿主防御中还有一些非适应性组分的存在，包括细胞浆、干扰素的产生以及自然杀伤细胞，这些组分不受环境因素的调节。

炎症的发生需要由其他机制，如细胞因子和干扰素合成支持的淋巴细胞的适应性反应之前必须克服先天防御系统的各种障碍。淋巴细胞分为B淋巴细胞、T淋巴细胞及自然杀伤细胞（存在于抗体免疫中）。由抗原刺激产生的B淋巴细胞会成为高度专一性的管外血浆细胞，它能分泌免疫球蛋白（IgG、IgM、IgA、IgD和IgE），这就是所谓的体液免疫。T淋巴细胞调节细胞免疫应答，它被认为是CD4激活B淋巴细胞的诱导者。那些所谓的细胞毒素或CD8抑制物会杀灭目标传染细胞，并抑制B淋巴细胞和T淋巴细胞的应答。另外，机体中还存在T淋巴细胞亚群。

人体免疫系统不仅能应对各种类型的传染病（细菌传染、病毒传染及寄生物传染），而且对其他一些外来物质，如移植组织，均会产生直接的自我排斥（自我免疫）。过敏反应是免疫系统的肥大细胞和抗体免疫球蛋白E（IgE）对抗原产生的一种异常或异质性反应，有时是由于嗜曙红细胞过多，有时则是由于嗜曙红细胞在组织中的渗透。营养因素则通过免疫调节作用成为防止肿瘤形成的重要因素。

二、营养不良与免疫功能障碍的关系

任何萎缩性疾病，如吸收不良、心脏衰竭、慢性肺功能障碍、肿瘤以及传染病等均会导致原发性营养不良症的发生。由于自然或人为的突发事件、或食物选择性少而导致食物的摄入不足，会引起次生性的营养不良症。营养不良有以下几种类型。

（1）蛋白质能量营养不良（PEM）或营养不良　蛋白质与能量的消耗量均不足，一些微量营养素的消耗量亦不足（参见第八章第四节）。这在欠发达国家和发展中国家最为普遍，在发达国家的不安全食物易感人群中有时也会出现。

（2）能量营养过剩而微量营养素营养不良　能量的摄入大于能量的支出，但饮食中微量营养素的摄入不足或生物利用率低。在发达国家和发展中国家的营养易感高危人群（普遍肥胖）中较为常见。

（3）蛋白质及微量营养素营养不良　能量的摄入是充分的，但饮食中蛋白质和微量营养素的摄入不足或生物利用率低，或对蛋白质、微量营养素的吸收不良。在发达国家和发展中国家的营养易感高危人群中较为常见。

原发性营养不良和次生性营养不良均可以通过各种免疫系统（包括先天性免疫和适应性免疫、细胞免疫和体液免疫）减弱机体的免疫能力。例如，蛋白质或锌缺乏会降低上皮细胞对伤口的修复能力，机体将易受传染性生物体的侵害。在蛋白质及一些水溶性维生素缺乏的情况下，机体的抗体反应将会受到抑制。在PEM的情况下，机体的上皮表面或黏膜表面对免疫球蛋白A（IgA）的分泌量将会减少，从而会增强耳、眼以及消化系统对传染病的易感性。

无论是原发性营养不良还是次生性营养不良，均可使机体更易于感染传染性疾病或产生其他健康问题（免疫系统的完整性在这些健康问题中至关重要），这是大家都清楚的事实。其意味着下列人群存在免疫功能障碍的危险。

① 食物短缺且不安全、遭受贫穷和饥荒的人群。

② 食物供应量充足，但食物选择性较少的人群；缺乏适宜的运输工具、食物营养不充足的人群；预算能力差、烹饪技术欠缺或储藏设备不够的人群。

③ 尚未解决温饱问题的人群。

④ 免疫受抑制的人群，其原因有如下三种。

a. 药物作用（如治疗风湿性关节炎、哮喘、慢性消化系统疾病以及移植术后所用的类固醇药物）。

b. HIV（人类免疫缺陷病毒感染）和 AIDS（获得性免疫缺陷综合征）。

c. 尽管并非所有的功能低下均是不可避免的，但随其年龄的增长，免疫功能会逐渐下降。

免疫功能障碍最终可能产生恶性循环。在此循环中，对健康威胁最大的问题是出现厌食及腹泻，这将限制营养素的摄入，使机体的免疫功能每况愈下[2]。

三、营养对免疫应答的影响

表 16.1 列出了可降低机体免疫功能的各种营养缺陷。除此之外，营养失衡也会损害机体的免疫系统，如亮氨酸过剩、铁过剩以及 n-3 PUFA 和 n-6 PUFA 的比例失调等[3,4]。而许多非营养物质及食物组分，例如类黄酮及其他多酚类化合物等具均具有免疫调节作用[5]。

1. 能量摄入及膳食营养密度营养不良

蛋白质能量营养不良（PEM）是导致免疫缺陷的最主要的原因。Kwashiorkor（蛋白质缺乏，恶性营养不良）和 Marasmus（一般性营养不良或饥饿）是 PEM 的两种类型。PEM 的免疫症状包括淋巴组织萎缩、淋巴细胞减少、细胞免疫应答和体液免疫应答异常低下等。

PEM 的特点是补体系统的损伤（这个级联系统的损害会放大炎症反应）、细胞免疫、巨噬细胞产生的细胞因子（特别是白细胞介素-1，一种免疫调节剂）以及单核细胞（网状内皮组织系统）的吞噬功能损伤等。因此，PEM 常合并其他的营养缺乏症，其将提高传染病的发病率和死亡率。

表 16.1 营养素和非营养素活性化合物缺乏性免疫功能低下

营养素	先天性免疫	适应性免疫	
		体液免疫	细胞免疫
必需脂肪酸	√	√	√
必需氨基酸	√	√	√
精氨酸		√	
谷氨酸	√	√	√
锌	√	√	√
铜	√		√
铁			√
硒	√	√	
镁	√	√	√
维生素 B_2	√	√	√
维生素 B_6		√	√
叶酸	√	√	√
维生素 B_{12}		√	√
生物素		√	√
维生素 C	√		
维生素 A	√	√	√
维生素 D	√		
维生素 E	√	√	√
类黄酮	√		√
缩氨酸(谷胱甘肽)	√		√

2. 能量的适度控制

与重度PEM中的免疫缺陷不同，能量的适度限制对免疫系统的影响具有争议性。对体内蛋白质、维生素以及矿物质水平相对比较稳定的小鼠进行能量的适度限制会增强其T淋巴细胞的功能，且可延长寿命。

类似的研究是不允许在人体做的。确定能量的来源很重要，因为脂肪酸除了提供能量外，还具有其他功能（例如，发送二十碳烷胺类信号），如某些氨基酸（如谷氨酸）是白细胞的能量来源。微量营养素，如锌的轻微变化将会抵消能量限制的作用效果。这表明如果选择的食物营养不丰富，那么经常被人们用于减肥的方法——能量限制，就会增加免疫机能障碍的危险性。因此，人们应谨慎地评价能量限制带来的所谓的益处。

3. 营养过剩

尽管至今还不是很清楚，但确实有迹象表明肥胖也会导致免疫机能障碍[6~8]。其原因之一是，肥胖症患者缺乏体能运动，而摄入的却是低营养密度的食物。另一个原因是，反复性的无节制的饮食和减肥，肌肉损失导致骨骼肌中谷氨酸盐（淋巴细胞和巨噬细胞需要的氨基酸）的减少。能量摄入和支出的平衡部分决定了体重和组成，而体重和组成会依次影响机体的免疫特征。体重较轻（BMI在正常范围内，非营养不良消瘦者）的人对肿瘤和传染病的抵抗力较强。

4. 脂肪和脂肪酸

用n-3 PUFA含量丰富的油（亚麻籽油、鱼油）代替饮食中n-6 PUFA植物油（葵花子油、红花油、玉米油）后，炎症及免疫调节性疾病的症状得以减轻，这一结果归因于n-3 PUFA的作用，这是因为n-3 PUFA在膜磷脂中取代了花生四烯酸（n-6 PUFA），使抗炎3系列二十烷酸类的生成增多。因此，n-6PUFA与n-3 PUFA在饮食中的比例是十分重要的（参见第十八章第三节）。

饱和与单不饱和脂肪酸以及饮食中的脂肪总量对免疫功能的影响目前仍在探讨之中。迄今为止尚未有研究显示其低脂饮食有增强免疫功能的作用，但低于14个碳的短链饱和脂肪酸比长链饱和脂肪酸对免疫功能更有益[9]。

5. 蛋白质和氨基酸

蛋白质营养不良会影响组织的修复功能，并降低对传染病、肿瘤的抵抗力，精氨酸和谷氨酸可增强伤口的愈合能力和对肿瘤和传染病的抵抗力，还可提高老年人以及免疫受损者的免疫功能。

（1）精氨酸　精氨酸是一种在尿素循环中很重要的人体非必需氨基酸，它可辅助其他氨基酸、多胺、尿素以及一氧化氮的合成。精氨酸在调节细胞免疫中也很重要，在败血症时一些外源性精氨酸对败血症患者来说是必要的。一氧化氮是精氨酸的代谢产物，具有抑制肿瘤细胞及杀菌活性，可促进血管扩张，影响白细胞与内皮细胞的黏附性。

生长激素受体在免疫系统中分布广泛，有研究认为精氨酸可促进生长激素的释放，从而可依次增强巨噬细胞、自然杀伤细胞的细胞毒性以及T淋巴细胞、嗜中性粒细胞的细胞毒性[9]。坚果和鱼是精氨酸的理想来源。

（2）谷氨酸　谷氨酸是淋巴细胞和巨噬细胞的能量来源，用于DNA核酸（嘌呤和嘧啶）的合成，是血液中和机体游离氨基酸中含量最丰富的氨基酸。人体骨骼肌细胞内储存有大量的谷氨酸，在肺中也可合成谷氨酸。患传染病和炎症时可将骨骼肌中的谷氨酸释放出来。有证据表明谷氨酸在控制白细胞代谢过程中起着重要作用，因此，谷氨酸缺乏（由肌肉丢失或食物摄入不足）可引起不良的免疫反应。肉、蛋、小麦、大豆均是谷氨酸良好的食物来源。

6. **核酸**

饮食中的嘌呤和嘧啶可促进细胞调节的免疫机制，能增强自然杀伤细胞的活性。嘌呤含量较丰富的食物有凤尾鱼、沙丁鱼、贝类、肉类、酒、小扁豆、干豆、豌豆、芦笋、菠菜、花椰菜、蘑菇、小麦胚芽、麦麸以及米糠等。

7. **矿物质**

(1) 铜 铜的缺乏可降低噬菌细胞的噬菌功能以及T淋巴细胞的数量及活性；增加B淋巴细胞的数量；降低白细胞介素的产生；摄入量过多又可降低免疫功能。铜对人体的这些影响与防御功能、细胞膜的完整性、免疫球蛋白结构、Cu/Zn超氧化物歧化酶以及与铁的相互作用有关。轻度和亚临床铜缺乏是比较常见的。在发达国家，可可（主要是巧克力）是人们铜摄入量最高的食物，一些人每天所摄入的铜的50%来自巧克力食品。黑巧克力铜的含量比牛奶巧克力高3倍，一颗90g的黑巧克力可提供约80%的RDI和0.75mg的铜。铜含量较高的食物有谷物、坚果、葡萄干、贝类、肝以及豆类等。

(2) 硒 慢性硒缺乏可减少抗体的合成、细胞活素的分泌量、降低细胞毒性以及淋巴细胞增殖，从而减弱机体对传染病的抵抗力。硒缺乏也与癌症有关。硒与维生素是谷胱甘肽过氧化物酶（一种抗氧化酶，可防止细胞膜中脂质的过氧化反应）的必需组分。例如，硒缺乏所致的抗体量减少可通过补充维生素E来弥补。对机体免疫及炎症来说，控制脂质过氧化对于防止自动氧化以及周围组织受损是很重要的。硒的主要饮食来源有水产品、禽畜产品的下脚料、牛奶以及红糖等。

(3) 铁 微生物感染与机体内铁的储量增加有关，传染病（包括炎症）可提高血液中铁蛋白的浓度，即使血浆铁本身含量较低。此反应限制了铁与微生物的接触，并促进了一氧化氮（血管中产生的一种激素）抗微生物、抑制肿瘤的作用。不同疾病（例如关节炎）中出现的慢性炎症与低血清铁浓度、机体内铁储量（如慢性贫血）的增加有关。铁缺乏既可促进机体的免疫功能，也会抑制免疫功能，这可能与其参与叶酸代谢、线粒体能量生产、金属酶（如一氧化氮合成酶、过氧化氢酶）的合成有关。因此，在对机体铁元素需要量进行确定时，必须与机体整个防御系统的状况相联系。

(4) 锌 锌缺乏可引起T淋巴细胞缺损，包括T淋巴细胞的数量减少、反应性降低以及相关抗体生成量减少。以谷类为主食，而动物产品摄入较少的群体易出现锌缺乏现象。锌缺乏可使老年人易于感染传染病，尤其是呼吸道，如肺炎等。

8. **植物化学成分**

植物中的多酚类化合物较维生素A、维生素C和维生素E更具有抗氧化活性。抗氧化物可协同阻止细胞膜中的脂肪酸氧化，尤其是各种不同的淋巴细胞亚群。在这一过程中，植物化合物参与人体免疫系统的形成（特别是细胞免疫），这是由于反应性氧可通过T淋巴细胞刺激炎症反应的发生。

9. **食物过敏**

尽管有些食物的敏感性反应是过敏性反应，但多数食物的敏感性反应均为非过敏性的，这些反应包括水产品、鸡肉、坚果、蛋、大豆以及大米中的某些植物蛋白所引起的不良反应[10]。过敏性反应常见于皮肤、呼吸道、肠道等。而乳糖不耐症则不属于食物过敏的范畴。

四、免疫缺陷症的营养可逆性

目前有证据表明，通过营养调节的方式可使免疫缺陷症具有可逆性[11]。此可应用于机体对食物或营养素的摄入不足、营养丢失过多或营养需求量增大的情况下[12~15]。减少儿童呼吸道传染病和肠道传染病的营养康复计划就显示了这一现象。对老年人、营养缺乏以及免疫功能低下者的研究也均显示了此种情形[16]。

第二节　食物的敏感性

食物的不良反应可引起机体各种类型的综合病症。

食物的不良反应可根据反应机制分类。其可以是食物对个体化的不良反应，因它仅对一小部分人发生反应，而大部分人食用同样的食物不会产生任何不良反应。

很遗憾，目前尚无一个用于描述食物不良反应的统一命名系统。然而，研究认为食物的不良反应可分为两种。

(1) 食物过敏　食物过敏是指机体对食物中的某种成分产生的免疫反应。

(2) 食物不耐受　食物不耐受是指除食物过敏外所有的由食物成分引起的可再现的各种异常反应。食物不耐受可能由于以下因素。

① 代谢紊乱（如乳糖不耐症、苯丙酮尿症、蚕豆病）。

② 药理反应，由于食物中存在的特殊化学物质（如胺和咖啡因）所产生的类似药物反应。

③ 异质反应，其反应机理尚不确定的个性化非免疫性食物反应（如对草莓、酒石黄、亚硫酸盐的反应）。

公众以及一些健康专业人士不太容易接受未经鉴定的关于饮食与各种紊乱疾病的关系。在无客观证据可以支持临床诊断时，人们往往推断或假设食物是引起这些疾病的原因。其实人们不应以食物的敏感性来解释这些临床表现，因为有可能是其他原因所致，只不过人们尚未发现而已。

一、食物敏感性的原理与形成

食物的敏感性是指机体对任何食物的不良反应，包括过敏反应和非过敏反应。食物过敏是指机体对食物中的某种成分产生的免疫反应。食物不耐受是指由非过敏性机制或一些不确定的机制所引起的机体对食物中的某种成分产生的各种异常反应。食物的不良反应可能是由于过敏、机体代谢系统和消化系统存在着某种先天性缺陷或后天获得性缺陷，也可能由于一些毒性或类似药物的作用以及食物使人产生了心理上的不耐受等。食物敏感性的症状主要表现于胃肠道、呼吸道及皮肤（表16.2）。

表16.2　食物敏感性的临床症状

受影响的器官	症　状
消化系统	厌食、呕吐、腹痛、腹泻、出血性腹泻、生长减退
呼吸系统	过敏性鼻炎(花粉症和鼻窦炎)、哮喘、哮喘性支气管炎
皮肤	皮疹、湿疹、麻疹、虚胖或肿胀(水肿)
中枢神经系统	疲乏、头痛、易怒、痉挛性癫痫、沮丧、行为异常
其他	头晕耳鸣、肌肉和关节疼痛、膀胱炎

1. 食物过敏

食物过敏又称食物变态反应，是指机体对食物中某些物质产生的超敏反应。一般来说，食物过敏可能为Ⅰ型超敏性，或为Ⅳ型超敏性。Ⅰ型超敏性是指人体合成特异性抗体——免疫球蛋白E型（IgE），并对食物中的抗原（过敏原）做出反应。当抗原接触到绑定在柱状细胞和嗜碱性粒细胞的IgE时，柱状细胞可脱粒并释放介素，包括磷酸组胺及白三烯。这种类型的反应可于人体摄入过敏原后几分钟内发生，其是由于肠胃道柱状细胞中的IgE与过敏原接触并释放介素，细胞介素的释放引起了平滑肌的收缩，而增加了血管的通透性，从而导致血容量的减少及出现过敏性休克。过敏性休克可危及生命，其临床表现包括由于胃肠道平滑肌收缩而产生的腹部绞痛以及由于白三烯的释放而产生的呼吸困难（引起支气管平滑肌收缩和严重的低血压）。

可引起过敏性休克的食物有花生、坚果、贝类及一些浆果类等。

Ⅳ型超敏性反应（细胞介导反应）属于延迟反应，一般在人体接触抗原24～48h后发生。T细胞识别抗原并产生与抗原起反应的细胞毒性物质。Ⅳ型超敏性反应的症状不一，其严重程度通常与剂量有关。Ⅰ型超敏性反应与Ⅳ型超敏性反应的特点及其相关的食物见表16.3。有时过敏性反应的发生还需一些其他因素的参与，例如，摄食后立即进行运动会使机体对小麦、芹菜、贝类、鱿鱼以及桃子等产生过敏性反应。

表16.3 过敏性超敏反应的特征

超敏反应类型	发作时间	症状	相关食物
Ⅰ型	接触过敏原60min之内	起病急，皮肤过敏反应，呼吸困难，喉头水肿，低血压，严重者可出现过敏性休克	鱼类、贝类、坚果类、豆类（花生）、蛋类、牛奶、浆果等
Ⅳ型	接触过敏原数小时或数天之内	皮疹、胃肠道反应等，症状的严重程度与剂量相关，长时间避免接触过敏原可减轻其症状	牛奶、谷物、巧克力、可乐、玉米、柑橘类、蛋类、牛肉、白马铃薯、猪肉、豆类、鸡肉、麦片、黑麦、橙类、棉籽、芥末、西红柿、黄瓜、大蒜

2. 食物不耐受

食物不耐受包括所有非过敏性食物的不良反应。

药用食物不耐受反应与其剂量有关。典型的药用食物不耐受反应发生比较迟缓，其症状一般在摄入药用食物数小时或数天后才表现出来。药用食物不耐受反应常发生于家庭，通常只有当摄入量高于正常水平时才会发生。某些食物成分，如水杨酸、胺在多种食品中均存在，所以不同食物往往会导致同一种不良反应的发生。

同时摄入某些食物，往往会出现一些不良反应。而分开摄入则可避免不良反应的发生。药用食物不耐受的几个例子如下：咖啡和茶（含咖啡因）引起的神经质、震颤、出汗、心悸、呼吸加快及头痛；富含味精或游离氨基酸的食物导致的面部及皮肤灼热、胸部发紧和头痛；含有磷酸组胺及其他胺类的食物导致的类似过敏反应；含苯甲酸盐类、水杨酸盐类、味精和其他硫酸盐衍生物的食物而引发的哮喘以及代谢和消化过程中的先天性或后天性获得性缺陷（表16.4）。

表16.4 食物不耐受举例

机制	典型症状	相关食物
药理反应 [例如，咖啡因血管活性胺、组胺、含于血液中的复合胺、酪胺、苯(基)乙胺]	神经过敏、脉搏加快、呼吸急促、兴奋、偏头痛、震颤、出汗、心悸	咖啡、茶、瓜拉那饮料、巧克力、奶酪、香蕉、肉、酵母精和鱼类等
酶缺乏 （例如，乳糖酶、苯丙氨酸羧化酶以及葡萄糖-6-磷酸脱氢酶）	腹泻、心理障碍、溶血性贫血	牛奶和乳制品、含蛋白食物、蚕豆等
组胺释放（非过敏性）	痒、皮疹、喷嚏、流泪、气喘、头痛、呼吸困难、低血压	贝类、鱼类、草莓、富含氨基酸食物等
未知	哮喘、皮疹、皮炎	味精、亚硫酸盐、水杨酸盐、苹果、柑橘类水果、草莓、酒、果汁、水果干和熟肉等

二、代谢及消化过程中的先天性或获得性缺陷

在代谢和消化过程中，一些先天性或获得性缺陷，如苯丙尿症、乳糖酶缺乏症及糖尿病，均可对某些食物产生不良反应。

乳糜泻与进食面粉制品有关，停止面食，则症状缓解，因而提出麸质可能是其致病因素。麦粉含有10%～15%的麸质（gluten），被分解后的产物为麸质蛋白（gliadin）及麦谷蛋白（glutinen）。麸质蛋白为相对分子质量15.000的多肽，对肠黏膜有毒性，如进一步水解，毒性则消失。正常人小肠黏膜细胞有分解麸质蛋白的多肽酶，使其分解为更小分子的无毒物质。但在活动期乳糜泻患者，肠黏膜该酶的活性不足，不能充分分解麸质蛋白，故引起小肠黏膜病变。除考虑麸质对肠黏膜的直接毒性外，还认为有免疫机制的参与。用免疫荧光法证实活动期乳糜泻患者的血液、小肠分泌物及粪便中均有抗麸质蛋白抗体（IgA）。摄入麸质（抗原）后与抗体在肠黏膜细胞中发生反应，引起肠黏膜病理改变。停止摄入麦粉类食物3～6个月后，该抗体可以消失。

遗传因素：本病与遗传因素有关。孪生兄弟的发病率为16%，一卵双生者可高达75%。因遗传肠黏膜缺少麸质蛋白分解酶。另外遗传还影响机体的免疫功能，对麸质产生过敏反应。

心理作用：心理作用也会导致食物的不良反应。这可能由于食物对人在心理情感上的作用所致，而并非食物本身引起的不良反应。例如，当摄入某些特殊的或不感兴趣的食物时，可从心理层面刺激生理而产生一系列的症状，如胃肠不适、心悸或气促等。

三、食物敏感性症状的诊断

对食物敏感性进行诊断要求医生了解并仔细解读患者的历史背景，包括饮食背景。对食物过敏的最佳诊断方法是饮食背景、临床观察与实验室检验相结合。

食物过敏的诊断试验有时是不可靠的，可能会出现假阳性或假阴性的错误结论。两种比较普遍的食物过敏诊断方法是放射性过敏原吸附试验（RSAT）和皮肤试验。RSAT是一种放射性免疫分析方法，将患者血清暴露于一种特殊的过敏原，使其产生抗原-抗体反应，然后经放射性碘标记的Ig E抗体吸附在患者的Ig E分子上（IgE分子吸附有过敏原）。此试验方法的精确度不一，可能会出现在Ⅰ型反应呈阳性而Ⅳ型反应中为阴性的情况。

皮肤试验（贴片、针刺、划痕、穿刺、皮内）是将皮肤暴露于特异性的过敏原一段时间以判定风团和耀斑的存在。风团和耀斑的大小与tissue-fixed Ig E的数量成正比。风团反应比对照反应大3mm，被认为是阳性。其反应时间在15～20min表示Ⅰ型超过敏。反应发生时间在24～72h则表示Ⅳ型超过敏。有时皮试在Ⅰ型反应中显示阳性，在Ⅳ型反应中显示阴性。也有时会出现假阳性与假阴性。

证实是否为食物过敏的最好方法是在去除患者饮食中的过敏原以后，继续观察患者的临床表现，然后重新将过敏原加入患者的饮食中，并严密观察患者的症状（激发试验）。此方法的实施需十分小心，其对某些严重的不良反应或具有生命危险的不良反应是不适用的。

为了诊断药用食物不耐受症，患者需做激发试验，且诊断必须在资深饮食专家的监管下通过系统的饮食消除及双盲激发试验来完成。消除型饮食中不应有任何可能存在的特殊成分（如胺类）的食物来源。制定消除型饮食的最大困难之一就是人们对食物中非营养成分的了解还较缺乏。为了避免发生患者或专业人员对激发试验的结果的理解带有个人的偏见，过敏原物质必须在双盲情况下重新加入饮食中。

对食物敏感性的最佳处理方法是建议患者完全避免食用已被确认为具有致敏性的食物。

四、与过敏性有关的食物

引起机体产生不良反应的食物有乳制品、蛋类、鱼类、贝类、谷物（小麦、大米、大麦、黑麦、燕麦等）、豆类（花生、大豆）、坚果类、某些果蔬（如西红柿、香蕉、橘子）以及巧克力。过敏原为蛋白质分子（通常是囊膜糖蛋白），至少含有 8 种氨基酸。

1. 乳及乳制品

牛奶是最常见的食物过敏原之一。相对于儿童和成人来说，婴儿对牛奶产生过敏的概率更高。这是由于一些无法消化的牛奶蛋白增加了婴儿胃肠道的通透性。已被确认的存在于牛奶中的过敏原有 as1-酪蛋白、β-乳球蛋白以及美拉德反应的产物，后者为牛奶在加工或储藏过程中，牛奶蛋白与乳糖发生羰氨反应时产生的褐色物质。

对牛奶的热处理（如在灌装及干燥时的热处理）将使牛奶蛋白变性并改变其结构，从而使其致敏性减弱。而酪蛋白具有热稳定性。

牛奶过敏的诊断有一定的困难，一些不良反应的发生是由于机体对牛奶的某一成分的不耐受，而并非由于牛奶中的过敏原。例如，体内如缺乏可将乳糖消化并转化为葡萄糖及半乳糖的酶类就可发生乳糖不耐症（乳糖消化不良），其结果是乳糖不能被吸收而导致腹泻。尽管事实上所有人在出生时即能消化乳糖（乳糖是母乳中的一种碳水化合物），但全球仅有 15％的人口在出生 4 年后拥有乳糖酶。

另外，某些对牛奶的过敏反应是因牛奶中的污染物引起的，例如饲料对牛奶的污染以及患病的奶牛正在进行不同类型的药物治疗等。由奶酪导致的不良反应可能是由于对胺类（赋予成熟奶酪的特殊风味）不耐受引起的。

2. 蛋

对蛋类产生过敏反应是很常见的。蛋白是高度致敏的，而蛋黄的致敏性较弱，因此，婴儿食品一般均不含卵白蛋白。蛋白中有两种过敏原已被确定，其分别为卵清蛋白及卵类黏蛋白，而后者具有热稳定性。

3. 豆类

花生为豆科植物，可引发严重的 Ig E——调节Ⅰ型过敏反应，而导致过敏性休克。花生中最主要的过敏原是囊膜糖蛋白。与其他的过敏不同，花生过敏可伴随人的一生。在大豆中已确认了若干种过敏原，其中包括大豆球蛋白和 2S-球蛋白。蓖麻籽中已被确定为过敏原的是 2S-储存蛋白。

4. 坚果和种子

坚果类（如核桃、榛子、杏仁、山核桃、松子、腰果、巴西坚果）的过敏反应已有所报道。可引起过敏的食物还有芝麻、罂粟、葵花子。内含巴西坚果蛋白的转基因大豆由于含有巴西坚果过敏原而已被禁止进行商业加工[17]。

5. 水产品

大部分鱼类和贝类对人体均会产生过敏反应，有时还可能导致过敏性休克[8]。鳕鱼中含有过敏原 Gad1（过敏原 M），它是一种肌肉蛋白质。虾中含有一种热稳定性过敏原——原肌球蛋白[18]。

6. 谷物类

小麦、大米、大麦、玉米以及其他一些谷物对人体均可引起过敏反应。在小麦、大米、大麦、玉米中已确定存在着若干种致敏蛋白质成分，包括 α-淀粉酶/胰蛋白酶抑制类蛋白[18]。存在于小麦、大麦、黑麦、斯佩尔特小麦及小黑麦（燕麦中可能也有）中的面筋蛋白可导致乳糜泻。

7. **水果和蔬菜**

此类食物中，最常见可引起过敏反应的是西红柿、葡萄、香蕉、草莓，但其过敏反应的机制目前还不是很明确。其中的一些过敏反应可能是由胺类和水杨酸类引起的。麻疹是对这些食物产生不耐受反应的常见症状。关于草莓的过敏性，有人发现通过用热水清洗，然后快速冷藏的方式不仅不会明显改变草莓的味道及成分，还可使草莓的过敏性消失，当然这一结论还有待进一步证实。某些新鲜水果，包括苹果、桃子和鳄梨，有时也会引起过敏反应，但这些过敏原通常在烹饪和消化过程中变性。

8. **巧克力**

巧克力可导致敏感性的发生。除了引起胃肠功能失调及皮肤的反应外，还可加重偏头痛。巧克力很少是以纯巧克力的形式被食用的，其尚含一些其他成分和添加剂，如牛奶与调味品，而这些物质均可导致不良反应的发生。

9. **食品添加剂**

很少有报道关于食品添加剂被证实对人体具有过敏性。食品添加剂反应大多为非过敏性反应，但其症状却与食物过敏相似。已报道的引起人体不良反应的食品添加剂有人造色素酒石黄、防腐剂苯甲酸、天然色素胭脂红、防腐剂二氧化硫/亚硫酸盐衍生物以及风味增强剂味精等。

五、食物敏感性的流行

由于缺乏足够的资料，人们很难对普通人群的食物不良反应程度进行可靠的评估。获取关于食物敏感流行的准确资料存在着许多困难，包括不可靠的亲代观察，不充分的双盲激发试验研究计划以及相应的症状描述。此外，大多数关于食品添加剂不耐受反应的研究均是以具有临床过敏性的患者为研究对象的，因此这些研究都存在一定的偏差。

公众对食物敏感性的关注程度很高，并对食物敏感流行的认识也有一定的误解。双盲激发试验研究表明，父母亲能准确地判定 1/3 的食物敏感性疾病，但是对一些可疑的食品添加剂敏感性疾病的判定，或当某种症状属个人习惯性行为时，其判断的准确性则会降低。

食物药理性不耐受反应较真正的食物过敏性反应要普遍得多。最常见的食物过敏原有牛奶、蛋类、小麦、鱼和花生。食物过敏一般多发生于青少年及儿童，而食物的药理性不耐受则可发生于各个年龄段。由于婴儿的胃肠道不成熟，允许大分子抗原通过，因此早产儿和新生儿（尤其是出生后的前 3 个月）比那些较大的婴儿和成年人能吸收更多的抗原[19]。由于这个原因，最近的婴幼儿喂养指南推荐民众应推迟婴幼儿食用固体食品的时间，直至婴幼儿 4～6 个月，也就是当其肠黏膜的通透性变小之后。

通过肠道相关淋巴组织（GALT），人体胃肠道可对饮食抗原产生局部的免疫反应，这与分泌型免疫球蛋白 A（sIgA）在上皮管腔表面的分泌有关。这种免疫反应通过免疫排斥帮助减少人体对抗原的吸收。一项关于婴幼儿唾液 IgA 测量的研究表明，用母乳喂养的婴儿在出生后的前 6 个月，其体内 sIgA 的增加速度比人工喂养的婴儿要快。婴儿的胃肠道由于对管腔中抗原的吸收能力较强，所以其最易受免疫病理源的攻击。而母乳在帮助婴儿控制其肠道对抗原的吸收方面起了十分重要的生理作用[20]。

对于有食物过敏性家族史的婴儿来说，专家建议其母用母乳喂养婴儿，并且要严格限制婴儿对常见过敏原的大量食用。牛奶蛋白质在儿童中的过敏症的发病率在 0.3%～7.5%；蛋类为 1.3%；花生和坚果为 0.5%。在美国，对于成年人来说，花生和坚果引起的食物过敏症的发病率为 1.3%；贝类为 0.5%[21]。

10%以上的婴儿在他们 12 个月之内均可能产生一种食物敏感性病症，其中半数以上的食物敏感性发生于 9 个月之内。多数儿童在 3 岁左右均可耐受一些过敏性食物。牛奶蛋白质过敏症很少发生在 3 岁以上的儿童[21]。

在英国的一个对 18582 人进行的问卷调查研究中发现，7.4%的被调查者对食品添加剂会产生不良反应，而 15.6%的被调查者声称自己对某种特殊的食物会产生不良反应。然而在一个对 81 人进行的双盲激发试验研究中发现，食品添加剂不耐受症的发病率仅约 0.05%，其中只有 2 人对天然色素——胭脂树橙显示了持续性的不良反应[22]。在一篇关于对科学性研究的综述中发现，食品添加剂、糖、咖啡、巧克力以及糖果均不会使人体产生活动亢进行为或注意缺陷多动障碍（ADHD）[23]。

原发性乳糖消化不良症对于不同种族的人群来说，其发病率有着很大的不同。全球多数人均为乳糖非持久性的，他们被认为是非乳地区居民的后代。次生性乳糖不耐症的发生是因为受损使小肠暂时失去了乳糖活性[24]。

六、食品标签和营养教育在预防食物敏感性中的作用

当引起患者不良反应的食物或食物成分被确定之后，患者应避免再次摄入该种食物或其食物成分。究竟多少过敏原的量才能引起人体的不良反应，因人而异。有报道说，1μg 的牛奶蛋白质——酪蛋白即可引起不良反应。

食品标志及营养教育对于防止易感人群发生食物的不良反应十分重要。食品标准法典要求食品标签中要列出包括食品添加剂在内的各种食物的组成成分及其含量，以使消费者能够判断食用该产品对自己是否产生危害。例如，对牛奶蛋白质过敏的人在选择食品时必须仔细阅读食品标签，以避免选择了含有牛奶和乳制品的食品（见表 16.5）。不幸的是，有些食品在准备的过程中可能会受一些过敏原的污染（如在油炸过程中，鱼的过敏原会污染炸薯条，从而引起致命的过敏性反应）[25]。

在消费者不清楚食物中存在着过敏原的情况下而摄入了某些食物（如含有 0.06%的牛奶蛋白酪蛋白的香肠）而导致不幸事件的发生已有所报道。截至目前，我国仍允许某些食品可以免除食品标签，因此那些可能引起不良反应的食品并不完全会在标签中有所标志。

我国新出台的食品法已经有所改变，其强制性地要求在食品标签中要声明食品中存在的一切可能引起不良反应的食物组分。在西方发达国家，含有下列食物组分的食品必须在食品标签中标识，其分别是花生、坚果、牛奶、蛋、含麸质谷物（小麦、黑麦、燕麦、斯佩尔特小麦）、大麦（除了存在于啤酒和白酒中的大麦组分外）、甲壳类动物、大豆、芝麻、鱼、蜂王浆、蜂胶、蜂花粉以及任何含有这些食物的产品。此外，如果食品中含有二氧化硫防腐剂或其衍生物（防腐剂 220～228 号），且其含量在 10mg/kg 以上时，食品标签中必须声明该食品中存在亚硫酸盐物质。

标志有“无麸质”标签的食品必须为不含有任何可检测出麸质的食品。“低麸质”食品的麸质含量必须低于 0.02%，而且不能含有燕麦和麦芽。乳糜泻患者应严格遵循消化道专家及营养学家的建议，以确定如何实施无麸质饮食。乳糜泻学会也通常能提供一些关于目前无麸质食品的有关信息。

表 16.5 食物成分与食品标签术语实例

食物成分	食品标签术语
乳蛋白	牛奶、奶酪、酸乳酪、非脂乳固体、酪蛋白酸、乳清
乳糖	牛奶、乳糖
蛋	蛋、蛋清、蛋黄、蛋黄卵磷脂
麸质	小麦、燕麦、大麦、黑麦、黑小麦、玉米面粉、麸质、麦麸、燕麦麸、麦芽

续表

食物成分	食品标签术语
大豆类	大豆、水解植物蛋白、大豆分离蛋白、大豆卵磷脂
水杨酸盐类	草莓、西红柿
氨基酸	成熟干酪、鱼、巧克力、酱油、红酒
苯甲酸	防腐剂(210 号食品添加剂)、浆果
味精	增味剂(620～625 号食品添加剂)、蘑菇、酵母、蔬菜
亚硫酸盐类(包括二氧化硫)	防腐剂(220～228 号食品添加剂)

总 结

• 机体的免疫系统既有先天性免疫（依赖于上皮细胞表面、多种受体途径、巨噬细胞及树突状细胞），也有适应性免疫（依赖于淋巴细胞、B 细胞及 T 细胞）。宿主防御系统中还存在着一些非适应性成分，如细胞因子、干扰素和自然杀伤细胞。

• 无论是原发性营养不良还是次生性营养不良，其均可降低机体的免疫力，并易引发各种传染病以及其他健康问题，其中包括糖尿病、心血管疾病、癌症等。能量摄入充足或过多，而微量营养元素缺乏时，易导致免疫功能障碍。

• 免疫功能障碍在某些特定的人群中更为普遍——如食物短缺及食品不安全、食物选择性差（食物供应比较充足，但种类少）、烹饪技术或食物储藏设备较差、食欲不佳或营养需求量增大以及免疫受抑制的人群。

• 一些营养因子可改变机体的免疫反应：如铁的摄入不足或过多、总脂肪摄入不足或必需脂肪酸摄入比例失衡、蛋白质（主要是氨基酸、精氨酸、谷氨酸）、核酸、铜、硒、锌、维生素 A、维生素 B、维生素 C、维生素 D、维生素 E 以及植物化学成分摄入量不足。

• 免疫缺陷症具有营养可逆性。

• 引起食物不良反应的机理包括过敏、消化以及代谢系统存在着某种先天性缺陷或后天获得性缺陷等。

• 食物过敏是机体对食物成分的一种免疫反应。

• 与敏感性有关的食物通常包括牛奶、蛋、鱼、贝类、谷物、蔬菜、水果、花生、巧克力、食品添加剂（如苯甲酸、味精、酒石黄、二氧化硫及其衍生物）。

参 考 文 献

[1] Beisel WR. Nutrition in pediatric HIV infection: setting the research agenda. Nutrition and immune function: overview. J Nutr, 1996, 126 (10 Suppl): 2611S-2615S.

[2] Tomkins BA. Determination of eight organochlorine pesticides at low nanogram/liter concentrations in groundwater using filter disk extraction and gas chromatography. Journal of AOAC International, 1992, 75: 1091-1099.

[3] Ayala A, Chaudry IH. Immune dysfunction in murine polymicrobial sepsis: mediators, macrophages, lymphocytes and apoptosis. Shock, 1996, 6: S27-S38.

[4] Marco LD, Mazzucato M, Masotti A, Ruggeri ZM. Localization and characterization of an alpha-thrombin-binding site on platelet glycoprotein Ib alpha. J Biol Chem, 1994, 269: 6478-6484.

[5] Middleton E, Kandaswami C. Effects of flavonoids on immune and inflammatory cell functions Biochem-Pharmacol, 1992, 6: 1167-1179.

[6] Stallone DD. The influence of obesity and its treatment on the immune system. Nutr Rev, 1994, 52 (2): 37-50.

[7] Lukito MA. Program untuk Membuat Accelerogram Gempa yang Disesuaikan dengan Respons. Spektrum

Tertentu. Surabaya：Tugas Akhir. Fakultas Teknik Sipil dan Perencanaan，Universitas Kristen Petra，1995.

[8] Klurfeld DM. Cholesterol as an immunomodulator，in Human Nutrition — A Comprehensive Trea-tise//Vol. 8：Nutrition and Immunology. Klurfield D M. New York：Plenum Press，1993：79.

[9] Yoshida SH，Keen CL，Ansar AA，Gershwin ME. Nutrition and the immune system. //Modern Nutrition in Health and Disease. Shils M E，Olsen J A，Shike M，Katherine-Ross A. 9th ed. Baltimore；Lipincott，Williams and Wilkins，1999：725-750.

[10] Kamath M，Ramamritham K，Towsley D. Continuous media sharing in multimedia database systems. In Proceedings of the 4th International. Conference on Database Systems for Advanced Applications，1995.

[11] Chandra RK，Kumari S. Nutrition and immunity：an overview. J Nutr，1994，124：1433-1435.

[12] Cynober L，Boucher J，Vasson MP. Arginine metabolism in mammals. J Nutr Biochem，1995，6：402-413.

[13] Baumgartner RN，Heymsfield SB，Roche AF. Human body composition and the epidemiology of chronic disease. Obesity Res，1995，3：73-95.

[14] Gogos CA，Kalfarentzos F. Total parenteral nutrition and immune system activity：a review. Nutrition，1995；11 (4)：339-344.

[15] Adjei AA，Yamamoto S. A dietary nucleoside-nucleotide mixture inhibits endotoxin-induced bacterial translocation in mice fed protein-free diet. J Nutr，1995，125：42-48.

[16] Chandra RK，Kumari S. Nutrition and immunity：an overview. J Nutr，1994，124：1433-1435.

[17] Halford NG，Shewry PR. Genetically modified crops：methodology，benefits，regulation and public concerns. Brit Med Bull，2000，56：62-73.

[18] Matsudaa T，Nakamuraa R. Molecular structure and immunological properties of food allergens. Trends Food Sci Tech，1993，9：289-293.

[19] Walk HA，Johns EE. Interference and facilitation in short-term memory for odors. Percept Psychophys，1984，36 (6)：508-514.

[20] Fitzsimmons S，Evans M，Pearce C，Sheridan M，Wientzen R，Cole M. Immunoglobulin A subclasses in infantsapo，saliva and in saliva and the milk from their mothers. J Pediatr，1994，124：566-573.

[21] Maluenda C，Phillips AD，BriddonA，Walker-Smith JA. Quantitative Analysis of Small Intestinal Mucosa in Cow's Milk-Sensitive Enteropathy. J Pediatr Gastroenterol Nutr，1984，3：349-356.

[22] Young S，Parker PJ，Ullrich A，StabelD S. Own-regulation of protein kinase C is due to an increased rate of degradation. Biochem J，1987，244：775-779.

[23] Krummel MF，Allison JP. CTLA-4 engagement inhibits IL-2 accumulation and cell cycle progression upon activation of resting T cells. Journal of Experimental Medicine，1996，183：2533-2540.

[24] Cobiac L. Lactose：a review of intakes and of importance to health of Australians and New Zealanders. Food Australia，1994，46：S1-S28.

[25] Taylor SL，Lehrer SB. Principles and characteristics of food allergens. Critical Reviews in Food Science and Nutrition，1996，36：91-118.

第十七章　基因个体特异性和营养基因组学

目的：

- 突出今天的人类生活在一个与基因组建的石器时代显著不同的营养环境中。
- 阐明基因与环境、食物与疾病的相互作用，以及它们之间的相互影响。
- 阐明营养因素是如何调节基因表达的。
- 明确优化人类健康这一命题的意义及其相关的民族问题。

重要定义：

- 基因表达：是指基因片段（DNA）转录成 mRNA 及 mRNA 翻译成蛋白质的过程。
- 营养基因组学：在分子、细胞和整体水平研究食物和食物组成与基因的相互作用，它的目标是使用食物来预防或治疗疾病。

自从一万年前农业革命开始，人类的饮食就已经发生了重大的变革。然而过去一万年来人类的基因并没有发生明显的变化，这是因为DNA自发突变率估计每100万年为0.5%[1]。今天人们的基因与石器时代的祖先的基因是非常相似的。人类的基因结构已在4万年前的旧石器时代建立。而现在人们生活在一个与基因组建的时代相比显著不同的营养环境中。人类正在推动整个社会逐步地向前发展，今天在一个 n-6 与 n-3 多不饱和脂肪酸得以平衡、能量摄入与支出相当、饱和脂肪酸及糖摄入减少、复杂碳水化合物以及膳食纤维摄入水平提高的基础上进化。饮食的剧变，特别是在过去的150年内，其对慢性疾病的流行起着重要的作用。不当的饮食习惯与生活方式以及接触有毒物质（如核工厂的钚）等，这些与基因控制的生化进程相互作用，最终导致慢性疾病。

第一节　基因变异与人类多样性

过去，基因的组成及生活方式（包括饮食）被认为是影响个体发育的两股竞争力量——自然与养育。遗传的基因被看作不可抗拒或改变的蓝图。但事实上，他们仅仅是其中的一套选择，或多或少受到自然及环境的互相作用而获得一定的调节，因此也就决定了个体基因的表达与表现型[1]。

遗传与变异有关。人类群体代表遗传可变性的仓库。一定量的群体差异是治疗遗传性疾病的基本途径。人们要考虑遗传的本质和遗传变异的程度、它的起源与保持以及它对正常发育和自我平衡的影响结果[1]。

基因个体的特异性与人类的分化由以下因素决定：①基因（主效基因和修饰基因）；②组成性因素（年龄、性别、发育阶段、父母因素）；③环境因素（时间、地域、气候、教育、饮食、职业及社会经济地位等）。

以上三种因素相互作用并可导致其显著分化。

普通等位基因（单点变异）或多态性的形成是人类分化的基础。这包括人类处理环境危险及改变的能力。群体中30%以上的基因座有多态性的变异（定义为两个或多个等位基因，其发生频率至少为1%或更多）。营养环境的改变将影响不同变异表现型的遗传可能性，表现型在一定程度上依赖于营养环境的改变。

基因研究的进展表明人类群体内和群体间存在着可观的生化可变性。广泛地讲，遗传的可能性是全部变异能被基因解释的比例。研究已经证实，血浆胆固醇浓度50%，血压30%～60%，骨密度75%的变异是由基因决定的。然而，假如不同群体间其流行的基因类型与疾病之间存在差异的话，那么，遗传的表现型可以不同。例如，在英国纤维蛋白浓度（一个心脏病危险因子）15%的变异是由基因决定的，而在夏威夷51%的变异是由基因决定的。既然基因的变异是在其特定的环境中表达的，所以不同的群体就不应拷贝彼此为预防疾病制定的饮食推荐摄入量，需要考虑基因的差异对饮食的影响[1]。

在20世纪80～90年代，科学家已经研究了基因差异与营养的相互作用对控制慢性疾病的影响。跨国间的数据表明，慢性疾病的发生及其流行在不同的个体、家庭和国家之间均有不同。基因的患病倾向性，也受其环境和治疗质量等因素的影响。对多数慢性疾病的易感性（如肥胖、心脏病和癌症）在很大程度上是由基因决定的，但鉴于基因的差异性，就会出现在同等程度上并非每个人均对与遗传有密切关系的慢性疾病都是那么易感的。

一、基因与环境

一般认为健康问题既与遗传又与环境因素有关（包括生活方式）。现实中，两者均具有可操作性。例如，这在一个典型的遗传性疾病苯丙酮尿症中得到体现，苯丙酮尿症，是由于苯丙氨酸（一种必需氨基酸）不能转化为酪氨酸，苯丙酮如果积聚，则将引起神经系统的损伤。如果饮食中苯丙氨酸在正常水平出现这一疾病，故应减少苯丙氨酸至可控的最小值，同时补充色氨酸（由于苯丙酮酸羟化酶的损失，色氨酸不能由正常的途径从苯丙酮酸形成）可使这一疾病减轻。也就是说无论基因型还是食物或营养素等环境因素均可决定健康状况。

相比之下，非胰岛素依赖性糖尿病（NIDD）的发生有很强的遗传基础，甚至“常染色体显性遗传”（一个基因从父母一方遗传获得）即可满足要求。仅仅缺乏运动，高脂肪和精糖食物可能导致腹部脂肪堆积，引起血脂代谢异常，导致胰岛素抵抗的形成。

的确，传统的生活方式，像一些土著民，能使碳水化合物和脂类代谢异常得到纠正。基因频率（发生次数，有可能多于一个基因）在一些群体可明显地高，即使这些基因尚未鉴定出来。例如一些种族如太平洋岛国居民——瑙鲁人和北美印第安皮马人NIDD的发病率高达35%～40%[2]。因此在传统环境下可能对人类有生存价值的一个普通基因遇到今天的某特定环境，在这种环境下表现为疾病。因此，对某些疾病来说，遗传和环境都存在100%引起因素的理论可能性。但是，通过多元统计分析有时考虑的是一种生物现象或疾病有多大的变异程度能看作遗传标记或者环境因素的作用。这样，以百分比计算的变异总和累加到100%。

二、表现型和基因型

可测定的代谢或解剖学异常以及这种变异引起的疾病后果是基因型的表现型，相应的基因异常是基因型。例如，先天代谢异常的高同型半胱氨酸尿症是由两种酶（胱硫醚-β-合成酶或者5-甲基四氢叶酸同型半胱氨酸甲基转移）或其中一种异常所致，这两种酶负责同型半胱氨酸的代谢。结果是血液同型半胱氨酸含量升高，导致多种疾病如血栓、骨质疏松症、智力发育迟缓、面部潮红、加速的动脉硬化形成（参见第十五章）。水溶性维生素尤其是吡哆醇（维生素B_6），维生素B_{12}或叶酸摄入不足，也可引起血液中同型半胱氨酸不同程度的升高（homocysteinaemia），因同型半胱氨酸是动脉毒素，它的增高使动脉硬化症的危险也随之增高。

因此，人们可以通过研究基因-环境的相互作用来了解人类疾病的遗传易感性，这些研究结果的公共健康意义是深远的。就所举例而言，其代表了营养不足（如水溶性维生素不足）及营养过剩（如脂肪摄入过高）与基因之间的相互影响。

三、基因表达的营养调节

尚不清楚影响基因表达的第一种特定营养素。直到20世纪50年代，当必需氨基酸达不到必需量时，限制了体内蛋白质的合成。在营养素调控下的基因可影响参与营养素代谢的酶基因的表达。乳糖（营养素诱导者）可提高3种编码乳糖代谢酶的结构基因（乳糖操纵子）的表达。因此，推测营养素和植物化合物的摄入可能影响多种基因的表达[3]。

基因表达可被定义为基因片段（DNA）转录成mRNA及mRNA翻译成蛋白质的过程：①表露的表现型（基因表达的表现）；②影响蛋白质产生的基因转录和信使RNA（mRNA）翻译。

基因表达包括活化这些基因为可转录的结构，接下来是转录、转录子加工和剪切、转移到细胞质体和mRNA翻译等。对一些蛋白质而言，翻译后修饰可被一些基因表达改变所影响。人类基因组含有30000种基因，其中10%在任何时间均是具有转录活性的。特定基因的转录率可被各种机制所改变，其代表了调节的重要环节。影响RNA聚合酶束缚DNA，特别是基因的启动子区域和其他紧邻着序列的因素控制着转录。

营养因素通过影响DNA到mRNA和mRNA到多核糖体转移核糖核酸（tRNA）到酶或其他蛋白质合成的翻译而决定基因表达活性的水平。从营养影响基因表达的角度来看，这个过程可以预想为饮食条件使特定的酶和调节子的基因转录的改变，这称为表现型表达。特定的营养素和饮食条件可与转录因子直接相互作用或者也可以更为普遍地通过激素或信号系统间接地相互作用。另外，营养素可以通过控制mRNA翻译而影响基因的表达，mRNA也可由直接或间接的途径被调节。影响mRNA翻译的因素（可能为营养因素）也是重要的。可被营养调控的基因的例子参见表17.1[3]。这些受饮食影响的基因存在相当大的个体差异。

这些影响可以通过测定与饮食改变相关的mRNA而体现出来。最常用的是通过mRNA的互补DNA（cDNA），允许cDNA结合mRNA，然后检测（通过电泳系统中放射自显影如Northern的杂交）。特别有意义的例子：①碳水化合物饲喂刺激肝中脂肪合成酶mRNA的产生，可能部分是由胰岛素调节；②通过饲喂亚油酸（n-6多不饱和脂肪酸）刺激LDL受体mRNA的形成，结果使细胞具有清除血液循环中LDL-胆固醇的能力和抑制胆固醇自我形成的能力；③阳离子缺乏时改变细胞中阳离子储存蛋白（铁蛋白）mRNA量的能力[4]。

表17.1 饮食调节基因表达的例子[3]

重新饲喂给饥饿的动物给予富含碳水化合物的饲料
提高苹果酸酶、L-丙酮酸激酶、脂肪酸合成酶、6-磷酸葡萄糖脱氢酶、6-磷酸葡萄糖酸脱氢酶、乙酰辅酶A羧化酶、腺苷三磷酸-柠檬酸裂解酶和肝脏S14和S11蛋白质的mRNA水平
降低磷酸烯醇丙酮酸羧化激酶活性
蛋白质耗尽饲料
提高白蛋白、前白蛋白、铁传递蛋白、纤维蛋白原beta链、apo脂蛋白E mRNA水平
酪蛋白饲料提高鸟氨酸脱羧酶mRNA水平
胆固醇或相关代谢物降低羟甲基戊二酰辅酶A还原酶mRNA水平
微量元素的作用
锌、镉、铜和汞提高金属硫蛋白mRNA水平
铁缺乏提高铁传递蛋白mRNA水平
维生素D提高钙调蛋白mRNA水平
维生素D缺乏降低多聚腺苷酶的mRNA水平

四、基因治疗与饮食推荐

某些营养素与遗传决定的生化和代谢紊乱如家族性高同型半胱氨酸血症，其相互作用表明了个体的需要不同。进化已经增强了人类对多种食物的适应性以及成功地生存下来。然而，与饮食相关的遗传适应性与局限性已经发生。遗传异质群体的饮食模式的改变与基因型相似的群体（由于相似的进化背景）相比影响不同。所以，饮食干预想要成功需要基于了解人们想要通过环境因素控制或修饰他们的基因频率。

例如，饮食指南提倡的乳制品和谷类食品对骨质疏松低危险性或腹腔疾病危险性高的人群是不合适的。非洲和亚洲人尽管钙摄入低，但骨折率比白种人要低。这已将它与 VDR 基因 b 等位基因高频率联系起来了，VDR 基因与骨矿物质密度及骨更新有关。有趣的是美国非洲裔 b 等位基因频率比在非洲的非洲人要低（43%），这为环境改变最终可影响遗传组成和表达提供了进一步的证据[1]。饮食不包含小麦、大麦、黑麦、燕麦的人群一旦加入这些食物至其饮食中就表现出麸质敏感性。遗传易感性的人群饮食中出现麸质将引发腹腔疾病。欧洲出生的人腹腔疾病的发病率为 1/3000，而爱尔兰出生的人的发病率为 1/200。

饮食对血浆胆固醇浓度的影响，这里提供另一有价值的例子。血浆胆固醇浓度对饮食干预的反应是异质干预，对饮食的反应似乎是由 apo 脂蛋白的基因变异所决定的，如 Apo E。Apo E 与高胆固醇血症相关。北欧国家 Apo E 等位点基因频率（芬兰 22.7%，瑞典 20.3%）比南欧国家高（意大利 9.4%）。这表明 Apo E 至少可部分地解释欧洲国家心血管疾病发病率的差异。LDL-胆固醇水平和 Apo E 的基因变异之间的联系受环境或种族因素的影响。携带 Apo E 异构体的受试者当饮食也为富含饱和脂肪酸和胆固醇时，可观察到更高水平的 LDL-胆固醇。换言之，对饮食的反应在携带不同 Apo E 的表现型的个体时是不同的。燕麦麸皮只降低携带 Apo E3/3 的表现型（与 Apo E4/4，Apo E4/3 相反）的人群的血浆胆固醇。这种特定的遗传信息为制定个体最佳的饮食是需要的。通常的饮食推荐可能并不适用于所有人。

不仅可以定义不同个体间遗传的差异，遗传基因如何对饮食的改变产生影响，而且可以纠正觉察到的遗传异常越来越成为可能[1]。例如，既然 LDL 受体缺陷在肝脏细胞中是很重要的，那么，肝脏细胞就可能产生过量的胆固醇。目前有可能切除个体部分的肝脏组织，纠正遗传异常，组织培养这些肝细胞然后重新移植到肝脏中，因此纠正了（部分）这一缺陷。遗传程度越低，适当地改变其生活方式就可以解决问题，并可获得其他益处。

目前，饮食指南的目的是优化大多数人的健康。饮食指南也将提高对个体健康优化的考虑，当然，其涉及社会、民族和经济等问题。

五、食物和基因突变

食物可改变有利和不利的基因突变。食物诱导有机体突变的物质组成，其对癌症的形成起着重要的作用。然而，科学家使用生物信息学技术研究表明，短短的几个星期内，水果和蔬菜可以降低人类细胞基因突变率。这些与疾病相关的基因表达的发现还有待确定，但当水果和蔬菜的摄入增加时，某种癌症的危险性可能降低（参见第十五章第三节）。

第二节 营养基因组学

营养基因组学拥有巨大的潜力去改变未来饮食的指导原则和个人推荐食谱。营养基因学将会按照个人的基因图谱为日常食谱的推荐提供根本性原则。在某些单基因缺陷引发的疾病治疗中，这个方法已经使用了几十年。然而困难的是如何提供一个通用原则去治疗多基因缺陷引发的疾病以及制作一个用来探测遗传疾病的工具，并且在病发的几十年前就开始采取措施避免疾病的发作。关于心血管疾病和癌症的基因与饮食之间联系研究的初步结果证明这是有前景的，但这些结果大多是非确定性的。要想在这个领域取得成功，需要不同的领域相互合作和研究人员对大量人口进行普查，以此来充分调查基因和环境之间的联系。尽管目前有如此多的困难，然而初步得到的证据依然强有力地说明这个理论是行得通的。人们将可以读取储存在基因中的信息，从而通过主动行为来获得健康发展的老龄化社会，营养学将是这项努力的基石。

一、营养基因组学的过去、现在和将来

营养学研究对社会公共健康的作用包括确定最佳饮食推荐表，它用以防止疾病发生和保持最佳身体健康状况。为了达到这个目标，基于目前可获得的最优秀科学成果，制定了一些饮食原则，用以提高容易患某些疾病［例如，心血管疾病（CVD)、癌症、高血压和糖尿病］的高危人群的健康水平。但是，过去和现在的饮食指导原则都没有考虑人体对摄入的营养发生改变而引起的不同生理反应。从个人的角度来说，这些不同生理反应可能显著地影响上述推荐饮食对保持身体健康的效果[5]。

摄入同样饮食而产生不同生理反应的个体差异的作用机制还远未被人们所了解。然而，遗传因素所起的作用已经在许多疾病中被证实；虽然只是最近科学家们才开始在分子水平研究这些营养与基因之间的相互作用。可是，这些为了阐明普通疾病营养和基因相互作用的研究的说法目前还是有争论和不确定。即使如此，这些疾病确实是因为特别的基因和环境因素的相互作用而触发的。这些相互作用是动态的，开始于出生，并继续贯穿成人期。“环境”这个概念意义复杂并且内涵广泛，常常跟吸烟、药物使用、有毒物质的接触、教育和社会经济状况有关。但是饮食却是所有人从出生到死亡永远接触的环境因素。因此，饮食习惯是人们一生中调整基因表达最重要的环境因素。

饮食在疾病发生过程中的显著作用最早是在单基因缺陷疾病领域被发现，接着在多因素疾病领域也被认识到。该领域的更多进展依赖于进一步对易感基因的鉴别和认识以及这些基因变异对健康和疾病影响的阐明，这些基因在疾病发展过程中起关键作用。人类基因组计划所获得的信息促进了这项研究的发展，并为基因研究和更全面理解基因与营养、基因与饮食之间的相互作用开辟了道路。

基因与饮食的相互作用，表达的是一种饮食成分对由多种遗传基因共同作用之下产生的特殊表现型（血脂浓度、肥胖、血糖等）的影响的调节。另外，这一概念指的是一种遗传变异的表型特征的饮食调整效果。在基因与饮食相互作用的研究领域，举个普通例子，如多因素疾病，研究发展最迅速的是在心血管疾病方面，因为它拥有最容易检测的指标（如血浆胆固醇浓度）。在脂质代谢方面，修订了一些初步的基因与饮食相互作用的研究结果，而且成为最近一些社论的主题。利用营养基因组学手段来指导饮食以对抗疾病的潜在好处巨大，这个研究方向被认为是在后基因学时代营养学研究的方向。目前，由于基因修饰无论是在技术可行性还是在伦理上都是不可行和不能被接受的，所以遗传学、营养学家们将会使用基于营养基因组学的理论来指导个人行为，这也意味着更有效的疾病预防和治疗方法[5]。

基因组学的革命性变化极大地促进了一些可以应用于营养学的新技术的发展。基因组学、蛋白质组学、代谢组学及生物信息学技术已经为基因与营养相互作用机制在细胞、个人和大众水平的研究上提供了便利。在后基因组学时代，传统的DNA序列和基因型技术会转向新的技术使用DNA阵列和其他更高效方法。现在，在一个单一实验里转录已经可以使用能设定数以千计的基因，甚至整个染色体组表现型的微阵列技术。目前的蛋白质组学研究使

得遗传学家在任何特定的时间都能研究一个细胞或组织里的所有蛋白质组成，并且使他们可以确定某种蛋白质在细胞内的作用，甚至与这些蛋白质发生反应的分子的作用。最后，代谢组学通过使用无创性标志物将会促进对新陈代谢途径的调查研究。所有的这些技术应该结合起来，以理解具体的营养和膳食模式对细胞、器官和整个生物体新陈代谢行为的影响[5]。

这一挑战可以通过运用生物信息学和化学计量学来解决，这两个学科提供了用来管理基因组学、转录、蛋白质组学和代谢组学产生的复杂数据的工具；这两个学科组成了人们所知的功能基因组学，也被称作系统生物学[6]。系统生物学的发展改变了基因与营养相互作用的概念，从传统的单一路径研究一种营养物对特定代谢过程的影响转变成为从整体进行考虑，这样所有有关基因和代谢的重要组成部分可以被同时测量得到。总的来说，总体是部分相互作用的结果。根据霍夫曼的说法，科学家应该拥有：①各部分的知识（营养、食物和饮食模式）；②正确的信息（有效的实验设计、饮食评估和统计学方法）；③用来处理和形象化更加复杂的相互作用模型；④拥有大型计算机以综合信息，并且采取超越学科和机构的跨学科做法。

在这些技术和模式的推动下，营养学已经引进了新的、尚未下定义的概念“营养基因组学”或“营养基因学”。这个概念在1999年Della Pena的文章中首次被使用，他将营养基因组学定义为营养与基因发生联系的主要途径，即目前最适合于说明由植物或者其他生物体组成或积累而成的营养的重要性的概念[7]。这个定义描述了植物生物化学、基因组学，以及人类营养学之间的交叉研究，此项研究通过分析和控制植物生理中微量元素的代谢路径提高植物的营养来达到促进人类健康的目的。两年之后，Watkins等通过提出个性化的营养可能为下一代食物和农作物带来额外的价值，把个人基因变化这一概念合并到了农业之中[8]。目前，开发新的食物是营养基因组学在它总目标下的许多具体应用之一，主要研究营养对整个基因组产生的影响。因此，营养基因组学在营养学研究中表现为系统生物学的形式，促进人们更多地了解：①营养如何影响代谢途径和身体自我调控；②这个规律在与饮食有关的疾病发生的早期发生了怎样的改变；③个人敏感基因在哪种程度上有助于这类疾病。

在营养基因组学领域，有两个概念被使用：营养基因组学和营养基因学。营养基因学研究遗传变异对饮食和疾病之间相互关系的影响，包括鉴定和说明对同样营养素产生不同生理反应这一现象有关的基因变异。营养基因学的目标是制定出面向个人的考虑到特定食物或饮食的好处或者危害的推荐食谱。它也同样被称作“个性化营养”或“个别的营养”。营养基因组学注重营养对基因组、蛋白质组和代谢组的影响。由于这是一个新领域，就不奇怪这个概念拥有如此多不同的解释。然而，目前被广泛接受的营养基因组学定义是：在分子、细胞和整体水平研究食物和食物组成与基因的相互作用，它的目标是使用食物来预防或治疗疾病。

二、营养基因组学的研究方法

营养基因组学是一个可能使疾病预防和治疗方法发生革命性变化的一个概念。正如上文所指出的，营养基因组学的一个目标是找到基因多态性以说明基因与饮食之间重要的相互作用，从而为制定个性化的更好的饮食建议提供方法。学术研究者、公众和企业对这个越来越流行的话题抱有很大的兴趣。但是在这些理论被应用到社会人群之前，它们需要被充分的科学证据说明是有效的。不幸的是，在多因素导致的疾病领域进行的关于基因和营养之间相互作用的研究结果在接下去的实验中几乎没有再次出现。这已经导致科学界分成了两大派别，即相信营养基因组学可以为人们的未来实现它先前所承诺的好处的一派和表示忧虑不信任的另一派。目前的混乱不利于科学研究，并可能影响公众的信心，为了避免或至少减少这种混乱，人们必须了解已经出版的那些科研成果的长处和局限。因此，当从基因与营养相互作用研究中得出了因果关系结论时，遵循证据原则将医学和流行病学应用到营养基因组学研究是非常有用的。

在过去的几十年中，在营养学研究领域发生了一个戏剧性的变化，即从关注营养不足转变成了防治慢性病的发生。这个变化赋予营养流行病学以提供实质性证据以支持全球性健康建议或面向特定人群的特殊健康建议的关键角色，后者是营养基因组学的研究目标之一。在向社会公众推荐之前，需要利用流行病学研究中收集的结果作为有力的理论证据。当研究结果被用来支持营养学建议时，在营养基因组学领域需要同样确切有力的证据。下文将从因果关系、因果标准、流行病学研究的类型以及统计学这几个方面进行阐述。

三、营养基因组学中的因果关系、研究方法和误差

必须记住统计学上暗示的联系（$p<0.05$）并不意味着实际的因果关系。在营养基因组学领域里的因果关系的概念可以从几个角度来理解。最务实的理解是“举证责任”，即需要建立一份膳食清单或营养学模型作为疾病的起因，例如，在收集多少证据之后采取实际行动才能被认为是有正当理由的。大体上，人们认为在解释流行病学研究结果时，任何单一的研究都不能被认为是因果关系的决定性证据[9]。同样，关于因果关系的一些原则在 20 世纪 60 年代已经建立，它们可以在现在和将来的相关性和相互作用研究中被使用。这些标准包括一致性和强度的关系，以及剂量反应和生物学可信度。一致性是在测试因果推论时最常被使用的标准之一，它表明在不同环境、不同研究者、不同研究设计方案和场所之下被测试的相关性在多大程度上可以被观察到。一致性与重现性是等价的。在相关性的强度指标下，因果联系比非因果关系更能表现出强大的相关联性。但是不能认为一个强有力的关系就可以表示因果联系，因为其他混淆因素的存在可能错误地导致一个强有力的关系。接触和结果之间的剂量反应关系为因果关系提供证据。生物学可信度或连贯性指的是在流行病学研究中发现的关系被作用机制或潜在疾病产生过程的有关知识所支持（或反对）的程度。其他有关因果联系的标准是时间性的或实验性的证据。时间性是因果联系存在的先决条件。在一个原因被发现的过程中，它的出现必须在结果产生之前。对于实验证据，它必须是从良好控制条件下的研究中获得的，特别是随机对照实验。这些类型的研究通过证明“改变原因改变结果”来支持因果联系。但是，由于受伦理和费用的限制，流行病学研究往往被限制成无实验研究。

在实验设计中，研究条件，包括被研究对象的暴露情况，都是直接为研究者所控制的。这个控制可以把混淆的可能性降到最低，混淆是在无实验研究（观察性研究）过程中常常出现的会扭曲研究结果的一个错误。因此，流行病学研究首先是按照它们实验程度进行分类，然后再根据其他特征（例如，主题、对象、后续行动）进行观察研究（生态学、交叉学科、条件控制、对列研究）和实验性研究（临床和社区实验）。

后一组实验是证明存在因果联系的最有力证据，它从受控制的随机干预实验中获得信息。

在营养流行病学研究中，生态分析（分析单位为组）提供了脂肪消费和癌症之间的初步结果；然而生态谬误是这些研究的主要限制。在交叉研究方面，针对从特定人群中选出的个人样本与各营养因素接触程度和疾病的调查同时进行。在条件控制实验中，有关饮食的信息从患有某些特定疾病的病人那里获得，并与实验组进行对照。这样的实验方案能比数量巨大的普查研究更快地获得所需信息，但它只能是重现性实验并且有很高的错误率。前瞻性普查研究是收集信息的最好的观察方法。在这种研究中，遗传学家们确定一组人群，衡量其饮食和其他值得注意的危险因素的暴露程度。对饮食暴露程度的研究可能同时包括现在和过去的

饮食记录。这组人群在随后时间将会接受跟踪记录调查，以确定到底谁最终患了疾病；被测量的暴露程度数据是为了确定患某种疾病的风险因素[10]。在营养基因组学中，通过可以确定参与者基因型的关系研究，人们可以测量基因与营养之间的关系。收集基因型有关数据的程序被称为“检测型基因分析程序”，并且早已被应用于分子流行病学。但是，用分离研究方法进行的遗传流行病学，通过“非检测型基因分析程序”研究基因与营养之间的关系。非检测型基因分析程序是基于对个人和家庭的表现型分布进行的统计学分析，并不依赖于直接的对 DNA 变异的检测。

目前，检测型基因分析程序是确定基因与营养之间关系的标准方法。这个研究方法需要比传统分析方法更大量的样本，从而将随机误差（Ⅰ型 和Ⅱ型）减少到最低。

四、膳食评估

膳食在人们研究饮食暴露程度和疾病产生之间关系的评估中扮演了重要的角色。因此在营养基因学研究中高质量的膳食调查信息是建立饮食与疾病之间关系的关键。

确定饮食内容的最好方法是在严格控制条件下的前瞻性饮食干预研究。但是，这些控制良好的前瞻性饮食干预研究有一些重要的逻辑限制[11]，包括它们的成本，参与人数不多以及简短的干预时间。因此，关于饮食与基因表现型和疾病之间联系的背景资料中大多数是来自于个人报告的调查问卷。饮食记录，历史饮食调查问卷，24h 内的电话回访，或者食物频率调查表（FFQs）是最常用的获取个人饮食资料的方法。每一种方法都有其自身的优点和缺点。例如，在饮食调查中，由于调查对象每天饮食摄入的变化很大，一个 24h 的电话回访或食物记录并不一定代表本人的经常性饮食。为了消除日期带来的影响，FFQ 是在针对大量人群作调查时最常用的评估方法，首先是因为它便于管理，其次它比别的饮食评估更加便宜，并且它提供了一个快速判断日常饮食情况的方法。但是，最近的研究指出这种方法与其他更加直接测量食物摄入的方法，例如生物标记物、代谢研究中化学分析食物摄入以及饮食记录的方法的相关性比较低。以上信息表明在营养研究中使用的饮食评估工具的误差影响可能远比先前预计的要大。然而，这些错误的影响取决于具体的流行病学设计和相应的假设。因此，任何调查问卷在它被应用到新的研究之前，证明它的有效性和重复性是非常重要的。最近，一些研究开始设计校准程序[12]。回归校准是一种新的技术，它以一个校准子研究提供关于什么是错误的信息并修正主要研究结果。它根据相对危险度估计修正回归衰减和偏差，基于 FFQ 所提供的关联性，利用不同的补充方法衡量真正的膳食摄入量。

营养基因组学中针对营养流行病学研究的一个重要内容是：哪种类型的饮食信息更加有关？应该使用食物、营养素还是饮食模式？食物是由饮食测试工具直接评估的。相反，营养素是利用食物数据库进行计算得出的。因此，将食物摄入信息转化为营养素摄入数据需要正确的食物营养组成成分表。食物准备和烹饪方法可以显著地影响最终食物中的营养成分。食物组成包括几千种特殊化学成分，一些已经被了解并被定量测定，一些很少被描述，其他一些随着地理位置和季节变化或者尚不明确。因此除了传统意义上的营养（一种从食物中被获得，并且为身体组织生长、维持健康和修复所需要的化学物质），食物同样也含具有生物活性的“非营养素”成分，比如天然植物化合物（黄酮类化合物、异黄酮、类胡萝卜素等）、添加剂、毒素和食品加工和烹饪过程中形成的化合物[13]。如果饮食只是被定义为营养素或食物组成，可能会漏过比较少为人所知的隐藏在食物中的生物活性成分的重要信息。随着营养物质和生物活性物质在基因表达和细胞生理反应中扮演的角色越来越为人门所了解，营养基因组学需要一个新的营养定义[14]。Young 将后基因学时代的营养定义为：对饮食要素的一个全面性定义（物理的、化学的、生理学的），无论是自然的还是人工制作的，作为细胞分化、生长、更新、修复、防御或/和维持生理过程的一种必需的信号物质，维持正常分子结构/功能和/或促进细胞和器官完整的辅助物或决定因素[15]。这项饮食方式的研究使用了主成分分析、聚类分析，以及其他技术。有人建议用互补性的研究方法研究食物和食物模式，把食物组成成分的营养素都综合起来考虑。这种一体化研究方法在营养基因组学研究中很有用，目前进行的研究中都使用了这种方法，包括 Framingham 心脏研究，在此项研究中饮食以食物、营养和饮食模式指标测量，以研究饮食对可能的遗传调节代谢综合征和心血管疾病的影响。这个综合性的饮食评估方法可以通过测量一些生物化学标记物来完善，从而完成针对特殊营养物更加客观的饮食摄入检测[16]。这些饮食摄入量的生物标记物包括血液、尿液、脂肪或其他组织中与特定的膳食摄入成分相关联的生物化学物质。然而，仍然缺乏许多重要营养素的可靠生物标记物。

目前的限制可以通过纳入新的分析方法和生物信息学技术来解决。人们关于营养基因组学研究的一个目标是提供更好的关于营养和健康指导的生物标记物。因此将系统生物学应用到营养基因组学中将提供令人激动的机会来建立所需的知识体系。系统生物学将会促进不同学科和专家的交流以建立食物和食物成分对基因多态性、基因表达、表型、疾病及生物标记物的影响和易感性生物标记物相关信息的模型。

五、基因型和质量控制措施

营养基因组学必须拥有一个好的饮食测试方法和良好的基因检测质量控制方法。最近，有人拟定了一份清单用来报告和评估基因型分布和基因与疾病关系的研究，重点关注研究设计方案，选择研究对象，还提到了一些项目的特征（地理区域、性别、年龄、环境暴露、收集时间、基因型分析的有效性、人口分层、混淆因素和统计问题）[17]。作者指出最近的一次使用分子基因技术对 40 个研究的评估证明了关于质量控制需要一个标准。随着对通用方法的需求，一些方法正在发展完善中；质量控制程序在实验室里尤其重要。对基因型的错误分类（例如，一组数据的重现性少于 95%）可能导致基因型和疾病之间关联的误判，从而影响基因与营养之间关系的研究。质量控制措施，包括内部对照、双盲实验、实验失败率；检查基因型频率是否符合 Hardy-Weinberg 平衡，盲数据收录，都必须报告在方法论部分。

另一个发展是利用单体型而不是个别多态性，进行基因组分析。从基因型数据中已开发出估计单体型特征的各种统计方法。因为这些统计方法是专门针对互不相关的个体，而这些数据往往包含着不加区分的基因型，这将导致不同结果。因此需要对不同研究之间包括单体型分析和营养基因组学进行正确有效的对比。

在营养基因组学中微阵列的使用也存在相同的问题，但是强调标准化、数据质量控制和数据分析从而获得准确的可比较的信息。Potter 等人回顾了营养基因组学中微阵列实验进行前和进行时所必须考虑的实验设计、样本规格、统计分析、数据确认、数据处理和实验说明等[18]。随着基因组、转录、蛋白质组和代谢等研究技术的成熟，将会促进它们在营养基因组学的应用，但这些技术搜集的信息的复杂性和数量之巨大，以及不同研究者之间数据库共享的需求，将会使质量控制和审批程序的复杂性比目前传统营养学研究中使用的呈数量级的增长。

六、健康和疾病中基因和营养的相互作用

这里人们旨在概括目前获得的关于基因与营养相互作用在人类疾病中角色的证据。从单基因缺陷疾病中获得的证据比从多基因缺陷疾病中获得的更有说服力。尽管数量有限的研究和这些实验设计中存在缺陷，但是基因与营养相互作用针对心血管疾病和癌症研究的初步成果证实是值得期待的。目前，这个领域的研究首先聚焦在确认参与这个相互作用的基因，其

次关注这些基因与营养之间相互作用的机理。

七、相互作用的等级

正如上文所指出的，考虑到这些相互作用在人的一生处于动态变化的自然特性是很重要的。首先，胎儿发育和“子宫”的条件将是产生最初基因与营养相互作用必不可少的。其次，在某些条件下，比如先天代谢异常，出生第一年的营养条件对健康或疾病状态是具有决定性作用的。再次，对于多基因疾病，比如动脉粥样硬化和癌症，长期接触同一种膳食结构对发展疾病表型是必需的。体内的激素环境也会是这一相互作用的决定性因素。

八、单基因与多基因疾病

经典的遗传疾病分类，如果是由单个基因引起的称为单基因疾病；如果是由多个基因或者与其他非遗传因素联合作用引起的称为多基因疾病。但是这个分类法过度简单化了，真实的情况远未被阐述清楚。被称为经典单基因疾病的遗传多样性明显地反映了基因变异主要位点的变化、某些次级的和高级的修饰基因的作用以及环境因素的影响。因此，大多数单基因疾病的发展共享了多基因疾病中发现的特征。

饮食可能是调控单基因和多基因疾病表现型最有影响力的环境因素。因此，营养基因组学提供了调整这些疾病的表现型的工具和证据。说实话，营养基因组学的目标在单基因疾病上比多基因疾病更加容易达到。因此，了解决定传统单基因疾病表型的基因的相互作用会帮助人们更深入地了解多基因疾病的表现型相关的一些基因和环境因素之间的更加复杂的相互作用。

对于传统的单基因疾病，饮食在它们最终表现型上都起着决定性角色（比如苯丙酮尿症、半乳糖血症、乳糖不耐症、腹腔疾病和家族性高胆固醇血症）。与其他疾病相比，这些疾病相对少见，但可能影响到世界上几百万人。下面将描述每一种疾病及它的主要特性，然后关注特别的基因与营养之间的相互作用。接着，讨论目前最常见多基因疾病比如心血管疾病和癌症相关的基因与饮食之间相互作用的证据。

1. 经典单基因疾病早期识别特定基因突变或单倍型组合

这些相关基因可能多于一个，它们可能显著地受环境影响并调控其基因表型的表现。但是从教学的角度讲，保留这个概念还是合适的。

苯丙酮尿症、半乳糖血症、乳糖不耐症和腹腔疾病可以作为基因与饮食相互作用的经典例子。饮食在基因的表现型表达中都起了主导作用，并且饮食调控已经被广泛用于这些疾病的防控。虽然与这些疾病有关的基因已经被公认，但对它们中的一些特定基因或特殊的突变还了解不够。虽然如此，临床和生化程序已经间接地诊断遗传易感性多年。针对患者，限制其有害营养素摄入是基于干预实验的确凿证据。然而，营养基因组学通过早期识别特定基因突变或单倍型组合对调整饮食产生反应，对提高这些疾病预防或治疗将是至关重要的。苯丙酮尿症是第一个被描述为基因与饮食相互作用所致的遗传疾病。尽管如此，有一些问题还待确定，并且营养基因组学要为这个疾病更加个性化和有针对性的饮食建议提供信息。

2. 苯丙酮尿症

它是一种常染色体隐性遗传造成的苯丙氨酸羟化酶缺乏症，其特点是精神发育迟滞。苯丙酮尿症是第一个可治疗的遗传性疾病[19]。因为与精神迟缓有关的苯丙氨酸羟化酶基因突变很容易通过饮食调节来预防，是用来说明基因和饮食相互作用的最好例子之一。苯丙氨酸羟化酶是苯丙氨酸动态平衡速率控制酶。在肝脏中，苯丙氨酸羟化酶需要四氢生物蝶呤（6R-BH4）作为辅酶，将必需氨基酸苯丙氨酸转换成酪氨酸。苯丙酮尿症是白种人最常见的先天性氨基酸代谢缺陷疾病，平均发病率1/10000。这种情况可以通过检测血清苯丙氨酸水平来得知，并且检测高苯丙氨酸血症被包括在大多数西方国家的新生儿健康筛查程序中。测试苯丙酮尿症大多数是在出生48h内，从足跟上采血到滤纸上进行色谱法分析。在未治愈的病人中，血液中苯丙氨酸浓度可以高达2400μmol/L，这是新生儿正常浓度上限的20倍。苯丙氨酸羟化酶缺乏症是一种具有高度异构特征的疾病，显示了广谱的表型。完全或几近完全缺乏苯丙氨酸羟化酶活性的症状被定义为典型苯丙酮尿症。在此之后，比较轻微的症状已被细分为人为设置的类别，通常称为中度苯丙酮尿症、轻度苯丙酮尿症，以及轻度苯丙氨酸血症（MHP）。苯丙氨酸对大脑有毒，如果不加治疗，会产生严重智力迟钝。苯丙酮尿症的症状和体征可能包括行动异常、肌张力降低、头部比正常孩子的小、学习障碍以及由于皮肤排泄苯乙酸产生的发霉气味。

Bickel等于1953年制定苯丙氨酸限制摄入的饮食方案已成为治疗苯丙酮尿症的支柱方法[20]。目前，这种饮食干预措施拥有最高水平的实验证据。苯丙氨酸是一种在所有蛋白质食物中都有的必需氨基酸，目前苯丙酮尿症的治疗由苯丙氨酸限制饮食（根据人体耐受量进行适当调整）补充了酪氨酸、维生素和寡元素丰富的氨基酸混合物或含所有其他蛋白质合成必需的其他氨基酸的特别配方。对于患了经典苯丙酮尿症的病人，适当限制苯丙氨酸摄入量来维持轻微的苯丙酮尿症，确保患者身体正常发展；而一般情况下，对于轻微苯丙氨酸血症患者没有饮食限制的必要。出生后实施限制苯丙氨酸摄入的措施会降低血液中苯丙氨酸浓度，并避免了未治疗带来的严重后果，例如精神发育迟滞。在婴儿期和少儿期需要实施此限制是明确的，但在之后更长的时间内是否要继续，争议依然存在。这主要是因为随着时间的推移非常少的人会继续遵守这一规定，特别是在青春期。霍纳尔等1962年的调查建议在成年后停止限制摄入措施，在20世纪60年代和70年代大多数饮食建议与中止苯丙氨酸摄入限制相符[21]。为了评价停止苯丙氨酸限制饮食和之后膳食干预所带来的好处，Koch等人研究了在1967～1983年间新生儿筛查计划中认定为患有该病的211名新生儿[22]。这些婴幼儿利用苯丙氨酸限制饮食进行治疗直到6岁，然后随机选择要么继续或停止饮食治疗。在211个儿童中，135人被跟踪研究直到10岁。这项研究显示，保持了苯丙氨酸限制饮食的受试者相比放弃限制的人报告了较少的问题，后者有更高比例的湿疹、哮喘、精神障碍、头痛、过度活跃和活动减退。心理学数据显示，较低的智力和成就测验成绩与终止限制性摄入膳食以及较高的儿童和成人血液苯丙氨酸的浓度相关。他们的结论认为，早期中断饮食限制与预后较差有关。尤其是妇女，因为她们产下精神发育迟滞的婴儿的风险很高。如果母亲不是处在低苯丙氨酸饮食的条件下，胎儿会暴露在有毒水平的苯丙氨酸浓度下，可能导致严重的精神发育迟滞或死亡。根据这一证据，最近美国国立卫生研究院共同声明并建议苯丙酮尿症患者维持一生的苯丙氨酸饮食限制。

苯丙氨酸羟化酶基因的发现提供了研究这种疾病表型变异的分子基础的极好的机会。苯丙氨酸羟化酶基因位于12q22-q24.1，其中包括大约9.000万碱基对，包含13个外显子。迄今为止，在这个位置400多个不同的突变已确定，显示庞大的遗传异质性。有人研究了两个家庭，家庭成员一人患有苯丙酮尿症而另一位患有轻度苯丙氨酸血症。他们确定了使苯丙氨酸羟化酶等位基因差异化的限制片段长度多态性（RFLP）。结论认为，在苯丙氨酸羟化酶基因中，有多个拥有不同严重层次的基因突变。随后世界各地更多的基因突变分析报告了取决于地理来源的不同流行程度的其他突变。在欧洲，普遍的突变包括东欧的在2底数单倍型R408W突变、地中海的IVS10－11G>A、丹麦和英格兰的IVS12＋1G>A、斯堪纳维亚半岛的Y414、西欧的I65T、英国的单体1上R408W突变。在网页上（http://www.pahdb.mcgill.ca/），人们可以看到所有的多环芳香烃突变基因的描述，网站由苯丙酮尿症协会（拥有88名调查员，分布于28个国家）的管理者制作。这一数据库已通过生物信息学工具进行修订和完善。大多数（63%）的致病性苯丙氨酸羟化酶突变是错误的，少数主要影响苯丙氨酸羟化酶的酶动力学，并可能通过错误折叠、聚集和细胞内的蛋白质降解发挥它们的影响。其他的点突变创造新的嫁接位点。该网站以表格形式总结并由 Walter 审查了在体外培养系统中的 81 种苯丙氨酸羟化酶的突变数据表达分析[5]。

欧洲苯丙氨酸羟化酶缺乏的多中心研究发表了出版了一本 4 个表型（正统苯丙酮尿症、中度苯丙酮尿症、轻度苯丙酮尿症以及轻度血症）105 种的苯丙氨酸羟化酶基因突变的分类，为以基因型为基础的代谢表型预测提供一个常规系统。这些作者得出的结论认为，对于大多数苯丙氨酸羟化酶缺乏的患者，苯丙氨酸羟化酶基因型是代谢表型的主要决定因素。Pey 等阐述了 18 种苯丙酮尿症突变在真核细胞中合并表达和在原核系统中伴随表达带来的结构性后果，有四种突变破坏了所有条件下的特定活动[23]。两个催化突变（Y277D、E280K）和两个严重结构缺陷（IVS10－11G>A 和 L311P）。其余突变（D59Y，I65T，E76G，P122Q，R158Q，G218V，R243Q，P244L，R252W，R261Q，A309V，R408Q，R408W 和 Y414C）的折叠缺陷造成生理结构稳定不足和加速退化。作者证明突变蛋白的数量和剩余活动在体外实验条件下可以被调控，这为一些有类似表型患者前后不一致的表现提供解释。FHA 基因突变分析可能有益于精确诊断及饮食预测。他们还建议，如果饮食治疗在 6 岁停止，基因型将会决定认知发展。

近几年，人们重新对用 BH4 治疗高苯丙氨酸血症又有了兴趣。虽然之前证据显示有一些缺乏苯丙氨酸羟化酶的病人对 BH4 的使用有良好反应，但在 Kure 等证明这些结果之前[24]，并没有把多少注意力集中到这个上面。对于这些病人，使用 BH4 进行治疗增加了他们对苯丙氨酸的允许量。一些独立研究组织报道了相似的结果。前瞻性研究项目研究了 38 名患有不同程度高苯丙氨酸血症的儿童：10 人患轻度苯丙氨酸血症、21 人轻度苯丙酮尿症以及 7 位典型苯丙酮尿症。为了实现短期苯丙氨酸负荷，病人食用一餐每千克体重 100mg 的苯丙氨酸。1h 后，病人每千克体重摄入 20mg BH4。一项长期的研究在 5 个轻度苯丙酮尿症儿童身上用口服 BH4 代替限制苯丙氨酸摄入的饮食疗法，他们发现，对大多数轻度苯丙氨酸血症或轻度苯丙酮尿症患者（87%），BH4 导致正常或接近正常血苯丙氨酸浓度。长时间的 BH4 治疗提高了患者日常苯丙氨酸耐受能力，使得他们可以停止限制性饮食的治疗。7 个患典型苯丙酮尿症的儿童都没有对 BH4 产生反应。经确认，P314S、Y417H、V177M、V245A、A300S、E390G 和 IVS4－5C→G 七种突变会对 BH4 的治疗有反应。这些突变大多位于多环芳香烃的催化结构域。尽管这些发现非常重要，但作者们指出在 BH4 可以被作为常规治疗方法之前必须要跨越一些障碍[25]。如果这些结果为其他研究所进一步证实，这一类病人利用 BH4 作为新的治疗方法拥有重要潜力，替代限制苯丙氨酸饮食摄入疗法，这将大大提高他们的日常生活质量。在未来几年内，将系统生物学整体应用于有关苯丙酮尿症的营养基因组学研究将提供适当的生物标记物和信息，从而在不同的人生阶段对受影响的个人提供个性化的治疗建议[5]。

3. 半乳糖血症

临床半乳糖血症是一种复杂的性状，其中包括多个发展和代谢途径。作为一种遗传性代谢缺陷，它被定义为自动继承性的半乳糖代谢紊乱，发生原因是由于缺乏参与半乳糖代谢转化为葡萄糖的三个主要酶中的其中之一。这些酶是半乳糖-1-磷酸尿苷酰转移酶（GALT；EC2.7.7.10）、半乳糖激素（GALK；EC2.7.1.6）和尿苷二磷酸半乳糖-4-差向异构酶（GALE；EC5.1.3.2）。在所有社团最常见的缺陷是转移酶的缺乏，这是个与典型半乳糖血症相关联的酶。出生的婴儿中，典型半乳糖血症的发病率大约是 1∶40000。半乳糖-1-磷酸尿苷酰转移酶在半乳糖代谢的第二步中产生作用。半乳糖首先在半乳糖激酶的催化下经磷酸化生成半乳糖-1-磷酸，进一步在半乳糖-1-磷酸尿苷酰转移酶作用下，与尿苷二磷酸葡萄糖（UDPG）发生糖基交换，使半乳糖-1-磷酸变为葡萄糖-1-磷酸，再经变位酶作用生成葡萄糖-6-磷酸，参与进一步代谢。这种情况通常发生在新生儿期，并伴随着生长迟滞、喂养困难和长期地结合高胆红素血症。如果未能实施乳糖/半乳糖限制性摄入饮食，这可能会成为致命的威胁。对于转移酶缺陷患者，使用饮食治疗的良好效果是悠久的传统和在临床实践中广泛使用的基因与营养之间相互作用的最好例子。因此，作为一项常规建议，一旦有证据表明半乳糖血症（或生化、遗传或临床）存在，为了防止这一缺陷的致命后果，半乳糖必须被排除在饮食之外。这意味着需要终生避免正常的牛奶或奶制品。母乳喂养和牛奶婴儿食品是禁忌，并且应使用不含乳糖的产品替代它们。然而，转移酶缺陷依然是个谜。建立半乳糖限制饮食用于治疗已超过 60 年，它减少了新生儿毒性综合征。但未能阻止远期并发症，在以后的生活中可能出现肝硬化、白内障、运动失调、语言缺陷、智力迟钝和卵巢早衰。人们通过测量红细胞半乳糖-1-磷酸含量来监测典型半乳糖血症。不断升高的浓度可能表明持续不断地严重偏离限制性饮食，但有些患者尽管小心地遵守饮食规定，但还是有非常高的半乳糖-1-磷酸值。目前，长期监测的半乳糖-1-磷酸盐浓度并不受到推荐。与膳食干预苯丙酮尿症不同，在半乳糖血症中，尽管做到早期诊断和治疗并坚持无乳糖饮食，但依然会出现神经并发症、生长发育迟缓和生育率降低[26]。这些与饮食无关的并发症机理尚有待澄清。最近，新的分析技术的应用已经阐明可供替换的代谢途径，包括半乳糖醇和半乳糖酸的形成。它使用含有稳定同位素的半乳糖，以评估在体内半乳糖氧化能力和内源性半乳糖的形成。这极大地增强了人们关于这项疾病和今后长期影响的潜在分子原因的知识。更进一步地鉴定和量化这些过程及其调控有助于制定半乳糖血症患者新的临床管理策略。此外，最近关于半乳糖血症分子遗传学与不同表型相关的遗传变异以及对饮食不同反应的相关解释对利用饮食来防止长期并发症将会有重大意义。

半乳糖-1-磷酸尿苷酰转移酶（GALT）基因上的等位基因在确定生物化学和临床表现型上无疑扮演着重要角色。在这方面，GALT 基因克隆和序列分析促进了与 GALT 缺陷有关的 170 多个突变的确定。GALT 数据库记录了大多数这些突变。Q188R 是北欧人和那些主要欧洲后裔最常见的基因突变。K285N 相当少见，但在一些东欧和中欧人最常见的突变中排名第二。在欧洲，这两个突变可以在 60%～80%的变异染色体上被发现。相反，S135L 变异只在非洲血统的半乳糖血症患者身上发现。在非洲裔美国人中，S135L 占导致半乳糖血症基因的 62%，并且与轻度症状相关。然而，无论 Q188R 和 K285N 突变均与酶活性的完全丧失以及因此带来的更加严重的生化表现型有关。这种疾病的等位基因异质性作为遗传调制器的饮食反应在确定临床表型所起的作用还有待充分设计的干预实验的研究。这些成果及参与内源性毒性半乳糖代谢途径的额外发现，可能会提供适当的办法来控制半乳糖血症的并发症。半乳糖血症可能超出了单个基因的控制。

4. 乳糖不耐症

乳糖不耐症是一种世界各地患病率非常高的疾病。乳糖不耐症患者的消化系统无法消化乳糖。这是由于缺乏乳糖消化酶，这种酶由小肠细胞产生（因此称为乳糖酶缺乏症）。这种疾病具有极大的地理差异。在北欧血统的人群中最少见，乳糖酶缺乏症的患者占成人的比例不超过 15%。对于非裔美国人和西班牙裔美国人，患病率增加到 80%，而对于美国印第安人和亚洲人甚至更高（约 95%）。但在大多数情况下，乳糖酶缺乏症是随着时间的推移发展起来的，大概在 2 岁之后，身体开始产生较少乳糖酶。大多数人直到年纪比较大的时候，才会出现明显症状。先天性乳糖不耐症是一种不常见的严重疾病，伴随有呕吐、生长迟滞、脱水，还包括乳糖尿、肾小管性酸中毒、氨基酸尿和肝脏损害的二糖尿，它的发病率非常低。

乳糖不耐症的症状表现主要是由乳糖发酵导致的。乳糖没有被分解成为葡萄糖，因此没有被身体消化吸收而剩余下来，肠道里的环境有助于乳糖的发酵和产生气体。一种特别的气体甲烷，经常是造成疼痛胀气的罪魁祸首。当足够数量的新鲜牛奶被摄入时，一般的症状包括感到恶心、肠胃胀气、腹泻和胃痉挛。已经证明这是由于肠乳糖酶-皮苷水解酶（LCT）引起的。然而，大多数研究对于 LCT 的译码和启动区部位及位于 2q21 的编码基因 LPH 的序列分析没有发现与乳糖不耐症相关的 DNA 变化。虽然这一表型多态性的分子基础还不清楚，但在欧洲乳糖酶持久性与 70kb 的单体型相关。遗传漂移在形成非非洲单体型多样性一般模式中是重要的。他们研究 11 个持续具有不同频率乳糖酶人群的 1338 染色体上的 11 种单体型。结果表明单体型差异是由点突变和重组同时决定的，并且确定了非密切相关且有不同分布的 4 种常见单体型（A、B、C、U）。在芬兰的家庭中，生化验证的乳糖不耐症与从 LCT 基因上游约 14kb 位置的 C/T（－13910）基因多态性相关，其中 C 等位基因与乳糖不耐症相关[27]。

正是由于基因与营养之间的相互作用，携带 LPH 基因突变的人群必须避免摄入包含乳糖的食物。乳糖不耐症患者之间对乳糖的耐受力差别非常大，这表明了某些突变的等位基因对其有重要影响。然而到目前为止，分子水平上进行的这项对特定基因营养之间相互作用的研究也没有给出任何结果。另外，一些乳糖不耐症患者因为使用限制性饮食和钙摄入，将有非常高的风险患上骨质疏松。乳糖不耐症患者与相同年龄正常人相比四肢中骨质单位少，这一差距在男性和绝经后的妇女中尤为突出[28]。

5. 腹腔疾病

腹腔疾病又叫做麸质敏感性肠病，是一种由易感基因引起的、由于持续摄入麸质食品和相关谷物制品产生的复杂疾病。这种疾病导致免疫介质的小肠黏膜炎症性损伤。它的特点是消化不良，导致广泛的肠道病理生理改变和临床并发症，许多的病例尚未确诊。传统症状包括腹泻、脂肪痢和体重减轻以及发育不良。更常见但更难以确认的肠道疾病包括腹痛、胀气、次级乳糖不耐症、消化不良、微量营养素缺陷、骨质疏松症和缺铁性贫血。这种综合征的实际流行程度还不知道，因为需要多方面的标准来定义这个疾病[5]。目前的估计表明肠道疾病还是相对普遍的，在欧洲和北美每 120～300 人中就有一个人被这种疾病所影响。腹腔疾病被认为是具有很强遗传性的多因素疾病，特别是在白种人群中。腹腔疾病与 II 类人类白细胞抗原（HLA）有非常紧密的联系。这种疾病与 HLA-DR3，－DQw2 单体型的子集相关，由 HLA-DP 的 α 链和 β 链基因多态性所决定。有人指出腹腔疾病由相互作用的两个位点所导致：1 个位点与 HLA 和染色体显性遗传联系，另一个和与 HLA 无关的麸质不耐症的 B 细胞抗原相关，为隐性遗传。但是，Greenberg 等使用支持隐形性状的受控近亲数据对模型，这在隐性遗传中与 HLA 相关疾病的等位基因一致[29]。随后，为确定腹腔疾病非 HLA 位点的全部基因组图谱给出了不同的结论，提出了遗传异质性机理。补充研究给出了具有吸引力的致病机理，揭示了环境触发抗原，即由Ⅱ类人类白细胞抗原分子 DQ2 或 DQ8 导致的基因风险因素和作为 CD 特殊自身抗体目标酶之间的相互关系。他的工作对适应性免疫发挥着重要作用，并指出肠炎症是由特异性麸蛋白 $CD4^+$ T 淋巴细胞导致的。腹腔疾病最重要的饮食因素是麸质，有害的蛋白质包括麸蛋白（小麦）、醇溶蛋白（大麦）、麦碱（黑麦），并包括可能的抗生素蛋白（燕麦）等。现在很清楚的是一些麸质序列可以结合到 HLA-DQ2/8 和诱导 T 细胞反应。此外，修改面筋肽酶组织的结果是产生了高度倾向于 HLA-DQ2/8 结合的能导致 T 细胞反应的结果。将麸质从饮食中剔除可以使肠道功能完全恢复并矫正其他伴随的不良症状。因此基于几十年的实验结果，治疗这种基因与营养相互作用所导致的疾病需要排除所有谷物的无麸质饮食，但是这个方法很难遵守。

6. **家族性高胆固醇血症**

家族性高胆固醇血症（FHC）是一种常见的遗传性脂蛋白代谢紊乱，它不包括在典型先天性代谢异常里，但饮食等环境因素参与该病的发生，是可以调节其表现的单基因疾病的另一个例子。FHC发生的原因是位于19号染色体编码低密度脂蛋白（LDL）受体（LDLR）基因的一个多基因突变。这些突变导致功能性低密度脂蛋白受体数量的减少，造成血浆低密度脂蛋白吸收缺陷和血浆中低密度脂蛋白胆固醇水平显著升高。据估计，每500人中有1人受该病的影响。虽然相对而言这似乎是一个小数目，但就绝对数字而言它代表了一个重要的全球健康问题：仅在美国就高达50多万人有这种遗传疾病。该病患者的临床特征是存在肌腱黄色瘤、睑黄瘤和角膜类脂环。但更加严重的是大多数的患者动脉壁上的胆固醇堆积，这会导致动脉硬化和心血管疾病。如果不加治疗，75%的男性患者在60岁之前会患上冠心病。男性患者心血管疾病平均发病年龄为40～45岁，女性患者发病年龄为50～55岁。

虽然FHC是单基因疾病，但其在动脉粥样硬化性疾病表现型发病的攻击性和严重性上都有较大差别。对这种不同的解释是，由于编码LDL受体的LDLR基因的缺陷程度不同，在低密度脂蛋白粒子受体介导的内吞作用中，160kDa的跨膜糖蛋白是关键。这是一种拥有几个结构域的多功能蛋白。迄今为止，在低密度脂蛋白受体基因上已有700多个不同的基因突变被描述[30]。突变已被分为5个不同的类别。所谓无效等位基因就是指未能制造出任何蛋白质，而其他基因突变导致在结合能力、基因翻译后加工或在回收利用这些功能上的损伤。

科学家建议受体基因突变和由此产生的缺陷蛋白影响临床表型。突变型对脂蛋白水平以及心血管疾病风险的影响已被广泛研究。一些人表现出不同类型基因突变之间血脂水平的显著差异。虽然已经发现有些与受体阴性突变相比，受体有缺陷的基因突变会增加患者得冠心病的风险，但其他人无法证实这一点。甚至个人之间既是共享一个相同的基因缺陷都会有非常不同的临床表现。因此，还有其他因素影响着FHC的发展并导致显著的临床表现差异。以下证据可以支持这一概念，一个人一旦达到年龄60～70，过剩的风险就会消失，接近与大多数人相同的水平。这可能是由于患者之间的生存偏差，因为最容易受这个遗传性疾病破坏性影响的人在之前就可能已经死亡。这表明，有可能是基因与环境和/或基因与基因之间的相互作用保护了其中一些FHC患者使其不易患上早期的一些疾病。来自美国、欧洲和亚洲的证据支持这一说法[5]。

Williams等在犹他州筛选了来自18个家系的1134人[31]。在大多数家系，血清胆固醇是一种有54%遗传可能性的多基因性状。但是，在4个患FHC的家系，男杂合子平均血清胆固醇水平为352mg/dL，心肌梗死的平均年龄是42岁，而冠心病死亡的平均年龄是45岁。然而，4个1880年前出生的男性是各自家系中低密度脂蛋白受体基因突变最早携带者，他们存活至62岁、68岁、72岁和81岁。这表明，一些健康的生活方式保护了这些人，阻碍了导致其所有杂合曾孙在45岁时冠状动脉疾病突变因素的表达。具体来说，这些家庭的前几代比他们当代的后人有一个更加积极的生活方式和明显较低的饮食消费总量，尤其是饱和脂肪。对于一个杂合子严格遵守低脂肪饮食而不使用药物，血清胆固醇级别从426mg/dL下降至248mg/dL。这些观察结论非常重要，因为它们表明，即使预期寿命要比现在短得多，有些疾病易感祖先在没有药物辅助而完全依靠谨慎和积极的生活方式，得到了更长的寿命。

在另一项荷兰的类似研究证实了这些发现，研究的目标是估计所有未接受治疗的由19世纪单一对祖先流传下来的大荷兰血统FHC患者死亡原因[32]。在被分析的250人中总共有70人死亡。在19世纪和20世纪初的基因突变携带者中，死亡率没有增加，而是略有下降。

在1915年之后死亡率上涨，在1935年和1964年之间达到最高，此后略有下降。除了观察时间效应外，家系两个分支之间死亡率也不尽相同，可能是他们已经暴露在不同的环境因素或不同的基因型及其相互作用之下，增加或减少的LDLR基因表达导致易感体质倾向。这两项研究表明FHC患者之间死亡风险的差别很大。这些家系随着时间的推移和后裔分支之间的巨大差别，即使是单基因和高度遗传的疾病与环境因素有强的相互作用。

在亚洲一般人群中并没有发现FHC杂合子，而按照西方标准，强制性杂合子往往不是高胆固醇血症。这意味着中国比其他族裔群体拥有更加温和的低密度脂蛋白受体基因突变。然而，这是不正确的，因为许多LDLR突变导致受体隐性。因此，正如为犹他州和荷兰血统所做的预测一样，传统生活方式下的中国显性FHC杂合子缺乏临床表现并不是因为不寻常的“温和”突变的低密度脂蛋白受体基因，而是由于环境因素[33]。

研究人员对在加拿大生活的中国人FHC杂合子测试了这一假说，这些人先前是在中国生活的FHC患者[34]。这些生活在加拿大的华人比生活在中国的FHC杂合子低密度脂蛋白胆固醇浓度明显高出许多。居住在加拿大的华人杂合子，40%有肌腱黄色瘤，25%有早年冠心病，而在中国的这些杂合子都没有肌腱黄色瘤或早年冠心病。因此，居住在加拿大的华人FHC杂合子表现出与西方社会其他患者类似的表型。生活在加拿大和那些生活在中国的患者之间的差异可以归因于不同的膳食脂肪消费和身体活动。这再次表明，环境因素（如饮食）在调节FHC杂合子表型中发挥重要作用。

总之，FHC患者有更高的心血管疾病风险，在早期的生活中它比正常个体约高100倍。年龄、性别、低密度脂蛋白胆固醇水平以及过早动脉粥样硬化的阳性家族病史是早期和严重疾病的最重要决定因素。然而，环境因素、低密度脂蛋白受体突变的类型以及共同继承的其他遗传因素对临床表型具有高度可塑性。即使是针对单基因的普通疾病，FHC临床表型的不同表明环境和其他遗传因素发挥了同样重要的作用。因此，FHC为未来研究复杂的基因与基因和基因与环境之间相互作用提供了一个极好的模型。此外，还有其他一些例证，比如单基因易感性冠心病体质是受环境影响的。这些综合证据对于由于若干遗传和非遗传因素温和作用相结合导致表型的人群，其风险因素和/或疾病的易感性受环境的影响应更大这一结论提供了强有力的基础。

7. 其他

在经典的先天性代谢异常疾病中还有很多基因和饮食相互作用的其他例子，这些往往只有非常低的发病率。早期识别和治疗这些遗传疾病需要及时诊断和通过限制摄入饮食中相关的物质来纠正代谢异常。在大多数情况下，会制定各种特殊配方以满足营养需要。先天性高同型半胱氨酸血症、胱氨酸尿、高尿酸血症和血色病是这类先天缺陷的例子。膳食修改，如叶酸摄入量、流体摄入量、低嘌呤饮食和铁限制饮食，分别可调节这些疾病表型的表达。

8. 多基因慢性/年龄有关的疾病

多基因疾病，如心血管疾病、癌症、骨质疏松症和神经系统疾病，通常与老龄化进程相关。因此，在这个世界人群年龄越来越大的情况下，它们是目前主要的健康问题。在发达国家60岁以上人口约占19%，而50年前这一数字仅为8%，据目前的预测估计，到2050年超过60岁的人口的数字将比现在增加一倍以上[35]。

人们认为生理功能下降是老年的正常生理现象。虽然理想效果是彻底消除与年龄相关的生理功能下降，人们希望能取得显著进步以减少“正常”和理想老化之间的差距。要做到这点，在早期生活中就需要采取行动，必须提出强有力的科学证据以支持这些行动。毫无疑问，实现健康老龄化最好的办法是预防疾病，这可以通过膳食行为变化及改变人口比例达此效果。

9. **心血管疾病和代谢综合征**

心血管疾病是除非洲及亚洲少数贫穷国家以外的发病率和死亡率的主要根源。像所有与年龄有关的疾病一样，在过去100年中，心血管疾病的发病率在美国经历了戏剧性的变化。正是这种在19世纪40年代作为一种主要公共保健问题的心血管病的突然出现，促进了了解这一疾病决定因素的相关研究。为了确定引发心血管疾病的起因，类似Framingham心脏研究等项目被推出。最初这一研究的重点放在鉴定生化、环境和行为的危险因素[5]。因此，一些心血管病的危害因素被确立并常用来检测和治疗处于风险之中的对象。然而，由于这种疾病的复杂性，人们还远远没有达到完全了解其风险和如何防止这种行为的境界。心血管疾病是包含多基因和可控风险因素的多因素疾病的范例。当前建议的目的是减少传统可控的风险因素，重点大多放在了控制高血胆固醇水平。然而，这仅仅是与心血管疾病相关的危险因素的其中一个。这些危险因素组合起来最常见的是代谢综合征，其特点是同时发生的肥胖、高血脂、高血糖和高血压。急剧增加的患心血管疾病的风险以及与此相关的综合征带来了不言自明的定义："致命四重奏"。

最新估计，在年龄在20岁以上的美国人群中，24%的人口有代谢综合征。印度和中国的统计更令人震惊，种族群体之间的差异，可能是由于多种基因和环境相互作用影响的结果。这个疾病对老人的影响更是可怕，年龄超过60岁的人中40%有这一疾病。如果要对这一主要杀手取得显著进步，人们需要理解代谢异常的分子机制，以及四个明显不同的状况（肥胖、高血脂、高血糖和高血压）如何从一个共同的病理生理过程中产生。换言之，人们需要确定谁是"致命四重奏"难以捉摸的指挥者。

总　结

- 今天人类的基因与4万年前的石器时代祖先的基因是非常相似的。
- 人类在一个与4万年前人们遗传组成得到选择的时代相比，不同的环境（饮食、生活方式）已经引起目前慢性疾病流行。
- 通常健康状况反映了遗传和环境因素。
- 基因活性可被营养因素在转录、修饰、翻译时所调节。
- 个体的健康状况是他/她的遗传、年龄、营养、生活方式、其他物质以及社会环境相互作用的产物。家族历史（包括人口统计学和民族特征）是疾病的重要特征。制定饮食指南时人群中的遗传与变异应考虑进去。既然遗传与变异是在其特定的环境中表达，则不应该拷贝彼此为预防疾病而制定的饮食推荐摄入量。
- 食物可改变有利和不利的基因突变。

参 考 文 献

[1] Simopoulos AP. Genetic variation and nutrition. Nutrition Reviews，1999，57：S10-S19.

[2] Zimmet PZ，Rowley MJ，Mackay IR，Knowles WJ，Chen QY，Chapman LH，et al. The ethnic distribution of antibodies to glutamic acid decarboxylase：presence and levels of insulin-dependent diabetes mellitus in Europid and Asian subjects. J Diabetes Complications，1993，7：1-7.

[3] Cousins RJ. Nutritional regulation of gene expression. Am J Med，1999，106：S20-S23；discussion S50-S51.

[4] Rudel L，Deckelman C，Wilson M，Scobey M，Anderson R. Dietary cholesterol and downregulation of cholesterol 7 alpha-hydroxylase and cholesterol absorption in African green monkeys. J Clin Invest，1994，93：2463-2472.

[5] Ordovas JM，Corella D. Nutritional genomics. Annu Rev Genomics Hum Genet，2004，5：71-118.

[6] van Ommen B, Stierum R. Nutrigenomics: exploiting systems biology in the nutrition and health arena. Curr Opin Biotechnol, 2002, 13: 517-521.

[7] Della Penna D. Nutritional genomics: manipulating plant micronutrients to improve human health. Science, 1999, 285: 375-379.

[8] Watkins SM, Hammock BD, Newman JW, German JB. Individual metabolism should guide agriculture toward foods for improved health and nutrition. Am J Clin Nutr, 2001, 74: 283-286.

[9] Freudenheim JL. Study design and hypothesis testing: issues in the evaluation of evidence from research in nutritional epidemiology. Am J Clin Nutr, 1999, 69: S1315-S1321.

[10] Willett WC. Nutritional epidemiology issues in chronic disease at the turn of the century. Epidemiol Rev, 2000, 22: 82-86.

[11] Most MM, Ershow AG, Clevidence BA. An overview of methodologies, proficiencies, and training resources for controlled feeding studies. J Am Diet Assoc, 2003, 103: 729-735.

[12] Stram DO, Hankin JH, Wilkens LR, Pike MC, Monroe KR, Park S, et al. Calibration of the dietary questionnaire for a multiethnic cohort in Hawaii and Los Angeles. Am J Epidemiol, 2000, 151: 358-370.

[13] Liu RH. Health benefits of fruit and vegetables are from additive and synergistic combinations of phytochemicals. American Journal of Clinical Nutrition, 2003, 78: S517-S520.

[14] Go VLW, Butrum RR, Wong DA. Diet, nutrition, and cancer prevention: The postgenomic era. Journal of Nutrition, 2003, 133: S3830-S3836.

[15] Young VR. 2001 W O. Atwater Memorial Lecture and the 2001 ASNS President's Lecture: Human nutrient requirements: the challenge of the post-genome era. J Nutr, 2002, 132: 621-629.

[16] Neuhouser ML, Patterson RE, King IB, Horner NK, Lampe JW. Selected nutritional biomarkers predict diet quality. Public Health Nutr, 2003, 6: 703-709.

[17] Little J, Bradley L, Bray MS, Clyne M, Dorman J, Ellsworth DL, et al. Reporting, appraising, and integrating data on genotype prevalence and gene-disease associations. Am J Epidemiol, 2002, 156: 300-310.

[18] Potter JD. Epidemiology, cancer genetics and microarrays: making correct inferences, using appropriate designs. Trends Genet, 2003, 19: 690-695.

[19] Scriver CR, Waters PJ. Monogenic traits are not simple - lessons from phenylketonuria. Trends Genet, 1999, 15: 267-272.

[20] Bickel H, Gerrard J, Hickmans EM. Influence of phenylalanine intake on phenylketonuria. Lancet, 1953, 265: 812-813.

[21] Horner FA, Reed LH, Streamer CW, Alejandr. Ll, Ibbott F. Termination of Dietary Treatment of Phenylketonuria. New Engl J Med, 1962, 266: 79-81.

[22] Koch R, Burton B, Hoganson G, Peterson R, Rhead W, Rouse B, et al. Phenylketonuria in adulthood: A collaborative study. J Inherit Metab Dis, 2002, 25: 333-346.

[23] Pey AL, Desviat LR, Gamez A, Ugarte M, Perez B. Phenylketonuria: genotype-phenotype correlations based on expression analysis of structural and functional mutations in PAH. Hum Mutat, 2003, 21: 370-378.

[24] Kure S, Sato K, Fujii K, Aoki Y, Suzuki Y, Kato S, et al. Wild-type phenylalanine hydroxylase activity is enhanced by tetrahydrobiopterin supplementation in vivo: an implication for therapeutic basis of tetrahydrobiopterin-responsive phenylalanine hydroxylase deficiency. Mol Genet Metab, 2004, 83: 150-156.

[25] Muntau AC, Roschinger W, Habich M, et al. Tetrahydrobiopterin as an alternative treatment for mild phenylketonuria. NEJM, 2002, 347: 2122-2132.

[26] Leslie ND. Insights into the pathogenesis of galactosemia. Annual Review of Nutrition, 2003, 23: 59-80.

[27] Enattah NS, Sahi T, Savilahti E, et al. Identification of a variant associated with adulttype hypolactasia. Nat Genet, 2002, 30: 233-237.

[28] Segal E, Dvorkin L, Lavy A, Rozen GS, Yaniv I, Raz B, et al. Bone density in axial and appendicular skeleton in patients with lactose intolerance: Influence of calcium intake and vitamin D status. Journal of the American College of Nutrition, 2003, 22: 201-207.

[29] Greenberg DA, Hodge SE, Rotter JI. Evidence for recessive and against dominant inheritance at the HLA- "linked" locus in coeliac disease. Am J Hum Genet, 1982, 34: 263-277.

[30] http://www. gene. ucl. ac. uk/ideas/fh. htm.

[31] Williams RR, Hasstedt SJ, Wilson DE, Ash KO, Yanowitz FF, Reiber GE, et al. Evidence that men with familial hypercholesterolemia can avoid early coronary death. An analysis of 77 gene carriers in four Utah pedigrees. JAMA,

1986，255：219-224.

[32] Sijbrands EJ，Westendorp RG，Paola Lombardi M，et al. Additional risk factors influence excess mortality in heterozygous familial hypercholesterolaemia. Atherosclerosis，2000，149：421-425.

[33] Sun XM，Patel DD，Webb JC，et al. Familial hypercholesterolemia in China. Identification of mutations in the LDL-receptor gene that result in a receptor-negative phenotype. Arterioscler Thromb，1994，14：85-94.

[34] Pimstone SN，Sun XM，du Souich C，et al. Phenotypic variation in heterozygous familial hypercholesterolemia：a comparison of Chinese patients with the same or similar mutations in the LDL receptor gene in China or Canada. Arterioscler Thromb Vasc Biol，1998，18：309-315.

[35] Tinker A. The social implications of an ageing population. Introduction. Mech Ageing Dev，2002，123：729-735.

第十八章 Omega-3 多不饱和脂肪酸

目的：

- 了解 n-3 PUFA 的来源及分类。
- 掌握 n-3 PUFA 的生理功能。
- 讨论 n-3 PUFA 与非传染性流行病。
- 了解 n-3 PUFA 在功能性食品中的应用。

Omega-3（又称 ω-3 或 n-3）多不饱和脂肪酸（PUFA）是由一系列化合物组成的，其在动物组织和植物中分布广泛。由于 n-3 PUFA 对人体健康起着重要作用，所以被广泛用于婴儿奶粉、功能食品及保健食品中。食物中存在的 n-3 PUFA 主要是 α-亚麻酸（ALA；18∶3n-3）、二十二碳六烯酸（DHA；22∶6n-3）、二十碳五烯酸（EPA；20∶5n-3）和鲱油酸（DPA；22∶5n-3）。

ALA 与亚油酸（18∶2n-6）是人体的必需脂肪酸，人体不能合成，也不能从其他的脂肪酸转化而来，所以必须从食物中摄入。ALA 大量存在于植物油中（如紫苏油和墨西哥油占 60%～70%、亚麻籽 55%～60%、菜籽油 10%、大豆油 7%、胡桃油 13%）。ALA 是 C_{20} 和 C_{22} 长链 n-3 PUFA 的前体物质。DHA 和 EPA 主要存在于鱼、鱼油以及其他海洋生物中，而肉以及肉制品中含量最高的是 DPA。

DHA 主要存在于人和其他哺乳动物的视网膜及大脑中。其对膜的次序（流动性）、膜上酶的活性、离子通道以及信息的转导有着重要的作用。n-3 PUFA 可调节体内很多基因的表达。

从海洋生物中提取的长链 n-3 PUFA 有许多有益的功能，其可增加心率变化、降低卒中发病率的风险、降低血清中甘油三酯（TAG）水平、降低收缩压和舒张压、降低胰岛素的抵抗性以及调节葡萄糖代谢。n-3 PUFA 还有抗癌及抗炎活性。据报道，n-3 PUFA 还对多动症（ADHD）和精神分裂症有一定的疗效，并可缓解忧郁症。n-3 PUFA，特别是 DHA 可降低血浆同型半胱氨酸的浓度。从植物中提取的亚麻酸与亚油酸（LA；18∶2n-6）也具有相似的功能，其可降低血浆/血清中的总胆固醇和低密度脂蛋白-胆固醇水平。

由于上述生理功能，n-3 PUFA 已被一些国家食品企业添加到各种食品中，如人造奶油、蛋黄酱、牛奶、炼乳、豆奶、酸奶、冰激凌、面包以及谷类棒等食品。在不违背伦理以及在符合食品安全的前提下，用基因工程技术来改造动植物，以提高动植物体内长链 n-3 PUFA（如 18∶4n-3、EPA 和 DHA）和降低 n-6 PUFA，这是寻找和开发新的 n-3 PUFA 食品原的有效途径。

第一节 *n*-3 PUFA 的生理功能

在大多数生物细胞膜中，磷脂的主要组成成分是脂肪酸，长链 n-3PUFA 和 n-6 PUFA 在维持细胞膜结构和功能上具有重要的作用。DHA 在人和其他哺乳动物的视网膜和大脑中的含量很高。其是维持视觉和大脑功能不可缺少的物质，因它对细胞膜的流动性具有重要的功能。通过其对膜的流动性的作用，进而影响细胞膜受体（如视紫质）的功能、调节膜结合酶（如Na/K依赖性腺苷三磷酸酶）的活性，并能通过对肌醇磷酸盐、甘油二酯和蛋白激酶C的作用，影响信号的传递。DHA可直接影响神经递质的生物合成、信号的传递、血清素的吸收、β-肾上腺素能受体和血清素激活受体的结合作用以及一元胺氧化酶的活性。

n-3 PUFA可以调节基因的表达。n-3 PUFA可下调蛋白聚糖分解酶、致炎因子（白细胞介素-1α和TNF-α）、COX-2脂肪酸合成酶、乙酰辅酶A羧化酶、S14蛋白质以及硬脂酰辅酶A去饱和酶的活性。同时，n-3 PUFA可上调脂蛋白脂酶脂肪酸结合蛋白（lipoprotein lipase fatty acid-binding protein）、乙酰辅酶A合成酶、肉碱棕榈酰转移酶1、乙酰辅酶A脱氢酶、乙酰辅酶A氧化酶、细胞色素P450 4A2以及过氧化物酶增殖体激活受体α等酶的活性。

在细胞中EPA和DHA的作用是调节由花生四烯酸（AA；20∶4n-6）为底物所衍生的二十烷类生物活性物质的产量，其调节机理是通过EPA与AA的竞争作用而产生各种二十烷类生物活性物质，如3系列前列腺素、前列腺环素和血栓烷、5系列白三烯（LT）以及脂氧素（lipoxin）。EPA和DHA可降低血浆TAG的水平和血压，并能调节心肌细胞中的离子流量。ALA、EPA和DHA在一定程度上可二次预防心肌梗死。此外，ALA、EPA和DHA均可防止致命性的心律失常，通过狗的动物实验（注入不含脂肪酸的液体）已经证实了这一点。以上几点均表明ALA在心血管系统中也发挥着重要的作用。

第二节 n-3 PUFA的代谢

关于C_{18}脂肪酸（ALA和LA）或其长链代谢产物，如n-6脂肪酸族中的AA和n-3 PUFA族中的EPA和DHA是否为人类不可缺少的饮食成分还有很大的争议。人们已对LA的保健功能进行了详细的探讨：已有证据表明LA是神经酰质（其参与调节对水渗透性的调节）形成不可缺少的物质，可维持皮肤的正常功能，而15-羟基十八烷二酸（LA的一种15-十八烷二酸的衍生物）是一种抗增殖的化合物。相反，ALA除了被证明具有维持动物皮毛功能外，其余功能研究得极少。膳食中的ALA是否能为各种组织提供维持该组织最优功能所需的EPA和DHA，这一问题将在后面进行讨论。

一、ALA的代谢途径

长期以来ALA被认为是重要的物质，因其为一些长链化合物的前体。但目前人们认识到ALA也可经其他途径代谢，这些代谢途径在数量上比由ALA形成DHA更重要。人体和动物实验表明ALA的主要分解代谢途径是β-氧化。在小鼠实验中，24h内约60%口服量标记的ALA以CO_2的形式排出，相对而言棕榈酸、硬脂酸以及AA在体内的β-氧化不足20%[1]。在大鼠饲料中PUFA的含量越高，标记的ALA的氧化率越高[2]。在人体试验中，16%～20%的ALA于12h内分解成CO_2[3]。

在大鼠和灵长类动物中另一条重要的代谢途径是在怀孕、哺乳、胎儿以及幼崽的大脑中，ALA经碳链的再循环重新形成脂肪。在大脑组织中，ALA经β-氧化形成乙酰CoA。这些碳原子在体内用于合成饱和与单不饱和脂肪酸以及胆固醇[4]。当用^{13}C标记的ALA经小鼠口服后，在正在发育的小鼠大脑组织中标记的ALA合成的胆固醇比合成DHA多4～16倍[5]。ALA的第三条代谢途径是作为长链多不饱和脂肪酸（如EPA、DPA和DHA）的前体物质[6]。

合成 DHA 的途径由 7 步组成：三步去饱和、三步链延长以及一步链缩短（见图 18.1）。这条途径主要在内质网中进行，但最后一步链缩短还包括过氧化物酶对 24∶6*n*-3 的氧化过程，最终产生 DHA[7]。患有过氧化物酶缺陷的患者（Zellwegger 综合征）不能合成 DHA[8]。

ALA 的另一条代谢途径是沉积在皮肤上以及分泌至小型哺乳动物的皮毛上[9]。一项研究表明：用标记的 ALA 喂豚鼠，结果有 46%以上的 ALA 分布于皮肤和皮毛，是至今为止在皮毛发现的最高比例标记的 ALA[10]。大约有 39%口服的 ALA 被氧化成 CO_2，这也就意味着将近 90%的 ALA 不能被其他代谢途径利用。这项研究的作者提出 ALA 对于皮毛的作用是保护其免受水、光或其他因素的破坏。这项观察可能与通常报道的狗和马的主人将亚麻油抹在这些动物的皮毛上来提供光泽有关。

LA 在对防止皮肤水分散失和保持表皮完整性有重要的作用。而一些研究亦表明了 ALA 在维持皮肤和皮毛的功能上也有重要的作用。一项小鼠研究中（以脂肪缺陷型小鼠为对照组）发现了亚麻油（其富含 ALA）含有一种活性因子，其因子可促进皮毛的生长。该研究同时证明了在恢复皮毛生长方面，ALA 比 LA 更有效[11]。后来一份对 capuchin 猴的研究显示：如果猴子食入了含 ALA 很低但 LA 高的食物，则会引起猴子皮肤的损伤、皮毛的损耗以及不正常的行为；而在其饮食中加入亚麻油，则会恢复其正常的皮肤和皮毛表面光泽[12]。Ando 等发现 ALA 和 LA 均可减轻由紫外线引起的豚鼠皮肤色素沉着过度，并提出了作用机理：ALA 和 LA 二者均可抑制黑色素的产生及促进表皮色素的脱落[13]。如果 ALA 在其他物种的大量代谢也发生在皮肤、皮毛和 β-氧化，就可以解释为什么 ALA 在大多数组织中很少蓄积的原因。

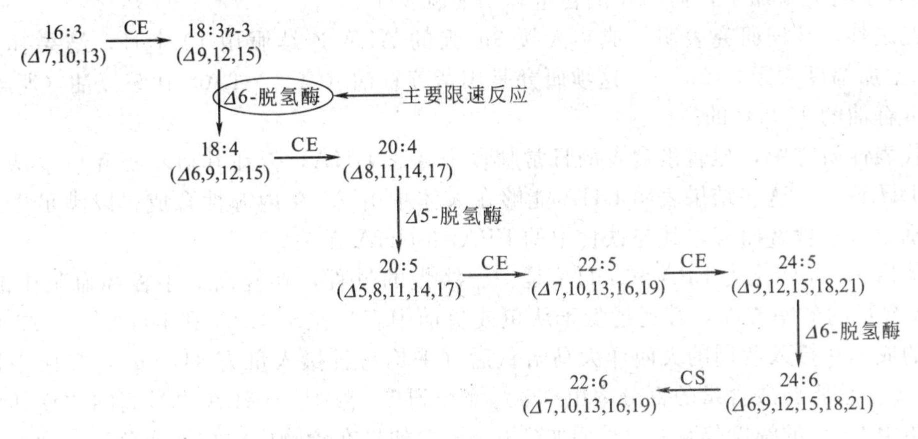

图 18.1　新陈代谢步骤涉及丙氨酸转化为二十二碳六烯酸

CE—链增长反应；CS—链减短反应

在大鼠实验中，如果必需脂肪酸缺乏，体内的大量水分就会通过皮肤散失，LA 可以防止皮肤不正常的水分丢失，而 ALA 无效。一份关于三位老年人的病历报告表明，低 ALA 的摄入与干鳞状及萎缩性皮肤有关[14]，尽管该项报告并未对这三位老年人进行水分丢失的测量。在对恒河猴的研究中，ALA 的缺乏会引起其对水分摄入的增加，最终通过尿量的增加而并非通过皮肤水分的排泄来达到平衡[15]。围产期的大鼠 *n*-3 PUFA 缺乏会改变其体内的水平衡，并且会随鼠龄的增长而引起血压升高[16]。

ALA 如何有效地通过代谢转化为 DHA：关于摄入的 ALA 作为前体物质合成组织 EPA 和 DHA 的效率问题，已经讨论了很多，特别是在人体研究中。不少研究者已经利用不同的方法探讨了这个问题，其中包括：①人和动物均摄入含 ALA 和 DHA 的食物，然后比较其组织中的 DHA 的含量；②用同位素标记的 ALA 喂养动物，然后检测其在不同组织中（如血浆）的代谢；③测量不同组织中去饱和酶 mRNA 的量。

同位素标记实验表明，饮食中的 DHA 是机体中 DHA 的主要来源，而并非由 ALA 转化而来（以克对克计）。对刚断奶大鼠的研究表明：在大鼠大脑组织中发现了 0.16％的口服标记的 DHA，而口服标记的 ALA 的含量在小鼠大脑组织中仅发现了 0.008％，两者相差 20 倍[4]。据估计，要维持豚鼠大脑组织中一定水平的 DHA 的含量，其饮食中所需的 ALA 含量要高于 DHA 达 10 倍之多[17]。有研究者发现狒狒的神经 DHA 的来源中，其饮食中的 DHA 比 ALA 的效率高 7 倍[18]。

富含 ALA 的饮食未必意味着组织中 DHA 的含量高。如果逐渐增加动物饲料中 ALA 的含量，结果在该动物的组织中 ALA 的含量也随之增加，其 EPA 和 DPA 的含量也会有小幅度的增加。DHA 除了在神经组织中增加的量较多以外（与其他 n-3 PUFA 相比较而言），在其他组织中也只有少量的增加[10]。而对尚处于婴儿期的大鼠来说，喂高 ALA 含量的饮食也不能达到健壮母乳在维持其神经系统中的 DHA 水平[19]。在反刍动物中也有类似的现象，除神经和生殖系统外，其他组织所含的 DHA 的量要远低于 ALA、EPA 和 DPA 的含量。

在人体研究中，每日摄入 15g 的 ALA，连服 4 周，结果在血浆 TAG 和磷脂中的 ALA、EPA 和 DPA 的含量有明显的增加，但在血浆、血小板、白细胞或红细胞中却很少有任何可见的 DHA 增加的报道[20]。用同样的研究方法，Mest 等（1983）发现有 DHA 增加的报道：给 10 个自愿者每天服用 30mL 的亚麻籽油，连续服 4 周，结果发现在其血浆磷脂中 EPA 和 DHA 的含量明显增加了，而 AA 的含量却明显减少了[21]。

除此之外，长期研究表明：成年人按 3g/天的 ALA 连续服用 10 个月，结果其血浆中 DHA 的增加幅度大于 20％[22]。这项研究是用紫苏籽油（富含 ALA）代替豆油（所含 ALA 仅为紫苏籽油的 10％）的。

在代表性研究中，尽管素食者的日常膳食中缺乏 DHA，但在其血小板和血浆磷脂中均发现了 DHA[23]。这些结果表明 DHA 能够在人体中由 ALA 内源性合成，以满足生理的需要，特别是对素食者而言，其与饮食中的 EPA 和 DHA 无关。

在体内 ALA 转化为 EPA 和 DHA 是一个缓慢的过程，在提高血小板和血浆中的 EPA 和 DHA 含量的效率方面，其远远低于从鱼或鱼油中直接摄取 EPA 和 DHA[20]。29 位健康不偏食的成人在摄入两周的大西洋大马哈鱼后（平均每日摄入量为 847mg），其血小板磷脂中的 EPA 占总脂肪酸含量的百分率由 0.4％增加到 1.9％[24]。ALA 含量高的饮食其增加血小板磷脂中 EPA 的幅度仅从 0.2％增加到 0.5％。如果在食物中添加鱼或鱼油，则血小板磷脂中的 EPA 将会显著增加，而食物中添加亚麻籽油或瘦肉，其 EPA 的增加次之，增加 EPA 最少的是食用菜籽油[20]。

对于为什么 ALA 转化为 EPA 和 DHA 的效率较低的原因，现有如下解释：大部分 ALA 被 β-氧化了（在上文中已提过）；ALA 广泛分布于所有主要组织脂质池；在动物中 ALA 可被分泌到皮毛表面。LA 是一种主要的膳食 PUFA，是 ALA 代谢转化为 18：4n-3（即十八碳四烯酸，为长链 n-3 PUFA 的一种前体）的竞争抑制物。具体而言，与不含脂肪的膳食相比，富含 LA 的膳食可降低肝脏 $\Delta 6$ 去饱和酶的表达，这也被认为是降低 ALA 转化为 18：4n-3 以及 24：5n-3 转化为 24：6n-3 的效率[25]的原因。

在 ALA 转化为 EPA 及其他长链 n-3 PUFA 的过程中，认为主要抑制转化速率的是第一步 $\Delta 6$ 去饱和作用，是通过给人或动物等受试者提供 18：4n-3（一种 ALA 的 $\Delta 6$ 去饱和产物）证实的。

在 32 位卒中患者连续 3 周食用以下 3 种油的其中一种：①由 7.5%的黑醋栗种子油（富含 18∶4n-3 PUFA 和 γ-亚麻酸）、50%的豆油和 42.5%的中等链长的 TAG；②100%的豆油；③50%的豆油和 50%的中等链长的 TAG。那些食用黑醋栗种子油的受试者的红细胞膜磷脂中的 EPA 含量大大地增加了（从 0.8%增至 1.1%）[26]。

在一项豚鼠实验中，连续食用含 10%的黑醋栗种子油的饲料的豚鼠肝脏 TAG、胆固醇酯和磷脂中 EPA 的量要远远高于用含 10%的胡桃油（含 ALA）的饲料喂养所测得的其 EPA 的量[27]。用大鼠做的相同试验也得出了相同的结论[28]。

食源性 18∶4n-3（黑醋栗种子油，高山茶荇子油以及蓝蓟油）是一种可行的长链 n-3 PUFA 的来源，其对素食者尤为重要。由于从 DPA 转化为 DHA 需要 Δ6 去饱和酶，故作为 DHA 的来源物质，任何一种 n-3 PUFA 转化为 DHA 的效率不可能比饮食中含有的 DHA 效率高。

血浆中的 DHA 含量并不能反映机体其他组织中的 DHA 水平。在^{13}C 或^{2}H 标记的 ALA 人体试验中（包括婴儿和成年人），可检测到标记的组织是血浆、红细胞和白细胞。所有这些研究报道显示，标记的 DHA 随时间在血浆脂肪中形成，并在婴儿试验中发现同位素标记的 DHA 的形成有很大的可变性[29]。在这些研究中，大多数 DHA 被认为是在肝脏中合成的，肝脏也被认为是合成 PUFA 的主要器官。如果其他组织如大脑及睾丸具有特殊的 PUFA 合成能力，那么仅简单地检查血浆则不能证明其合成功能。例如，给豚鼠喂含 0.7% ALA 的饲料，在其肝脏和心脏中测得的 DHA 的含量均小于 1%，这说明在肝脏和心脏中 DHA 的合成很少。然而在大脑组织和视网膜中 DHA 的含量却高达 11%和 16%，其显示了 DHA 在这类组织中可以合成。换言之，机体的组织器官有特定的 PUFA 水平，这大概取决于一些相关因素，如某些器官中去饱和酶和链延长酶的活性、优先传输以及缓慢降解作用等。猫的肝脏具有较强的从 ALA 合成 DPA 的能力，而后 DPA 被转运至大脑组织中，因脑组织存在特定的 DHA 合成酶，所以在脑组织中能够合成 DHA。

近年来，有关哺乳动物 Δ6 去饱和酶和 Δ5 去饱和酶的克隆及表达的研究支持了除肝脏以外其他组织有较高的去饱和活性的概念。小鼠的脑组织所含的 Δ6 去饱和酶 mRNA 的水平比肝脏、肺、心脏和骨骼肌要高，而人体的肝脏、大脑以及心脏组织中所含的 Δ6 去饱和酶 mRNA 的水平比其他组织要高得多。

ALA 和 DHA 作为不同组织 DHA 的来源明显不同。这里的问题是是否所有需要的只是大剂量的亚麻酸，而不是只提供 DHA？这个问题就把二者联系起来了。由于发现 LA 能够降低 Δ6 去饱和酶的水平，很明显，降低饮食中 LA 的含量与同时增加 ALA 的水平将意味着促进 EPA 和 DHA 的合成。这个结论在人体试验中已被证实，即通过调控其饮食中的 LA 和 ALA 的比例来改变组织细胞膜的 EPA 和 DHA 的水平[30]。

这一结论也可以通过检查视网膜的功能证实。因为视网膜对光的生理反应与 n-3 PUFA 水平成正比。一项研究比较饮食中的 ALA 和 DHA 对豚鼠视网膜电流描记法振幅反应的效果，该研究中使用了低、中和高 3 种 ALA 含量梯度的饮食，第四组饮食含 ALA、EPA 和 DHA。结果表明：最大的视网膜电流描记法振幅为饮食 ALA 水平最高的一组（ALA 提供 2%的饮食总能量）。而第四组（含 ALA、EPA 和 DHA）的视网膜电流描记法振幅比单独 ALA 高的饮食组要小。这表明饮食中的 ALA 能够提供足够的视网膜 DHA 以维持豚鼠（一种杆状细胞支配视力动物）最优的视网膜电流描记法功能[31]。

二、EPA 的代谢途径

EPA 的主要分解代谢途径是 β-氧化，另一条途径是结合到组织细胞膜的脂质中。在组织器官中，EPA通过链延长和链缩短反应转化为DHA。通过磷脂酶A_2的作用，从细胞膜磷脂中释放出的EPA可代谢转化为具有生物活性的化合物，这种反应是通过3种酶催化而得到的，即环氧合酶（COX）、脂肪氧化酶及细胞色素P450。脂肪氧化酶为细胞溶质酶，而COX和细胞色素P450为细胞膜结合酶。EPA与其代谢产物作为AA和其代谢产物的竞争物在不同代谢途径的不同水平和受体位点起作用。其主要途径将在下文中进行详细的阐述。

环氧合酶-1的代谢途径：在COX-1代谢途径中，COX催化自由EPA和O_2反应而形成PGG_3，PGG_3通过过氧化物酶的催化迅速转化为PGH_3，PGG_3与PGH_3均为不稳定的生物活性分子，这两种物质是EPA转化为3系列前列腺类激素（比如PGD_3、PGE_3和$PGF_{3\alpha}$等前列腺素，PGI_3以及凝血烷A_3等，这些激素都是抗血栓形成因子）的中介物质。

环氧合酶-2的代谢途径：COX-2途径被激活的条件是当NSAIDs（非类甾醇抗炎药物，如乙酰水杨酸）能够有选择地对COX-1的多缩氨基酸长链中的丝氨酸残基的羟基基团乙酰化，结果导致如前列腺素、凝血烷胺及前列腺环素之类的环氧合酶催化的代谢产物的下降。但是，COX-2的乙酰水杨酸乙酰化形式仍具有活性。

经*n*-3 PUFA和乙酰水杨酸治疗后，人体细胞产生许多由EPA转化而来的新的18*R*-和15*R*-HEPE化合物（羟基化EPA）。多形核白细胞将18*R*-HEPE捕获并通过5-脂肪氧化酶的氧化作用转化为化学性质不稳定的5,6-环氧化物，5,6-环氧化物最终形成5,12,18*R*-tri-HEPE。15*R*-HEPE与18*R*-HEPE的反应途径相似，其由内皮细胞分泌，通过5-脂氧合酶的氧化作用转化为5系列脂氧素（LX）[7]，该模拟体保持了其C-15*R*的结构，即15*R*-LXA_5。鲑鱼巨噬细胞和人体的白细胞可将内源性的EPA转化为15*S*，包括LX或5系列LX_5的化合物。有人提出体内合成的性质稳定的脂氧素和乙酰水杨酸触发产生的15-epi-脂氧素具有天然脂氧素的抗炎活性。

脂肪氧化酶的代谢途径：白三烯（LTs）的生物合成包括EPA通过5-脂肪氧化酶的氧化作用转变为5-HPEPE（5*S*-hydroperoxy-EPA，5*S*-羟基过氧EPA）。5-HPEPE可通过LTA合成酶转化为不稳定的5,6-环氧化物LTA_5，然后再形成5系列LT。LT主要是由巨噬细胞、单核细胞、嗜中性白细胞、嗜酸性白细胞、乳腺细胞以及嗜碱性细胞产生的。除此之外，内皮细胞、血浆、乳腺细胞、淋巴细胞以及红细胞中可产生由5，6-环氧化物LTA_5跨细胞合成的LTB_5和LTC_5。5系列LT的活性较AA的衍生物4系列LT低[32]。

细胞色素P450的代谢途径：细胞色素P450代谢途径的酶为单加氧酶，而COX是双加氧酶。与COX和脂肪氧化酶不同，细胞色素P450需要几种辅助因子才可对脂肪酸进行代谢，其辅助因子包括P450还原酶及尼克酰胺腺嘌呤二核苷酸（NADPH）。只有这些辅助因子与氧分子共存时，细胞色素P450才能发挥其催化剂的作用，从而使EPA转化为几种氧化代谢产物，包括环氧化及羟基化脂肪酸（如EEP和HEPE）[7]。

第三节 *n*-3 PUFA与非传染性流行病

一、血压

通过对1356名受试者（包括31个对照）的Meta分析证实了从鱼中提取的长链*n*-3 PUFA对血压的作用。在一组高血压的研究中，患者服用鱼油（5.6g/天）3～24周后，其平均收缩压降低了3.4mmHg❶，舒张压降低了2.0mmHg[33]。鱼的摄入进一步证明了长链

❶ 1mmHg＝133.322Pa。

n-3 PUFA 对血压作用的重要性。

随机将 69 名超重（BMI>25kg/m^2）药物治疗的高血压受试者分到四个饮食组中，研究时间为 16 周。其四个饮食组分别为：①一餐鱼肉（提供约 3.65g/天的长链 n-3 PUFA）；②减肥；③为①和②的结合；④为对照组。63 名受试者均完成了这项研究。试验组的收缩压、舒张压、体重以及心率均比对照组低，即使对受试者尿中的钠、钾水平，钠钾比以及常量营养素的变化进行调整之后结果也是如此[34]。

第二项是观察性研究，对鱼中的 n-3 PUFA 对血压、血小板中的脂肪酸含量以及心率的影响进行了研究。研究对象分为两组，一组为 24 名男性、19 名女性，年龄在 18～62 岁，1 型糖尿病患者；一组为 24 名男性、14 名女性，年龄在 37～77 岁，2 型糖尿病患者。每位患者需填写一份食物频率调查表及提供一份血样。然后对患者的血压、心率的可变性、血浆、脂蛋白脂质以及血小板脂肪酸的组成均进行了检测。该项研究发现鱼的摄入与血小板膜 DHA 的水平呈显著正相关。根据血小板膜 DHA 水平将患者分成三组：第一组（14 位）的 DHA 含量最低，第三组（15 位）的 DHA 含量最高，而第二组则介于两组之间。与第一组相比，第三组的舒张压最低，24h 的心率可变性最高（心率可变性高对心律失常有益）。血小板 DHA 的水平与 1 型糖尿病患者的 24h 心率可变性成正比，而与 2 型糖尿病的正比关系不是很明显[35]。

Mori 等发现 DHA 和 EPA 对血压和心率的影响不同。55 名年龄为 20～65 的超重者（BMI 25～30）被随机分成 EPA 和 DHA 组，每日分别服用 4g 纯化的 EPA 和 DHA 胶囊；对照组服用 4g 的橄榄油胶囊，共 6 周。与对照组相比，DHA 能显著地降低睡眠时的收缩压和舒张压，分别为 5.8mmHg 和 3.3mmHg（连续检测 24h）；降低苏醒时的收缩压和舒张压，分别为 3.5mmHg 和 2.0mmHg。与对照组相比，DHA 试验组 24h 的心率平均降低了（3.8±0.8）bpm，睡眠时为（2.8±1.2）bpm，而苏醒时为（3.7±1.2）bpm[36]。然而，EPA 对血压和心率并无显著的影响。

围产期的大鼠，n-3 PUFA 缺乏会导致其生命后期血压升高[16]。该研究中将 46 只 SD 大鼠随机分成两组，一组喂养不含 n-3 PUFA 的饲料，另一组喂养富含 n-3 PUFA（ALA）的饲料，共喂养 64 天，然后将每一组中的一半动物再分别交换喂养方法，持续喂养 150 天。结果表明，喂养不含 n-3 PUFA 组的平均血压要明显高于其他 3 组，并且比由原来喂养不含 n-3 PUFA 的饲料转为富含 n-3 PUFA（ALA）的饲料的一组还要高。尽管这只是对大鼠的研究，但其所得出的结论建议人类若早年饮食中有充足的 n-3 PUFA 则可以预防晚年时血压升高。

二、血浆/血清和脂蛋白脂类

早期研究已发现用 LA 代替饮食中的碳水化合物时，LA 是唯一可降低血浆或血清总胆固醇以及低密度脂蛋白胆固醇含量的脂肪酸。但最近的饮食干扰试验发现来自植物的 ALA 也有相似的作用[20]。n-3 PUFA，特别是来自海洋生物的油，可以降低血清中 TAG 的含量，这极为有意义，因为高的 TAG 含量被认为是冠心病的一个独立的危险因子[7]。

三、血浆同型半胱氨酸

血浆同型半胱氨酸（homocysteine，Hcy），是非食源性含硫氨基酸，是由食源性蛋氨酸在体内经硫化反应代谢为半胱氨酸的中间体。流行病学和前瞻性研究表明，Hcy 是心血管系统疾病的一个独立风险因子。即使在其他传统的心血管系统疾病风险因子正常的情况下，血浆 Hcy 的浓度升高，突发心血管系统疾病的风险仍会增高。

一项澳洲传统饮食与心血管系统疾病风险因子相关性的代表性研究结果显示，血浆 Hcy

的浓度与血浆磷脂膜 *n*-3PUFA 与 *n*-6 PUFA 比例、总 *n*-3 PUFA 以及 DHA 的浓度呈显著负相关，而与 AA 浓度呈显著正相关[37]。一项中国杭州的临床病例对照研究也得出了相似的结果。这项研究中，一组为 81 位（男 50，女 31）平均年龄为 56.9±8.0 的中老年高血脂患者；另一组为 65 位（男 43，女 22）平均年龄为 57.9±8.7 的健康对照者。血浆 Hcy 的浓度与血小板磷脂膜 *n*-3 PUFA 与 *n*-6 PUFA 的比例和 DHA 的百分含量呈显著负相关，与肾上腺酸（22：4*n*-6）的百分含量呈显著正相关[38]。另外，150 名急性心肌梗死患者经一年 4g/天的 *n*-3 PUFA（EPA 和 DHA 占 85%）治疗后，其血浆 Hcy 的浓度显著低于玉米油对照组（*n*=150）[39]。

这些结果均显示，增加饮食中的 *n*-3 PUFA 的摄入，可防治高同型半胱氨酸血症。

四、血栓形成

普遍认为动脉性血栓在从稳定转化为急性缺血性心、脑病变时，临床上表现为不稳定的心绞痛、急性血栓性梗死以及猝死，在心血管系统的疾病中其动脉性血栓起着主角的作用。而血小板聚集又是血栓形成的最初阶段。

血小板的聚集是由血栓烷 A_2（TXA_2）启动的，它是一种强大的血小板聚集因子和血管收缩剂，是由血小板细胞膜中的 AA 产生的。血小板细胞膜磷脂释放的 EPA 与 AA 竞争性地结合 COX，产生一种血栓烷的替代形式——TXA_3，使 TXA_2 的生成减少，但其在血小板聚集及血管收缩方面相对无活性或活性不高，从而降低了形成血栓的趋势[40]。

n-6 PUFA 与 *n*-3 PUFA 比率高的饮食可引起组织中 *n*-6 PUFA 与 *n*-3 PUFA 的比率升高（AA 与 EPA 的比率升高），将促进 TXA_2 的产生，增加血栓形成的趋势。人和动物的饮食干扰试验证明海产及植物源性 *n*-3 PUFA 均可降低 TXA_2 的产生。

两篇美国护士健康研究文章探讨了摄入植物和鱼中的 *n*-3 PUFA 对女性缺血性心脏病和脑血管疾病的作用。第一项研究中，饮食中的 ALA 是通过对 76283 位年龄为 38～63 的护士（在此之前并没有被诊断出有心肌梗死和癌症的疾病史）所填写的饮食频率的调查表所得到的数据进行计算的。在接下来的 10 年间，有 597 例非致死性心肌梗死、232 例致死性缺血性心脏病发生。在对其混淆因子进行调整后，结果显示致死性缺血性心脏病发病率明显降低与饮食中高 ALA 的摄入有关[41]。在第二篇文章中（1980 年），79839 名年龄在34～59 岁的护士完成了一份饮食频率调查表，这些护士在此之前无心血管疾病、癌症、糖尿病以及血胆固醇过高等病史。在随后 14 年的跟踪调查中，有 574 例患了卒中，其中的 303 例是栓塞性缺血性脑卒中。与那些每月食用鱼少于一次的妇女相比，这些从鱼中获得较高*n*-3 PUFA 的护士患卒中的风险要低得多。在卒中的亚类，那些每周食用两次或两次以上鱼的妇女患血栓性梗死的风险显著降低。这些数据充分表明了经常食用鱼可降低患血栓性梗死的风险。同时也显示了摄入较多的 *n*-3 PUFA 可降低心血管血栓性梗死的发病率[42]。

一份 4584 名参加的美国国家心脏、肺及血液研究所“家庭心脏”的代表性研究报告中指出，ALA 或 LA 的高摄入与冠状动脉疾病的流行呈负相关（ALA 及 LA 的摄入量通过半定量的饮食频率调查表获得）。在这项研究中指出，在降低冠状动脉疾病的流行方面这两种脂肪酸有协同作用[43]。

五、心血管疾病的二级预防

从海洋生物中提取的 *n*-3 PUFA 油是否可以帮助人们减少致命性的心血管疾病呢？第一个探讨 *n*-3 PUFA 在二级预防试验对心血管的保护作用是“饮食和梗死再形成”的前瞻性调查。Burr 等曾经调查过 2013 例患心脏病的生还者。他们建议其中一半每周食用两次油性鱼或服用与油性鱼所含 *n*-3 PUFA 含量相当的海洋 *n*-3 PUFA 鱼油胶囊，而建议另一半摄入

“谨慎饮食”。研究人员对幸存者跟踪了两年。结果显示：在两年之内，食用油性鱼一组的死亡率比对照组低29%。这些结果表明n-3 PUFA对缺血再灌注期的心血管系统有保护作用，动物实验也证明了这一作用[44]。

另外一个二级预防试验为“里昂饮食心脏研究”，其目的是为了通过改善饮食来降低由心血管疾病引起的死亡率。试验组（302名）食用一种富含ALA的“地中海”饮食，结果表明其心脏病死亡率和非致死性心肌梗死的发生率要显著低于对照组[45]。

Singh等报道了使用n-3 PUFA的另一前瞻性随机性临床研究。将被怀疑患有心肌梗死的360名患者随机分为三个试验组：一组为对照剂；一组服用海洋n-3 PUFA油（含2g/天的EPA和DHA混合物）；另一组服用菜籽油（提供2.9g/天的ALA）。一年以后，两组服用n-3 PUFA的试验组的心血管疾病的发病率均显著低于对照组[46]。

von Schacky等给223位患者提供安慰剂或长链n-3 PUFA（最初3个月剂量为6g/天，随后的21个月为3g/天）。在干预的24个月里，安慰剂组有7人发生了心血管疾病，而在服用n-3 PUFA的试验组中，仅有两人发生了心血管疾病。利用血管造影技术测定CHD的形成下降了，有其显著的统计学意义（$p<0.041$）[47]。

GISSI-预防试验的11324名CHD患者：2830位患者服用300mg/天的维生素E；2836位服用850mg/天的长链n-3 PUFA；2830位服用300mg/天维生素E和850mg/天的长链n-3 PUFA；其余2828位患者未给任何药物。在随后3年半的跟踪调查中，服用长链n-3 PUFA患者的总死亡率较未服用的人群低20%，并且心脏猝死的发病率要低45%。维生素E对患者有益，但无显著的统计学意义。尽管在该项研究中超过25%的患者在试验阶段停止了服用n-3 PUFA，但得到的结果还是比较乐观的[48]。GISSI-预防试验结果强有力地支持了海洋n-3 PUFA可用于急性冠心病综合征的二级预防。尽管海洋n-3 PUFA防止心血管病死亡的机理目前还不是很明确，但其对心脏的保护作用可能与n-3 PUFA在缺血应急期可以防止细胞损伤有关。

六、癌症

动物试验模型研究了饮食中的不同脂肪酸对癌症的影响。总的来讲，n-6 PUFA的高摄入促进肿瘤的形成，相同量的n-3 PUFA则可降低或防止肿瘤的形成。与n-6 PUFA相比，鱼油中的长链n-3 PUFA可抑制大鼠结肠癌的形成[49]。在抑制转录因子激活蛋白-1（AP-1）方面（在动物模型实验中其参与癌症的形成），DHA比EPA更有效[50]。

在用共轭亚油酸（CLA）与共轭亚麻酸（CALA）对所培养的人肿瘤细胞影响的研究中发现CALA的毒性比CLA强[51]。

癌症方面，目前很少有关人体研究的报道。在一项基于群体前瞻性研究中，有6272名瑞士男性参与了此项研究。结果表明食用富含长链n-3 PUFA的油性鱼可降低患前列腺癌的风险[52]。鱼的摄入量适中或高，其前列腺癌的发病率较不食鱼者低2～3倍。

另一项芬兰的前瞻性队列研究报道了9959名男女初诊未患有癌症的受试者，其饮食中的脂肪与胆固醇的含量对直肠癌的影响。在1967～1972年间收集了受试者的基本信息。到1999年末为止，有109位受试者被证实患有直肠癌。在对其他混淆因素进行调整后得出以下结论：高胆固醇摄入量有导致直肠癌的风险，而总脂肪、饱和脂肪、单不饱和脂肪以及PUFA的摄入量与直肠癌的风险无显著的关联[53]。

七、炎症

AA是诸如PGE_2和LTB_4这类炎症原二十烷类的底物，而包括DHA和EPA的长链n-3 PUFA和n-6 PUFA（如GLA，18：3n-6）是产生可拮抗由AA产生的二十烷类的底物[7]。长链 n-3 PUFA 和 GLA 具有抗炎作用，特别是长链 n-3 PUFA 被认为可缓解类风湿性关节炎和相关疾病的症状[54]。由 AA 转化而来的 LT，起初人们认为是一种过敏性反应的慢反应物质，现在则被确认为过敏反应和炎症的介质[7]。

AA 可以增加其他促炎物质的形成，如细胞活素（cytokines）、肿瘤坏死因子-α（TNF-α）、白细胞介素-6 以及活性氧分子[55]。EPA 和 DHA 在 COX 和脂氧合酶水平上可与 AA 产生竞争，其结果降低了由 AA 转化而来的炎症原二十烷类、细胞活素、白细胞介素-6 和活性氧分子[56]。与由 AA 转化的 4 系列 LT 相比，由 EPA 产生的 5 系列 LT 无活性[54]。GLA 在机体内经链延长反应可转化为 20∶3n-6，它是前列腺素 E1 的一种直接前体，也是已知具有抗炎和免疫调节性质的一种二十烷类[57]。最近一项体外人体单核细胞实验研究发现，GLA 可降低白细胞介素-1β（IL-1β）的产生量，IL-1β 是一种关节组织损伤和炎症的重要介体[58]。

使用海洋 n-3 PUFA 油后，所有诸如关节炎等炎症临床试验中的受试者的症状均得到了改善。其改善最明显的临床症状包括关节痛、晨起关节僵硬、握力以及疲劳发作区间。在这些研究中，n-3 PUFA 油可显著降低由被刺激的嗜中性白细胞产生的 LTB_4。对类风湿性关节炎患者的研究表明，海洋 n-3 PUFA 油也可降低其他炎症原介质的产生（可能是 LT 水平降低的缘故），如白细胞介素-1、血小板激活因子以及 TNF-α。尽管要达到预期的治疗效果所需 n-3 PUFA 油量较大（约 5g/天 EPA 和 DHA），但 n-3 PUFA 油与传统的抗炎药物相结合以达到缓解疼痛和不适的方法已引起了研究者的极大兴趣[54]。

长链 n-3 PUFA 在临床上对免疫球蛋白 A 肾病（一种可导致慢性肾功能不全的肾小球肾炎）有辅助治疗的作用，这是一项多中心、安慰剂对照的随机试验，给 100 多位患者每日连续服用 12g 的长链 n-3 PUFA，连用两年，结果表明试验组仅有 6%的患者发展为退化性肾功能衰竭，而对照组却高达 33%（$p=0.002$）[59]。长链 n-3 PUFA 可缓解克隆氏病（消化道各部位，特别是小肠部位持续而起伏不定的炎症）患者（78 位）的发作，经一年的治疗，试验组 59%的患者（每日服用 2.7g 长链 n-3PUFA）得到缓解，而对照组仅有 26%（$p=0.006$）[60]。

八、神经精神疾病

最常见的神经精神疾病是躁狂抑郁症（双向精神紊乱）、抑郁症以及精神分裂症。病例对照研究及临床试验的结果表明，长链 n-3 PUFA 对神经精神疾病患者的行为具有调节作用。一个双盲安慰剂对照试验，对患有Ⅰ型和Ⅱ型躁狂抑郁症的 30 位年龄在 18～65 的患者进行了长达 4 个月的研究。其结果显示，试验组（服用长链 n-3 PUFA，共 14 位，服用量为 9.6g/天）严重的躁狂抑郁症和抑郁症的发病率显著低于对照组（16 位）[61]。

抑郁症患者的血清磷脂和胆固醇酯中长链 n-3 PUFA 的水平较低[62]。在精神分裂症患者的红细胞细胞膜中长链 n-3 PUFA 的水平较低[63]。AA、EPA 和 DHA 的 C_{20} 与 C_{22} PUFA 在体内的代谢异常与儿童多动症（ADHD）相关[64]。

曾有人提出低于正常水平的血清/血浆胆固醇的浓度会导致自杀和抑郁风险的增高。一项对 29133 名年龄为 50～69 的人进行了长达 5～8 年的跟踪调查，其结果显示，较低的血清胆固醇含量与低落的情绪有关。另一项病例对照研究中，有异常自杀倾向的患者试验组血清胆固醇含量明显低于与其性别及年龄相匹配的对照组（$p<0.001$）[65]。此外，在对 20 位精神病患者研究后发现，暴力行为与患者的低含量血清胆固醇紧密相关[66]。上述结果表明降低胆固醇药物的广泛应用将会导致服用者情绪的变化。

关于 n-3 PUFA 对神经精神疾病的作用机理，有人提出了一些解释。其中包括：n-3

PUFA通过对细胞膜的生理生化特性、第二信使以及蛋白激酶的作用，从而影响神经递质受体和G蛋白而发挥作用[7]。突触细胞膜的生理生化性质直接影响神经递质的生物合成、信息传导、血清素的摄入、α-肾上腺素、血清素受体的结合以及单胺氧化酶的活性。在神经生物学上，这些因素均涉及了长链n-3 PUFA的作用。

EPA可通过抑制PUFA专一的磷脂酶A2（一种能除去细胞膜磷脂中的sn-2位点的PUFA的酶）的活性或通过活化脂肪酸CoA连接酶的活性，来逆转精神分裂症患者磷脂的异常[67]。n-3 PUFA很有可能是通过N-酰基乙醇胺（NAE）及2-甘油酯发挥作用的，因为研究发现这些脂类在大脑中主要是作为大麻脂受体的内源性配体[68]。当给小猪连续18天喂食添加了AA和DHA的饲料后，与对照组相比，其脑组织中具有生物活性的NAE水平增高了，AA-NAE的含量增加了4倍、EPA-NAE增加了5倍、DPA-NAE增加了9倍、DHA-NAE增加了10倍[69]。

九、肥胖症

与TAG相比，摄入1,3-甘油二酯（1,3-DAG）会使饭后血浆TAG的浓度稍有降低[70]。同时，成年人中长期和短期摄入DAG会使体重下降[71]。在一项研究中，征集年龄在40～65岁的127位2型糖尿病患者，所有患者先食用了14天统一提供的相同的食用油，然后将患者随机分为两个组，每位患者每天均食用25mL富含ALA的1，3-DAG食用油或脂肪酸成分相似的甘油三酯食用油共120天，分别采集了病人－14天、0天、60天和120天的血液，每位病人在每次取血前记录一周的饮食。在第120天，1，3-DAG食用油组病人的血清胰岛素及瘦素含量、血糖指数、腰围均显著低于0天，并且显著低于TAG对照组[72]。

第四节 在食品中添加n-3 PUFA的原因

一、目前n-3 PUFA的实际摄入量

在饮食中需要添加n-3 PUFA的理论是基于许多研究的结果。这些研究表明不同人群，例如英国、美国、加拿大、澳大利亚以及其他一些国家n-3 PUFA的摄入量低于建议的最低摄入量。我国目前还没有关于n-3 PUFA的摄入量的报道。

WHO建议的n-3 PUFA日摄入量为总能量的0.5%～2%，ALA的摄入应大于总能量的0.5%，EPA+DHA的摄入量应该在每天0.250～2g[73]。

目前无论哪种建议的n-3 PUFA摄入量，其实际摄入量与建议摄入量之间有着很大的差异。这种差异为添加n-3 PUFA的功能性食品提供了很大的市场机遇。

二、n-3 PUFA的饮食来源

LA是人们饮食中摄入量最多的PUFA，广泛存在于植物油中。ALA远不如LA丰富，它主要存在于一些植物油中，如紫苏油、亚麻籽油、菜籽油、大豆油和胡桃油等[7]以及绿色蔬菜中[74]。

在人类饮食中，鱼和鱼油是长链n-3 PUFA（如DHA、EPA和DPA）的主要来源[75]。长链n-3 PUFA的其他饮食来源，如瘦肉及肉制品、动物内脏、蛋黄、牛奶和奶制品[76]。杂食者即可从饮食中摄取ALA，又可从鱼、蛋或动物性产品中直接得到长链n-3 PUFA。乳蛋素食者（ovolacto-vegetarian）可从牛奶、乳制品和蛋类中获取限量的长链n-3 PUFA。而对于严格的素食者则必须完全依靠内源性合成，即通过ALA的去饱和与碳链延长反应合成长链n-3 PUFA。因为一般植物不能将ALA转化为长链的n-3 PUFA，故在严格素食者

的饮食中无法直接利用长链 n-3 PUFA[77]。

一些新开发的种子油中含有相对较高比例的 18∶4n-3，如从黑醋栗种子、红醋栗（红浆果种子、高山茶荐子种子以及蓝蓟种子等提取的油[78]。作为 20∶4n-3 的前体物质（见图18.1），18∶4n-3 被认为是长链 n-3 PUFA 的较好的来源之一，且比 ALA 具有更高的生物活性[7]。

三、长链 n-3 PUFA 的新来源

国内外一些科研机构已对微藻和藻类样微生物的发酵作为 PUFA 的来源开展了研究，因为在海洋环境中这些均是丰富的长链 n-3 PUFA 的来源。

这些研究的驱动力可能是由于从海洋鱼中提取的鱼油供应不足或日趋减少，以及迫于发现 AA 和 DHA 的新来源，尤其是在婴儿配方中需添加纯的 PUFA。研究开发新的 PUFA 来源还有其他益处，可解决以下问题：鱼油口味和气味问题；在油制品中高 DHA 的含量问题；环境可持续资源的利用问题以及所含环境污染物的最小化问题。

已用于商业化生产富含 DHA 的油的两种生物为隐甲藻［*Crypthecodinium cohnii*，甲藻纲（Dinophyta）］和海洋单细胞真菌［*Schizochytrium* sp.，是藻物（*Chromista*）王国中的一种］[79]。这些微生物发酵产生的油富含特定的 PUFA，可作为营养增强剂或用于食物中。还可以将这些微型藻类直接作为动物饲料的成分来生产富含 DHA 的蛋、鸡肉和猪肉。

在过去的几年间，多种生物的脂肪酸去饱和酶及碳链延长酶基因的克隆与表达的研究已取了较大的成就。这些重组酶为油料植物产生人们所期望的脂肪酸提供了广阔的前景。特别是用基因工程技术来改造动植物，使动植物富含长链 n-3 PUFA（如 18∶4n-3、EPA 和 DHA）成为可能。将从线虫（*C. elegan*）体内分离出的 Fat-1 基因植入小鼠体内，使小鼠体内的 n-6 PUFA 转化为 n-3 PUFA[80]。这使富含 n-3 PUFA 的牛、羊、猪等哺乳动物的“改良”有了技术支撑，而且改造后的哺乳动物的健康不存在任何异常，加入体内的基因可以代代遗传。

四、食物中添加 n-3 PUFA

食物中 n-3 PUFA 含量的提高可通过两种方法来实现：①给动物喂养含 n-3 PUFA（来自蔬菜或水生生物）的食物，以生产富含 n-3 PUFA 的蛋类，肉类以及乳制品；②在食品中直接添加高精制的无味鱼油或 n-3 植物油，也可加入微胶囊化的鱼油或 n-3 植物油。

1. n-3PUFA 的稳定性

使食物中存在富含长链的 n-3 PUFA 最理想的方法是添加鱼油，因为鱼油含有较高的 DHA 和 EPA。但是高不饱和度的鱼油化学性质极不稳定，如不隔离储存将使其很快氧化。鱼油添加至食品中，无论直接加入或以保护形式（如微胶囊形式）添加，其氧化是导致被添加的食物酸败的主要原因。

即使食物所含有的长链 n-3 PUFA 的量很少，一经氧化，在其感观上均可立即检测出来。而人们遇到的困难之一就是如何测量食物酸败的程度。随着食品中长链 n-3 PUFA 总量的减少，其氧化程度的检测与定量的难度也加大了。可能测量酸败最有效的方法是利用食物发出的令人不悦的气味和臭味，以及通过与统计相关的感观评价小组对其食物进行主观上的感观评价。

感观评价已被认为是质量控制或质量保证的一个有效检测指标。此方法的唯一不足就是费用昂贵。如要获得一组具有代表性的、能够反映食品在储藏过程中酸败程度的变化以及感观上货架期的稳定性方面的数据，则需有一个感观评定小组。通过间断的检测评定，获得较可靠的货架期数据。

油脂的氧化与酸败代表了同一事物的两个方面，即氧化是其过程，酸败则是氧化的结果。

目前已有许多公认的分析方法，可对食物的氧化程度进行准确的测定。但实际来看，通常是一些简单的分析方法被用于检测其添加食物中的 n-3 PUFA 的氧化降解或酸败程度。但必须认识到，每一种分析方法仅可检测长链 n-3 PUFA 氧化过程中的复杂反应的一部分。为了更准确地检测样品脂肪酸的氧化降解或酸败程度，则需同时使用几种不同的分析及检测方法[81]。

目前检测含脂类食品中脂肪氧化分解程度的常用分析方法有：过氧化值的测定、甲氧基苯胺值的测定、游离脂肪酸含量的测定、脂的种类（存在于脂相中的总的 TAG）以及顶部空间分析[81]。

上述分析方法的不足之处是：在分析之前必须将脂相从食物中提取出来，而且提取出来的脂肪并不能完全代表食品中脂肪的全部氧化分解程度，尤其是利用过氧化值和甲氧基苯胺值来测量脂相的分解产物时，而这些方法仅检测了易挥发性和极性分解产物。游离脂肪酸的百分含量检测和利用顶部空间分析方法检测的总 TAG 的结果与感观评价评定的结果基本一致。

2. 抗氧化剂

为了防止氧化，在食品工业中会使用一些天然及人工合成的抗氧化剂。这些抗氧化剂可以单独使用，也可混合使用以抑制氧化及减缓氧化的过程。

然而，阻止氧化的唯一方法是完全去除氧气。在长链 n-3 PUFA 氧化之后，脂类的脂酶水解和 TGA 结构的破坏也需引起注意。

3. 食物中直接添加 n-3 PUFA

含有长链 n-3 PUFA 的食用鱼油可以直接加到食物中，或与其他相对稳定的植物油混合使用。此外，还可用包埋技术制成粉状以微胶囊的形式保存。

如果该油直接添加至终产品中，其产品必须真空包装或在包装中充入惰性气体。惰性气体一般使用纯氮气或氩气，或在婴儿配方中使用氮气与二氧化碳的混合气体。在密封包装中，氧气的终浓度应低于 1%。但在现代高速包装生产线上，可能很难达到如此低的氧浓度。

4. n-3 PUFA 以微胶囊的形式添加到食品中

将富含长链 n-3 PUFA 的鱼油制成微胶囊，可以添加到食品中，是一种自由漂浮的粉末，这种技术称为微胶囊技术。它是一种相当古老的生产技术，尤其是在制药工业中，第一次使用是在打字机色带微胶囊印刷油墨中。

微胶囊技术是一种很重要的包装技术，将有效成分埋入极小的包中，其直径仅约 10～500μm，并含有 10%～60%（质量分数）或更多的有效成分。如果油（核心）含量越高，这种微胶囊就越不稳定。

其有效成分是以两种形式存在的：一种是以用外壳（在鱼油微滴和外界空气之间形成了隔膜）包裹的简单的微滴形式存在；另一种是在蜂巢状的基质（形成了许多外部隔膜）中分散着许多微滴。在金枪鱼油中，微滴的直径仅有 1～5μm，分散在蜂巢状的基质的无数小室里。微胶囊的设计方法是在微胶囊被释放之前，完全包住了有效成分。

形成微胶囊的基质将油滴包埋起来，若要使其发挥较好的保护作用，该物质必须具有以下功能：

① 掩盖所包成分的气味；

② 保护成分的氧化或化学降解；

③ 在食品加工中使用方便（如自由漂浮）；

④ 与食物混合，颜色呈中性；

⑤ 添加至终产品后，呈中性或所需的气味；

⑥ 当作为添加剂时，在整个加工过程中不易破坏；

⑦ 具有可控制释放有效物质的性质；

⑧ 增强和延长货架期；

⑨ 适用的食品种类广泛；

⑩ 含微胶囊的食品可获得消费者的认可。

对于食品生产商来说，一种可接受的、稳定和有效的方法的最终成本是十分重要的。仅少数几项在食品工业中使用的微胶囊工艺成功地将相对低成本的产品与较好的货架期和易吸收性完美地结合起来。

有许多方法可将有效成分微胶囊化，如喷雾干燥、薄膜包被、凝聚、卡拉胶包埋、β-环化糊精分子封装、两级乳化技术、微脂粒以及微包裹技术[82]。在这些技术中，喷雾干燥法是目前在食品工业中生产成本效益稳定的微胶囊化成分或产品的最佳技术。喷雾干燥仪（发明于1878年）现已广泛应用于乳制品工业中，该技术经改良后，也应用于婴幼儿配方的生产中。

在食品生产中，微胶囊技术使生产成本提高，而喷雾干燥技术已证明是最具有成本竞争力的方法。

总　结

- 亚麻酸是人体的必需脂肪酸。
- 亚麻酸在体内经三步去饱和、三步链延长以及一步链缩短而转化为DHA。
- n-3 PUFA对人体有许多有益的功能，包括：增加心率变化、降低卒中发病率的风险、降低血清中甘油三酯水平、降低收缩压和舒张压、降低血浆同型半胱氨酸、降低胰岛素的抵抗性以及调节葡萄糖代谢。n-3 PUFA还有抗癌及抗炎活性，对多动症（ADHD）和精神分裂症有一定的疗效，并可缓解忧郁症。

参 考 文 献

[1] Leyton J，Drury PJ，Crawford MA. Differential oxidation of saturated and unsaturated fatty acids in vivo in the rat. Br J Nutr，1987，57：383-393.

[2] Pan DA，Storlien LH. Dietary lipid profile is a determinant of tissue phospholipid fatty acid composition and rate of weight gain in rats. J Nutr，1993，123：512-519.

[3] Vermunt SH，Mensink RP，Simonis MM，Hornstra G. Effects of dietary alpha-linolenic acid on the conversion and oxidation of ^{13}C-alpha-linolenic acid. Lipids，2000，35：137-142.

[4] Sinclair AJ. Incorporation of radioactive polyunsaturated fatty acids into liver and brain of the developing rat. Lipids，1975，10：175-184.

[5] Menard CR，Goodman KJ，Corso TN，Brenna JT，Cunnane SC. Recycling of carbon into lipids synthesized de novo is a quantitatively important pathway of alpha-［U-^{13}C］linolenate utilization in the developing rat brain. J Neurochem，1998，71：2151-2180.

[6] Voss AM，Reinhart S，Sankarappa S，Sprecher H. Metabolism of 22：5n-3 to 22：6n-3 in rat liver is independent of 4-desaturase. J Biol Chem，1991，266：19995-20000.

[7] Li D，Bode O，Drummond H，Sinclair AJ. Chapter 8：Omega-3（n-3）fatty acids//Gunstone FD. Lipids for functional foods and nutraceuticals. London：The Oily Press，2002：225-262.

[8] Martinez M, Vazquez E, Garcia-Silva, et al. Therapeutic effects of docosahexaenoic acid ethyl ester in patients with generalised peroxisomal disorders. Am J Clin Nutr, 2000, 71: 376S-385S.

[9] Bowen RA and Clandinin MT. High dietary 18:3n-3 increases the 18:3n-3 but not the 22:6n-3 content in the whole body, brain, skin, epididymal fat pads, and muscles of suckling rat pups. Lipids, 2000, 35: 389-394.

[10] Fu Z, Sinclair AJ. Novel pathway of metabolism of alpha-linolenic acid in the guinea pig. Pediatr Res, 2000, 47: 414-417.

[11] Rokkones T. A dietary factor essential for hair growth in rats. Intern Z Vitaminforsch, 1953, 25: 86-98..

[12] Fiennes RNTW, Sinclair AJ, Crawford MA. Essential fatty acid studies in primates. Linolenic acid requirements of Capuchins. J Med Prim, 1973, 2: 155-169.

[13] Ando H, Ryu A, Hashimoto A, Oka M, Ichihashi M. Linoleic acid and alpha-linolenic acid lightens ultraviolet-induced hyperpigmentation of the skin. Arch Dermatol Res, 1998, 290: 375-381.

[14] Bjerve KS, Fischer S, Alme K. Alpha-linolenic acid deficiency in man: effect of ethyl linolenate on plasma and erythrocyte fatty acid composition and biosynthesis of prostanoids. Am J Clin Nutr, 1987, 46: 570-576.

[15] Reisbick S, Neuringer M, Connor WE. Postnatal deficiency of omega-3 fatty acids in monkeys: fluid intake and urine concentration. Physiol Behav, 1992, 51: 473-479.

[16] Weisinger HS, Armitage JA, Sinclair AJ, Vingrys AJ, Burns PL, Weisinger RS. Perinatal omega-3 fatty acid deficiency affects blood pressure later in life. Nat Med, 2001, 7: 258-259.

[17] Abedin L, Lien EL, Vingrys AJ, Sinclair AJ. The effects of dietary α-linolenic acid compared with docosahexaenoic acid on brain, retina, liver, and heart in the guinea pig. Lipids, 1999, 34: 475-482.

[18] Greiner RC, Winter J, Nathanielsz PW, Brenna JT. Brain docosahexaenoate accretion in fetal baboons: bioequivalence of dietary alpha-linolenic and docosahexaenoic acids. Pediatr Res, 997, 42: 826-834.

[19] Woods J, Ward G, Salem N. Is docosahexaenoic acid necessary in infant formula? Evaluation of high linolenate diets in the neonatal rat. Pediatr Res, 1996, 40: 687-694.

[20] Li D, Sinclair A, Wilson A, et al. Effect of dietary alpha-linolenic acid on thrombotic risk factors in vegetarian men. Am J Clin Nutr, 1999, 69: 872-882.

[21] Mest HJ, Beitz I, Block HU, Forster W. The influence of linseed oil diet on fatty acid pattern in phospholipids and thromboxane formation in platelets in man. Klin Wochenschr, 1983, 61: 187-191.

[22] Ezaki O, Takahashi M, Shigematsu T, et al. Long-term effects of dietary alpha-linolenic acid from perilla oil on serum fatty acid composition and on the risk factors of coronary heart disease in Japanese elderly subjects. J Nutr Sci Vitaminol (Tokyo), 1999, 45: 759-762.

[23] Li D, Sinclair A, Mann N, et al. The association of diet and thrombotic risk factors in healthy male vegetarians and meat-eaters. Eur J Clin Nutr, 1999, 53: 612-619.

[24] Mann NJ, Sinclair AJ, Pille M, et al. The effect of short-term diets rich in fish, red meat, or white meat on thromboxane and prostacyclin synthesis in humans. Lipids, 1997, 32: 635-644.

[25] Cho HP, Nakamura MT, Clarke SD. Cloning, expression, and nutritional regulation of the mammalian delta-6 desaturase. J Biol Chem, 1999, 274: 471-477.

[26] Diboune M, Ferard G, Ingenbleek Y, et al. Composition of phospholipid fatty acids in red blood cell membranes of patients in intensive care units: effects of different intakes of soybean oil, medium-chain triglycerides, and black-currant seed oil. J Parenter Enteral Nutr, 1992, 16: 136-141.

[27] Crozier GL, Fleith M, Traitler H, Finot PA. Black currant seed oil feeding and fatty acids in liver lipid classes of guinea pigs. Lipids, 1989, 24: 460-466.

[28] Yamazaki K, Fujikawa M, Hamazaka T, Yano S, Shono T. Comparison of the conversion rates of alpha-linolenic acid (18:3n-3) and stearidonic acid (18:4n-3) to longer polyunsaturated fatty acids in rats. Biochem Biophys Acta, 1992, 1123: 18-26.

[29] Salem N, Wegher B, Mena P, Uauy R. Arachidonic and docosahexaenoic acids are biosynthesised from their 18-carbon precursors in human infants. Proc Natl Acad Sci USA, 1996, 93: 49-54.

[30] Mantzioris E, James MJ, Gibson RA, Cleland LG. Dietary substitution with an α-linolenic acid-rich vegetable oil increases eicosapentaenoic acid concentrations in tissues. Am J Clin Nutr, 1994, 59: 1304-1309.

[31] Weisinger HS, Vingrys AJ, Sinclair AJ. The effect of docosahexaenoic acid on the electroretinogram of the guinea pig. Lipids, 1996, 31: 65-70.

[32] Caterina RD, Zampolli A, Turco SD, Madonna R, Massaro M. Nutritional mechanisms that influence cardiovascular disease. Am J Clin Nutr, 2006, 83: S421-S426.

[33] Morris MC, Sack F, Rosner B. Does fish oil lower blood pressure? A meta-analysis of controlled trials. Circulation, 1993, 88: 523-533.

[34] Bao DQ, Mori TA, Burke V, Puddey IB, Beilin LJ. Effects of dietary fish and weight reduction on ambulatory blood pressure in overweight hypertensives. Hypertension, 1998, 32: 710-717.

[35] Christensen JH, Skou HA, Madsen T, Torring I, Schmidt EB. Heart rate variability and n-3 polyunsaturated fatty acids in patients with diabetes mellitus. J Intern Med, 2001, 249: 545-552.

[36] Mori TA, Bao DQ, Burke V, Puddey IB, Beilin LJ. Docosahexaenoic acid but not eicosapentaenoic acid lowers ambulatory blood pressure and heart rate in humans. Hypertension, 1999, 34: 253-260.

[37] Li D, Mann N, Sinclair AJ. A significant inverse relationship between concentrations of plasma homocysteine and phospholipids docosahexaenoic acid in healthy male subjects. Lipids, 2006, 41: 85-89.

[38] Li D, Yu XM, Xie HB, et al. Platelet phospholipid n-3 PUFA negatively associated with plasma homocysteine in middle-aged and geriatric hyperlipaemia patients. Prostag Leukotr EFA, 2007, 76: 293-297.

[39] Grundt H, Nilsen DW, Mansoor MA, Hetland O, Nordoy A. Reduction in homocysteine by n-3 polyunsaturated fatty acids after 1 year in a randomised double-blind study following an acute myocardial infarction: No effect on endothelial adhesion properties. Pathophysiol Haemost Thromb, 2003, 33: 88-95.

[40] Dyerberg J. Linolenate derived polyunsaturated fatty acids and prevention of atherosclerosis. Nutr Rev, 1986, 44: 125-134.

[41] Hu FB, Stampfer MJ, Manson JE, et al. Dietary intake of alpha-linolenic acid and risk of fatal ischemic heart disease among women. Am J Clin Nutr, 1999, 69: 890-897.

[42] Iso H, Rexrode KM, Stampfer MJ, et al. Intake of fish and omega-3 fatty acids and risk of stroke in women. JAMA, 2001, 285: 304-312.

[43] Djousse L, Pankow JS, Eckfeldt JH, et al. Relation between dietary linolenic acid and coronary artery disease in the National Heart, Lung and Blood Institute Family Heart Study. Am J Clin Nutr, 2001, 74: 612-619.

[44] Burr ML, Fehily AM, Gilbert JF, et al. Effect of changes in fat, fish, and fibre intakes on death from myocardial infarction: Diet and reinfarction trial (DART) . The Lancet, 1989, 334: 757-761.

[45] de Lorgeril M, Salen P, Martin JL, et al. Mediterranean diet, traditional risk factors and rate of cardiovascular complications after myocardial infarction: final report of the Lyon Diet Heart Study. Circulation, 1999, 99: 779-785.

[46] Singh RB, Niaz MA, Sharma JP, Kumar R, Rastogi V, Moshiri M. Randomized, double-blind, placebo-controlled trial of marine omega-3 oil and mustard oil in patients with suspected acute myocardial infarction: the Indian Experiment of Infarct Survival-4. Cardiovasc Drugs Therap, 1997, 11: 485-491.

[47] von Schacky C, Angerer P, Kothny W, Theisen K and Mudra H. The effect of dietary ω-3 fatty acids on coronary atherosclerosis. A randomized, double-blind, placebo-controlled trial. Ann Intern Med, 1999, 130: 554-562.

[48] GISSI-Prevenzione Investigators. Dietary supplementation with n-3 polyunsaturtated fatty acids and vitamin E after myocardial infarction: results of the GISSI-Prevenzione trial. The Lancet, 1999, 354: 447-455.

[49] Collett ED, Davidson LA, Fan YY, Lupton JR, Chapkin RS. n-6 and n-3 polyunsaturated fatty acids differentially modulate oncogenic Ras activation in colonocytes. Am J Physiol Cell Physiol, 2001, 280: 1066-1075.

[50] Liu G, Bibus DM, Bode AM, Ma WY, Holman RT, Dong Z. Omega-3 but not omega-6 fatty acids inhibit AP-1 activity and cell transformation in JB6 cells. Proc Natl Acad Sci USA, 2001, 98: 7510-7515.

[51] Igarashi M and Miyazawa T. Newly recognized cytotoxic effect of conjugated trienoic fatty acids on cultured human tumor cells. Cancer Lett, 2000, 148: 173-179.

[52] Terry P, Lichtenstein P, Feychting M, Ahlbom A, Wolk A. Fatty fish consumption and risk of prostate cancer. The Lancet, 2001, 357: 1764-1766.

[53] Jarvinen R, Knekt P, Hakulinen T, Rissanen H, Heliovaara M. Dietary fat, cholesterol and colorectal cancer in a peospective study. Br J Cancer, 2001, 85: 357-361.

[54] James MJ, Cleland LG. Dietary n-3 fatty acids and therapy for rheumatoid arthritis. Semin Arthritis Rheum, 1997, 27: 85-97.

[55] Darlington LG, Stone TW. Antioxidants and fatty acids in the amelioration of rheumatoid arthritis and related disorders. Br J Nutr, 2001, 85: 251-269.

[56] Calder PC, Zurier RB. Polyunsaturated fatty acids and rheumatoid arthritis. Curr Opin Clin Nutr Metab Care, 2001, 4: 115-121.

[57] Rothman D, DeLuca P, Zurier RB. Botanical lipids: effects on inflammation, immune responses, and rheumatoid

arthritis. Semin Arthritis Rheum，1995，25：87-96.
[58] Furse RK，Rossetti RG，Zurier RB. Gammalinolenic acid，an unsaturated fatty acid with anti-inflammatory properties，blocks amplification of IL-1β production by human monocytes. J Immunol，2001，167：490-496.
[59] Donadio JV，Bergstrahl EJ，Offord KP，Spencer DC，Holley KE. A controlled trial of fish oil in IgA nephropathy. NEJM，1994，331，1194-1199.
[60] Belluzzi A，Brignola C，Campieri M，Pera A，Boschi S，Miglioli M. Effect of an enteric-coated fish oil preparation on relapses in Crohn's disease. NEJM，1996，334：1557-1616.
[61] Stoll AL，Severus WE，Freeman MP，et al. Omega-3 fatty acids in bipolar disorder：a preliminary double-blind，placebo-controlled trial. Arch Gen Psychiatry，1999，56：407-412.
[62] Maes M，Christophe A，Delanghe J，Altamura C，Neels H，Meltzer HY. Lowered omega-3 polyunsaturated fatty acids in serum phospholipids and cholesteryl esters of depressed patients. Psychiatry Res，1999，85：275-291.
[63] Assies J，Lieverse R，Vreken P，Wanders RJ，Dingemans PM and Linszen DH. Significantly reduced docosahexaenoic and docosapentaenoic acid concentrations in erythrocyte membranes from schizophrenic patients compared with a carefully matched control group. Biol Psychiatry，2001，49：510-522.
[64] Richardson AJ，Puri BK. The potential role of fatty acids in attention-deficit/hyperactivity disorder. Prostaglandins Leukot Essent Fatty Acids，2000，63：79-87.
[65] Gallerani M，Manfredini R，Caracciolo S，Scapoli C，Molinari S，Fersini C. Serum cholesterol concentrations in parasuicide. BMJ，1995，310：1632-1636.
[66] Mufti RM，Balon R，Arfken CL. Low cholesterol and violence. Psychiatr Serv，1998，49：214-221.
[67] Richardson AJ，Easton T，Puri BK. Red cell and plasma fatty acid changes accompanying symptom remission in a patient with schizophrenia treated with eicosapentaenoic acid. Eur Neuropsychopharm，2000，10：189-193.
[68] Hillard CJ and Campbell WB. Biochemistry and pharmacology of arachidonylethanolamide，a putative endogenous cannabinoid. J Lipid Res，1997，38：2383-2398.
[69] Berger A，Crozier G，Bisogno T，Cavaliere P，Innis S，DiMarzo V. Anandamide and diet：inclusion of dietary arachidonate and docosahexaenoate leads to increased brain levels of the corresponding *N*-acylethanolamines in piglets. Proc Natl Acad Sci USA，2001，98：6402-6406.
[70] Xu T，Li X，Ma X，Zhang Z，Zhang T，Li D. Effect of diacylglycerol on postprandial serum triacylglycerol concentration：A Meta-analysis. Lipids，2009，44：161-168.
[71] Xu T，Li X，Zhang Z，Ma X，Li D. Effect of diacylglycerol on body weight：a meta-analysis. Asia Pac J Clin Nutr，2008，17：415-421.
[72] Li D，Xu TC，Takase H，et al. Diacylglycerol-induced improvement of whole-body insulin sensitivity in type 2 diabetes mellitus：A long-term randomized，double-blind controlled study. Clin Nutr，2008，27：203-211.
[73] WHO. http://www. who. int/nutrition/en/ 2010.
[74] Pereira C，Li D，Sinclair AJ. The alpha-linolenic acid content of green vegetables commonly available in Australia. Int J Vitam Nutr Res，2001，71：223-228.
[75] Sinclair AJ，Dunstan GA，Naughton JM，Sanigorski AJ，O'Dea K. The lipid content and fatty acid composition of commercial marine and freshwater fish and mollusks from temperate Australian waters. Aust J Nutr Diet，1992，49：77-83.
[76] Li D，Ng A，Mann N，Sinclair AJ. Meat fat can make a significant contribution to dietary arachidonic acid. Lipids，1998，33：437-440.
[77] Li D，Mansor M，Zhuo SSR，Woon T，Anthony MA，Sinclair AJ. Omega-3 polyunsaturated fatty acid content of canned meats commonly available in Australia. Food Aust，2002，54：311-315.
[78] Johansson A. Availability of seed oils from Finnish berries. Finland：PhD dissertation，University of Turku，1999.
[79] Kyle D. The large-scale production and use of a single-cell oil highly enriched in docosahexaenoic acid//Omega-3 Fatty Acids：Chemistry，Nutrition and Health Effects. Shahidi F，Finley JW. Washington：American Chemical Society，2001：92-107.
[80] Kang JX，Wang J，Wu L，Kang ZB. Transgenic mice：fat-1 mice convert *n*-6 to *n*-3 fatty acids. Nature，2004，427：504.
[81] Warner K，Eskin NAM. Methods to Assess the Quality and Stability of Oils and Fat-Containing Foods. Champaign：AOCS Press，1995.
[82] Vilstrup P. Microencapsulation of Food Ingredients. Leatherhead：Leatherhead Publishing，2001.

第十九章　营养评价及监测

目的：

- 阐述用于个人营养状况评价的各种信息。
- 掌握个人营养评价的作用。
- 理解营养评价中参考标准的作用。
- 学习用于我国食品与营养控制信息的主要来源。
- 了解国家食品及营养信息系统的作用。

重要定义：

- 营养评价：根据个体或人群饮食摄入、人体测量、实验室检验以及临床等相关信息对营养状况做出的综合评价。

第一节　营养评价使用的方法

营养评价是根据个体或人群饮食摄入、人体测量、实验室检验以及临床等相关信息对营养状况做出的综合评价。

在评价个人或群体的健康状况时，营养状况的评价是第一步。该评价以一个营养问题在发展过程中各阶段的各种不同信息为基础（表 19.1），是基于社会人口、饮食、实验室、人体测量以及临床的评价，最后将这些信息结合起来得出的结论。

表 19.1　营养问题的形成阶段

阶　段	变 化 特 征	评 价 形 式
1	饮食	饮食历史/记录
2	组织储存	人体测量/生化
3	体液	生化
4	代谢	生化
5	系统功能	行为/生理
6	临床症状	临床
7	解剖学综合征	临床/人体测量

临床评价中最重要的部分是获得关于个人和社会团体的医疗及饮食信息。这些信息可提供有关营养问题可能发生的种类及产生原因的线索。与营养状况相关的症状和体征有助于检测营养问题。但由于症状和体征一般出现在营养问题发展过程中的晚期，所以营养缺乏的诊断常常不能仅仅依靠临床表现，而且许多与营养相关的症状和体征是非特异性的，并非由营养问题造成。通常一系列相关的临床症状与体征比单一的症状及体征更能明确地指示营养问题[1,2]。

表 19.2 列出了与各种不同的营养失衡相关的体征。临床评价一般也包括人体测量如体重、身高及血压等。

表 19.2　与特定类型的营养问题相关的临床综合征

营养问题	临床综合征
蛋白质能量营养不良	头发和皮肤干燥、脂肪丢失、肌肉丢失、肝脏增大、情感失常(淡漠/易怒)
硫胺素缺乏	意识错乱、肌肉酸痛/无力、感觉减退、反射低下、心脏增大
维生素 A 缺乏	干眼症、角膜迟钝柔软、皮肤粗糙
抗坏血酸缺乏	牙龈出血、皮下出血、骨末端增大
铁缺乏	球结膜苍白、勺型甲
营养过剩	超重、皮下脂肪过多
氟过量	牙釉质斑

一、饮食信息

饮食摄入数据可提供个体消费的食品种类及数量。根据这些数据并通过参考食物组成表，可估计摄入的营养素数量。在临床上最相关的饮食信息是个体饮食长期摄入的模式，而不是某一天的食物摄入。饮食习惯的信息可通过个人的历史饮食平均值及自己完成的食品频率表得到。有时，需要个人记录一段时间的饮食。24h 饮食摄入的回顾被广泛用于饮食调查，但在个人评价中一般无重要意义，除非作为饮食历史访问的起点。

二、人体测量

人体测量用于描述身体的特征。营养问题方面的人体测量主要用于营养评价。人体测量由于省时、所用设备少而被广泛用于营养评价。当评价个体的营养状况时，使用标准设备及标准方法测量十分重要，所得的数据可与由标准设备和标准方法获得的参考值作比较。

人体测量可通过不同的途径来评价营养状况。例如，可用来确定身体尺寸的各个方面，描述身体尺寸和体型随时间的变化，间接地估计体脂和无脂肪组织部分的绝对及相对尺寸。在本文约 50 个人体测量参数中，仅约 12 个被常规用于营养评价。

截至目前，体重、身高、上臂围、腰（腹）围、臀围以及三头肌皮褶厚度为应用最广的指标。由测量提供的信息以及由其衍生获得的一些参数，见表 19.3[3]。

表 19.3　人体测量所提供的主要信息

测量指标	主　要　信　息
体重指数/(kg/m²)	经身高校正后的身体的能量储备指标。我国居民的理想值:18.5～23.9
年龄身高	骨骼长度:儿童生长的指标。正常范围:95%～105%
年龄体重	身体质量:身体尺寸的整体指标。正常范围:80%～120%
身高体重	相对于身高的体重指标,常以百分数表示。正常范围:90%～110%
上臂围	反映肌肉与脂肪(包括骨骼)的指标。当体重无法获得而作为对身体能量储存的一种估计时,有时会采用该指标
上臂肌围	反映肌肉(包括骨骼)的指标。来源于上臂围,但考虑了皮褶厚度
三头肌皮褶厚度	反映上肢体脂脂肪储备的指标。其与上臂围结合估计肌肉质量
腰或腹围	反映中心或腹部脂肪的指标
臀围	反映下肢或外周脂肪的指标
腰臀围比	成人体脂分布的一个指标。正常比值:女性<0.8,男性<0.9

三、实验室评价

实验室评价的用途主要有三个方面。第一，可提供营养缺乏或过剩的最早指示。第二，基于临床表现可确立营养学诊断。第三，可用于评价营养治疗的效果。

大多实验室检验仅可提供营养素的浓度或排泄率，但也有些实验室可检测必要的生理、生化及免疫功能。

常用的营养实验室评价方法是借助生化、生理实验手段，检测人体营养储备水平，以便较早掌握营养失调状况，随时采取必要的预防措施[4,5]。

其主要检测方法如下：

① 测定血液中的营养成分或标记物的水平；

② 测定营养成分经尿排除的速率；

③ 测定与营养成分摄取量有关的血液成分或酶活性的改变情况；

④ 测定血液、尿液中因营养素摄入不足或过剩而出现的异常代谢产物；

⑤ 同位素试验；

⑥ 测定毛发和指甲中营养素的含量。

表 19.4 列举了一些最常用的鉴定营养问题的实验室检验方法。

表 19.4　常用的评价营养问题的实验室检验方法

实验室检验	营养问题	检测内容
血清胆固醇	心血管病的危险因子	总的循环胆固醇(低密度和高密度)
血清高密度脂蛋白胆固醇	心血管病的危险因子	确定低密度脂蛋白/高密度脂蛋白
血清甘油三酯	心血管及糖尿病的危险因子	禁食状态下的血脂(甘油三酯)
红细胞指数	贫血	红细胞数量与体积
红细胞比容	贫血	血液中细胞与血浆的比例
血清铁	铁转运减少	血液中与转运蛋白结合的铁的含量
血清铁蛋白	铁的储存不足	机体总铁储存量
红细胞叶酸	叶酸缺乏导致的贫血	红细胞中叶酸的量(一个时期内叶酸负平衡的一项指标)
24h 或更长尿钠排泄量	高血压的危险因子	近期钠的摄入量

四、血液

最常用的是检测血浆或血清、全血或血细胞中营养素的成分及浓度。这是由于血液相对于其他机体组织较易得到，而不是由于它可提供关于营养状况的最佳信息。血浆或血清检测的主要缺点是获得的营养素的浓度有时变化很小（例如钙），有时则显示的是短期摄入的信息而并非长期的营养状况（例如水溶性维生素）。而且，血液中营养素的浓度也易受大量非营养因子的影响。因此，取样的条件需标准化。总之，红细胞的营养素含量较血浆可更好地反映长期的营养素状况，但不适用于所有的营养素[6]。

五、组织

理论上，营养素的消耗应在其主要储存组织中进行检测，例如维生素 A 应检测肝脏，铁应检测骨髓。但是，只有在特殊情况下，取组织才是可接受的。其他组织如头发、指甲更易获得，虽然这些组织可提供一些微量元素的长期信息，但不能提供其他必需营养素的长期信息。

六、尿液

营养素及其降解产物在尿液中的浓度，与在血浆中一样，通常可反映近期而非长期的营养状况。对于不同的营养素，需建立尿排泄与营养素摄入的关系，这是因为许多随营养素不同而不同的其他因素会对其产生一定的影响。而且，尿液中营养素的浓度也受尿体积的影响，因此通常采集一段时间或 24h 尿样对获得营养素的排泄信息是必要的[7]。

七、功能性检验

功能性检验与上述检验的区别在于其主要关注点是行使依靠营养素的特定功能的特点。使用较普遍的功能性检验是涉及营养评价且依赖营养素的特定酶系统功能的检验。它同时包括行为及生理方面的检验，如评价维生素 A 缺乏时对黑暗的适应能力，锌缺乏对味觉的敏锐程度，蛋白质能量失调对肌肉及免疫反应的影响等。

八、实验室检验的解释

对营养状况的生化测定值的解释不是直接的，而是需要充分理解检验的生理基础及影响解释的因素。

表 19.5 列举了有关在解释营养状况的实验室评价时需要考虑的重要因素。

表 19.5 影响营养状况生化评价结果的因素

生理因素	昼夜变化	检测相关因素	取样和收集程序，如时间及条件
	稳态调节		样品污染，尤其是对微量金属元素
	激素状况		血清/血浆的溶血
	生理状态，如妊娠		检测的准确度和精密度
行为因素	吸烟、饮酒		检测的敏感性和特异性
	体育锻炼	疾病相关因素	药物
	近期食物摄入		非营养性疾病
	营养素的补充		炎症
			超重或肥胖

第二节 营养状况信息

评价个体营养状况的最后一步是解释各种不同的信息，从而确定并更好地解决某一特定的营养问题。营养问题本身通常可通过临床及生化数据确定，但要更好地解决则需理解其是如何形成的。

例如，已知某人与参考标准相比体重偏轻。要解释和处理这个问题，关键的是要了解其体重偏轻的状态是如何形成的。体重不足可能是由遗传、疾病、食品缺乏、营养不良，或是节食等因素引起的。只有通过临床检查，获得与其相关而且有价值的信息，才能找到有效的治疗及预防措施。

一、营养监控

政府需要一些关于营养环境及其对人类影响的信息来回答一些重要的问题。

① 食品供给是否充足、能否满足人类对营养素的需求？

② 食品供给是否安全？

③ 食品供应是否可以送达各阶层民众？

④ 有无营养问题？其相关证据是什么？

这些问题的答案有利于政府制定一些关于国内农业与家畜的生产、食品的进出口、有关的食品安全标准以及其他有关的法律法规。对金融与人力资源的分配、健康与福利事业等政策的制定也具有重要的指导意义。

二、食品供给数据

从图 19.1 可知，大量信息与食物的供给及食物的摄入有关。这些信息虽未给出营养状况的数据，但显示了营养环境以及可能存在的营养问题。

供给能量的食物的种类在国家之间存在着差异。各国发展的经验表明随着国家收入（国民生产总值）的提高，来源于糖和脂肪的能量占总能量的

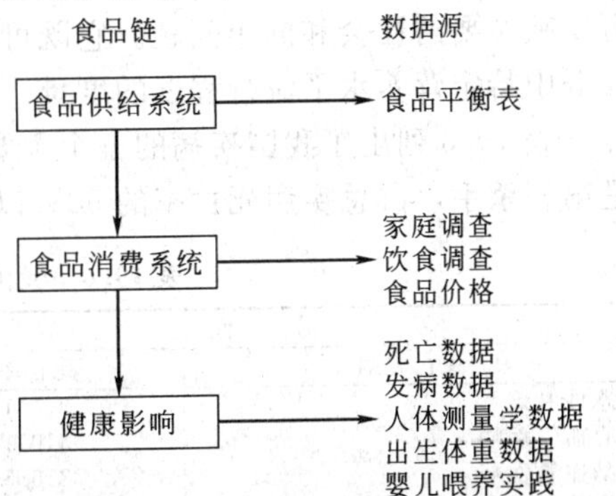

图 19.1 营养信息系统数据的主要来源

百分比也有所增加，而来源于淀粉的能量占总能量的百分比下降。在发达国家流行的一些疾病与脂肪和糖的高摄入量相关，也与淀粉形式的碳水化合物的摄入量减少相关。

三、食品价格

在营养监控中，有关食品价格的数据主要用来评价各种食品在一段时间内消费者相对可承受度的趋势。反映食品与其他商品价格趋势的指标是居民消费价格指数（CPI）。它是基于各类商品与服务项目的支出，以及这些支出在城市有薪水家庭的消费总支出中所占有的比重。

CPI因结构和实践的原因未考虑非城市家庭以及收入主要来自退休金和依靠补助生活的家庭的消费支出，所以它与乡村及低收入家庭没有直接相关性。因为乡村和低收入家庭用于食品的支出占总收入的比例更高，所以需要有更明确的消费数据来确定食品价格的变化对这些家庭对营养充足食品的可承受度方面的影响。

四、家庭调查

家庭预算及消费调查被政府广泛采用，它们不仅可提供食品消费的数据，还可提供不同家庭购买不同种类和不同数量食品的信息。我国国家统计局每年进行一次居民消费调查，调查的主要目的不仅仅是为了提供营养监控的数据，还为居民消费价格指数提供了加权因子。

不过，如果对现行的调查方法稍加调整，它在国家营养监控中将更加有效。例如，增加收入、地域、不同类型家庭的食物消费组成等，便可定期监控公民的膳食营养变化模式。

五、膳食调查

中国营养学会每10年进行一次营养与健康普查。卫生部也会不定期地组织一些健康普查，如对高血压、糖尿病、癌症等发病率的普查，这些均涉及家庭调查，包括收入、支出、饮食结构等。

有关食品摄入的详细数据——例如2002年国家营养普查，被国家用于制定营养政策、食品法规等多个方面。通过对这些数据的分析，可以确定食品法规的改变可能带来的影响，确定食品供给中食品添加剂和污染物不会引发危险的剂量水平，也用来评价是否需要对不同人群用诸如钙、铁等营养素来强化食品以及这种强化食品可能带来的影响等。

国家营养调查获得的数据还有利于国家与健康部门评价不同地区和民族的饮食摄入是否符合当前推荐的膳食营养素参考摄入量。此外，也可用来修正和完善国家推荐的膳食营养素参考摄入量。

六、死亡率和发病率数据

发病率和死亡率数据可提供导致发病及死亡的基本信息。在某些情况下，通过有疾病记录的人群得到的数据可提供诸如癌症、糖尿病等慢性疾病的信息。从这些样本中获得的数据可反映主要的社会和健康问题。它既可作为人群中发病及死亡的最可能成因线索，又能作为人群中特定营养水平流行程度的度量。

表19.6列出了我国疾病的五个主要死亡原因。其中心血管疾病（心脏病+脑血管疾病）是第一杀手，占总疾病死亡率的60%以上[8]。

表19.6 我国疾病的五个主要死亡原因[8]

人/10万人

男性		女性	
死亡原因	死亡率	死亡原因	死亡率
恶性肿瘤	374.1	心血管疾病	268.5
心血管疾病	319.1	脑血管疾病	242.3
脑血管疾病	310.5	恶性肿瘤	214.1
事故	54.0	肺炎和流感	45.9
传染病	50.5	传染病	35.3

近20年来，我国的心脑血管疾病呈显著上升趋势，是否主要由危险因子的状态（包括饮食）变化引起，目前尚未完全明了，但已确认烟草、缺乏运动、高血压、高脂肪、酒精、肥胖、果蔬不足这七种因素为主要的危险因子。除烟草和缺乏运动外，其余五种均与饮食有关，参见表19.7。

表19.7 心血管疾病的主要危险因子

烟草	酒精
运动不足	肥胖
高血压	果蔬不足
高脂肪	

正如食品供给与食品摄入数据一样，发病率及死亡率的数据只能给人群中最可能发生的各种营养问题提供间接的量度。这是因为我国所面临的任何与饮食相关的疾病，其在病因学上均是多因素的，饮食仅仅是其中一种重要的因素，而并非必然原因。

发展中国家和西方工业化国家在饮食和疾病模式上的差异显示：饮食结构的改变可能是引起富贵病的重要原因，但其他因素如遗传、疾病、传染、吸烟、体育锻炼等的影响也不容忽视。因此，正确看待今天的健康问题十分重要。

七、人体测量学数据

人体测量参数是体重和身高以及从其衍生得到的各项指标，如体重指数（身高校准过的体重：体重/身高的平方，单位是kg/m^2）。因为它们可提供反映营养大致状况的指标，且不会对人体造成任何伤害，耗时少，所需设备少，所以被广泛地用于对人体的研究。

身高和体重可提供儿童生长的信息以及社会中肥胖及体重偏轻的流行情况。对于成年人，肥胖的程度与某些疾病，如糖尿病、高血压、缺血性心脏病的流行状况相关。对于儿童，由于患儿或饮食不足的儿童不能正常生长，所以，生长情况被看作反映营养状况的重要指标。食品及营养素之外的环境因素，如疾病与社会条件等也影响生长，它们的这种作用一般是通过影响食品和营养素的摄入与利用来实现的。

年龄与身高、年龄与体重以及身高与体重是最常用于评价儿童生长状况的指标。我国青少年的生长发育水平依然呈现出加速生长的趋势，突出表现在体格发育上。2002年中国居民营养健康现状的调查结果表明，青少年生长发育水平稳步提高。全国城乡3～18岁的儿童及青少年各年龄组的身高相对于1992年平均增加了3.3cm。据2004年“全国学生体质健康监测网络”的监测结果显示，2004年学生的身高、体重、胸围与2002年相比，呈现继续增长趋势。7～12岁的男、女学生身高分别平均增长0.85cm、0.60cm；体重平均增长0.76kg、0.39kg；胸围平均增长0.80cm、0.40cm。13～18岁的男、女学生身高平均增长0.37cm、0.43cm；体重平均增长0.19kg、0.12kg；胸围平均增长0.07cm、0.39cm。城市男女学生的身高、体重、胸围的均值都高于乡村学生（中国青少年研究中心课题组）[9]。年龄在7～12岁儿童体重的增加，同时反映出这一年龄组儿童的早熟问题和缺乏体育锻炼的状况（图19.2）[10]。

八、国家食品和营养监控及调查系统的基本特征

为了有利于制定政策，国家食品、营养监控及调查系统需要具备以下基本特征：调查的内容必须与社会面临的主要营养问题相关；可在合理的时间框架中提供给决策者；定期进行监控及调查；通过标准方法收集数据可提供长期的可比性；以易被决策者理解及能吸引决策者兴趣的方式表述；能够发现一些可能通过政策可以改变的问题。

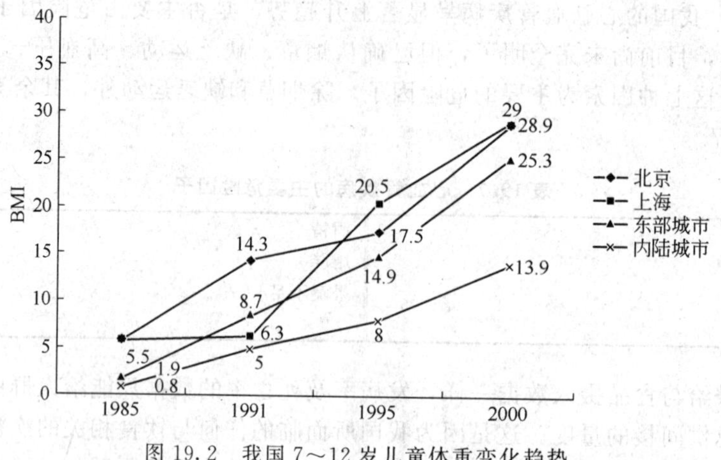

图 19.2 我国 7～12 岁儿童体重变化趋势

这些需求以及获取原始数据的高投入，促使国家营养政策制定者在很大程度上需依靠使用已存在的监控人群在食品和营养状况方面的数据。用于监控的这些数据的主要优势是可定期地提供一些可比的数据，但它们也有缺陷，就是不能直接测定营养状况。

第三节 营养状况的临床检查

营养状况的临床检查是指运用感官或借助于传统的检查仪器来了解受检者机体营养与健康的状况，其目的是观察受检者的一些与营养状况有关的症状、体征，以收集其营养及健康状况的正确资料。该项检查对于明确诊断起重要的作用，再结合实验室检测结果，可对大多数营养缺乏症做出明确的诊断[11]。

根据病因，营养缺乏症通常分为原发性和继发性两种。前者通常是由于一种或多种营养素摄入不足造成的，后者则是因疾病引起的营养素的吸收或利用障碍所致。营养缺乏症的诊断要综合膳食史的调查、体检以及临床症状与体征等信息，方可获得准确的诊断结果。下面介绍部分常见的临床营养缺乏症体征。

一、蛋白质能量营养不良症

蛋白质和（或）能量的供给不能满足机体维持正常生理功能的需要，就会发生蛋白质能量营养不良症（参见第八章第四节）。重度营养不良可分为如下三种类型。

水肿型营养不良：主要为蛋白质缺乏但能量供给尚可。其以全身浮肿为特征。主要见于经济落后的国家和地区的婴儿及儿童。有蛋白质缺乏病史，轻者主要表现为淡漠、嗜睡、厌食、动作迟缓、头发干燥无光泽且易断及脱落；中度可出现满月脸、眼睑肿胀、身体低垂部水肿且皮肤发亮、肌肉松弛、指甲脆弱、轻度贫血；重者可有腹泻或大量水样便、肝脏肿大及腹水。

消瘦型营养不良：以能量不足为主。其表现为皮下脂肪和骨骼肌显著消耗和内脏器官萎缩。特点为儿童明显矮小、皮肤干燥松弛多皱纹、头发纤细松稀且干燥易脱落。重者表现为皮下脂肪消失、双颊凹陷、脉缓、血压和体温均较低以及对冷敏感。成人主要表现为消瘦乏力，常并发干眼症、腹泻、呕吐及脱水等。

混合型营养不良：能量和蛋白质均缺乏，并常伴有维生素和其他营养缺乏。此型多见，其临床表现不一。轻者可仅表现为儿童生长发育迟缓，成人体重减轻。较重者表现为皮肤干燥松弛、毛发纤细易折、面部和四肢皮下脂肪减少以及骨骼肌显著消耗[4]。

二、维生素A缺乏症

维生素A缺乏症以儿童及青少年较多，男性多于女性。其主要表现为全身上皮组织角质变性。眼部症状出现较早而明显，对暗适应能力降低，继之结膜、角膜干燥，重者可见角膜软化，甚至穿孔。

临床症状：皮肤干燥可形成鳞片，出现棘状丘疹，异常粗糙，四肢两侧及肩部最为显著。此外常有指甲多纹并失去光泽，毛发干燥易脱落等。眼角膜和结膜上皮组织角化过度，可致泪液分泌减少而引起干眼症，进一步发展可出现角膜软化及角膜溃疡。另外，还可出现呼吸道及泌尿道上皮增殖及角化，其中免疫功能下降易引起呼吸道继发性感染。

三、维生素D缺乏症

维生素D缺乏常引起机体钙、磷的代谢异常，从而导致全身性疾病。主要有以下两种。

（1）佝偻病　维生素D缺乏可使机体血磷降低，从而引起神经精神症状，可持续数周至数月。主要表现为多汗、夜惊、好哭、不活泼、食欲不振、易激动、脾气乖张等。

维生素D缺乏常导致儿童骨骼发育异常。3～9个月的婴儿可发生颅骨软化。轻者前囟边缘软化，额骨、顶骨及枕骨由于类骨质增生而隆起，形成方颅，或因睡眠压迫而变形。患儿出牙迟缓，可延至1岁，3岁出齐。牙齿排列不整齐及牙釉质发育不良。肋骨骺端肥大呈串珠样排列，形成“串珠肋”。1岁以内的婴儿因肋骨软化胸廓膈肌牵引而内陷，呈现沿胸骨下缘水平的凹沟（赫氏沟），导致胸部畸形。2岁以上婴儿可见“鸡胸”。下肢均可因承重而变形，形成O形腿或X形腿。脊柱受重力影响可发生侧向或前后弯曲。骨盆前后径缩短，耻骨狭窄。女性严重者可因盆骨严重畸形而致难产。此外，还可发生骨折，最常见的是桡骨或腓骨骨折，也可发生于肋骨、股骨和锁骨。佝偻病也是胫骨弯曲及扁平足发生的原因。

（2）骨质疏松症　主要见于老年和绝经后妇女。

主要临床表现：腰背疼痛，疼痛可沿脊柱向两侧扩散，仰卧或坐时疼痛减轻，久坐疼痛加剧。日间痛觉减轻，夜间及清晨加剧，弯腰、运动、咳嗽、排便用力时加重。此外还有身长缩短、驼背等，重者易发生骨折。

四、维生素K缺乏症

维生素K缺乏可导致获得性凝血因子缺乏，从而使凝血因子Ⅱ、Ⅶ、Ⅸ、Ⅹ减少。重者可伴有出血症状。常见有牙龈渗血，皮肤、消化道、泌尿道出血，偶尔可发生肌肉充血，颅内出血等。

五、维生素C缺乏症

当血浆维生素C的水平降至2.0mg/L（11.4μmol/L）以下时，可出现维生素C缺乏的早期症状。血浆维生素C接近零时，便可出现明显的维生素C缺乏的临床表现。此时，若维生素C得不到补充，可发展成为维生素C缺乏症。

维生素C缺乏症的临床表现：前驱症状可出现体重减轻、四肢无力、虚弱、肌肉及关节疼痛等。成人患者除上述症状外，早期可有牙龈肿胀或感染。婴儿则可有不安、肋软骨接头处扩大以及出血倾向等。

维生素C缺乏症的主要症状如下。

出血：起初局限于毛囊周围及牙龈等处，进一步发展可有皮下组织、肌肉、关节、腱鞘等处出血，甚至血肿或瘀斑。内脏、黏膜出血。严重时偶有心包、胸腔、腹腔、腹膜后及颅内出血。小儿常见骨膜下出血导致下肢肿胀、疼痛、两腿外展、小腿内弯、呈假性瘫痪状。骨膜下出血成人较少见。

重度维生素C缺乏症的特异性临床表现：可见瘀点。瘀点常见于前臂伸侧毛发生长区域，较大，较血小板减少性紫癜等其他紫癜更带紫色。

牙龈炎：牙龈可见出血、松肿，稍加按压即可出血，并有溃疡及继发感染，尤以牙龈尖端为显，重者迅速发展为溃疡。可有牙龈萎缩、牙龈浮露症状，最后可致牙齿松动、脱落。

骨质疏松：维生素C缺乏，可致胶原蛋白合成障碍，骨有机质形成不良而导致骨质疏松。儿童常表现出长骨端呈杵状畸形，关节活动时疼痛，患儿常使膝关节保持屈曲位。可见“串珠肋”，但其角度比佝偻病串珠稍尖，在突起的内侧可扪及内陷。佝偻病串珠则两侧对称，无内侧凹陷。

六、维生素B_1（硫胺素）缺乏症

成人维生素B_1缺乏症的前驱症状为肌肉酸痛、下肢无力、厌食、消化不良、便秘及体重下降。此外，可有头痛、失眠、不安、易怒、健忘等神经精神系统症状。

神经系统表现为对称性周围神经炎、运动及感觉障碍、足部麻木和烧灼感、膝和跟腱反射异常、肢体远端感觉障碍。病程长者可出现肌肉萎缩以及共济失调。

循环系统可有心悸、气促、心动过速及水肿。心界扩大，以右心明显。还可出现心脏收缩期杂音，舒张压降低。

成人脚气病是维生素B_1缺乏的典型症状，分干性脚气病和湿性脚气病两种。前者主要表现为神经系统症状，后者主要出现的水肿始于下肢，后至全身水肿。

婴儿B_1缺乏可致婴儿脚气病，多发于出生数月的婴儿，其与成人相似，以水肿为主要表现。起病急，死亡率较高。患儿早期有食欲不振、急躁、哭闹、呕吐、消化不良及腹泻、心动过速以及呼吸急促等症状。晚期可有心脏扩大、心力衰竭、肺充血及肝瘀血等症状，并可导致脑充血、颅内高压、昏迷甚至死亡。

七、维生素B_2缺乏症

维生素B_2是较易缺乏的微量元素之一，其症状以口腔和阴囊病变为常见。

阴囊症状：初期可有阴囊瘙痒，多夜间发作，之后出现皮肤病变。其主要有以下三种类型。

(1) 湿疹型　主要表现为脱皮、浸润、结痂，重者可有渗液、糜烂，甚至化脓。可波及阴茎及会阴部。

(2) 红斑型　红斑呈片状，在阴囊两侧对称分布，大小不等。早期为鲜红色，久之呈暗红色，红斑上有白色鳞屑。红斑略突出于皮面，与周围皮肤界限鲜明。

(3) 丘疹型　略高出阴囊皮肤的红色扁平丘疹，米粒至黄豆大，不对称地分布于阴囊两侧，数目由数个至多个不等，其上覆盖干燥而粘连的厚痂或白色鳞屑。少数表现为苔藓样皮损。

口腔症状：可有口角糜烂，裂隙和湿白斑，多为两侧对称。因有裂隙，张口则感疼痛，重者有出血。常有小胞疱和结痂。唇早期为红肿，纵裂纹加深，后则干燥、皱裂及色素沉着，主要见于下唇。有的唇内口腔黏膜有潜在性溃疡。舌自觉疼痛，尤以进食酸、辣、热的食物为甚。重者全舌呈紫红色，或红紫相间呈地图样改变。蕈状乳头充血肥大，先在舌尖部，后波及其他部位。重者伴有喉炎、咽炎及上颚炎，出现声音嘶哑及吞咽困难。

眼部症状：可有眼球结膜充血，角膜周围血管形成并侵入角膜。角膜与结膜相连处有时出现水疱。重者可见角膜下部溃疡，眼睑边缘糜烂以及角膜混浊、畏光、流泪、烧灼感和视力模糊等症状。

脂溢性皮炎：多见于皮脂分泌旺盛处，如鼻唇沟、下颌、两眉间、眼外眦及耳后。

八、烟酸缺乏症

烟酸及其前体色氨酸（在人体中可由色氨酸合成烟酸）的严重缺乏是糙皮病的主要成因。其原发性缺乏通常发生在以玉米为主食的地区。因玉米中的结合型烟酸不能在肠道内吸收。继发性缺乏见于腹泻、肝硬化和酒精中毒以及术后大量应用缺乏维生素的营养输注之后。长期异烟肼治疗（此药取代烟酰胺腺嘌呤二核苷酸中烟酰胺）、恶性类癌瘤（色氨酸被转换形成5-羟色胺）以及色氨酸加氧酶缺乏症（hartnup）病也可导致糙皮病。

糙皮病的特征为皮肤、黏膜、中枢神经系统及胃肠道症状。重度缺乏可出现对称性光敏感性疹、猩红色口炎、舌炎、腹泻及精神错乱。症状可单独或联合出现。

皮肤症状：出现于暴露部位的皮肤，以手背、腕、前臂、面部、颈部、足部和踝部最为常见。其次为肢体的受摩擦部位，如肘部、膝盖等处。主要表现为红斑，继而水疱形成，结痂和脱屑。继发感染颇常见，尤其在接触阳光之后（光化性损伤）。或者会出现皮肤增厚，失去弹性，出现裂纹及受压处色素沉着等症状。患者常发生继发感染，开始愈合时，损伤处新生上皮可显出珠母状界限明显的边缘。慢性萎缩性损害，皮肤干燥，有鳞屑，无弹性，范围颇大（可见于年龄较大的糙皮病患者）。

消化系统症状：早期不明显，可有口腔、咽部及食道灼热，腹部不适及腹胀。之后可出现恶心、呕吐及腹泻。

黏膜症状：主要累及口腔，有时也可累及阴道和尿道。猩红色舌炎和口炎是急性缺乏的特征。首先受影响的部位是舌尖和两侧边缘，以及腮腺管附近的黏膜，随着病情的进展，整个舌及口腔黏膜呈鲜红色，继而发生口腔溃烂，流涎增多及舌水肿。可出现溃疡，尤其是在舌下、下唇黏膜及磨牙的对面。其表面常覆有一层灰色的含有奋森氏螺菌（*Vincent spirillum*）的腐痂。

中枢神经系统症状：器质性精神病，其特点为记忆缺失、定向力障碍、精神错乱和虚谈症（激动、抑郁、躁狂及谵妄在某些患者中占优势；另一些患者则表现为类偏执狂型），脑病综合征，其特征为意识模糊，四肢齿轮样强直，以及无法控制地吸吮和紧握反射。有时很难与因维生素 B_1 缺乏导致的中枢神经系统的改变相区别。

九、叶酸缺乏症

叶酸在体内的主要作用是传递供DNA合成用的一碳单位（甲基或甲酰）。叶酸缺乏将导致DNA合成滞缓，影响细胞的正常发育。人体叶酸缺乏的最主要症状是贫血。

叶酸缺乏将导致红细胞增殖速度减慢，使之停留在巨幼红细胞阶段。因此又称巨幼红细胞性贫血。由于妊娠期孕妇叶酸需求量增加，因此巨幼红细胞贫血多见于妊娠、哺乳和婴幼儿期。患者表现为头晕、乏力、精神萎靡、面色苍白，并出现舌炎、食欲不振以及腹泻等消化系统症状。

此外，叶酸缺乏还可导致孕妇先兆子痫、胎盘早剥的发生率增高，并影响胎儿发育。妊娠早期叶酸缺乏还可引起胎儿神经管畸形。

十、维生素 B_{12} 缺乏症

维生素 B_{12} 缺乏的主要表现为巨幼红细胞性贫血。因为维生素 B_{12} 也是DNA合成过程中不可缺少的营养因子，其缺乏将导致红细胞增殖速度减慢，停留在巨幼红细胞阶段。除了贫血外，维生素 B_{12} 缺乏还可表现出消化道症状和神经症状。前者较多见，主要表现为舌炎、舌乳头萎缩导致舌面光滑、颜色绛红以及食欲减退、腹胀、腹泻等。神经症状主要是脊髓后索和侧索的联合脱髓鞘变性，也可轻度累及周围神经和大脑白质。

十一、镁缺乏症

镁缺乏症是指机体总镁量的减少。当血清镁低于 0.6mmol/L 时，称低镁血症。镁缺乏症通常表现为神经肌肉兴奋极度增强，呈现不同程度的肌肉抽动、震颤、手足徐动或舞蹈病样动作。重者可出现心动过速或室性早搏。

十二、铁缺乏症

铁是血红素的必要成分。铁缺乏可导致血红蛋白合成减少，红细胞生成不足而引起缺铁性贫血，临床最常见的是小细胞低色素性贫血。常见症状为面色苍白、头晕、乏力、失眠，甚至眼花、耳鸣、皮肤毛发干燥无光泽，还可出现舌炎、口角炎等。

十三、锌缺乏症

锌缺乏可导致机体蛋白质及核酸的代谢异常。它可引起含锌及锌依赖酶的活性改变、免疫功能下降、细胞分裂过程及细胞膜正常结构与功能障碍等症状。

缺锌的临床表现为生长迟缓、男子性发育障碍、食欲不振、神经性嗜睡及皮肤粗糙、色素过度沉着。若儿童期缺锌未获治疗，成年后可表现为侏儒、男子性功能不良、异食癖、肝脾肿大等症状。

十四、碘缺乏症

碘缺乏主要表现为甲状腺增生肥大。其发病缓慢，多发于青春期及妊娠哺乳期。主要症状是颈前隆起，颈部增粗。甲状腺呈弥散性肿大，巨大肿块压迫气管可出现呼吸困难。

十五、硒缺乏症

流行病学调查显示，硒缺乏与克山病有关。克山病的主要症状为心脏扩大，严重的心律失常及急性心源性休克，常可引起死亡。此外，我国北方的大骨节病可能与硒缺乏有关。近年来我国在大骨节病地区的调查结果显示，该病患者的红细胞膜硒的含量明显低于正常值。在外环境调查中发现病区作物和土壤中硒的含量低于非病区。此外，利用亚硒酸钠预防儿童大骨节病的试验也取得了良好的效果。

总 结

- 个人营养状况的信息一般用于鉴定其营养状况。
- 没有一种测量可单独提供营养状况全面评价的信息。来源于一些不同类型的测量（人体测量、生化及生理测量）信息可一并用于营养评价。
- 个体的状况是根据参考值来评价的。而这些参考值的确定是以源于同龄、同性别及同种族的健康人严格采集的数据为基础的。
- 政府需要关于人口的食品与营养状况的信息，以此来确定和评价农业、商业、社会福利以及卫生的政策。
- 用于人口营养水平监控的数据的主要来源是医疗和社区服务定期收集的食品供给、消费、身高和体重以及发病和死亡的统计数据。

参 考 文 献

[1] Nageh MF, Sandberg ET, Marotti KR, et al. Deficiency of inflammatory cell adhesion molecules protects against atherosclerosis in mice. Artherioscler Thromb Vasc Biol, 1997, 17: 1517-1520.

[2] Heeschen C, Dimmeler S, Hamm CW, et al. Soluble CD40 ligand in acute coronary syndromes. N Engl J Med, 2003, 348: 1104-1111.

[3] Magklara A, Scorilas A, Catalona WJ, Diamandis EP. The combination of human glandular kallikrein and free prostate-specific antigen (PSA) enhances discrimination between prostate cancer and benign prostatic hyperplasia in patients with moderately increased total PSA. Clin Chem, 1999, 45: 1960-1966.

[4] Chatelain D, Flejou JF. High-grade dysplasia and superficial adenocarcinoma in Barrett's esophagus: histological mapping and expression of p53, p21 and Bcl-2 oncoproteins. Virchows Arch, 2003, 442: 18-24.

[5] Wong DJ, Barrett MT, Stöger R, Emond MJ, Reid BJ. p16INK4a promoter is hypermethylated at a high frequency in esophageal adenocarcinomas. Cancer Res, 1997, 57: 2619-2622.

[6] Lord RV, Salonga D, Kathleen D, et al. Telomerase reverse transcriptase expression is increased early in the Barrett's metaplasia, dysplasia, adenocarcinoma sequence. J Gastrointest Surg, 2000, 4: 135-142.

[7] Polonsky KS. Retinol-binding protein 4, insulin resistance, and type 2 diabetes. N Engl J Med, 2006, 354: 2596-2598.

[8] He J, Gu D, Reynolds K, et al. Major Causes of Death among Men and Women in China. NEJM, 2005, 353: 1124-1134.

[9] 中国青少年研究中心课题组. "十五"期间中国青年发展状况与"十一五"期间中国青年发展趋势研究报告, 2008. http://www.cycs.org/.

[10] Ji CY. Cooperative Study Childhood, Report on childhood obesity in China (4) Prevalence and trends of overweight and obesity in Chinese urban school-age children and adolescents, 1985-2000. Biomed Env Sci, 2007, 20 (1): 1-10.

[11] Dhir R, Vietmeier B, Arlotti J, et al. Early identification of individuals with prostate cancer in negative biopsies. J Urol, 2004, 171: 14192-14231.

第二十章 健康促进与营养指导

目的：

- 提供中国的营养素参考标准及其在营养评价中发展和应用的信息。
- 提出以营养为基础的饮食指导方法，例如，如何达到宏量元素、微量元素和脂肪酸的摄入推荐量。
- 明确以食物为基础的富含营养素和植物化学物的膳食指导方法，例如，关于保健食品、食物多样性、食物模式和烹饪的建议等。
- 列举目前的一些食物选择指南、食物种类划分和以粮食为基础的膳食指南的应用情况和局限性。
- 从历史的角度来讨论作为社会行为的饮食变革。
- 确定并讨论膳食建议中体现的营养在促进健康中所起的作用。
- 综述了用于冠心病预防的社会性危险因子减少计划的发展情况。

第一节 营养参考标准

一、食物成分表

食物成分表将食品摄入的信息转换成营养素摄入的信息。它提供了给定国家或地区的常见食品的平均组成成分的值或范围。我国的《中国食物成分表》会定期更新其中的数据。《中国食物成分表2004》是对《中国食物成分表2002》的重要补充，是对我国食物成分数据资料的又一次丰富和发展，共包括757条关于不同食物的一般营养成分数据，239条食物的氨基酸数据，323条食物的脂肪酸数据，在2002年版的基础上又增加了可溶性膳食纤维、不溶性膳食纤维、维生素B_6、维生素B_{12}、叶酸、胆碱、生物素、泛酸、维生素K、维生素D及碘的数据。2004年版在食物分类、编码和营养素数据表达方面基本与2002年版一致，在编排上也采用中英文对照的方式，并给出部分食物的图片，以供读者借鉴和参考。2004年版给出了每条食物的特征描述，如主要原料、商品名称、包装规格、采样日期、采样地点、产地、样品的前处理方法等，这更有利于读者准确地了解食物。食物成分表既适用于从事营养科学研究、疾病预防和控制、医学院校营养教学等方面的专业人员，也适用于食品研究人员、营养配餐人员以及对居民膳食的参考和指导[1]。

二、中国居民膳食指南

为了使《中国居民膳食指南2007》能够给居民提供最基本、最科学的健康膳食信息，卫生部委托中国营养学会组织专家制定了《膳食指南》。《膳食指南》的目的是作为一整套针对饮食的建议或信息，它主要关注核心食品及能量的来源，如脂肪、淀粉和糖对整体饮食的贡献。膳食指南本身是定性的，而中国居民膳食营养素参考摄入量（DRI）是不同年龄个体的营养素摄入的定量参考值。《膳食指南》对各年龄段的居民摄取合理营养，避免由不合理的膳食带来疾病具有普遍的指导意义[2]。

膳食指南按人群分为如下两部分。

(1) 第一部分：一般人群膳食指南 一般人群膳食指南适用于6岁以上人群，共有10个条目。“提要”是该条目的核心内容；“说明”阐述与该条目相关的知识或消费者关心的问题；“参考材料”提供一些研究资料或有用的数据。

(2) 第二部分：特定人群膳食指南 特定人群包括孕妇、乳母、婴幼儿、学龄前儿童、青少年以及老年人。根据这些人群的生理特点和营养需求制定相应的膳食指南，以期更好地指导孕期和哺乳期妇女的膳食、婴幼儿合理喂养和辅助食品的科学添加；同时，指南也能指导学龄前儿童和青少年在身体快速增长时期的饮食，提供适合老年人生理和营养需求变化的膳食安排，以达到提高健康水平和生命质量的目的。

三、中国居民平衡膳食宝塔

中国居民平衡膳食宝塔（图20.1）是根据《中国居民膳食指南》的核心内容，结合中国居民膳食的实际状况，把平衡膳食的原则转化成各类食物的重量，便于人们在日常生活中实行的指南。

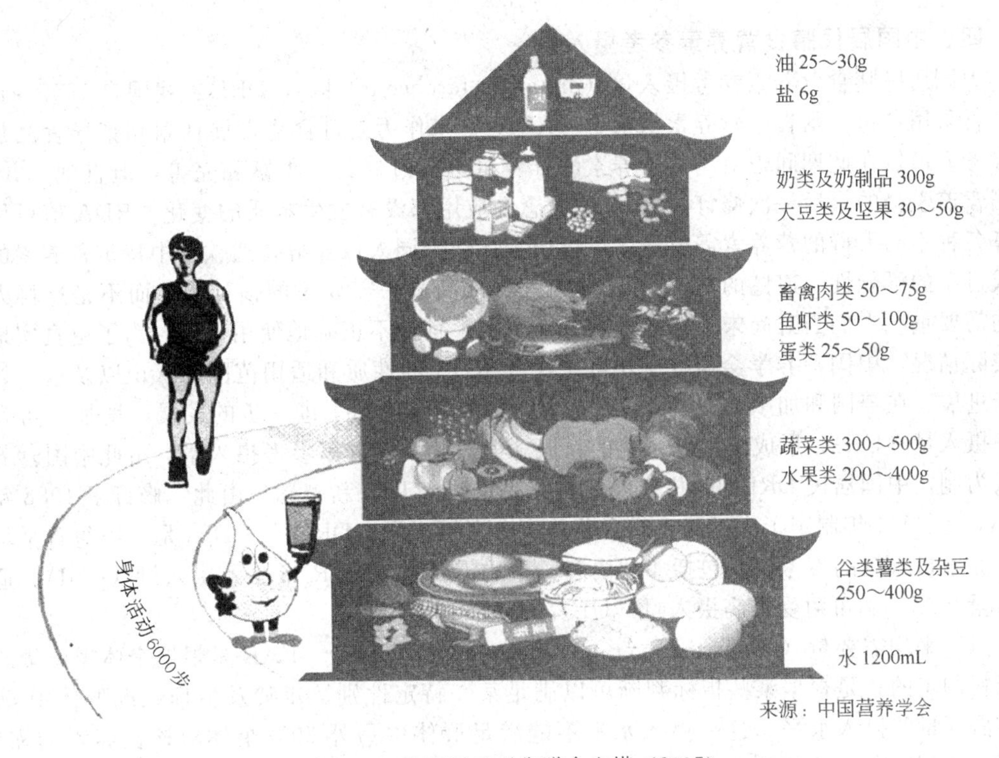

图20.1 中国居民平衡膳食宝塔（2007）

① 膳食宝塔结构：膳食宝塔共分五层，包含人们每天应吃的主要食物种类。膳食宝塔各层位置和面积不同，这在一定程度上反映出各类食物在膳食中的地位和应占的比重。新的膳食宝塔图增加了水和身体活动的形象，强调足量饮水和增加身体活动的重要性。膳食宝塔建议的各类食物摄入量都是指食物可食部分的生重。各类食物的重量不是指某一种具体食物的重量，而是一类食物的总量，因此在选择具体食物时，实际重量可以在互换表中查询。

② 确定适合自己的能量水平：膳食宝塔中建议的每人每日各类食物适宜摄入量范围适用于一般健康成人，在实际应用时要根据个人年龄、性别、身高、体重、劳动强度、季节等

情况适当调整。

③ 根据自己的能量水平确定食物需求：膳食宝塔建议的每人每日各类食物适宜摄入量范围适用于一般健康成年人，它按照7个能量水平分别建议了10类食物的摄入量，应用时要根据自身的能量需要进行选择。

④ 食物同类互换，调配丰富多彩的膳食：应用膳食宝塔可把营养与美味结合起来，按照同类互换、多种多样的原则调配一日三餐。

⑤ 要因地制宜充分利用当地资源：我国幅员辽阔，各地的饮食习惯及物产不尽相同，只有因地制宜充分利用当地资源才能有效地应用膳食宝塔。

⑥ 要养成习惯，长期坚持：膳食对健康的影响是长期的结果。应用膳食宝塔需要自幼养成习惯，并坚持不懈，才能充分体现其对健康的重大促进作用。

参考资料列举了7个不同能量水平建议的食物摄入量表，中国居民食物摄入现况与平衡膳食宝塔建议量比较表，建议食物量所提供的能量及营养素水平表，不同能量水平推荐食物摄入量所提供蛋白质构成比表，食物互换表（谷类、豆类、奶类、肉类及蔬菜水果类等）以及代表性食物的彩图等[2]。

四、中国居民膳食营养素参考摄入量

中国居民膳食营养素参考摄入量（dietary reference intakes，DRI）：我国自1955～1988年一直采用“每日膳食中营养素供给量（RDA）”来作为制订食物发展计划和指导食品加工的参考。虽然在此期间曾对一些营养素的推荐量进行过修订、丰富和完善，但直到1988年中国营养学会的最后一次修订，RDA的概念和应用都没有发生本质的变化。RDA值可用于计算各种不同人群的营养素需要量，也可用于评估不同人口亚群普通饮食中特定营养素的缺乏或过量的可能性。遗憾的是，RDA值为一群人高水平需要量的估计值，而不是这群人的平均需要量。人们当时尚未很好地理解这个事实，且被不正确地使用该值。为了更真实地反映实际情况，中国营养学会研究了国际上关于RDA的性质和适用范围的认识以及这一领域的新进展。在美国和加拿大的营养学界，RDA的内容得到了进一步的发展，增加了可耐受最高摄入量（UL），形成了比较系统的新概念——膳食营养素参考摄入量。由此中国营养学会认为制定中国居民DRI的时机已经成熟并决定引入DRI新概念。由此，修订了1988年的RDA，于2004年制定了中国居民膳食营养素参考摄入量（DRI）[3]。DRI是一组每日平均膳食营养素摄入量的参考值，包括4项内容：平均需要量（EAR）、推荐摄入量（RNI）、适宜摄入量（AI）和可耐受最高摄入量（UL）。

（1）平均需要量（estimated average requirement，EAR） EAR是根据个体需要量的研究资料制定的；是根据某些指标判断可以满足某一特定性别、年龄及生理状况群体中50%个体需要量的摄入水平。这一摄入水平不能满足群体中另外50%个体对该营养素的需要。EAR是制定RDA的基础。

（2）推荐摄入量（recommended nutrient intake，RNI） RNI相当于传统的RDA，是可以满足某一特定性别、年龄及生理状况群体中绝大多数（97%～98%）个体需要量的摄入水平。长期摄入RNI水平，可以满足身体对该营养素的需要，保持健康和维持组织中有适当的储备。RNI的主要用途是作为个体每日摄入该营养素的目标值。RNI是以EAR为基础制定的。如果已知EAR的标准差，则RNI定为EAR加两个标准差，即$RNI=EAR+2SD$。如果关于需要量变异的资料不够充分，不能计算SD时，一般设EAR的变异系数为10%，这样$RNI=1.2EAR$。

（3）适宜摄入量（adequate intakes，AI） 在个体需要量的研究资料不足以计算EAR，因而不能求得RNI时，可设定适宜摄入量（AI）来代替RNI。AI是通过观察或实验获得的健康人群某种营养素的摄入量。例如纯母乳喂养的足月产健康婴儿，从出生到4～6个月，他们的营养素全部来自母乳。母乳中供给的营养素量就是他们的AI值，AI的主要用途是作为个体营养素摄入量的目标。

AI与RNI相似之处是二者都用作个体摄入的目标，能满足目标人群中几乎所有个体的需要。AI和RNI的区别在于AI的准确性远不如RNI，可能显著高于RNI。因此使用AI时要比使用RNI更加小心。

（4）可耐受最高摄入量（tolerable upper intake level，UL） UL是平均每日可以摄入某营养素的最高量。这个量对一般人群中的几乎所有个体都不至于损害健康。如果某营养素的毒副作用与摄入总量有关，则该营养素的UL是依据食物、饮水及补充剂提供的总量而定，如毒副作用仅与强化食物和补充剂有关，则UL依据这些来源来制定。但是，如果没有额外的有关营养状况的信息，实践中想要确定某人的危险性程度是不可能的，因为并不清楚其个人的营养需求。

能量摄入量推荐值的设定依据与营养素摄入推荐值的设定依据有所差异。能量摄入若超过其需要量则会与体重增加而导致肥胖有关。因此，能量的推荐值为一定年龄和性别人群的平均需要量，而不是最大需要量。在婴儿和童年时期，能量的推荐值主要是基于健康而营养充足的儿童。对于青少年和成人，能量的推荐值根据年龄、性别在可接受的范围内，基于保持身体的质量指数的需求；同时也基于保持适当躯体活动的能量需要。

五、国家营养目标与指标

营养目标可作为一种工具来监控营养政策、计划及教育带来的结果。2004年10月12日中华人民共和国卫生部、科技部和国家统计局联合发布了《中国居民营养与健康现状》的报告[4,5]。该报告是根据2002年我国居民营养与健康普查结果总结的，它报道了我国居民的营养与健康的指标，报告包括以下与营养相关的目标：①提高按中国居民膳食指南指导进食的人口比例；②减少食盐的摄入；③减少脂肪的摄入，远离反式脂肪酸和油炸食品不宜多吃；④食物多样化；⑤提高母乳喂养的比例及延长母乳喂养的时间；⑥减少超重与肥胖人群的比例；⑦使酒精带来的危害最小化。

目标是大的框架，而指标是根据计量的结果来定义的，可定期测量该结果以监测营养政策的时间影响。这意味着将营养指标具体化，也就是说，它是指示物而不是饮食或营养状况的具体量度。例如，一些监测饮食建议进程的指标在可获得的表观食品和营养素消费数据（也就是说食品供给数据）上被具体化，而不涉及摄入数据。原因是表观消费数据每年均会更新，而来自于国家饮食调查的数据不能每年得到更新。

第二节 膳食指南与食物指导方案

下面列出的食物选择指南、食物种类划分以及以粮食为基础的膳食指南，表明了营养学的转变，这种转变包括了营养素、食物种类、保健食品和植物化学物，甚至包括传统食物、烹饪技巧、食品工艺、食物耐用性和可用性的整个过程。

一、常量元素的推荐摄入量

最近10年我国城乡居民的膳食、营养状况有了明显改善，营养不良和营养缺乏患病率逐步下降，居民膳食质量明显提高，但是我国仍面临着营养缺乏与营养过度的双重挑战。我国城乡居民的能量及蛋白质摄入已得到基本满足，肉、禽、蛋等动物性食物消费量明显增加，优质蛋白比例上升。城乡居民动物性食物分别由1992年的人均每日消费210g和69g上升到248g和126g。与1992年相比，农村居民膳食结构趋向合理，优质蛋白质占蛋白质总量的比例从17%增加到31%、脂肪供能比由19%增加到28%，碳水化合物供能比由70%下降到61%[6]。

二、总脂肪、脂肪酸的推荐摄入量

（1）总脂肪　在体内，脂肪对雌激素、维生素（尤其是维生素A和维生素K）和矿物质的运输是非常重要的。在消化道内，食用脂肪能够促进脂溶性维生素和植物食品中的植物化学物的吸收，其中的许多物质是抗氧化剂（如维生素E、类胡萝卜素）。因此，饮食中脂肪含量低于总能量的10%～15%，就会影响以上物质的吸收。FAO/WHO（1994）指出，人体至少15%～20%的能量是以脂肪的形式消耗的，运动的人可高达35%，而久坐的人则为30%。因此，一个每日需要消耗2000kal能量的正常人，则需要摄入50g脂肪。我国人均每日脂肪摄入量为76g，分别是来自烹饪以及蛋糕、饼干、点心、快餐食品、奶制品和肉类产品中的隐性油脂（加工脂肪）。理论上，总脂肪的减少应该是来源于动物油脂和加工食品中的“隐性油脂”的减少，这些脂肪往往含有较高的饱和脂肪酸。可参照下文中以粮食为基础的膳食指南中的脂肪推荐摄入量。

（2）饱和脂肪酸和反式脂肪酸　摄入的源于饱和脂肪酸的能量不宜超过10%，理论上要少于8%。例如，摄入2000kal的能量，饱和脂肪不足20g。一次快餐所含的脂肪可能会多于每日脂肪供给量的50%，几乎是100%的每日饱和脂肪供给量。例如，下面每份外卖食物中均含20g的饱和脂肪：鱼和薯条；4片比萨；大麦克和薯条；炸鸡和薯条。氢化植物油，亦称蔬菜油，广泛应用于食物加工中的煎炸过程（如薯条和炸鸡）与加工食品中的制造过程（如蛋糕、饼干、黄油、人工黄油等）中。油脂的氢化会产生导致动脉粥样硬化的反式脂肪酸。牛脂也被用于快餐食品中（如炸薯条），其饱和脂肪酸的含量与氢化棉籽油相似，但反式脂肪酸含量相对较少。反式脂肪酸能增加血清LDL-胆固醇、减少HDL-胆固醇和提高血清脂蛋白a［Lp（a）］的含量，与心血管疾病密切相关。饱和脂肪能提高LDL-胆固醇，但也增加HDL-胆固醇。表面上看来，反式脂肪酸副作用大于饱和脂肪酸，但人们膳食中饱和脂肪酸的含量要远远高于反式脂肪酸。

（3）单不饱和脂肪酸　单不饱和脂肪酸应占总能量的10%～15%（20～40g/天），从两大汤匙茶油、橄榄油或菜籽油中即可获得。目前我国居民摄入的源于单不饱和脂肪酸的热量约为10%。茶油、橄榄油或菜籽油的单不饱和脂肪酸含量为60%～80%，花生油的45%亦是单不饱和脂肪酸。

（4）n-6多不饱和亚油酸　摄入的源于n-6多不饱和亚油酸的热量保持不变或减少3%～5%（但不能超过10%）会更有利于n-3脂肪酸的代谢（n-6和n-3的代谢作用酶相同）[7]。相反，有些专家推荐增加n-6亚油酸的摄入量：由5%到8%～10%。关于n-6亚油酸膳食需求的争论也一直没有停止。FAO/WHO报告（1994）推荐，n-6亚油酸与n-3亚麻酸的比例应在5∶1和10∶1之间，高于此比例应多使用含n-3脂肪酸的食物（叶菜类蔬菜、豆类、鱼、海鲜等）。

（5）n-3多不饱和亚麻酸　摄入的源于n-3多不饱和植物脂肪酸——亚麻酸的热量应为1%（2g）。每日摄入半汤匙菜籽油即可提供2g亚麻酸。摄入较多的深绿色叶菜类蔬菜和坚果，特别是胡桃，能够增加亚麻酸的摄入量。大豆油富含n-3亚麻酸，但也富含n-6亚油酸，n-6亚油酸可与n-3亚麻酸发生竞争代谢，会减少n-3亚麻酸向n-3脂肪酸EPA和DHA的转化。

(6) n-3 多不饱和海产脂肪酸 EPA 和 DHA 源于 n-3 多不饱和海产脂肪酸（EPA 和 DHA）的热量的推荐摄入量是 0.2%，即每日 0.21～0.65g（210～650mg）或每周至少 1500mg[7]。罐装的熏制鱼是 n-3 海产脂肪酸的有效来源，60g 即可提供至少 200mg 的 n-3 海产脂肪酸。而食用 10 片含有鱼油的面包（美国、澳大利亚等西方国家超市均有售）才能获得等量的 n-3 PUFA。

三、食物多样性

人们认为营养素是健康的基础，营养学成为所谓的“基于营养素”的营养学。近年来，营养学家们意识到食物不仅仅是营养成分的简单加和，因为它可能还包含“其他”已知和未知的保健成分。因此，一种新的膳食方法——以食物为基础的营养学开始流行。现在比较清楚的是，除了营养素，食物中还含有更多的其他物质。营养学家已鉴定出有 12000 种植物化合物可有效地预防疾病，因此，非常有必要尽可能扩大食物范围以获得这些物质，特别是让某些成分共同发挥作用。

虽然营养宣传的重点是主食，但是，更应注意的是摄入能量和蛋白质的安全性，而不单单是其对健康的作用。人们虽然比较重视主食，但未考虑到对健康环境日益重要的食物多样性。重视膳食结构的生物多样性能够帮助人们获取充分的必需营养素及其他成分，能够减弱食物中潜在的不利因素，能够识别食物中有利健康但还没有确认为必需营养素的成分。它们主要是一些植物成分，现认为是植物化合物。

在母乳喂养时期之外的任何年龄段，保证全面营养的关键是食物多样性。这种理念已经得到了证实：富含营养素和植物化合物的食物可以预防心血管疾病及癌症、延长寿命、减少非传染性疾病的发病率，还可减少腹部脂肪。当然也有关于癌症的一些新观点：癌症可能是一种由于膳食中对人体有保护作用的食物成分不足导致健康状况不佳的疾病。在这些植物性食物中，对人体有保护作用的食物营养素含量可能不高，但几乎均富含植物化合物。大量流行病学资料表明，增加食物种类可以作为减少发病率和死亡率的一种方法，但是其作用机制尚未完全弄清楚。在美国，以五大类食物组合为基础的一种食物种类划分可以预知死亡率，特别是男性的死亡率[8]。

鉴于这些原因，营养科学最新的流行趋势是“更多”。但更多的意思是“不同”，而不是“相同”。食物多样性是指人们要混合食用大量不同的食物种类（谷类、水果、乳制品）和同一种类的不同品种（黑麦、大麦、小麦）。

食物多样性要求人们不要特别重视任何一种食品。在营养科学存在不确定性因素的情况下，某些特定食物及其复杂成分（包括植物营养素）的潜在益处还有待商榷。任何一种单一的食物都不可能提供营养健康的膳食。表 20.1 是根据生物来源列出的食物种类，来源相似的食物的营养特点基本相同。可以根据食物的生物/植物起源来划分食品的种类，例如，将所有的柑橘类水果列为一组。不同的食物可以相互进行补充，但每个食物组合只能记录一次，无论一周内食用同一组内的食物多少次，在记录前必须保证能够食用大多数食物至少两大汤匙。研究表明，一周内食用 30 多种食物对健康很有益处。一般来说，每周至少食用 15 种食物（或每日多于 12 种）才能保证营养是充足的，食用 20 种以上食物则能够摄入更加充足的必需营养素和植物营养素。总之，每周 20 种食物的目标并不难实现，然而对于危险人群（例如追求时髦饮食者和酗酒者）来说则比较困难。

从这种计分制来看，杂食者更有利，但是，严格的素食主义者只要膳食合理也能得一个大于 30 的高分。鼓励食用营养素/植物化合物含量高、能量少的食物，这是饮食教育的一个重要部分。不应通过摄入能量密度高的精制蛋糕、饼干和糕饼来增加谷类食物。

表 20.1 每周摄入食物种类清单[9]

食物	记分①	食物	记分①
水(矿泉水)		豆类(鲜豆、糖荚豌豆)	
非酒精饮料(茶、咖啡、可可饮料)和酒精饮料(红酒、啤酒、烈酒)		绿叶类蔬菜(菠菜、卷心菜、银甜菜、菊苣、羽衣甘蓝、欧芹、莴苣)	
小麦(面包、意大利面、即食的)②		花类蔬菜(椰菜、花椰菜)	
玉米(包括即食的)		茎类蔬菜(芹菜、芦笋)	
大麦(包括即食的)		葱蒜类(小洋葱、大蒜、韭葱)	
燕麦(包括即食的)		番茄、秋葵	
黑麦(包括即食的)		辣椒类	
大米(包括即食的)		真菌类(如蘑菇)	
其他(如荞麦、小米、高粱、西米、粗粒小麦粉、木薯粉、黑小麦)		根茎类蔬菜(土豆、胡萝卜、番薯、甜菜根、竹笋、姜、萝卜、荸荠)	
蛋类(所有种类)		印度尼西亚天培、酱油、豆豉	
牛奶、酸奶、冰激凌、奶酪		泡菜	
高脂肪鱼类		臭豆腐	
鱼(海水鱼、淡水鱼)		芝麻酱、豆瓣酱、辣椒酱	
鱼子(鱼子酱、希腊鱼子泥色拉)		糖/糖果	
贝类、软体动物(如贻贝、牡蛎、鱿鱼、扇贝)		瓜类(南瓜、黄瓜、芜菁、茄子、甘蓝)	
甲壳类(如对虾、龙虾、螃蟹、小虾)		草本植物/香料	
羊肉、牛肉		柑橘类(橘子、柠檬)	
猪肉(包括火腿和熏肉)		苹果	
禽类(如鸡肉、鸭肉、火鸡)		梨	
野味(鹌鹑、野鸭、鸽子、野兔、野鸡)		浆果(树莓、草莓)	
肝脏		葡萄、葡萄干	
脑髓		香蕉	
其他内脏		瓜类(甜瓜、西瓜)	
大豆制品		猕猴桃、海枣、西番莲	
豌豆(鲜的、干的、干裂成两半的豌豆)、鹰嘴豆(干的、烘烤的)、其他豆类(红色、棕色、绿色)		杏仁、腰果、栗子、可可豆、榛实、花生、花生油、山核桃、松子、阿月浑子、胡桃、南瓜籽、亚麻籽、芝麻、葵花子	
果核(油桃、栗子、桃子、樱桃、李子、杏、鳄梨、橄榄、洋李干)		热带水果(芒果、菠萝、番石榴、木菠萝、荔枝、番木瓜、阳桃)	
植物油、动物油		黄油/人工黄油	
每周食物种类总分			

① 每食用一种食物记 1 分。这个清单中的最高分数为 54。

② 小麦包括全麦或白面包、即食谷类。

注：少于 1~2 汤匙（脂肪、油、蔬菜酱、辣椒、草本、香料除外）的摄入量不能记分（如汉堡包中的番茄片）。

要提高食物的多样性就要选择多样性的食物，例如多种谷类面包和天然的牛奶什锦早餐。与其在一餐中摄入几种且每种的量相对较大的食物（比如牛排、土豆和豌豆），倒不如在每一餐中摄入少量，但含有多种不同成分的食物。炒食、砂锅菜、汤和沙拉等的制作过程中需要添加各种不同成分，从而可以增加“蔬菜”的种类，特别是洋葱、大蒜、欧芹、香菜等。在传统食谱基础上添加蔬菜和豆类是另一个提高食物多样性的简单方法。变换早餐的谷类、面包和三明治，设法增加少量的额外食品（如向沙拉和油炸坚果中添加一点香草），增加一些配料如沙拉、酱汁、酸辣酱、果酱、花生酱，都可以增加食物的多样性。在发现植物化合物之前，果酱和蜂蜜是不鼓励食用的，因为它们糖含量高且不含矿物质和维生素。一些新的证据表明它们也含有植物化合物，尤其是浆果/柑橘类的果酱和天然蜂蜜。当某些水果不合时令时，每周食用少量纯果酱可以增加“水果”的多样性。

每周食物种类的总记分	膳食的充分程度
＞30	非常好
25～29	好
20～24	合适
＜20	不好
＜10	非常不好

四、以食物为基础的膳食指南

世界卫生组织强调膳食指南必须以食物为基础。以食物为基础的膳食指南（FBDG）不是简单地将“食品”解释为“食物组合”，而是避免以提纲的形式提及营养素。同时，参考了可用的最佳营养（包括营养素）科学[10]。

FBDG 阐述了食品的以下方面：①生产（农业、园艺）；②加工（食品工业）；③发展（新型/功能食品）；④调制（烹饪）。

FBDG 提到了传统食物及其最重要的烹饪方法，使这个指南更加实用，更受欢迎。FBDG 是制定膳食指南的好方法，原因如下：①以科学为基础；②意识到了可持续性和交换的重要性；③认为不同国家之间的膳食指南是相关的和敏感的；④提倡改革，例如，按传统方法做菜时增加蔬菜种类会更健康，从而创造新的菜肴，如“地中海-亚洲”膳食（帕玛森起司焗豆腐）；⑤注重实际效用；⑥能带来快乐和胃口，例如，橄榄油和植物食品；可可豆、牛奶和鱼；盐/糖撒在食物上而不是烹饪中加入；⑦允许控制团体和个人的食物供应。

FBDG 包含以下要点：①鼓励食用各种低能量食品，增加食物多样性的一个简单方法是从其他烹饪方法中学习健康的菜肴制作方法，如亚洲的豆腐和叶菜类绿色蔬菜、地中海的番茄/豆类；②鼓励消费现有的保护性食物（例如，鱼、大蒜、洋葱、十字花科蔬菜和水果、葡萄、樱桃、橄榄、野菜、茶）；③鼓励采用多种烹饪方法（在保留本民族传统食物的基础上吸收最佳的烹饪方法），提倡健康的传统膳食方法（豆类、肉/坚果作为调味品）；④限制食用不健康的传统食物（盐渍品等）；⑤提倡从多种食物中摄取未提炼的脂肪如坚果、种子、大豆、鳄梨、橄榄、鱼、瘦肉等；⑥尽量少食用动物脂肪和加工的“隐性脂肪”（如一些快餐或加工食品中的氢化脂肪、商品蛋糕/饼干）；⑦提倡食用液态植物油和低能量食品（鱼、蔬菜），来达到美味的效果，增强脂溶性营养素和植物化合物的吸收；⑧尽量避免食用高能量的节庆食物；⑨鼓励食品工业/快餐连锁开发更加健康的食物；⑩向儿童/公众传授食物文化/烹饪技巧。

由于这些原则有些技术或后勤问题，所以需要当地专家和居民的共同努力才能很好地实施。无论 FBDG 怎么发展，它们都必须接受严格的评价、监控和复查，特别是一些关于意想不到的后果和生态因素。这是新公共健康营养的一部分[10]。

第三节　健康促进与营养

本节从两个角度给出饮食建议，一是从建议倡导者的角度，另外是从建议接收者的角度。

现在，人们对健康促进与营养教育的观点已受到被称为“新公共健康”概念的影响。尤其是那些影响大多工业化国家的健康问题已引起人们对健康的重新关注，不仅仅是针对疾病的治疗及预防，而且是一个积极的多维状态。它强调社会影响对健康的促进，关注健康的公共政策、生态、社会行为及社会的支撑环境。世界卫生组织通过一个里程碑式的会议及公告引导了这一定向，预防和控制非传染性流行病全球战略 2008～2013 年行动计划[11]，它强调要减少国家内部与国家之间的健康不平等。世界卫生组织总干事 Ala Alwan 博士讲到：“所有国家都面临非传染病风险。我们知道什么措施能够奏效，也知道所需费用。我们制订了一项行动计划，以防数以百万计的人过早死亡，并有助于提高广大人民的生活质量。”世界卫生组织的 2008～2013 五年计划将营养融入了更广阔的健康促进和疾病预防的中心地位。

心血管疾病、癌症、糖尿病和慢性呼吸道疾病等非传染病是人类的头号杀手，每年造成 3500 万人死亡，占全球死亡人数的 60%，其中 80%发生在中、低收入国家，预计这些数据还将进一步增加。过去的几十年里对营养教育和影响最大的仍是工业化国家心血管疾病的预防，这使心血管疾病的死亡率有了显著的降低。最成功的例子是芬兰政府通过政策干预和营养教育，从 1982 年至 1997 年，冠心病的死亡率降低了 63%，其中 23%是由于提高了医疗水平和条件，而 52%～73%是由于风险因子的降低[12]。降低心血管疾病风险因子的饮食指导的幕后推动力是以各种形式来减少脂肪，特别是饱和和反式脂肪酸的摄入。饮食指导常常推荐饮食多样化和增加谷物、果蔬的摄入。饮食调整的建议是通过调节营养促进健康的最普遍的途径。该建议是明确的，是通过交流来实现的，同样也可以是含蓄的，如通过环境干预增加人们遵循特定建议的可能性。减少社区危险因子的试验调查了可能会影响社区干预计划（包括如饮食建议）的元素，其中包括社区的危险因子水平、发病率与死亡率的统计情况等。

一、为什么需要饮食建议

本章的主要焦点是为国家、地区和个人这三个不同层面的饮食变革提出饮食建议。把人作为以社会和文化框架（如种族或社会经济状态）定义的群体中的一员来对待。在本章中，人主要的作用方式是其在社会中的消费者行为，这与早期的观点有一定的联系，因为文化、社会经济状态和种族对购买食品、准备食品、烹调食品、进食、清理等（营养干预中所有的基本关注点）均有着重要的影响。

如果人们认为饮食建议是科学、历史、政治以及社会文化环境的产物，那它不但可帮助人们理解饮食建议的当代版本的核心，而且还将进一步使人们搞清楚为什么这些元素的特定组合及重点会在特定的历史时期产生，以及为什么有些饮食观念会根植于社会环境，而其他的则是短暂的。

二、社区冠心病危险因子的干预

当代饮食建议：当代饮食建议是以关注和预防富裕社会中引发疾病与死亡的主要慢性疾病为基础。这代表了一种转变，在 20 世纪 50 年代，人们主要关注的是预防食物缺乏及营养不良。国家心脏协会（特别是美国）的活动已很大地影响到了种族群体水平，并通过饮食改变了预防心脏病的新重点。20 世纪 70 年代，由参议院选举委员会发布的针对美国的饮食目标，已成为国际上饮食建议发展的分水岭。在美国，20 世纪 80 年代政府发起的“美国人的饮食建议”使这一行动达到了顶峰。此建议是以减少脂肪、盐、糖、胆固醇的摄入量，同时增加纤维素摄入量的指导组合为特征的。这项关于营养素与食品成分的建议被转化为拥有多样化程度的科学依据，以及具有文化和政治敏感性的特定食品的推荐指标。作为一个直接的历史结果，饮食干预计划的特定形式已在过去的 30 年间经受了考验，尤其是在美国。这些计划将在下文中讨论。

1. 社区范围内危险因子减少的计划

饮食建议应连同其他一些要素如戒烟、加强锻炼以及体重和高血压的控制等在计划中通过各种方式一起贯彻执行。方法包括大众传媒，社区活动，如健康展览、体重控制节目、学校与餐馆推动的根据饮食指导选择食品的计划、心脏病危险因子的筛选等。如何使这些计划更有效地普及社区是政府职能部门、相关机构人员和社区密切合作的一个系统工程。

在这些计划中，社会组织先于社会分析，是中心点。社会组织的目的是培育地方组织，将健康促进活动与商业、政府以及教育事业一体化。它需要对组织领导者在时间、资金和能力上的支持。而对领导者的选择、培训和专业上的支持是要优先考虑的。

社团组织的作用是一个计划成功的关键：即确定领导者，激活那些计划的领导者，促使市民及有关组织做志愿者并提供资源，促使预防成为工厂、学校和教堂的一个主题；扩展与平衡稀有的核心资源。使居民在社区中培养自豪感和主人翁意识，这对社区计划的成功实施至关重要。

计划的实施分为三个阶段：①社会分析（1～2 年时间）；②干预（5 年）；③计划的制度化。

一项计划需包括哪些成分，这主要依赖于经济上的可承受力、易管理性、与现有计划的相容性、在多背景下重复检验的有效性等。它的最终目标是促进在服务组织而不是研究组织中使用此种方法。危险因子干预需两个优先：第一是社会结构和资源的彻底分析；第二是形成过程评估。

2. 中国控制克山病的成功经验

1957 年，临床亚冬眠和适当补液疗法成为急型重症的通用疗法，使急型克山病的治愈率逐渐由 30%提高到 90%。进入 20 世纪 60 年代，“以改善心肌及全身代谢为主”的新治疗原则，选用大剂量维生素 C 直接静脉注射治疗克山病心源性休克，获得成功。全国推广后疗效卓著，使病死率由 86%下降为 5%。这些都是克山病防治史上的重大突破，两项防治克山病成果的推广，使全国克山病病死率迅速下降，从 60 年代起，基本上控制了急性克山病死亡问题。同时治疗亚急性及慢性克山病工作也有了新的进展。推广建立家庭病床，采取长期口服毛地黄和改善膳食结构的疗法，经过治疗，克山病病情不但可以控制，而且一些病人还可以根治。

预防措施：补硒预防急型、亚急性克山病效果已在 20 世纪 70～80 年代得以证实，补硒不但有预防急性、亚急性克山病发病的作用，而且能减少潜在性克山病新发，减轻心肌受克山病致病因子损伤的作用。通过不同方式补硒可获得有益预防效果：①经数年亚硒酸钠预防克山病的现场观察，证明硒预防急性、亚急性克山病发病有明显效果，此法简便易行，适于大面积推广应用；②食用高硒食品也可以补充硒摄入量不足，如海产、蘑菇、大豆及其制品、家禽、蛋等含硒量较高，适当补充也可以预防克山病。

长期以来一些重病区将改善膳食组成作为预防措施均获良好预防效果：应用预防食品——大豆及其制品。用大豆改善病区居民的主食（大豆占 10%比例混入口粮玉米中）或副食（每人每日一块 275g 豆腐），均可预防本病发生；平衡膳食，亟须大力纠正病区居民的偏食习惯，调整食物消费结构，逐步改变居民膳食中不合理部分，改善高谷类膳食状况，增加大豆制品供应，发展大豆食用主食化，不断增加动物性食品、蛋类和蔬菜的比例，以期形成合理的食物结构。

控制措施：克山病的控制工作涉及病情监测、病因研究、预防、现患病人的治疗与管理、防治效果的评价以及开展这些工作的能力建设等各个方面。

克山病防治工作的重点是做好克山病监测工作的同时，加强对慢性克山病患者自我管理和潜在性、亚急性克山病的防治工作，深入持久地开展地方病防治知识的健康教育工作，以防亚急性、潜在性克山病患者的激增。并争取多渠道了解非监测点克山病历史病区病情，掌握近年病区的大小及其人口的变化，以准确估计克山病病情。

在克山病流行的高发地区，对于慢性克山病的急性发作病例，加强开展二级预防的“三早”（早发现、早诊断、早治疗）。对于高发人群，加强开展群体二级预防的“三早”（早发现、早报告、早处理），提高治愈率，降低病死率。

通过上述预防和控制措施以及经济发展、人民生活水平的提高、膳食状况改善，克山病发病率已控制到历史最低水平，连续 20 余年无暴发，近年全国急性和亚急性病人发病数降至百人以下。过去肆虐一时的克山病在全国大部分病区达到控制和基本控制，这一成就令世人瞩目[13]。

3. 社区风险因子干预

（1）芬兰的“北卡累利阿计划”（North Karelia project） 是一个以社区为主的预防性计划，始于 20 世纪 70 年代，同时建立了全国性的心血管危险因子监测系统来评价此方案的成效。在 1972～1977 年，分别在北卡累利阿和库奥皮奥地区，之后在芬兰西南地区（1982 年），首都赫尔辛基（1992 年），奥卢（1997 年），分别对 19761 名男性和 20761 名女性进行了六次调查（1972 年、1977 年、1982 年、1987 年、1992 年、1997 年）。主要调查了受试者的血清胆固醇水平、心脏收缩压及舒张压、吸烟人数的变化。结果表明，自 1972 年以来，调查者的血清胆固醇水平持续下降，心脏收缩压及男性的吸烟人数均有下降。

自 20 世纪 70 年代开始，人们的饮食方式开始发生变化。饮食的变化是导致血清胆固醇降低的主要因素。25 年以前，饱和脂肪酸占到摄入能量的 20%～21%，而 1992 年和 1997 年分别下降到 15%～16%和 14%～15%。自 1972 年，多不饱和脂肪酸从 2%～3%升高到 5%～6%。这主要归因于使用在面包上的黄油从 90%降到了 10%，取而代之的是用菜籽油生产的人工黄油。剔除肉上的可见脂肪，鱼和蔬菜水果的消费量增加，同时低脂和脱脂牛奶也取代了全脂奶粉。芬兰的饮食以高盐著称（东部 15g、西部 14g），1979 年北卡累利阿计划倡导减少食盐的摄入量。1992 年的调查中显示，男性食盐摄入量为 12g，女性为 8～9g。

同时芬兰开始了禁烟运动，特别是北卡累利阿地区，在 1972～1997 年间，男性吸烟人数由 52%降到了 31%；1992～1997 年间，女性吸烟人数逐渐趋于稳定并开始缓慢下降。这次禁烟运动从科研示范计划到立法公共政策。“北卡累利阿计划”起到了主要的示范作用，健康服务部门以及许多非政府组织均参与了此次运动。在 1977 年通过立法减少吸烟的危害。

由于以上措施（饮食调整、禁烟运动等），北卡累利阿的 CHD 死亡率降低了 73%，全国范围内降低了 65%。其中大约 50%归因于血清胆固醇水平下降，而这一变化又归因于饮食的改变[14]。

（2）美国著名的 DASH 研究计划 着力通过膳食手段来预防高血压的发生（the dietary approaches to stop hypertension），这一研究始于 1993 年，涉及了许多与高血压有关的因素。美国人高血压的患病率大约是 25%（约 4300 万成年人）。非裔美国人高血压的患病率较高，男性和女性高血压患病率均随着年龄的增长而增加，60 岁以上的成年人中大约有 50%～80%患有高血压病。1993 年制定的预防和治疗高血压的建议，至今仍然有效，该饮食模式被美国国家高血压指南推荐为安全有效地预防高血压的膳食方法。DASH 主要内容包括减轻体重、减少钠和食盐的摄入、减少酒精的摄入和增加体力活动。在 DASH 试验的计划阶段，研究者考虑到了以前进行过的相关研究，所以该试验设计的基本原理也正是基于这些研究。观察性和干预性的试验都表明素食者与吃肉的人相比血压水平较低。观察性的研究也表明较低的血压与钾、镁、钙和膳食纤维摄入量较多有关；但是，除了钾以外，这些研究的结果并不一致。这些研究也表明了蛋白质、多不饱和脂肪酸和血压之间的关系，揭示了较高的血压与过量摄入膳食胆固醇和饱和脂肪酸有关。DASH 试验之前关于膳食蛋白质和脂肪对血压影响的研究结果并不一致。因此，DASH 的目标是确定一种可以降低血压水平并且是美味可口的，又能被大众所接受的膳食模式。436 名研究对象性别分布大致均匀（49%的女性和 51%的男性），少数民族占到 66%，非裔美国人占到 60%。平均年龄大约 45 岁，大部分研究对象超重（女性平均 BMI 为 28.7kg/m^2，男性平均 BMI 为 27.7kg/m^2）；血压水平轻度偏高，平均收缩压为 132mmHg，平均舒张压为 85mmHg；大约 29%的研究对象有高血压。参加 DASH 研究的所有自愿者前 3 周吃对照组饮食作为入选期，然后被随机分为三组：①对照组或普通美国膳食组；②蔬菜和水果膳食组；③DASH 膳食组。三组膳食均要连续食用 8 周。DASH 试验为三组人群设计了不同的膳食营养素摄入指南。普通美国膳食高脂肪（占总热量的 37%），高饱和脂肪（占总热量的 16%），蛋白质适量（占总热量的 16%），碳水化合物占总热量的 48%，低膳食纤维（每 2000kcal 膳食含膳食纤维约 9 克），相当低的钾（1700mg/2000kcal）、镁（165mg/2000kcal）和钙（450mg/2000kcal），钠摄入量维持在 3～3.5g/天（相当于食盐 7.5～9g/天）。蔬菜和水果膳食组仅增加蔬菜和水果的摄入量，脂肪和其他营养成分的摄入量仍和普通美国膳食组相同；随着膳食中蔬菜和水果量的增加，每摄入 2000kcal 热量的膳食中膳食纤维的摄入量增加到 31g/天，钾和镁的摄入量几乎是普通美国膳食组（对照组）的 3 倍；在摄入 2000kcal 热量的膳食中钾的摄入量是 4700mg，镁的摄入量是 500mg。DASH 膳食设计的脂肪摄入更低，占总热量的 27%，并且主要来自不饱和脂肪（饱和脂肪低到占总热量的 6%）；DASH 膳食蛋白质摄入量增加 3%（占总热量的 18%，主要来自奶制品），碳水化合物的摄入量较高（占总热量的 55%），但是，膳食纤维、钾和镁的摄入量与蔬菜和水果膳食组相同；在 DASH 膳食组，钙的摄入量增加到几乎是其他两组的 3 倍（1240mg/2000kcal），钙主要来自低脂或脱脂奶制品；随着膳食中奶制品的增加，DASH 膳食中蛋白质的摄入量也随之增加。8 周的干预试验后，DASH 膳食和低钠摄入相结合的降压效果优于任何单独干预措施，特别在老年高血压患者中作用更加明显[15]。DASH 膳食结合体育锻炼和减肥，4 个月后血压和血脂显著降低，胰岛素的敏感性显著提高。但如果只是 DASH 膳食，不结合体育锻炼和控制能量摄入的话，虽然血压也显著降低，但血脂和胰岛素的敏感性变化不大[16,17]。

（3）欧洲的 SUPER 计划　这是一项涉及 5 个欧洲城市的计划，其中包括一些类似于美国计划的成分。但由于和世界卫生组织的健康城市方法有关，关注的不是某种特定的疾病，它更倾向于论述当地文化及社会条件的需求。例如，禁烟运动，不是特殊地关注于癌症的预防，而是作为一种可能对一些健康结果如肺癌、心血管疾病及呼吸疾病有影响的战略；对于营养，这意味着饮食改变不应仅仅与冠心病有关，而是应围绕健康饮食带来的更加深远的潜在影响。美国的干预模式也被英国所接受，其侧重依靠地方的参与，尤其是地方组织和人员的加入，如学校、餐馆、超市及关注计划实施的健康专业人士的参与。在综合评价这一类型的计划时，即使发病率和死亡率的改变直至实施计划后的 15 年仍未发生，该计划还是获得批准了[18]。事实上，明尼苏达州心脏健康计划的组织者声明：这种社会组织形式对于风险因子减少计划的成功是非常重要而且是必需的。在讨论与计划（包括营养计划）相关的因素时，特别强调需要找到国家与地方之间最优化的平衡，尤其是社区应该达到能够自行开发和实施项目来满足地方需要的能力。同时，社区在健康改善中的发展应纳入国家战略[19]。

一般的饮食建议如多运动、多吃果蔬及谷物和低脂饮食等对冠心病的预防是有效的。这种观点得到了世界各国营养学家和健康工作者支持；同时，人们将会有很大的空间来重新思考社会性营养干预的特征及内容。例如，人们可能会关注不同社会经济群体间的饮食差异，这将有助于消除健康状况上的不平等，促进社会的和谐发展。广泛的社会计划可改善劣势社区人群的健康状况，新的与经济发展、社会保障和健康平等相关的计划已在我国全面开展实施。边远农村劣势人群变得富裕起来后，他们也会像城市中产阶级那样高兴地参与到提高健康行动计划中来。

4. 健康消费者的观点

社区干预的发起者相信：社区支持是成功干预的必要条件。因此，了解消费者的观点是干预计划的一个重要内容。关于人们如何看待饮食建议，每天的食品有何特色，消费者对自己每天的饮食可能对健康的影响了解了些什么？其实人们渴望有专门机构用某种形式指导他们的饮食。人类是杂食动物，其优势是食用不同种类的食物时又有能力规避那些可引起死亡、疾病及不适的食物及饮食方式。今天，传统的束缚，如文化信仰已越发显得无力，食物的选择几乎无穷无尽。一些人可能变成素食主义者，另一些人会遵循饮食指导，还有一些人仍靠品质与美食法来定义自己好的饮食。当代饮食建议将如何作为一个系统来指导食品的选择仍未建立。那么人们对饮食建议是如何反应的？人们普遍会接受一个观点：在健康行为里存在一种知识-行为的差距，而对此，食品选择也不例外。人们可能知道也能够讨论基于循证医学和营养学的饮食建议，但还不能在实践中遵循这些建议。

在胆固醇与心脏病、风险因子与心脏病的流行病学方面人们不应如海绵那样总是接受信息，而是应积极地、选择性地吸收信息，并将其与自己的生命结合起来看待。人们也许有能力重复饮食建议中的重要原则，但他们只会选择少量与自身相关的原则，而对其他方面可能会采取漠然的态度，例如，典型的有心脏病发作危险的人对低脂饮食降血清胆固醇功效的认识和相关食物的选择。若要顺利调整帮助人们解决当代食品选择，有用的饮食建议必须考虑到人们日常食品选择的两难境地。如果要饮食建议既有效又能被接受，那些被生物医学知识鉴定为潜在的加强健康的食物选择建议就必须基于对人们日常生活的同情和理解，特别是对家庭生活的理解。

总　结

本章论述了我国用于营养评价的数据来源和（或）参考值的一些信息。这些参考数据包括：食物成分表、中国居民膳食指南、中国居民平衡膳食宝塔、中国居民膳食营养素参考摄入量以及营养目标和指标等。

本章主要介绍了如何达到常量元素、微量元素和脂肪酸的推荐摄入量。中国居民膳食指南和中国居民平衡膳食宝塔提供了食物每日推荐摄入量，以达到维生素、矿物质和常量元素的推荐摄入量。食物种类划分和以食物为基础的膳食指南更注重于保护性食物和烹饪食物的每周摄入量。它们侧重于食物的多样性与饮食模式，而不是营养素，以确保摄入充足的植物化合物。如果将所有指南中的关键营养问题汇总起来，健康膳食建议如下。

- 每周至少食用1～2种鲜鱼或罐装鱼。
- 每周食用一些不同的瘦红肉。素食主义者每日都需要食用豆类和坚果加全谷类食物，以保证摄入充足的铁和锌。
- 每周食用一次家禽肉和瘦猪肉。
- 每周至少食用1～2种豆类（可代替肉），例如豆腐、烤豆。

- 每周食用少量不同的坚果（可代替肉）。
- 每周食用鸡蛋（可代替肉）。
- 每日食用一些低脂/高钙牛奶和乳制品或高钙酸奶/豆浆。
- 每日食用一些不同的蔬菜，尤其是深绿色叶菜类蔬菜。每周食用多种深色蔬菜，每日食用大蒜、洋葱和野菜。
- 每日至少食用两种水果（尤其是苹果、柑橘、葡萄和樱桃）。
- 尽量保证所食用的谷类食品为全谷类且含盐量少（每日5份）。
- 在各种加工食品和乳制品中，选择瘦肉和低脂食品以减少“隐性脂肪”。
- 提倡食用坚果、种子、鱼类、酸奶、橄榄和鳄梨中未精制的天然脂肪，因为这些脂肪和人体所需的多种其他营养素和植物化合物是共存的。
- 可以添加一些烹饪油（以冷压榨的单不饱和油为佳）以提升蔬菜、豆类和鱼类的美味。这些油也可促进植物中脂溶性维生素和植物化合物的吸收。如添加的烹饪用油为膳食中脂肪的主要来源，对于含有2000cal热量的膳食，每日可以食用2～3汤匙油，而对于含有1200cal热量的瘦身膳食，每日食用1～2汤匙油。
- 增加每日水和茶的饮用量；避免饮用软饮料，果汁的饮用量限制在每日两小杯以内；白酒控制在每日两标准杯以内。
- 限制食用放纵食物（被认为是不健康的食品），每日少于两份。
- 饮食变革计划不是新的，过去的和当代的计划都是社会和历史的产物。
- 无论是考虑公众的营养教育计划中的特殊信息，还是考虑在社区层面风险因子减少计划中的行为，都应该将群众看作健康专业人员的合作者。
- 建议本身必须既有关于营养科学的谨慎、务实的解释，又应与人群及社区日常生活和谐一致。

参考文献

[1] 杨月欣. 中国食物成分表. 北京：北京大学医学出版社，2005.

[2] 中国营养学会. 中国居民膳食指南. 拉萨：西藏人民出版社，2008.

[3] 中国营养学会. 中国居民膳食营养素参考摄入量 Chinese DRIs. 北京：中国轻工业出版社，2009.

[4] 王陇德. 中国居民营养与健康状况调查报告之一 2002 综合报告. 北京：人民卫生出版社，2005.

[5] 中华人民共和国卫生部、科技部和国家统计局. 中国居民营养与健康现状. 2004.

[6] http://news3.xinhuanet.com/forum/2004-10/12/content_2087980.htm.

[7] Simopoulos AP. Human requirement for n-3 polyunsaturated fatty acids. Poultry Sci，2000，79：961-970.

[8] Kant AK，Schatzkin A，Harris TB，Ziegler RG，Block G. dietary diversity and subsequent mortality in the 1st national-health and nutrition examination survey epidemiologic follow-up-study. Am J Clin Nutr，1993，57（3）：434-440.

[9] http://www.healthyeatingclub.com/quizzes-games/index.htm.

[10] WHO. Preparation and use of food-based dietary guidelines. WHO，1998.

[11] WHO. Action plan for the global strategy for the prevention and control of noncommunicable diseases. WHO，2009.

[12] Laatikainen T，Critchley J，Vartiainen E，Salomaa V，Ketonen M，Capewell S. Explaining the decline in coronary heart disease mortality in Finland between 1982 and 1997. Am J Epidemiol，2005，162：764-773.

[13] 于维汉. 克山病100年——回顾与展望. 中国地方病学杂志，2004，(5)：395-396.

[14] Vartiainen E，Jousilahti P，Alfthan G，et al. Cardiovascular risk factor changes in Finland，1972-1997. International Journal of Epidemiology，2000，29：49-56.

[15] Obarzanek E，Sacks FM，Vollmer WM，et al. DASH Research Group. Effects on blood lipids of a blood pressure-lowering diet：the Dietary Approaches to Stop Hypertension（DASH）Trial. Am J Clin Nutr. 2001，74：80-89.

[16] Mellen PB，Gao SK，Vitolins MZ，Goff DC Jr. Deteriorating dietary habits among adults with hypertension：DASH

dietary accordance, NHANES 1988-1994 and 1999-2004. Arch Intern Med, 2008, 168: 308-314.

[17] Blumenthal JA, Babyak MA, Sherwood A, et al. Effects of the Dietary Approaches to Stop Hypertension Diet Alone and in Combination With Exercise and Caloric Restriction on Insulin Sensitivity and Lipids. Hypertension, 2010.

[18] Tones K. Mobilising communities: coalitions and the prevention of heart disease. Heart Ed J, 1994, 53: 462-473.

[19] Baum BJ. Oral health for the older patient. J Am Geriatr Soc, 1996, 44 (8): 997-998.